EPLAN 实战设计

上海沐江计算机技术有限公司　组编
吕志刚　王　鹏　徐少亮　王　冰　编著

机 械 工 业 出 版 社

本书以 EPLAN Electrical P8 为基础，根据实际设计项目中需要关注的技术难点进行介绍和讲解，主要思路是用几个实际设计项目，将 EPLAN 的相关的技术融于项目设计过程中。全书由 8 章组成，分为 3 部分，分别是软件功能、案例实战设计和电气设计方法论介绍。前两章主要介绍软件的基础知识，包括菜单功能的使用及各种功能的介绍；第 3 章通过车床设计项目，主要介绍面向图形的常规设计及符号的新建；第 4 章通过小车送料电控项目，主要介绍面向对象设计及端子排的设计；第 5 章通过打包机项目，主要介绍 PLC 的各种设计方式及 2D 安装板布局图的设计；第 6 章通过消防风机项目，主要介绍主数据的新建、翻译功能及项目变更管理；第 7 章通过大型锻压机项目，主要介绍项目结构的划分及部件库的管理；第 8 章是电气设计规范及方法论介绍，主要根据在设计中容易出现的各种问题进行一些提醒和引导，避免读者在学习过程中走弯路。全书内容全面、丰富，从实践中来，到实践中去，充分展示了 EPLAN 工具的优势和设计技巧。

本书结合上海沐江公司多年来进行 EPLAN 培训指导的经验，按照读者的认知习惯编写，适合企业工程设计人员、大专院校和职业技术院校相关专业的师生使用。

图书在版编目(CIP)数据

EPLAN 实战设计/吕志刚等编著. —北京:机械工业出版社,2018.1
(2024.8 重印)
ISBN 978-7-111-58482-7

Ⅰ. ①E… Ⅱ. ①吕… Ⅲ. ①电气设备-计算机辅助设计-应用软件
Ⅳ. ①TM02-39

中国版本图书馆 CIP 数据核字(2017)第 280188 号

机械工业出版社(北京市百万庄大街 22 号 邮政编码 100037)
策划编辑:汤 枫 责任编辑:汤 枫
责任校对:张艳霞 责任印制:郜 敏

中煤（北京）印务有限公司印刷

2024 年 8 月第 1 版·第 8 次印刷
184 mm×260 mm·22 印张·532 千字
标准书号:ISBN 978-7-111-58482-7
定价:79.00 元

电话服务
客服电话:010-88361066
010-88379833
010-68326294

网络服务
机 工 官 网:www.cmpbook.com
机 工 官 博:weibo.com/cmp1952
金 书 网:www.golden-book.com
机工教育服务网:www.cmpedu.com

封底无防伪标均为盗版

前　　言

从结绳记事到信息大爆炸，数据已成为国家、企业及个人的核心生产资料。德国的工业4.0及新型工业化都需要在大数据平台下完成各种智能化生产。针对目前电气及自动化行业，如何帮助企业统一管理从设计到生产的各种数据，完成企业大数据的分析将是近年来制造业产业升级的核心内容。

大数据、云平台及标准化设计流程管理需要从设计、报价、采购、生产工艺及后期维护进行统一管理。目前中国大多数电气自动化企业采用CAD设计工具，数据无法实现统一管理。基于数据库的专业电气设计软件，不仅能帮助企业完成设计数据的管理，而且通过标准化模板、符号库、宏电路及各类工程报表还能推动企业标准化进程。

计算机辅助设计（Computer Aided Design，CAD）软件最早应用到机械设计，后来取代电气手工绘图，成为当前电气和自动化行业使用最多的软件。CAD软件通过绘制直线、圆圈及矩形等图形完成电气原理设计，电气设备并未赋予电气属性，后期的图样修改、设备命名、线号编制及物料统计给工程师带来大量烦琐的工作。工程师在每个项目上要花费大量的时间和精力处理图样的修改及数据的统计，工程师的设计创新价值难以得到发挥。

计算机辅助工程（Computer Aided Engineering，CAE）利用计算机对产品设计、工程分析、数据管理、物理仿真及工艺生产过程进行辅助设计和管理；利用计算机强大的数据处理能力，完成电气工程中的各种数据分析及统计。CAE标准化集成解决方案提供从设计到生产全方位的解决方案，解决部门之间信息孤岛，从而使企业实现真正无纸化办公。

Electrical-PLAN（EPLAN）作为一款专业电气设计软件，其强大的设计功能及标准化数据库，多年来已被业内人士认可。本书以EPLAN Electrical P8为基础，系统地介绍软件的基础功能，并结合实际的案例项目介绍软件在项目实战过程中的功能应用。全书由8章组成，分为3部分，分别是软件功能介绍、案例实战设计功能应用和电气设计方法论介绍。前两章主要介绍软件的基础知识，包括菜单功能的使用及各种功能的介绍；第3章通过车床设计项目，主要介绍面向图形的常规设计及符号的新建；第4章通过小车送料电控项目，主要介绍面向对象设计及端子排的设计；第5章通过打包机项目，主要介绍PLC的各种设计方式及2D安装板布局图的设计；第6章通过消防风机项目，主要介绍主数据的新建、翻译功能及项目变更管理；第7章通过大型锻压机项目，主要介绍项目结构的划分及部件库的管理；第8章是电气设计规范及方法论介绍。

本书以让读者学有所依、学有所用为宗旨，采用行业的典型项目以例带点的方式进行各个功能的介绍。通过实际的项目设计将各个功能点进行串联讲解，完成实战项目的设计及软件功能的掌握。

本书由西安工业大学的吕志刚老师、王鹏院长，上海沐江公司的徐少亮、王冰共同编著完成，在此感谢为此书提供帮助的EPLAN（中国）的王慧乐老师、曹大平老师！

由于编者水平有限，书中难免存在疏漏和不足之处，恳请广大读者批评指正！

编　者

目　　录

第 1 章　初识 EPLAN

1.1　EPLAN 软件介绍及产品线介绍

EPLAN Electric P8（见图 1-1）是德国 EPLAN 公司开发的一款成熟稳定的电气自动化设计和管理软件，是电气领域里著名的计算机辅助工程（CAE）工具之一，因其软件功能强大，操作灵活，目前在电气设计行业被广泛应用。EPLAN 软件的优势在于：它包含了多种标准的模板、符号库、图框及表格数据，能帮助工程师快速完成电气原理图的标准化设计；软件具备自动检查功能，能帮助工程师在设计过程中检查人为错误及电气逻辑错误；软件有自动生成各类工程报表功能，能帮助工程师减少复杂而烦琐的工程数据统计工作。

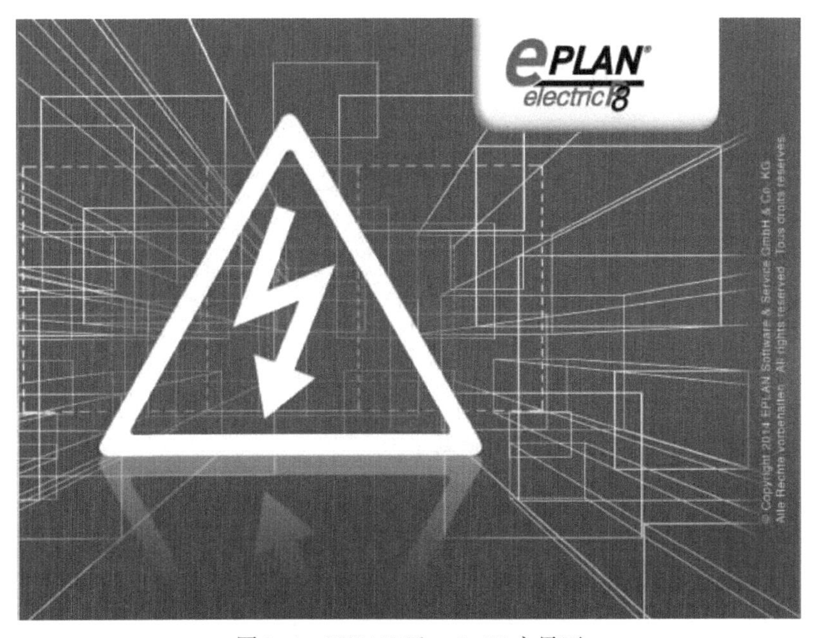

图 1-1　EPLAN Electric P8 主界面

EPLAN Electric P8 不是一个简单的绘图工具，而是一款注重设计及项目管理，以数据为基础的专业电气工程软件（见图 1-2）。其规范标准的项目结构，能帮助工程师进行合理的项目管理，在快速查找设备及图样阅读等方面提供便利，能帮助工程师减少工作量，避免重复、低效的手动绘图，实现项目模块化设计。

EPLAN 软件从设计层面，支持面向图形、面向对象、面向安装板、面向部件列表等四种工程设计方法，可以根据需要随时从不同的流程入手进行项目设计。

1）面向图形的设计：即传统的电气设计方法，从原理图入手，调用符号绘制原理图，并在此基础上进行元器件的选型，生成工程项目所需的各种表单，如图 1-3 所示。

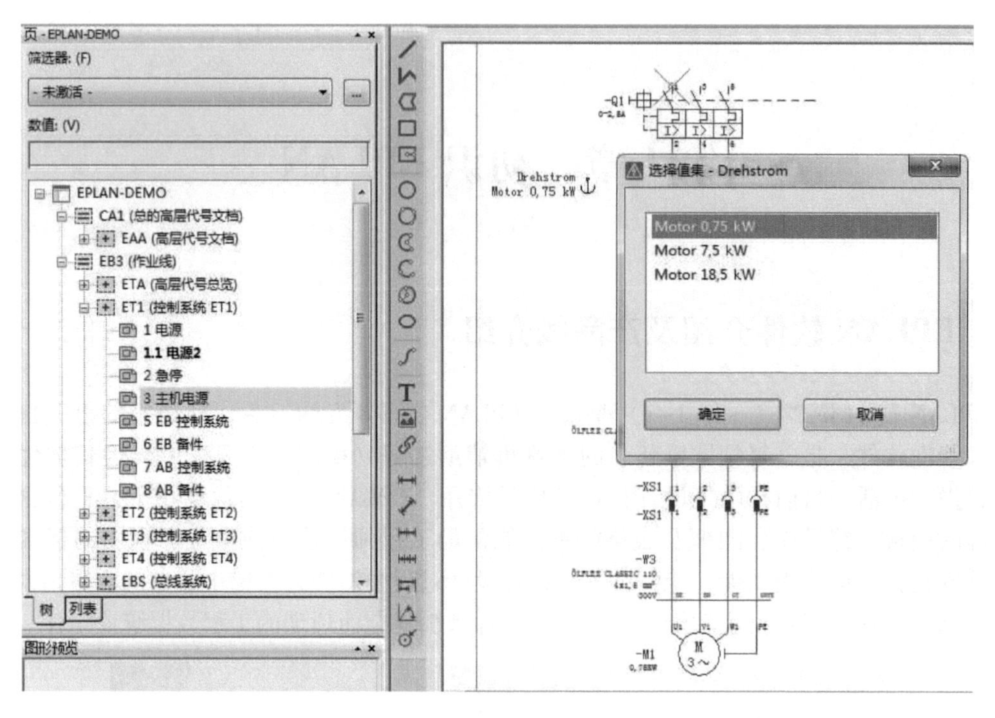

图 1-2　EPLAN Electric P8 的项目结构

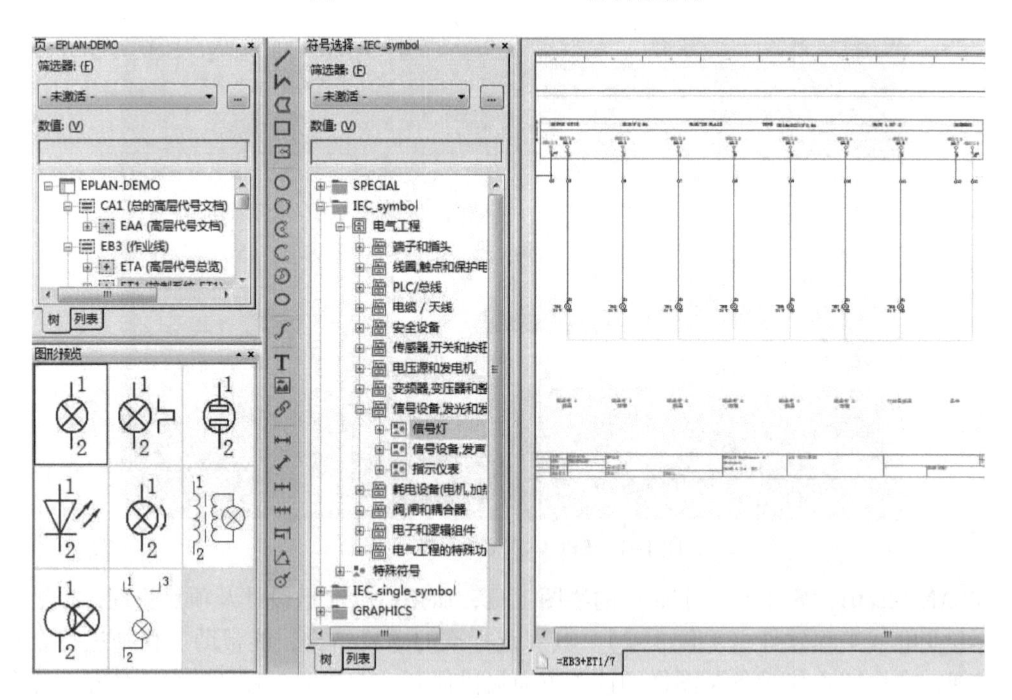

图 1-3　面向图形的设计

2）面向对象的设计：首先在导航器中预定义对象数据（如设备数据），然后再根据项目需要，通过“拖拉式”将所选取的对象放在相应的原理图或者其他图纸中，如图 1-4 所示。

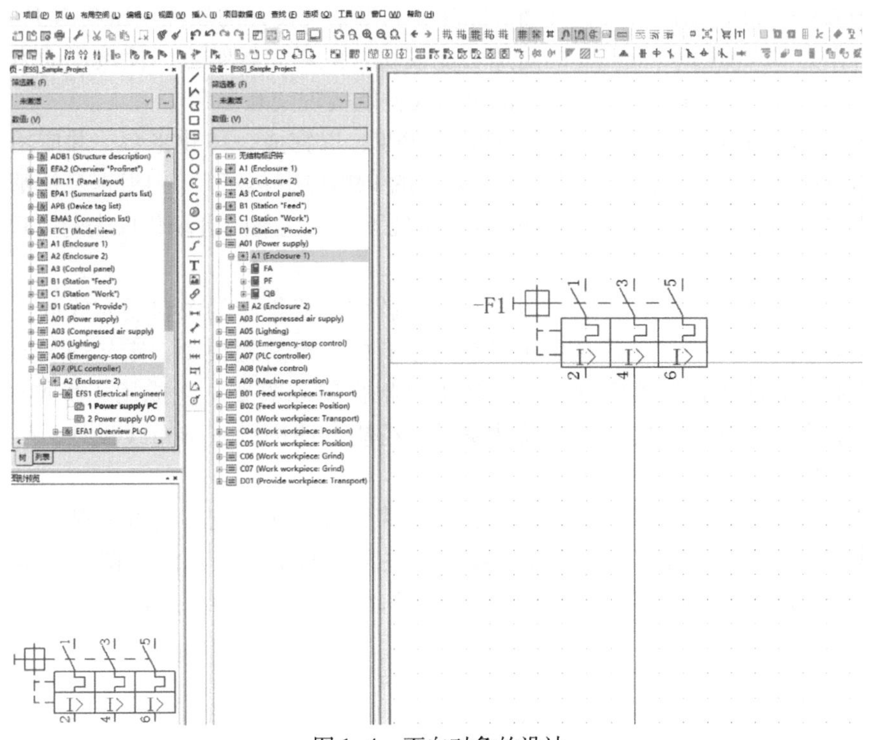

图 1-4　面向对象的设计

3）面向安装板的设计：在原理图还没有开始设计前，可以先行设计好安装板，以供生产车间安装使用，然后再进行其他的项目设计，如图 1-5 所示。

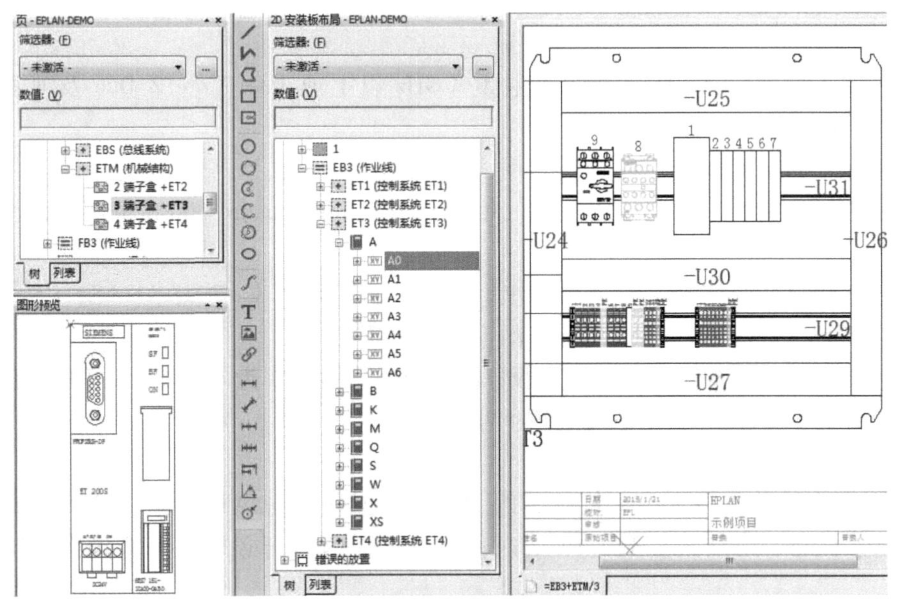

图 1-5　面向安装板的设计

EPLAN 平台软件产品是以 EPLAN 为基础平台，实现跨专业一体化设计的工程软件。平台软件除 EPLAN Electric P8 之外，还包括 EPLAN Fluid、EPLAN Pre Planning、EPLAN Pro Panel、EPLAN Harness ProD 等工程设计软件。

1）EPLAN Fluid 是面向液压、气动、冷却和润滑系统设计的软件。EPLAN Fluid 可单独使用，也可作为 EPLAN Electric P8 的附加功能模块，两者无缝结合，使液压动力系统中的电路设计与 EPLAN Electric P8 设计对应的电气元件能实现交互参考。

2）EPLAN Pre Planning 是用来取代 EPLAN PPE，以完成一体化平台，并应用于仪表及过程控制的设计及管理软件。它从符合工艺要求的 P&ID 图样绘制，到根据具体情况的仪表选择，仪表回路图、规格书和安装图的生成，实现了一个完整的自动化仪表的过程检测和控制系统。

3）EPLAN Pro Panel 是基于 EPLAN 平台的一款用于机柜布局及自动布线的三维机械仿真软件。在 Pro Panel 平台下，设计者可以调用已有的三维机柜模型，定义安装面，添加线槽、导轨，对元器件进行三维空间布局；还可以根据实际需要，生成用于生产的 NC（数控）机床钻孔数据；基于原理图中的设计逻辑，还能自动进行三维布线设计，生成便于工艺生产的电线信息。

4）EPLAN Harness ProD 是面向工艺生产的线束设计模块，它将线束工程系统与 EPLAN 平台的中央部件管理相结合，旨在为线束设计提供友好的系统。其优势在于它能从 EPLAN Platform 导入配线清单，可以在 Pro Panel 软件中自动完成电缆布线、生成文档以及导出 2D 钉板图。

1.2 安装 EPLAN Electric P8

1.2.1 系统要求

1. 硬件要求

处理器：Intel Pentium D 及兼容，主频 3 GHz 以上或 Intel Core 2 Duo 及兼容，主频 2.4 GHz以上等多核 CPU。

硬盘容量：500 GB。

显卡：4 GB 显存，3D 显示需要 ATI（冶天）或 Nvidia Quadro 600（英伟达）图形显示卡，具有最新的 OpenGL 驱动程序。

显示器：单显或双显示器 21 英寸以上。

图形分辨率：分辨率为 1680×1050 的 16∶10 图像系统。

建议使用 Microsoft Windows 网络，服务器的网络传输速率为 1 Gbit/s，客户端计算机的网络传输速率为 100 Mbit/s，建议等待时间小于 1 ms。

2. 软件安装环境的要求

EPALN 平台目前支持 32/64 位版本的 Microsoft 操作系统 Windows 7、Windows 8/8.1、Windows 10。注意，用户安装 EPLAN 的时候，所选择的语言必须是自身操作系统支持的语言。

EPLAN 平台可支持的操作系统如下：

工作站

➢ Microsoft Windows 7 SP1（64 位）Professional、Enterprise、Ultimate 版

➢ Microsoft Windows 8（64 位）Pro、Enterprise 版

➢ Microsoft Windows 8.1（64 位）Pro、Enterprise 版
➢ Microsoft Windows 10（64 位）Pro、Enterprise 版
服务器
➢ Microsoft Windows Server 2008 R2（64 位）
➢ Microsoft Windows Server 2012（64 位）
➢ Microsoft Windows Server 2012 R2（64 位）
➢ 配备 Citrix XenApp 7.6 和 Citrix Desktop 7.6 的终端服务器

EPLAN 部件、项目管理和词典的数据库选择：

由于 EPLAN 使用的是 Access 数据库和 SQL 数据库，因此如果安装 64 位的软件，如则要求同样安装 64 位的 Office 软件，如 Microsoft Office 2010（64 位）或 Microsoft Office 2013（64 位）。

EPLAN 安装时，同时要求安装 Microsoft. net Framework 4.5.2 和 Microsoft Core XML Services（MSXML）6.0。

如果这些内容不一致，在安装时会有报错提示。

1.2.2 EPLAN 软件的安装问题及解决方法

EPLAN Electric P8 是基于 Windows 平台的应用程序，其安装步骤如下。

1）找到程序安装包，单击其中的 Setup. exe 文件，进行软件安装，如图 1-6 所示。

Documents	2016/6/19 22:55	文件夹
Electric P8 (x64)	2016/6/19 20:02	文件夹
Electric P8 Add-on (x64)	2016/6/19 20:09	文件夹
ELM	2016/6/20 0:00	文件夹
License Client (Win32)	2016/6/19 20:12	文件夹
License Client (x64)	2016/6/19 20:15	文件夹
Platform (x64)	2016/6/19 21:10	文件夹
Platform Add-on (x64)	2016/6/19 21:13	文件夹
Platform Help (x64)	2016/6/19 21:16	文件夹
Services	2016/6/19 23:13	文件夹
Setup	2016/6/19 23:29	文件夹
setup	2016/6/19 19:55	应用程序

图 1-6　EPLAN 安装 Setup. exe 程序

2）进入程序对话框，软件默认可用程序为 Electric P8（X64），安装程序主要取决于安装包的产品类型及安装位数。如果当前安装包只是一个电气 64 位安装包，那么软件默认只安装 64 位电气产品。

安装程序界面提示：在安装 EPLAN Electric P8 2.3 版本以上 64 位软件时需要使用 64 位版本的 Microsoft Office 软件。EPLAN 中的部件数据库、翻译库及项目管理数据库都有与 Access 或 SQL server 有关的数据库文件，Microsoft Office 程序中须包含 Access 有关的数据文件或者另外安装相应版本的 SQL 数据库，否则软件安装完成后会有报错提示，如图 1-7 所示。

3）单击【继续】按钮，进入接受许可条款界面。

勾选“我接受该许可证协议中的条款”，如图 1-8 所示。

4）单击【继续】按钮，选择软件安装路径、程序主数据及相关设置目录路径，如图 1-9 所示。

软件安装路径及目录内容如下。

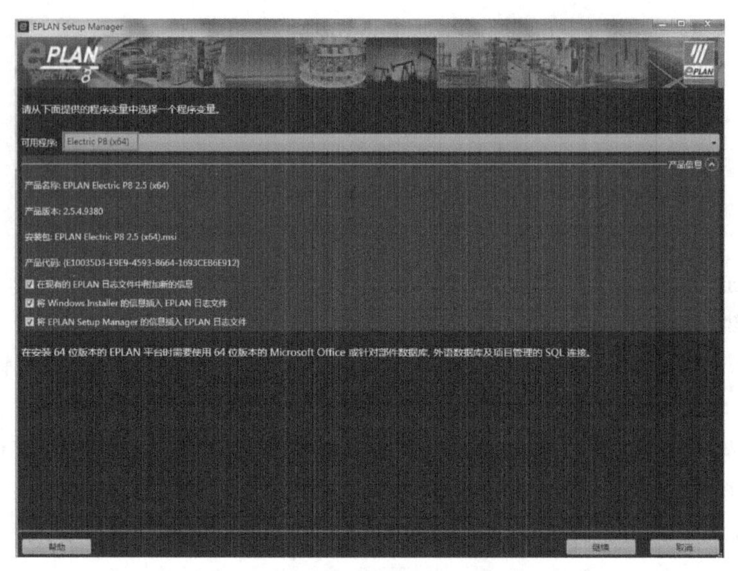

图 1-7　EPLAN 安装产品选择

图 1-8　接受安装许可条款

程序目录：EPLAN 主程序的安装目录及核心运行程序。

EPLAN 原始主数据：EPLAN 初始的符号库、图框、表格、字典和部件等数据库的存储目录。

系统主数据：用户所需的主数据，主要是用户项目中所需的符号、图框、表格、字典及部件等主数据，区别于 EPLAN 原始主数据。

公司标识：用户可以自定义公司名称及缩写。

用户设置：用户自定义设置的存储目录。

工作站设置：工作站相关设置的存储目录。

公司设置：公司相关设置的存储目录。

测量单位："mm" 和 "英寸"。系统默认选择 "mm"，软件会自动安装 IEC 标准库及文

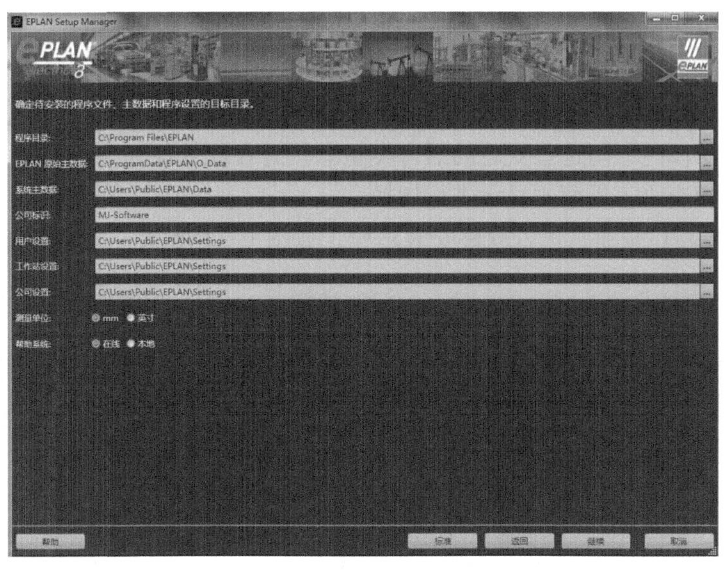

图 1-9　安装数据库路径设置

件；当选择“英寸”时，软件自动安装 JIC 标准库及文件。

帮助系统：“在线”和“本地”。软件的帮助文件可通过在线和本地两种方式打开，系统默认在线帮助。

安装提示：

- 软件程序安装默认路径在 C 盘下。
- 系统主数据涉及用户的项目数据及自定义的符号库、图框、表格等主数据，建议用户安装在默认的 C 盘系统路径，也可以按照需要，将其安装在除系统盘外的其他盘符下，这样可以防止以后如需重装系统可能产生的项目数据及主数据的丢失。

5）单击【继续】按钮，进入自定义安装及主数据和语言选择界面，如图 1-10 所示。

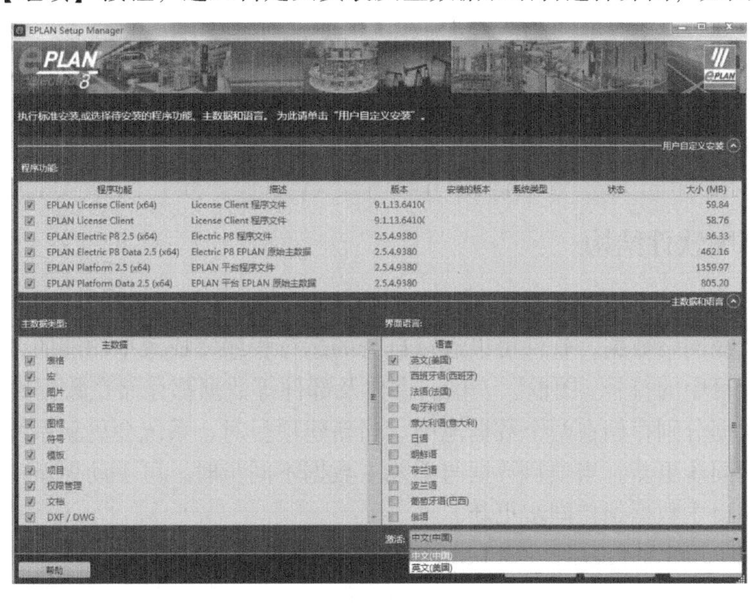

图 1-10　用户自定义数据选择

单击“自定义安装”下拉按钮，勾选 EPLAN 安装程序文件。

单击“主数据和语言”下拉按钮，勾选主数据及软件界面语言显示版本。

在主数据选择窗口内，勾选用户所需安装的主数据，例如，“表格”“宏”“符号”等选项。

在语言选择窗口内，勾选要安装的语言类型。只有在此处勾选了相应的语言类型，安装完成后，才能对相应语言界面的显示进行切换。

6）单击【安装】按钮，进入软件安装进程，如图 1-11 所示。

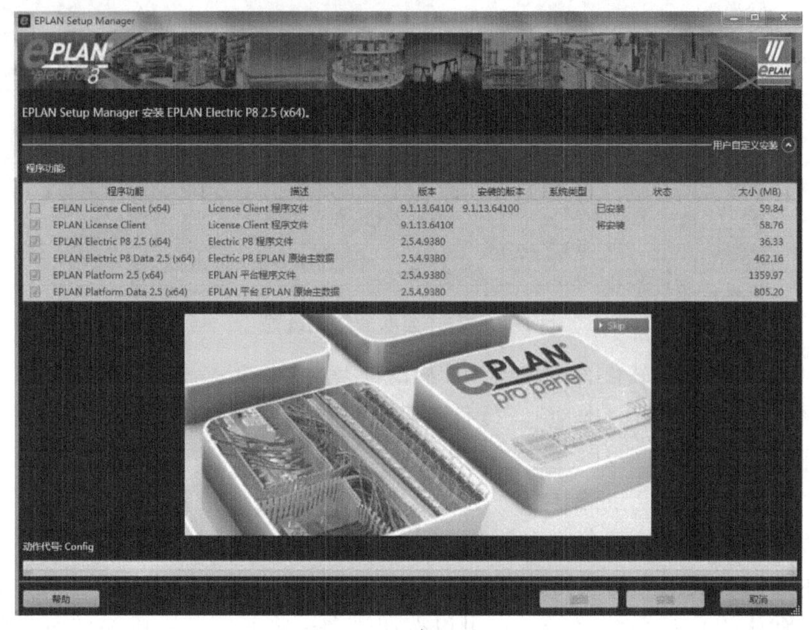

图 1-11　安装进程

安装提示：在安装进程中建议关闭杀毒软件，因为杀毒软件有可能会隔离安装程序中的某些安装文件，导致安装程序不完整。

7）单击【完成】按钮，结束安装。

1.3　目录结构及存储位置

1.3.1　EPLAN 软件结构

EPLAN Electric P8 是基于数据库的设计软件，除了软件本身运行的主程序外，还有后台数据库文件及在线网络数据。软件可以通过自身的运行程序完成菜单功能的调用及项目图纸界面的显示。项目中的符号、图框、表格、字典及部件等数据都存储在数据库中，其中项目数据和系统主数据分别存储在两个数据池中。当新建项目时，系统会更新系统主数据，实现与项目主数据的同步更新。当项目数据与系统主数据不同步时，可手动更新项目主数据，使系统主数据与项目主数据保持同步更新。

EPLAN Electric P8 平台数据与 EPLAN 其他平台产品可以无缝结合，EPLAN Pro Panel 电气模型与 EPLAN Electric P8 原理图符号的电气属性保持一致，共享部件库数据，其自动布线信息来源于原理图接线报表中的数据，所有数据在同一个平台下进行共享，如图 1-12 所示。

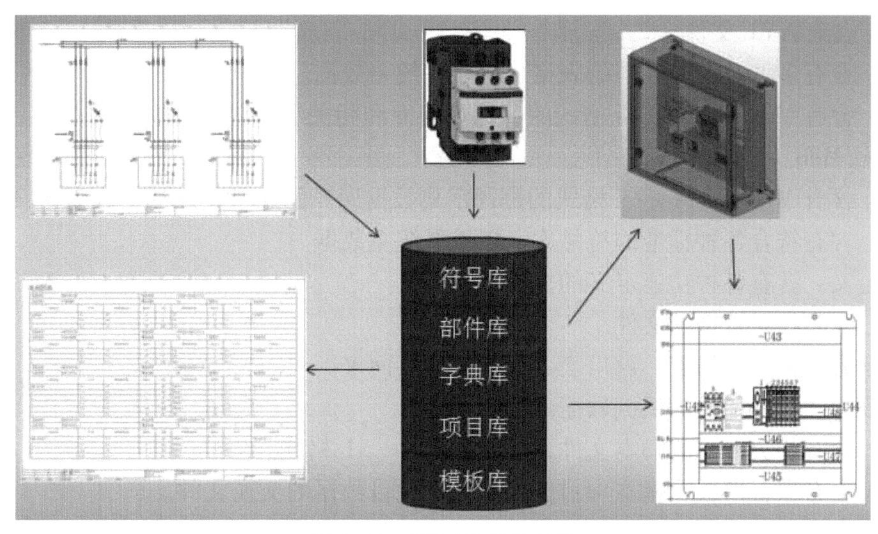

图 1-12　EPLAN 软件结构

1.3.2　软件各部分存储位置

在安装软件过程中，用户如果没有修改安装目录下的数据存储目录，软件在默认情况下，会自动创建程序目录和子目录。在第一次启动 EPLAN Electric P8 软件后，软件会自动将原始主数据复制到指定路径下的系统主数据中。

安装目录如下。

程序目录：\\EPLAN\Electric P8\2.5.4

主数据目录：\\EPLAN\Electric P8\Data

用户设置：\\EPLAN\Electric P8\Settings

工作站设置：\\EPLAN\Electric P8\Settings

公司设置：\\EPLAN\Electric P8\Settings

在主数据目录下的 Data 文件夹中，存储着用户各类数据，如图 1-13 所示。

DXF_DWG	2016/12/3 15:16	文件夹
XML	2016/12/3 15:15	文件夹
表格	2016/12/3 15:15	文件夹
部件	2016/12/3 15:15	文件夹
翻译	2016/12/3 15:16	文件夹
符号	2016/12/3 15:15	文件夹
功能定义	2016/12/3 15:15	文件夹
管理	2016/12/3 15:15	文件夹
宏	2016/12/3 15:15	文件夹
机械模型	2016/12/3 15:16	文件夹
脚本	2016/12/3 15:15	文件夹
模板	2016/12/3 15:15	文件夹
配置	2016/12/3 15:15	文件夹
图框	2016/12/3 15:15	文件夹
图片	2016/12/3 15:15	文件夹
文档	2016/12/3 15:15	文件夹
项目	2016/12/3 15:15	文件夹

图 1-13　Data 文件夹数据

DXF_DWG：含有 DXF 或 DWG 格式的草图文件。

XML：含有 XML 文件。

表格：含有多种类型和标准的表格，属于系统主数据。

部件：含有 Microsoft Access 格式的部件数据库和相关导入\导出的控制文件。部件数据库格式为 *. Mdb。

翻译：含有 Microsoft Access 格式的翻译字典数据库。翻译字典库的格式为 *. Mdb。

符号：含有符合各种标准的符号库，属于系统主数据。

功能定义：含有各种功能定义的文件。

管理：含有权限管理的文件。

宏：含有各种类型的宏、窗口宏、符号宏和页面宏。

机械模型：含有相关的机械数据。

脚本：含有相关格式的脚本文件，为 *. cs 和 *. vb 格式。

模板：含有项目模板、基本项目模板和导出项目数据的交换文件。

配置：含有项目、用户、公司、工作站配置文件。

图框：含有符合各种标准的图框，属于系统主数据。

图片：含有所有图片文件。

文档：含有 PDF 格式的文档（产品选型手册）和 Excel 表格文件。

项目：用户默认存储项目的文件夹和路径。

1.3.3 存储的调整

如果在软件安装过程中用户未设置主数据存储位置，安装完成之后，在软件“选项”菜单中，通过【设置】>【用户】>【管理】>【目录】命令，用户可建立新的位置，将修改后的主数据存储路径保存在该位置下，如图 1-14 所示。

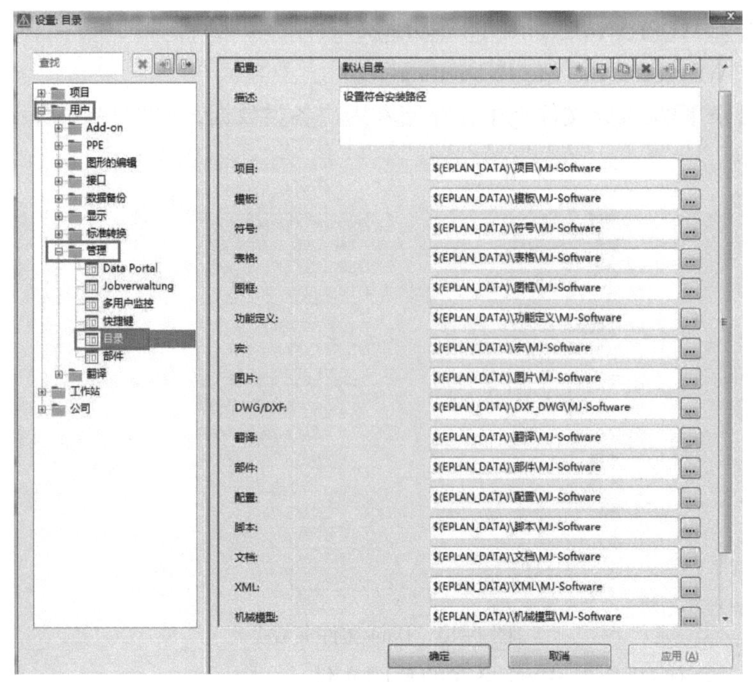

图 1-14　数据存储路径调整

1.3.4 网络数据共享平台搭建

EPLAN Electric P8 在工程师进行项目设计时能对部件库进行权限管理，这是通过权限设置来实现的。权限设置的主要作用是：①管理工程设计；②保护基础数据的完整性；③便于工程师之间在数据共享的同时相互不受影响。

众所周知，工程师在设计项目之时如果能拥有既丰富又标准的部件库，将会大大提高其设计效率以及设计的准确性。然而，要实现这个效果，就需要有一个庞大的通用部件库，而且这个部件库还要不断地被更新、被完善，能够与时俱进。建立这样的部件库，就需要大量工程师的参与，可以通过他们的项目积累来丰富自身的数据，也可以寻找第三方专业服务公司（例如上海沐江公司）来定制这些数据。项目积累的过程，也就是部件库数据通过项目验证的过程，因为只有经过项目验证的部件库数据才是准确的数据，才能成为标准的数据。部件库经过工程师的更新之后，其他工程师就可以在他的设计中直接调用部件库里面的数据，避免重复劳动。如果大家都能积极参与部件库的数据更新，那么长此以往，部件库的数据肯定会越来越丰富，越来越完善，这样，每一位工程师都可以使用最新的数据，有利于保持行业内的数据一致性。由此看来，这是利人利己的做法，因此，应鼓励企业将部件库进行网络共享。企业可以将部件库放置在企业服务器上，工程师客户端软件在配置部件库路径的时候，就可以选择服务器路径下的部件库，通过【选项】>【设置】>【用户】>【管理】>【部件】命令，设置 Access 数据库路径为服务器路径，如图 1-15 所示。

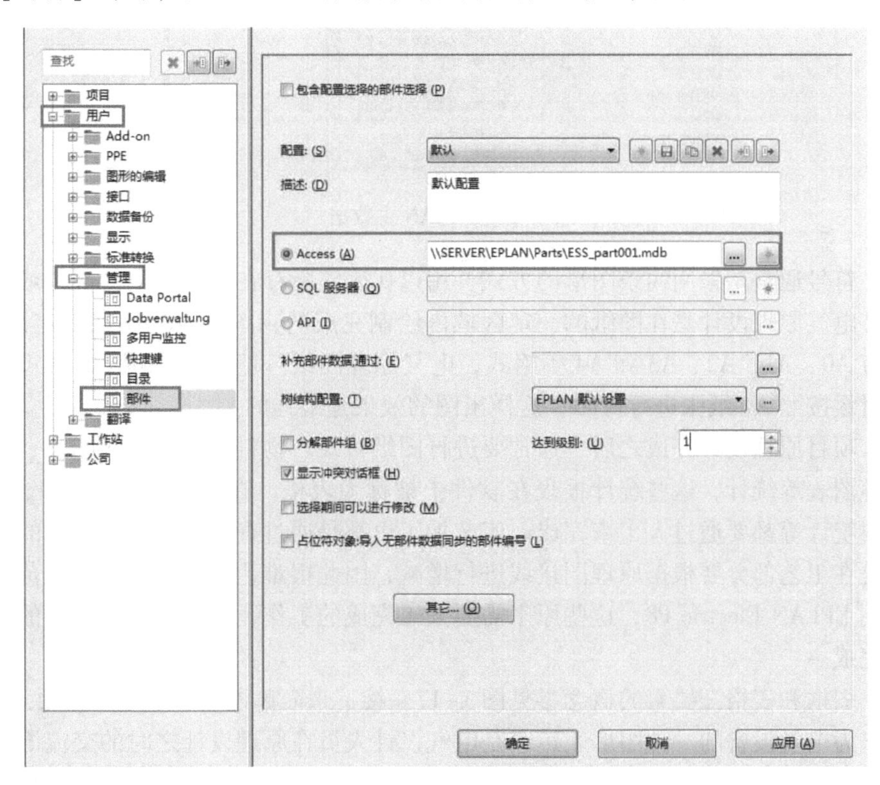

图 1-15　部件共享路径

1.4 数据结构

1.4.1 EPLAN 主数据

单击 EPLAN Electric P8 软件的“工具”菜单，查看 EPLAN 主数据，如图 1-16 所示，可以看到其主要包括符号库、符号、图框和表格等。其中符号、图框、表格这三项是电气设计绘图的三要素，也是 EPLAN 主数据的核心要素。

图 1-16　EPLAN 主数据

符号：符号通常是采用线条图形的方式，用以代表实际存在的各种电气部件或者设备。

图框：电气原理设计是在图纸的一定区域内绘制完成的，图框就是用来限定该区域的，图框大小有 A0、A1、A2、A3 和 A4 等格式，电气原理图纸一般普遍采用 A3 格式图框，然后打印的时候按照 A4 纸张进行打印，这样出图的效果是最佳的。

表格：项目原理设计完成之后，通常要进行图纸目录、物料清单、电线图表、端子接线表以及电缆图表等统计，这些统计报表在软件中被称为表格。在传统的 CAD 制图中，图纸目录和物料统计等都要通过人工来完成，工艺加工也都是通过查看原理图来接线的，端子数量调整也是在工艺部分要根据原理图接线进行增减，因此很难达到准确统计及规范接线的要求。而使用 EPLAN Electric P8，这些原来需要人工完成的工作，都可以通过软件的自动生成表格功能完成。

符号、图框和表格三要素的概念参见图 1-17。接下来简单说明一下这三个要素。

符号作为电气设备的一种图形表达，是电气设计人员在原理设计之时的交流语言，用来传递系统设计的控制逻辑。为了统一符号，使企业能彼此看懂对方的图纸，各国相关的标准委员会分别制定了各种电气标准。EPLAN 符号库包含了四种标准，分别是 GB（中华人民共和国标准）、IEC（国际电工委员会）、NFPA（美国消防协会）和 GOST（俄罗斯国家标

Device tag list

Device tag	Quantity	Designation	Type number	Manufacturer	Part number
-KL10	1	Cartridge	QSPLKG20-12	FES	FES.132857
-KL12	1	Cartridge	QSPKG20-12	FES	FES.132635
-KL13	1	Push-in fitting	QS-G1/4-10-I	FES	FES.186112
-KL14	1	Cartridge	QSPLLKG10-10	FES	FES.132951
-KL15	1	Cartridge	QSPLKG10-10	FES	FES.132947
-KL18	1	Cartridge	QSPLLKG10-8	FES	FES.132950
-KL19	1	Cartridge	QSPLKG10-8	FES	FES.132946
-KL20	1	Cartridge	QSPLLKG10-8	FES	FES.132950
-KL21	1	Cartridge	QSPLKG10-8	FES	FES.132946
-KL31	1	Push-in L-fitting	QSL-1/4-8	FES	FES.153047
-KL247	1	Push-in fitting	QS-G1/4-10	FES	FES.186101
-KL248	1	Push-in fitting	QS-G1/4-10	FES	FES.186101
-KL249	1	Push-in fitting	QS-G1/4-10	FES	FES.186101
-KL250	1	Push-in fitting	QS-G1/4-10	FES	FES.186101
-KL255	1	Push-in fitting	QS-G1/4-8	FES	FES.186099
-KL256	1	Push-in fitting	QS-G1/4-8	FES	FES.186099
=+-XL263	1	Branching module	MS6-FRM-1/2	FES	FES.529833
-KL266	1	Push-in fitting	QS-G1/4-8	FES	FES.186099
-KL267	1	Push-in fitting	QS-G1/4-8	FES	FES.186099
-KM1	1	Push-in bulkhead fitting	QSSF-1/2-16-B	FES	FES.190657
-KM2	1	Push-in bulkhead fitting	QSSF-1/4-6-B	FES	FES.153164
-KM4	1	Tubing connector	NTU-PK-4/4	FES	FES.4306
-KM5	1	Push-in bulkhead fitting	QSSF-1/4-10-B	FES	FES.153168
-KM6	1	Push-in bulkhead fitting	QSSF-1/4-10-B	FES	FES.153168
-KM7	1	Push-in T connector	QST-10	FES	FES.153131
-KM8	1	Push-in T connector	QST-10	FES	FES.153131
-KM12	1	Push-in bulkhead fitting	QSSF-1/4-8-B	FES	FES.153166
-KM14	1	Push-in bulkhead fitting	QSSF-1/4-8-B	FES	FES.153166
-KM15	1	Push-in bulkhead fitting	QSSF-1/4-8-B	FES	FES.153166

图 1-17　符号、图框和表格

准）。这四种标准对应的多线图符号库分别为 GB_symbol、IEC_symbol、NFPA_symbol、GOST_symbol；对应的单线图符号库分别为 GB_single_symbol、IEC_single_symbol、NFPA_single_symbol、GOST_single_symbol。针对不同国家及设计标准，符号的图形表达也不尽相同。

IEC 标准是目前电气行业的一种常用标准。中国是 IEC 成员之一，GB 符号与 IEC 标准的符号基本一致。俄罗斯是欧洲国家，GOST 标准也与 IEC 类似。唯独 NFPA 标准的符号差异比较大，如图 1-18 所列举的某符号，通过对比，可以发现 NFPA 标准下的符号与其他三个标准有明显的不同。使用 NFPA 标准的主要是以美国为主导的一些国家，如日本、韩国等，相信随着国际化进程的发展，各种电气设计标准也将逐渐实现国际化统一标准。

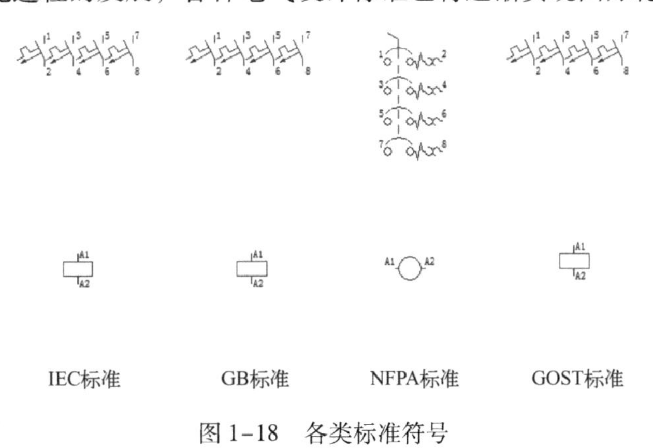

图 1-18　各类标准符号

图框作为电气设计的绘图区域，主要包括边框线、标题栏和行列标签栏。边框线完成图框图幅大小的绘制，一般有 0、1、2、3 和 4 号这几种图纸。标题栏用于确定项目名称、图纸功能、图号、设计和审图人员等信息。在 EPLAN 中只要将这些信息填写在项目属性或者图纸属性中，图框标题栏便会自动显示该信息。为了快速定位图纸中的设备位置及复杂图样的阅图方便，软件把图框按行、列进行分区，将行、列宽度进行了垂直等分。通常情况下，列标注采用阿拉伯数字进行编号，行标注采用英文大写字母进行编号。EPLAN 软件内置了四种符合国际标准的部分实例图框，分别是 GB、IEC、ANSI 和 GOST。区别这些标准，可以通过图框的文件名来判断，例如，GB_A0_001.fn1、FN1_001.fn1、FN1_030_en_US. fn1 和 GOST_first_page_scheme_A3，如图 1-19 所示。

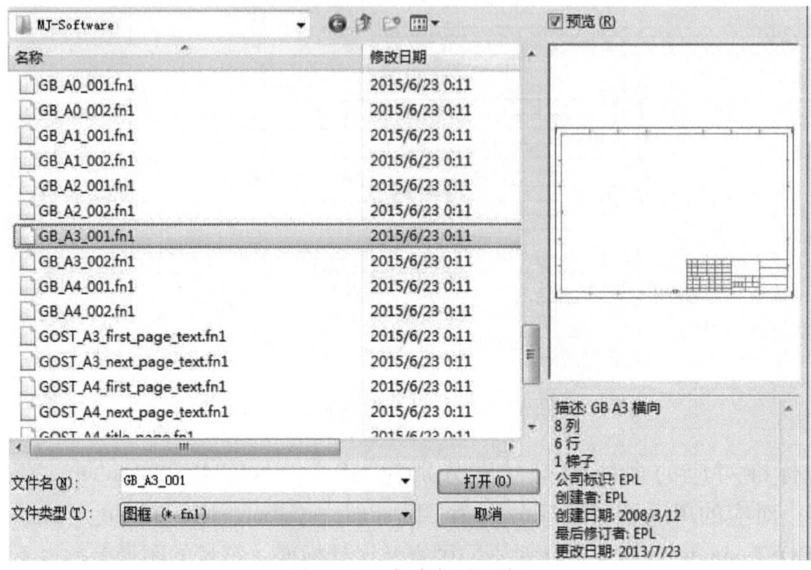

图 1-19　各类标准图框

表格是指电气项目完成后，根据评估项目原理图纸，自动统计和生成与生产工艺有关的各类报表。一个项目一般包括项目封页、图纸目录、物料清单、电线接线表、电缆清单、端子接线表和 PLC 总览表等各种类型的表格。EPLAN 里面内置了符合国际标准的 36 种类型的表格模板，用户可以根据项目需要，选择相应的模板生成项目报表。选取方法如图 1-20 所示。另外，用户也可以自定义表格内容，制定个性化表格模板。

图 1-20　各类标准表格

1.4.2 EPLAN 项目数据

EPLAN 项目数据文件包括项目主体文件、项目链接文件和项目主数据文件，三者共同构成一个完整的项目。当要另存或者归档某个项目的时候，需要把该项目的三部分文件都进行备份或者打包处理，而不能只备份或者打包部分文件。

通过【EPLAN】>【Data】>【项目】命令，打开其中一个项目，如图 1-21 所示，可以看到里面保存着不同类型的文件，其中加以标注的三个文件：后缀为 *.edb 的文件夹，即项目主体文件；后缀为 *.elk 的文件，即项目链接文件；后缀为 *.mdb 的文件，即“Projects”文件，这是项目主数据文件，也是项目管理数据库文件。

图 1-21　项目文件

Projects.mdb 文件是 Microsoft Access Database 文件，如图 1-22 所示。作为项目管理数据库文件，它始终与 EPLAN 菜单中的“项目”“管理”功能一同启动。项目管理所显示的所有信息，其数据都位于项目管理数据库中。根据设计要求，要将项目管理数据库保存在项目目录中，可通过【选项】>【设置】>【公司】>【管理】>【项目管理数据库】命令，在指定的路径下选择或者新建一个保存位置，如图 1-23 所示。

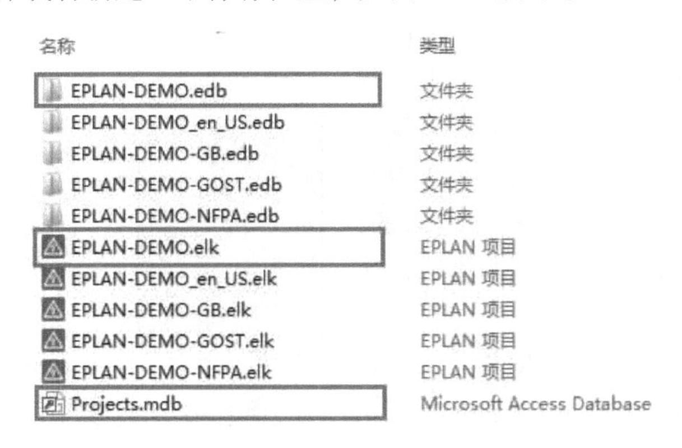

图 1-22　项目数据库文件

1.4.3 EPLAN 主数据与项目数据

当选择一个项目模板新建项目时，软件会根据模板要求，将指定标准的符号库、图框及

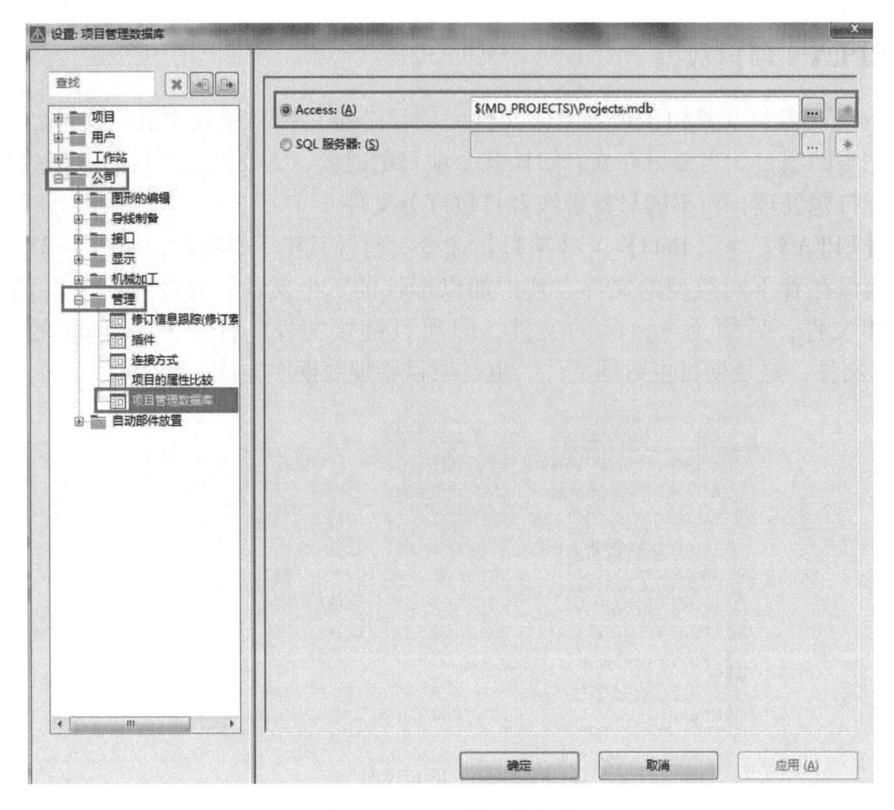

图 1-23　项目管理数据库

表格数据从系统主数据中复制到项目数据中。当项目新建以后，项目数据与系统主数据便分离开来，在项目设计过程中进行的修改和数据的使用都是在修改项目数据库的内容，但是在定制符号等其他主数据时，修改的是主数据库的内容，因此需要进行同步数据。

当一个外来项目被导入软件中时，如果其含有与系统主数据不一致的符号、图框和表格，这时要通过使用项目数据同步系统主数据功能，将项目所使用的符号库、图框、表格模板等数据更新到软件系统中，从而丰富系统主数据内容。按照企业部件库的标准化管理制度，一般外来数据未经授权是不允许更新的，这涉及企业标准化管理问题，因此需谨慎操作同步功能。

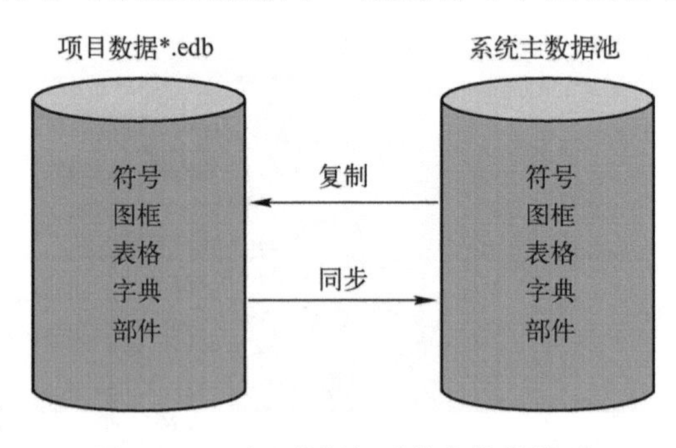

图 1-24　项目数据与系统主数据关系

图 1-24 形象地说明了项目数据与系统主数据的关系。事实上，系统主数据容量远远大于项目数据，不过，两者之间可进行双向同步。

1.4.4　同步主数据

通过 EPLAN 软件菜单命令【工具】>【主数据】>【同步当前项目】查看项目主数据与系统主数据的关系。项目主数据与系统主数据好比两个数据池，如图 1-25 所示，左侧窗口显示的是项目主数据，右侧窗口显示的是系统主数据。

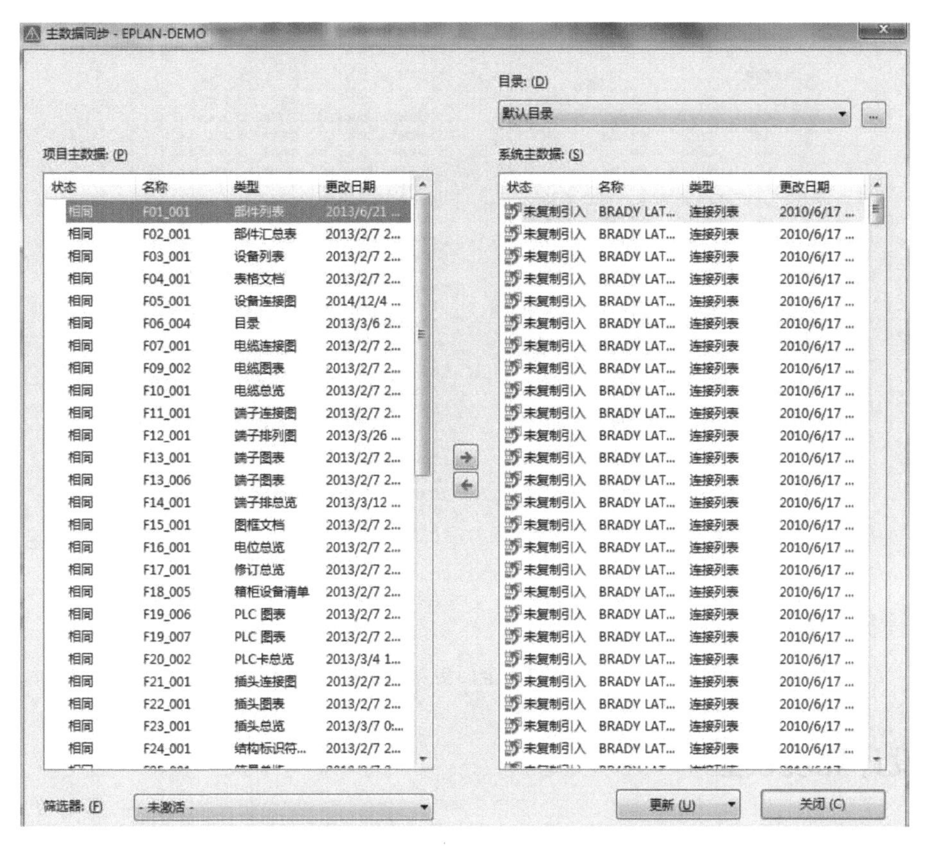

图 1-25　项目主数据与系统主数据

在项目主数据的状态栏中，有“新的”“相同”“仅在项目中”三种状态。“新的”表示项目主数据比系统主数据要新；“相同”表示项目主数据与系统主数据相同；“仅在项目中”表示数据仅在此项目中，系统主数据中没有该数据。

项目主数据下方的下拉菜单中有四种选项，分别是“未激活”“显示不同”“项目主数据（旧版）”“系统主数据（旧版）”。“未激活”表示当前显示项目与系统主数据的全部内容；“显示不同”表示只显示项目与系统不同的主数据；“项目主数据（旧版）”表示当前只显示旧的项目主数据；“系统主数据（旧版）”表示当前只显示旧的系统主数据。

在同步单个主数据时，在项目主数据池中选中需要传输的数据，单击 ➔ 可将项目主数据中的数据复制到系统主数据中；在系统主数据池中选中需要传输的数据，单击 ⇦ 可将系统主数据复制到项目主数据中。

全面同步主数据时，选择系统主数据下方的“更新”选项中的“项目”或者“系统”，可快速全面将项目旧数据替换为系统主数据或者将系统旧数据替换为项目主数据，如图 1-26 所示。

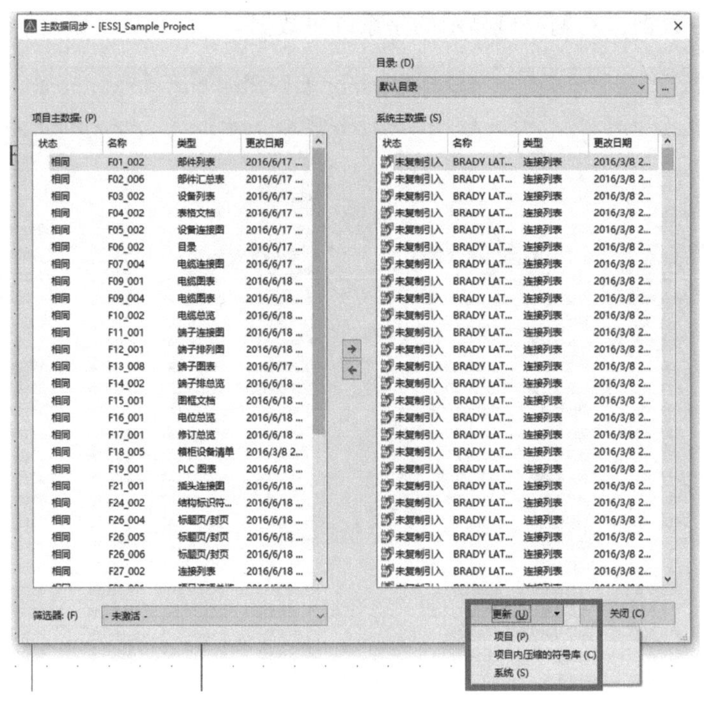

图 1-26　全面更新主数据

1.5　设计环境设置

1.5.1　设计中项目数据和主数据的存储位置

在项目设计之初需要建立合理的 EPLAN 设计环境，首先应该设定项目数据和主数据的存储位置。在前面 1.3.3 节中已经讲述了如何调整项目数据的存储位置，这个关系到用户新建项目时，到哪里去取主数据的问题。在软件安装过程中，系统都是采用默认路径、公司名称和用户名称，通过调整存储位置，用户可以将主数据存放在个人客户端计算机上，也可以存放在公司服务器上。为了实现企业数据标准化管理，以及提高数据的安全可靠性，一般推荐将项目主数据放置在企业服务器上，方便大家共享使用。

1.5.2　设计中所需的部件库

在原理图中插入符号后，需要从部件库中选择一个设备型号给符号进行选型。只有经过选型的符号才具有电气属性，在后期物料统计时，才能自动生成物料报表。通常一个公司的部件库数据需要进行集中管理，一方面有利于数据的积累，另一方面有利于数据的共享，避免重复工作。在前面 1.3.4 节中已经讲述了如何设置部件库放置路径。

EPLAN 部件数据库有两种管理方式：Access（A）和 SQL 服务器（S），软件默认选择前者。当部件库数据量超过 100 MB 时，Access 数据库运行起来就会稍慢，这有可能会影响到设计效率，不过一般用户基本不会超过这个数据量。设置 SQL 数据库的方法是：选择【选项】>【设置】>【用户】>【管理】>【部件】命令，勾选“SQL 服务器”选项，单击右面【新建】按钮，进入 SQL 服务器设置对话框，如图 1-27 所示，新建一个数据库，给它命名，这里命名为 MJ_Parts001。填写相应服务器名称后，单击【确定】按钮，完成设置。

图 1-27　SQL 服务器配置

SQL 服务器配置完成后，可设置连接 Access 数据库，将其部件库中的数据以 *.XML 格式进行导出。然后配置连接 SQL 服务器，将部件库的 *.XML 数据导入软件中，系统会将其自动写入 SQL 服务器中。

1.5.3　设计中智能选型所需的部件库

所谓“智能选型”就是指软件可以自动筛选部件功能模板与符号功能模板相匹配的数据，显示在部件选型界面中，帮助工程师快速、准确地完成设备选型。但是，当企业部件数据库比较庞大时，就会影响查找速度。这时需要借助于分类查找功能，将部件数据库按厂家或产品名称进行分类管理，例如，按厂家分类，如 ABB、TE、德力西、正泰等，或者按产品分类，如断路器、接触器、指示灯等。以便选型时可以根据不同分类快速进行设备选型。设置分类管理做法：通过【选项】>【设置】>【用户】>【管理】>【部件】命令，进行不同部件库的设置，如图 1-28 所示。

1.5.4　设计中所需的翻译库

EPLAN 软件目前支持多种语言的翻译，翻译库与部件库类似，都是 Microsoft Access Database 数据库格式的 mdb 文件。在与外资企业项目合作过程中，项目设计中的文字信息经常需要自动进行语言转换。由于每个企业的行业术语都有所不同，因此需要企业将这些行业术语在导入\导出中进行编辑，将其各种语言的翻译文字添加到翻译库中。具体做法是：通过【选项】>【设置】>【用户】>【翻译】>【字典】命令，在相关项下，进行翻译库的设置选择，如图 1-29 所示。

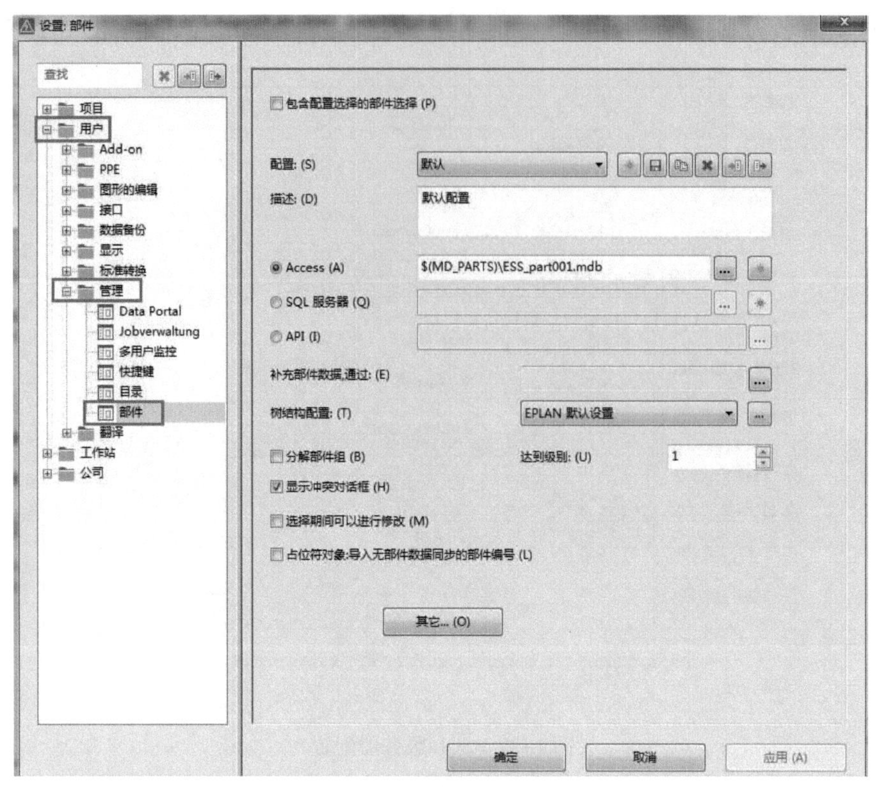

图 1–28　智能选型设置

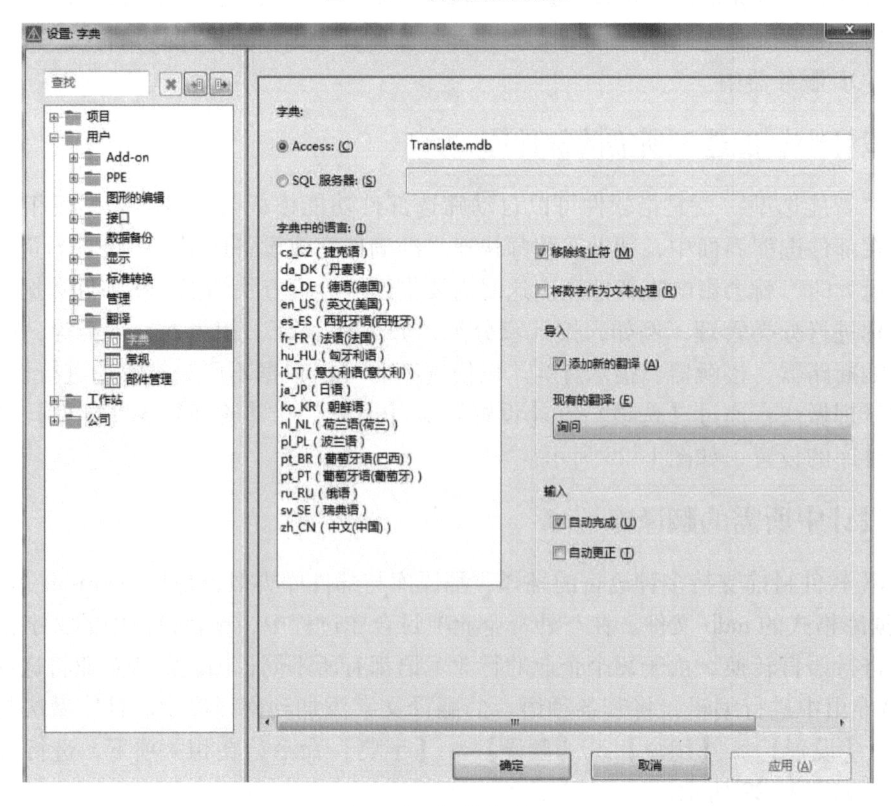

图 1–29　翻译库设置

第2章　EPLAN设计前准备

2.1　区分概念

2.1.1　不同格式的模板

EPLAN Electric P8 软件自带有两种格式的项目模板，即项目模板和基本项目模板，其扩展名分别为 *. ept 和 *. zw9（*. epb 项目模板在 1.9 之前的版本中使用，之后的新版本中不再使用这种格式）。

在软件安装目录下的“模板”文件夹中，EPLAN 软件自带了七种类型的项目模板，如图 2-1 所示。

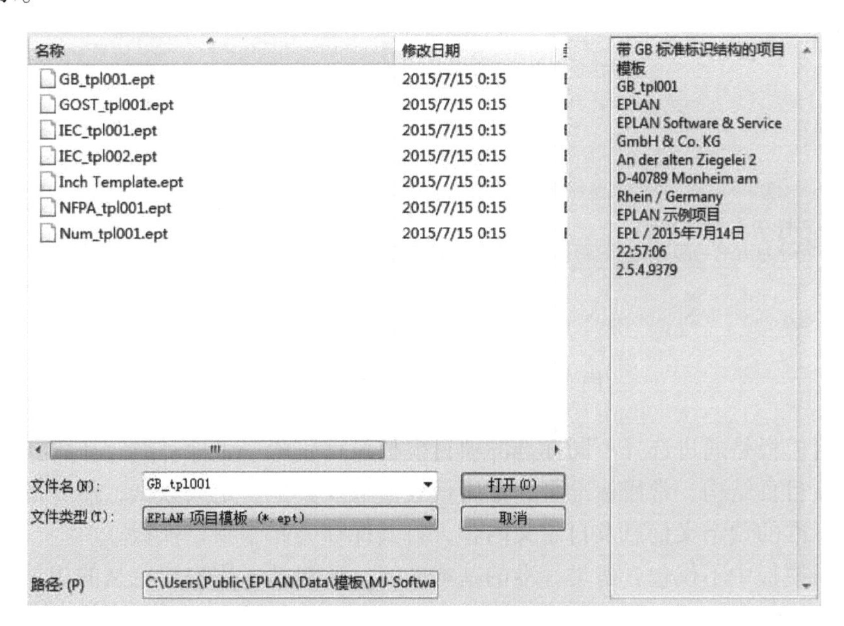

图 2-1　软件自带的项目模板

项目模板是基于某种设计标准的空项目，内置了各类标准的主数据内容，属于项目的初始模板，选择项目模板新建的项目中没有项目页结构的显示。

GB_tpl001. ept：内置 GB 标准标识结构的项目模板，自带 GB 标准符号库、图框及表格等数据。

GOST_tpl001. ept：内置 GOST 标准标识结构的项目模板，自带 GOST 标准符号库、图框及表格等数据。

IEC_tpl001. ept：内置 IEC 标准标识结构的项目模板，自带 IEC 标准符号库、图框及表格等数据。

IEC_tpl002. ept：内置 IEC_81346 标准标识结构的项目模板，自带 IEC 标准符号库、图框及表格等数据。

Inch Template. ept：内置 JIC 标准标识结构的项目模板，自带 JIC 标准符号库、图框及表格等数据。

NFPA_tpl001. ept：内置 NFPA 标准标识结构的项目模板，自带 NFPA 标准符号库、图框及表格等数据。

Num_tpl001. ept：内置带顺序编号的标识结构的项目模板，自带 IEC 标准符号库、图框及表格等数据。

在相同路径目录下，EPLAN 软件同样自带了七种基本项目模板，如图 2-2 所示。

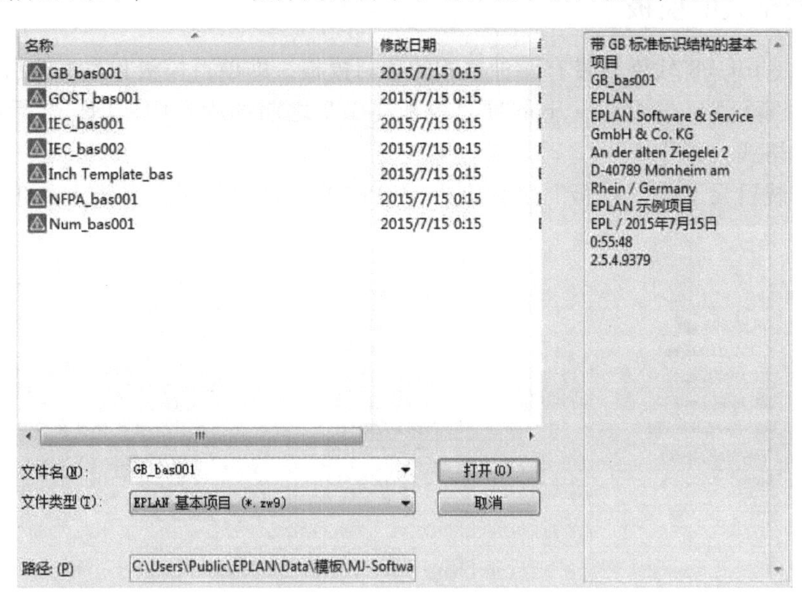

图 2-2　软件自带的基本项目模板

基本项目模板是通过选择不同标准的项目模板设计完成一个项目后，在该项目中定义了用户数据、项目页结构、常用标准页、常用报表模板及其他自定义数据，然后将原理图纸删除，只保存标准的预定义信息及自定义内容，将其保存为基本项目模板。

基本项目模板中不仅包含各类标准的基本内容，还包括了用户自定义的相关数据及项目页结构内容。应用基本项目模板创建项目后，项目页结构就被固定，不能修改。

GB_tpl001. zw9：内置 GB 标准标识结构及项目页结构的项目模板，自带 GB 标准符号库、图框及表格等数据。

GOST_tpl001. zw9：内置 GOST 标准标识结构及项目页结构的项目模板，自带 GOST 标准符号库、图框及表格等数据。

IEC_tpl001. zw9：内置 IEC 标准标识结构及项目页结构的项目模板，自带 IEC 标准符号库、图框及表格等数据。

IEC_tpl002. zw9：内置 IEC 81346 标准标识结构及项目页结构的项目模板，自带 IEC 标准符号库、图框及表格等数据。

Inch Template. zw9：内置 JIC 标准标识结构及项目页结构的项目模板，自带 JIC 标准符号库、图框及表格等数据。

NFPA_tpl001. zw9：内置 NFPA 标准标识结构及项目页结构的项目模板，自带 NFPA 标准符号库、图框及表格等数据。

Num_tpl001. zw9：内置带顺序编号的标识结构及项目页结构的项目模板，自带 IEC 标准符号库、图框及表格等数据。

2. 1. 2　模板的作用

为了规范企业图纸的标准化设计，保证每位设计者在快速完成项目设计后，项目图纸都能符合相应的设计规范及标准，这就需要企业有统一的项目模板，如图 2-3 所示。在项目模板中设置基于某种标准的规则和预定义的数据，指定模板中包括的主数据内容及各种预定义配置、层管理信息及报表模板等。使用项目模设计项目，设计者不用担心主数据是否符合标准，图样是否设计规范等问题，软件会自动按照模板设定的标准对原理图进行规范。项目报表的生成，只需在模板中定义完成之后一键便可自动生成，帮助工程师大幅提高了设计效率。

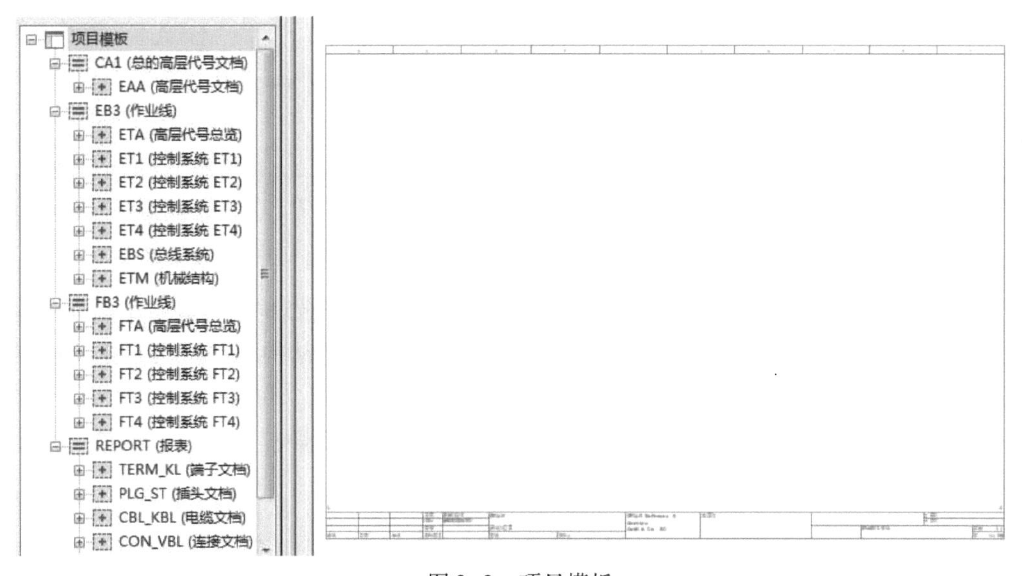

图 2-3　项目模板

2. 1. 3　模板中的信息

模板其实就是一个在某种标准和规则下，设置预定义信息及个性化定制内容的空项目。项目模板包括项目属性预定义内容、页属性预定义信息及字体、图框、关联参考显示格式等项目选项设置。模板中可以包含项目图纸、设备及表格统计内容等信息，也可以将模板中的原理图全部删除，只留下项目结构，这时需要更新报表，让报表清空。新项目的原理设计完成之后，可以使用模板中的各类报表自动统计新项目的各类表格数据。

模板中项目属性预定义内容主要包括：项目属性自定义内容的添加和设备标识符结构的设置。

用户可自定义项目属性中的内容，通过添加需要显示的属性，如果项目属性中没有用户使用的属性名称，可以使用“用户增补说明”进行代替，如图 2-4 所示。项目属性中的产品名称、审核人等信息都可作为“特殊文本”添加到图框标题栏中，在原理图纸的图框标题栏中将自动显示项目属性中的变量内容。

在项目属性的“结构”选项卡中，定义了模板中不同设备组的标识符结构，如图 2-5 所示。通过基本项目模板创建的项目，页结构被固定不能修改。

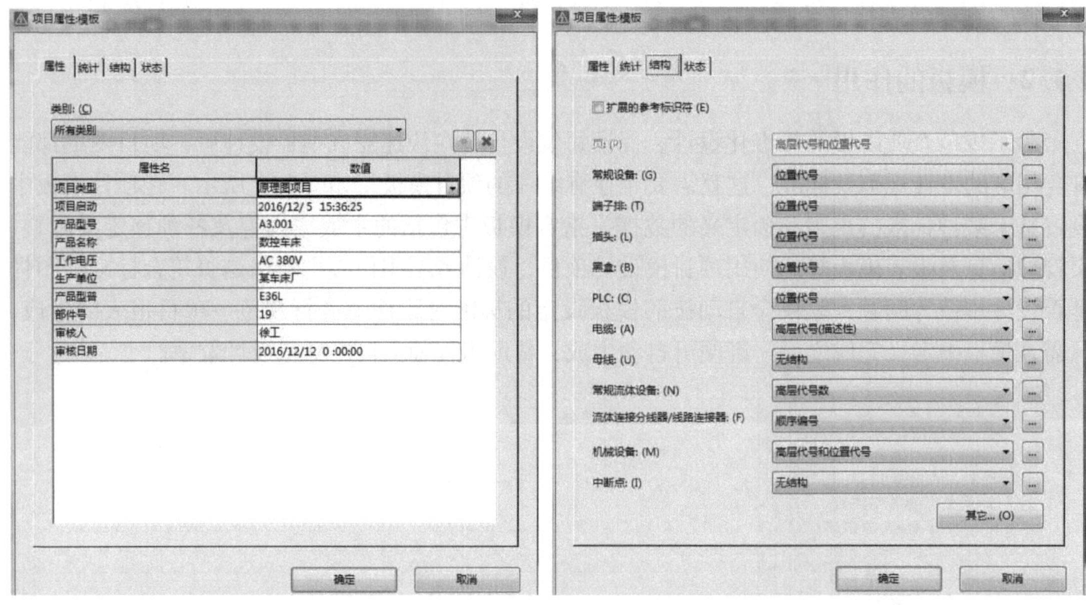

图 2-4　项目属性预定义信息　　　　图 2-5　设备组标识符结构

项目中的常规设备、端子排、插头、PLC 及中断点等标识符结构通过设备组后面的[...]按钮，进入“设备结构”界面，通过配置中的下拉菜单定义设备结构。用户可自定义新的结构配置，结构下拉菜单中包括：功能分配、高层代号、安装地点、位置代号、高层代号数及用户定义的结构五种结构名称，在“数值”栏的下拉菜单中选择：标识性、描述性、不可用三种功能，如图 2-6 所示。

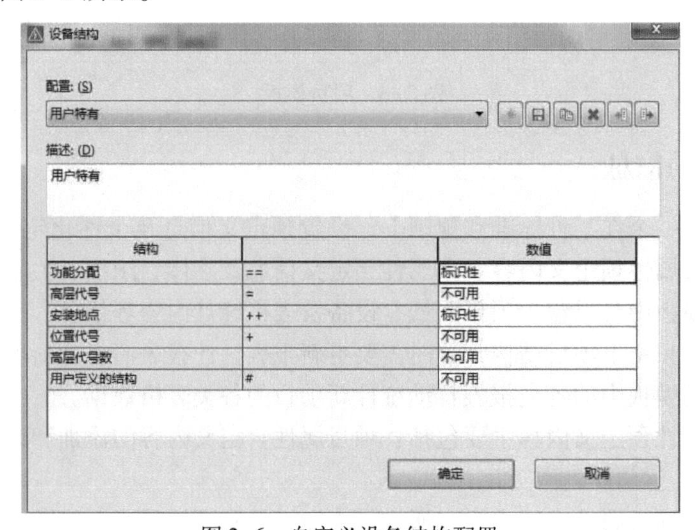

图 2-6　自定义设备结构配置

模板中的页属性预定义信息与项目属性的预定义信息类似，通过添加需要显示的属性名称，如果属性列表中没有需要显示的变量名称，可用“用户增补说明”代替，如图 2-7 所示。

模板中的字体、默认图框及关联参考格式等内容，通过“选项”菜单下的“设置”进行修改，如图 2-8 所示。

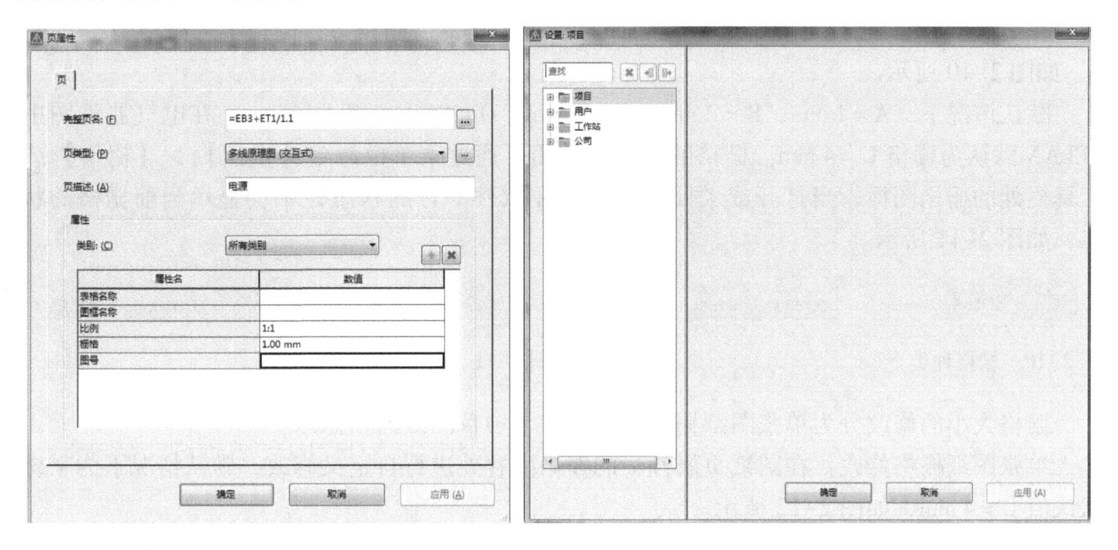

图 2-7　页属性预定义信息　　　　图 2-8　模板选项设置

设置界面包括项目、用户、工作站和公司四部分内容。项目部分主要是针对当前工程项目中的设置，例如，关联参考、字体、图框等内容就可以在“项目”中进行设置，如图 2-9 所示。

图 2-9　模板选项设置

2.2　栅格的作用

2.2.1　栅格的种类

在 EPLAN 工具栏处有五种栅格类型，分别是栅格 A、栅格 B、栅格 C、栅格 D 和栅格 E，如图 2-10 所示。

默认情况下，A = 1 mm，B = 2 mm，C = 4 mm，D = 8 mm，E = 16 mm，在电气原理图中 EPLAN 默认为栅格 C = 4 mm。栅格的打开与关闭可通过菜单栏命令【视图】 > 【栅格】或工具栏处的栅格图标，当打开或关闭栅格时，在软件下方的状态栏中会显示当前栅格的状态，如图 2-11 所示。

RX: 40.81　RY: 30.11　打开: 4.00 mm 逻辑 1:1 #

图 2-10　栅格种类 　　　　图 2-11　栅格状态显示

栅格大小的修改分为单张图纸栅格修改和整个项目图纸栅格修改。

单张图纸栅格修改：在图纸页属性中的栅格内容处进行自定义修改，默认情况下为系统默认值 C = 4 mm，如图 2-12 所示。

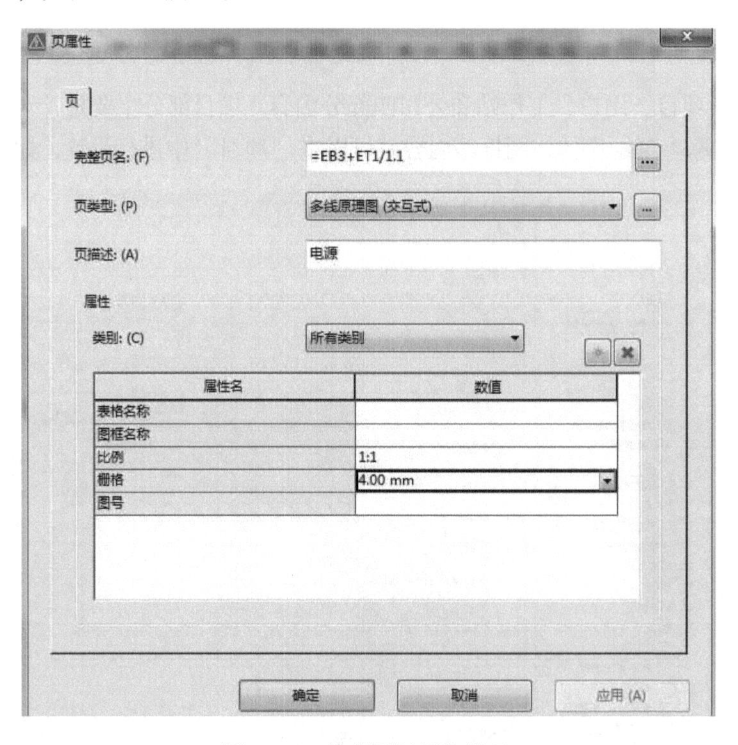

图 2-12　单张图纸栅格设置

整个项目图纸栅格修改：通过菜单命令【选项】 > 【设置】 > 【项目】 > 【管理】 > 【页】，设置页类型栅格中的“电气工程原理图”默认栅格，如图 2-13 所示。

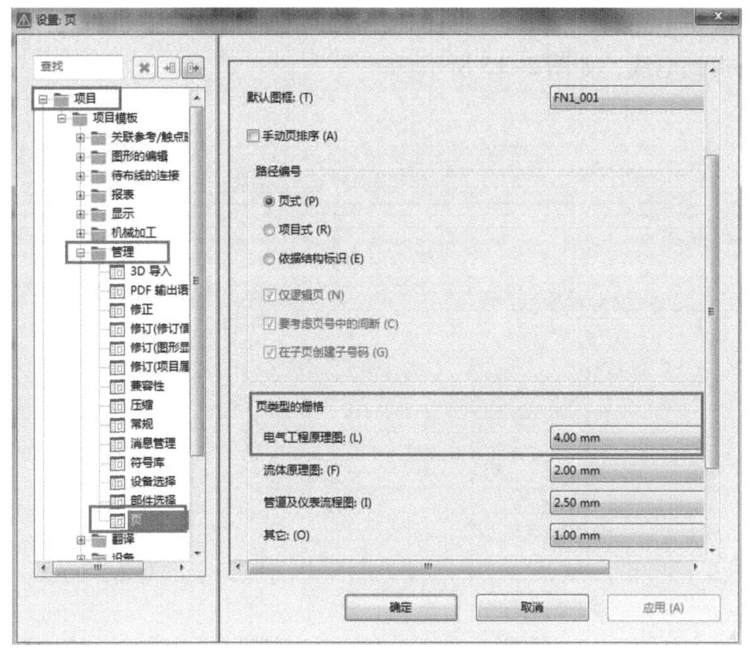

图 2-13　项目图纸栅格设置

2.2.2　使用栅格的情况

在 EPLAN 中，需要必须使用栅格及栅格捕捉的环境主要有两个，一个是原理图的绘制，另一个是在新建符号的时候必须要打开栅格捕捉。

在原理图设计过程中，EPLAN 具有自动连线功能，通常借助栅格点捕捉对齐到符号的各个连接点，让符号之间快速完成电气连接，如图 2-14 所示。

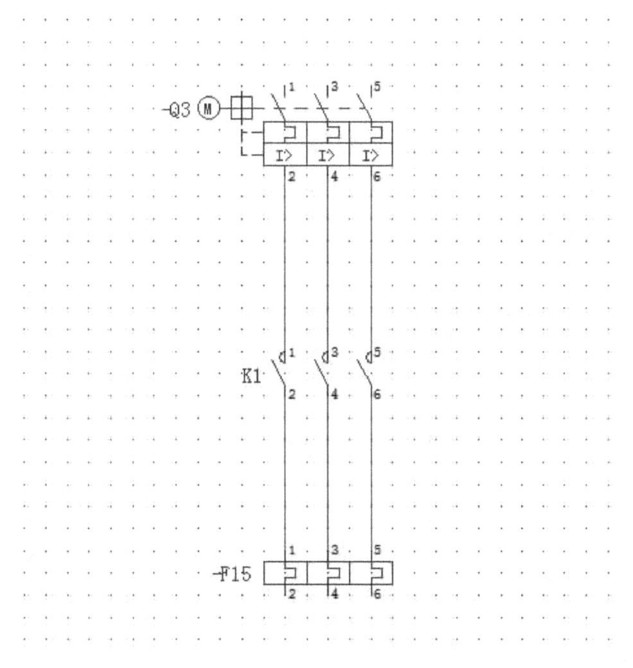

图 2-14　符号快速连线

在移动或插入宏电路时，整个宏电路都是在等间距的栅格点上进行移动或插入，方便节点指示器快速捕捉到电线，如图 2-15 所示。

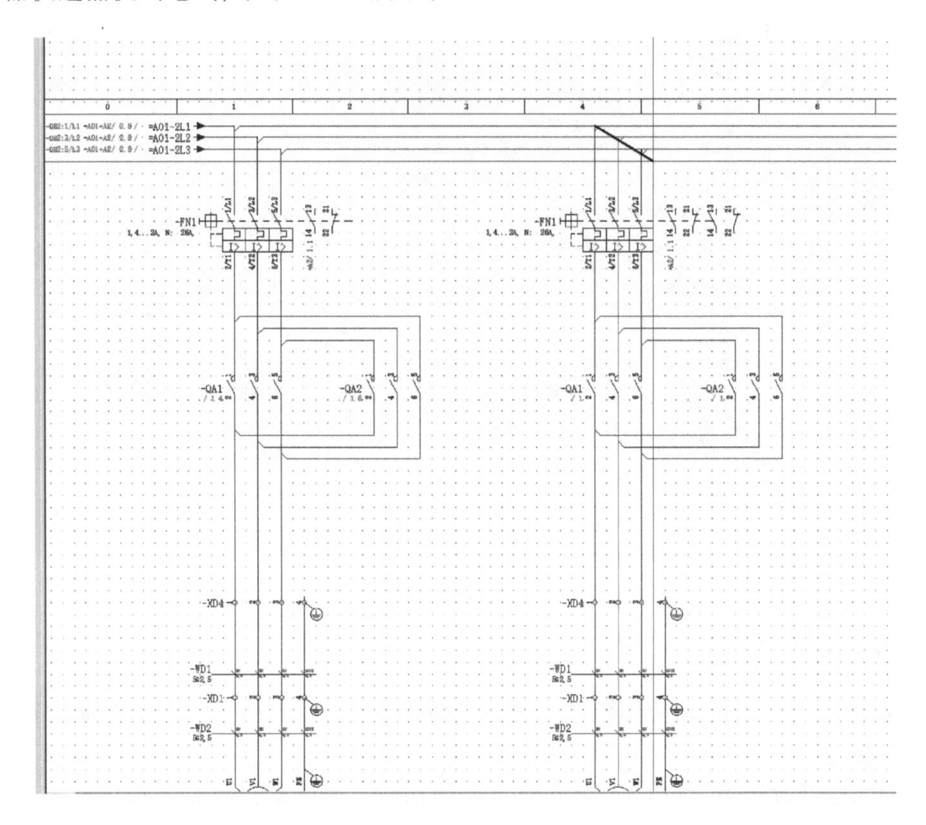

图 2-15　节点指示器快速捕捉电线

2.2.3　栅格使用中的注意事项

栅格在设计使用过程中一定要打开“捕捉到栅格”功能，通过菜单命令【选项】 > 【捕捉到栅格】或在软件的工具栏处单击【开/关捕捉栅格】按钮，如图 2-16 所示。如果未打开该功能，图纸即便显示栅格，符号连接点也无法快速对齐到栅格点上。

图 2-16　开/关捕捉到栅格功能

在原理图设计过程中，设计人员有时会忘记开启“捕捉”功能，已经放置到图纸中的符号无法进行自动连线，当打开捕捉功能后，符号的连接点仍未在栅格捕捉点上，如图 2-17所示。这时，需要通过“对齐到栅格”功能，将已放置的符号连接点捕捉到栅格点上。通过菜单命令【编辑】 > 【其他】 > 【对齐到栅格】将所选择对象的插入点重新放置到栅格上，在使用该功能之前一定要打开“捕捉”功能，如图 2-18 所示。

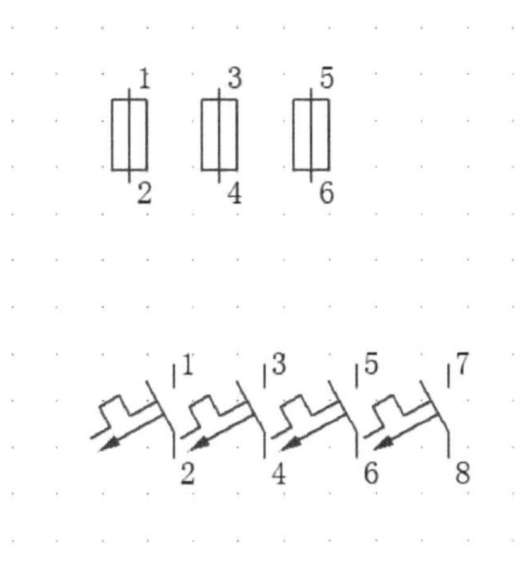
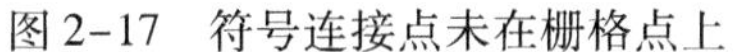

图 2-17　符号连接点未在栅格点上

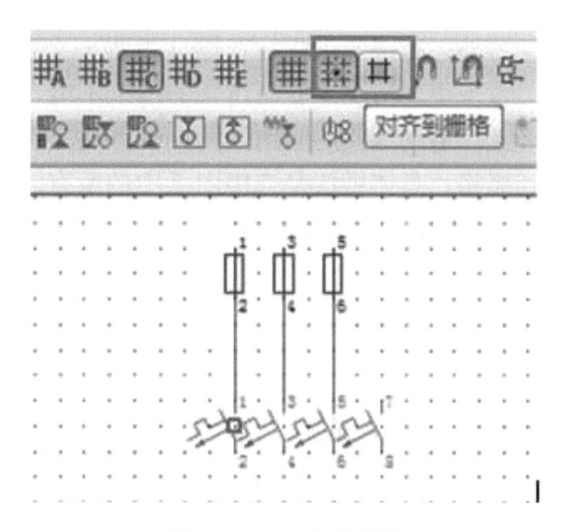

图 2-18　对齐到栅格

在设置原理图栅格大小时，一定要与符号编辑器中符号连接点的间距保持一致或者为整倍数关系，如图 2-19 所示。如果原理图中的栅格间距设置过大，就会导致符号的某些连接点未在栅格捕捉点上，即便使用“对齐到栅格”功能，也不能进行自动连线；如果设置栅格过小，将会导致符号不能快速准确地进行连线对齐，影响设计效率，如图 2-20 所示。

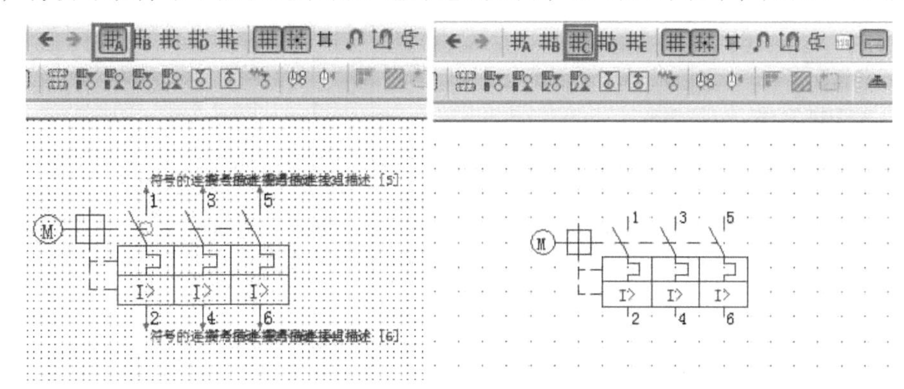

图 2-19　符号编辑栅格设置

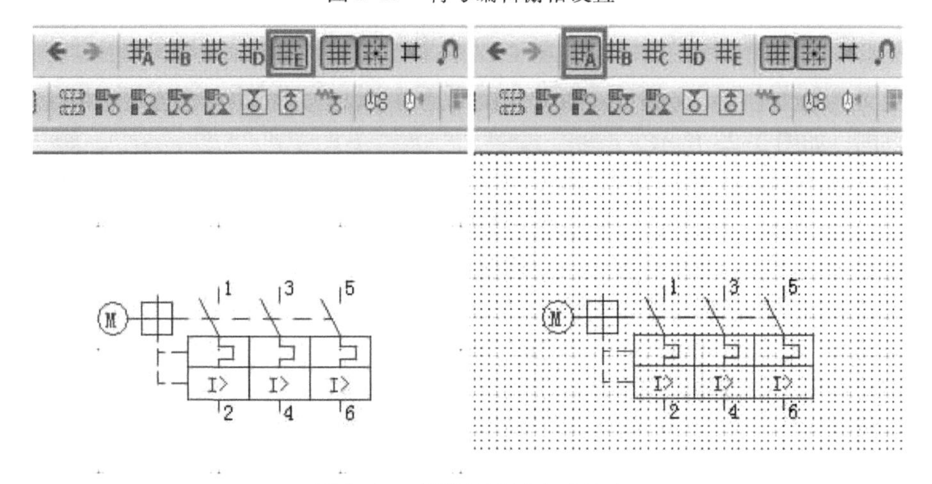

图 2-20　栅格设置过大或过小

另外，有很多工程师在设计过程中会经常复制图纸中的部分电路到不同项目中的图纸上，发现很多情况下复制过来的图纸不能自动连线，这就说明两个图纸的电路的连接点不在栅格上。遇到这样的问题，解决的办法是在复制前，必须将需要复制的图纸和目标图纸都对齐到栅格，具体做法是选中图纸中的所有元素，然后选择菜单命令【编辑】>【其他】>【对齐到栅格】，两边都做这个操作后，复制的电路就可以顺利自动连接了。

2.3 名词解释

2.3.1 各种定义

在电气设计中 EPLAN 包含七种常用的定义：电缆定义、连接定义点、电位定义点、网络定义点、端子排定义、插头定义和部件定义点，如图 2-21 所示。过程定义点和过程连接点属于 EPLAN PPE 模块中的功能。

电缆定义用于设置电缆连接，将电线连接转换为电缆缆芯连接，在图形编辑器中以动态形式添加。如果电缆为屏蔽电缆，需要结合“屏蔽”功能，在图形编辑器中表示该电缆为屏蔽电缆，屏蔽层可进行接地处理，如图 2-22 所示。

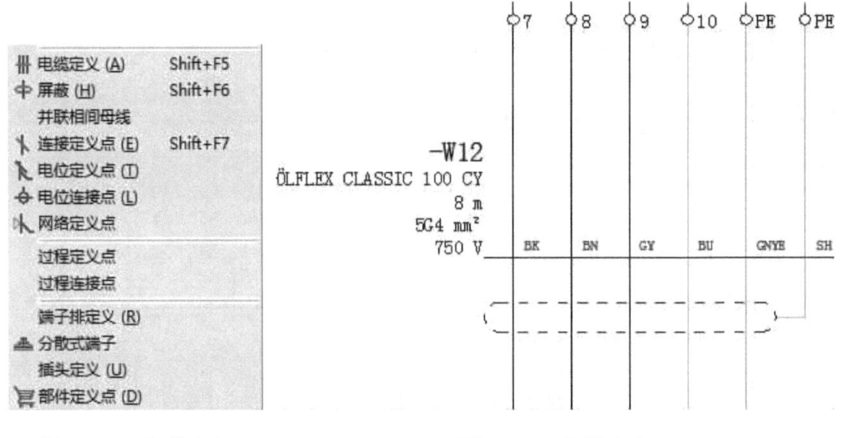

图 2-21 各种定义　　　　图 2-22 电缆定义

连接定义点是为连接定义属性。所谓连接就是两个设备之间的自动连线，属于物理性的最小连接范围，如图 2-23 所示。

EPLAN 中所有的电线都是自动连接，定义每根电线的连接属性需要通过连接定义点来完成，如图 2-24 所示。连接定义点的另一功能是手动标注线号，当线号没有规律时采用手动插入连接定义点设置；当线号有一定规律时，通过“连接编号”功能自动完成电线编号。

电位定义点与电位连接点都是用于定义电位。所谓电位是指在特定时间内的电压水平，从有源设备发起，终止于耗电设备，如图 2-25 所示。

电位定义点用于设备的连接电位定义。外形类型连接定义点，一般位于耗电设备（变压器、整流器或开关电源）的输出端，因为这些设备改变了回路的电位值，如图 2-26 所示。

电位连接点的外形类型端子，用于电位的发起，例如，配电柜电源的进线或者图样电源

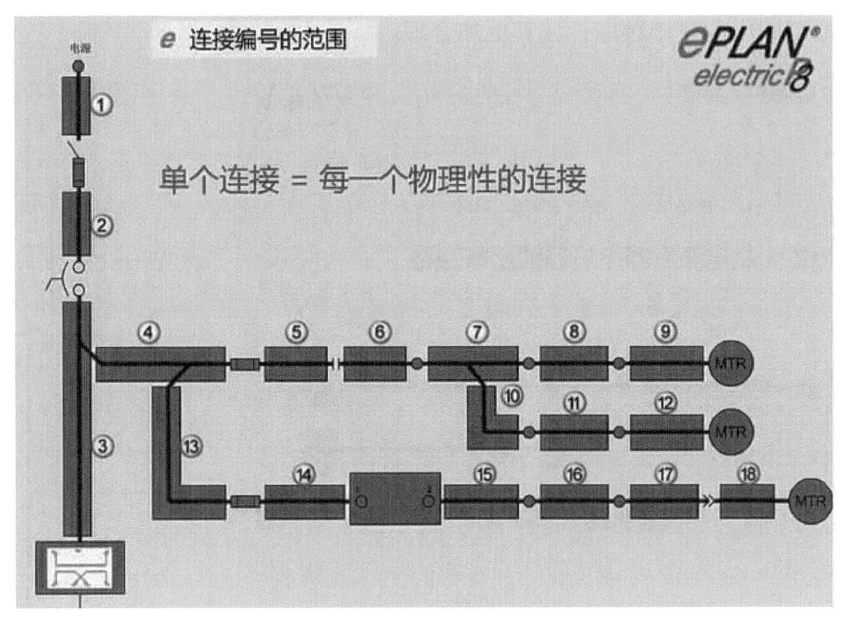

图 2-23　连接定义

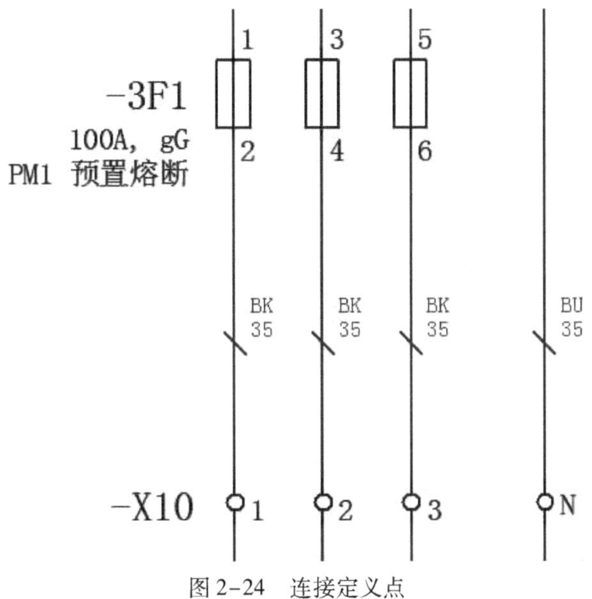

图 2-24　连接定义点

的起点，如图 2-27 所示。

所谓网络是指元件之间的所有回路。元件之间的网络连接由单个或多个回路组成，如图 2-28 所示。

网络定义点用于定义整个网络接线的源和目标，无须考虑“连接符号”的方向。网络定义比“指向目标的连接”表达更简洁和清楚。

网络定义点主要用于多个继电器的公共端短接在一起或门板上的按钮、指示灯的公共端短接在一起。在设计原理图时，公共端短接的连接关系用“指向目标”的 T 节点表达比较麻烦，如图 2-29 所示。使用网络定义点和连接列表可以清晰方便地进行连接关系表达，如图 2-30 所示。如果使用 ProPanel 自动布线功能，软件根据布线（布线采用就近原则）的实际情况优化原理图中的连接顺序，使其更加合理。

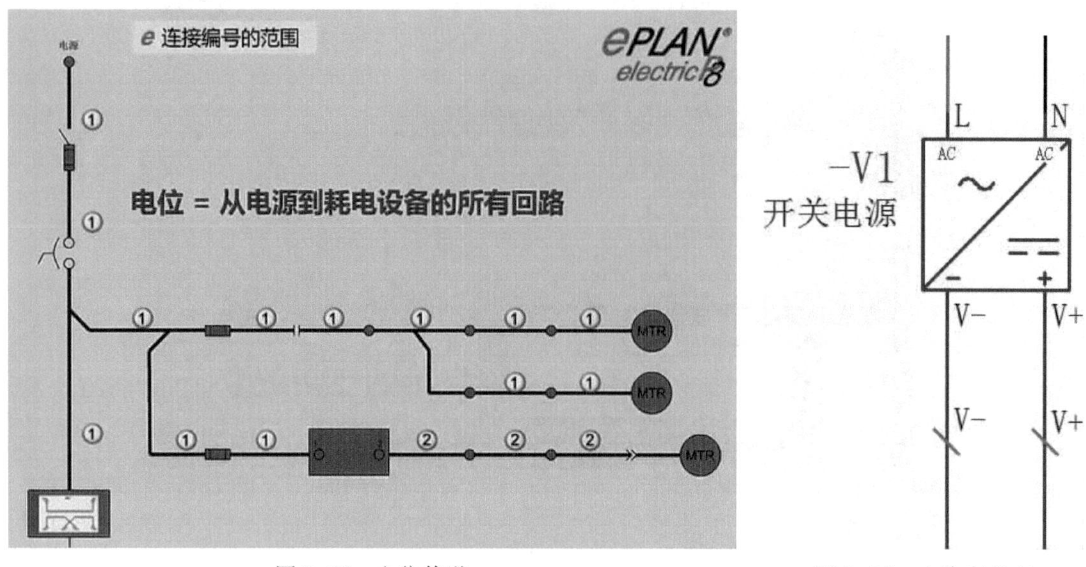

图 2-25　电位传递　　　　图 2-26　电位定义点

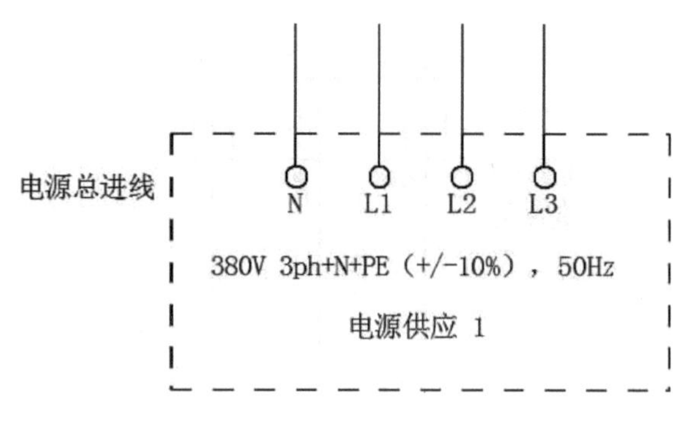

图 2-27　电位连接点

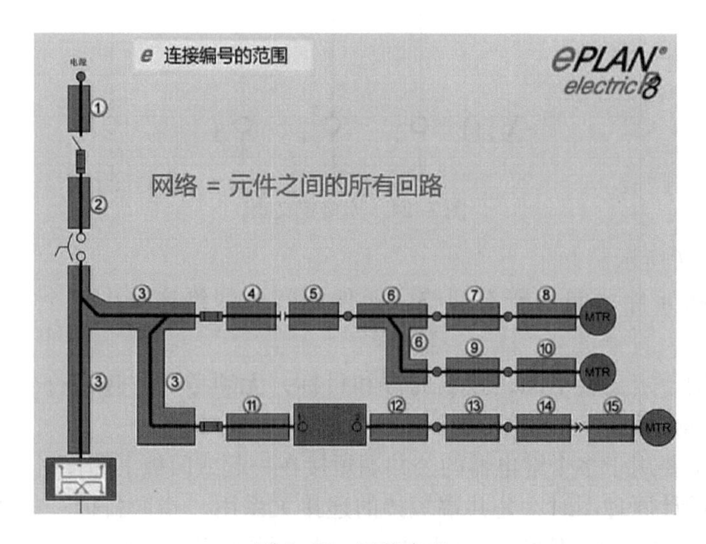

图 2-28　网络定义

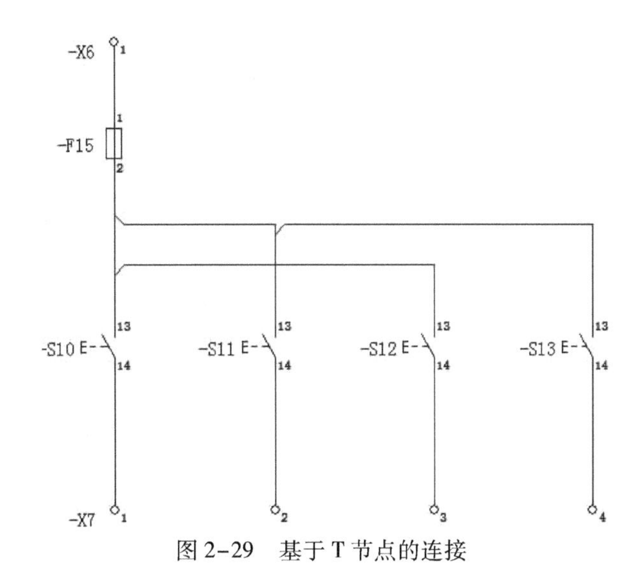

图 2-29　基于 T 节点的连接

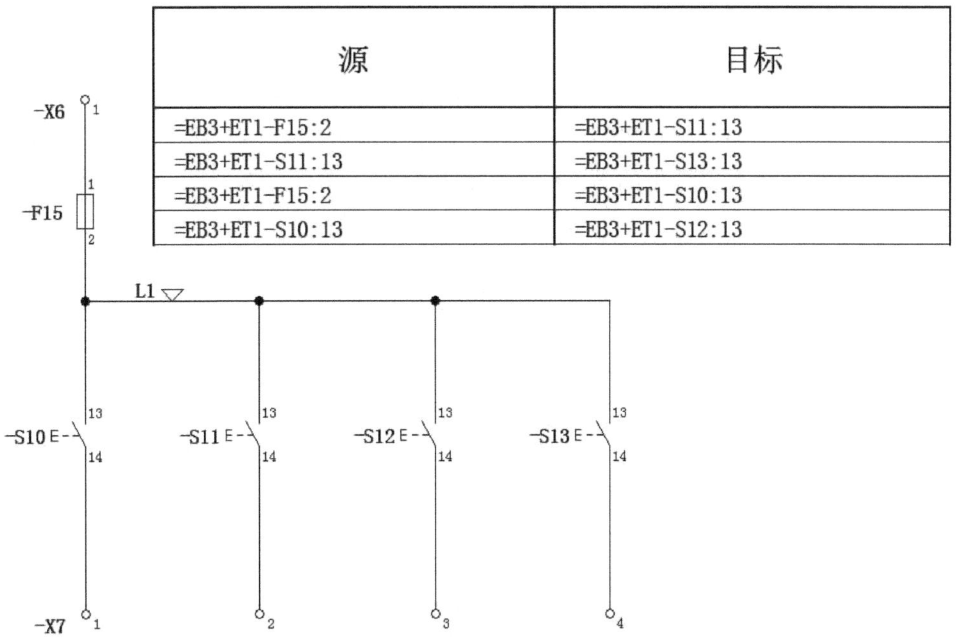

源	目标
=EB3+ET1-F15:2	=EB3+ET1-S11:13
=EB3+ET1-S11:13	=EB3+ET1-S13:13
=EB3+ET1-F15:2	=EB3+ET1-S10:13
=EB3+ET1-S10:13	=EB3+ET1-S12:13

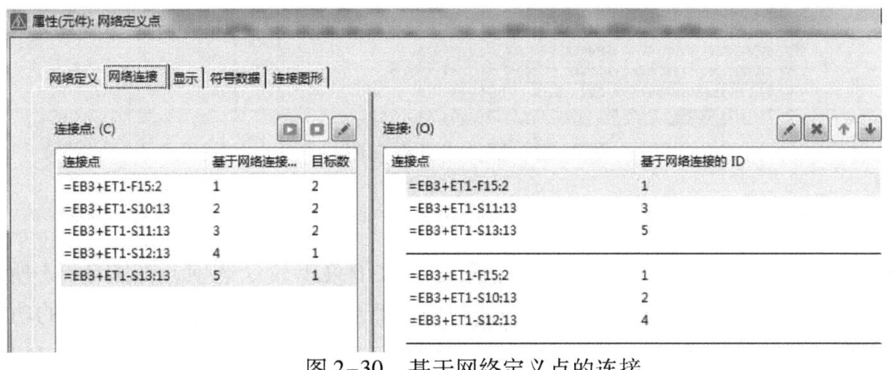

图 2-30　基于网络定义点的连接

端子排定义主要用于将用途相同的单个端子绑定在一个排上，便于端子的管理。实际中端子排定义并不是具体的设备，而是类似端子排的功能标签，如图 2-31 所示。

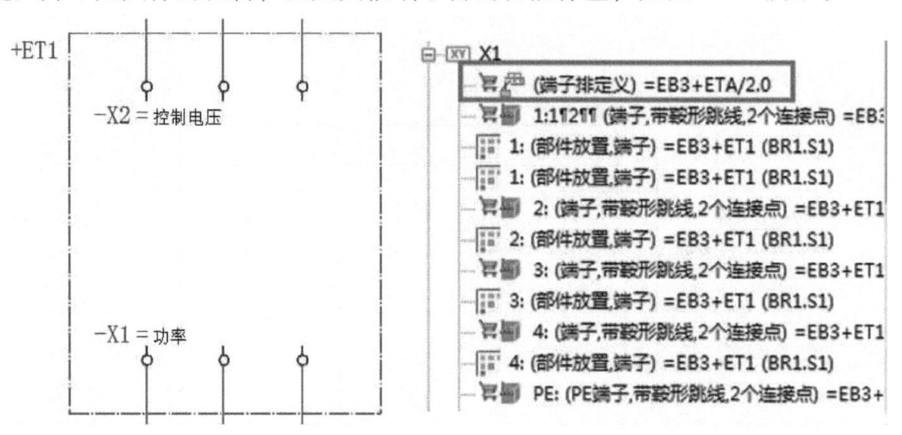

图 2-31　端子排定义

插头定义与端子排定义类似。

部件定义点用于定义一些不需要出现在原理图上的部件型号，但需要在材料表或安装板上体现，使用部件定义点即可实现部件编号的添加，如线槽、导轨、螺钉等附件，如图 2-32所示。当然，并不是一定要使用部件定义点才能解决类似问题，例如，线槽和导轨可以作为安装板附件放在安装板的部件编号中；压接端子可以作为导线部件的附件；螺钉可以作为接触器的附件等。

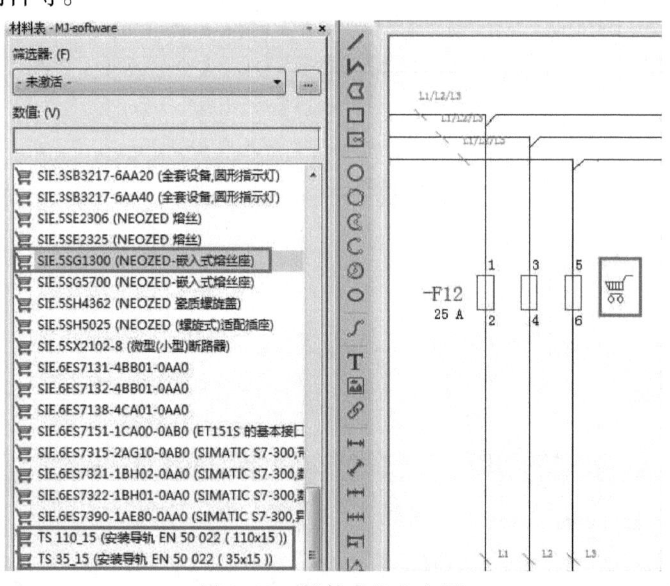

图 2-32　部件定义点应用

2.3.2　菜单上的名词含义

EPLAN 共有 12 个菜单命令，每个菜单下都有下拉子菜单命令选项，如图 2-33 所示。

【项目】菜单主要用于项目的前期管理、后期归档处理及新模板保存等功能。常用的功能有管理、新建、打开/关闭、打包/解包、备份/恢复等，其中后三项为一组相对功能，如图 2-34 所示。

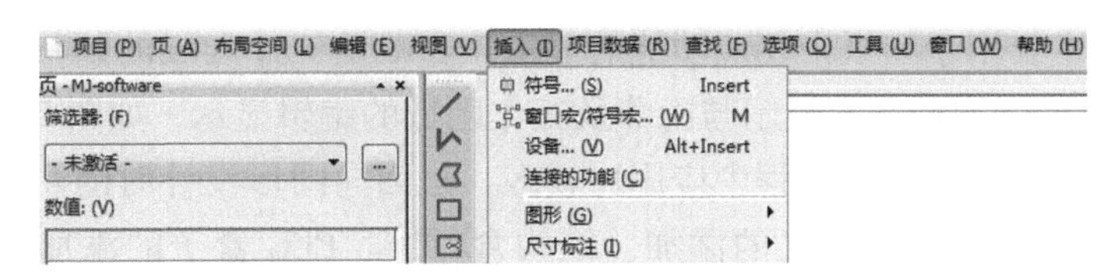

图 2-33　菜单功能

【页】菜单主要是针对图纸页的相关功能，常用功能包括页的新建、页宏的创建和插入、CAD 和 PDF 文件的导入及导出等，如图 2-35 所示。

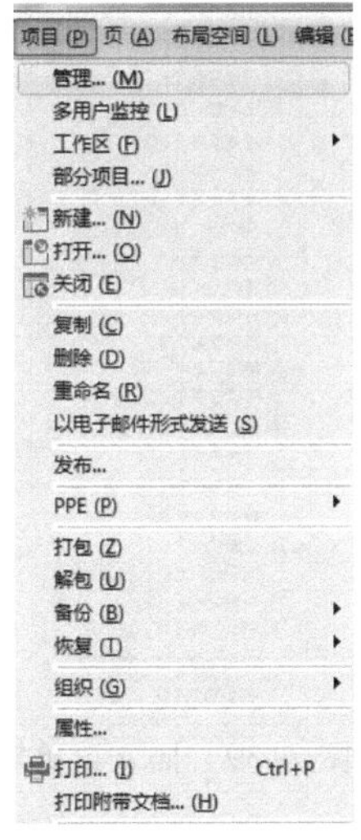

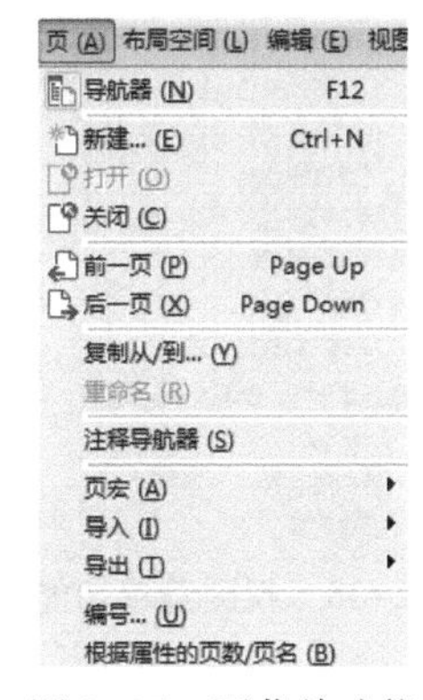

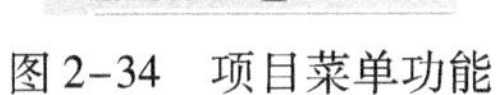
图 2-34　项目菜单功能　　　图 2-35　页菜单功能

【布局空间】菜单主要用于 ProPanel 中的 3D 模型的导入、导出及结构空间的导入、导出，如图 2-36 所示。

【编辑】菜单主要用于图纸中图形的修改及文本的编辑，其中包含了 CAD 中常用的工具，用于项目主数据的图形、文本编辑以及图形编辑器中元件的编辑功能，如图 2-37 所示。

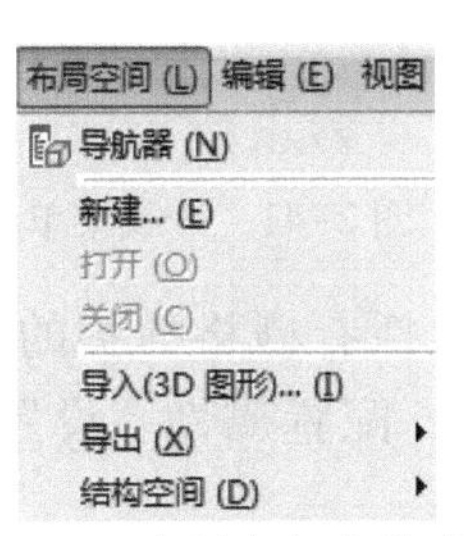

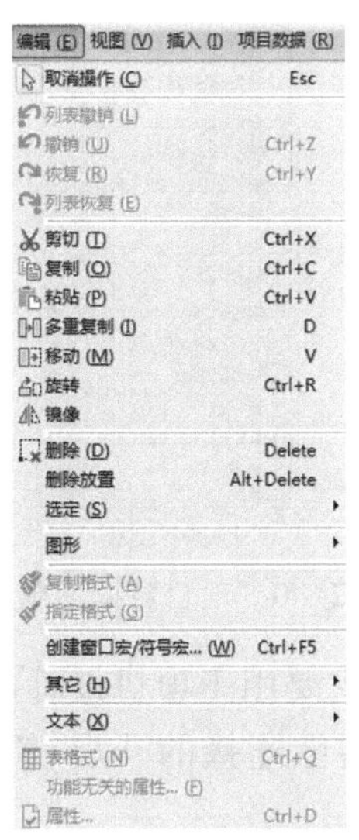

图 2-36　布局空间菜单功能　　　图 2-37　编辑菜单功能

【视图】菜单主要用于图纸中相应功能的显示、隐藏及工作区域的调整显示。常用的功能有插入点、栅格、图形预览的显示与隐藏及工作区域的编辑显示，如图 2-38 所示。

【插入】菜单在原理图设计过程中应用比较多，是面向图形设计时的功能应用。常用功能包括符号、宏的插入，各种定义的添加，结构盒/黑盒/PLC 盒子的添加以及宏变量的创建，如图 2-39 所示。

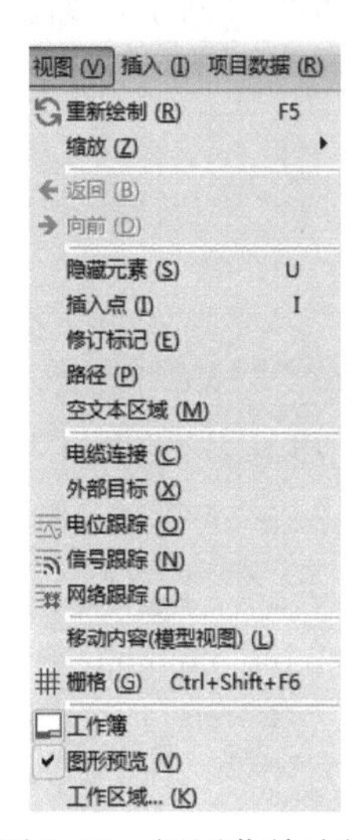

图 2-38　视图菜单功能

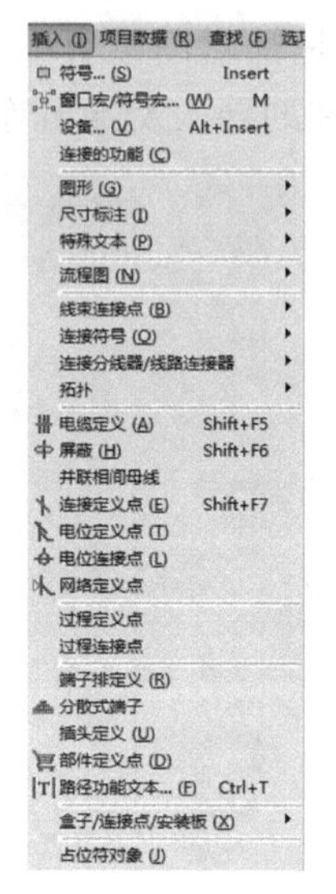

图 2-39　插入菜单功能

【项目数据】菜单通过各种导航器来管理项目中的数据，是面向对象设计时的功能应用。常用功能有设备、端子排、插头、PLC、电缆等导航器、2D/3D 安装板布局设计以及项目数据错误检查等，如图 2-40 所示。

【查找】菜单通过设置查找对象和界定查找范围，快速定位图纸中需要查找的数据，便于数据的批量替换，如图 2-41 所示。

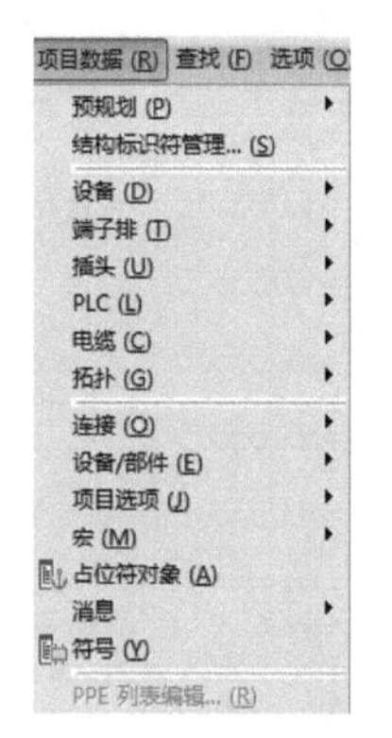

图 2-40　项目数据菜单功能

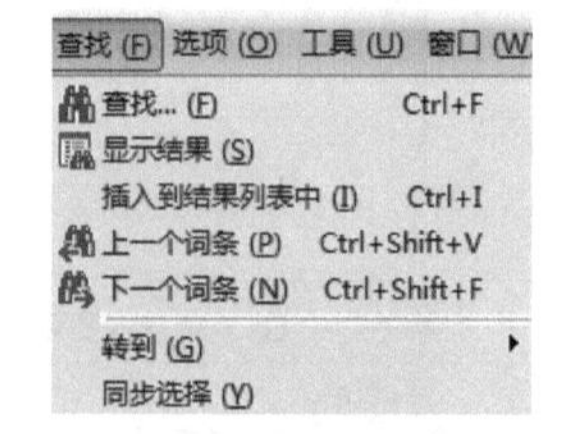

图 2-41　查找菜单功能

【选项】菜单主要用于项目设计的相关设置，包括有栅格捕捉的开启/关闭、设计模式的开启/关闭、智能连接的开启/关闭以及层管理、配置属性、设置等功能的配置，如图 2-42 所示。

【工具】菜单主要用于报表的生成、部件库管理、Data Portal 数据下载、主数据的新建及翻译功能。该菜单在项目设计过程中非常重要，主要完成项目基础数据的创建，如图2-43所示。

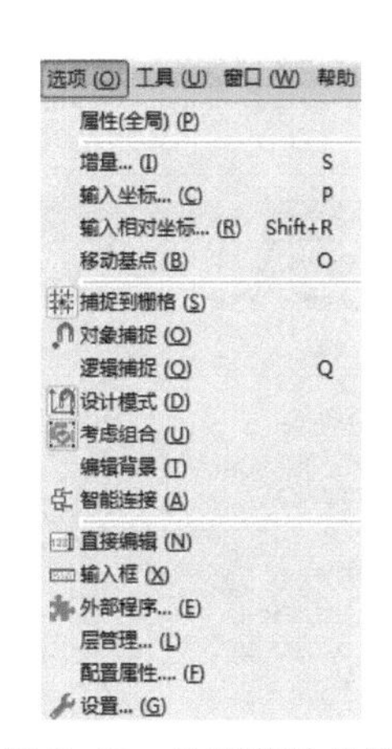

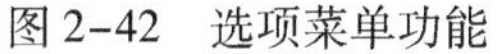

图2-42　选项菜单功能　　　　图2-43　工具菜单功能

【窗口】菜单主要用于图形编辑器界面图纸的层叠和横纵显示设置，如图2-44所示。

【帮助】菜单主要用于帮助用户对EPLAN功能的了解及软件版本信息的查看，如图2-45所示。

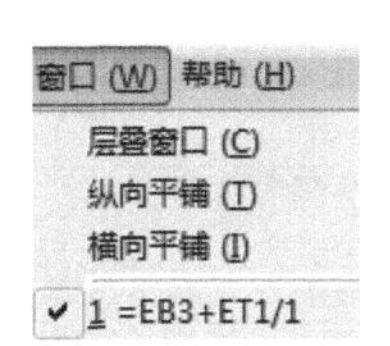

图2-44　窗口菜单功能　　　　图2-45　帮助菜单功能

2.3.3　项目数据下的名词

在【项目数据】菜单下包含16种功能名称：预规划、结构标识符管理、设备、端子排、插头、PLC、电缆、拓扑、连接、设备/部件、项目选项、宏、占位符对象、消息、符号和PPE列表编辑，如图2-40所示。其中预规划、结构标识符管理功能属于项目前期设计规划功能；设备、端子排、插头、PLC、电缆、拓扑属于面向对象设计中的主要元素；连接、设备/部件、项目选项、宏、占位符对象、消息属于原理设计完成后的后期项目处理。

“预规划”用于前期项目设计的规划，在导航器中新建结构段和规划对象，通过“导入”功能可以将之前的规划文件导入项目中，如图2-46所示。

“结构标识符管理”主要用于规划项目的结构，定义高层代号、位置代号等结构标识符名称和描述，以及后期在项目中的应用状态，如图2-47所示。

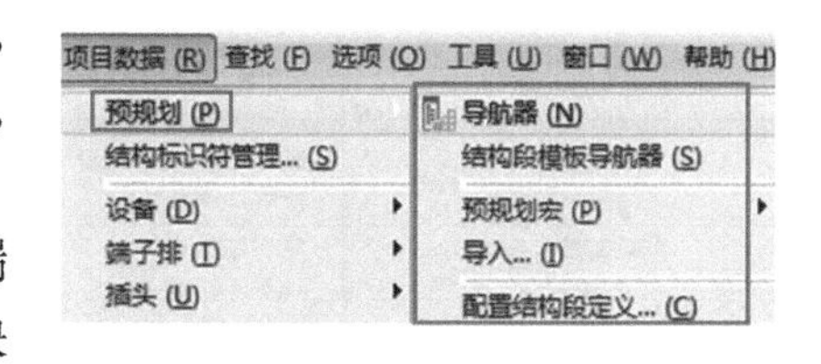

图2-46　预规划功能

“设备”中包含了图纸中所有的电气元件，如端子排、插头、PLC和电缆等。通过设备导航器可快速定位图纸中的设备，也可在设备导航器中预添加项目数据，在原理图设计时直接“拖拽”到图纸上。“编号”功能主要用于对图纸中的设备标识符进行顺序编号，如图 2-48 所示。

“端子排”是从“设备”中单独分离出来的，只含有项目中的所有端子排。在端子排导航器中可批量添加单层或多层端子、对端子排中的端子进行顺序编号以及在端子排编辑器中对端子进行调整和手动跳线，如图 2-49 所示。

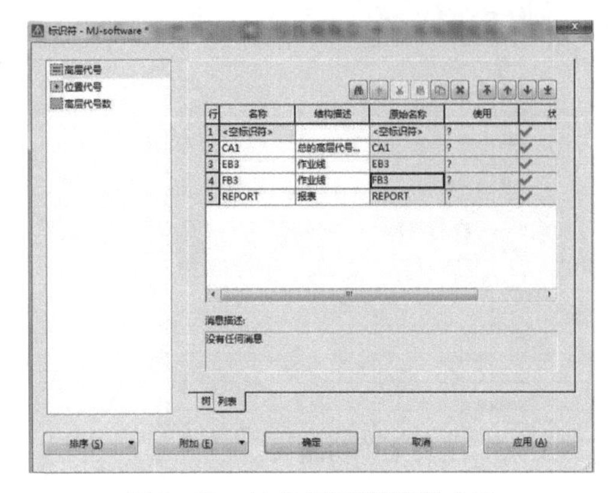

图 2-47　结构标识符管理功能

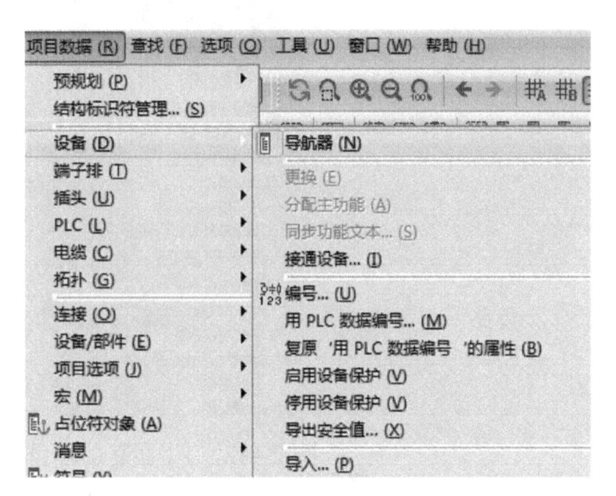

图 2-48　设备功能

“插头”与端子排类似，在插头导航器中可批量添加项目中的插头设备、通过“编辑”功能对项目中的插头进行排序和调整，如图 2-50 所示。

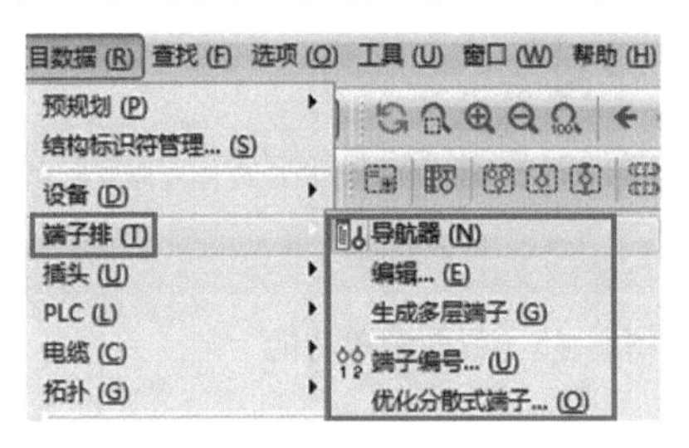

图 2-49　端子排功能

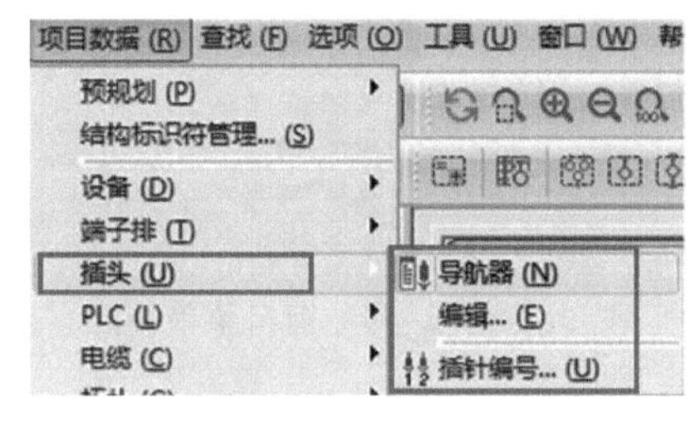

图 2-50　插头功能

“PLC”中包含了项目中所有的 PLC 设备，在导航器中可预添加 PLC 设备、设置 PLC 数据类型及 PLC 编址，如图 2-51 所示。

“电缆”中包含了项目中所有的电缆，在导航器中可预设电缆设备、对电缆标识进行编号、设置自动选择的电缆型号和重新分配电缆缆芯，如图 2-52 所示。

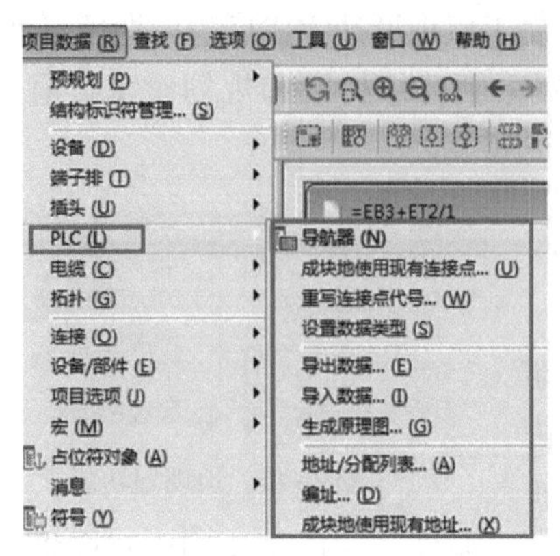

图 2-51　PLC 功能

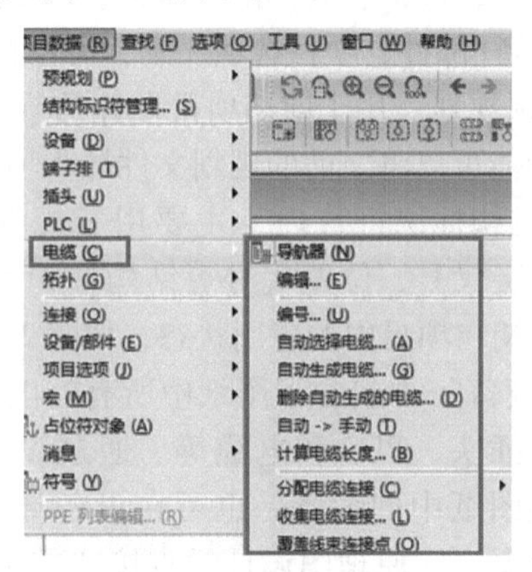

图 2-52　电缆功能

“连接”主要对项目中的“连接定义点”进行批量修改，对电线进行批量编号，显示项目中的电位、过程、中断点导航器以及3D中的自动布线，如图2-53所示。

“设备/部件”主要包括材料表、2D安装板布局和3D安装板布局导航器，以及2D安装板中组件的尺寸更新，如图2-54所示。

“消息”主要用于检查项目中是否有不符合规范的设计及人为的错误，帮助设计人员查找项目中的错误。通过“执行项目检查”设置项目检查的错误提示类型，在管理中查看各个错误类型及转至图纸中，如图2-55所示。

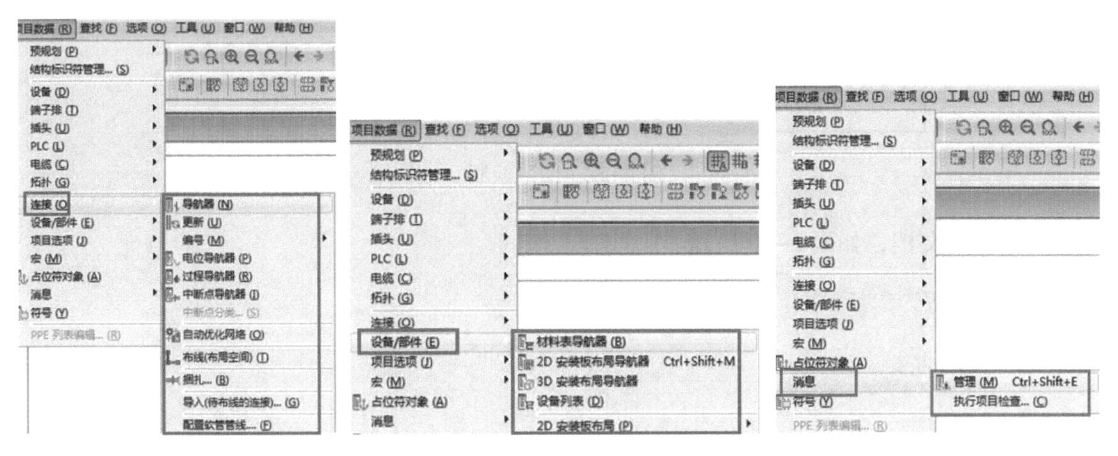

图2-53　连接功能　　图2-54　设备/部件功能　　图2-55　消息功能

2.4　图形和图纸

2.4.1　图形及其工具

EPLAN工具栏中的“图形”功能类似CAD的图形编辑功能，主要对项目主数据中的符号图形进行绘制、修改，图框标题栏的绘制及表格图形的编辑。图形工具中主要包括直线、折线、弧线、圆、曲线等图形绘制，文本、图片、超链接的插入及尺寸标注功能，如图2-56所示。

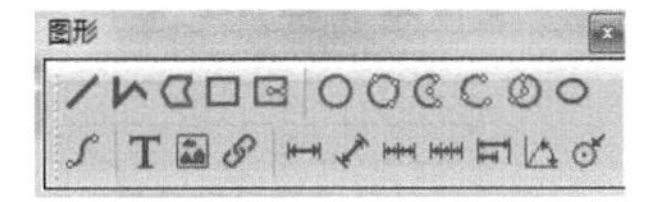

图2-56　图形工具

在图形编辑器中绘制直线、折线、圆和曲线等图形，如图2-57所示。

文本、图片及超链接的插入主要是丰富原理图的设计，使原理图的内容更加具体。其中文本包括普通文本和路径功能文本，如图2-58所示。普通文本只是文字显示，没有其他属性；路径功能文本不仅具有普通文本的文字显示功能，而且会将文本内容写入同一路径的设备功能文本中，在设备属性或报表中可显示路径功能文本信息。

在原理图设计中，符号旁边可添加该设备的图片信息，使符号与实物能一一对应，便于图纸选型及设备信息核对，如图2-59所示。

超链接主要完成原理图设备的技术文档链接。在设计过程中经常要查阅相关设备的技术文档，将技术文档添加为超链接，只需在设计过程中按“Ctrl”+“单击超链接文本”即可

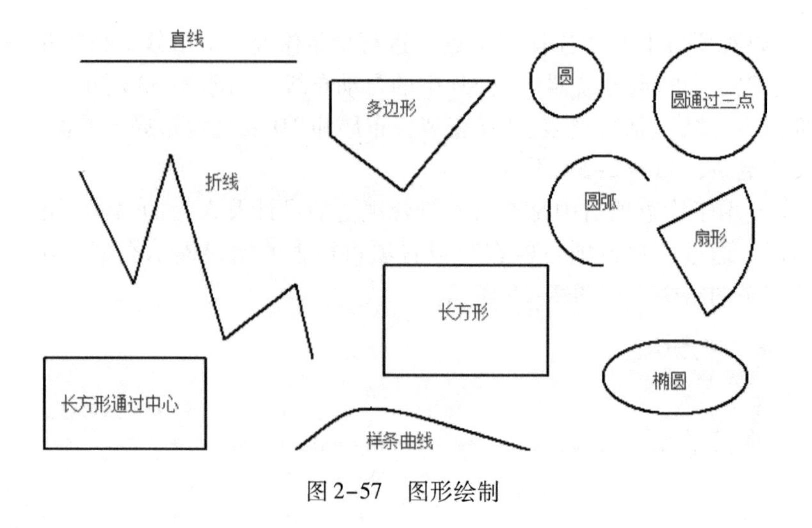

图 2-57　图形绘制

打开相关技术文档，如图 2-60 所示。

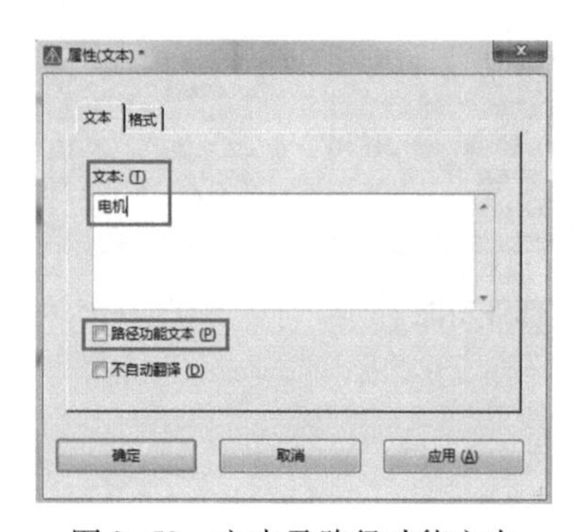

图 2-58　文本及路径功能文本

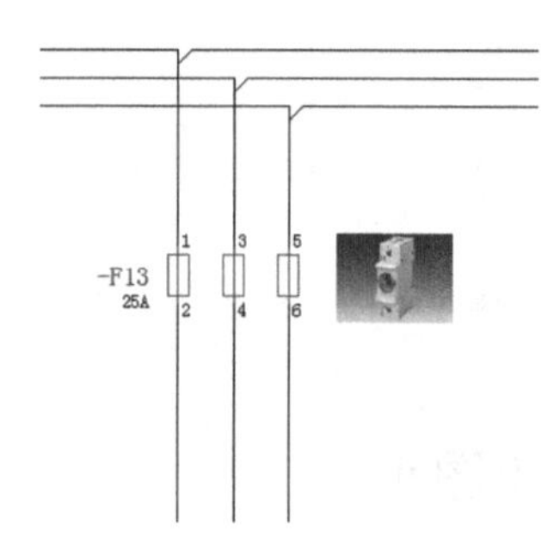

图 2-59　插入图片

尺寸标注主要用于测量距离，其中包括线性尺寸标注、对齐尺寸标注、连续尺寸标注、增量尺寸标注、基线尺寸标注、角度尺寸标注和半径尺寸标注，如图 2-61 所示。

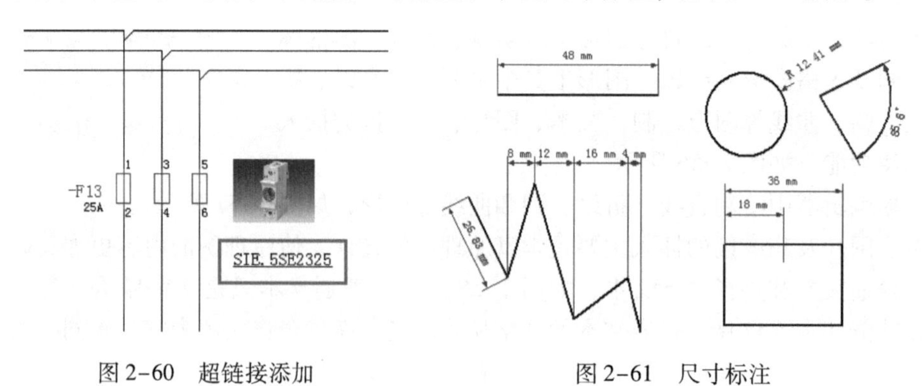

图 2-60　超链接添加

图 2-61　尺寸标注

2.4.2　图纸上的信息

在原理图纸中，除了符号及电线之外，还包括图框行、列号及标题栏信息，如图 2-62 所示。

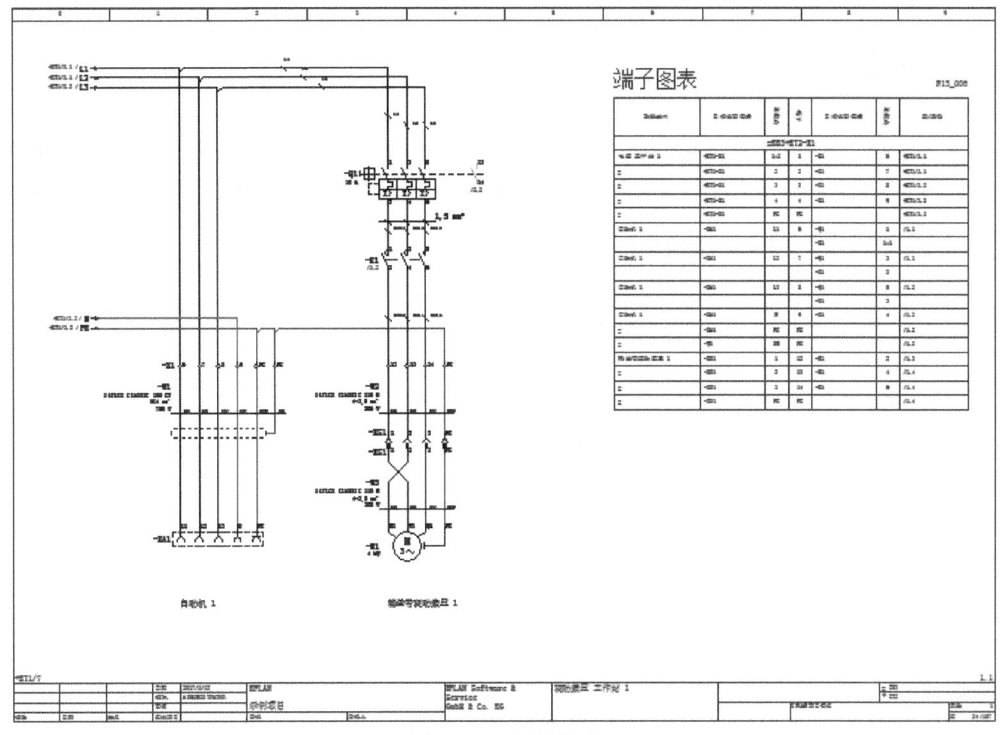

图 2-62　图纸信息

图框标题栏中的信息随着打开项目和图纸的不同发生着变化。图框标题栏中包括图纸的修改记录、校对审核日期、项目名称、图纸名称、图纸功能、位置、总页数及当前页数等内容，如图 2-63 所示。

+ET1/7

			日期	2017/1/13	MJ-Software		MJ-Software
			校对.	ADMINISTRATOR			
			审核		DEMO项目		
修改	日期	姓名	原始项目		替换	替换人	

1.1

驱动装置 工作站 1			= EB3
			+ ET2
		EPLAN项目模板	页数　1
			页　24/157

图 2-63　图框标题栏

每个公司的图框标题栏信息都不一样，根据图框标题栏中的内容添加相应的项目属性和页属性特殊文本。图框中的行、列号可自动显示设备映像触点以及中断点的关联参考，对设备在图纸中的定位将更加准确，如图 2-64 所示。

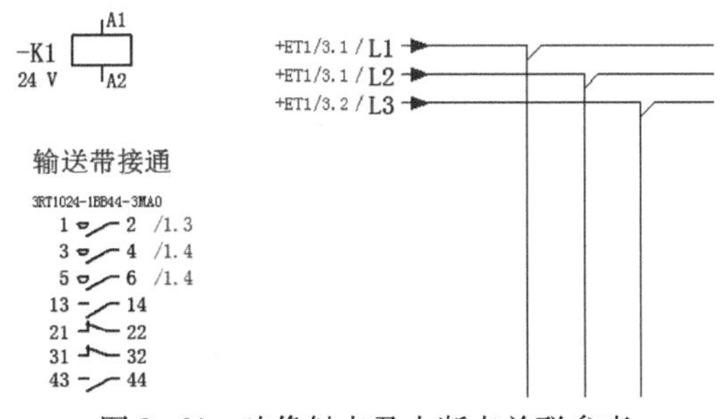

图 2-64　映像触点及中断点关联参考

2.5 特殊文本

特殊文本可以在修改属性时自动更新输出一个属性值，主要用于在新建符号、图框和表格时添加各种变量。具体操作方法是：打开相应的主数据文件，选择【插入】菜单下的“特殊文本”选项。

符号中的特殊文本包括项目属性和页属性，如图 2-65 所示。

图框中的特殊文本包括项目属性、页属性、图框属性、列文本、行文本和水印（修订管理），如图 2-66 所示。

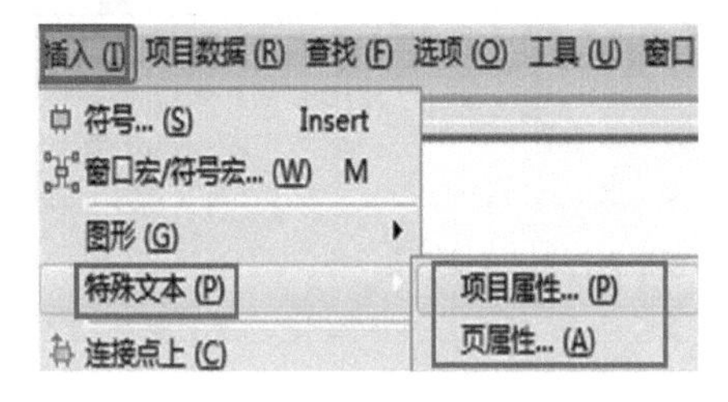

图 2-65　符号特殊文本

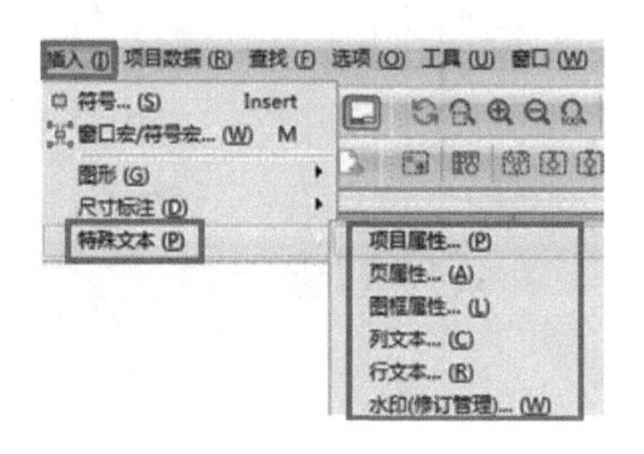

图 2-66　图框特殊文本

表格中的特殊文本包括项目属性、页属性和表格属性，如图 2-67 所示。

在新建主数据时添加特殊文本属性：在原理图设计过程中只要在相应的项目属性或页属性中填写相应的数据，主数据中将会自动显示相应的内容。

以图框为例，图框标题栏中包含了项目属性及页属性。一般来说，“项目描述”和“公司名称”都属于项目属性。项目属性类似“全局变量”，每张图纸上显示的属性内容都一致，如果内容变更则所有图框信息将自动更新。审核是否要作为项目属性主要取决于图纸是单张审核还是全部统一审核，一般来说审核也是作为项目属性对待，如图 2-68 所示。

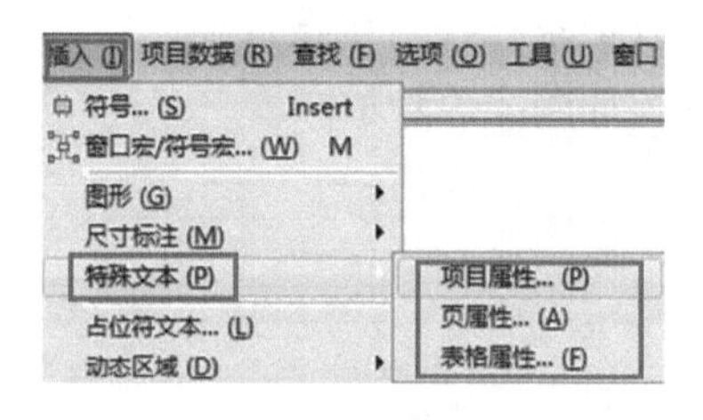

图 2-67　表格特殊文本

页描述、图号、高层代号、位置代号及页名等属性属于页属性。页属性类似“局部变量”，只针对该页图纸的显示内容，在下一页图纸中可能会发生变化，如图 2-69 所示。

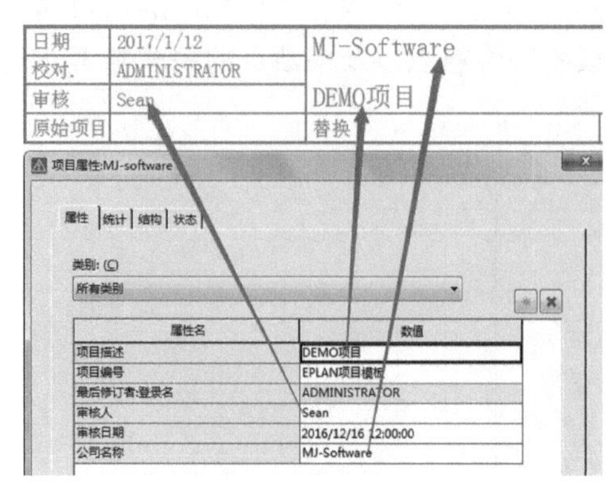

图 2-68　项目属性

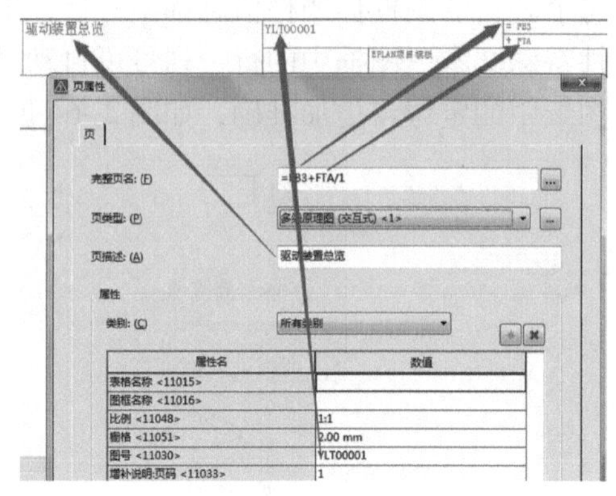

图 2-69　页属性

2.5.1 项目属性

打开主数据文件后，在【插入】菜单下的“特殊文本”选项中选择“项目属性”，如图 2-70 所示。

单击“放置”选项卡中的▭添加项目属性名，如图 2-71 所示。

通过“格式”选项卡修改已设置属性名的字号、颜色、方向、字体、文本框及位置框等信息。“位置框”可以使数据显示在某一区域内，防止数据太多超出显示范围。“位置框”在图框标题栏和表格数据中频频用到，如图 2-72 所示。

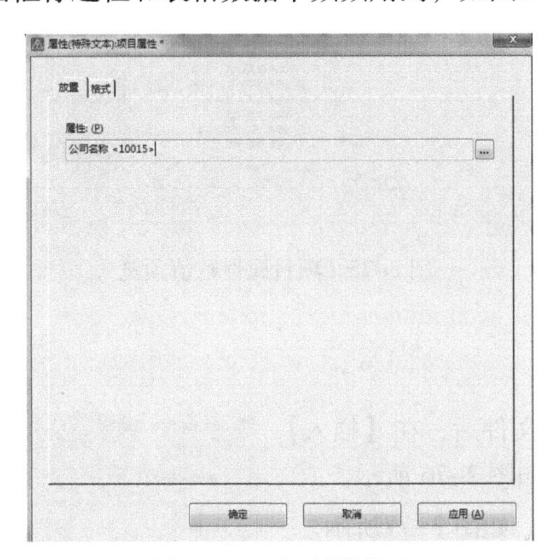

图 2-70　项目属性设置

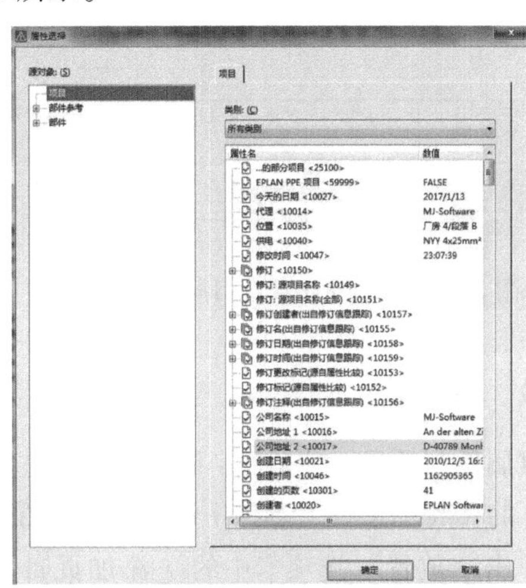

图 2-71　项目属性名

特殊文本中的项目属性名称与原理图设计中的项目属性名称一一对应，特殊文本中的项目属性是变量（见图 2-73），而原理图中的项目属性是该变量对应的数值（见图 2-74）。

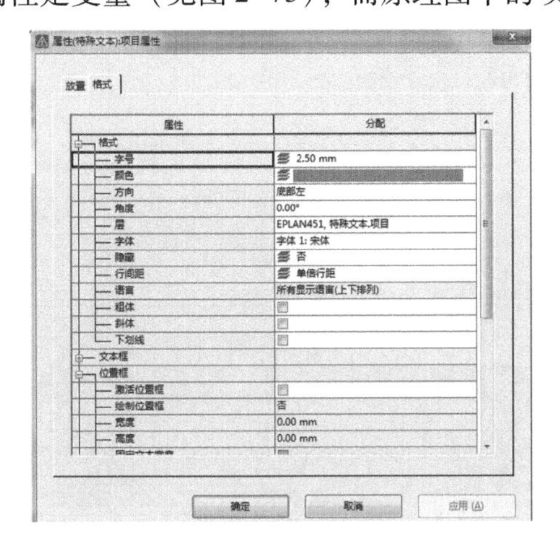

图 2-72　格式栏

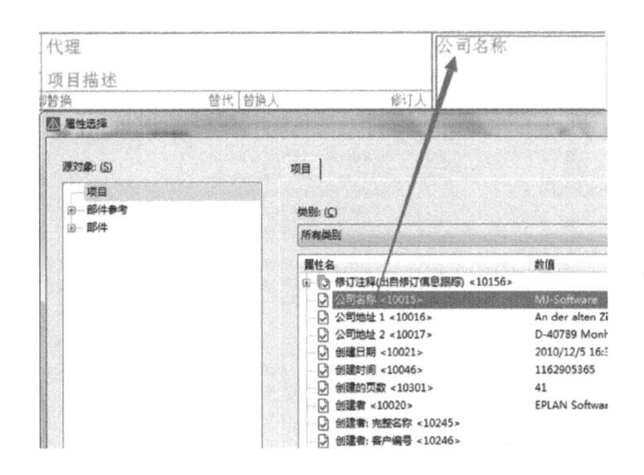

图 2-73　主数据中项目属性名

在原理图项目属性中已赋予相应属性名数值，在特殊文本的项目属性中可预览到该数值，这样可以帮助设计人员在主数据文件中添加项目属性时，方便找到对应的属性名，如图 2-75 所示。

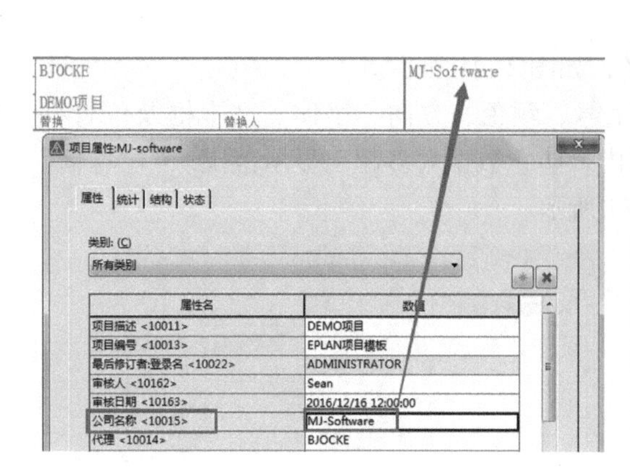

图 2-74　原理图中的项目属性数值

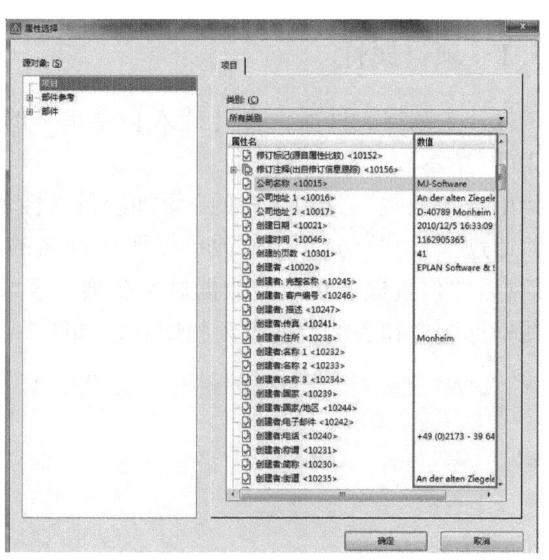

图 2-75　项目属性数值预览

2.5.2　页属性

页属性与项目属性类似，同样在打开主数据文件后，在【插入】菜单下的“特殊文本”选项中选择“页属性”，如图 2-76 所示。

单击“放置”选项卡中的 添加页属性名，如图 2-77所示。

页属性中的数值只针对该页图纸中的数据。例如，图纸名称、页名、高层代号、位置代号，每页图纸的名称和页码都不一样，高层代号和位置代号随着项目结构的变化也不同，所以在图框标题栏中需要添加页属性名，使每页图纸拥有自己的唯一数据。如果修改数据则只需修改当页图纸属性即可，如图 2-78 所示。

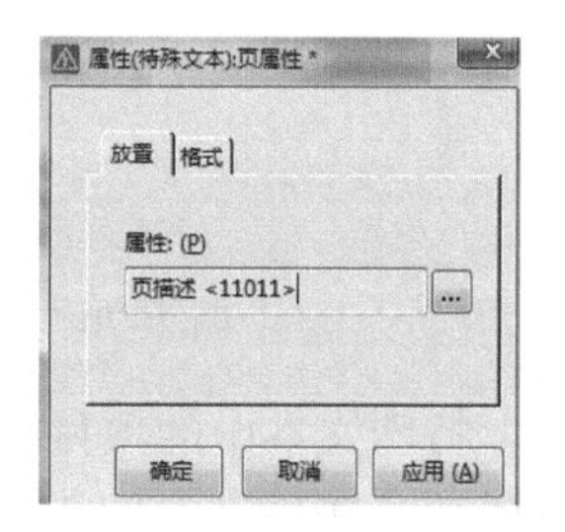

图 2-76　页属性设置

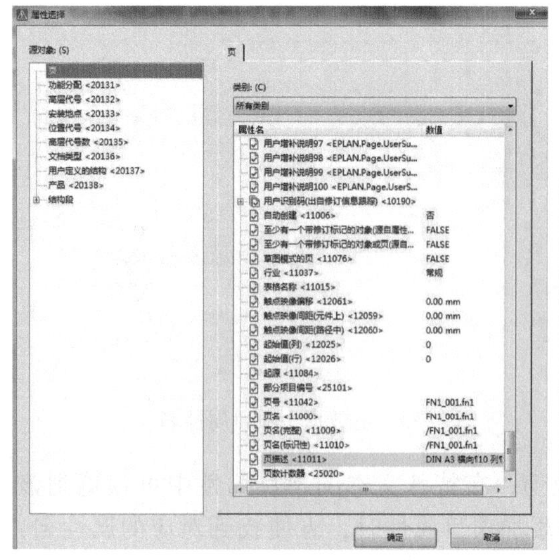

图 2-77　页属性

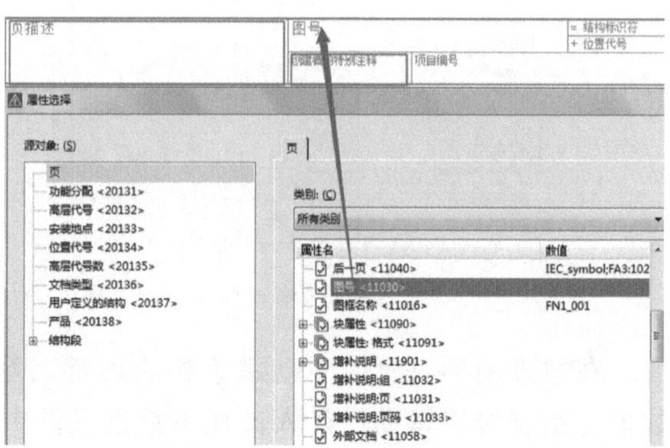

图 2-78　主数据中的页属性

原理图中每页图纸的描述、页码都不尽相同，只要修改相应图纸属性中的数值，在主数据栏中将自动更新相关数据，如图 2-79 所示。

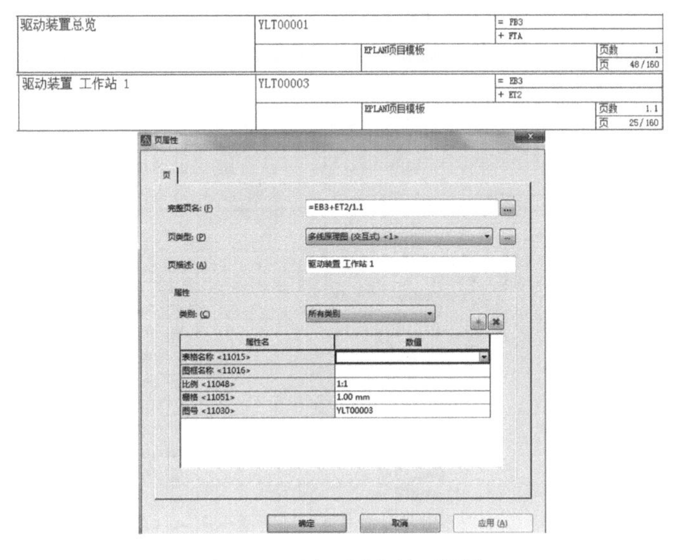

图 2-79　原理图中的页属性

2.6　导航器

在 2.3.3 节中介绍了项目数据下的名词，其中预规划、设备、端子排、插头、PLC、电缆、拓扑、连接、设备/部件、项目选项、宏、占位符对象和符号都有导航器功能。虽然占位符对象和符号两项没有导航器选项，但是在项目数据下是以导航器形式应用的。

预规划是项目设计前期的初步规划，在预规划导航器中新建结构段、规划对象及新设备，如图 2-80 所示。

设备导航器中包含了项目图纸中所有的电气设备，同时包括端子排、插头、PLC 和电缆等导航器设备，属于电气设备总集，如图 2-81 所示。

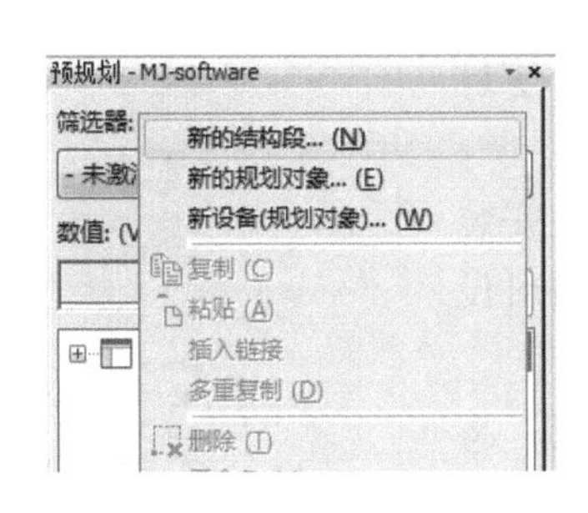

图 2-80　预规划导航器

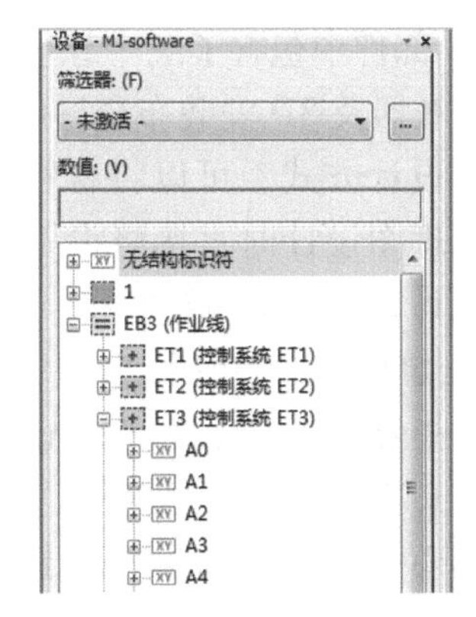

图 2-81　设备导航器

端子排导航器中包含了项目中所有端子排设备，在端子排导航器中可批量添加端子，对端子进行编号及编辑，如图 2-82 所示。

插头导航器与端子排导航器类似，在插头导航器中可批量添加插头，对插头进行编辑及编号，如图 2-83 所示。

PLC 导航器中可新建 PLC 设备，PLC 的设计方式包括基于地址、通道和板卡三种方式，针对不同的项目灵活采用不同的设计方式，将大幅提高对 PLC 设计及图纸的阅读效率，如图 2-84 所示。

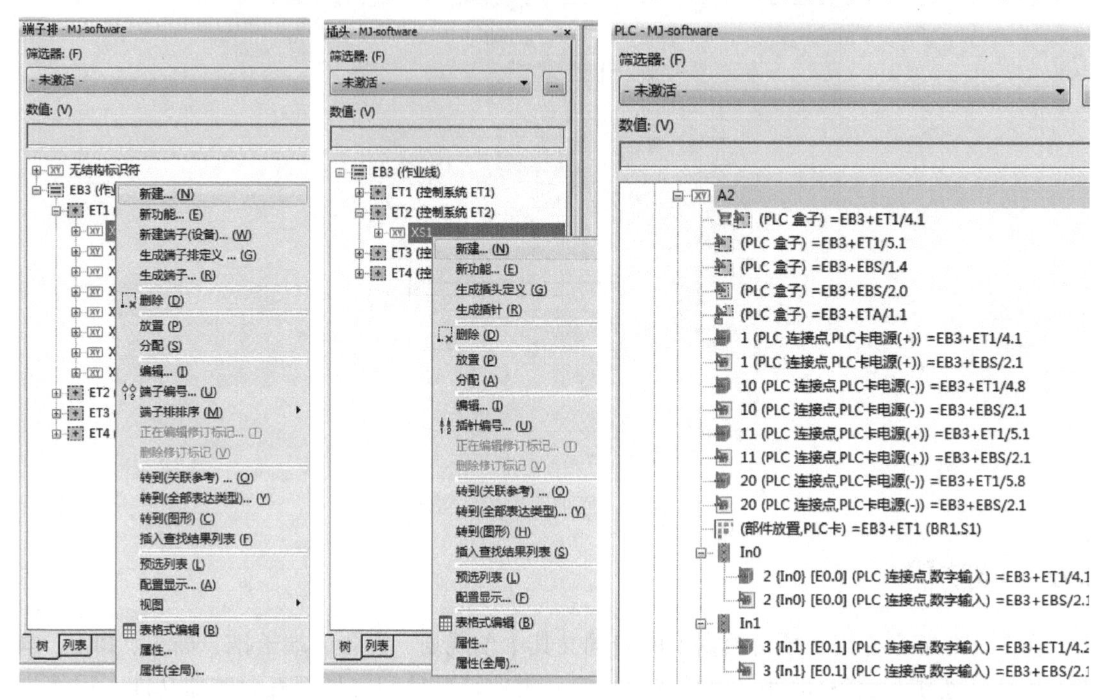

图 2-82　端子排导航器　　图 2-83　插头导航器　　图 2-84　PLC 导航器

电缆导航器中可新建和删除电缆、编辑电缆及分配电缆连接，如图 2-85 所示。

连接导航器中包含了设备的每个连接点的连接对象及电线属性，如图 2-86 所示。

设备/部件中包含了三个导航器：材料表导航器、2D 安装板布局导航器及 3D 安装布局导航器。材料表导航器是基于报表的一种设计方式，可以将材料中的部件型号预加到导航器中，在原理图设计时直接将设备“拖拽”到图纸中，方便材料表的统计，如图 2-87 所示。

2D 安装板布局导航器主要用于 2D 安装板中的布局及安装尺寸。有些公司在设计之初是先设计 2D 布局图，查看项目设备是否能安装在现有的柜体中，如图 2-88 所示。

3D 安装布局导航器主要用于设备的三维 ProPanel 布局，将 3D 模型通过导航器的方式添加到柜体中，然后进行自动布线，如图 2-89 所示。

图 2-85　电缆导航器

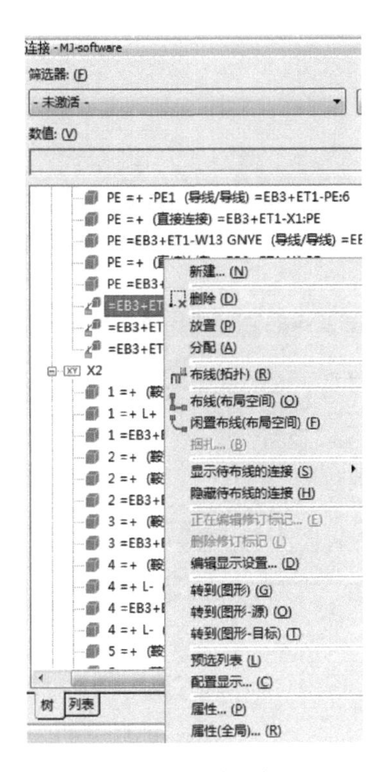

图 2-86　连接导航器

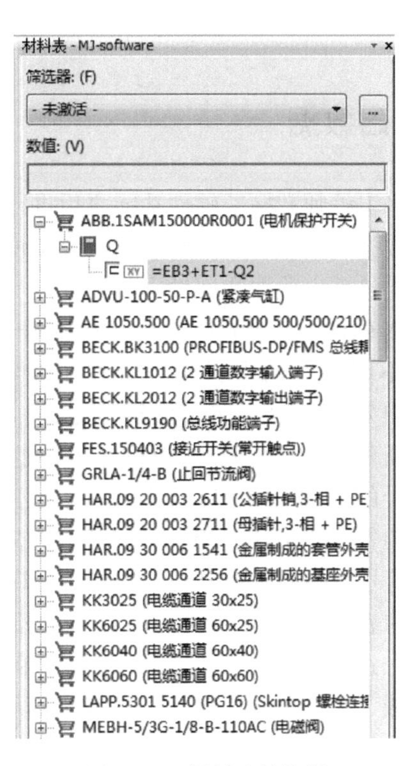

图 2-87　材料表导航器

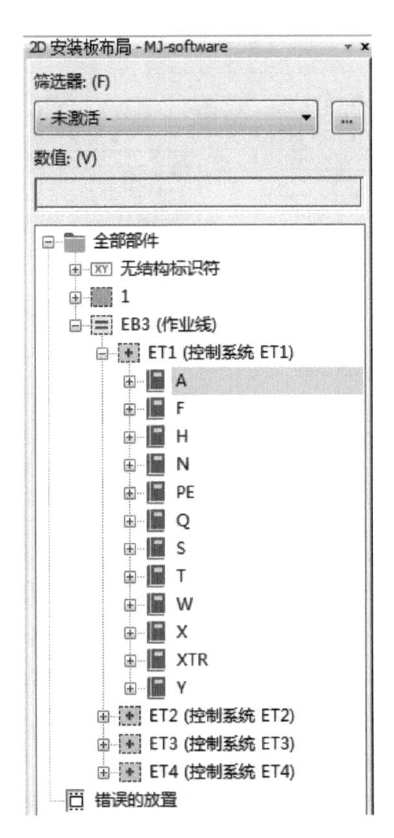

图 2-88　2D 安装布局导航器

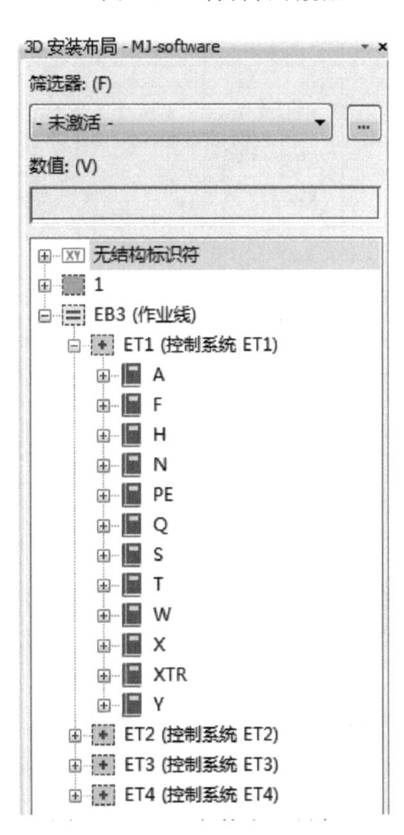

图 2-89　3D 安装布局导航器

2.7 基础数据

在许多工程师掌握了软件功能之后进行项目设计时都存在一个普遍现象，那就是缺少数据，这些数据就是项目的基础数据。为了快速、高效地完成一个项目需要完善项目基础数据工作，主要包括主数据和部件库数据。

EPLAN 软件中虽然自带了四大标准符号库，但是针对不同行业的项目设计还是缺少符号，需要用户自定义符号。在新建符号之前，每个公司需要新建一个自己公司的符号库，这样方便后期符号的查找及管理，如图 2-90 所示。用户将新建的符号放置到自定义符号库中或者将已有标准符号库中的符号复制到新的符号库中。

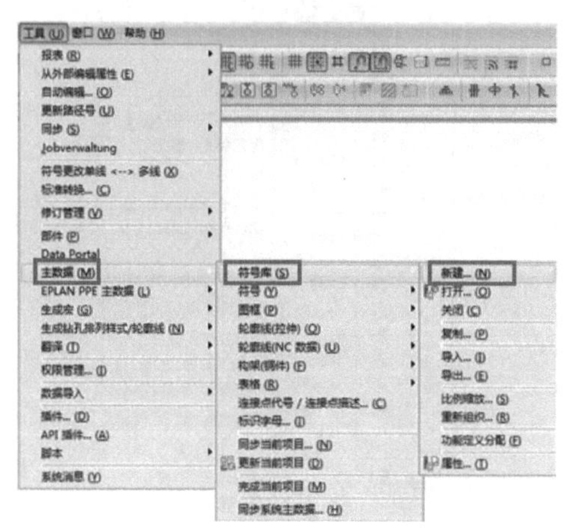

图 2-90　符号库的新建

图框和表格用户可调用软件自带的模板或在此基础上进行修改。将修改后的图框和表格保存为模板，后期在项目设计时图纸默认图框为模板中设置的图框，项目中的各种报表可通过“一键”生成，如图 2-91 所示。

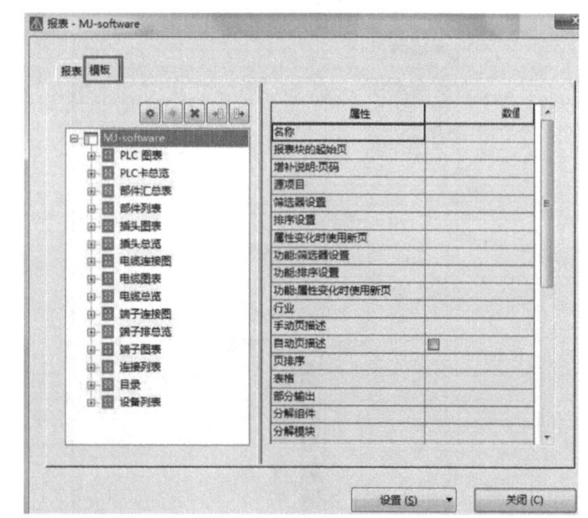

图 2-91　图框和表格设置

部件库数据为项目设计核心数据，完善的部件库数据将给设计带来质的飞跃。在部件库管理中不仅要完善部件编号及电气参数等信息，而且要完善“功能模板”数据和关联各种“宏”。“宏”的应用将大幅提高设计效率，降低出错率，因为“宏”电路是普遍成熟电路或之前已使用过的电路。EPLAN 的部件库管理中有两个宏，在“安装数据”选项下有个“图形宏”，该宏主要关联设备的 3D 宏或 2D 宏；在“技术数据”选项下有个“宏”，该宏主要是关联原理图宏，如图 2-92 所示。尤其在 PLC 设计时，如果完善了部件库中宏数据，将能快速准确地完成 PLC 设计。

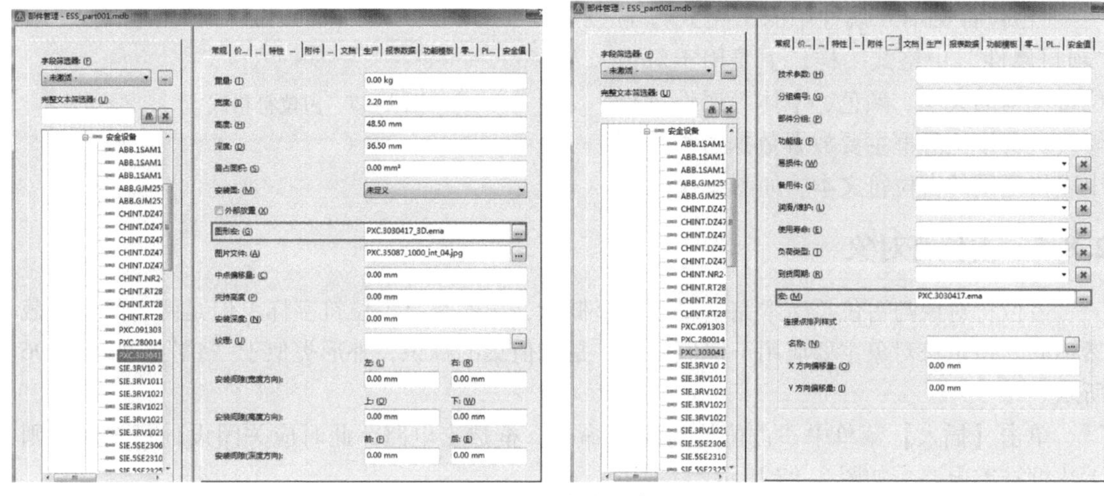

图 2-92 部件库宏数据

2.8 占位符

2.8.1 占位符文本

占位符文本主要用于向表格中添加一个数据字段，在报表生成时 EPLAN 自动将占位符文本替换为项目中的对象数值。

在表格编辑器中，单击【插入】中的“占位符文本”选项，如图 2-93 所示。

在“占位符文本”属性界面中单击▭，将显示各种元素数据对应的占位符文本（见图 2-94），把表格中需要的占位符文本添加到报表中。

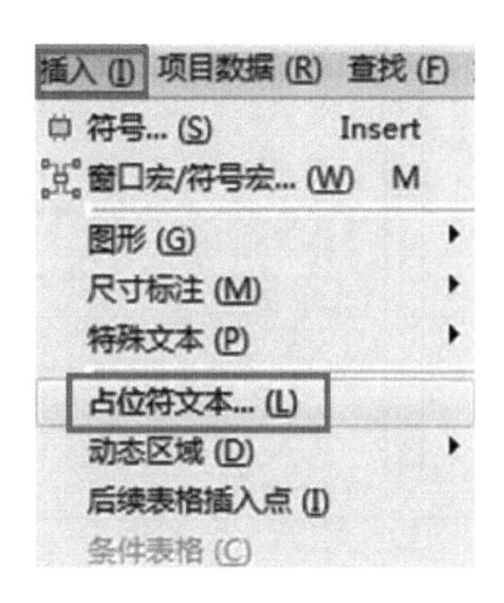

图 2-93 占位符文本

图 2-94 占位符文本

“占位符文本”属性中的“格式”与“项目属性”中格式一样，主要用于对占位符文本的大小、颜色、字体等属性进行修改。其中位置框主要放置数据过长、超出表格范围的占位符文本，如图 2-95 所示。

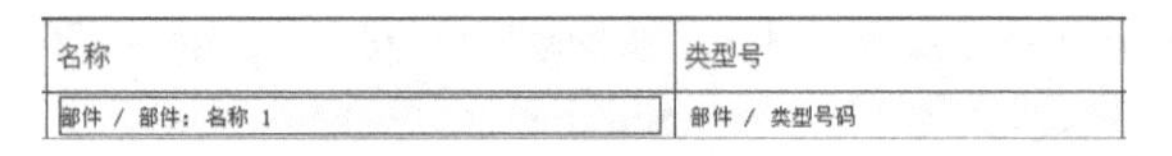

名称
类型号
部件 / 部件: 名称 1
部件 / 类型号码

图 2-95　占位符格式

2.8.2　占位符对象

占位符对象与占位符文本完全属于两个概念，虽然都有占位符字样，但是两者的用途截然不同。占位符对象主要应用于宏值集中，是宏值集的标识，外形类似于“锚”，如图 2-96 所示。

单击【插入】菜单中“占位符对象”命令，框选宏电路，此时应关闭设计模式，否则无法框选宏电路，如图 2-97 所示。

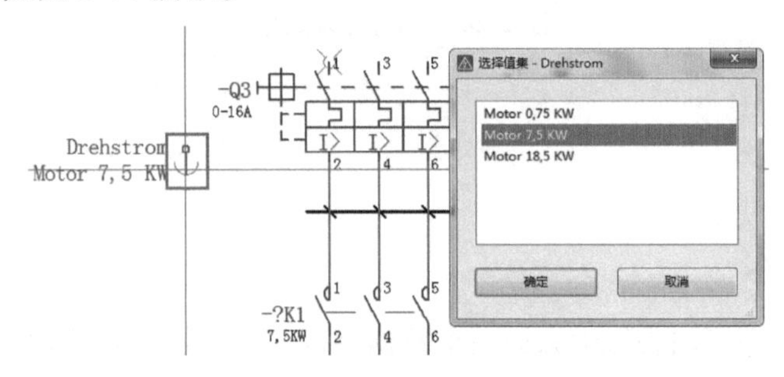

图 2-96　占位符对象

框选完成之后，软件自动弹出“占位符对象”属性界面，定义占位符对象名称，如图 2-98所示。

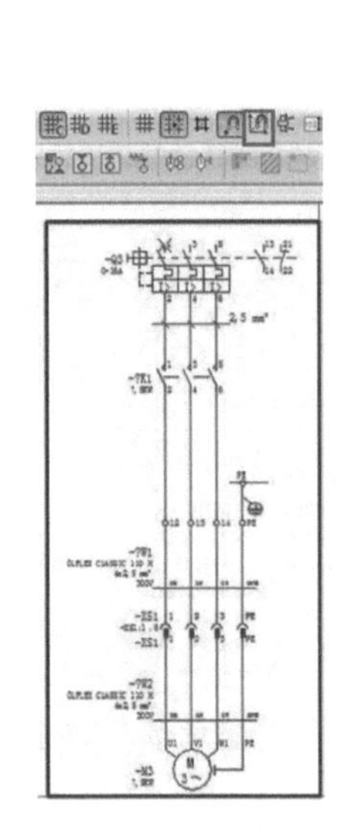

图 2-97　框选宏电路

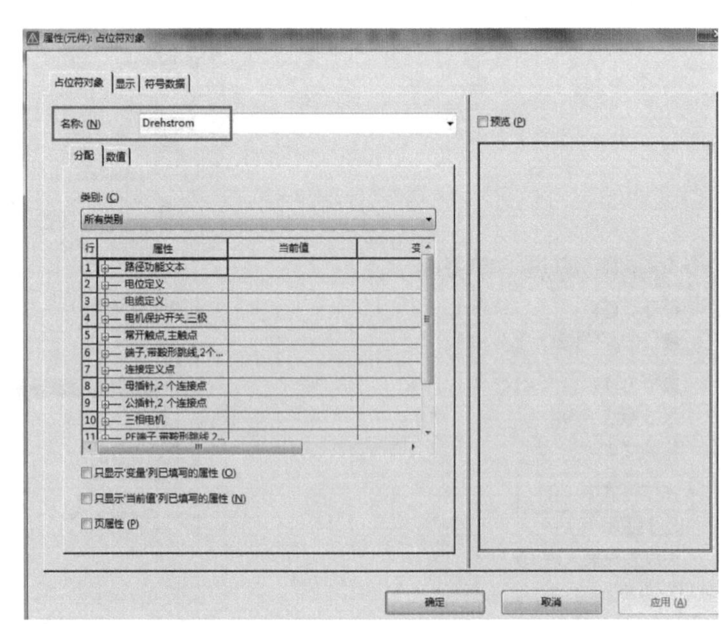

图 2-98　占位符对象属性

在属性界面中的“数值”栏添加“新变量”和“新值集”。占位符对象可分配多个变量，每个变量可赋予多个值集。通过鼠标右键添加“新变量”和“新值集”，如图 2-99 所示。

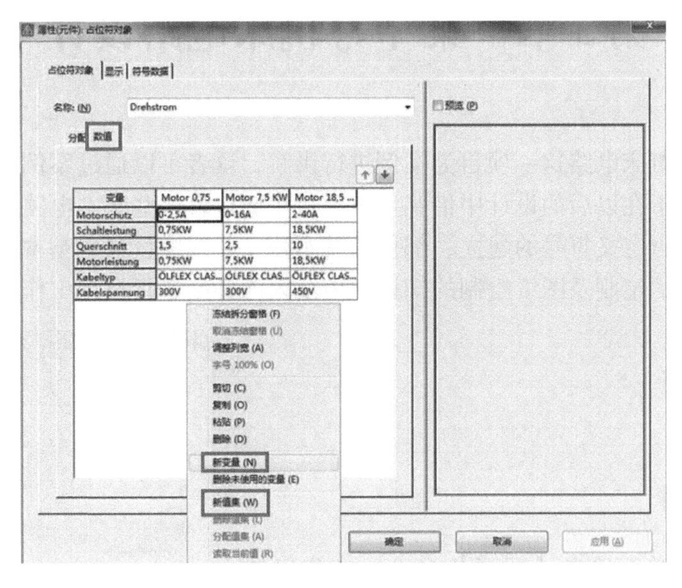

图 2-99　宏值集

在属性界面中的“分配”栏，找到设备与值集中对应的技术参数，右键单击“选择变量”选择对应的变量名称，如图 2-100 所示。

最后将分配好变量的占位符对象与原理图电路保存为“宏”，在下次插入该“窗口宏”时便可出现如图 2-96 所示的界面。

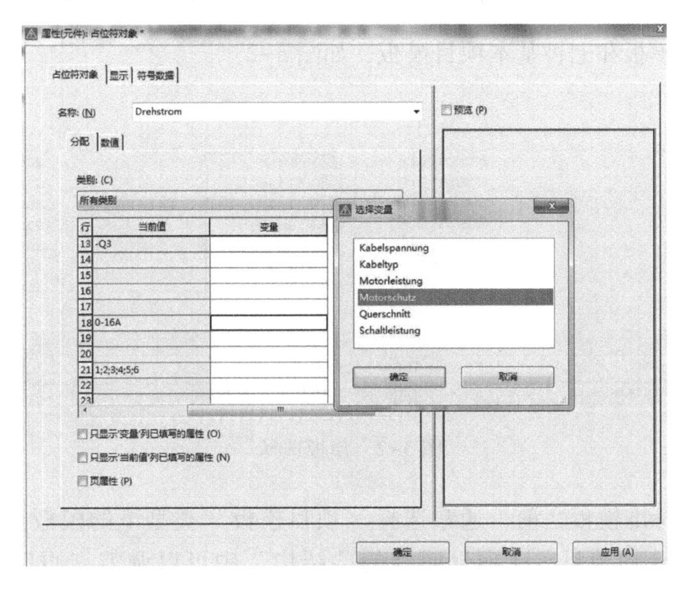

图 2-100　分配宏值集

第 3 章　某型号机床电路设计

本章按设计某机床电路这一项目为案例进行讲解，读者可以通过案例实验，学习一些设计技巧和思路，便于在以后的设计中借鉴。本项目主要包含一些基本电路设计，故本章的重点内容是针对部分自定义符号的建立、部件的基本建立、线缆设计和基本报表的定制，讲解一些初级设计内容的定制及图纸绘制的知识，由浅入深开始进行设计工作。

3.1　项目新建

3.1.1　模板选用

在【项目】菜单下单击【新建】命令，在弹出的界面中命名项目名称、选择项目保存路径、选择项目模板、修改创建日期及定义创建者名称，如图 3-1 所示。

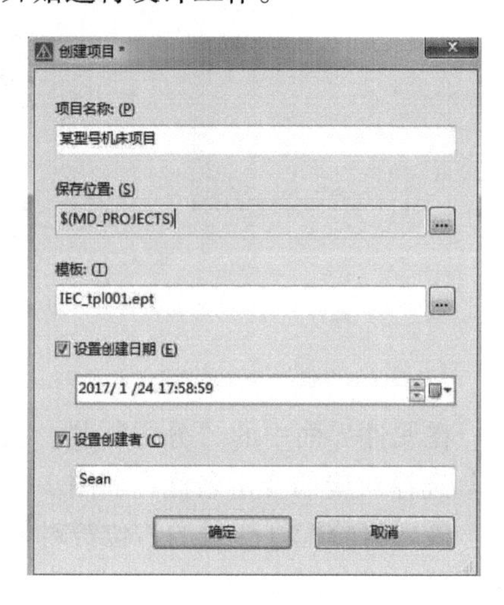

图 3-1　创建项目

在“模板”选项中，选择一个标准的模板进行项目新建，单击“模板”选项后的▭，在弹出的界面中选择所需要的模板。第 2 章中已经介绍过，EPLAN 软件自带了七种项目模板和七种基本项目模板，如图 3-2 所示。

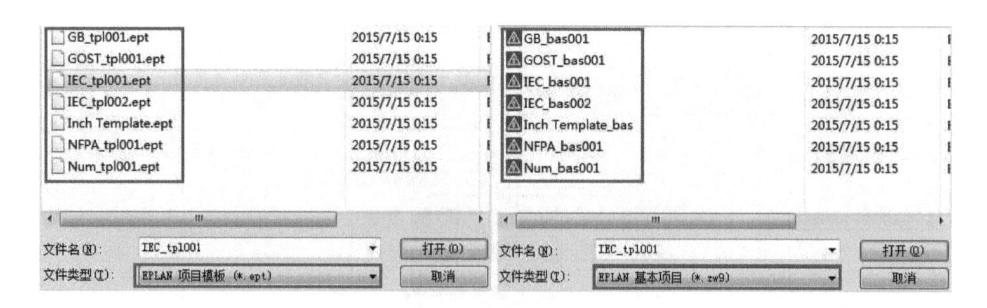

图 3-2　模板选择

在还没有公司标准模板之前，通常选择“项目模板”类型下的模板进行项目新建。选择“项目模板”新建的项目，在项目属性的“结构”中可以调整“页”结构。如果选择“基本项目模板”新建项目，新建的项目属性的“结构”中是不能调整“页”结构，该功能为灰色不可选，如图 3-3 所示。

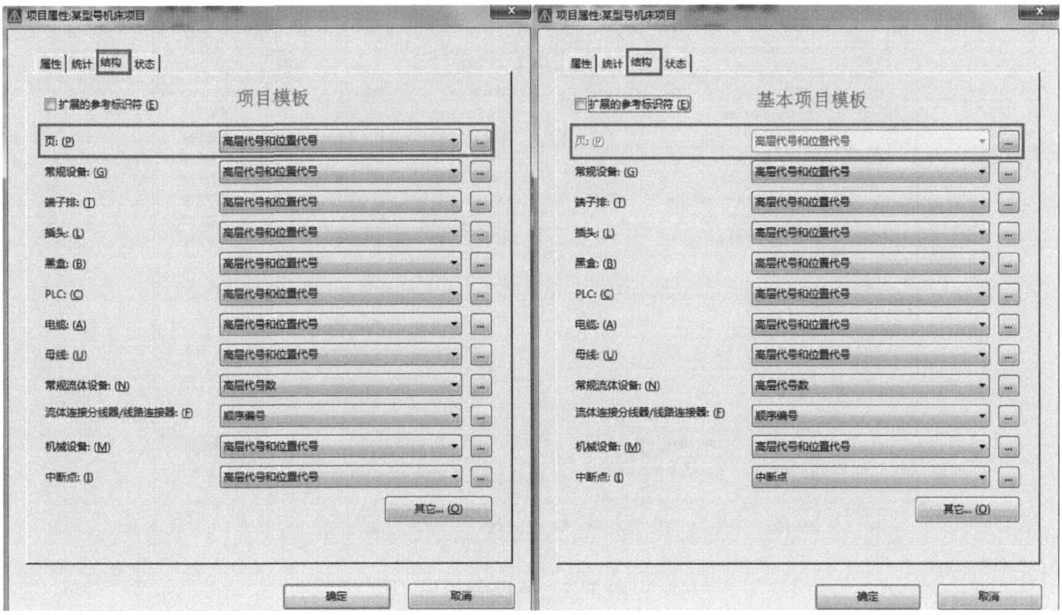

图 3-3　项目模板与基本项目模板区别

3.1.2　模板的保存

每当完成一个标准项目，便可以将该项目保存为模板，这样，在以后的设计过程中，模板内容会被逐步地完善，有利于建立企业标准模板。保存的时候，如果认为后期项目设计需要调整项目结构，则可以将项目保存为“项目模板. ept”；如果认为项目结构已经标准化，后期项目设计不需调整结构，并且项目中已经包含了用户自定义数据及主数据内容，则可以将该项目保存为“基本项目模板. zw9”。

保存的具体做法是：在项目树中选中该项目；然后在【项目】菜单下的【组织】项中根据上述情况，选择【创建基本项目】或者【创建项目模板】命令，创建模板，如图 3-4 所示；最后对创建的模板自定义名称及保存路径，如图 3-5 所示，在“文件名”项，可以自行命名，在“保存在”项中，可以自行选择所需要的路径。

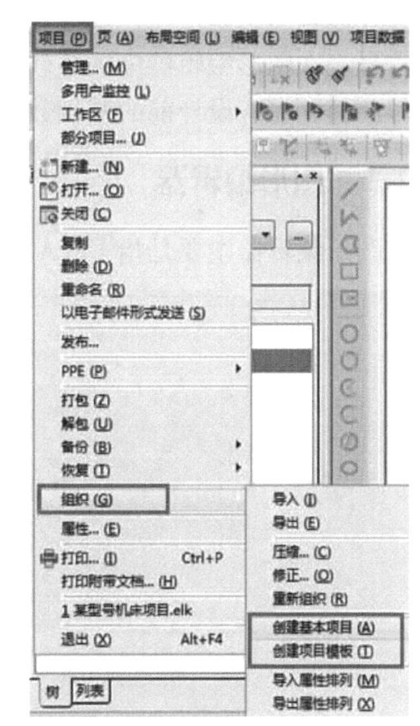

图 3-4　创建项目模板

保存好后，在下次新建项目时，用户就可以直接选择自己所创建的模板。由于各种用户定义数据及设计规范都包含在模板中，工程师采用的是统一的模板来进行项目设计，这样便实现了设计图纸的规范性及标准化。

图 3-5　模板命名

3.2　原理图绘制

在原理图绘制之前，设计者需要了解图形编辑器、软件自带的符号库及项目中所要用到的符号。在图形编辑器中插入软件自带的符号，如果符号库中没有项目符号，需要用户进行符号新建，完善设计前的基础数据准备工作。

3.2.1　图形编辑器

图形编辑器主要是指 EPLAN 用于原理图设计和编辑的区域，如图 3-6 所示。

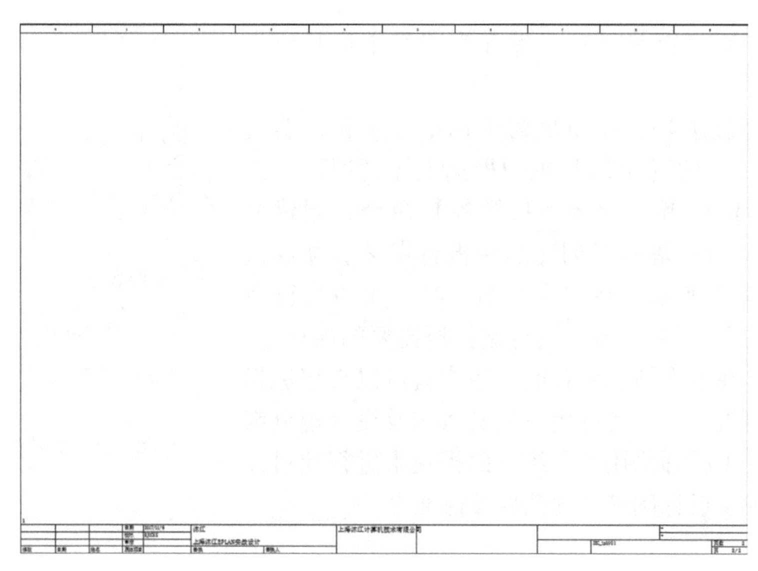

图 3-6　图形编辑器

通过菜单栏中的各种命令在图形编辑器中进行原理图设计，如图 3-7 所示。

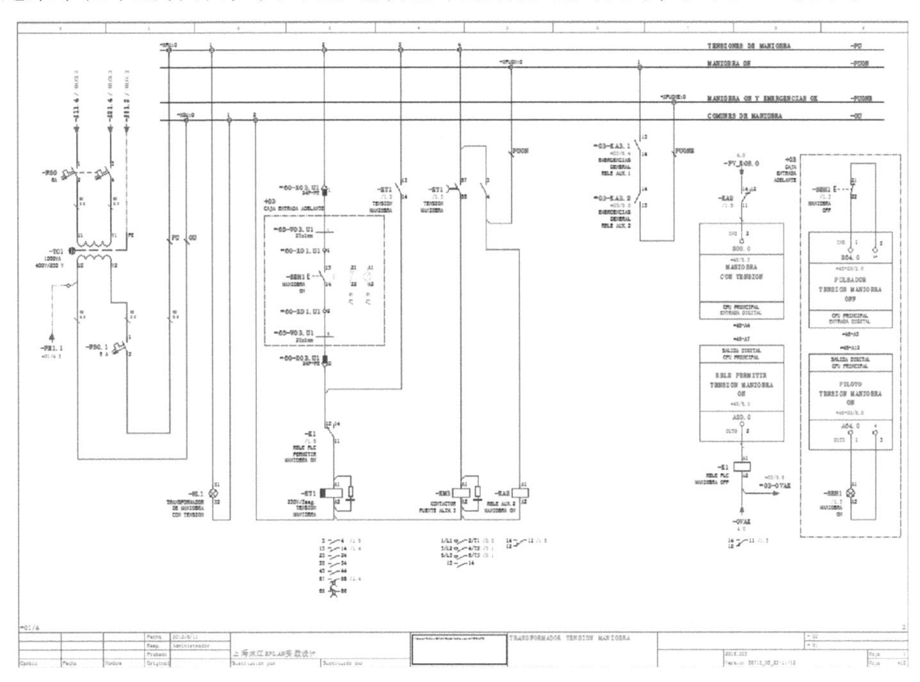

图 3-7　原理图编辑

3.2.2　符号的新建与插入

在项目设计过程中，往往需要用户新建原理图符号，EPLAN 软件中自带的符号库只是一些常规标准的符号，对于非标准设备和部分新类型的设备，符号库中并没有自带，因此需要设计者自行新建这些符号。

在新建符号之前，首先新建一个用户自己的符号库。将新建的符号存放在自己的符号库中，便于符号的查找。通过菜单命令【工具】 >【主数据】 >【符号库】 >【新建】，建立用户自己符号库，如图 3-8 所示。

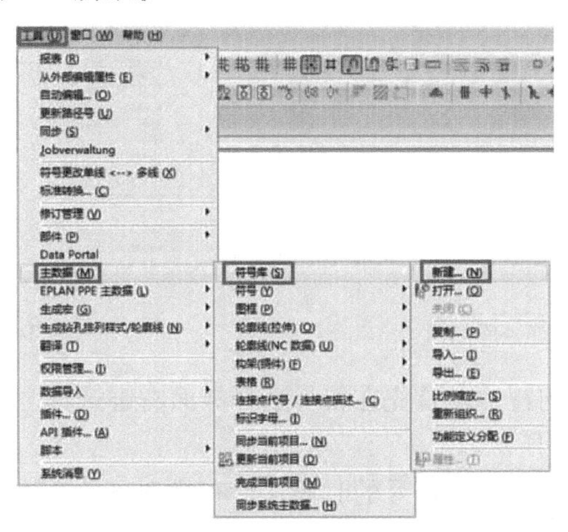

图 3-8　新建符号库

在弹出界面中命名符号库的名称，如图 3-9 所示。

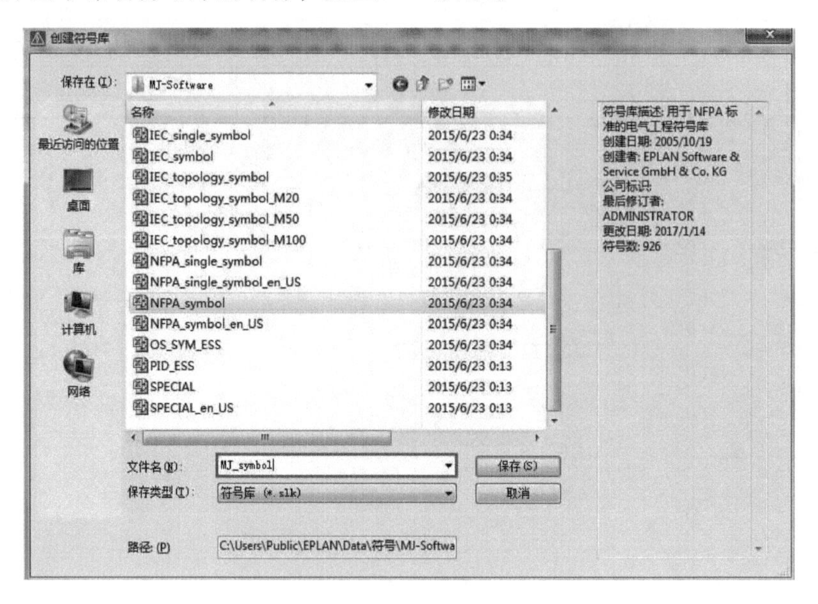

图 3-9　定义符号库名称

单击【保存】按钮，弹出“符号库属性”界面，可以通过▣添加符号库属性，并设置符号库栅格大小为 4 mm，如图 3-10 所示。

在 EPLAN 中为了方便图纸的设计，每个符号有 8 个变量，这 8 个变量都是基于某个变量进行旋转和镜像生成的。通过菜单命令【工具】 >【主数据】 >【符号】 >【新建】新建符号，如图 3-11 所示。在新建符号过程中，一定要注意符号的旋转方向及显示标签的位置调整，具体的操作和设置方法，在第 8 章的标准化内容中有详细讲解。

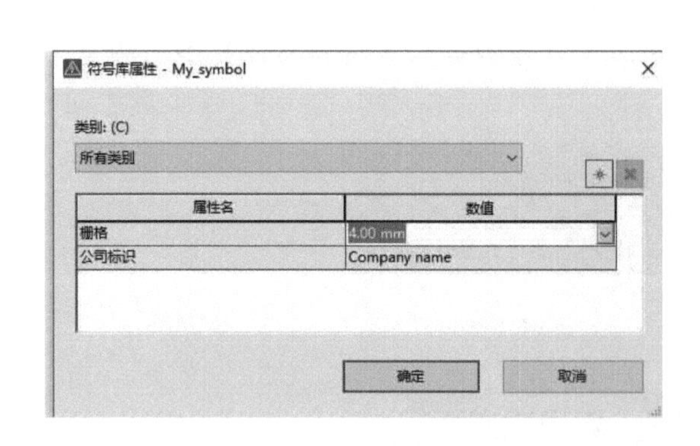

图 3-10　符号库属性

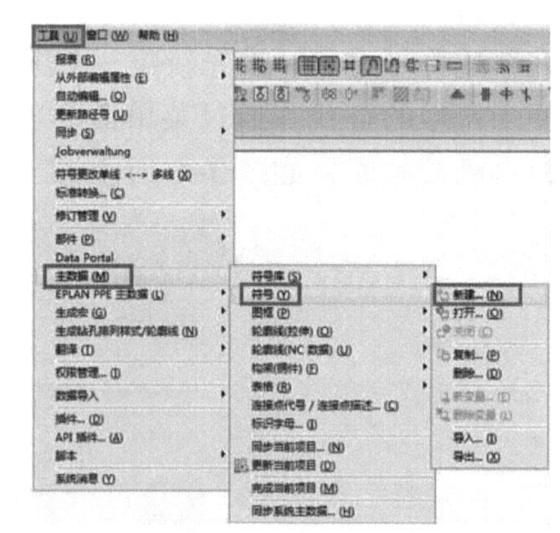

图 3-11　新建符号

在原理图中插入新建的符号，首先在符号选择界面右键选择“设置”，打开“设置：符号库”对话框，如图 3-12 所示。

注：如果在选择使用自己新建符号的时候，没有找到自己新建的符号，是由于主数据和项目数据没有同步造成的，需要进行一下数据同步。

其次，选择新建的符号放置到原理图中，通过【Tab】键显示符号的 8 个变量，将触点与主功能线圈关联，查看映像触点显示，如图 3-13 所示。

图 3-12　添加符号库

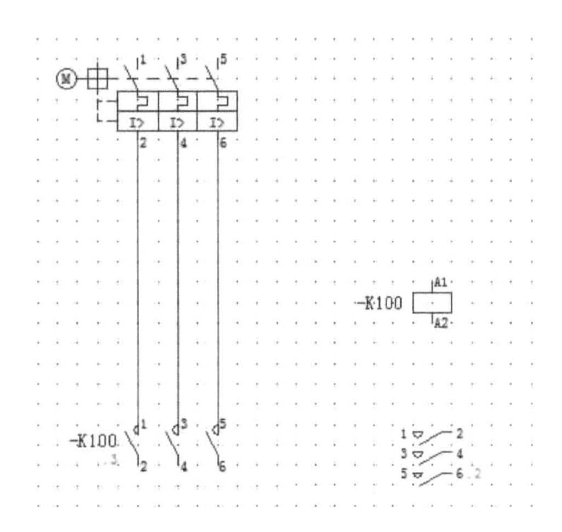

图 3-13　插入新建符号

3.3　元件属性

在电气设计中用到的每种元素都有各自的属性，用以标注自身的特点，区分各自间的不同。比如文本有文本的属性、直线有直线的属性、元件有元件的属性等，其中元件的各种属性，被称为元件属性。

元件属性根据元件的功能定义不同，包含各类不同的信息。查看这些信息，有助于我们理解和判断这个元件，以便在设计中，能够决定如何来选取和利用这个元件。元件属性在新建时自动包含了一定的信息，这些信息在设计中可以被调整，例如，更改、删除和添加等。

如何查看元件属性：在图纸中，双击一个元件符号，或者右键单击属性，都会弹出“属性（元件）：…”窗口，在窗口下面有“元件”“显示”等几个选项卡（注意：选项卡数量随着元件不同而不同），可以通过每个选项卡下面的信息，来查看这个元件的属性。注意：冒号后面的名称与所查看的元件有关，随着元件功能的不同而不同，例如，常规设备、端子、插针、中断点、连接定义点等。如果查看的是断路器、整流器和按钮等常规设备，显示的是“属性（元件）：常规设备”窗口；如果查看的是一个端子，显示的是“属性（元件）：端子”窗口；如果查看的是中断点，则显示的是“属性（元件）：中断点”窗口；等等。

接下来以接触器为例，对一个常规设备的元件属性及各选项卡进行简单的说明。

3.3.1　元件选项卡

采用上述方法，查看一个接触器（常规设备）的元件属性，如图 3-14 所示。在弹出的“属性（元件）：常规设备”窗口下面，显示有五个选项卡：元件、显示、符号数据/功能数据、部件和触点映像设置。

注意：“元件”选项卡显示的是该元件的名称，与所查看的元件功能有关，这里查看

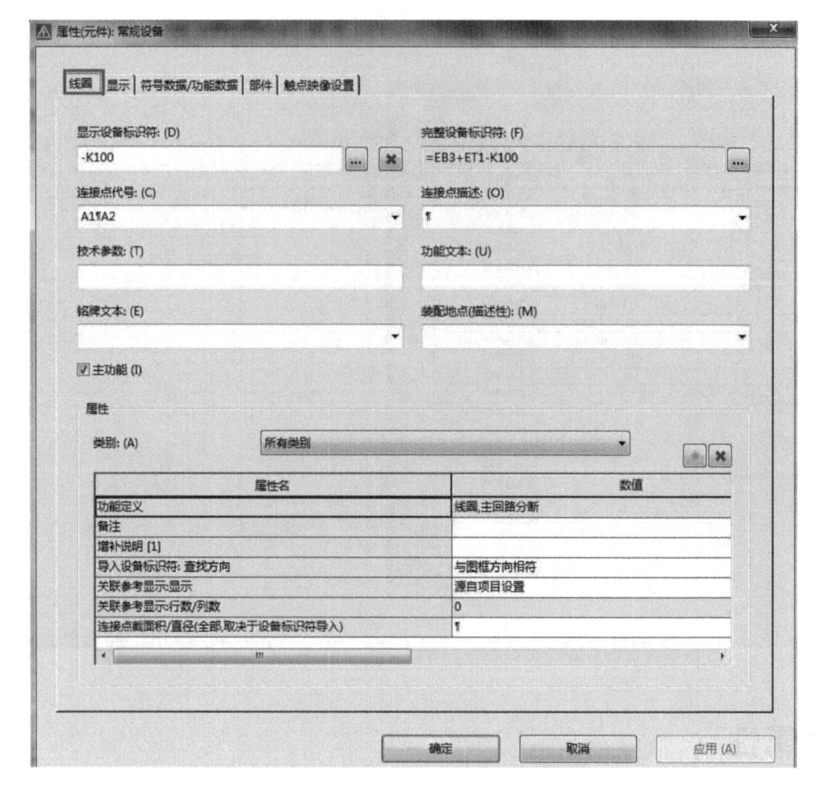

图 3-14 “元件”选项卡

的是接触器，其主功能器件为线圈，因此显示的元件名称为线圈。若查看其他元件，则这里的元件名会显示其他名称，如断路器、按钮、变压器等；同时，选项卡也会有所不同。

单击“线圈”选项卡，如图 3-14 所示，线圈选项卡下面含有技术参数、功能文本、铭牌文本及装配地点（描述性）等电气属性，还有其他“属性”，诸如类别、功能定义、备注、增补说明等。元件选项卡下显示的属性，称为直接属性，直接属性描述了元件具有的电气属性。

注意：在“属性”上面有一个“主功能”的勾选项。在以后的设计中，需要注意这一选项，有些元件不属于主功能，就不要勾选此选项。

在此，介绍一下**主功能**的概念，在前面提到过，元件根据功能不同，其包含的属性信息也不同。那么如何理解元件的功能？什么是元件的主功能？按字面意思很好理解，元件能实现的作用就是功能，功能键包括很多种，而“主功能”理所应当为元件的主要功能。比如接触器元件，线圈就是它的主功能部分，其他触点为辅助功能部分。一个元件只能有一个主功能。在软件设计中，若对一个元件选型，那么只能对其具有主功能的元件部分进行选型，其他辅助功能不可。在今后的设计中，需要注意其主功能状态，如果没被选择，就是说它是辅助功能，相应地就没有“部件”选项卡对应的属性，因此也就无法对它进行选型。

再看其他“属性”项：在软件自带的属性栏空白处，用户可以自定义某些数值；也可以通过“新建”和“删除”两个按钮，增加或者删除一些属性显示。

3.3.2 显示选项卡

“显示”选项卡主要用来定义属性的显示内容及显示样式。在接触器元件的属性窗口中单击“显示”选项卡，如图 3-15 所示。

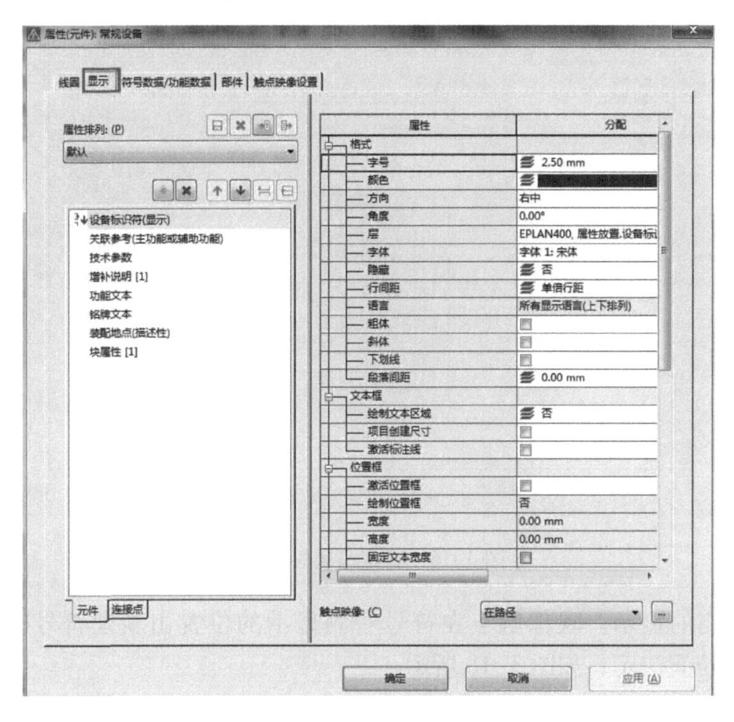

图 3-15 “显示”选项卡

“显示”选项卡下有“属性排列”项，常规是默认方式，即：在符号旁边会按照所列的属性名称的顺序，显示相应的内容信息。这些属性都是在新建符号时设置好的，但是，在设计过程中可以用自定义功能，加以更改。自定义方法如下：

1）单击“属性排列”的下拉菜单，选择“用户自定义”，如图 3-16 所示。

2）通过“新建”和“删除”按钮，增加和删除要显示的属性信息。

3）通过“上”和“下”按钮，可以对属性排列重新排序。

4）对自定义的属性显示方式，可以另命名保存，在“属性排列”的下拉菜单中能加以切换。单击“属性排列”旁边的【保存】按钮，弹出“保存属性排列”对话框，如图 3-16 所示，定义一个名称，单击【确定】按钮，“属性排列”即显示当前名称。再单击【确定】按钮，查看符号，这时，符号的属性显示已经改为当前的属性排列形式。

参考图 3-16，在“显示”选项卡的右侧可编辑属性显示的格式、文本框、位置框、数值/单位、位置等相应内容。

“触点映像：在路径”用于需要在主功能设备的下方自动生成触点映像。例如，接触器触点在线圈下方的显示。映像触点在图框中的位置由图框属性中的“触点映像间距（路径中）”决定，如图 3-17 所示。

“触点映像：在元件”用于需要在主功能设备的侧方自动显示触点映像。例如，触点在

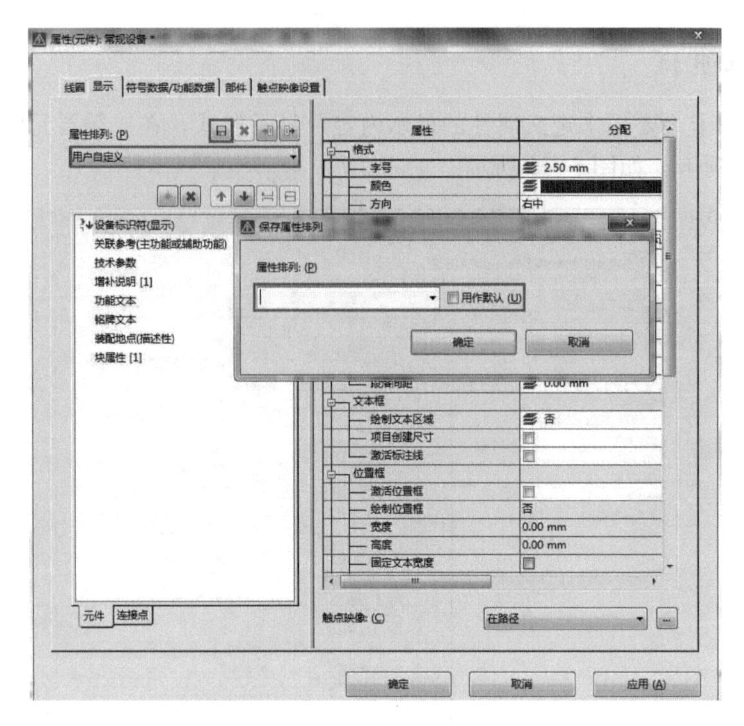

图 3-16　自定义属性排列

电机保护开关右侧的显示。映像触点在符号右侧显示的位置由新建符号时的“映像触点(在元件)”属性位置决定，如图 3-18 所示。

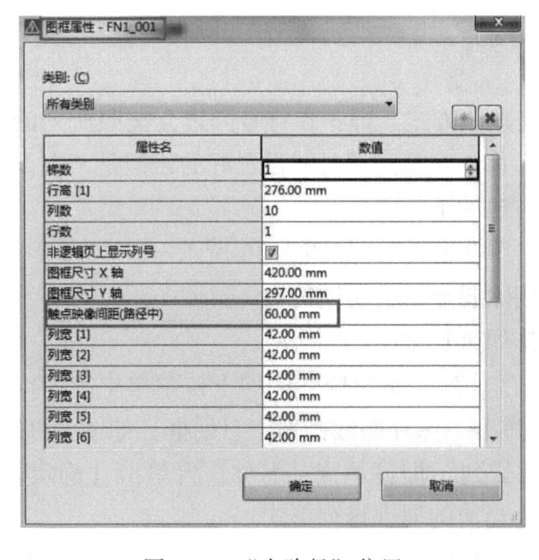

图 3-17　“在路径”位置

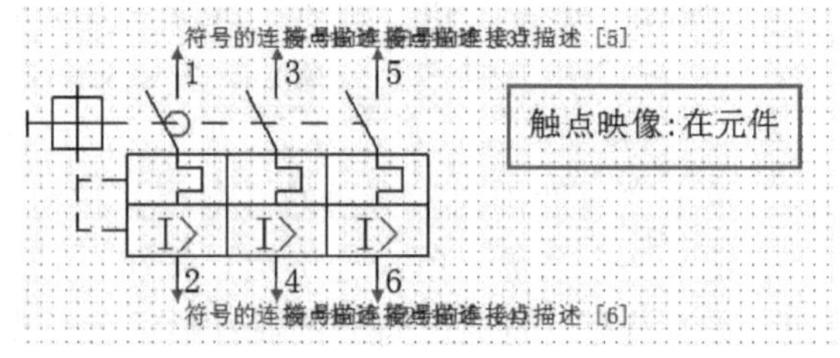

图 3-18　“在元件”位置

3.3.3　符号数据/功能数据选项卡

“符号数据/功能数据”选项卡用于元件符号的修改、逻辑功能定义及表达类型选择，如图 3-19 所示。

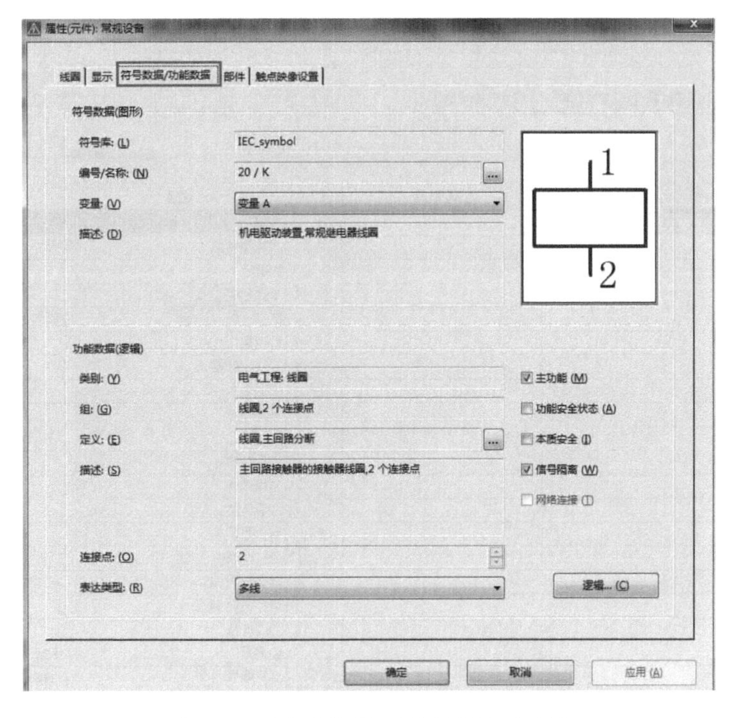

图 3-19 “符号数据/功能数据”选项卡

“符号数据（图形）”主要用于对元件符号的修改，可编辑的两项功能如下：

在“编号/名称”栏，单击[...]进入“符号选择”界面，重新选择符号；

在“变量”的下拉菜单中选择 A ~ H 这 8 个变量，更改已经放置的符号变量。

“功能数据（逻辑）”主要用于定义元件的逻辑功能，在“定义”栏，单击[...]进入 EPLAN 内部功能定义库，指定符号某一功能赋予电气逻辑。

在“表达类型”下拉菜单中有多个选项，在不同的功能应用中选择相应的选项。

3.3.4 部件选项卡

“部件”选项卡主要用来给符号或元件进行选型，指定部件编号。只有具备“主功能”的设备才有“部件”选项卡。单击“部件”选项卡，如图 3-20 所示。

部件选型有两种：手动选型和智能选型。

手动选型：在部件编号下，单击[...]进入“部件库管理”，根据部件分类选择适合的部件型号。一个元件最多可以选择 50 个部件编号，其中可以包括这个元件的附件型号等信息。手动选型不能将符号功能与部件功能进行筛选匹配，选型比较慢，容易出错。

智能选型：单击【设备选择】按钮，软件会自动查找符号功能与部件功能模板相匹配的部件型号，这样可以帮助用户缩短部件查找时间，如图 3-21 所示。

3.3.5 其他选项卡

需要注意的是，“属性（元件）：…”窗口的选项卡会随着元件的功能定义不同而发生变化。例如：

当元件功能定义为“断路器”时，选项卡为四个常规设备选项卡；

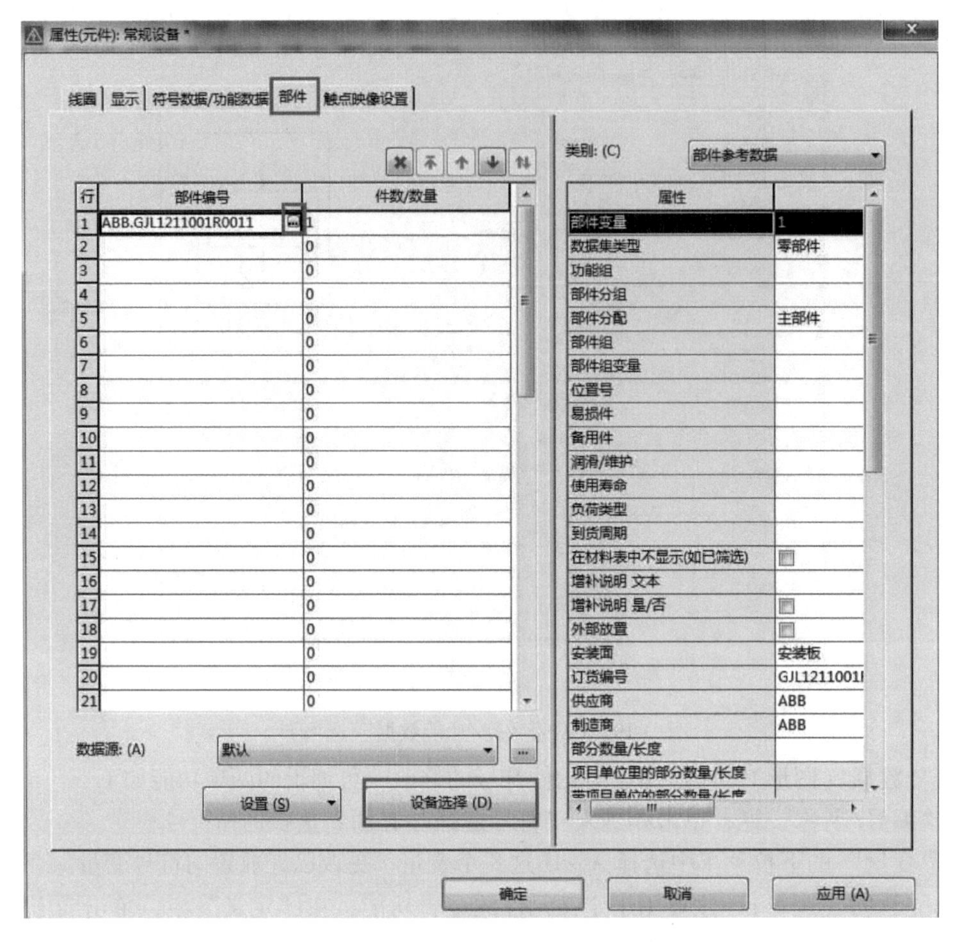

图 3-20 “部件”选项卡

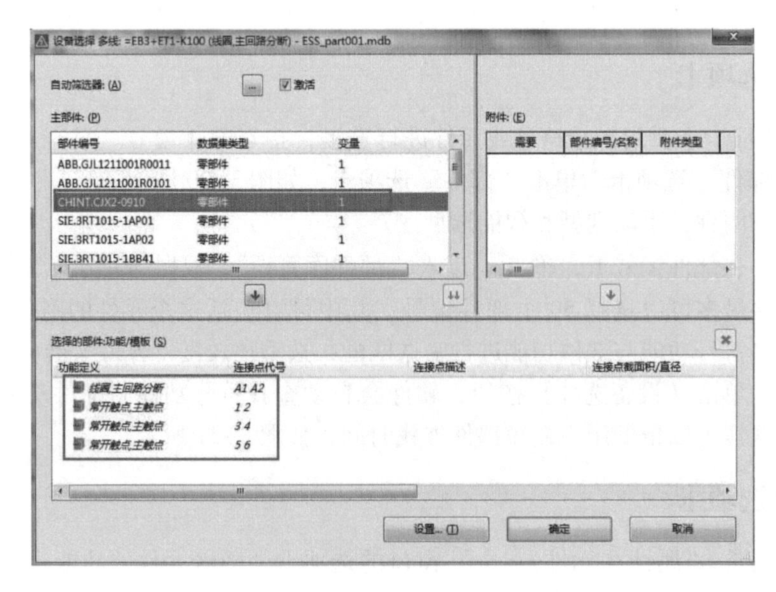

图 3-21 智能选型

当元件功能定义为“触点”时，选项卡为三个，少了一个“部件”选项卡；

当元件功能定义为“线圈”时，选项卡为五个，多了一个“映像触点设置”选项卡，如图 3-22 所示。

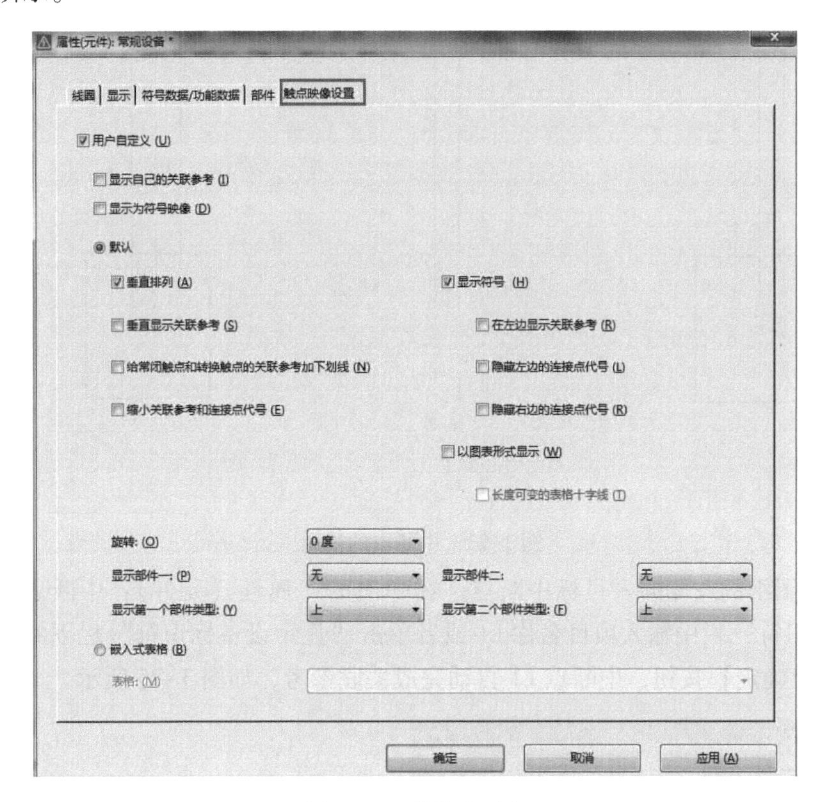

图 3-22　其他选项卡

3.4　关联参考

关联参考表示 EPLAN 符号元件主功能与辅助功能之间的逻辑和视图连接。关联参考能根据“页名”及图框的“行号”或“列号”快速实现主功能与辅助功能的定位，并进行互相间的跳转。关联参考通常应用在中断点、常规设备和成对关联参考。

在项目设计之前，首先需要设置关联参考的显示格式，在后期项目设计中，软件会自动根据设置的格式生成关联参考。

3.4.1　中断点的关联参考

中断点主要用于属性完全相同的电线在不同图样中的连接。一般在电源线处使用比较多，例如，主回路中的三相电源线及转化后的电源线，如图 3-23 所示。

中断点包括成对中断点和星型中断点。

成对中断点由源中断点和目标中断点组成，成对出现，属于一对一；在电源主回路应用比较多。选择【插入】 > 【连接符号】 > 【中断点】命令，将中断点放置在图纸右侧作为中断点源，在弹出的“属性（元件）：中断点”对话框中定义中断点名称为 L1，如图 3-24 所示。

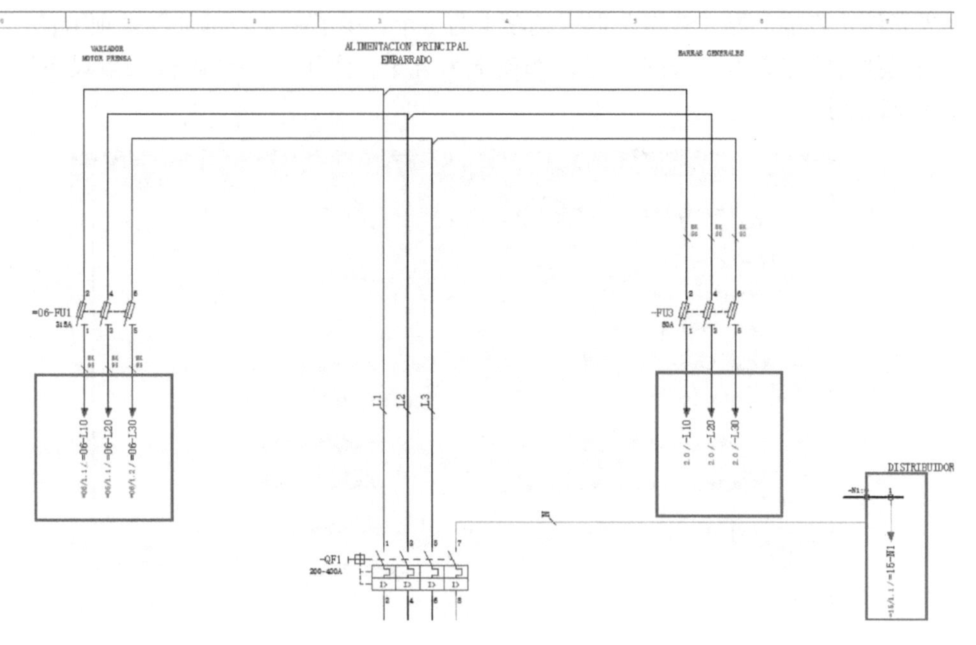

图 3-23　中断点的使用

在下一页图纸的左侧插入目标中断点，在弹出的“属性（元件）：中断点”对话框中“显示设备标识符”栏中输入项目名称 L1 或者单击“显示设备标识符”栏下的[...]选择中断点 L1。单击【确定】按钮，中断点 L1 自动完成关联参考，如图 3-25 所示。

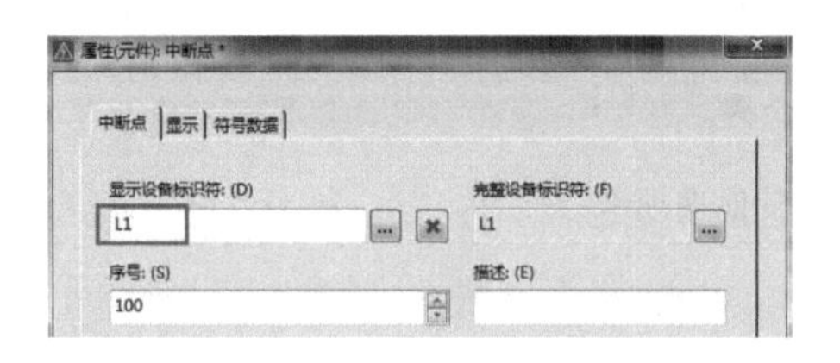

图 3-24　中断点属性对话框

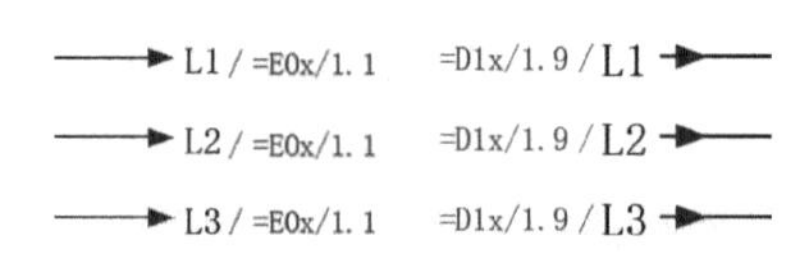

图 3-25　成对中断点关联参考

为了快速在中断点源和目标之间进行跳转，可通过按“Ctrl” + 鼠标单击关联参考完成跳转。另外，也可通过选中中断点，再单击鼠标右键在弹出菜单中选择“关联参考功能”，选择“列表”“向前”或“向后”完成跳转。

星型中断点中一个中断点源对应多个中断点目标，属于一对多。一般在直流电源端使用比较多，在一个电源点压接多根电源线，分别引用到不同页中。在源中断点的属性对话框中，勾选“星型源”选项，如图 3-26 所示。

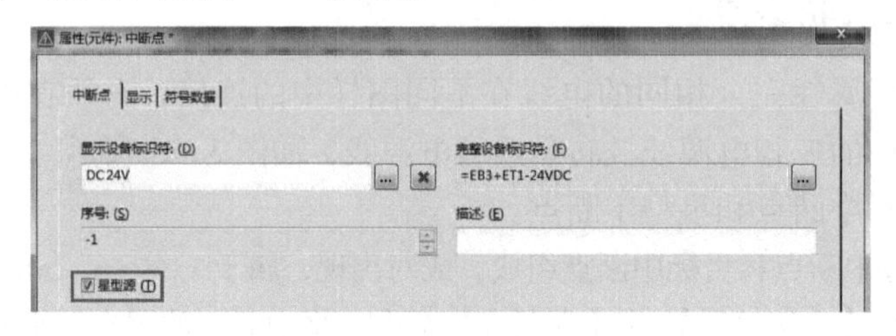

图 3-26　星型中断点

在后续的不同页图纸中插入目标中断点，命名为 DC 24V。在源中断点处显示其余中断点的关联参考，如图 3-27 所示。

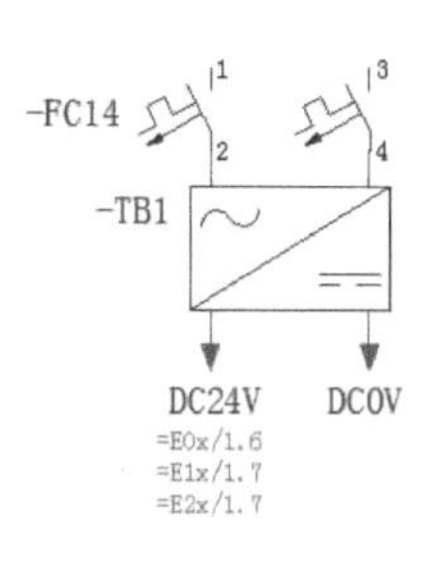

图 3-27　星型中断点关联参考

3.4.2　设备的关联参考

在项目设计过程中，同一个设备会出现在不同类型的图纸上。例如，多线、单线、总览及安装板，设备在不同类型的图纸上产生了关联参考。

在多线图中最常见的设备关联参考包括：接触器与触点在路径的关联参考及电机保护开关与触点在元件的关联参考。

当触点与线圈的完整设备标识符一致时，两者自动进行关联并形成关联参考，其中触点为辅助功能，线圈为主功能。在触点的属性显示中自动显示主功能线圈的关联参考位置，在主功能线圈下方自动显示已关联的触点关联参考信息，如图 3-28 所示。

在实际项目设计过程中，通常需要在电机保护开关或热继电器等设备右侧显示辅助触点的关联参考信息。设置触点映像显示方式为“在元件”，将触点与电机保护开关关联后，在电机保护开关的右侧自动显示映像触点的关联参考信息。如果电机保护开关已选型，映像触点将自动显示部件型号的功能模板中的所有触点映像，如图 3-29 所示。

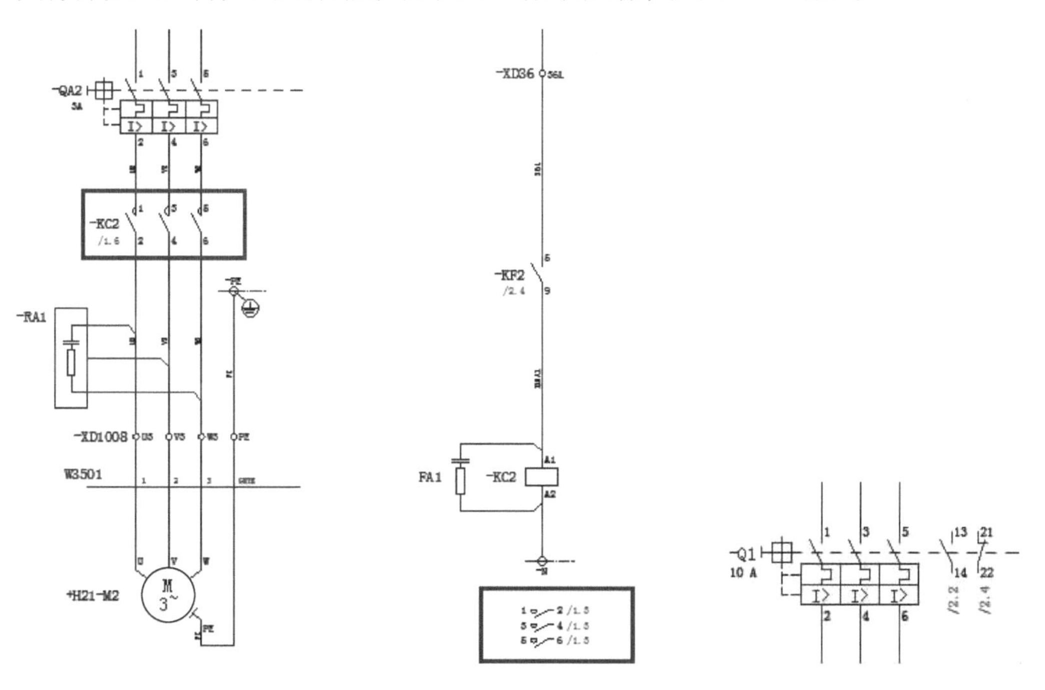

图 3-28　接触器与触点的关联参考　　图 3-29　电机保护开关与触点的关联参考

在项目设计过程中，一个设备会在不同类型的图纸中以不同形式显示，但是都是同一个设备，只是为了更好地表达原理及后期施工安装。在项目设计之初需要设计单线图进行原理示意，在多线图中需要详细显示设备之间的连接关系，在安装板布局中显示设备的空间安装位置。在不同类型的图纸中，设备始终为同一设备，同一个设备标识符，从而自动生成关联参考，如图 3-30 所示。

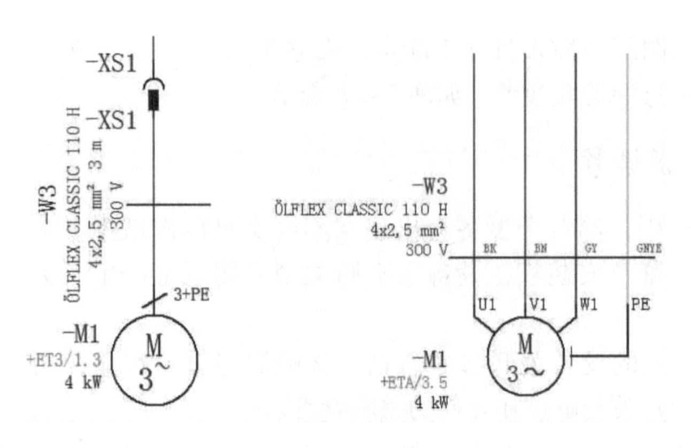

图 3-30　单线图与多线图间的关联参考

3.4.3　成对关联参考

成对关联参考主要应用在带灯按钮等设备上，因为在主功能按钮右侧不能生成指示灯的映像，通常采用成对关联参考的方式进行显示。电机保护开关或断路器与辅助触点也可采用成对关联参考显示，不需设置“触点映像：在元件”，形成“成对触点”。

成对关联参考符号需要放置两次，以带灯按钮为例，第一次将指示灯符号放置在主功能按钮的右侧，取消主功能，插入点与主功能按钮插入点对齐，设置表达类型为“成对关联参考”，设置完成后指示灯显示为黄色，如图 3-31 所示；第二次将指示灯符号放置在原理图中进行原理设计，设备标识符与按钮标识符保持一致，如图 3-32 所示。

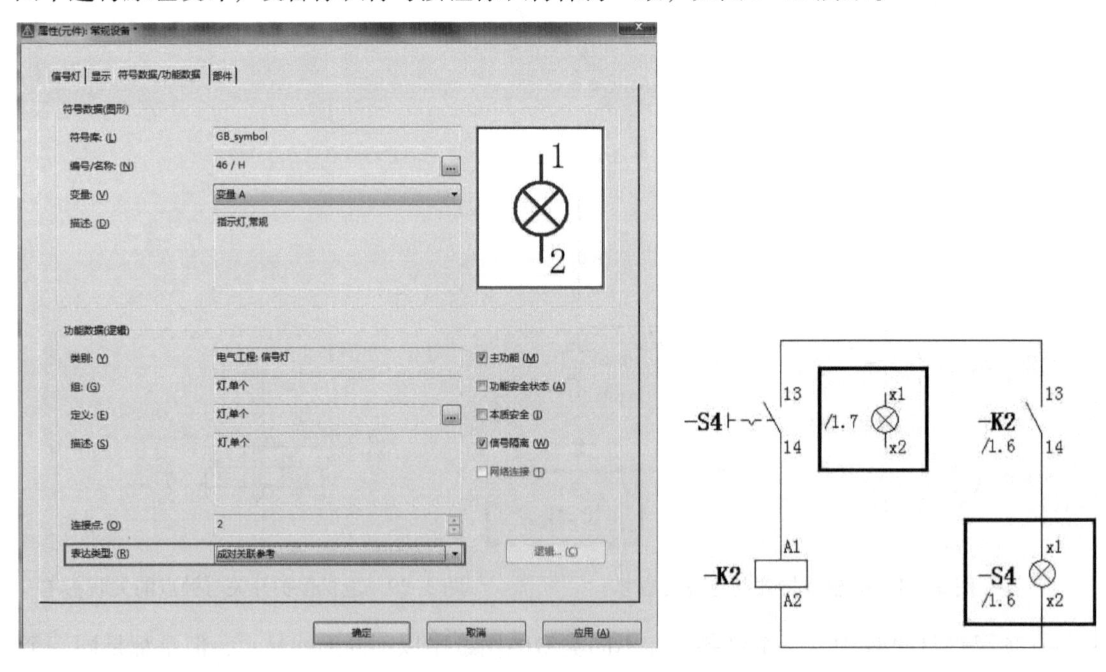

图 3-31　设置成对关联参考　　　　图 3-32　成对关联参考

3.4.4　关联参考/触点映像的显示

关联参考/触点映像的显示一般是在项目设计之初需设置好，在后期原理图设计过程中自动显示设置格式。通过菜单命令【选项】>【设置】>【项目】>【关联参考/触点映像】进行设置，如图 3-33 所示。

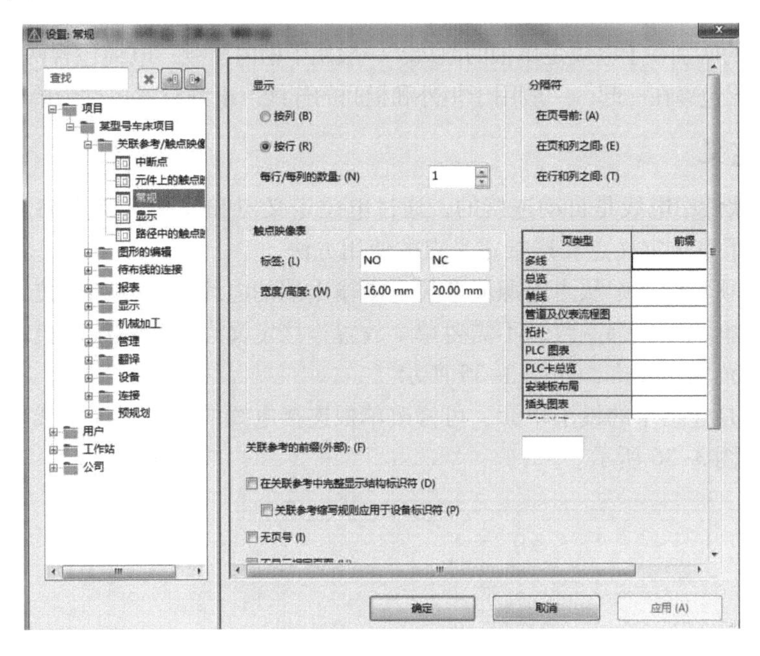

图 3-33　关联参考/触点映像设置

【设置】中的关联参考/触点映像设置应用于整个项目，针对个别元件映像触点的显示格式修改，可通过其“属性（元件）：常规设备”中的“触点映像设置”选项卡下的选项进行修改，如图 3-34 所示。

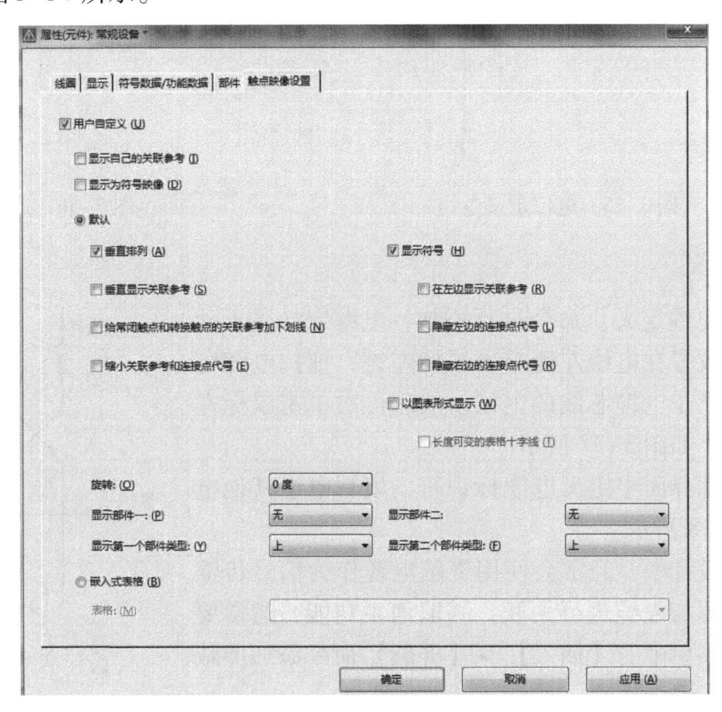

图 3-34　个别设备触点映像设置

3.5 电线电缆

电线与电缆的区别在于电线是单根的散线，一般用于柜内接线；电缆包含两根以上电线，通过绝缘层和屏蔽层包裹在一起，一般用于柜外和柜间的连线。电线有时也称为单芯电缆。

3.5.1 电线定义

在 EPLAN 软件中电线是自动连接的，通过电位定义点和连接定义点来定义电线。在第 2 章中已经介绍了电位定义点和连接定义点的使用方法。

通常在实际项目设计中从主电源或开关电源输出端的电线需要添加电位定义点。这样在等电位处显示的电线颜色都一致，不需要单个放置连接定义点进行电线颜色的修改。电位定义点定义电线的范围比较广，如图 3-35 所示。

连接定义点是连接中的最小单元，可修改单根连接电线的属性。通常线号的放置都采用连接定义点，如图 3-36 所示。

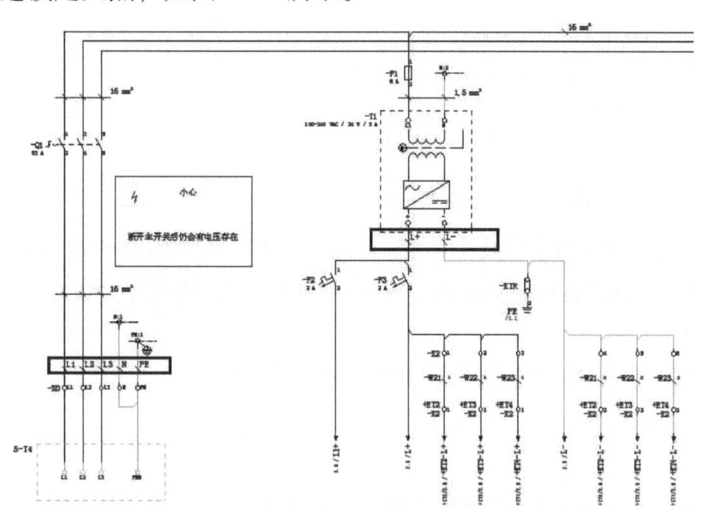

图 3-35 电位定义电线

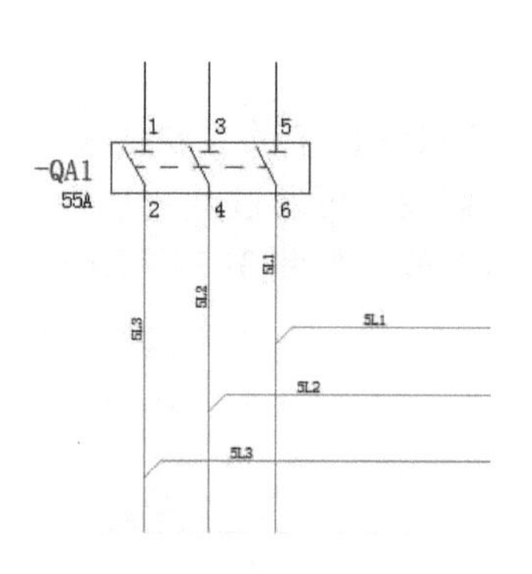

图 3-36 连接定义电线

3.5.2 电缆定义

电缆通过【电缆定义】命令进行添加，电缆定义属于动态连接。将鼠标放置在电线左侧单击鼠标左键，拖拉电缆定义线横扫过想要赋予电缆芯线的电线，然后再次单击鼠标左键完成电缆定义，如图 3-37 所示。

在弹出的属性界面中定义电缆标识符，填写电缆其他电气属性，如图 3-38 所示。

在实际项目设计中，经常会使用屏蔽电缆作为信号传输的媒介，屏蔽层要与电缆进行关联，并取消主功能，通常要接地处理。通过菜单中的【插入】 > 【屏蔽】命令添加屏蔽层，如图 3-39 所示。

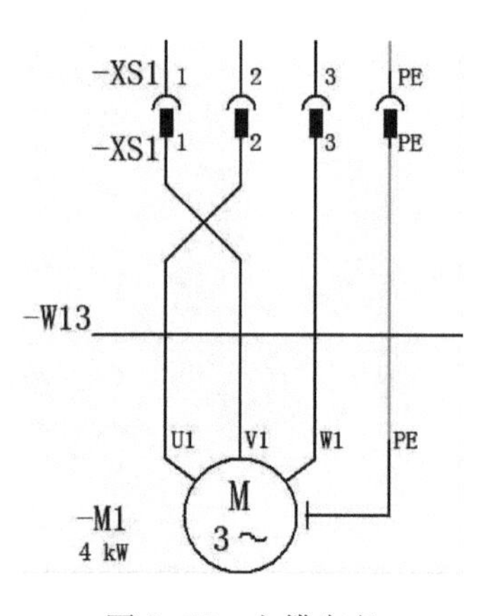

图 3-37 电缆定义

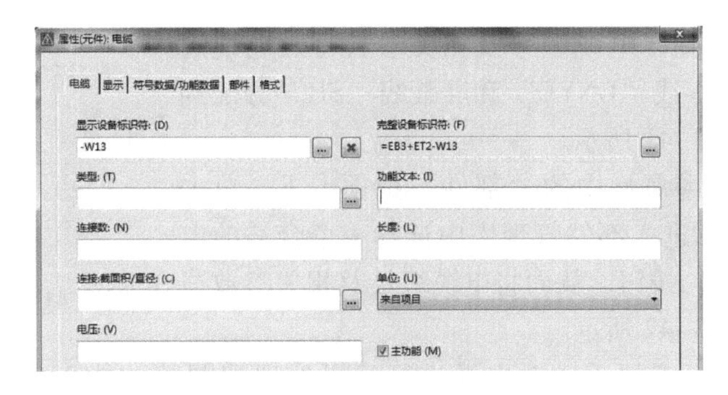

图 3-38　电缆属性设置

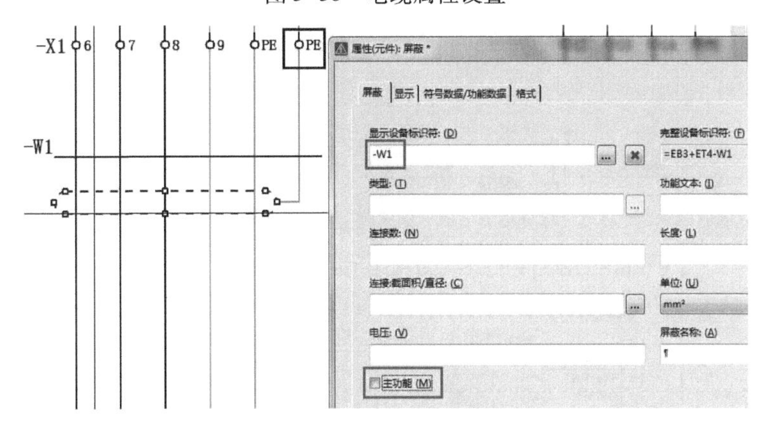

图 3-39　屏蔽电缆定义

3.5.3　线缆选型

在 EPLAN 软件中电缆是作为设备处理，同样需要进行选型。电缆选型分为自动选型和手动选型。一般使用自动选型，自动选型可根据端子电位自动分配缆芯。

自动选型类似于设备选型中的智能选型，单击“设备选择”软件自动筛选符号原理图中连接芯数的电缆，如图 3-40 所示。

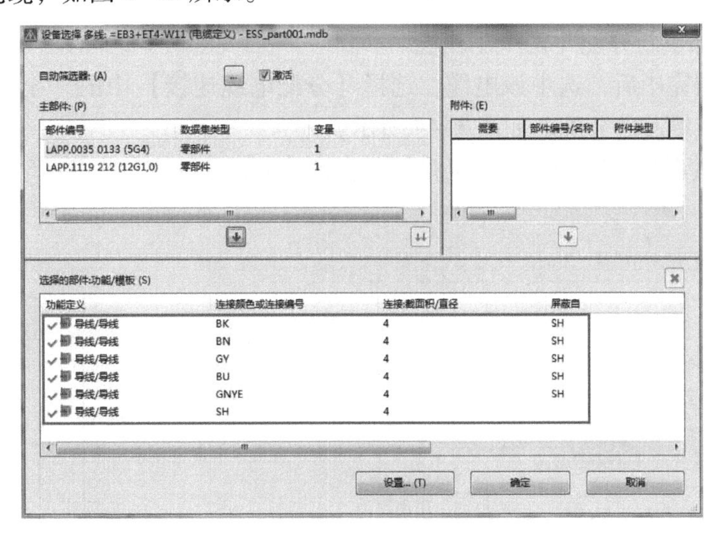

图 3-40　电缆自动选型

单击【确定】按钮，电缆型号及相关参数写入电缆属性，软件自动将接地零线“GNYE”和屏蔽线“SH”分配到相应的缆芯处，如图 3-41 所示。

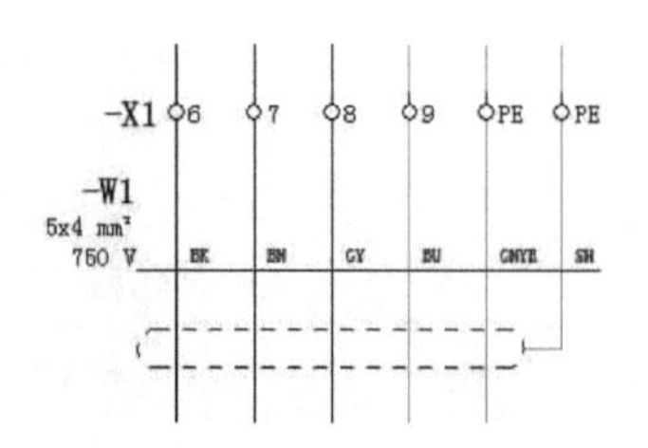

图 3-41　电缆自动分配缆芯

手动选型即在电缆属性中的“部件”选项卡下，单击“部件编号”后面的▭进入部件管理库中选择一个合适的电缆型号，单击【确定】按钮，从而将电缆编号及相关参数写入电缆属性中，如图 3-42 所示。

手动选型的电缆，需要手动对电缆进行编辑处理和调整才能正确分配电缆缆芯，如图 3-43所示。

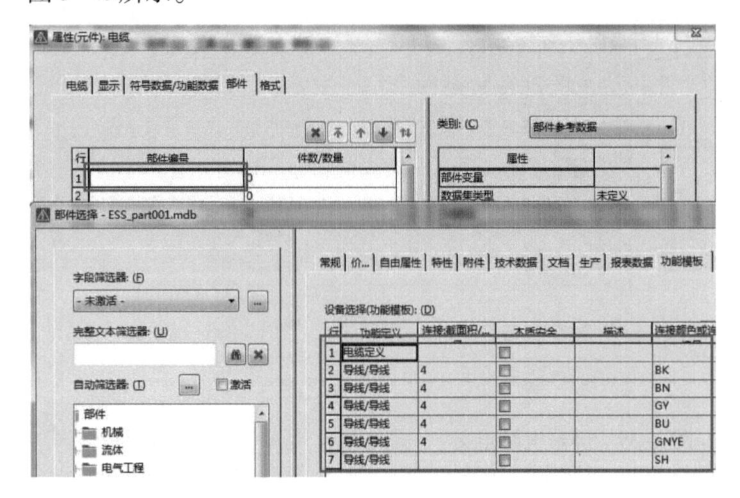

图 3-42　电缆手动选型

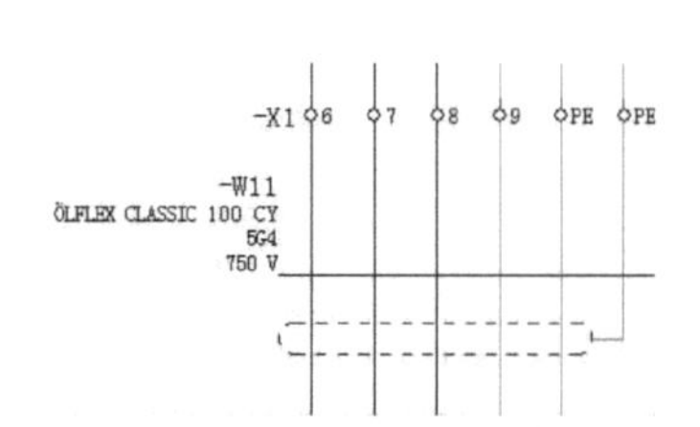

图 3-43　手动分配电缆缆芯

3.5.4　电线电缆处理

在 3.5.3 节中讲述了手动电缆选型时，电缆缆芯不能进行自动分配。通过菜单命令【项目数据】>【电缆】>【分配电缆连接】可对电缆缆芯进行自动分配，其中包括“保留现有属性”和“全部重新分配”两个子功能。

手动电缆选型完毕后，选中该电缆，选择【分配电缆连接】中的“全部重新分配”功能，软件自动完成缆芯的分配，如图 3-44 所示。

选择“全部重新分配”功能后，电缆缆芯将自动进行分配，如图 3-45 所示。

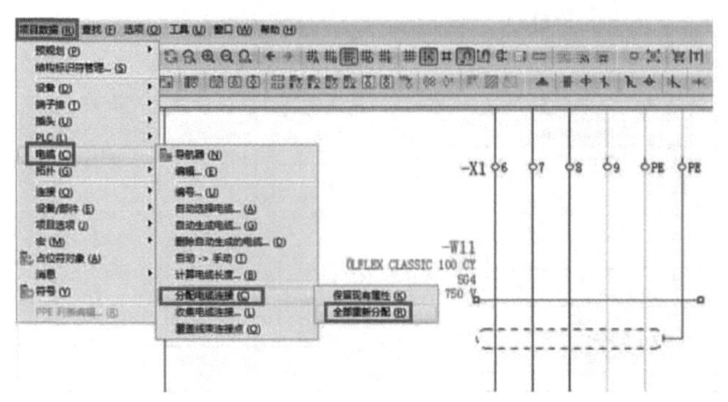

图 3-44　电缆全部重新分配

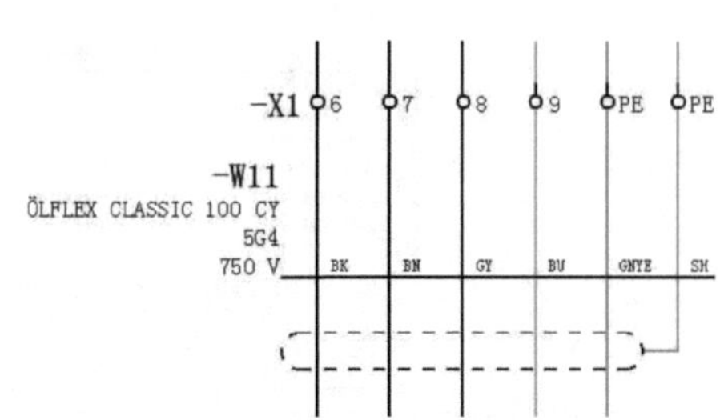

图 3-45　电缆缆芯重新分配

“保留现有属性”是指当把新的电缆缆芯分配给新连接线时不影响已分配的缆芯。当部分缆芯已分配给了连接，在新的连接中需要将剩余缆芯进行分配，并且保持原有分配不变，如图 3-46 所示。

在实际项目设计过程中，传感器及按钮接线盒设备等都是采用电缆与外部连接，而在原理图设计中这些设备两端都与端子相连接，使用“拖拉”方式进行电缆定义比较麻烦，如图 3-47 所示。

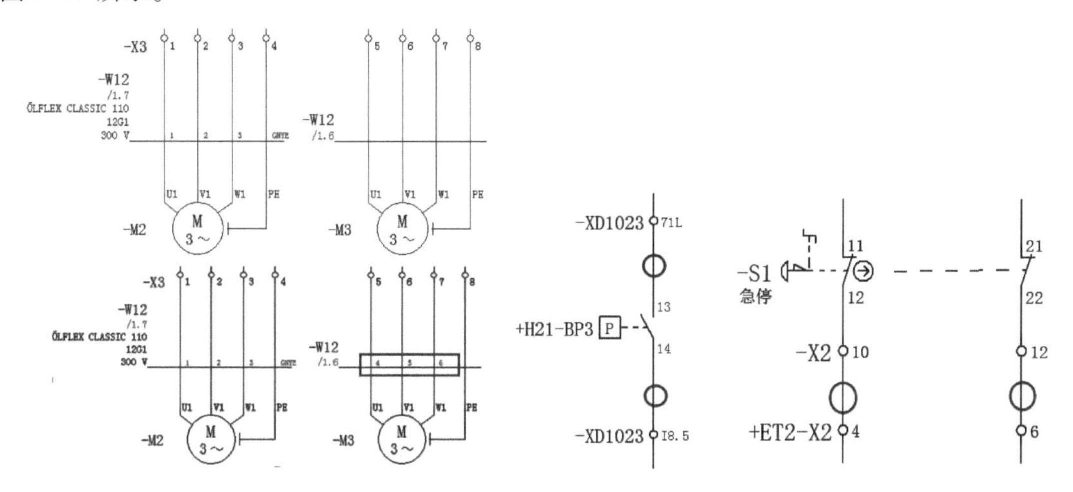

图 3-46　电缆保留现有属性分配　　　　图 3-47　单芯线电缆连接

通过将单芯线的连接改为电缆连接，为其分配一个现有的电缆名称或创建一个新电缆名称。在连接处添加“连接定义点”，在“属性（元件）：连接定义点”下方的属性栏中选择“连接归属性：电缆”，在“电缆/导管”栏下的显示设备标识符后的...选择电缆缆芯，如图 3-48 所示。

单击【确定】按钮后，连接定义点转换为电缆连接，如图 3-49 所示。

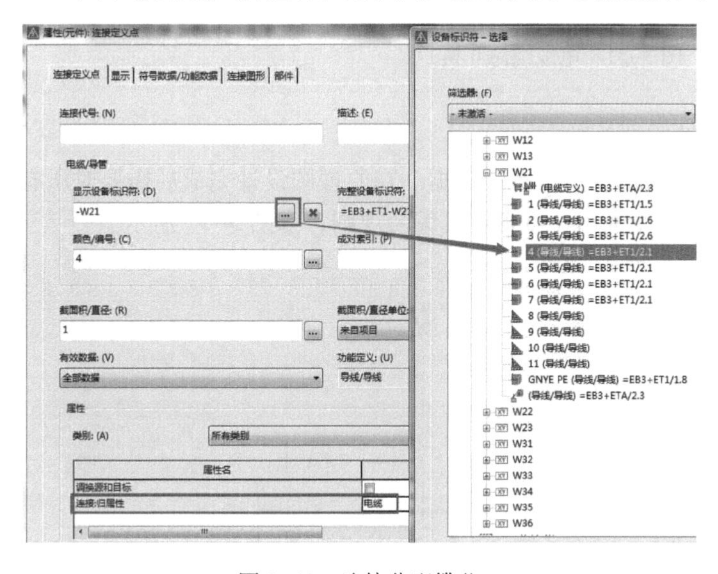

图 3-48　连接分配缆芯

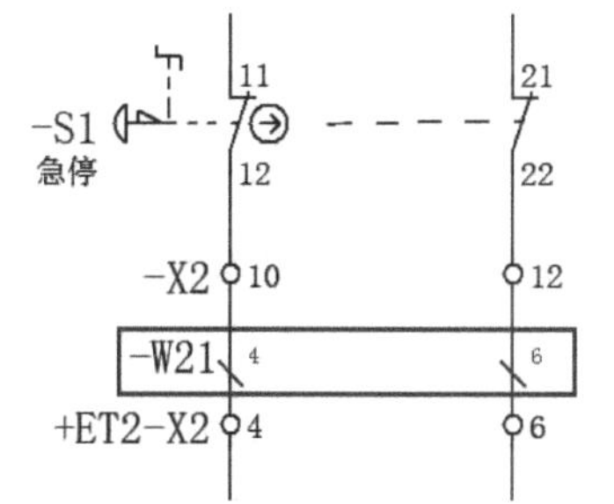

图 3-49　连接转为电缆连接

以上三种电缆处理方法，在实际项目中经常会用到，灵活应用会给项目设计带来快捷及方便。

3.5.5 电线电缆编辑

在项目设计过程中需要调整电缆芯连接顺序，可通过电缆“编辑”功能进行调整。通过菜单命令【项目数据】>【电缆】>【编辑】或在电缆导航器中选中电缆后右键选择“编辑”，弹出电缆编辑界面，如图 3-50 所示。

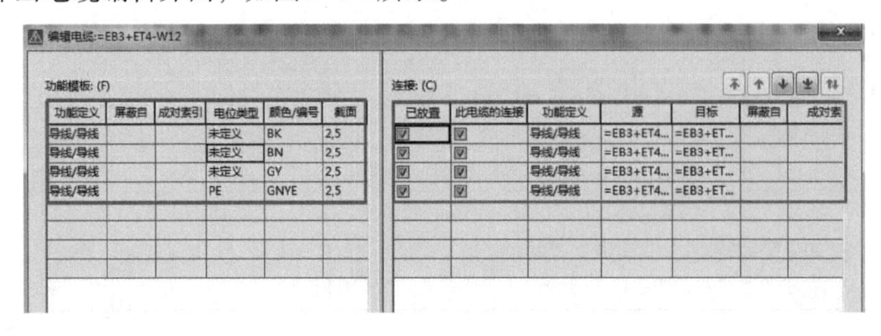

图 3-50 电缆编辑

通过移动按钮可上下移动连接到指定的电缆芯，当右侧连接与左侧电缆功能模板中的缆芯对应起来时，电缆芯被匹配到该连接。同时两个连接之间可通过进行互换，这样在实际项目中可灵活调整缆芯的连接，如图 3-51 所示。

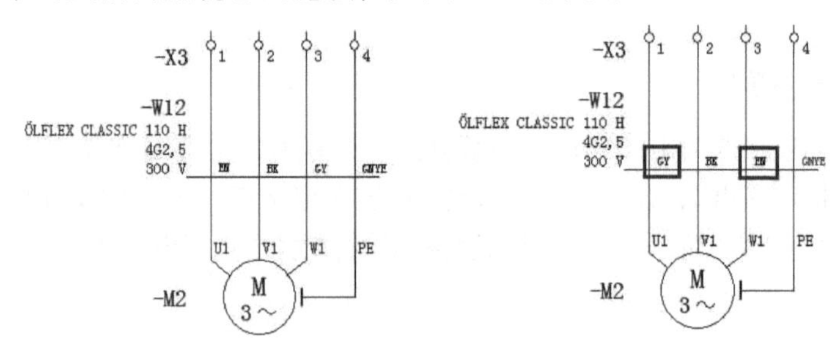

图 3-51 电缆缆芯互换

3.5.6 电线电缆编号

电线编号是指导工艺接线及后期设备维护的重要依据。在原理图设计完成后需要对所有连接电线进行统一编号，在 EPLAN 软件中用户可自定义编号规则，如图 3-52 所示。

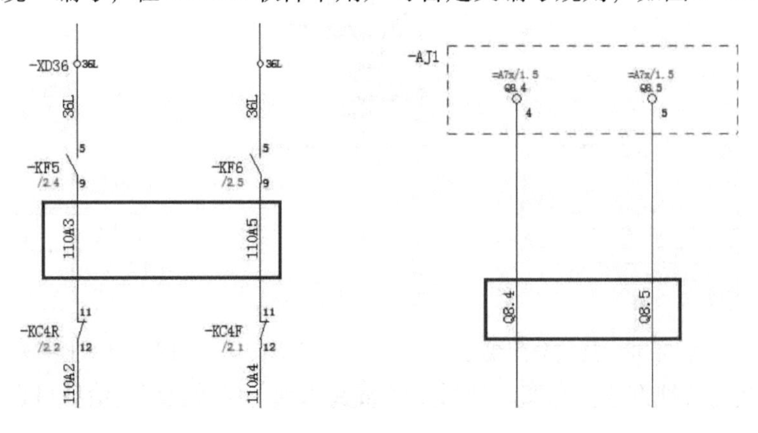

图 3-52 电线编号

在电线编号之前，首先对线号的图形格式及编号规则进行设置。通过菜单命令【选项】>【设置】>【项目】>【项目名称】>【连接】>【连接编号】，在弹出的“设置：连接编号”界面中，单击▣可自定义编号名称，在“筛选器”选项卡勾选编号的“行业”和“功能定义”，如图 3-53 所示。

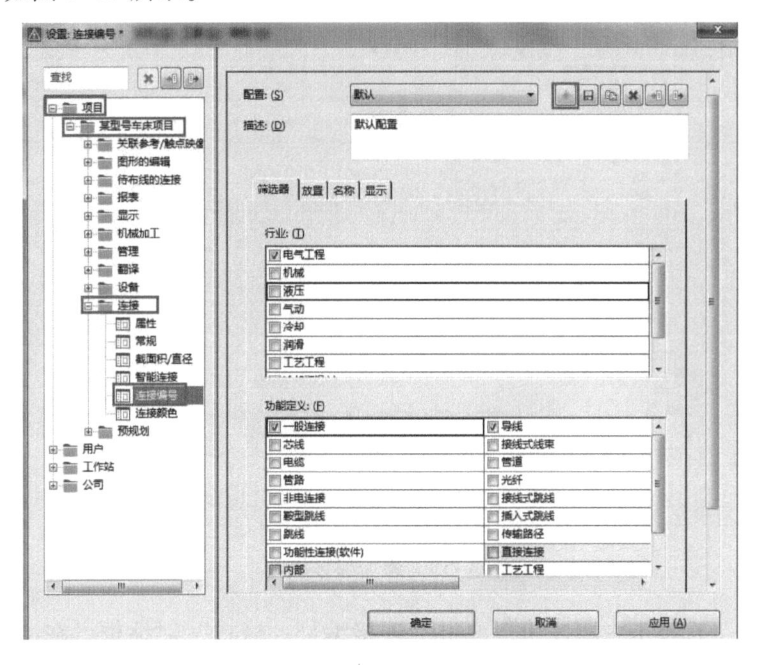

图 3-53　连接编号配置

单击“放置”选项卡，设置线号放置的图形，在“编号/名称”后的▣中选择放置图形，有些用户不想显示斜线，可在此处选择无图形符号，如图 3-54 所示。

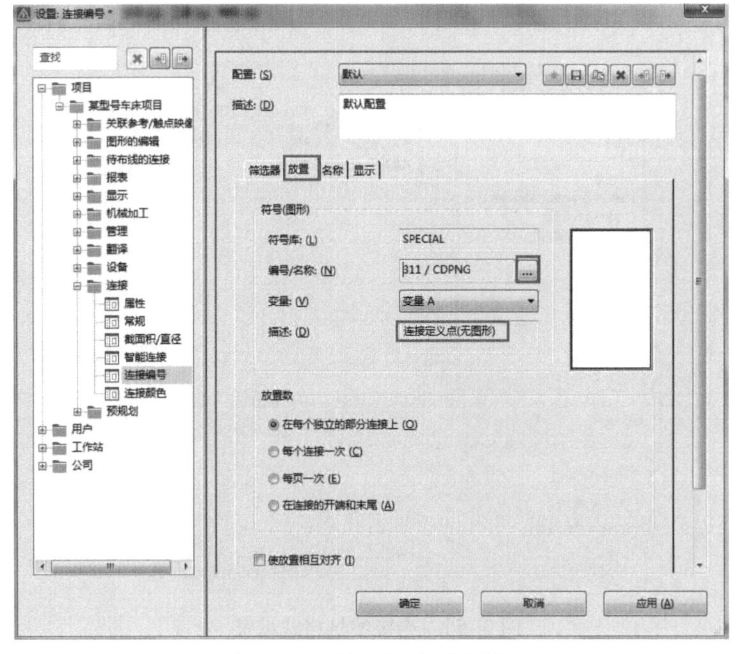

图 3-54　“放置”选项卡设置

在“名称”选项卡中设置线号的命名规则，通过按钮添加多个编号规则，如图3-55所示。

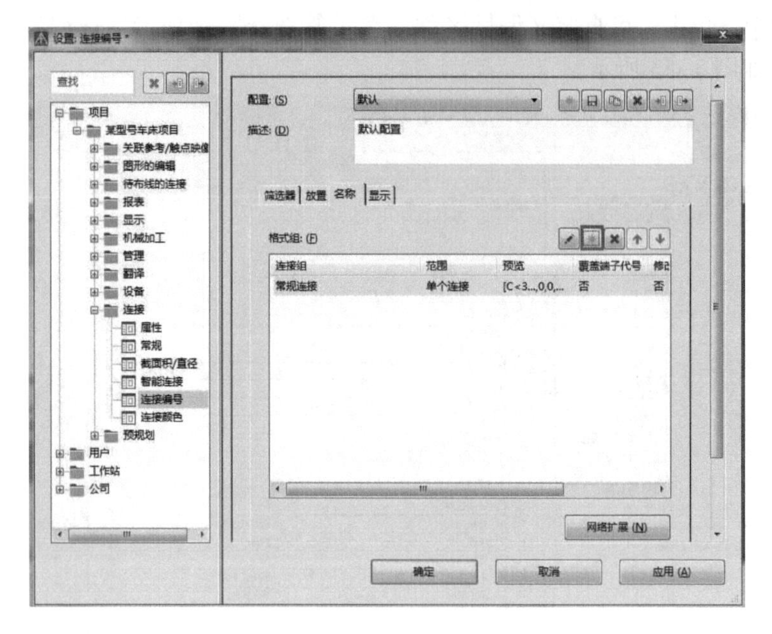

图3-55 添加编号规则

单击“名称”选项卡中按钮，弹出“连接编号：格式”对话框，在“连接组”下拉菜单中选择预定义的连接组；在“范围”下拉菜单中选择编号范围；在选定的“连接组”下方选择该组的“可用的格式元素”添加到右侧“所选的格式元素”窗口中，如图3-56所示。

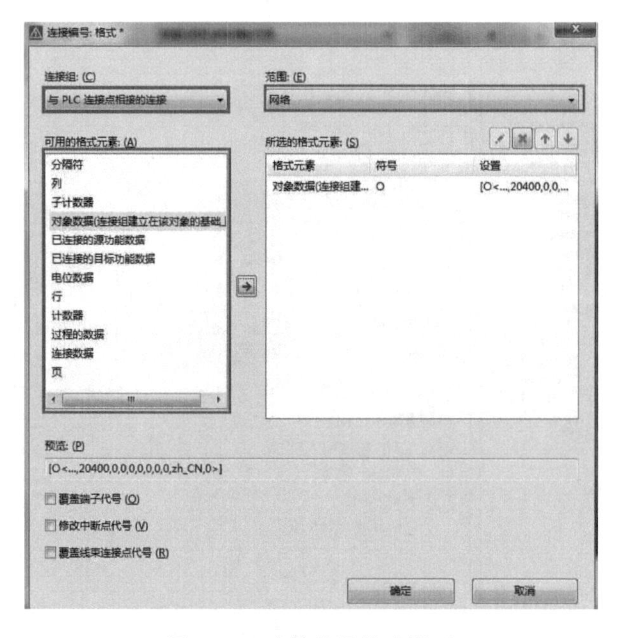

图3-56 连接编号格式设置

通常我们希望在与 PLC 连接处的线号能显示 PLC 的地址，可将“对象数据（连接组建立在该对象的基础上）”元素添加到右侧栏中，选择“PLC 地址”类型，如图 3-57 所示。

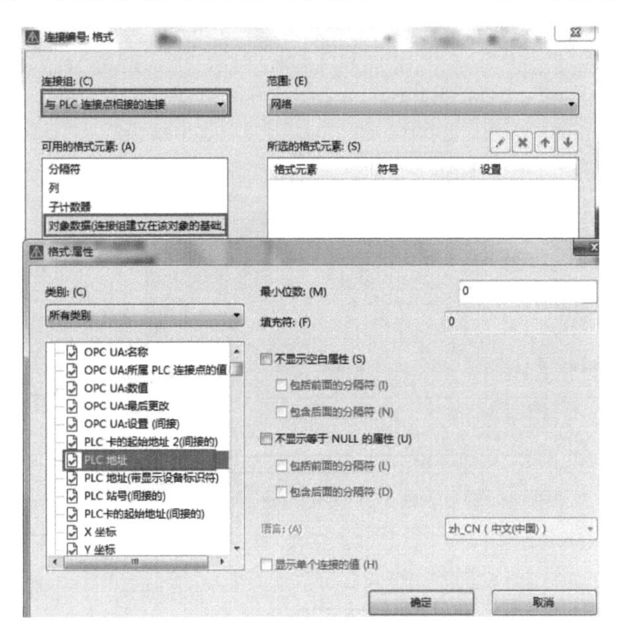

图 3-57　以 PLC 地址为线号

编号规则为连接编号的重点，合理的编号规则不仅给原理图设计带来事半功倍的效果，而且使原理图的编号规则更加科学、合理。编号规则因公司和项目而异，每个公司都有自己的编号规则，有时根据项目需要对线号规则也要做相应的修改。一般情况下，“名称”选项卡下的命名规则主要包括：与电位连接点相连的连接、用中断点中断的连接、与 PLC 连接点相接的连接和常规连接等，如图 3-58 所示。

在“显示”选项卡中设置线号的颜色、字号和位置等格式，如图 3-59 所示。

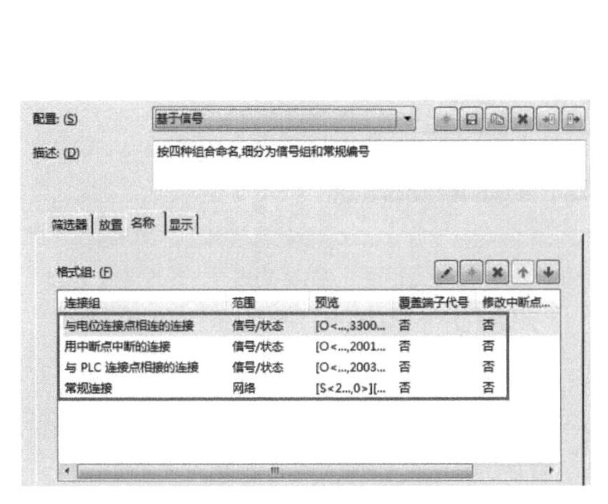

图 3-58　常用编号规则

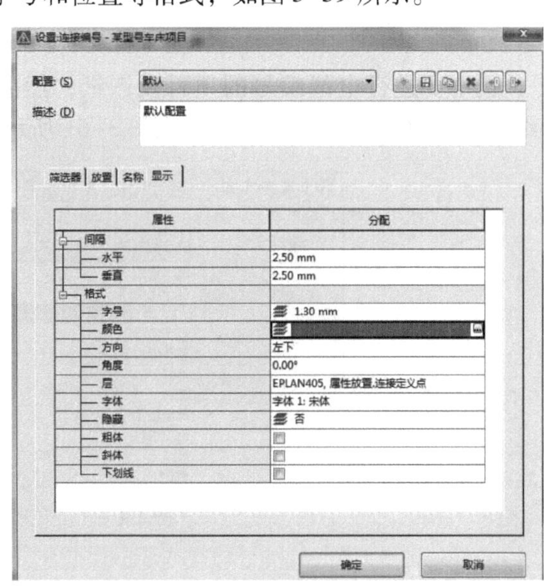

图 3-59　线号格式设置

通过“间隔”选项的“水平”“垂直”数据设置线号与电线的接近距离，如图 3-60 所示。

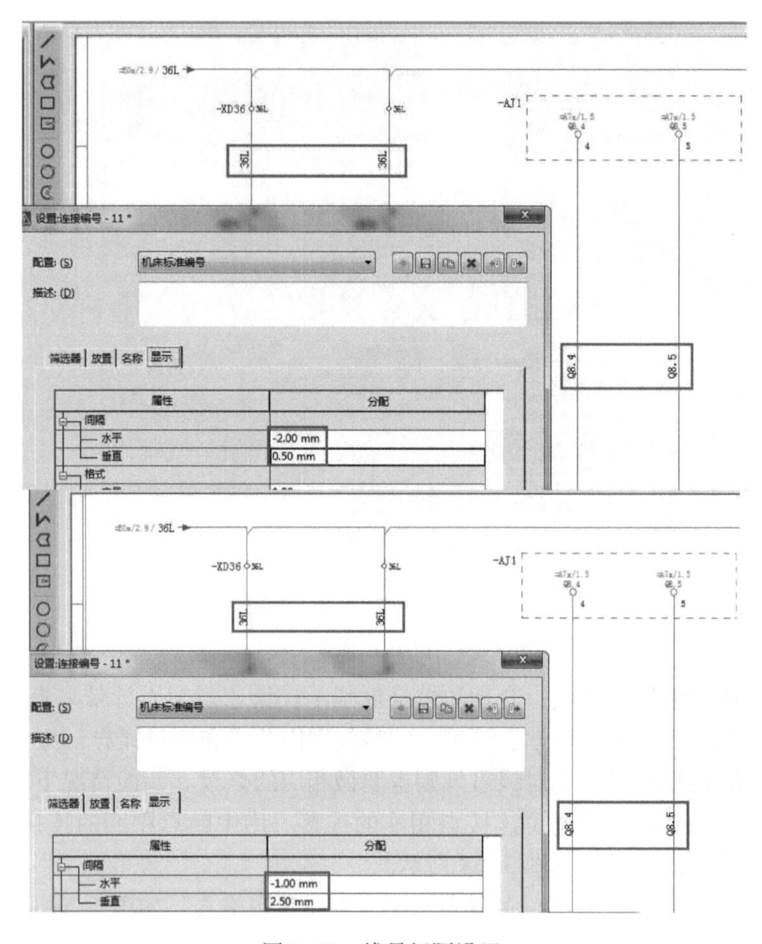

图 3-60　线号间隔设置

选中要进行电线编号的项目及图纸，然后选择菜单命令【项目数据】>【连接】>【编号】>【放置】弹出界面，如图 3-61 所示。

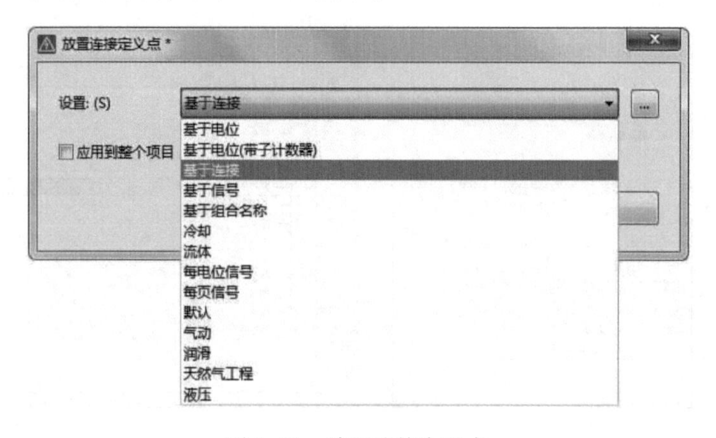

图 3-61　放置连接定义点

在“设置”的下拉菜单中选择相应的配置，勾选“应用到整个项目”选项。单击【确定】按钮后，在原理图的电线连接处显示“????”，如图 3-62 所示。

线号“放置”完成后，选择项目名称或图纸页，通过菜单命令【项目数据】 >【连接】 >【编号】 >【命名】，打开“对连接进行说明”界面，如图 3-63 所示。

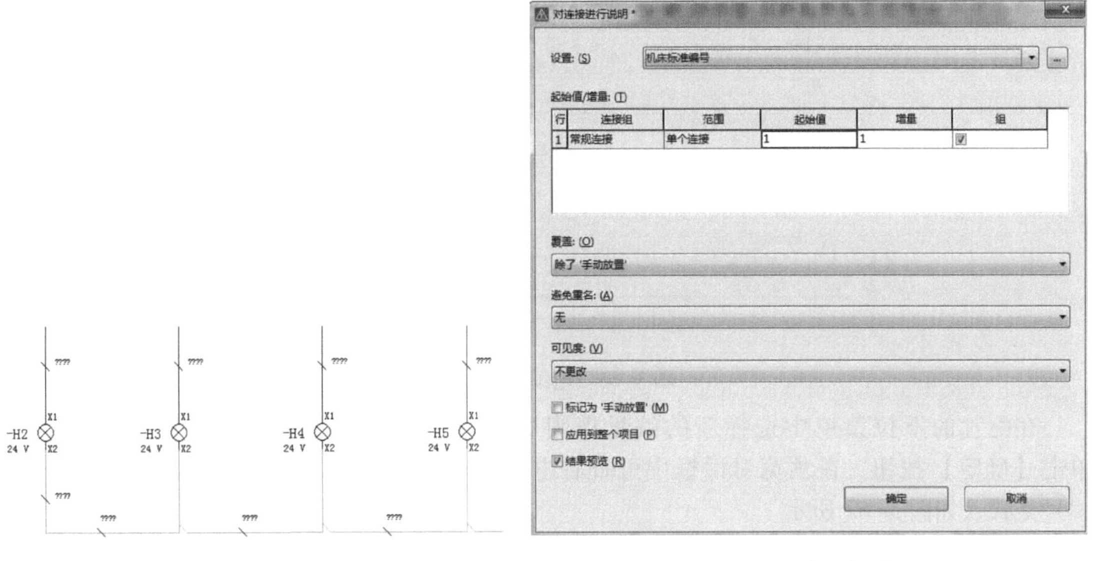

图 3-62　线号放置　　　　图 3-63　“对连接进行说明”界面

勾选“结果预览”选项，单击【确定】按钮，软件自动应用前面设置中的连接点定义图形、编号规则及线号显示格式内容，自动完成电线编号，如图 3-64 所示。

在项目设计过程中，复制项目图纸或调用宏电路时，电缆序号未按顺序排列或者电缆的编号规则不一致，所以需要对电缆进行重新编号。

通过菜单命令【项目数据】 >【电缆】 >【编号】或在电缆导航器中单击右键选择“电缆设备标识符编号”。在原理图中或电缆导航器中选择电缆，执行“编号”命令，在“对电缆编号”对话框中设置电缆编号的规则、起始值及增量，并勾选“结果预览”选项，如图 3-65 所示。

对连接进行说明:结果预览

行	源	目标	连接代号	新的连接代号
202	+E11-KF13:5	+E11-XD61:61L	61L	61L
203	+E11-KF14:5	+E11-XD61:61L	61L	61L
204	+E11-KF15:5	+E11-XD61:61L	61L	61L
205	+E11-KF71:5	+E11-XD61:61L	61L	61L
206	+E11-KF72:5	+E11-XD61:61L	61L	61L
207	+E11-KF70:5	+E11-XD61:61L	61L	61L
208	+E11-KF10:5	+E11-XD61:61L	61L	61L
209	+E11-KF9:5	+E11-XD61:61L	61L	61L
210	+E11-KF8:5	+E11-XD61:61L	61L	61L
211	+E11-AF2:BZF	+E11-XD61:61L	61L	61L
212	+E11-AJ1:OUT:1	+E11-KF2:14	Q8.1	Q8.1
213	+E11-AJ1:IN:5	+E11-XD1023:I8.5	I8.5	I8.5
214	+E11-AJ1:OUT:4	+E11-KF5:14	Q8.4	Q8.4
215	+E11-AJ1:OUT:5	+E11-KF6:14	Q8.5	Q8.5
216	+E11-AJ1:OUT:3	+E11-KF4:14	Q8.3	Q8.3
217	+E11-AJ1:IN:1	+E11-XD1009:I8.1	I8.1	I8.1
218	+E31-XD10:I8.1	+H11-BL1:12	I8.1	I8.1

确定　取消

图 3-64　连接说明结果预览

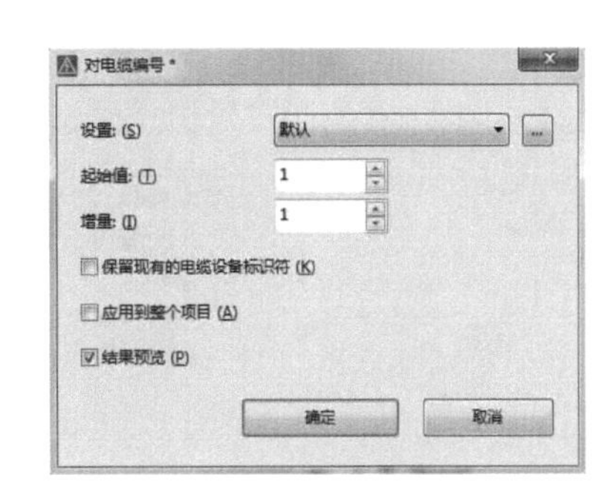

图 3-65　电缆编号

单击设置选项后的▫进入“设置：电缆编号”界面，在“配置”栏可【新建】编号名称，在“格式”下拉选项中选择想要的编号格式，单击【确定】按钮，如图 3-66 所示。

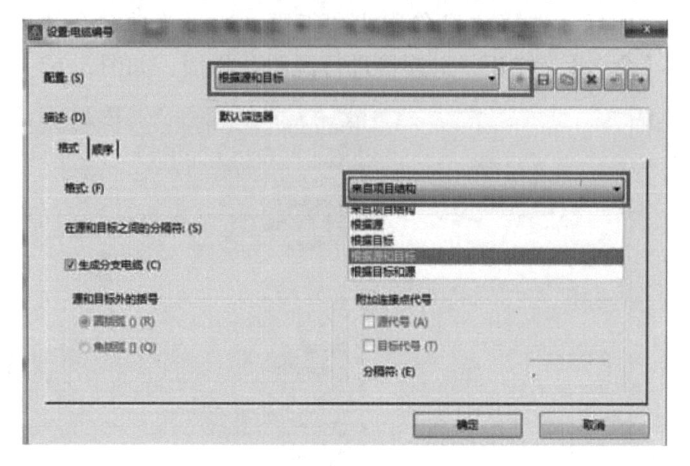

图 3-66　电缆编号设置

在配置的下拉菜单中选择新的编号规则后，单击【确定】按钮，在预览对话框中可查看电缆编号格式，如图 3-67 所示。

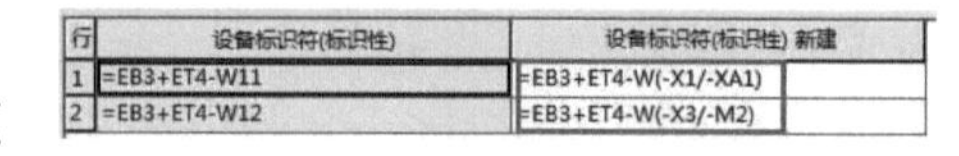

行	设备标识符(标识性)	设备标识符(标识性) 新建	
1	=EB3+ET4-W11	=EB3+ET4-W(-X1/-XA1)	
2	=EB3+ET4-W12	=EB3+ET4-W(-X3/-M2)	

图 3-67　电缆编号预览

3.6　生成报表

报表是将项目数据以图形或表格的方式输出，用于评估原理图的设计及后期项目施工的指导。在 EPLAN 软件中报表主要包括自动式报表和嵌入式报表，另外，企业可以将经常使用的报表做成模板，通过一键自动生成。报表数据可以通过选项卡方式进行导出供第三方数据使用。

3.6.1　报表类型

EPLAN 软件中包含了 45 种报表，选择菜单命令【工具】 > 【报表】 > 【生成】，查看报表类型，如图 3-68 所示。

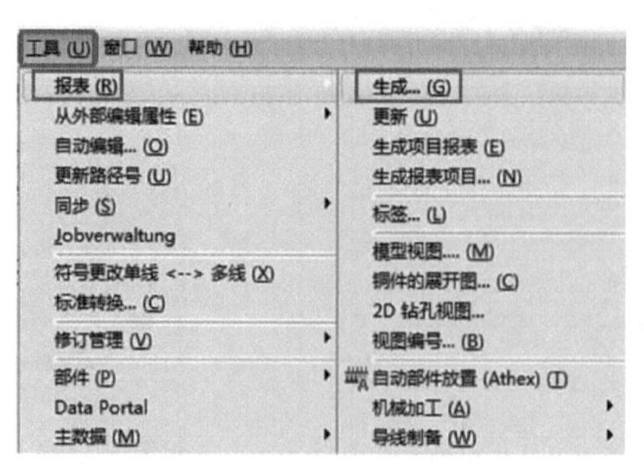

图 3-68　报表路径

在弹出的“报表”界面中，单击▫按钮，如图 3-69 所示。

在“确定报表”界面中，可以看到 EPLAN 软件中包含的报表类型，如图 3-70 所示。

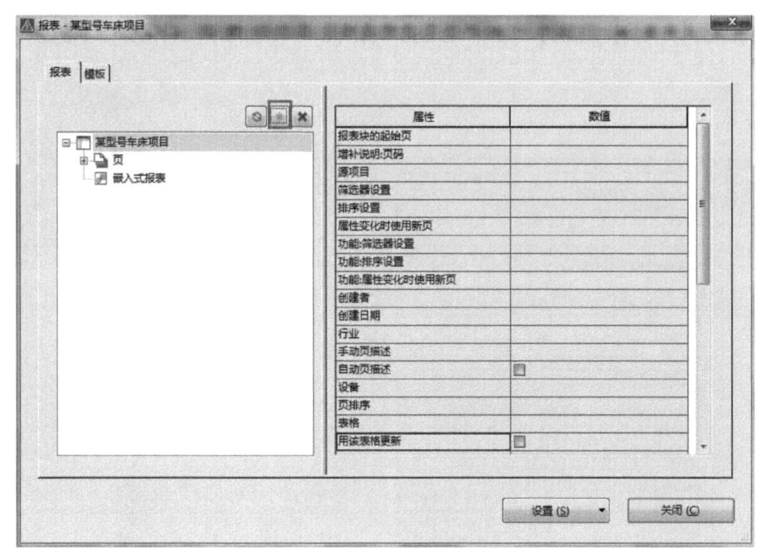

图 3-69　报表类型查看

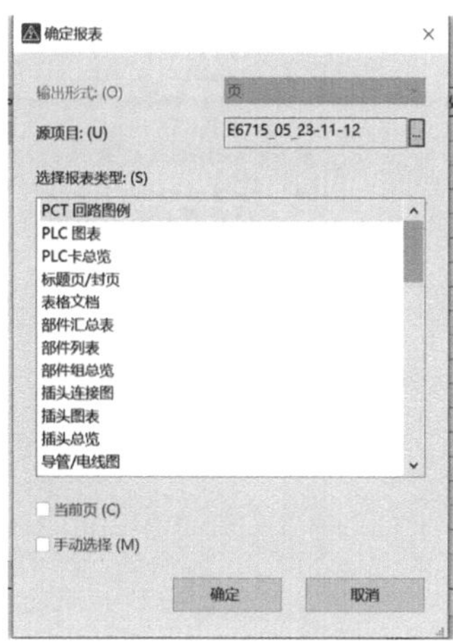

图 3-70　报表类型

通常项目设计中这 45 种报表不可能都用到，常用的几种报表类型包括：标题页/封页、目录、部件汇总表、部件列表、插头总览、插头图表、插头接线表、端子总览、端子图表、端子接线表、电缆总览、电缆图表、电缆连接图表、连接列表和箱柜设备清单等。

3.6.2　报表设置

报表的设置路径有两种，一种是通过菜单命令【选项】 >【设置】 >【项目（项目名称）】 >【报表】设置，如图 3-71 所示。

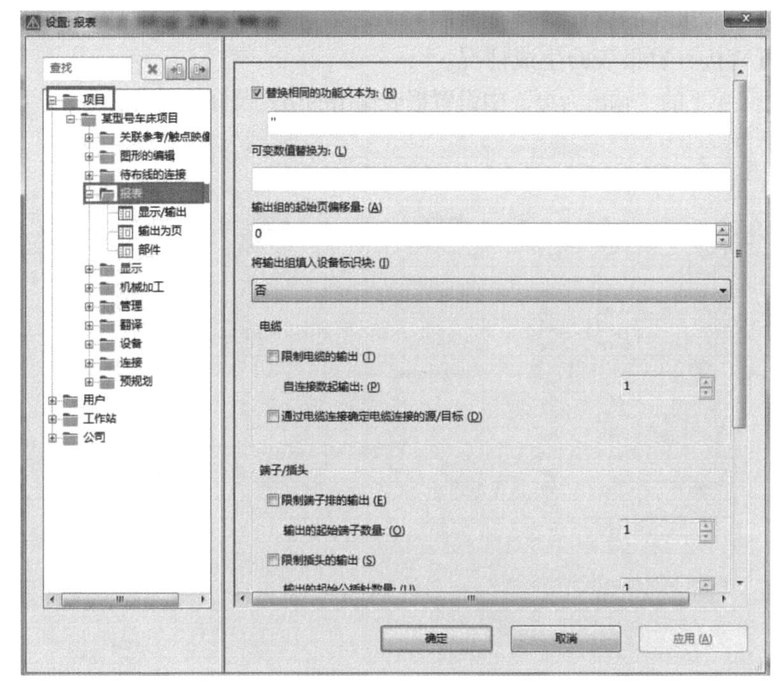

图 3-71　报表设置 1

另一种是在【工具】>【报表】>【生成】命令下的“报表”界面的右下方“设置”中进行设置，如图3-72所示。

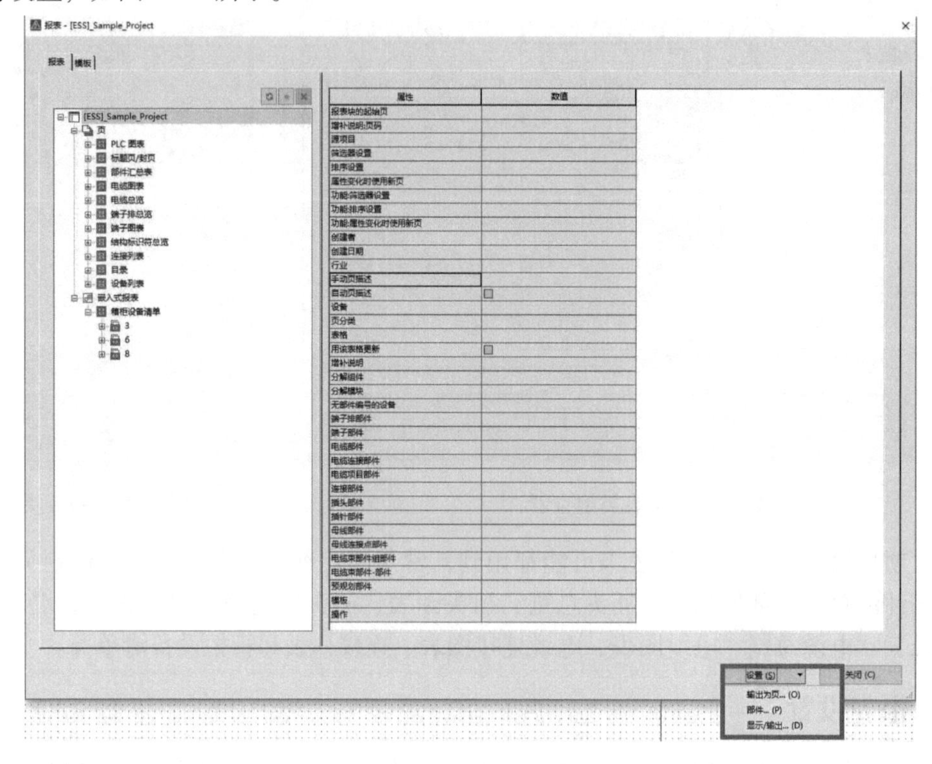

图3-72　报表设置2

以上两种方法对报表的设置都具有异曲同工之效，在实际项目设计中第二种方法比较方便，可通过设置直接查看报表的生成情况。

在“设置”菜单下的“输出为页”中设置报表输出的格式及修改报表的内容，如图3-73所示。

设置:输出为页

行	报表类型	表格	页排序	部分输出	合并	报表行的最小...	子页面	字符	
1	部件列表	F01_001	总计				☐	按字母顺序降...	0
2	部件汇总表	F02_001	总计				☐	按字母顺序降...	0
3	设备列表	F03_001	总计				☐	按字母顺序降...	0
4	表格文档	F04_001	总计				☐	按字母顺序降...	0
5	设备连接图	F05_001	总计		☑	1	☐	按字母顺序降...	0
6	目录	F06_001	总计				☐	按字母顺序降...	0
7	电缆连接图	F07_001	总计		☐	1	☐	按字母顺序降...	0
8	电缆布线图		总计				☐	按字母顺序降...	0
9	电缆图表	F09_001	总计		☑	1	☐	按字母顺序降...	0
10	电缆总览	F10_001	总计				☐	按字母顺序降...	0
11	端子连接图	F11_001	总计		☐	1	☐	按字母顺序降...	0
12	端子排列图	F12_001	总计		☐	1	☐	按字母顺序降...	0
13	端子排总览	F14_001	总计				☐	按字母顺序降...	0
14	端子图表	F13_001	总计		☑	1	☐	按字母顺序降...	0
15	图框文档	F15_001	总计				☐	按字母顺序降...	0
16	电位总览	F16_001	总计				☐	按字母顺序降...	0
17	修订总览	F17_001	总计				☐	按字母顺序降...	0

部件列表 DIN A3 横向 1 列 56 行 基于 ESSO004D

确定　取消

图3-73　输出页设置

“设置”菜单下的“部件”选项用来定义在生成报表时如何处理部件，主要包括部件在报表中的汇总和显示。在部件统计过程中有时会发现没有端子部件，那是因为端子部件后面的数值未勾选，如图 3-74 所示。

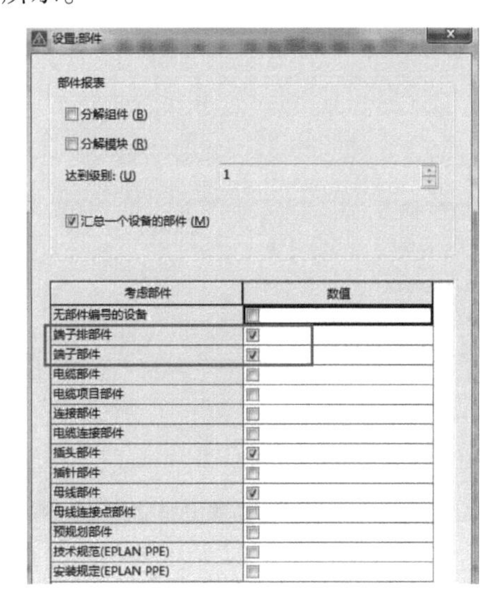

图 3-74　部件设置

3.6.3　报表生成

在 EPLAN 中报表的生成包括“手动式”和“一键式”生成。选择菜单命令【工具】 >【报表】 >【生成】，在弹出的“报表 - 项目名称”界面中显示有“报表”和“模板”两个选项卡及右侧属性窗口。单击按钮，选择报表类型，如图 3-75 所示。

单击【确定】按钮，进入“筛选/排序”对话框，用户可根据软件提供的默认配置对生成的报表进行筛选排序等设置，也可自定义配置，如图 3-76 所示。

图 3-75　报表类型选择

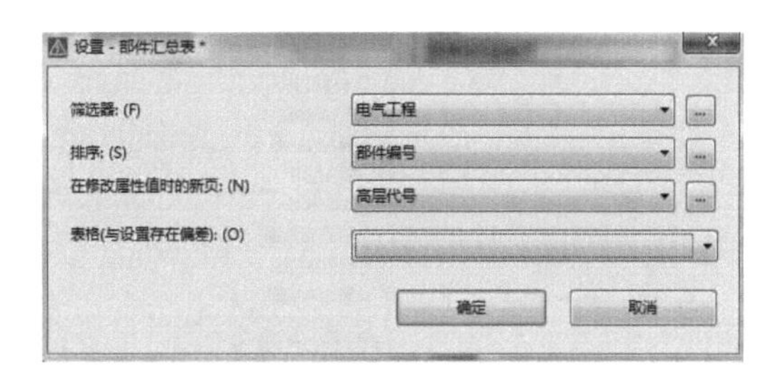

图 3-76　报表的筛选/排序设置

单击【确定】按钮，在弹出的界面中，根据预定义的页结构，选择报表生成的归属结构，定义报表的页名及描述，如图 3-77 所示。

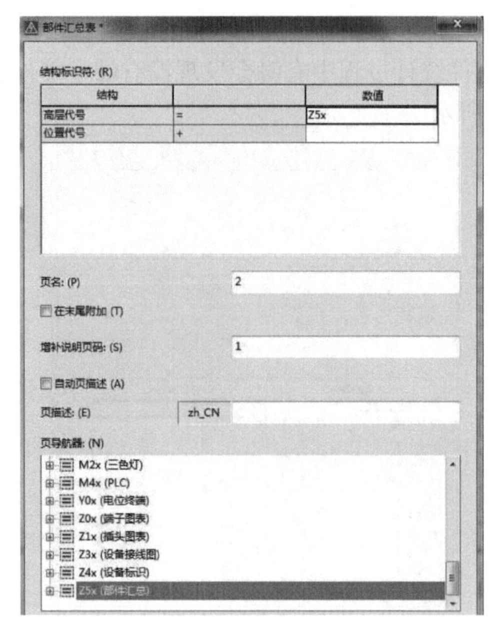

图 3-77　报表结构和命名

3.6.4　手动报表

图 3-69 界面中的“报表”选项卡即手动生成报表，在“报表”选项卡下包含“页”和“嵌入式报表”两个文件夹。“页”文件夹中主要包含以图纸页形式输出的报表；“嵌入式报表”文件夹中主要包含手动放置的嵌入式报表，例如，箱柜设备清单报表。

在“报表”选项卡下，单击按钮，通过“输出形式”的下拉菜单设置输出为“页”或“手动放置”，选择想要生成的报表类型。“当前页”和“手动选择”选项主要用于“嵌入式报表生成”，如图 3-78 所示。

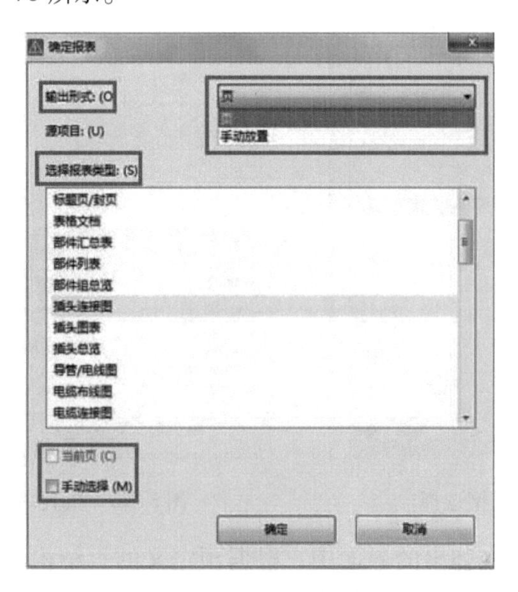

图 3-78　确定报表界面

单击【确定】按钮，按照 3.6.3 节内容生成报表。

3.6.5 根据模板生成

在图 3-69 界面中的“模板”选项卡下，单击▣按钮，弹出“确定报表”对话框，选择一种报表类型，如图 3-79 所示。

图 3-79　报表模板设置

模板生成报表与手动生成报表不同的是，模板不会立即生成报表，而是将所需的所有报表类型及相关设置保存在“模板”选项卡下。单击“报表 - 项目名称”对话框中的【生成报表】按钮，快速生成项目所需的报表，如图 3-80 所示。

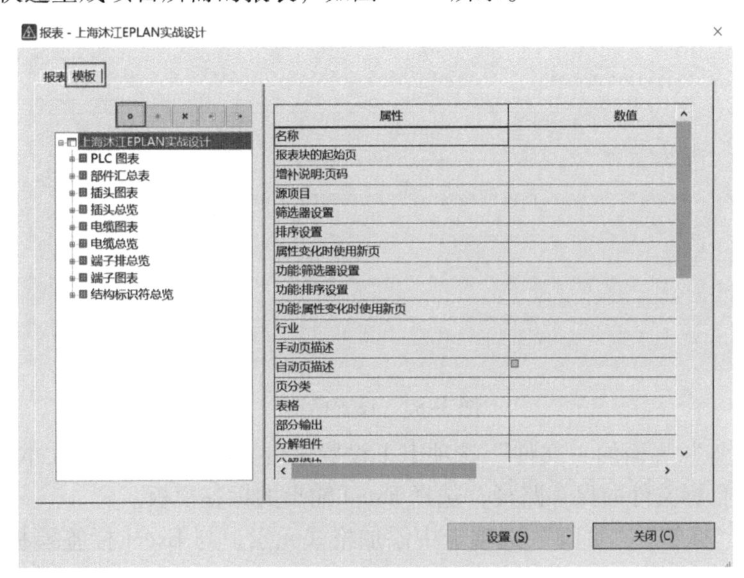

图 3-80　生成模板报表

3.6.6 导出 Excel 格式

报表是将项目数据以图形形式输出，另外也可将项目数据以 Excel 格式导出，使用第三方程序打开并编辑，该方法称为“标签”。

选择菜单命令【工具】>【报表】>【标签】，如图 3-81 所示。

在“输出标签”界面中，设置输出报表类型、语言及目标文件保存路径，如图 3-82 所示。

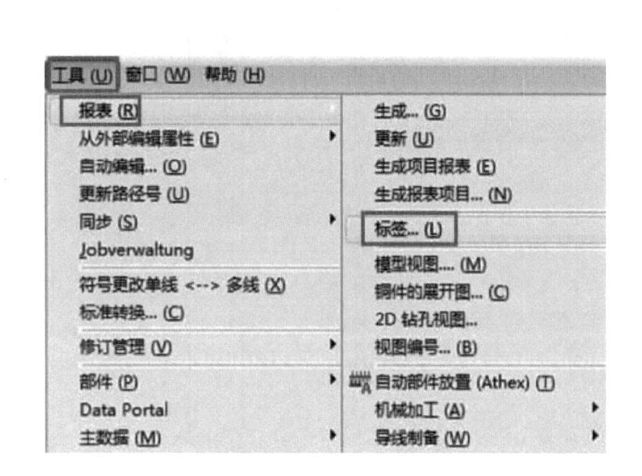

图 3-81　标签路径

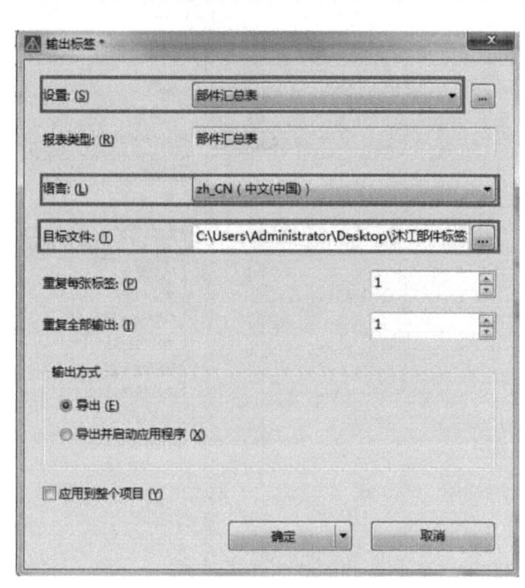

图 3-82　输出标签界面

在“输出标签”对话框中，单击“设置”后的[...]按钮，进入“设置：标签”对话框，如图 3-83 所示。

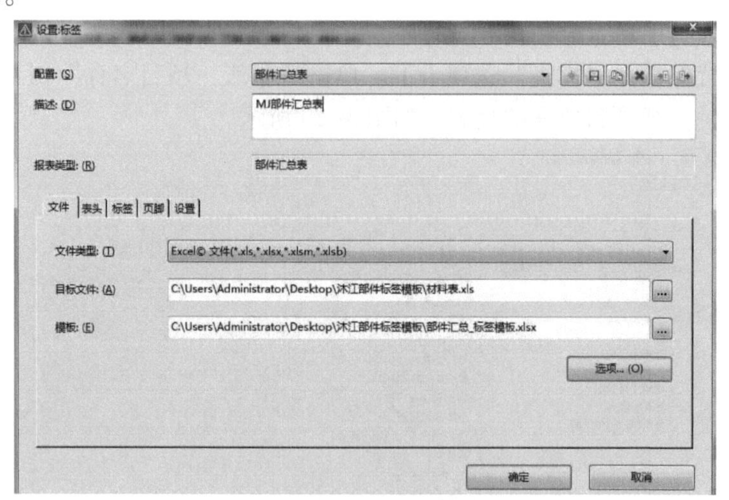

图 3-83　设置标签

在“设置标签”界面的“文件”选项卡下设置输出文件类型，包括文本、XML 和 Excel 格式文件；指定目标文件的保存路径；选择 Excel 输出的标签模板。

在“表头”“标签”“页脚”选项卡中添加格式元素，与 Excel 标签模板中列名称进行一一对应，如图 3-84 所示。

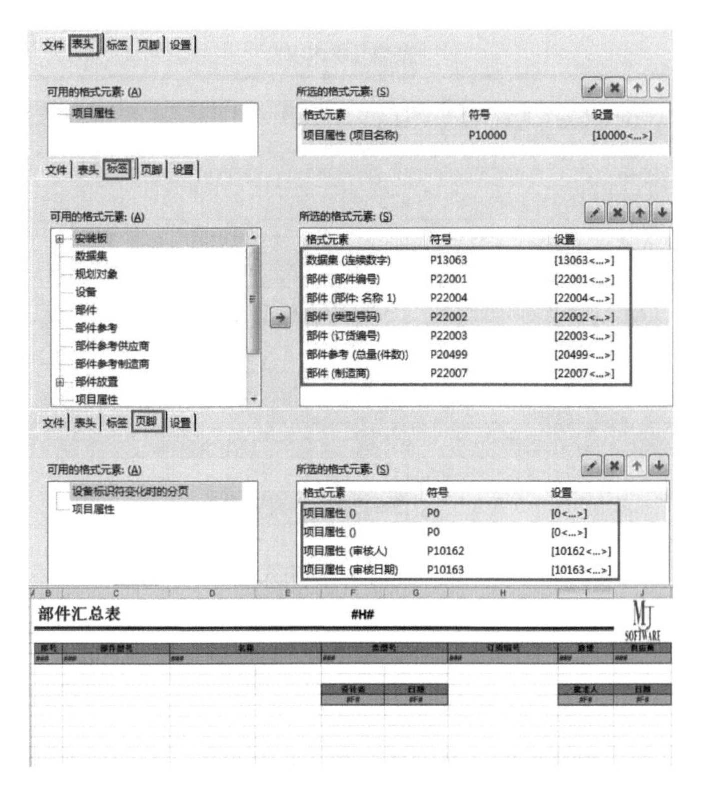

图 3-84 Excel 标签模板

其中“#H#”代表“表头”中要显示的数据元素；“###”代表“标签”中的数据元素；“#F#”代表“页脚”中的数据元素。

设置完成后，在“输出标签”对话框，激活“导出并启动应用程序”和“应用到整个项目”选项。单击【确定】按钮，软件自动生成 Excel 格式的部件汇总表，如图 3-85 所示。

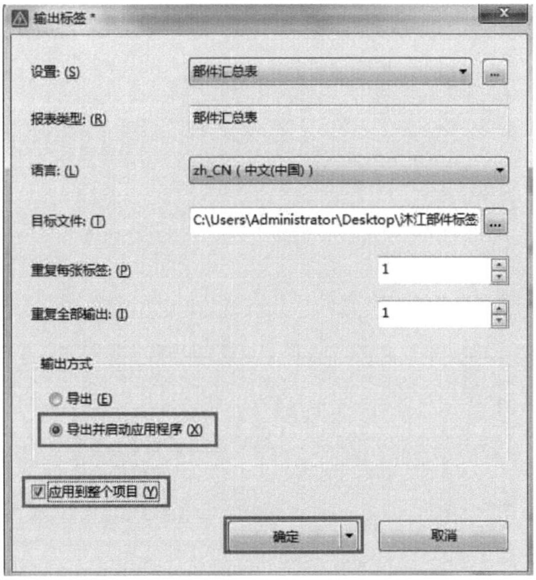

图 3-85 导出 Excel 格式

部件汇总表　　某型号机床项目　　MJ SOFTWARE

序号	部件型号	名称	类型号	订货编号	数量	供应商
1	PXC.3031212	带弹簧连接点的贯通式端子	ST 2,5	3031212	107	PXC
2	SIE.3RV10 21-1JA15	电机保护开关	3RV10 21-1JA15	3RV10 21-1JA15	48	SIEMEN
3	ADVU-100-50-P-A	紧凑气缸	156583	ADVU-100-50-P-A	6	FESTO
4	MEBH-5/3G-1/8-B-110AC	电磁阀	173051	MEBH-5/3G-1/8-B-110AC	3	FESTO
5	GRLA-1/4-B	止回节流阀	GRLA-1/4-B	151172	12	FESTO
6	U-1/4	消音器	2316	U-1/4	6	FESTO
7	NEV-02-01-VDMA	端面板安装组件	191405	NEV-02-01-VDMA	6	FESTO
8	NAW-1/8-02-VDMA	联结板	161110	NAW-1/8-02-VDMA	3	FESTO
9	SIE.6ES7390-1AE80-0AA0	SIMATIC S7-300,异型导轨	6ES7390-1AE80-0AA0	6ES7390-1AE80-0AA0	1	SIEMEN
10	SIE.6ES7315-2AG10-0AB0	SIMATIC S7-300,带 MPI 的中央部件组	6ES7315-2AG10-0AB0	6ES7315-2AG10-0AB0	1	SIEMEN
11	SIE.6ES7321-1BH02-0AA0	SIMATIC S7-300,数字输入 SM 321	6ES7321-1BH02-0AA0	6ES7321-1BH02-0AA0	1	SIEMEN
12	SIE.6ES7322-1BH01-0AA0	SIMATIC S7-300,数字输出 SM 322	6ES7322-1BH01-0AA0	6ES7322-1BH01-0AA0	1	SIEMEN
13	PILZ.777310	急停保险开关设备	PNOZ X3P	777310	1	PILZ
14	SIE.5SG1300	NEOZED-嵌入式熔丝座	5SG1300	5SG1300	1	SIEMEN
15	SIE.5SE2306	NEOZED 熔丝	5SE2306	5SE2306	1	SIEMEN
16	SIE.5SX2102-8	微型(小型)断路器	5SX2102-8	5SX2102-8	2	SIEMEN
17	SIE.3-pole Neozed fuse 25A	3-相 Neozed 熔断器 25A kpl.	3-polige Neozed-Sicherung 25 A kpl		1	SIEMEN
18	SIE.5SG5700	NEOZED-嵌入式熔丝座	5SG5700	5SG5700	2	SIEMEN
19	SIE.5SE2325	NEOZED 熔丝	5SE2325	5SE2325	6	SIEMEN
20	SIE.5SH5025	NEOZED (螺旋式)适配插座	5SH5025	5SH5025	6	SIEMEN

设计者	日期	批准人	日期
Sean	2016/11/29	Bill	2016/12/16

图 3-85　导出 Excel 格式（续）

3.7　项目总结

本章主要介绍了软件中的功能点及设置信息。在新建项目时如何选择项目模板及后期项目模板的保存，在项目设计之前应进行关联参考/映像触点的相关设置，在图形编辑器中如何插入符号及新建符号的步骤。在原理图设计过程中需要对电线及电缆进行定义及编辑，项目设计完成之后应生成相应工艺报表以用于指导后期施工及生产。

第4章　小车送料电气控制系统

4.1　项目概述

小车送料电气控制系统以外部电动机和柜内 PLC 为主要设备，通过各种按钮和传感器设备的信号反馈完成整个系统的运行。本章通过该项目重点介绍项目结构层级的定义、黑盒/结构盒在项目中的应用、端子排的编辑以及面向对象的设计方法。

4.2　项目属性和新建

4.2.1　项目模板

首先“新建”项目，选择菜单命令【项目】 > 【新建】，如图 4-1 所示。

在弹出的界面中定义“项目名称”为小车送料电气控制系统，如图 4-2 所示。

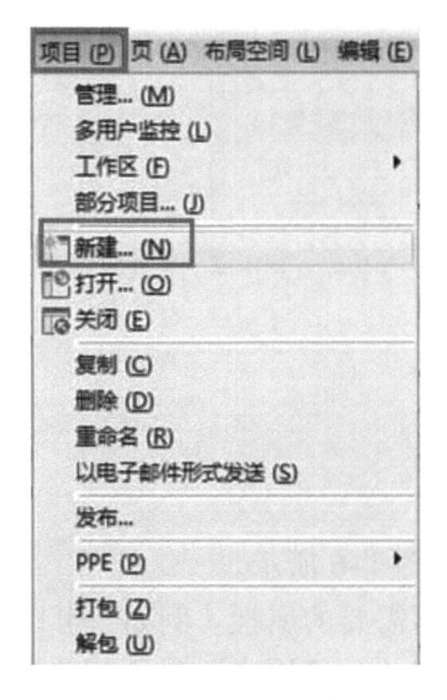

图 4-1　项目新建

图 4-2　项目名称定义

项目保存位置应设置在非系统盘目录下，在软件安装过程或软件【设置】中修改默认保存路径，以防止系统出现问题，无法恢复项目。

单击“模板”后面的[...]，选择“IEC 项目模板 . ept”。“项目模板”可以修改页结构，在还未确定企业模板之前，项目的层级结构需要不断修改，如图 4-3 所示。

勾选“设置创建日期”和“设置创建者”，创建日期可以通过后面按钮进行调整，创建人名称直接输入，如图 4-4 所示。如果原理图采用 EPLAN 默认图框，在图框标题栏处将显示项目创建日期及创建人名称。

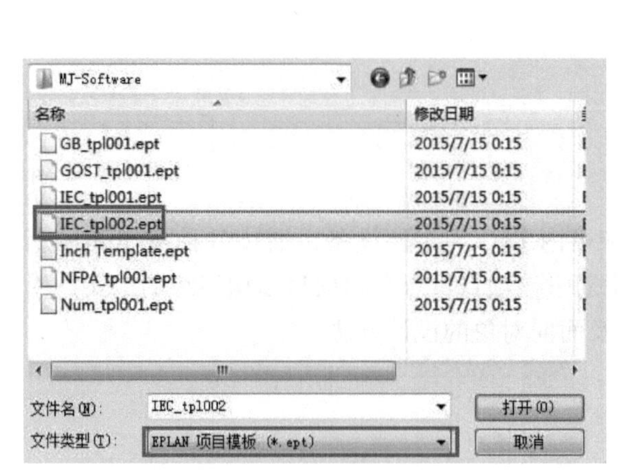

图 4-3　项目模板选择

图 4-4　设置创建日期及创建者

单击【确定】按钮，软件自动导入模板设置，如图 4-5 所示。

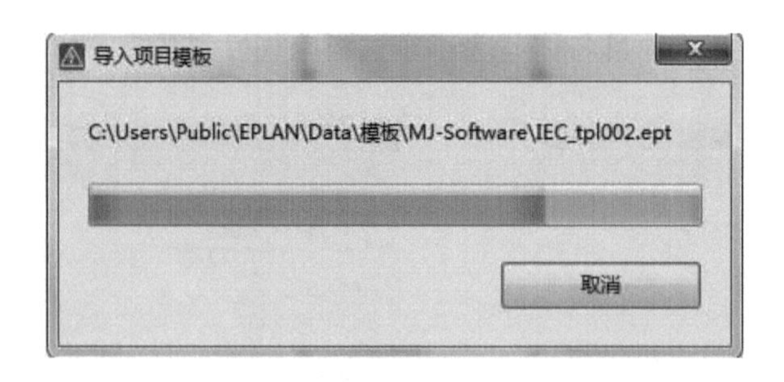

图 4-5　导入项目模板

4.2.2　项目属性

在导入项目模板完成后，弹出项目属性对话框，如图 4-6 所示。

在“属性”选项卡中可以添加新属性和删除原有不需要的属性。例如，可以在项目中添加“审核人”和“审核日期”属性，删除“代理”和“环境因素”等不相关属性，使项目属性中属性名称满足现有项目的需要及报表和图框标题栏中的数据调用，这方面内容在 2.5 节特殊文本中已有介绍，如图 4-7 所示。

如果在属性添加栏中不能找到想要的属性名称，例如，校对者及校对日期，可以利用“用户增补说明”进行代替，如图 4-8 所示。

添加的“用户增补说明”属性名称没有具体的功能名称，不利于后期查看及调用，需要将“用户增补说明”修改为用户想要显示的属性名称，例如，校对者和校对日期。通过选择菜单命令【选项】 >【配置属性】，如图4-9所示。在弹出的“配置属性”界面中，修改“Project”文件夹下的“UserSupplementaryField1”和“UserSupplementaryField2”属性名称，在“显示名称”栏填写“校对者”，如果“校对者”为多个人，可以设置下拉列表，在“选择列表默认值”中输入下拉人员名称，如图4-10所示。切记一定要在“Project”文件夹下，因为这两个“用户增补属性”属性名是属于工程属性下的。

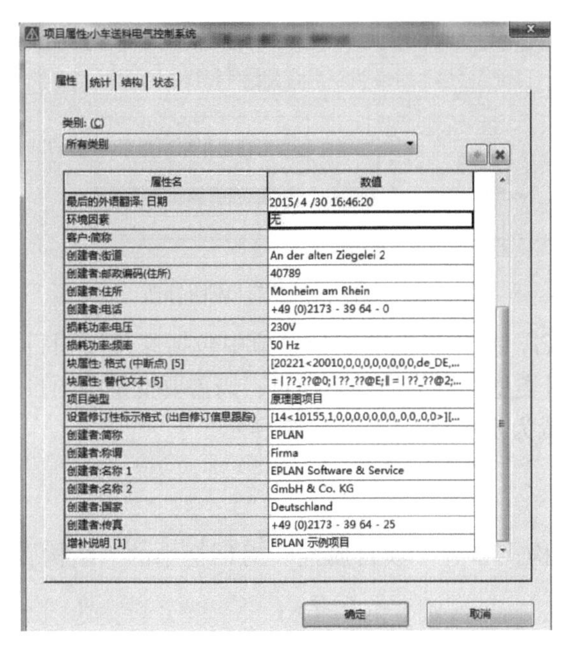

图4-6　项目属性

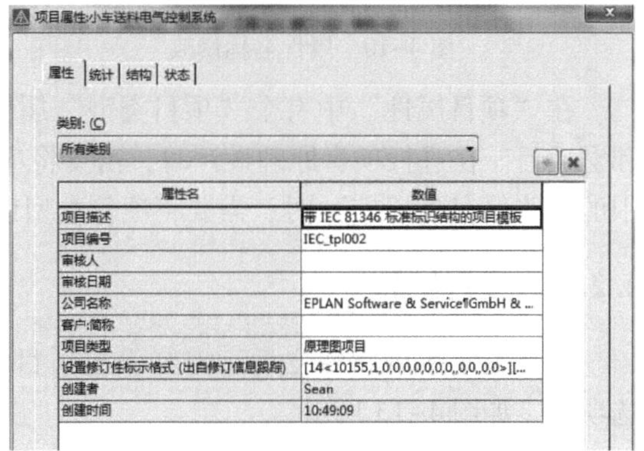

图4-7　项目属性修改

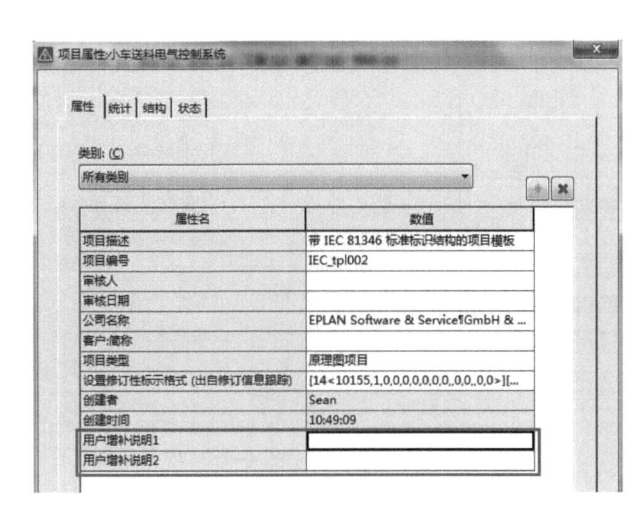

图4-8　添加“用户增补说明”属性

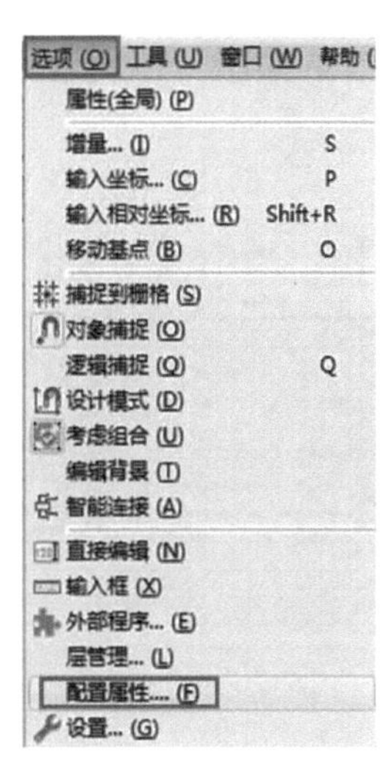

图4-9　属性配置

属性名称修改完成之后，打开“项目属性”对话框，查看“用户增补说明”修改后的名称，如图4-11所示。

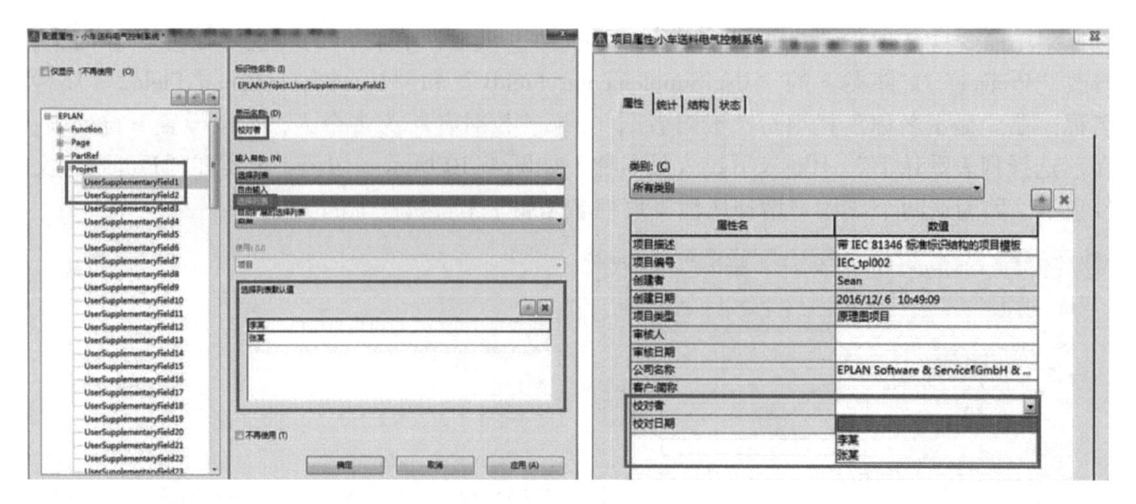

图 4-10　属性名称修改　　　　图 4-11　用户增补说明修改

在“项目属性”中有个“项目类型”属性名，在该属性的下拉菜单中包括原理图项目和宏项目。在进行项目原理设计时，需要将项目类型设置为原理图项目；当需要批量将项目中的电路保存为“宏”时，需要将项目类型设置为宏项目，如图 4-12 所示。

4.2.3　项目结构

设置完成项目属性之后，需要设置项目结构，单击“项目属性”对话框中的“结构”选项卡，如图 4-13 所示。

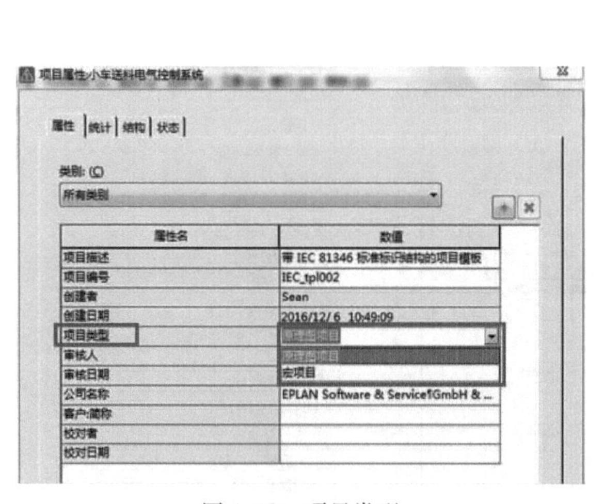

图 4-12　项目类型

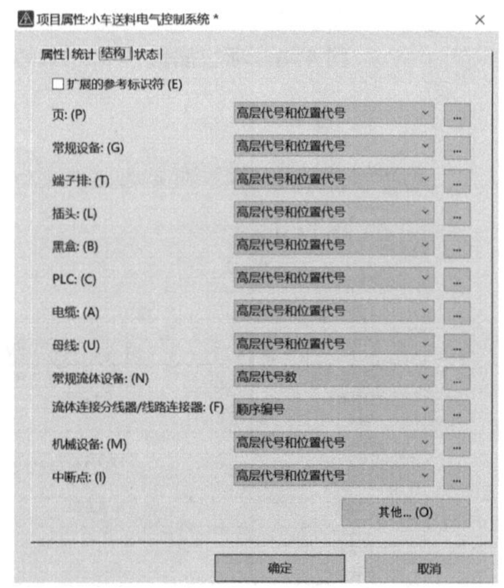

图 4-13　项目结构

“项目结构”的设置只针对项目中的“页”和其他“设备”的显示设备标识符结构，在导航器中查看各种设备时，是以该处设置的结构显示的。

4.2.4　项目层级定义

按照 IEC 规范，设备标准的层级结构为“ = 功能 + 位置 - 设备”。在 EPLAN 中“高层代号”为“=”，“位置代号”为“+”，“标识符字母”为“-”，然而在 EPLAN 设计项目过程中，许多人不理解“=”“+”“-”代表什么含义，甚至有些人不愿显示设备标识符前面的“-”，这是不符合规范的。

在该项目中定义“页”结构为“高层代号和位置代号”。在 3.1.1 节中介绍了在模板选用中的注意事项，如果要调整“页”结构则需要选用“项目模板”。项目中的电气设备按照 IEC 的标准规范进行结构设置，如图 4-14 所示。

在后期项目设计过程中，如果项目比较复杂，功能分类比较多，用户可单击【其他】按钮，自定义项目结构及名称，如图 4-15 所示。通常情况下，高层代号和位置代号结构足以满足客户上千张图纸的设计，如果结构太复杂，反而会给项目设计带来不便。

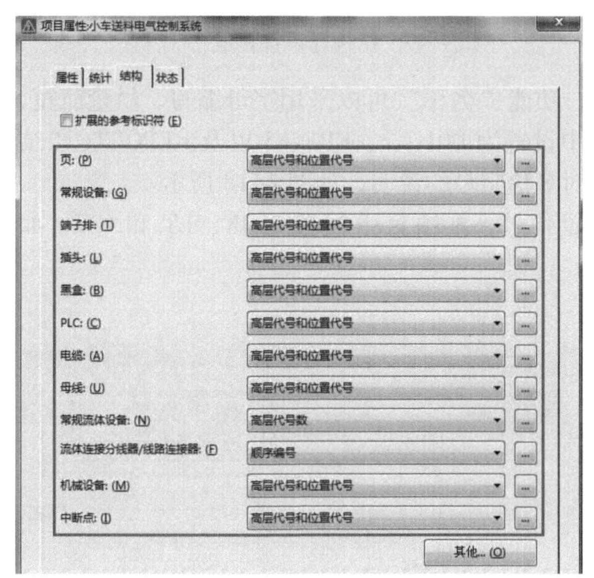

图 4-14　项目层级定义

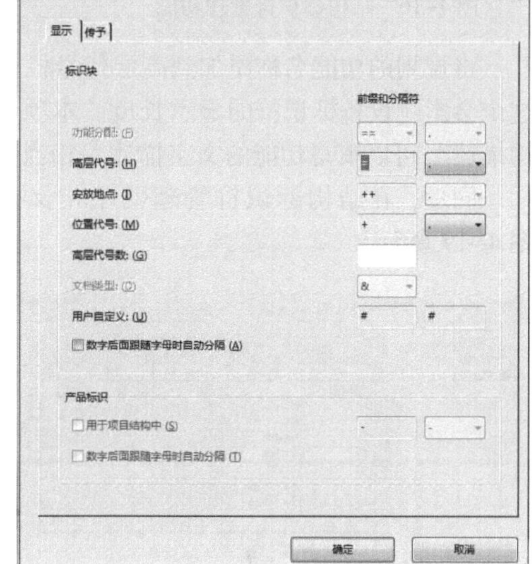

图 4-15　自定义项目结构

4.2.5　结构标识符管理

完成项目属性设置后，接下来需要对项目功能结构及位置组成进行划分。项目规划对项目后期设计很重要，合理的项目结构划分，可以帮助工程师快速、清晰地完成整个项目的原理设计。在后期图纸修改和设备维护时，也能快速定位图纸和现场安装设备。

项目功能划分主要依据是系统由几个功能模块组成。小车送料项目的主要功能（高层代号）包括封面、目录、PLC 总览、总电源供给、电机单元、小车 A 点位置及物料检测、小车 B 点位置及物料检测和报表等内容。

位置的划分主要以项目中设备所处的主要位置决定。位置代号包括柜内、柜外、按钮和接线盒。项目结构确定之后，需要在软件中确定项目结构的名称及描述。选择菜单命令【项目数据】>【结构标识符管理】，如图 4-16 所示。在弹出的界面中，首先选中左侧的“高层代号”选项，单击右侧的按钮，添加高层代号的名称及描述，如图 4-17 所示。

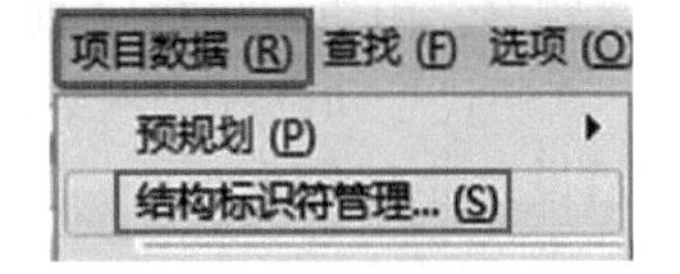

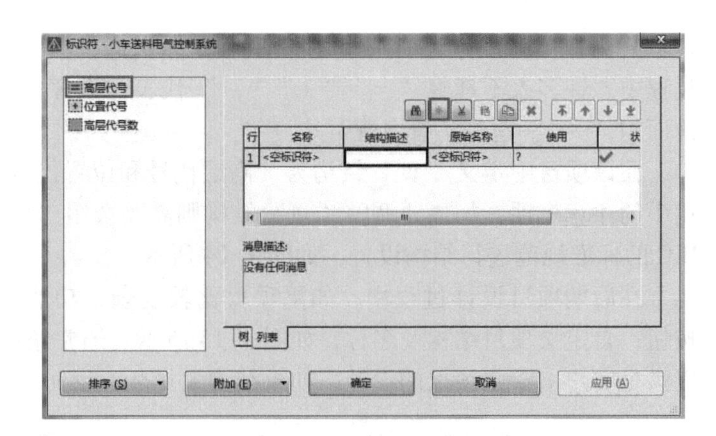

图 4-16　结构标识符管理功能　　　　图 4-17　结构标识符管理

将规划的功能名称添加到高层代号栏中，功能“名称”可以采用字母缩写，尽量简短，这个会影响设备标识符的显示长度。本项目中设置为 D01 - 2、EB1 - 5 以及 REPORT，“结构描述”可以填写功能的文字描述，相当于对名称字母的说明，如图 4-18 所示。

同理，在结构标识符管理器中定义位置代号，本项目中设置为 JX、ET 和 GW，如图 4-19 所示。

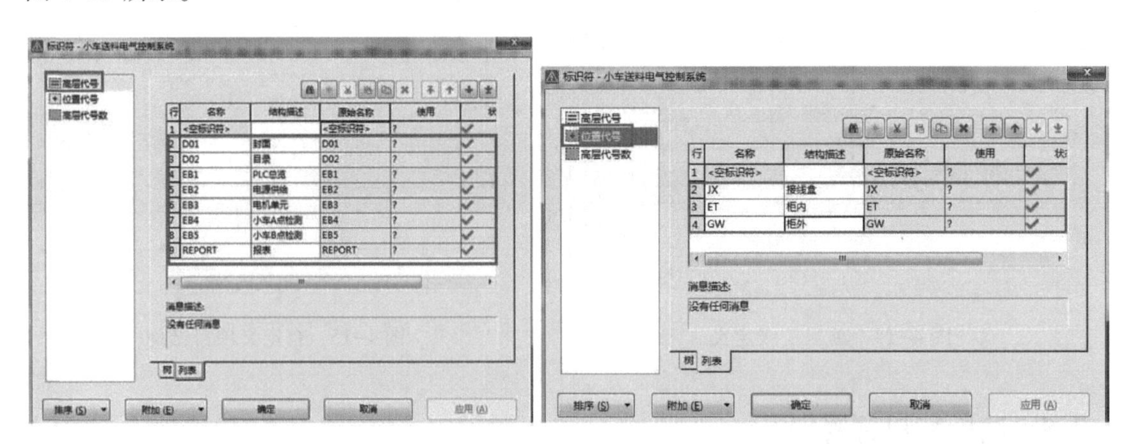

图 4-18　高层代号定义　　　　图 4-19　位置代号定义

4.3　原理图绘制

4.3.1　文本

在原理图设计过程中经常使用文本功能，文本包括普通文本和功能文本。普通文本主要应用于图纸内部的说明性文字，不体现设备在项目中的电气属性；功能文本主要应用在回路功能说明和设备功能介绍。

通常在项目设计之前需要在 PLC 的总览图中定义 PLC 的输入输出点及功能文本描述。

单击左侧项目名称，鼠标右键选择“新建”，如图 4-20 所示。

在弹出的窗口中，定义 PLC 总览图的页结构，选择结构标识符管理器中定义的高层代号 EB1 和位置代号 ET，如图 4-21 所示。

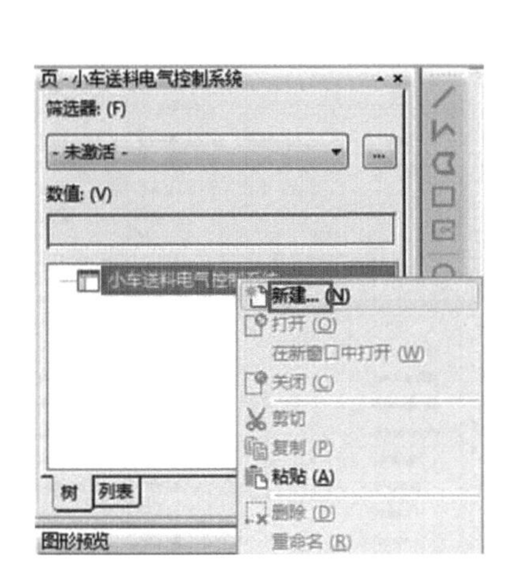

图 4-20　新建页

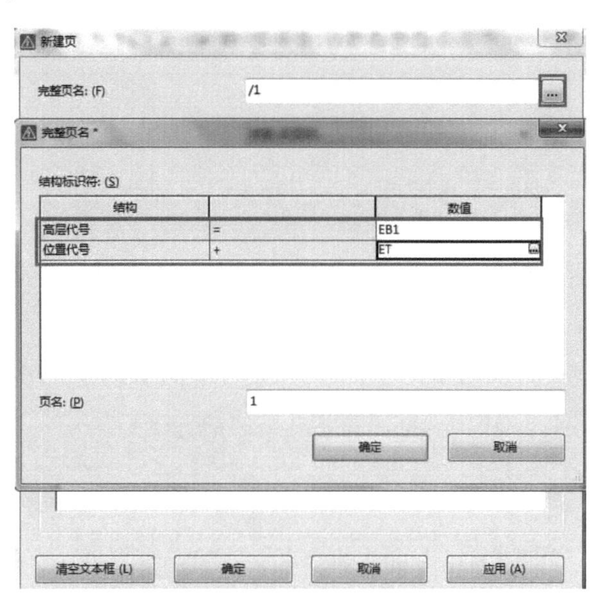

图 4-21　PLC 总览页结构定义

单击【确定】按钮后，在“页类型”下拉菜单中选择“总览（交互式）”，“页描述”中填写 PLC 总览，如图 4-22 所示。

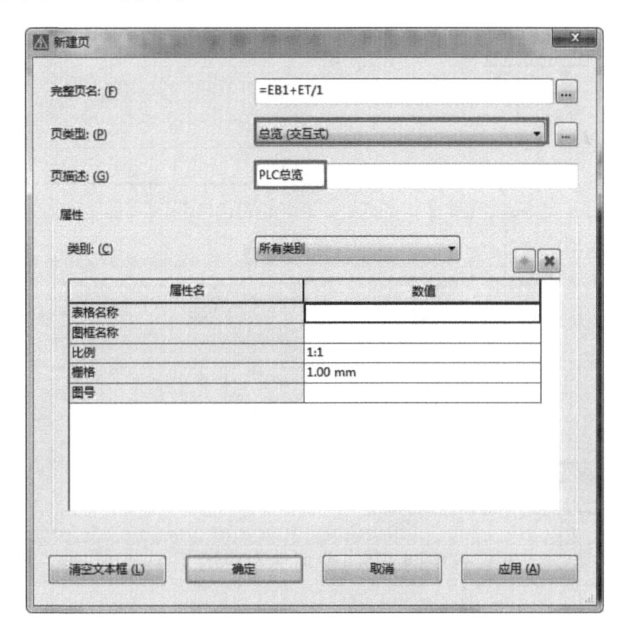

图 4-22　PLC 总览图纸

单击【确定】按钮后，打开 PLC 总览图纸，绘制 PLC 盒子，添加 PLC 数字量输入输出点。在“属性元件：PLC 端口及总线端口”界面中的“功能文本”栏填写 I/O 点的功能描述，如图 4-23 所示。

将项目中 PLC 的功能文本添加完成后，通过选择某一个 I/O 点的属性文本，利用“复制格式”和“应用格式”功能将其应用到其他 I/O 点的属性中，如图 4-24 所示。

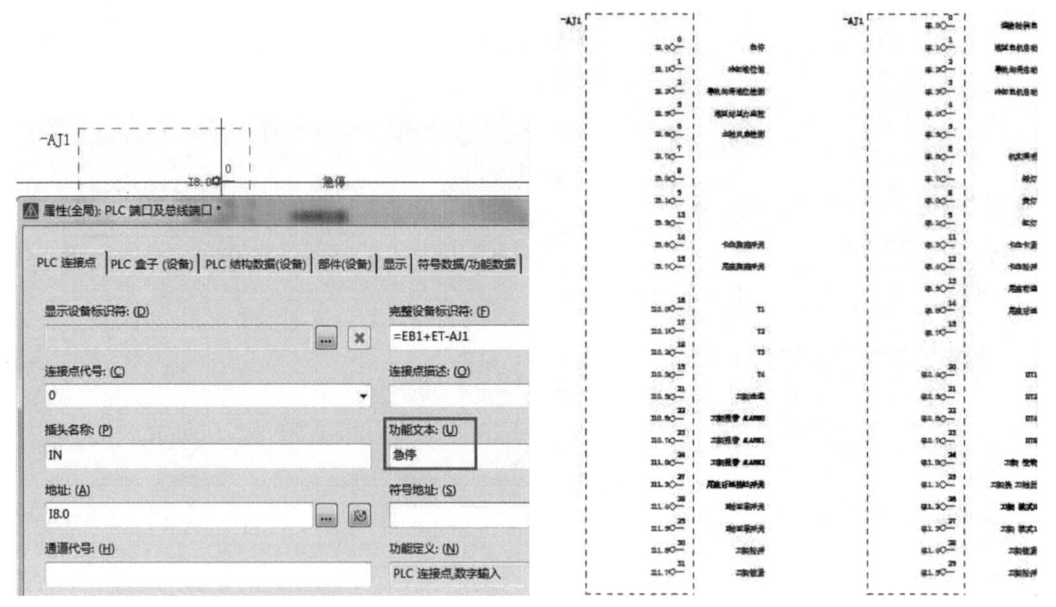

图 4-23　PLC 功能文本　　　　图 4-24　PLC 总览

在总电源图纸中外部电源的供给有两种绘制方法，一种是添加电位连接点；另一种是绘制黑盒，在黑盒内容中可添加普通文本说明，如图 4-25 所示。

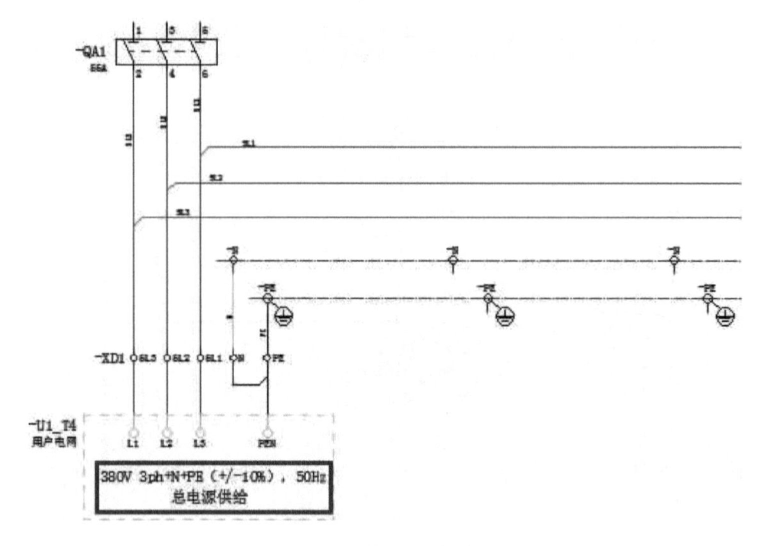

图 4-25　普通文本应用

4.3.2　黑盒

黑盒在项目中经常被用作非标准设备符号。这些设备没有标准的符号，软件符号库中也没有自带，在项目中主要用来替代临时性偶然使用的设备符号，建议尽量少用。因为这样对于未来标准化影响很大，建议还是新建符号比较好。

在直流电源供给电路中的整流器设备，可以通过黑盒进行绘制。单击工具栏中的黑盒和设备连接点，绘制矩形框，如图 4-26 所示。

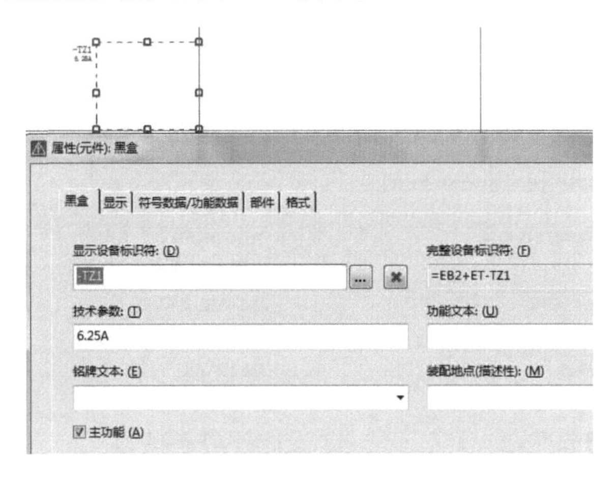

图 4-26　黑盒绘制

整流器内部图形可放置符号库中的符号，但是必须将符号的“表达类型”修改为“图形”，如图 4-27 所示。

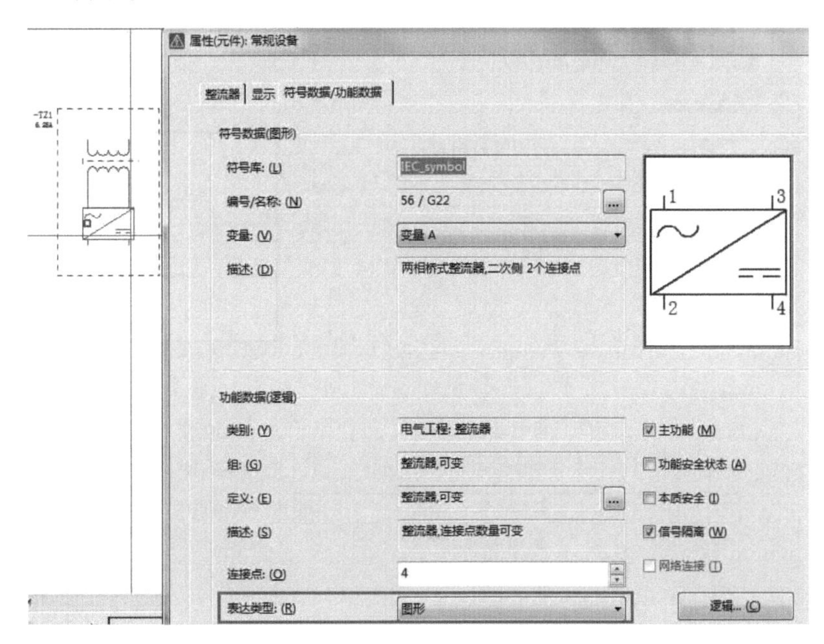

图 4-27　整流器内部图形

完成内部图形添加后，添加黑盒“设备连接点”，输入连接点代号，如图 4-28 所示。

完成所有“设备连接点”添加后，定义黑盒功能。单击“黑盒”主功能，在“符号数据/功能数据”选项卡中定义黑盒功能为整流器，如图 4-29 所示。

黑盒制作完成，由于黑盒、设备连接点及内部图形都是分散的，移动黑盒只能移动单个对象，需要将黑盒的各个元素进行组合，方便设计的应用。选中黑盒所有元素，然后选择菜单命令【编辑】 >【其他】 >【组合】，如图 4-30 所示。

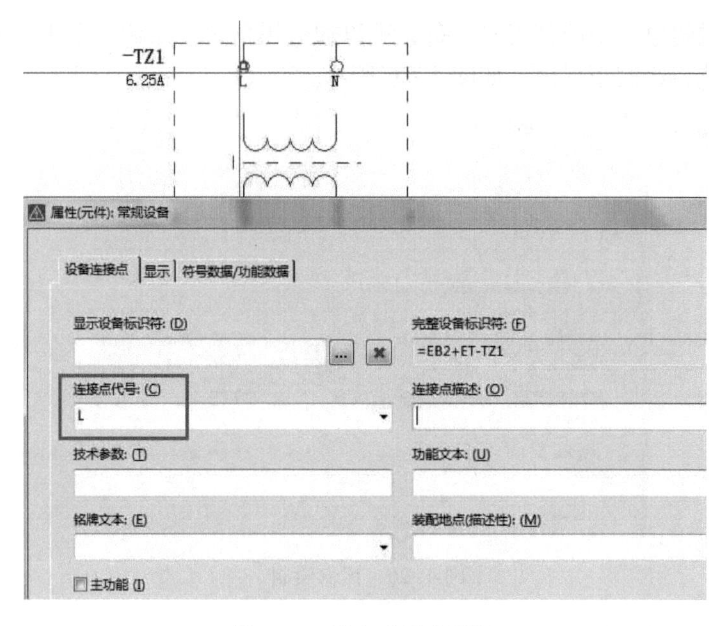

图 4-28　设备连接点添加

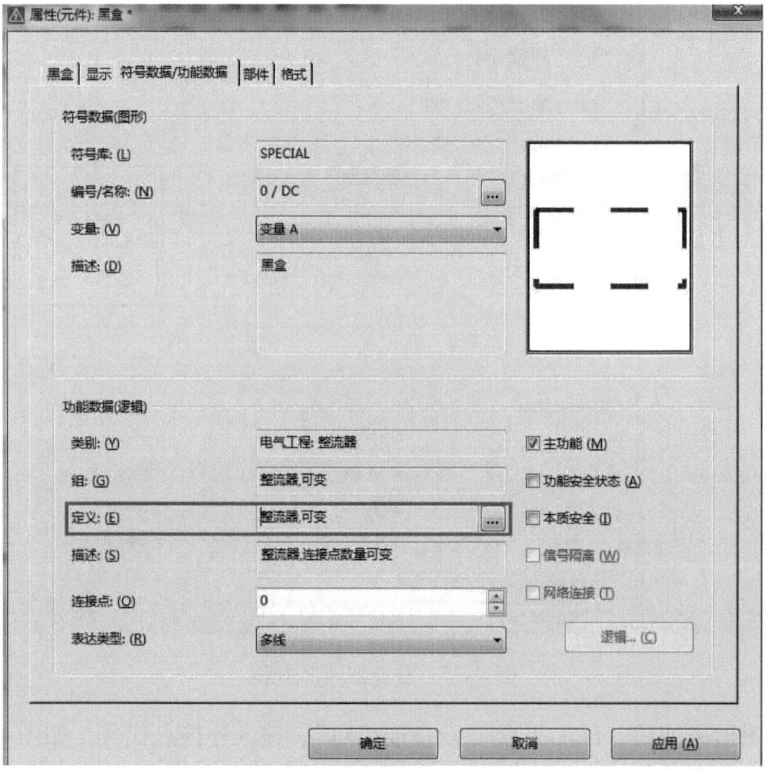

图 4-29　黑盒功能重新定义

组合后的黑盒如要修改“设备连接点”，按【Shift】键，双击设备连接点，即可修改相应属性。

采用黑盒绘制的直流电源供给电路如图 4-31 所示。

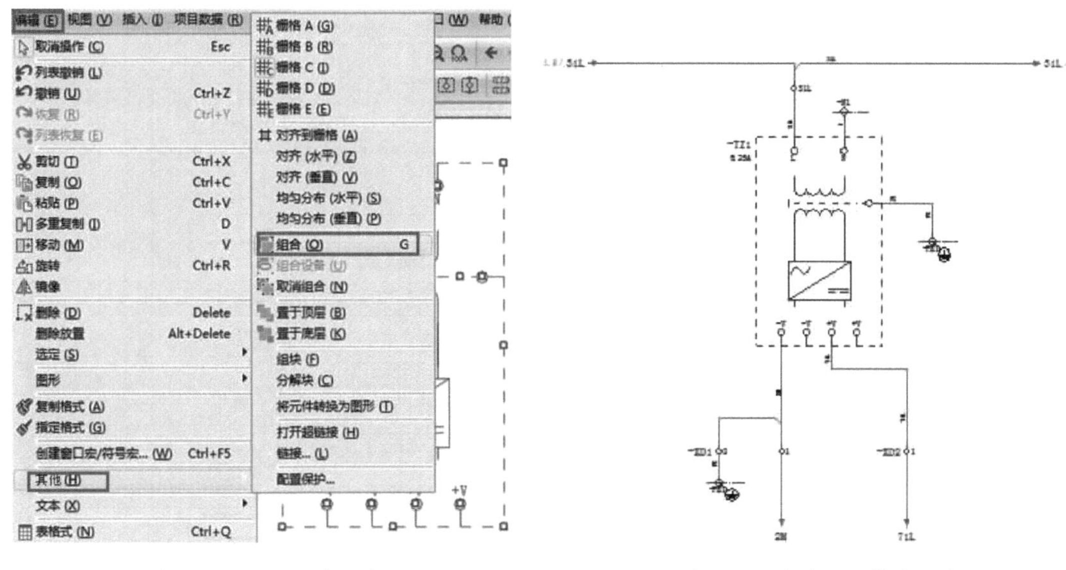

图 4-30　黑盒元素组合　　　　图 4-31　直流电源供给电路

4.3.3　结构盒

在电机单元的主回路电路中，图纸上的所有设备都归属于高层代号：电机单元和位置代号：柜内。按照实物的具体位置，电机应该属于柜外设备，通过“结构盒”可以将该页图纸中的个别设备进行位置归属。在未进行“结构盒”框选之前，电机的完成标识符显示为“ = EB3 + ET - M1”，如图 4-32 所示。

单击工具栏中的按钮，绘制“结构盒”矩形图形，框选电机符号，选择位置代号为 GW，定义功能文本为柜外，如图 4-33 所示。

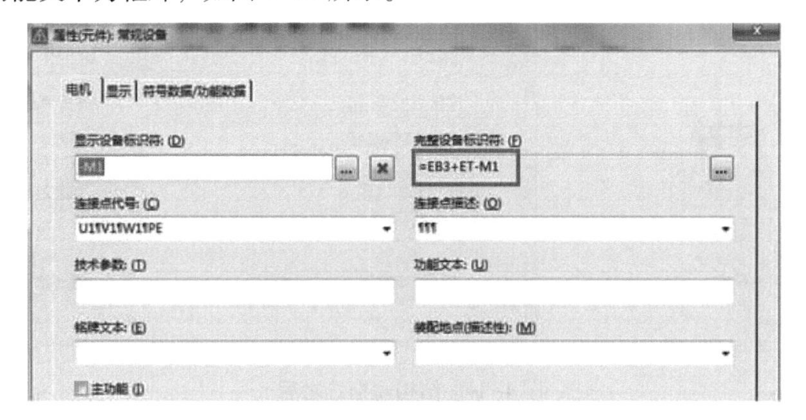

图 4-32　结构盒框选之前

结构盒与黑盒、PLC 盒子等不同。结构盒只是归属设备位置的一种功能示意，虽然具有设备标识符名称，但是它不是设备，不能进行选型。黑盒和 PLC 盒子都属于设备，可以进行选型。使用“结构盒”框选电机之后，电机的位置代号变为 + GW，如图 4-34 所示。

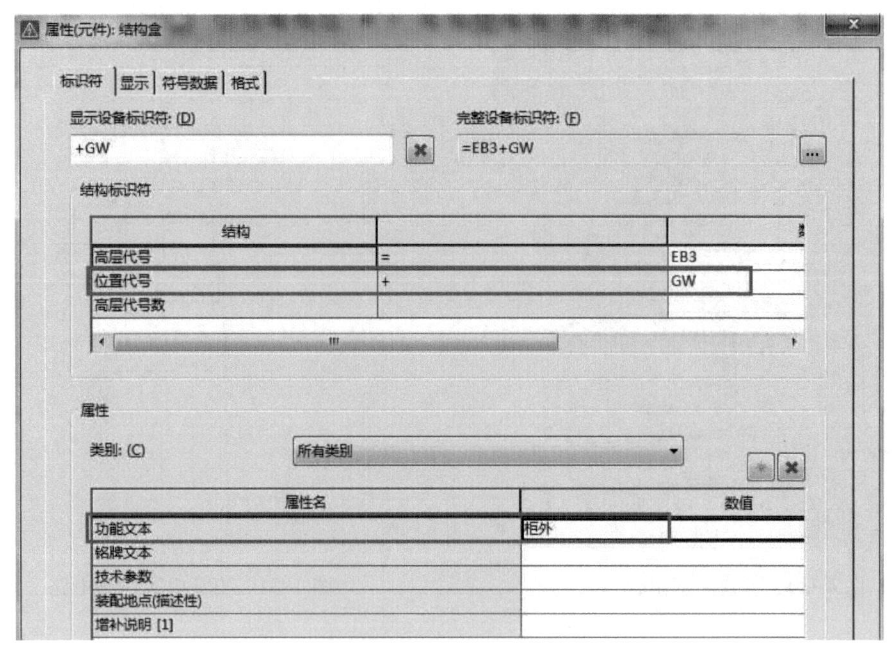

图 4-33　结构盒属性

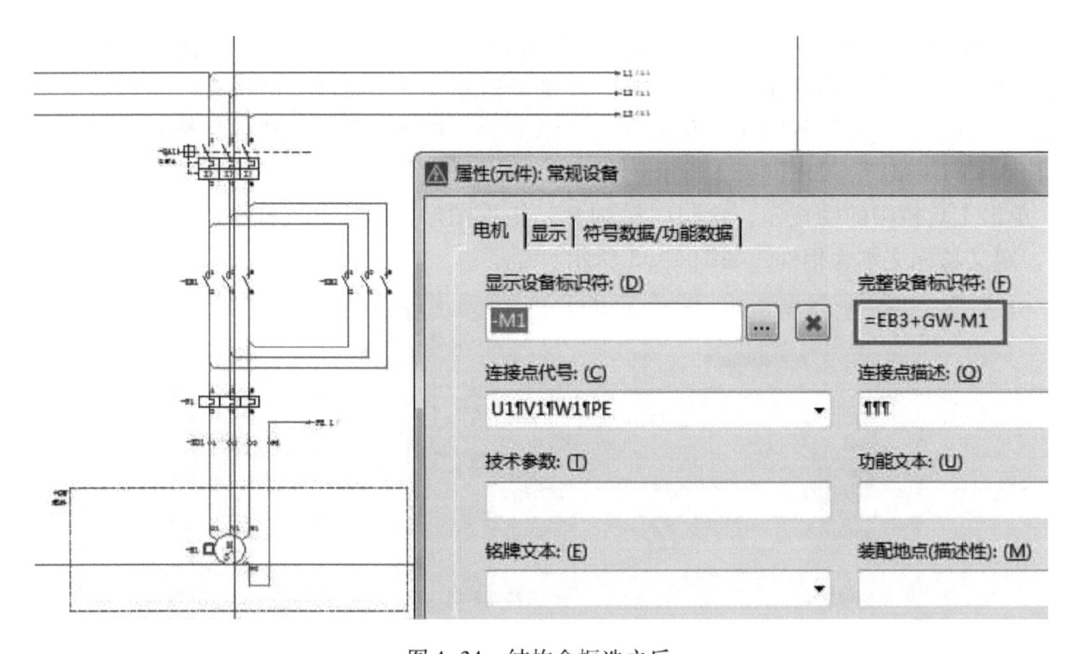

图 4-34　结构盒框选之后

4.3.4　连接颜色修改

在项目设计过程中，三相电源线颜色、直流电线颜色以及控制电线颜色要进行颜色更改，这样有利于图样设计过程中对设备连接的电线信号进行核对。在该项目中需要对电线颜色做如下定义，如图 4-35 所示。

主断路器前导线颜色

黑色（覆橙色管）	交流和直流动力电路
浅蓝色（覆橙色管）	中线导线（N）
红色（覆橙色管）	交流控制电路

主断路器后导线颜色

黑色	交流和直流动力电路
黄绿色	保护导线（PE）
浅蓝色	中线导线（N）
红色	交流控制电路
蓝色	直流控制电路
橙色	由外部电源供电的联锁控制电路

图 4-35　导线颜色定义

在总电源供给图纸，需要将三相交流电源修改为黑色，电源端的连接颜色修改通过添加“电位定义点”进行修改，定义电位名称为 L1，修改“连接图形”栏中的“颜色”为黑色，如图 4-36 所示。

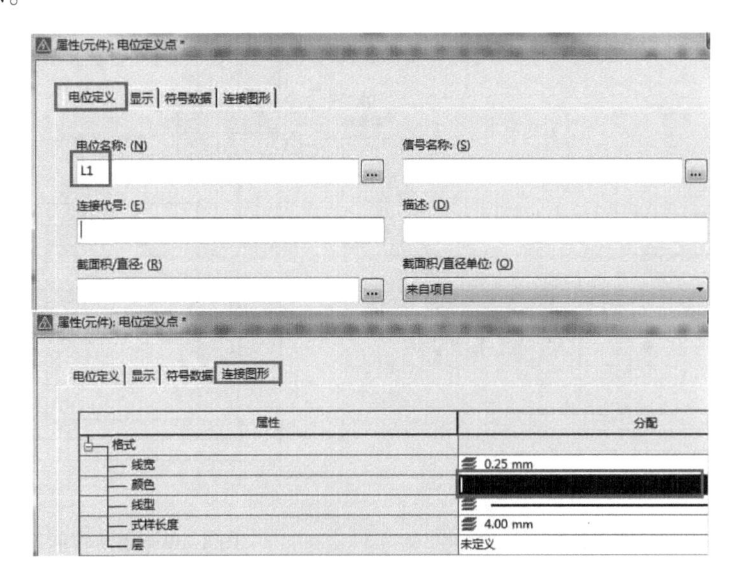

图 4-36　电位定义点连接颜色修改

对于控制回路中电线颜色的修改，可以放置“连接定义点”，修改方法与“电位定义点”修改方法一致。颜色修改完成之后，单击工具栏中的“更新连接”按钮，图纸中自动显示修改后的电线颜色，如图 4-37 所示。

4.3.5　智能连接

在原理设计过程中，为了在移动符号时使电线仍能保持自动连接，需要在工具栏中激活“智能连接”功能。在电机主回路电路中，当向右移动 KM2 触点时，如果未激活“智能连接”，则显示如图 4-38 所示。

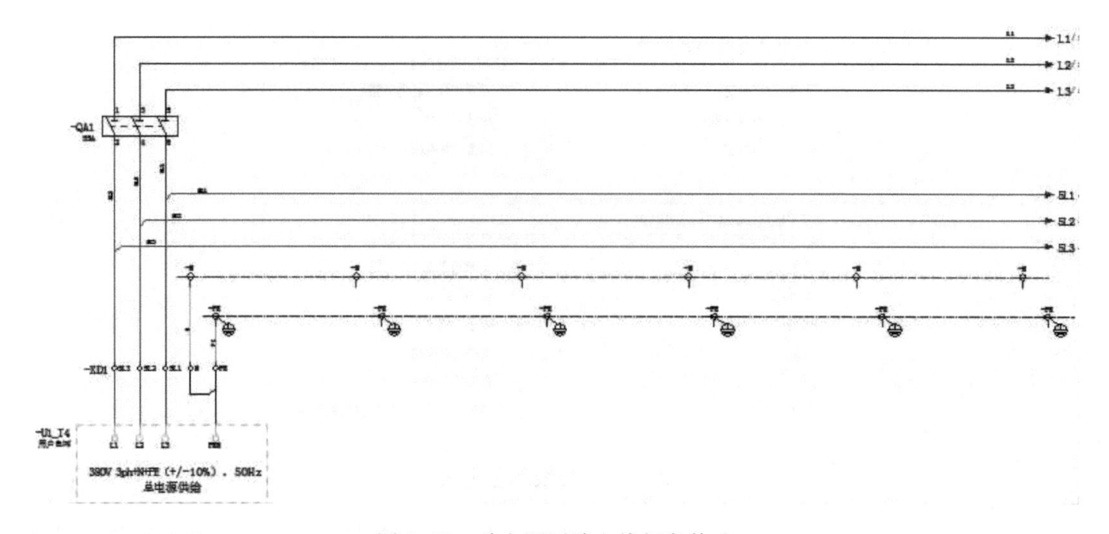

图 4-37　总电源回路电线颜色修改

当激活“智能连接”后，符号向右移动后连接仍然保持不变，如图 4-39 所示。

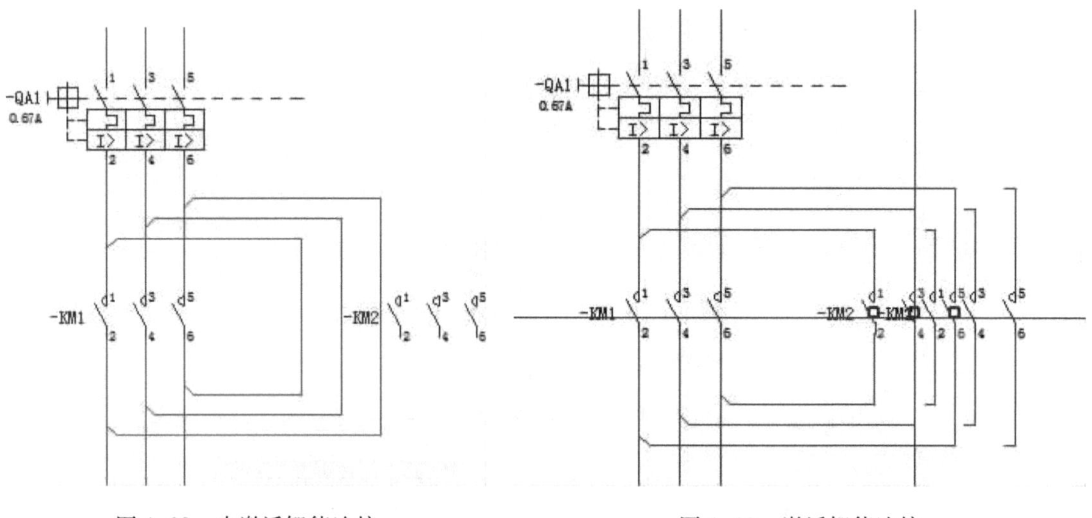

图 4-38　未激活智能连接

图 4-39　激活智能连接

当激活“智能连接”功能后，剪切电路中某个设备，将该设备复制到其他地方时，软件会自动插入中断点，并且自动编号，设备之间的连接没有发生变化。将电机主回路中的热继电器进行剪切，将其复制到图纸左侧，如图 4-40 所示。

4.3.6　连接与连接定义点的区别

在 EPLAN 项目设计中，所有的连接都是自动完成的，只需将符号进行对齐放置，软件即可自动进行连接。连接的颜色及属性定义通过添加连接定义点进行编辑，如图 4-41 所示。

当查看项目中设备间的连接关系时，可以通过“连接导航器”进行查看。在连接导航器中包括所有连接的“源”和“目标”以及定义的连接颜色等信息，如图 4-42 所示。

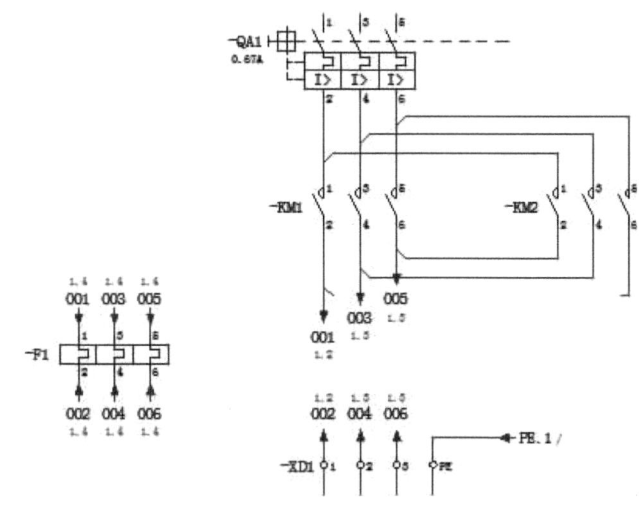

图 4-40　设备剪切后的智能连接

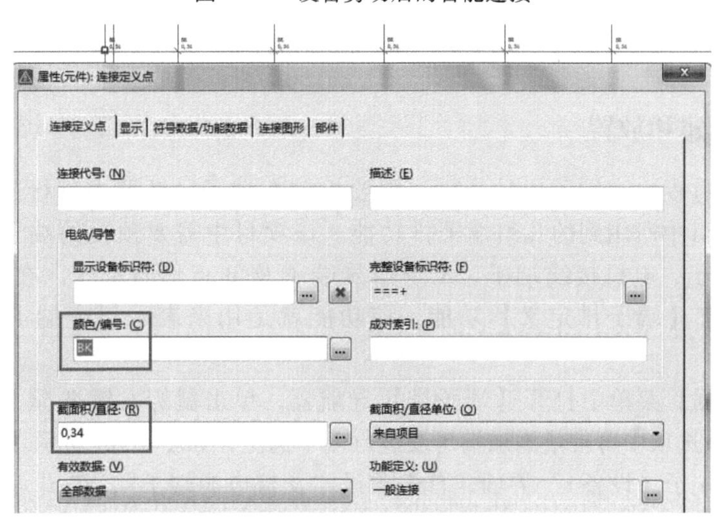

图 4-41　连接定义点

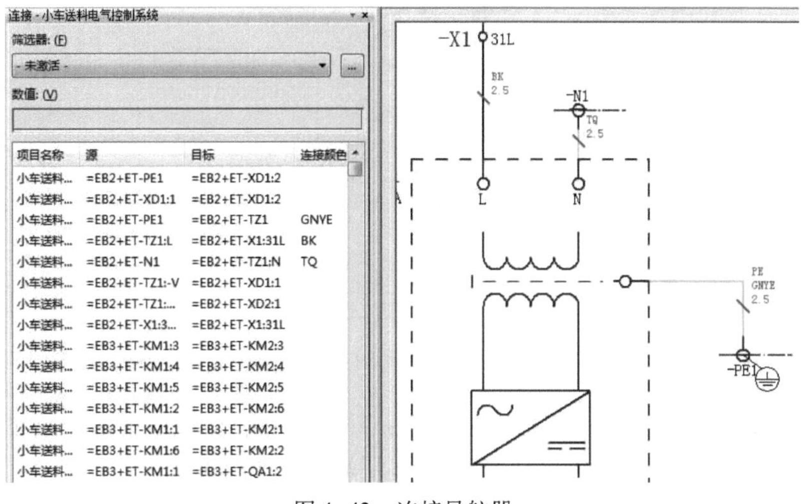

图 4-42　连接导航器

4.4 端子及端子排设计

端子排是由一组端子构成的，主要用来管理该组中所有端子的部件和功能模板。端子属于端子排中的辅助功能，每个端子也可以定义为主功能进行选型，在“符号数据/功能数据”中定义自己的功能。实物端子及端子排如图 4-43 所示。

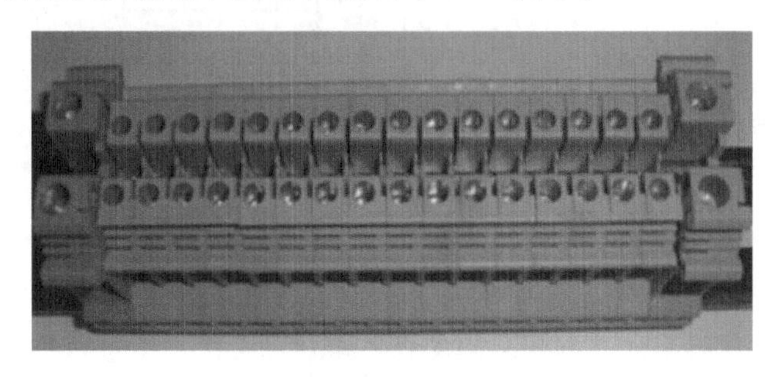

图 4-43　端子组成的端子排

4.4.1 端子创建和放置

在项目设计过程中，端子比较特殊，需要提前在端子导航器中进行预设。在预设过程中，规划好项目中所用到的几组端子排功能。该项目中需要预设的端子有交流电源端子、24 V 电源端子、电机接线端子、A 点信号端子及 B 点信号端子。在 EPLAN 软件的【插入】菜单下有【端子排定义】功能，该功能就是用来表示每个端子排的具体使用功能。

在【项目数据】菜单中打开【端子排】导航器，单击鼠标右键选择“新建端子（设备）”选项，在该选项中可批量添加端子及进行端子选型，如图 4-44 所示。

弹出“生成端子（设备）”界面，首先预设“交流电源端子”，在“完整设备标识符”栏输入：=EB2+ET-X1，如图 4-45 所示。

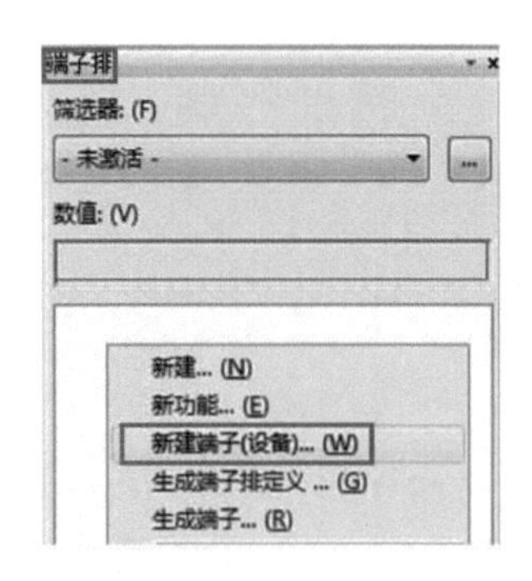

图 4-44　新建端子排（设备）

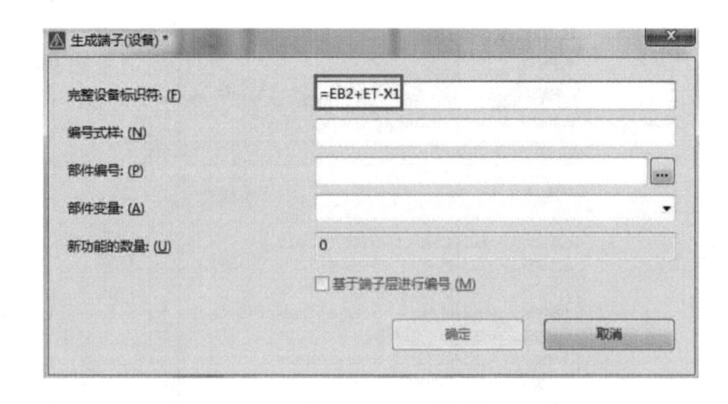

图 4-45　端子完整设备标识符输入

如果是单层端子，在“编号式样”栏输入：1-10，代表有 10 个端子；如果是多层端子，输入：1a，1b，1c，2a-10c，代表 10 个多层端子，如图 4-46 所示。

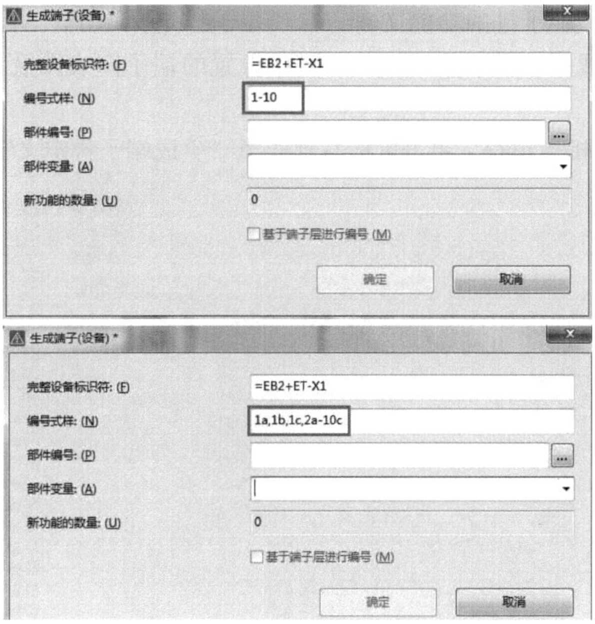

图 4-46　编号式样输入

单击“部件编号”栏后的▭按钮，进入“部件管理器”界面，选择合适的功能模板部件，如图 4-47 所示。

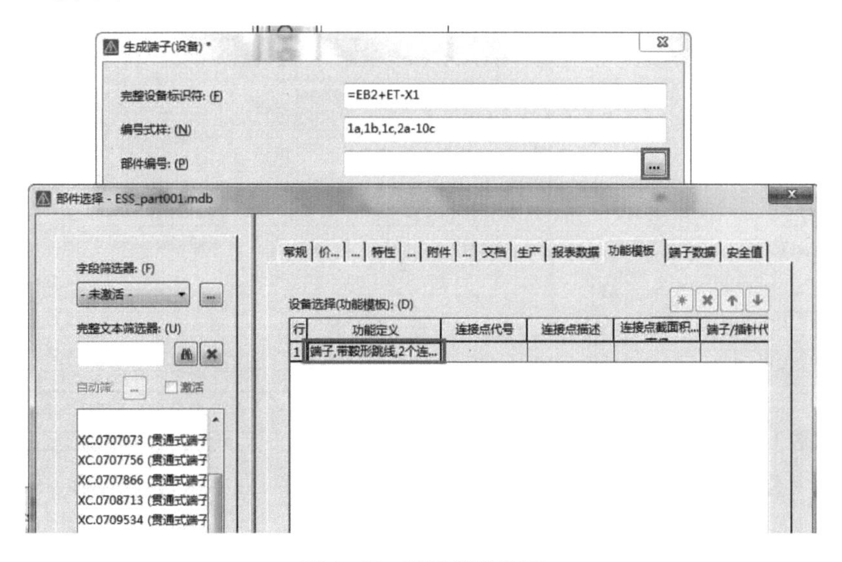

图 4-47　端子部件选型

选择端子部件后，单击【确定】按钮，在“部件变量”和“新功能的数量”栏自动显示设置的数据，如图 4-48 所示。

单击【确定】按钮，在“端子排”导航器中自动生成预设的端子，如图 4-49 所示。

完成端子排预设后，需要添加“端子排定义”。“端子排定义”是非常重要的一个功能，即该端子排的功能定义，类似项目中的“交流电源端子”对端子排功能的说明。在生成端子排图表时，会显示该端子排的功能文本。在“端子排定义”属性对话框中，可自定义生成端子图表和设备接线图的模板格式，与项目中设置的端子图表及设备接线图模板形成差异化。

选中“X1”端子排标识符，单击鼠标右键选择“生成端子排定义”，如图 4-50 所示。

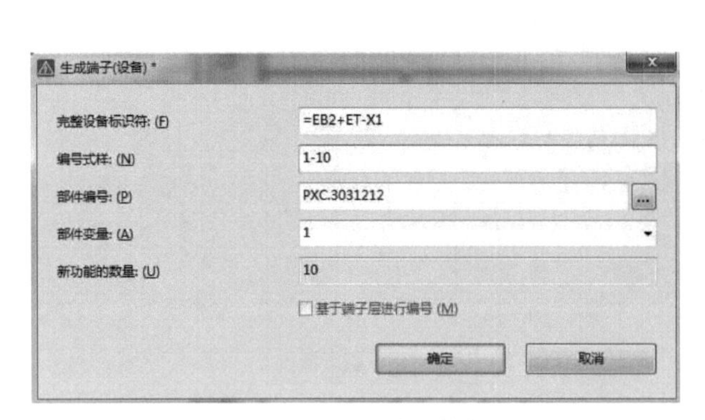

图 4-48　生成端子数据

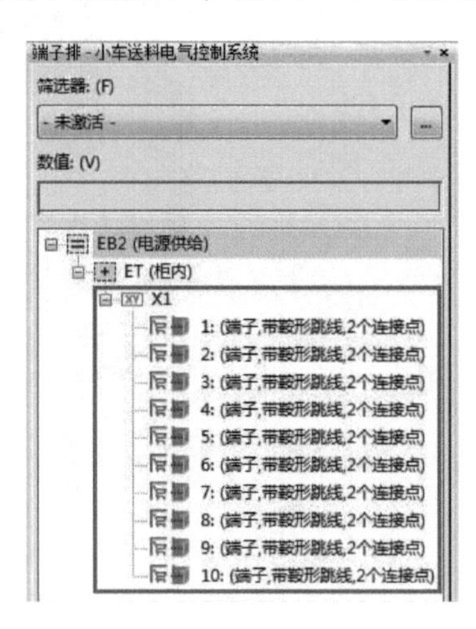

图 4-49　生成预设端子

在弹出的“属性（元件）：端子排定义”界面中的“功能文本”栏填入：交流电源端子，如图 4-51 所示。

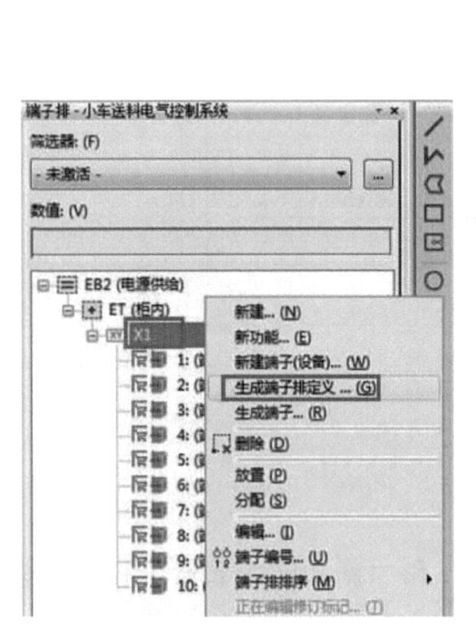

图 4-50　生成端子排定义

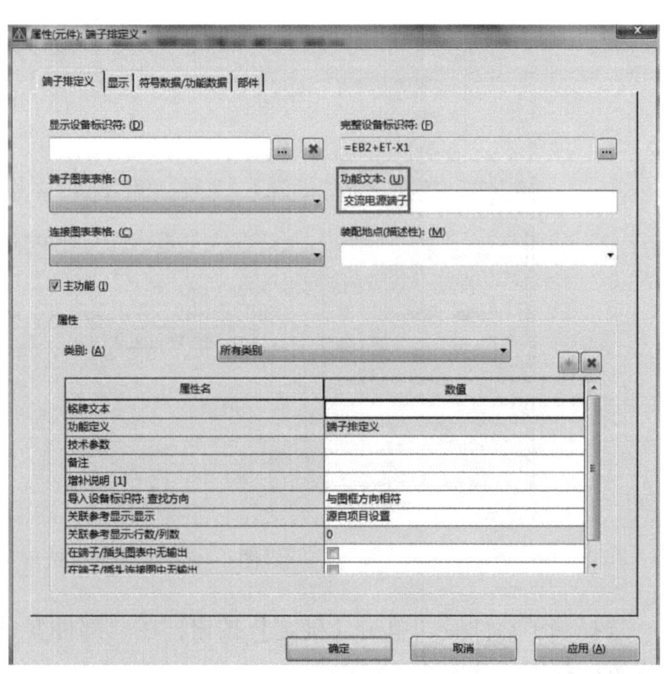

图 4-51　端子排功能定义

单击【确定】按钮，在端子排导航器中显示 X1 的“端子排定义”，如图 4-52 所示。

按照同样方式，预设项目中的其余端子排，如图 4-53 所示。

在预设端子过程中如果忘记生成“端子排定义”，在端子预设完成之后，选择【项目】菜单下的【组织】>【修正】命令，如图4-54所示。

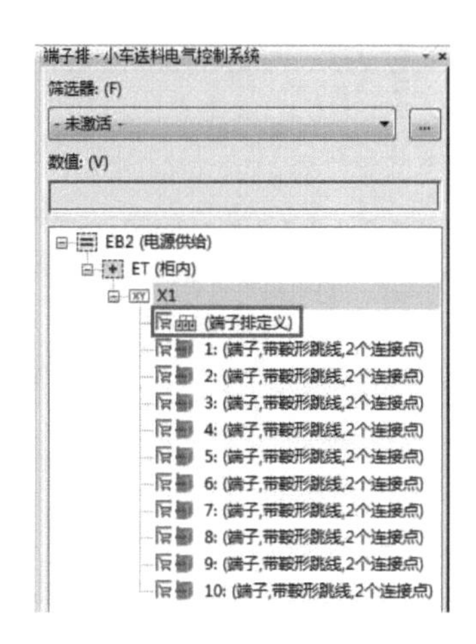

图4-52 端子排定义

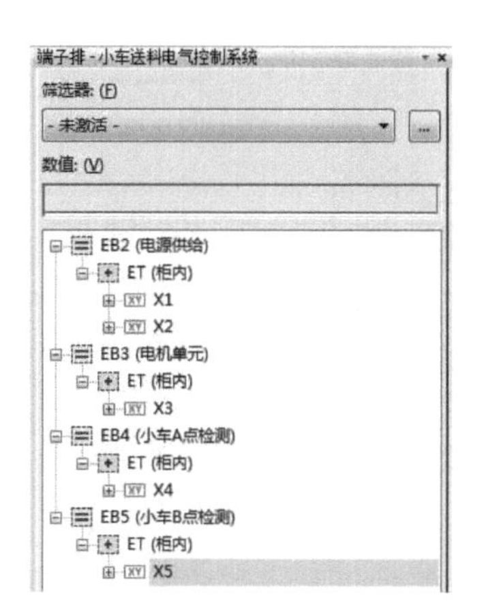

图4-53 项目中预设的端子排

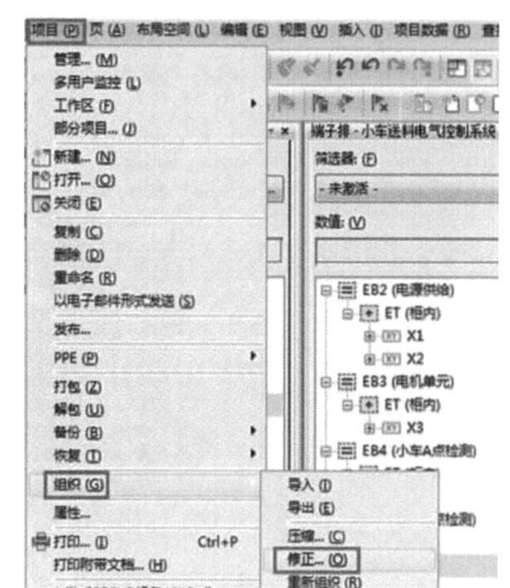

图4-54 端子排定义修正

在弹出的“修正项目”界面中，单击[...]按钮，在弹出的“设置：修正”界面中，勾选“端子”及其选项下的“添加缺失的端子排定义”，如图4-55所示。

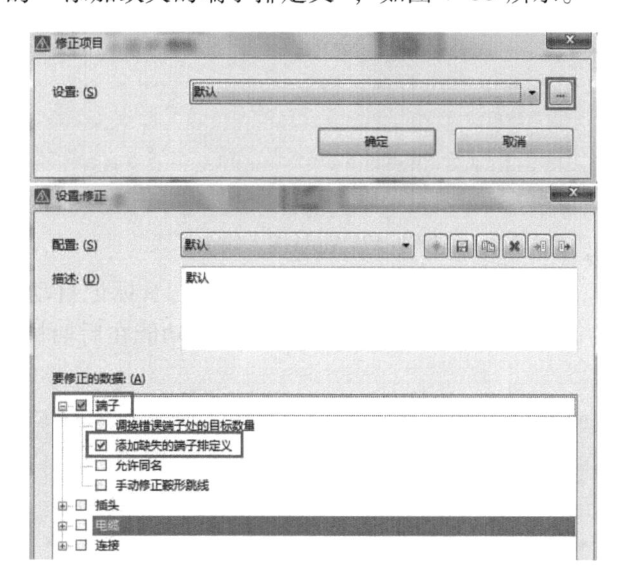

图4-55 端子排定义修正设置

单击【确定】按钮后，软件自动给端子排导航器中未添加“端子排定义”的端子生成端子排定义。

打开电机主回路原理图，在电机上端插入“电机端子”，从“电机接线端子排”导航器中将“端子排定义”“拖放”到电机的左上端，如图4-56所示。

在电机与热继电器之间插入端子，选中X3端子排下的1、2、3、4号端子可进行批量插入。将选中的端子“拖放”到左侧连接线上，然后单击鼠标左键向右横拉一条线，快速地将端子插入到电机上端，如图4-57所示。

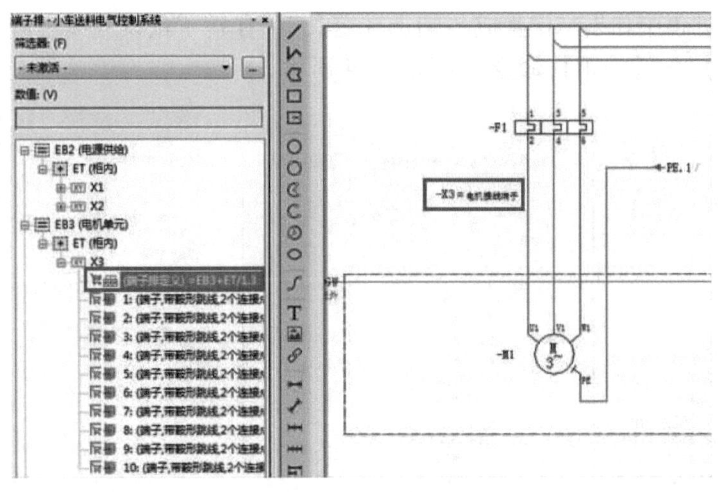

图 4-56　电机接线端子排定义

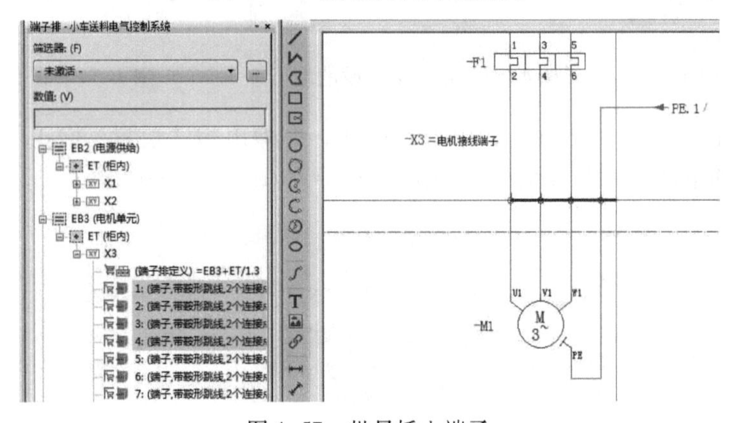

图 4-57　批量插入端子

在端子排导航器中，已放置的端子前端的“主功能”标记自动显示出来，未放置的端子“主功能”标记为凹陷状态，如图 4-58 所示。这一功能在后期检查图纸中未放置的端子时非常有用。

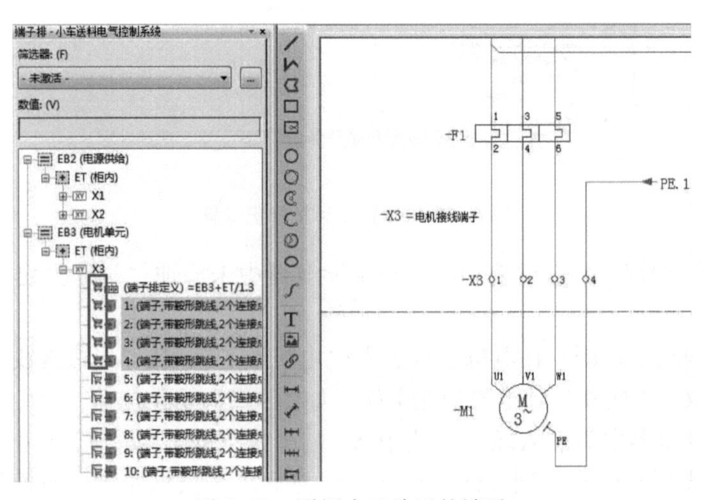

图 4-58　图纸中已放置的端子

在图纸中将与电机 PE 端相连接的 4 号端子“电位类型”修改为“PE”，如图 4-59 所示。

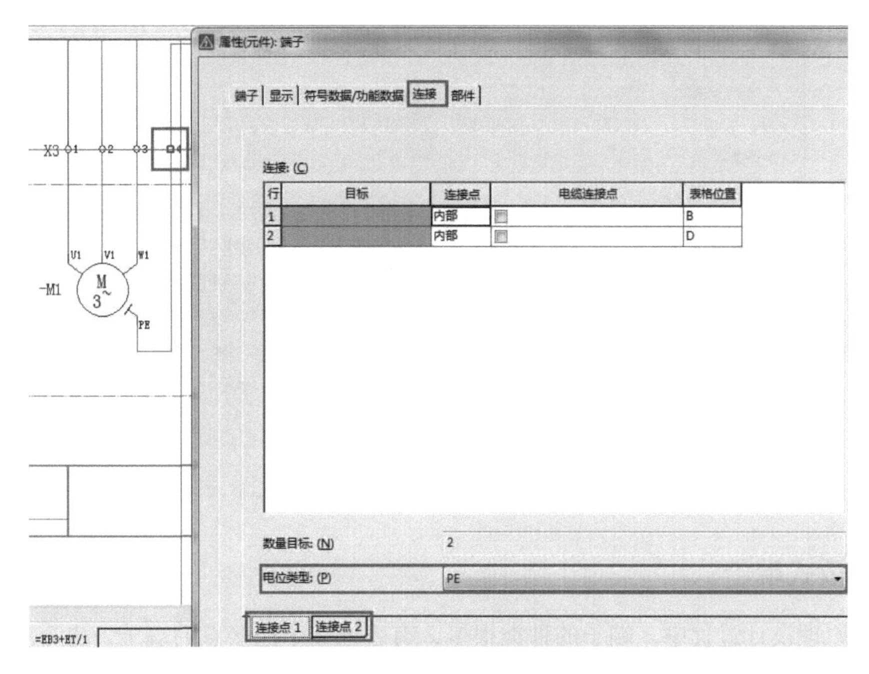

图 4-59　修改端子的电位类型

端子连接类型的修改将影响电位的传递，软件自动将 PE 端子连接的电线颜色修改为黄绿色，如图 4-60 所示。

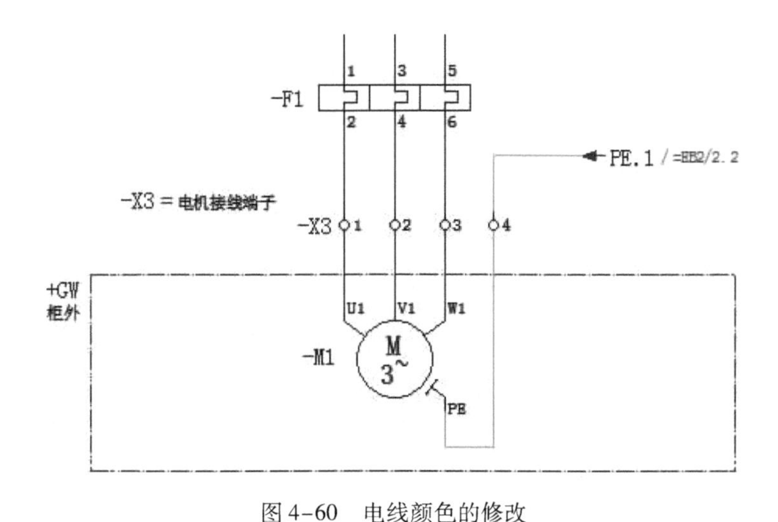

图 4-60　电线颜色的修改

图纸中其他端子的插入方法与电机端子插入方法一致，在图纸中可进行批量或单个插入。如果是 PE 端子，可以将端子的“电位类型”修改为“PE”，也可以将 PE 端子的功能定义修改为 PE 端子类型，将端子名称修改为 PE，如图 4-61 所示。

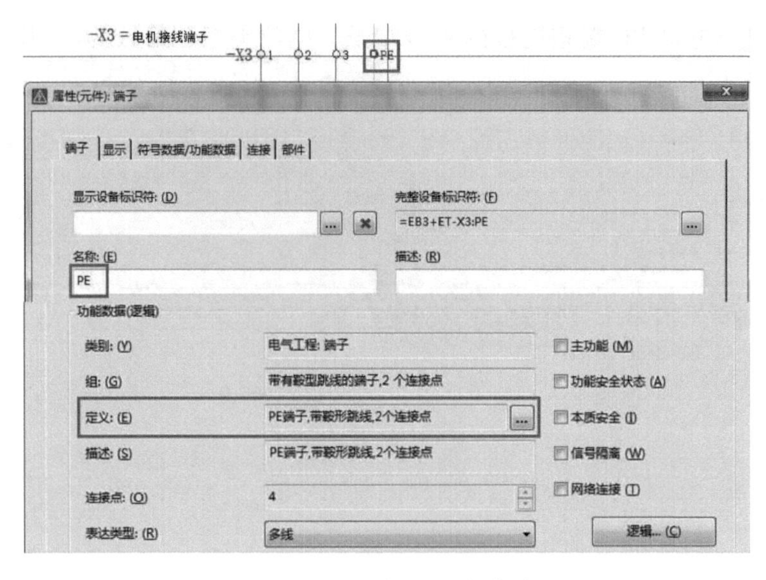

图 4-61　PE 端子的属性修改

4.4.2　分散式端子

在项目原理设计过程中，端子的种类很多，有普通 2 个连接点的端子，也有 3 个和 5 个连接点的单层端子，这种端子一般应用在电源接线，如图 4-62 所示。

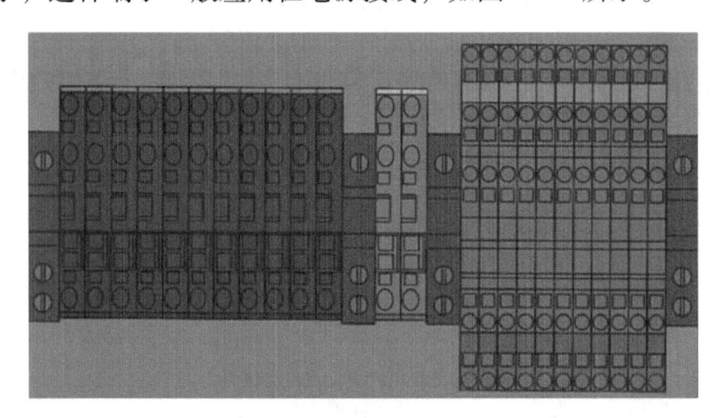

图 4-62　多接线点单层端子

如果将 3 个以上连接点的端子绘制成一个符号，在图样设计中必然引用大量的“中断点”进行跳转连线，给图纸的阅读带来不便。这种端子在设计过程中可以采用“分散式端子”设计，第一个放置的接线点端子为主功能，其他连接点的端子为辅助功能。在端子排导航器中，将 24 V 电源端子设置为“分散式端子”，在端子选型界面中选择“4 个连接点”的端子型号，如图 4-63 所示。

将端子排导航器中预设的 24 V 电源端子“拖放”到图纸中，按【Backspace】键可选择分散式端子符号，如图 4-64 所示。

在生成的端子中，“a”点端子为主功能，其他点的端子为辅助功能，但都是 X2 中的 1 号端子，属于同一个设备，如图 4-65 所示。

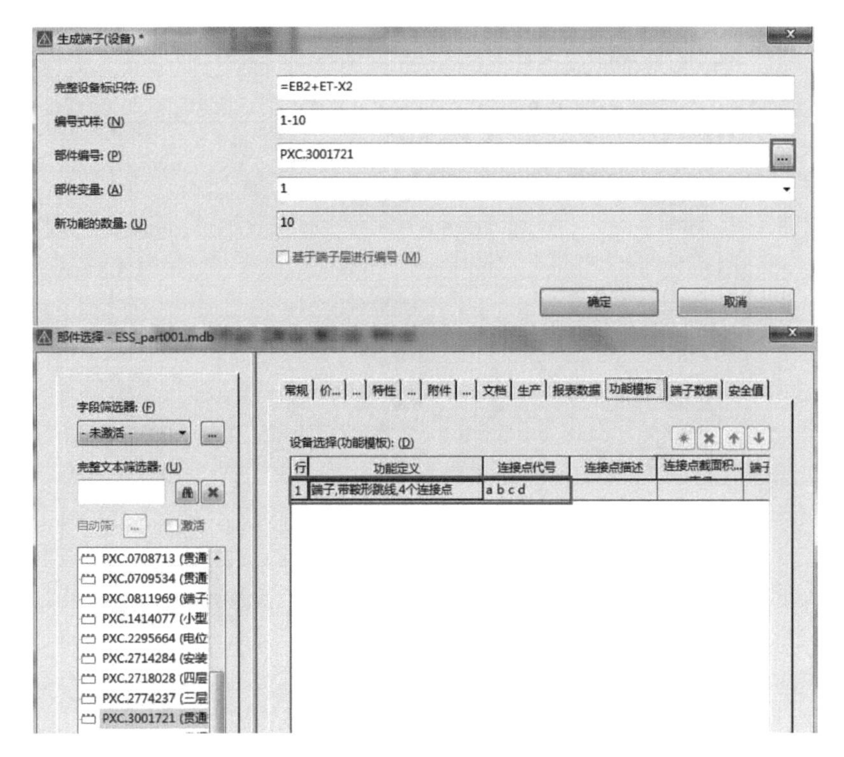

图 4-63　生成分散式端子

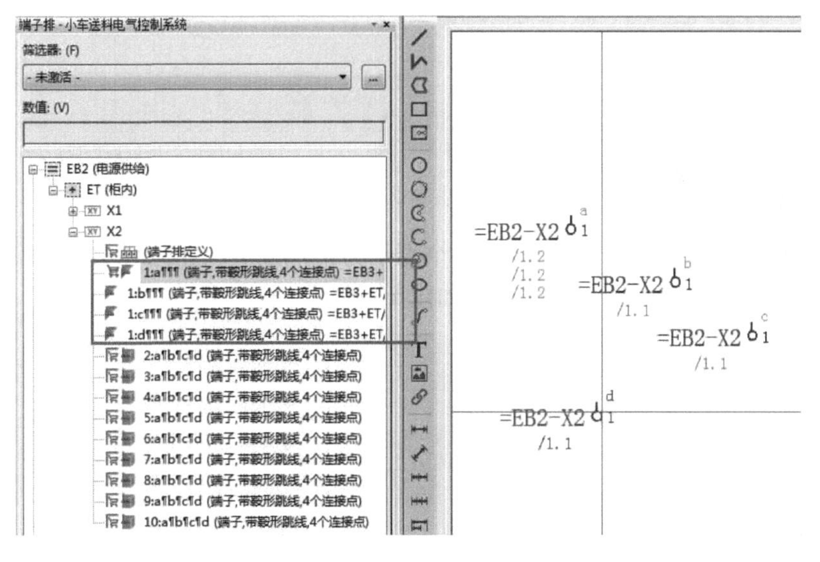

图 4-64　分散式端子放置

4.4.3　端子跳线

在项目设计过程中，往往需要将电源端子或等电位端子进行跨线连接，这些连接可通过跳线或鞍形跳线进行连接，采取何种连接方式主要取决于端子的功能。如果端子为常规端子，端子间的连接自动生成跳线连接；如果端子为带鞍形跳线端子，则自动生成鞍形跳线。

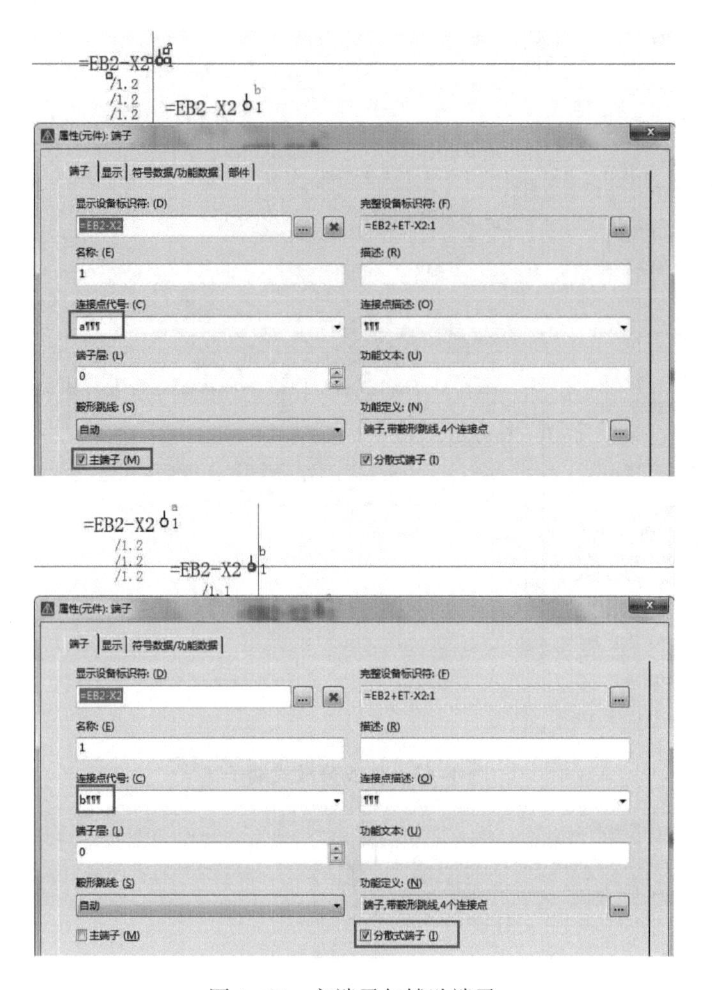

图 4-65　主端子与辅助端子

在端子排导航器中设置端子排 X1 前 5 个端子为常规端子，在图样中进行跳线连接，在端子编辑器中显示为“跳线内部”连接，如图 4-66 所示。

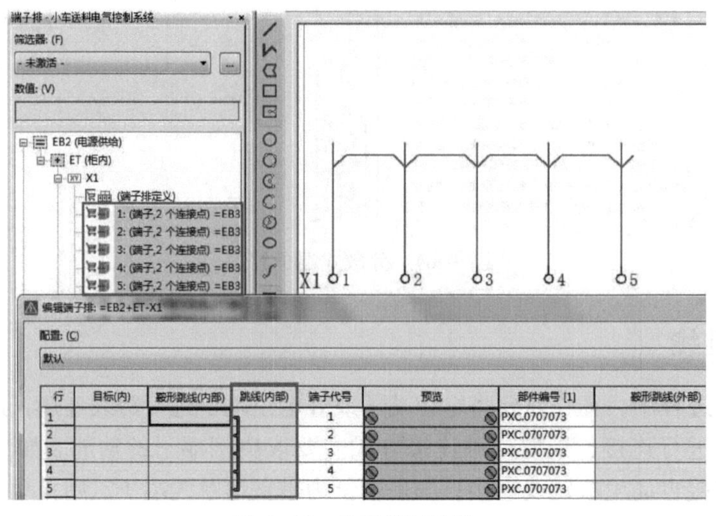

图 4-66　常规端子跳线

将 X1 端子排的后 5 个端子设置为带鞍形跳线的端子，在图样中进行跳线连接，在端子编辑器中显示为“鞍形跳线（内部）”连接，如图 4-67 所示。

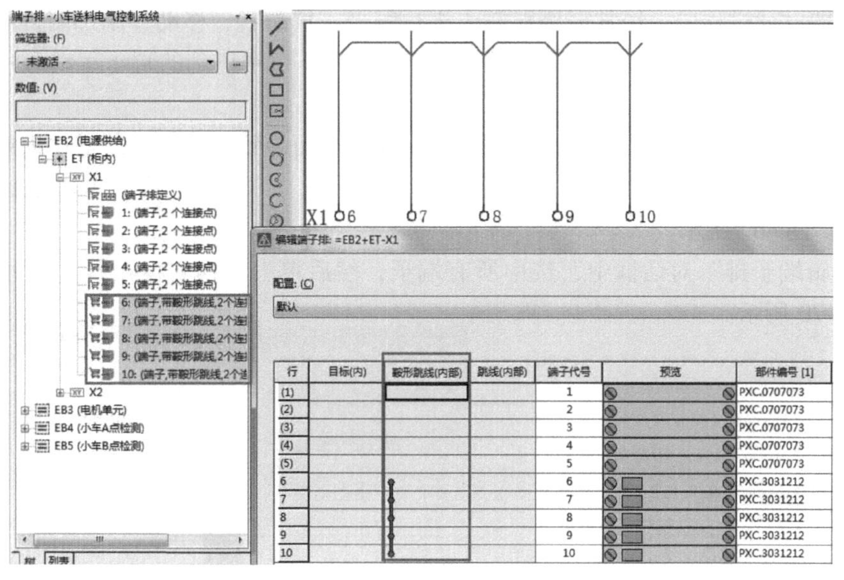

图 4-67　鞍形端子跳线

在进行鞍形跳线时，可以在端子排编辑器中直接进行手动跳线，在图样中不用进行连接，而端子排图表中会自动显示跳线连接，如图 4-68 所示。

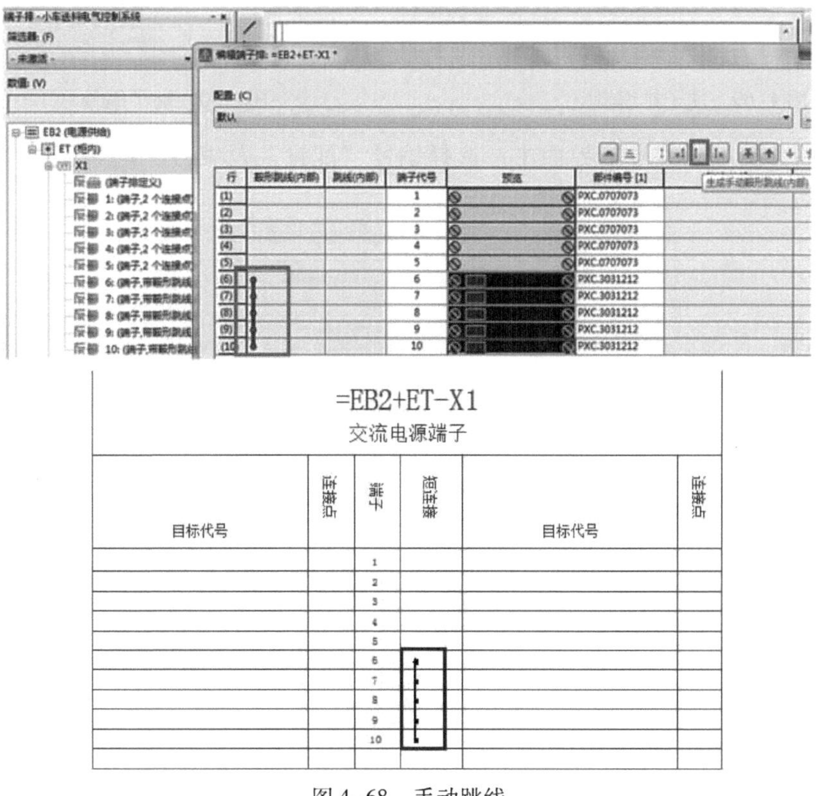

图 4-68　手动跳线

4.4.4 端子编辑

在原理图设计过程中，经常需要对端子进行编号、重命名、移动、添加附件和删除等操作。这些操作可在“编辑端子排”对话框中进行，4.4.3 节中讲到的端子手动鞍形跳线就是在端子排编辑器中操作的。

在项目设计时，有时会将图纸中个别端子删除，从而导致端子排导航器中的端子序号不连续。例如，将 X1 端子排的 3、4 号端子进行删除，选中 X1 端子排，单击鼠标右键选择“编辑”，如图 4-69 所示。

在“编辑端子排”对话框中，选中所有端子，然后单击鼠标右键选择“端子编号”命令，如图 4-70 所示。

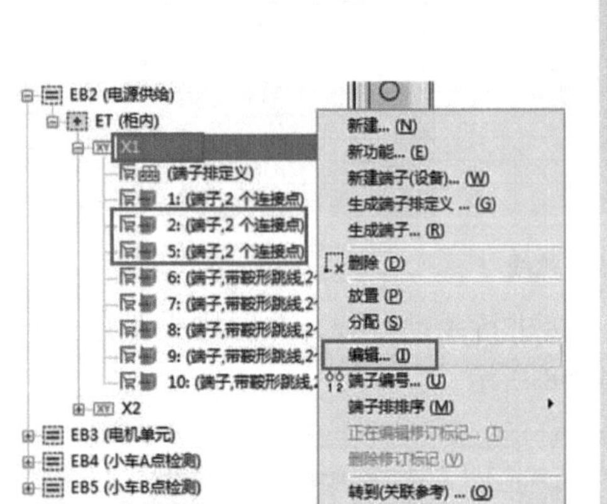

图 4-69　端子排编辑

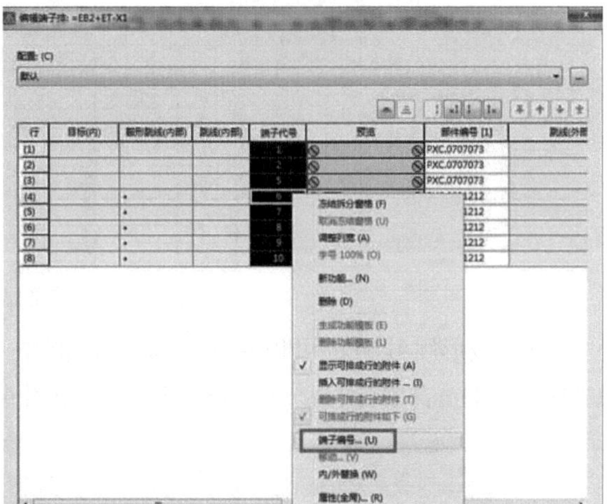

图 4-70　端子编号

在弹出的“给端子编号”界面中，选择编号“配置”及编号“起始值”“增量”，如图 4-71 所示。

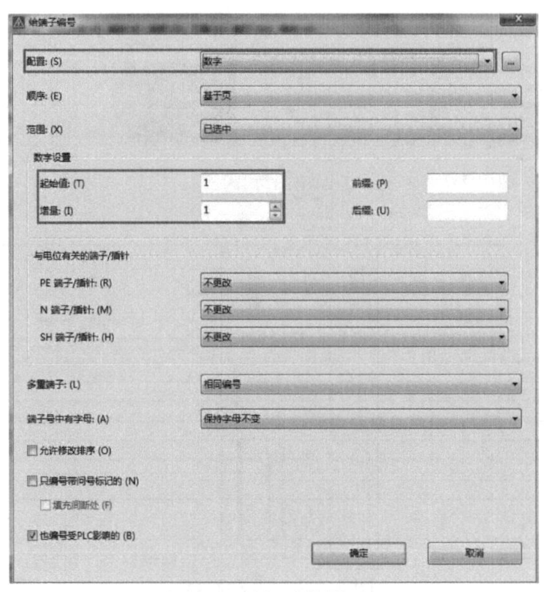

图 4-71　端子编号配置

单击【确定】按钮，完成对端子排 X1 中的端子编号，如图 4-72 所示。

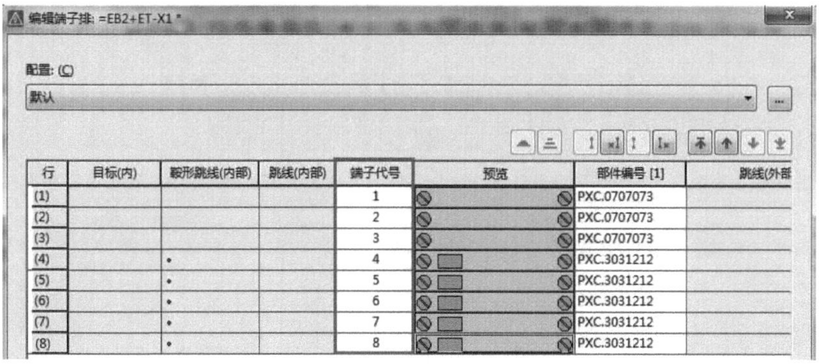

编辑端子排: =EB2+ET-X1 *

配置: (C)

默认

行	目标(内)	鞍形跳线(内部)	跳线(内部)	端子代号	预览	部件编号 [1]	跳线(外部
(1)				1		PXC.0707073	
(2)				2		PXC.0707073	
(3)				3		PXC.0707073	
(4)		•		4		PXC.3031212	
(5)		•		5		PXC.3031212	
(6)		•		6		PXC.3031212	
(7)		•		7		PXC.3031212	
(8)		•		8		PXC.3031212	

图 4-72　端子重新编号

在“编辑端子排”对话框的“端子代号”列中可直接修改端子名称，如图 4-73 所示。

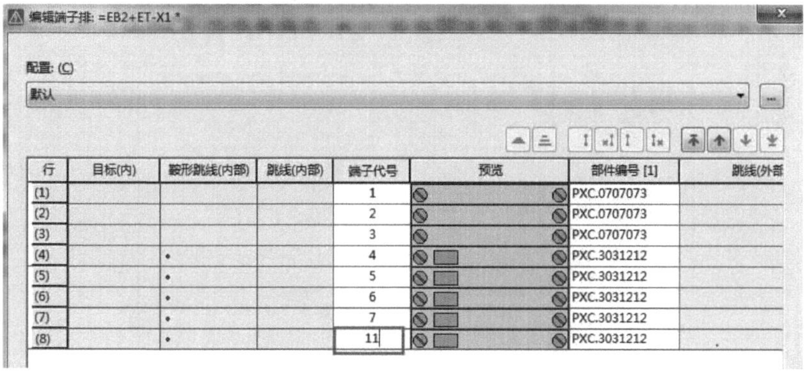

编辑端子排: =EB2+ET-X1 *

配置: (C)

默认

行	目标(内)	鞍形跳线(内部)	跳线(内部)	端子代号	预览	部件编号 [1]	跳线(外部
(1)				1		PXC.0707073	
(2)				2		PXC.0707073	
(3)				3		PXC.0707073	
(4)		•		4		PXC.3031212	
(5)		•		5		PXC.3031212	
(6)		•		6		PXC.3031212	
(7)		•		7		PXC.3031212	
(8)		•		11		PXC.3031212	

图 4-73　端子重命名

通过按钮，将端子排中的端子进行上下移动，如图 4-74 所示。

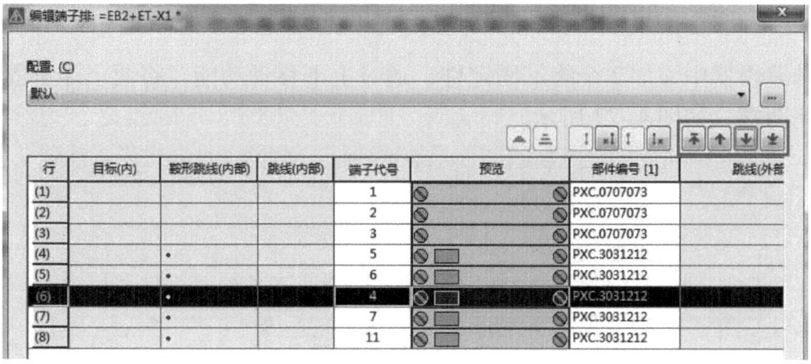

编辑端子排: =EB2+ET-X1 *

配置: (C)

默认

行	目标(内)	鞍形跳线(内部)	跳线(内部)	端子代号	预览	部件编号 [1]	跳线(外部
(1)				1		PXC.0707073	
(2)				2		PXC.0707073	
(3)				3		PXC.0707073	
(4)		•		5		PXC.3031212	
(5)		•		6		PXC.3031212	
(6)		•		4		PXC.3031212	
(7)		•		7		PXC.3031212	
(8)		•		11		PXC.3031212	

图 4-74　端子移动

在端子排设计过程中，需要在端子排中添加端子排附件，即端子终端固定件。在“编辑端子排”对话框中，单击鼠标右键选择“插入可排成行的附件”，如图 4-75 所示。

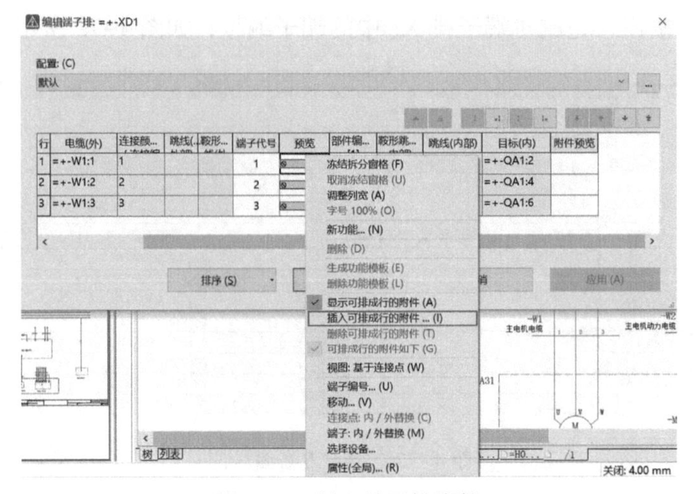

图 4-75　插入端子排附件

在弹出的“部件管理器”界面中，选择端子附件型号，如图 4-76 所示。

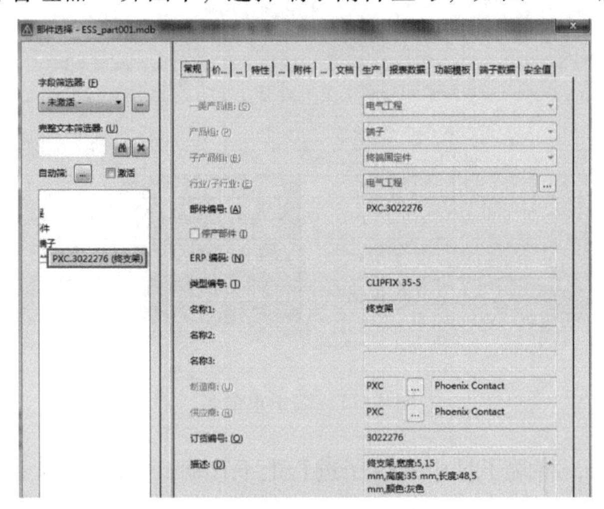

图 4-76　端子排附件选型

在端子排编辑器中添加 2 个终端固定件，通过上下移动功能，将两个端子固定件放置到端子排的首尾两端，如图 4-77 所示。

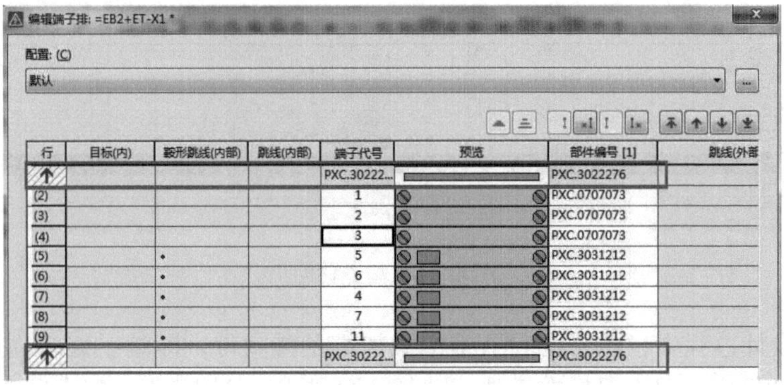

图 4-77　端子排附件添加

4.5 面向对象的设计

在 1.2.1 节中对面向对象设计已有介绍。面向对象设计就是在各个导航器中预先添加设备，然后将其“拖放”到原理图中。这种设计方式有利于对项目中的设备进行统一管理，采用预设计方式，提前生成清单材料报表，以帮助工程师提高设计效率。在项目中端子、PLC 及安装板布局都是采用面向对象的设计方法。4.4 节的端子排设计采用的也是面向对象的设计方法。

4.5.1 设备导航器

在设备导航器中包含了其他导航器中的所有设备，也就是项目中的所有设备。电缆作为设备，在设备导航器中也包括。打开设备导航器，在层级结构中右键选择“新设备”命令，如图 4-78 所示。

在设备导航器中新建设备时通常选择第三个选项“新设备”，因为在该选项中是先选择部件型号，在部件型号中定义了设备的功能。在原理图中插入符号时，自动选择符合部件库中功能模板的符号，这样就保证了符号和部件功能的一致性，同时也给设备选了型，如图 4-79 所示。

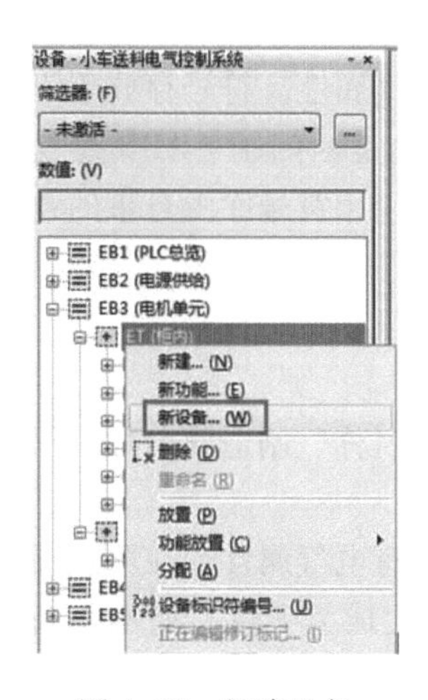

图 4-78 新建设备

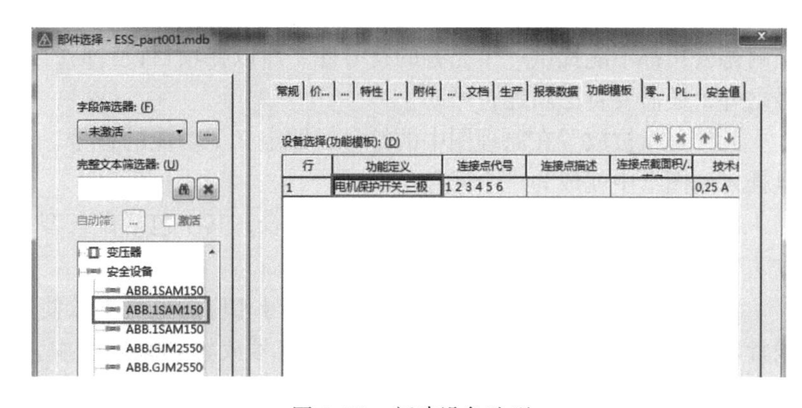

图 4-79 新建设备选型

将预设之后的“电机保护开关 Q1”“拖放”至原理图中，在图形编辑器中自动显示“电机保护开关”符号，这种方法也称为逆向设计，如图 4-80 所示。当然，部件型号所对应的符号也可以在部件库中指定，这方面内容在 7.4 节讲述部件库管理时再详细讲解。

要应用好面向对象设计，首当其冲就是要完善和规范部件库，只有标准化的部件库才能使设计效率大幅提高。

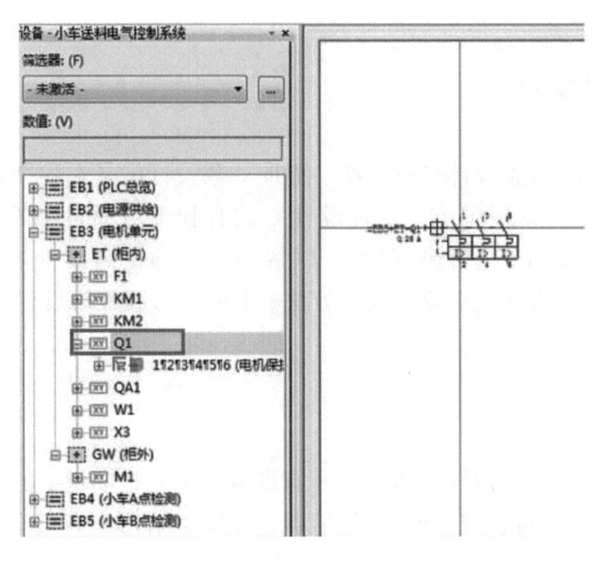

图 4-80　逆向设计

4.5.2　设备

在讲述设备功能之前，首先介绍一下符号、元件、部件和设备的概念及相互之间的关联。

符号是电气设备的一种图形形式，用来体现设计原理，不具备电气属性。符号存放于不同标准的符号库中，标准不同，符号的外形大小也不同。目前，无论是西门子、ABB 还是施耐德公司都不能提供一个完善的符号库，所以在项目设计时，除了应用符号库中自带的符号之外，还需要自己新建符号库。

元件是指被放置在原理图中的符号，即定义了功能的符号。符号只存在于符号库中，一旦插入到图纸中就成为一个元件。

部件是指厂商提供的电气设备的数据集合，其中包括设备型号、名称、制造商名称、尺寸、价格和技术参数等信息。

设备是指选了型的符号，即赋予一个符号相应的电气参数使其具有电气属性。在原理图设计时，如果“插入符号”则只是表示将符号放置到原理图中，使之成为元件，而不具备部件信息，是基于面向图形设计；如果“插入设备”则表示该符号已经选了型号，定义了功能，具有相应的电气属性，是基于面向对象设计。

在项目设计完成之后，需要对项目中的设备编号进行重新编排，在原理设计过程中通常会移动一些回路位置或删除增加一些设备，导致设备编号错乱，如图 4-81 所示。

在 EPLAN 软件中设备编号有“在线”编号和“离线”编号两种。在线编号是指对设置以后放置的符号进行编号；离线编号是指对已放置的设备进行重新编号。

在【选项】>【设置】>【项目（项目名称）】>【设备】>【编号（在线）】中设置编号格式为“页 + 标识符字母 + 计数器”，如图 4-82 所示。

完成设备（在线）编号设置后，在图纸中插入符号或宏电路后，新插入的符号和宏电路设备标识符显示新的编号格式，如图 4-83 所示。

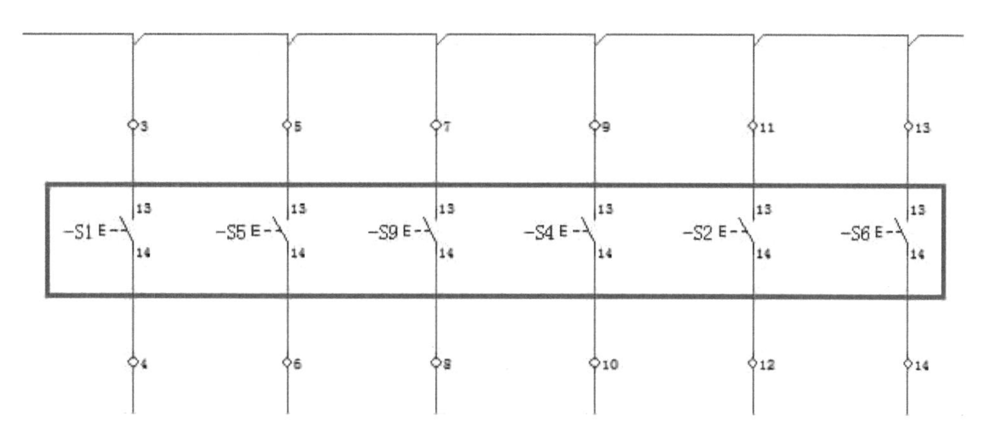

图 4-81　设备编号错乱

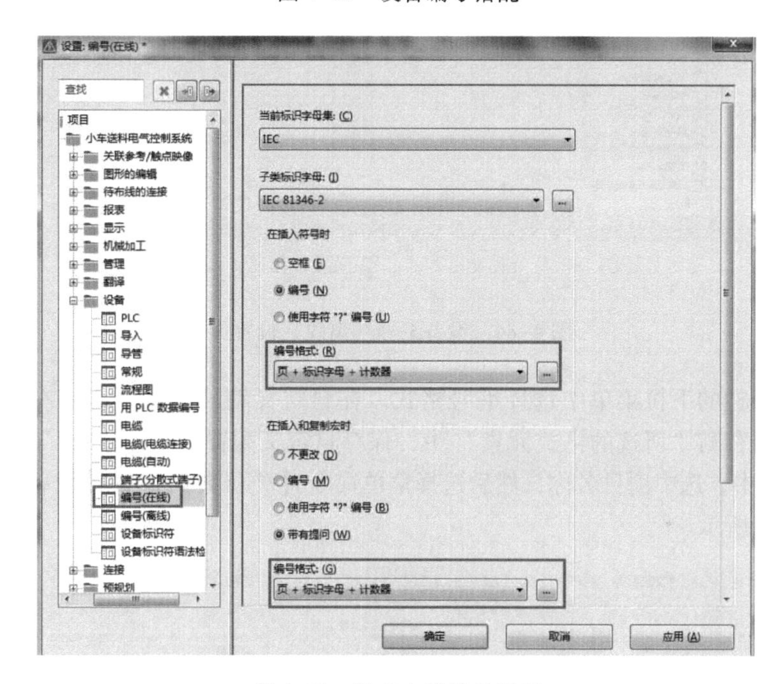

图 4-82　设备在线编号设置

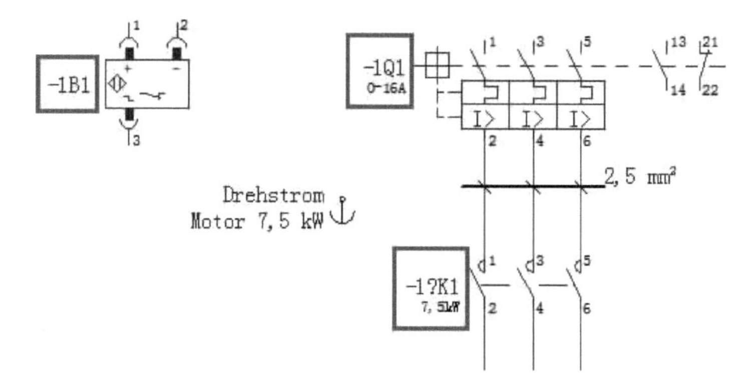

图 4-83　设置后的设备编号

在进行设备离线编号之前，需要设置编号格式。设备编号（离线）设置在设备编号（在线）的下方，如图 4-84 所示。

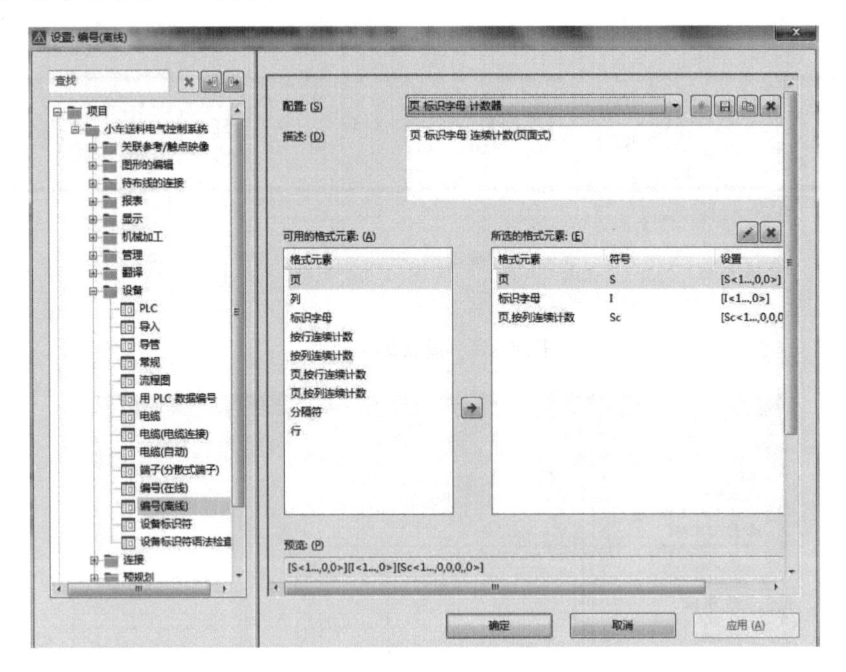

图 4-84　设备编号（离线）设置

在“配置”栏的下拉菜单中选择编号格式。在自定义编号格式时，将左侧“可用的格式元素”添加到右侧“所选的格式元素”中，保存自定义配置。

在页导航器中，选中项目名称，然后选择菜单命令【项目数据】>【设备】>【设备编号】，如图 4-85 所示。

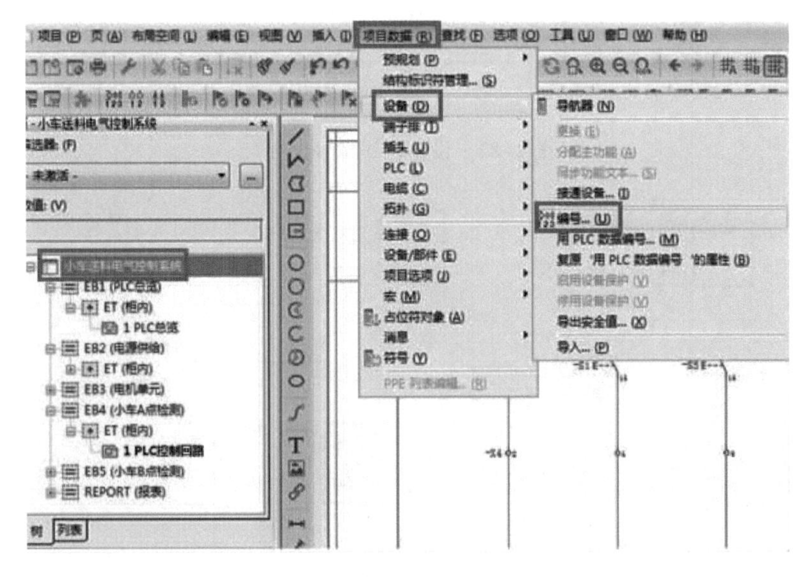

图 4-85　设备离线编号

设备（离线）编号是按照从上往下、从左往右的顺序依次编排，设备标识符格式按照设备离线编号规则进行显示。完成设备（离线）编号后的显示如图 4-86 所示。

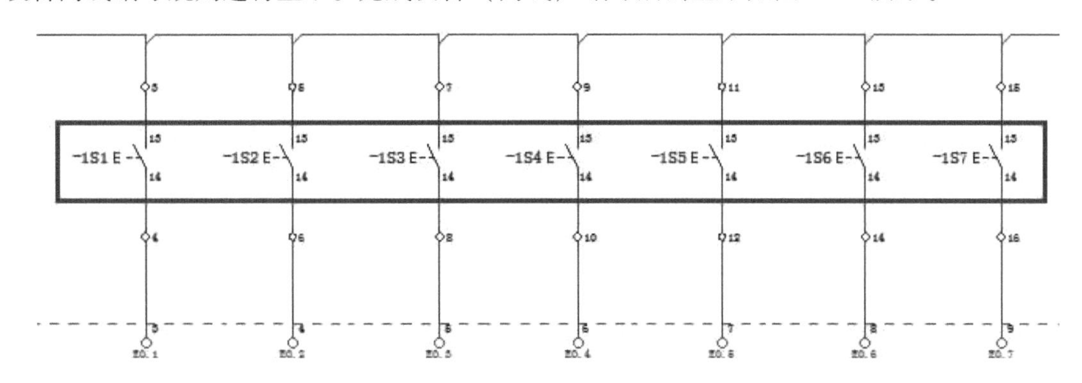

图 4-86　设备离线编号完成

4.5.3　设备选型

设备选型功能在 3.3.4 节中已有介绍。在项目设计过程中，可边绘制原理图边选型，这样不会遗漏掉设备，但是会导致原理图设计比较慢。许多工程师希望完成原理图设计后再进行选型，这样可以通过设备导航器，对相同部件编号的设备进行批量选型，提高图纸设计效率。

在图纸中，需要对“电机保护开关 1QA1”进行选型，双击符号，在“部件”选项卡中单击【设备选择】按钮进行智能选型，如图 4-87 所示。

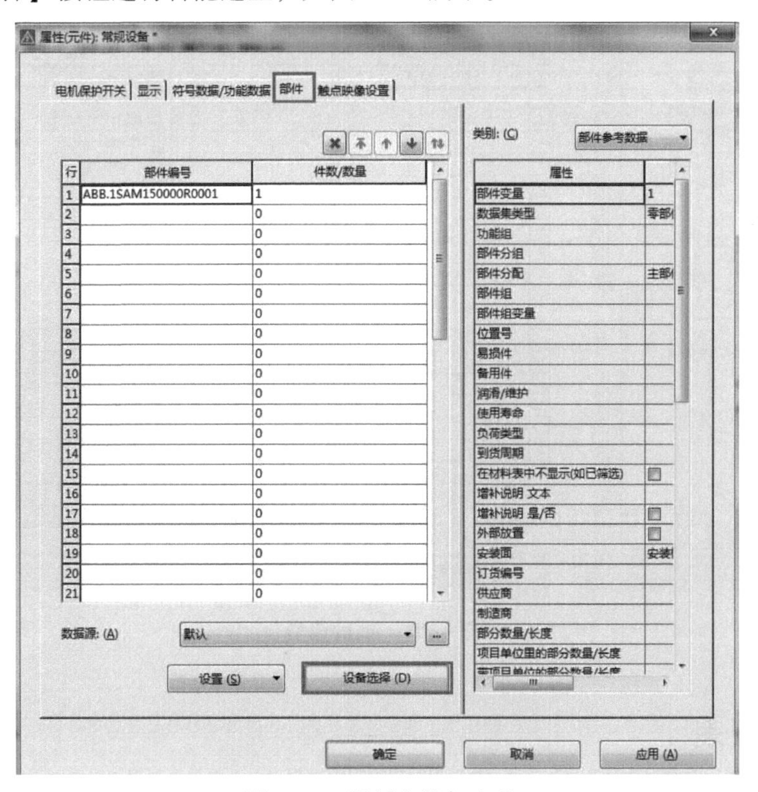

图 4-87　图纸中设备选型

针对项目中相同部件型号的设备，例如按钮 1S1～1S7，可以通过设备导航器进行批量选型，如图 4-88 所示。

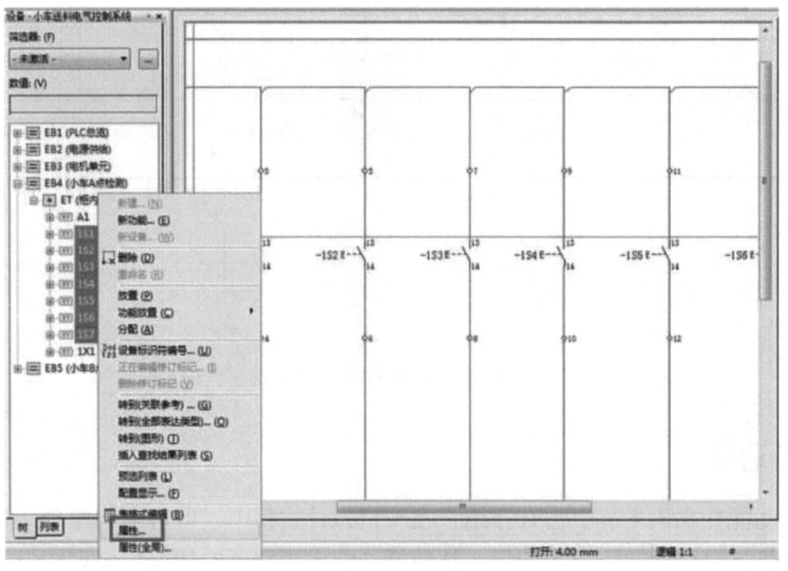

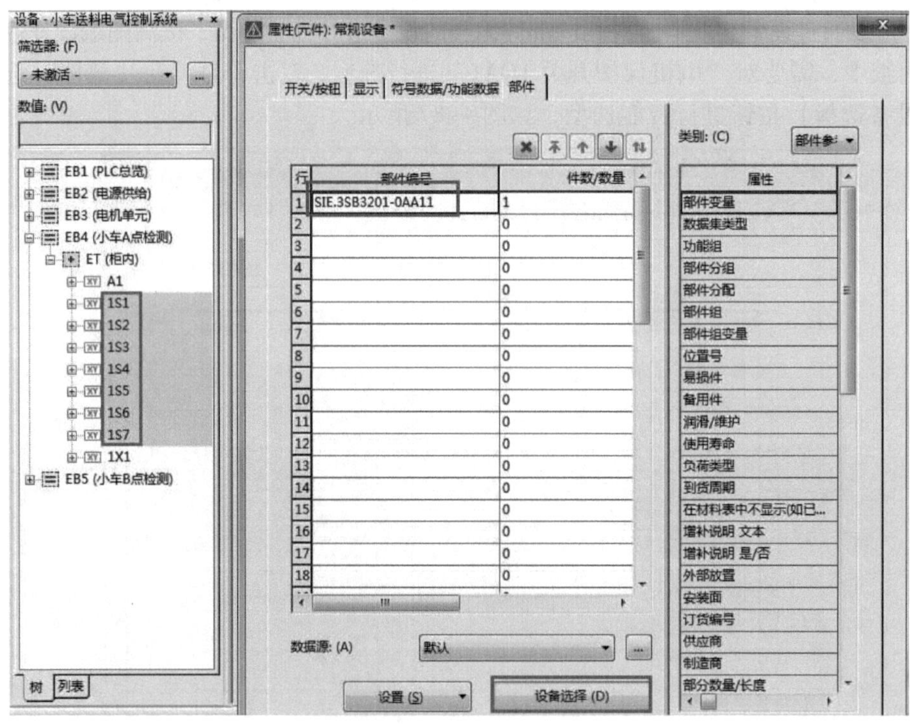

图 4-88　批量选型

4.6　生成报表

完成原理图设计之后，需要生成各类清单报表，用来评估原理图设计。在 EPLAN 软件中只需要定制好各种报表模板，软件会自动生成各类报表。报表中的信息都来自于原理图设计，所以原理图的准确绘制将影响到报表生成数据的准确性，反过来，通过各种报表信息的查看，可以修改和完善原理图设计中的不足。

4.6.1 报表生成

在项目的结构规划中，定义了报表生成的高层代号：REPORT。

选择菜单命令【工具】>【报表】>【生成】，如图 4-89 所示。

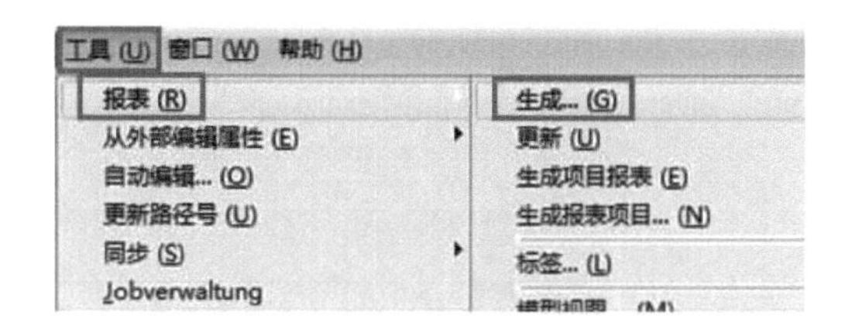

图 4-89 生成报表命令

在生成报表之前，首先需要对报表的模板、页名和部件等信息进行设置。在弹出的“报表”对话框中，单击右下方的【设置】按钮进行设置，如图 4-90 所示。

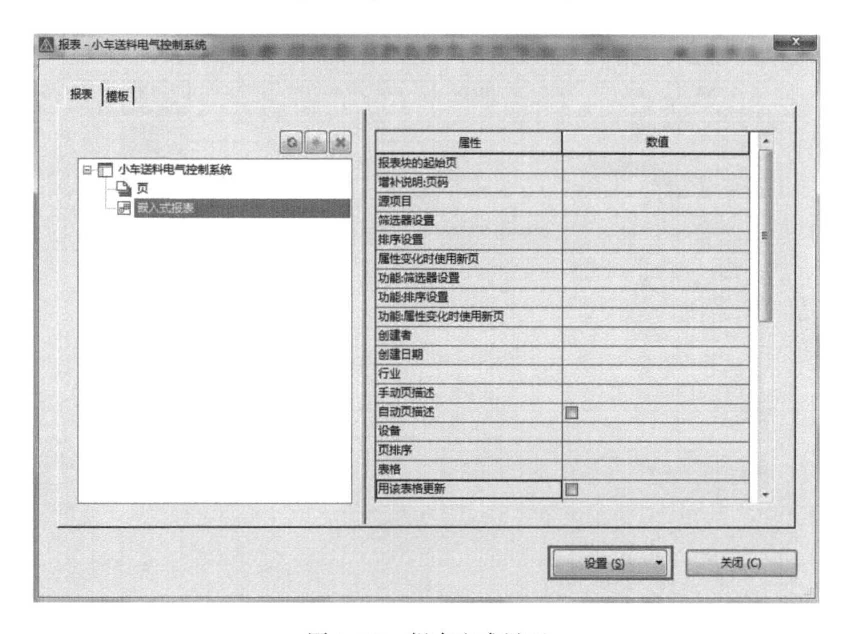

图 4-90 报表生成界面

4.6.2 设置

在【设置】按钮的下拉菜单中，首先设置“输出为页”选项，如图 4-91 所示。

在弹出的“设置：输出为页”对话框中，主要设置“表格”列的报表模板，其他列设置都可采用系统默认设置。在“部件汇总表”栏的表格列中选择报表模板，在下拉菜单单击“查找”功能，如图 4-92 所示。

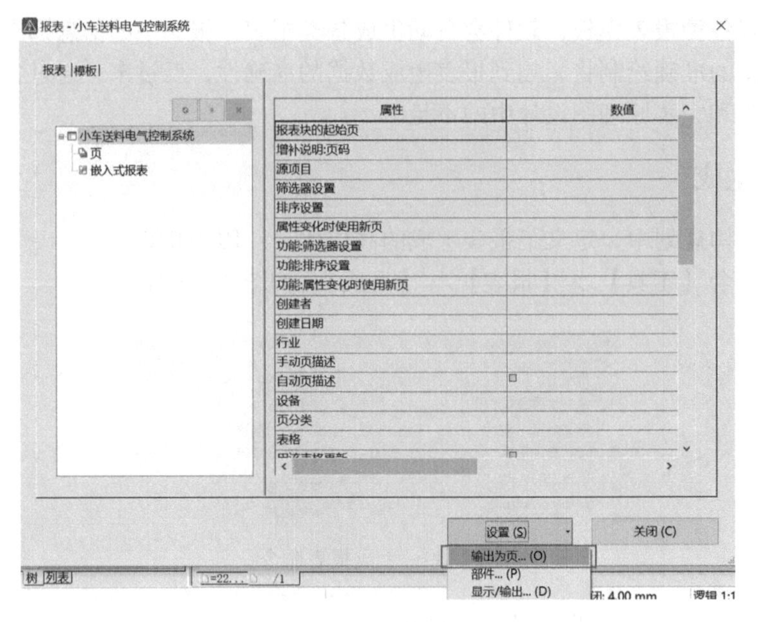

图 4-91 “输出为页”设置

设置输出为页

行	报表类型	表格	页排序	部分输出	合并	报表行的最小...	子页面	字符
1	部件列表	F01_001	总计				☑	按字母顺序降...
2	部件汇总表	F02_001	总计				☑	按字母顺序降...
3	设备列表		总计				☑	按字母顺序降...
4	表格文档	F02_001	总计				☑	按字母顺序降...
5	设备连接图	查找...	总计		☐	1	☑	按字母顺序降...
6	目录	F06_001	总计				☑	按字母顺序降...
7	电缆连接图	F07_001	总计		☐	1	☑	按字母顺序降...
8	电缆布线图		总计				☑	按字母顺序降...
9	电缆图表	F09_001	总计		☐	1	☑	按字母顺序降...
10	电缆总览	F10_001	总计				☑	按字母顺序降...
11	端子连接图	F11_001	总计		☐	1	☐	按字母顺序降...
12	端子排列图	F12_001	总计		☐	1	☑	按字母顺序降...
13	端子排总览	F14_001	总计				☑	按字母顺序降...
14	端子图表	F13_001	总计		☐	1	☑	按字母顺序降...
15	图框文档	F15_001	总计				☑	按字母顺序降...
16	电位总览	F16_001	总计				☑	按字母顺序降...
17	修订总览	F17_001	总计				☑	按字母顺序降...

部件汇总表 DIN A3 横向 1 列 19 行

确定　取消

图 4-92 报表设置

在部件模板选择窗口中，软件自带了一些模板，用户也可以根据企业自己的要求，定制报表模板。在报表模板中包括“静态”和“动态”两种报表类型，“静态”报表的行数是固定的，“动态”报表的行数是动态变化的。该项目中选择的部件汇总模板是一个动态表格，勾选左侧的“预览”选项，可以查看到如图 4-93 所示的界面。

按照同样方式，依次设置其他表格类型的模板，完成“输出为页”的设置。在生成部件汇总表之前，还需要在完成部件汇总表的模板选择之后，对“设置”下拉菜单中的“部件”进行设置。在“考虑部件”栏中勾选“端子部件”等数据，按照软件默认设置，有时端子部件不会在部件汇总表中显示，但是在项目工程中端子、插头、母排等设备也是需要统计的，而这些设备中有许多都是相同型号的部件，所以需要勾选“汇总一个设备的部件”，如图 4-94 所示。

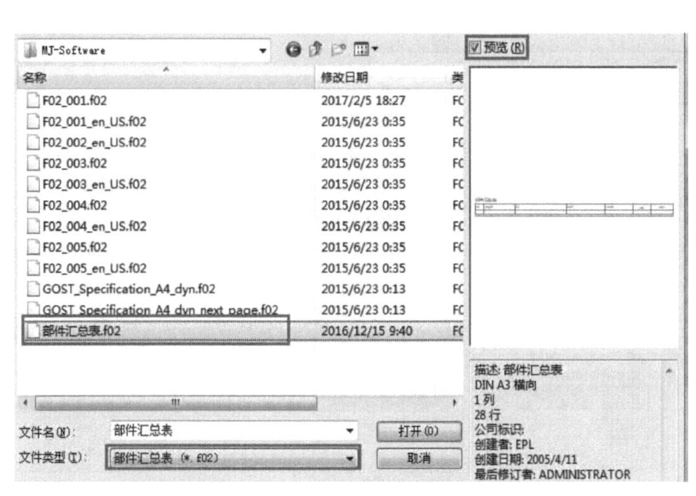

图 4-93　部件汇总表模板选择

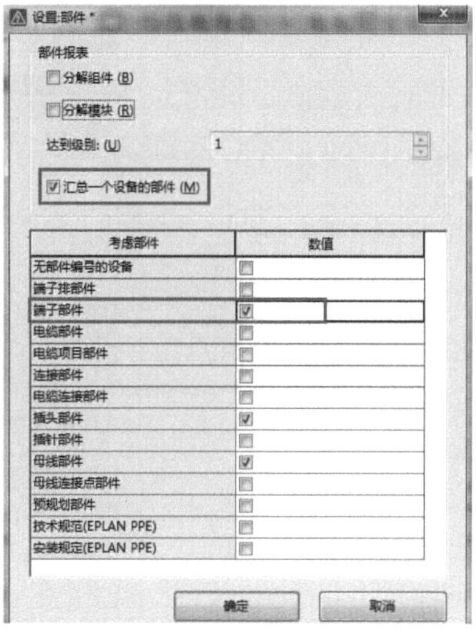

图 4-94　部件设置

4.6.3　手动报表

报表设置完成之后在“报表”选项卡中单击按钮，在弹出的“确定报表”对话框中，选择“部件汇总表”类型，设置输出形式为“页”，如图 4-95 所示。

单击【确定】按钮，弹出“筛选/排序”设置界面，不同报表类型的设置界面都不尽相同，根据生成报表的需要进行筛选器和排序的条件设置，如图 4-96 所示。

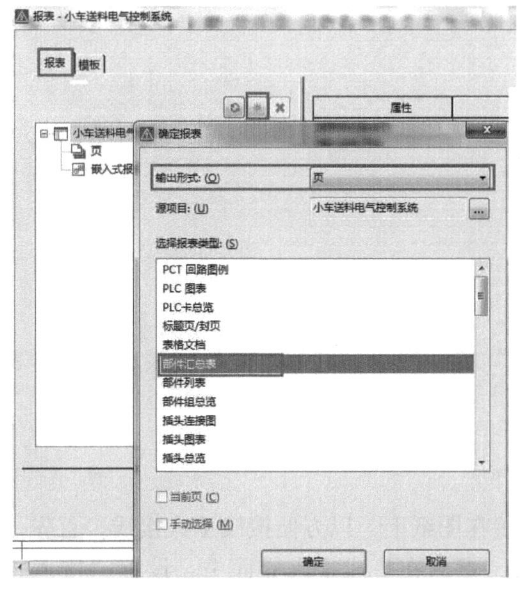

图 4-95　确定报表界面

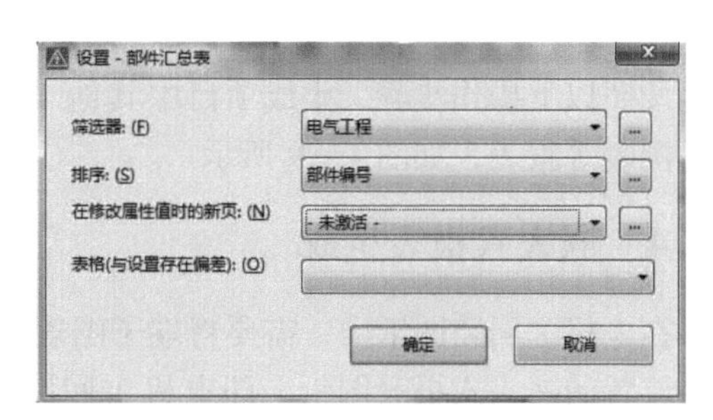

图 4-96　筛选器设置

设置完成之后，单击【确定】按钮，在弹出的“部件汇总表（总计）”对话框中，设置报表生成的高层代号，选择之前预规划项目结构中的“REPORT（报表）”代号，勾选“自动页描述”选项，如图4-97所示。

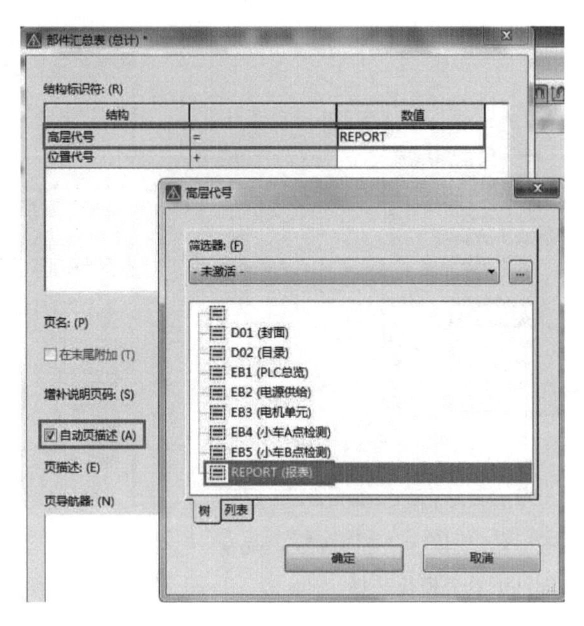

图4-97　部件汇总表生成设置

单击【确定】按钮后，在项目树中的“REPORT（报表）”高层代号下，生成“部件汇总表”报表，如图4-98所示。

页 - 小车送料电气控制系统
筛选器: (F)
- 未激活 -
数值: (V)
小车送料电气控制系统
EB1 (PLC总览)
EB2 (电源供给)
EB3 (电机单元)
EB4 (小车A点检测)
EB5 (小车B点检测)
ET (柜内)
2 PLC控制回路
REPORT (报表)
1 部件汇总表 : ABB.1SAM15

部件汇总表

序号	部件型号	名称	类型号	订货编号	数量	供应商
1	ABB.1SAM150000R0001	电机保护开关	1SAM150000R0001	1SAM150000R0001	1	ABB
2	CHINT.DZ47-60/C10-2P	微型（小型）断路器	DZ47-60/C10-2P	DZ47-60/D2-3P	1	正泰
3	PXC.0707073	贯通式端子, 10 mm²	HDFK 10	0707073	3	PXC
4	PXC.0913032	NEOZED 熔丝	S 6 A/380 V	0913032	1	PXC
5	PXC.3001721	贯通式端子, 16 mm²	HDFK 16	3001721	9	PXC
6	PXC.3031212	[illegible]	ST 2,5	3031212	66	PXC
7	SEW.DT80N4	三相电机	DT80N4	DT80N4	1	SEW
8	SIE.3LD2 504-0TK53	主开关/维修开关	3LD2 504-0TK53	3LD2 504-0TK53	1	SIEMEN
9	SIE.3RV10 21-1JA15	电机保护开关	3RV10 21-1JA15	3RV10 21-1JA15	1	SIEMEN
10	SIE.3SB3201-0AA11	全部设备, 圆形, 按钮	3SB3201-0AA11	3SB3201-0AA11	7	SIEMEN
11	SIE.4AV2400-2EB00-0A	电源	4AV2400-2EB00-0A	4AV2400-2EB00-0A	1	SIEMEN
12	SIE.5SX2102-8	微型(小型)断路器	5SX2102-8	5SX2102-8	1	SIEMEN
13	SIE.6ES7131-4BB01-0AA0		6ES7131-4BB01-0AA0	6ES7131-4BB01-0AA0	1	SIEMEN

图4-98　部件汇总表生成

按照以上操作步骤，生成项目中其他“页”类型报表，例如，设备列表、端子图表和电缆图表等报表，如图4-99所示。

4.6.4　嵌入式报表生成

在电机主回路图纸中，需要将端子图表放置在图纸上，以方便接线工人接线。首先，打开要放置的嵌入式报表图纸，即电机主回路页，然后在生成报表界面中，设置“嵌入式报表”模板，选择“端子图表”的表格模板为F13_006，如图4-100所示。

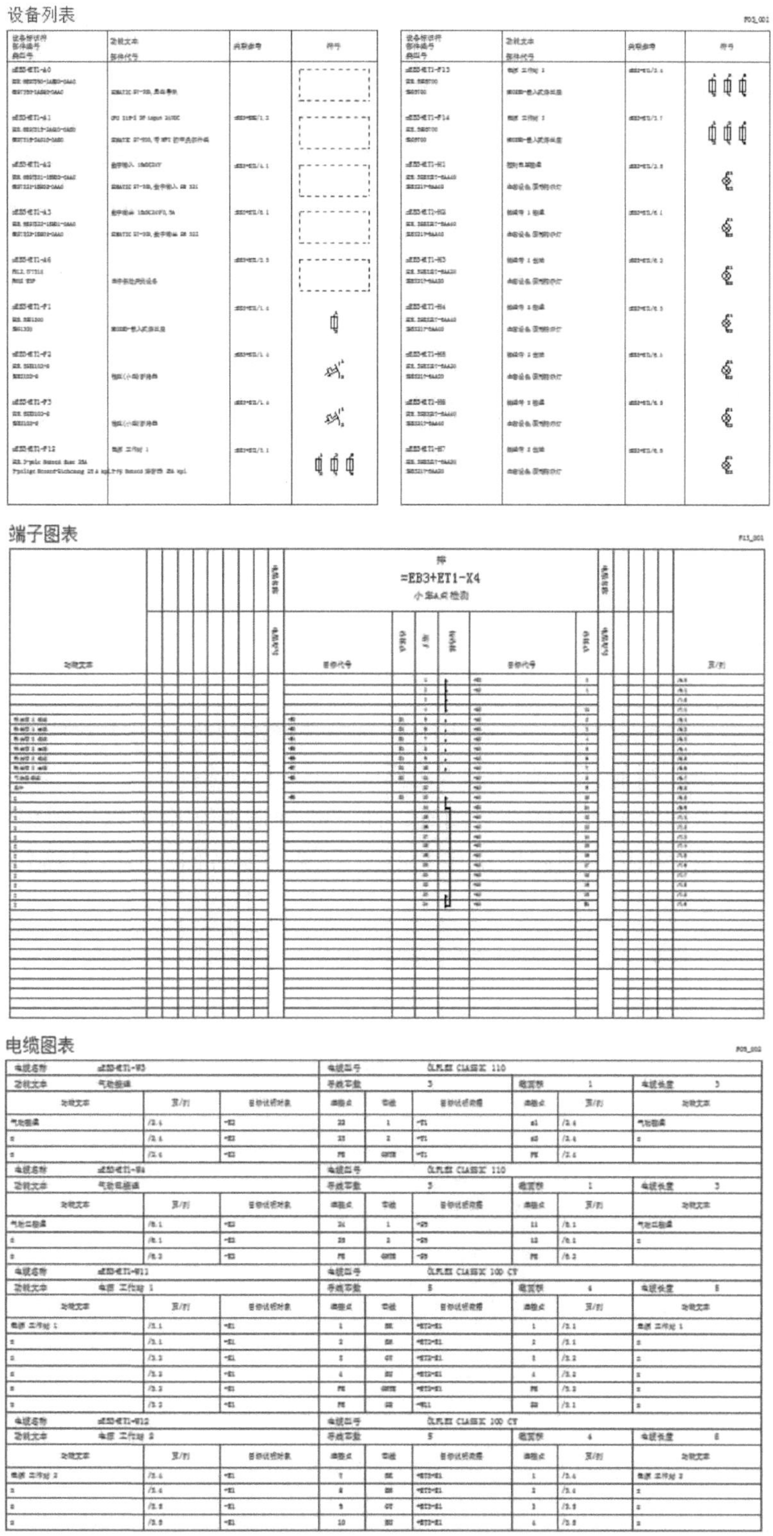

设备列表

设备标识符 部件编号 类型号	功能文本 部件代号	交互参考	符号
=EB3+ET1-A0 SIE.6ES7390-1AE80-0AA0 6ES7390-1AE80-0AA0	SIMATIC S7-300, 安装导轨		
=EB3+ET1-A1 SIE.6ES7315-2AG10-0AB0 6ES7315-2AG10-0AB0	CPU 315-2 DP [illegible] 24VDC SIMATIC S7-300, 带 MPI 的中央处理器	=EB3+EB1/1.2	
=EB3+ET1-A2 SIE.6ES7321-1BH02-0AA0 6ES7321-1BH02-0AA0	数字输入 16xDC24V SIMATIC S7-300, 数字输入 SM 321	=EB3+ET1/4.1	
=EB3+ET1-A3 SIE.6ES7322-1BH01-0AA0 6ES7322-1BH01-0AA0	数字输出 16xDC24V/0.5A SIMATIC S7-300, 数字输出 SM 322	=EB3+ET1/8.1	
=EB3+ET1-A6 [illegible] [illegible]	[illegible]	=EB3+ET1/2.5	
=EB3+ET1-F1 SIE.5SE1300 5SE1300	NEOZED-嵌入式熔丝座	=EB3+ET1/1.4	
=EB3+ET1-F2 SIE.5SX2102-6 5SX2102-6	[illegible]	=EB3+ET1/1.4	
=EB3+ET1-F3 SIE.5SX2102-6 5SX2102-6	[illegible]	=EB3+ET1/1.4	
=EB3+ET1-F12 SIE.3-pole Neozed fuse 35A 3-polige Neozed-Sicherung 35 A [illegible]	电源 工作站 1 [illegible]	=EB3+ET1/1.1	
=EB3+ET1-F13 SIE.5SG5700 5SG5700	电源 工作站 1 NEOZED-嵌入式熔丝座	=EB3+ET1/2.4	
=EB3+ET1-F14 SIE.5SG5700 5SG5700	电源 工作站 2 NEOZED-嵌入式熔丝座	=EB3+ET1/2.7	
=EB3+ET1-H1 SIE.3SB3217-6AA40 3SB3217-6AA40	[illegible] [illegible]	=EB3+ET1/2.8	
=EB3+ET1-H2 SIE.3SB3217-6AA40 3SB3217-6AA40	[illegible] [illegible]	=EB3+ET1/6.1	
=EB3+ET1-H3 SIE.3SB3217-6AA20 3SB3217-6AA20	[illegible] [illegible]	=EB3+ET1/6.2	
=EB3+ET1-H4 SIE.3SB3217-6AA40 3SB3217-6AA40	[illegible] [illegible]	=EB3+ET1/6.3	
=EB3+ET1-H5 SIE.3SB3217-6AA20 3SB3217-6AA20	[illegible] [illegible]	=EB3+ET1/6.4	
=EB3+ET1-H6 SIE.3SB3217-6AA40 3SB3217-6AA40	[illegible] [illegible]	=EB3+ET1/6.5	
=EB3+ET1-H7 SIE.3SB3217-6AA20 3SB3217-6AA20	[illegible] [illegible]	=EB3+ET1/6.6	

端子图表

=EB3+ET1-X4

[illegible]

电缆图表

电缆名称	=EB3+ET1-W3		电缆型号	ÖLFLEX CLASSIC 110				
功能文本	气缸 [illegible]		导线数量	3	截面积 1		电缆长度 3	
功能文本	页/列	目标设备对象	连接点	导线	目标设备对象	连接点	页/列	功能文本
气缸 [illegible]	/2.4	-X2	22	1	-T1	a1	/2.4	气缸 [illegible]
=	/2.4	-X2	23	2	-T1	a2	/2.4	=
=	/2.4	-X2	PE	GNYE	-T1	PE	/2.4	
电缆名称	=EB3+ET1-W4		电缆型号	ÖLFLEX CLASSIC 110				
功能文本	气缸 [illegible]		导线数量	3	截面积 1		电缆长度 3	
功能文本	页/列	目标设备对象	连接点	导线	目标设备对象	连接点	页/列	功能文本
气缸 [illegible]	/8.1	-X2	24	1	-Y9	11	/8.1	气缸 [illegible]
=	/8.1	-X2	25	2	-Y9	12	/8.1	=
=	/8.2	-X2	PE	GNYE	-Y9	PE	/8.2	
电缆名称	=EB3+ET1-W11		电缆型号	ÖLFLEX CLASSIC 100 CY				
功能文本	电源 工作站 1		导线数量	5	截面积 4		电缆长度 5	
功能文本	页/列	目标设备对象	连接点	导线	目标设备对象	连接点	页/列	功能文本
电源 工作站 1	/3.1	-X1	1	BK	+ET2-X1	1	/3.1	电源 工作站 1
=	/3.1	-X1	2	BN	+ET2-X1	2	/3.1	=
=	/3.2	-X1	3	GY	+ET2-X1	3	/3.2	=
=	/3.2	-X1	4	BU	+ET2-X1	4	/3.2	=
=	/3.2	-X1	PE	GNYE	+ET2-X1	PE	/3.2	=
=	/3.2	-X1	PE	SH	-W11	SH	/3.1	=
电缆名称	=EB3+ET1-W12		电缆型号	ÖLFLEX CLASSIC 100 CY				
功能文本	电源 工作站 2		导线数量	5	截面积 4		电缆长度 6	
功能文本	页/列	目标设备对象	连接点	导线	目标设备对象	连接点	页/列	功能文本
电源 工作站 2	/3.6	-X1	7	BK	+ET3-X1	1	/3.6	电源 工作站 2
=	/3.6	-X1	8	BN	+ET3-X1	2	/3.6	=
=	/3.8	-X1	9	GY	+ET3-X1	3	/3.8	=
=	/3.8	-X1	10	BU	+ET3-X1	4	/3.8	=

图 4-99　其他页类型报表

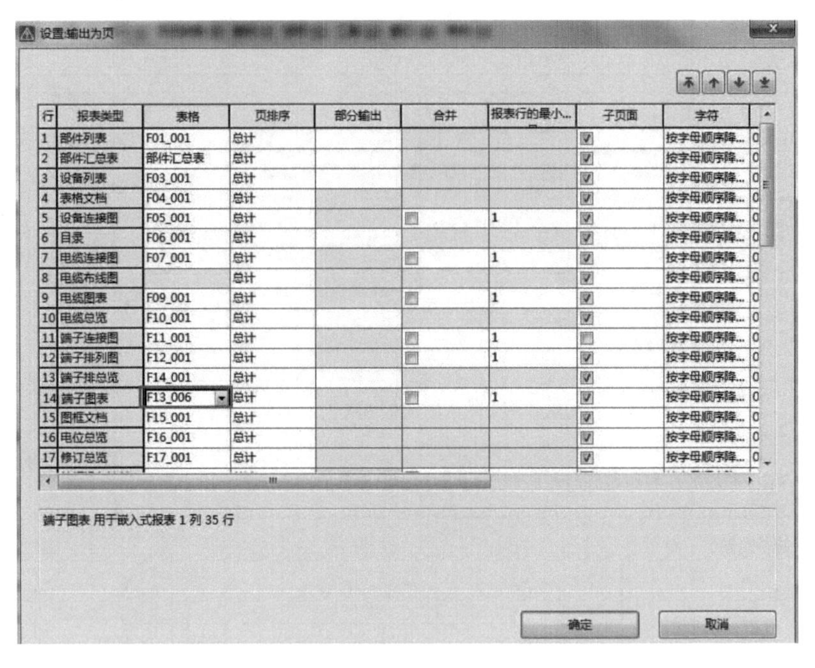

图 4-100　端子图表模板设置

设置完成之后，单击按钮，在弹出的界面中选择输出形式为手动放置，选择报表类型为端子图表，勾选“当前页”选项。“当前页”和“手动选择”主要区别在于“当前页”选项会依次放置该张图纸中所有的端子图表，而“手动选择”则可以选择想要放置的一个或多个端子图表。由于电机主回路图纸中只有一个端子排名称，所以只需勾选“当前页”即可，如图 4-101 所示。

图 4-101　嵌入式报表设置

单击【确定】按钮，将端子图表手动放置在电机主回路图纸中，如图 4-102 所示。

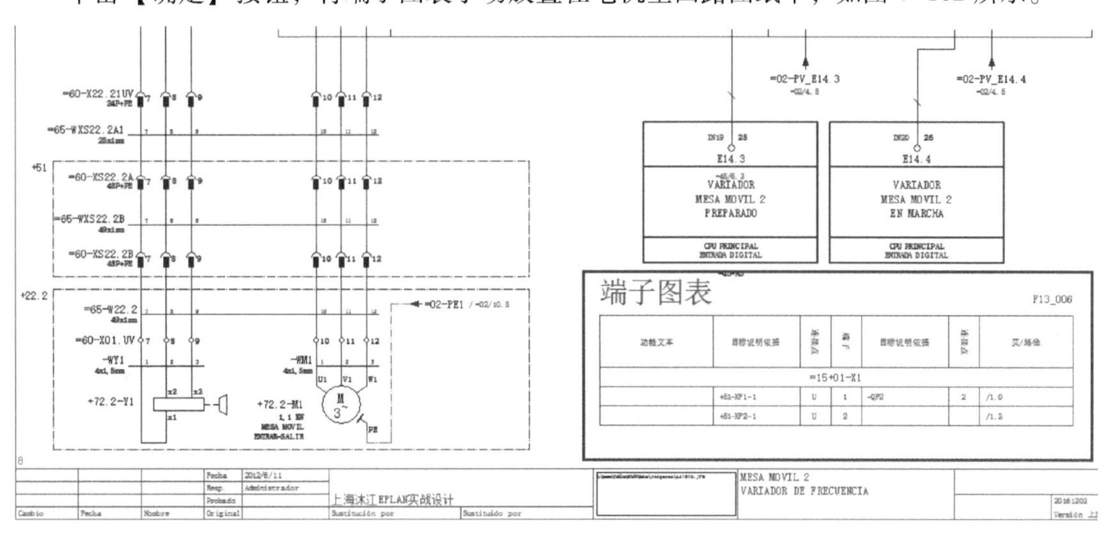

图 4-102　嵌入式端子图表放置

4.6.5　报表更新

在报表生成之后，往往通过报表查看原理图中的设计是否有遗漏或错误之处，然后修改原理图设计。原理图修改完成之后，需要更新生成的报表信息，检查是否显示正确。在更新报表之前，可以选择报表高层代号，更新项目中的所有报表，另外也可以选择单张报表更新。选择菜单命令【工具】 >【报表】 >【更新】，进行报表内容更新，如图 4-103 所示。

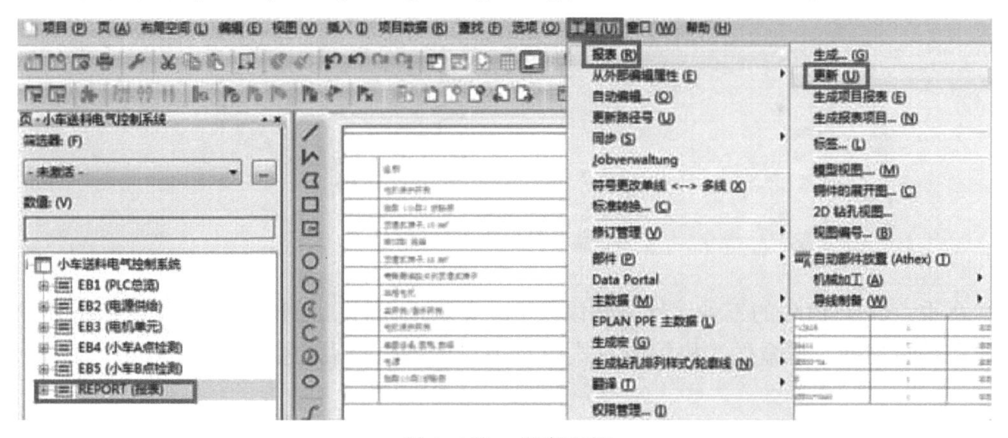

图 4-103　报表更新

4.7　项目总结

本章重点介绍了面向对象及端子排设计。在项目设计之前需要定义项目的层级结构，具体以项目功能块和实际安装位置为依据。原理图设计过程中，要灵活应用设备导航器功能。项目设计完成之后，需要生成各类清单报表以便于进行原理图设计评估，修改完成之后，需要更新项目中所有报表信息。

第5章　打包机电气控制系统设计

5.1　项目概述

打包机电气控制系统主要由5个电动机和1个PLC控制器组成，通过按钮和感应传感器进行信号反馈，完成整个控制系统的运转。系统工作流程：要打包的物品从入料传送带输送到第二传送带进行旋转打包，然后通过出料传送带输出完成，如图5-1所示。

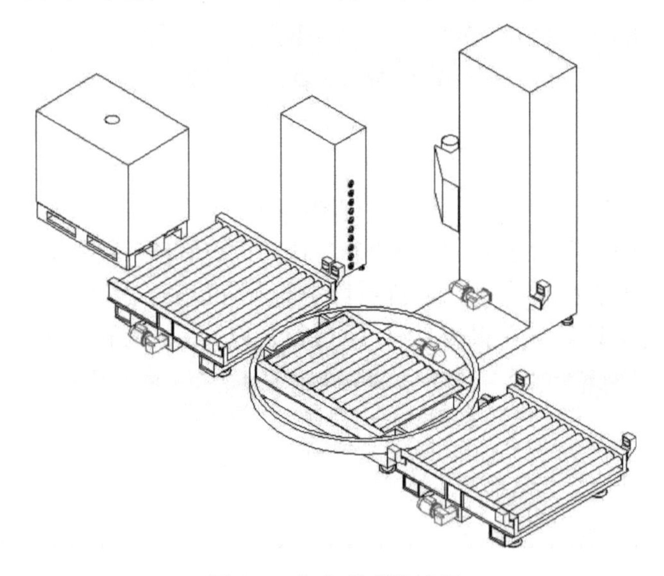

图5-1　打包机系统流程

本章重点介绍PLC的三种设计方法以及2D安装板设计。通过实际项目详细讲述“页”的新建和编辑功能、黑盒的表格编辑方式以及项目中各类报表的生成。

5.2　项目新建

选择菜单命令【项目】>【新建】，如图5-2所示。

在弹出的界面中定义“项目名称”为打包机电气控制项目；设置项目保存路径；选择IEC项目模板；设置创建日期和创建者，如图5-3所示。

项目创建完成后，需要规划项目结构，打包机控制系统一共包括三个功能模板：入料传输带控制、第二段传送带控制及旋转打包、出料传送带控制。项目中的设备归属位置主要为配电柜和柜外两个位置。

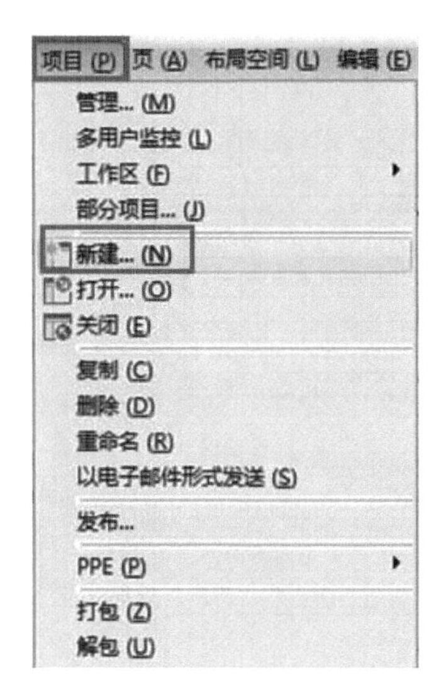

图 5-2　项目新建

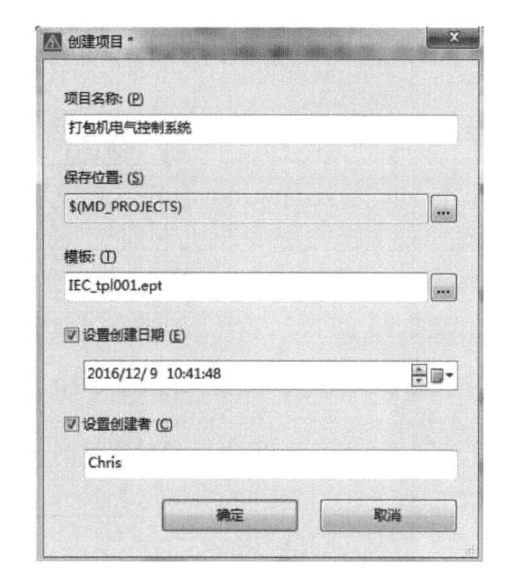

图 5-3　创建项目

在“结构标识符管理器”中定义项目“高层代号”名称及描述。高层代号包括：封面、目录、功能总览、PLC 总览、电源供给、入料输送带、第二输送带、出料输送带和报表，如图 5-4 所示。

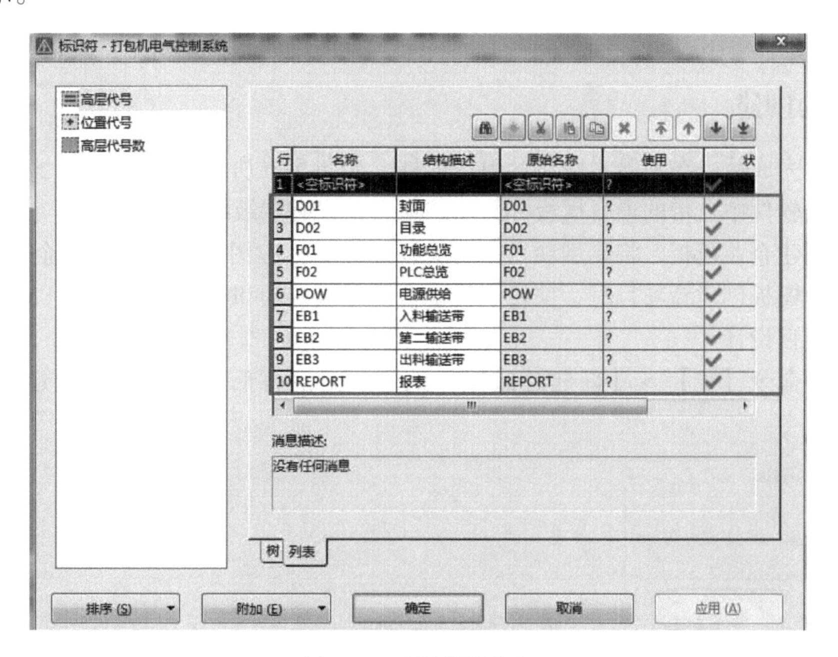

行	名称	结构描述	原始名称	使用	状
1	<空标识符>		<空标识符>	?	✓
2	D01	封面	D01	?	✓
3	D02	目录	D02	?	✓
4	F01	功能总览	F01	?	✓
5	F02	PLC总览	F02	?	✓
6	POW	电源供给	POW	?	✓
7	EB1	入料输送带	EB1	?	✓
8	EB2	第二输送带	EB2	?	✓
9	EB3	出料输送带	EB3	?	✓
10	REPORT	报表	REPORT	?	✓

图 5-4　高层代号定义

在“结构标识符管理器”中定义项目“位置代号”名称及描述。位置代号可以灵活应用在生成报表中，由于项目中生成的报表种类和数量比较多，可以将各类报表通过“位置代号”进行归类。在生成报表时，不同类型的报表在相应的位置代号名称下，这个对后期查找和更新报表会非常方便。位置代号包括：配电柜、柜外、部件表、端子表、电缆表、PLC 图表和连接列表，如图 5-5 所示。

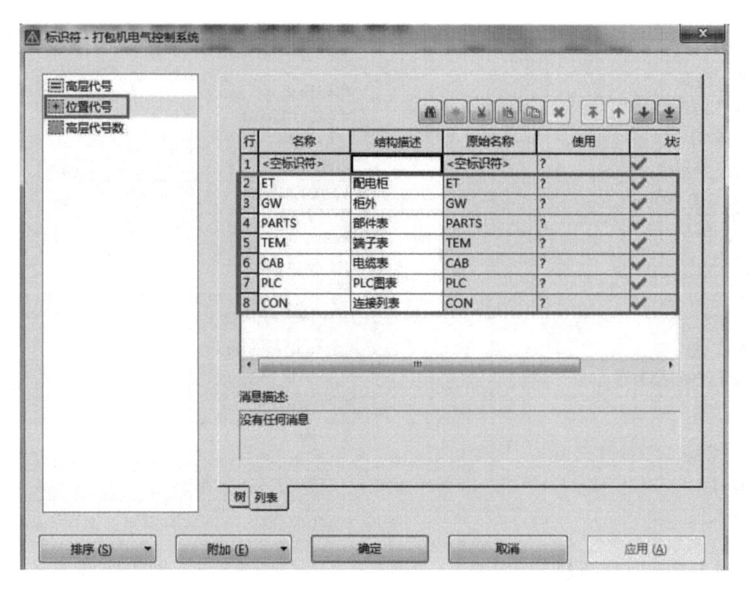

图 5-5　位置代号定义

5.3　原理图绘制

5.3.1　页的创建

项目新建完成后，在左侧栏中显示项目名称，如图 5-6 所示。

如果选用软件中自带的项目模板，新建的项目是没有层级结构和图纸的。工程师可以通过典型项目创建企业模板，将典型项目中的层级结构和标准图纸一起保存为企业项目模板，下次选择企业模板创建新项目时，项目中将会自带层级结构和标准电路图纸，从而帮助工程师快速完成项目设计。

选择菜单命令【页】>【新建】或鼠标选中项目名称后右键选择“新建”命令，如图 5-7 所示。

图 5-6　新建项目

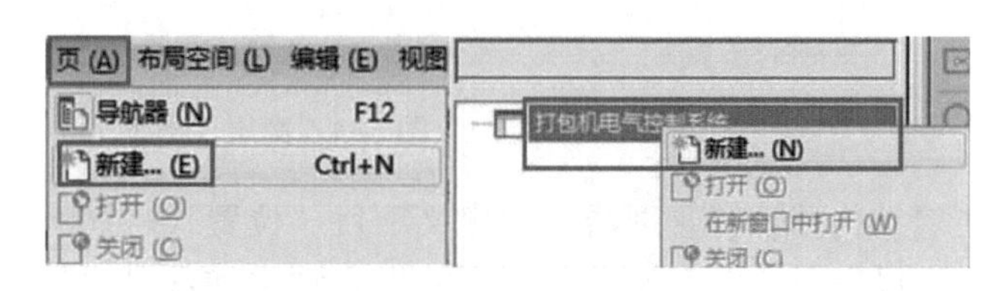

图 5-7　新建页

在弹出的“新建页”对话框中，单击“完整页名”栏后方[...]，选择“页”的高层代号和位置代号，如图 5-8 所示。

只有选择了页的高层代号和位置代号，在项目树中才能看到预定义的项目结构。同时也说明了新建的页属于项目中的哪块功能和位置，在进行设备查找和后期项目维护时，就能快速定位相关图纸。

页的高层代号和位置代号从预设的结构标识符管理中选择，首先新建 PLC 总览页，选择“高层代号”为 D03（PLC 总览），位置代号为 ET（配电柜），如图 5-9 所示。

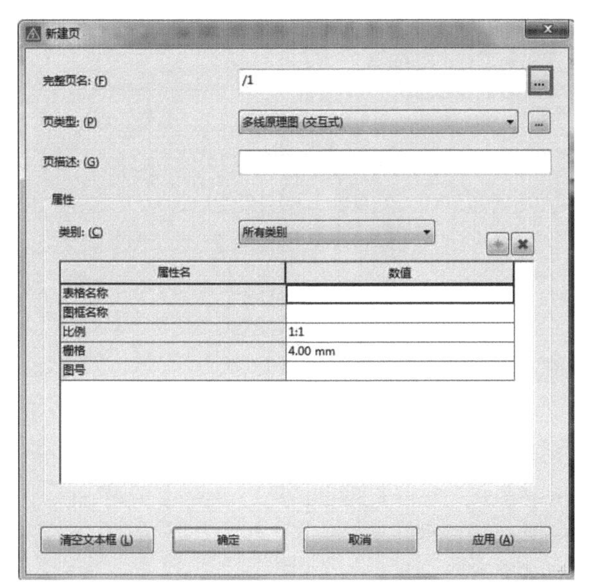

图 5-8 “新建页”对话框

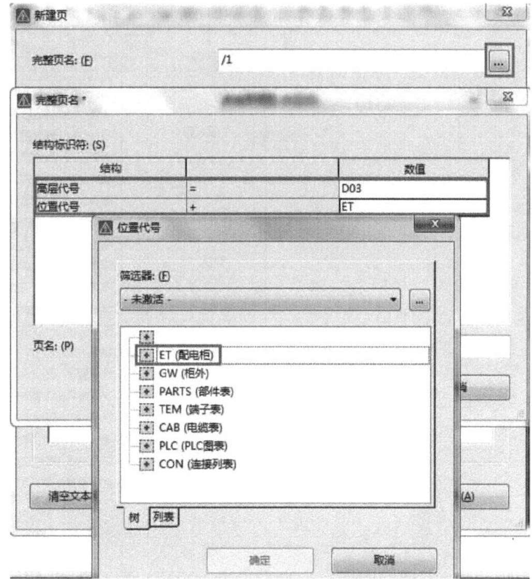

图 5-9 页的结构标识符定义

5.3.2 页的类型

完成页的高层代号和位置代号定义后，在“页类型”栏选择新建页的类型。在“页类型”下拉菜单中一共包括 11 种页类型，根据设计需要选择不同类型的图纸。这里新建的页为 PLC 总览，在“页类型”中选择：总览（交互式），如图 5-10 所示。

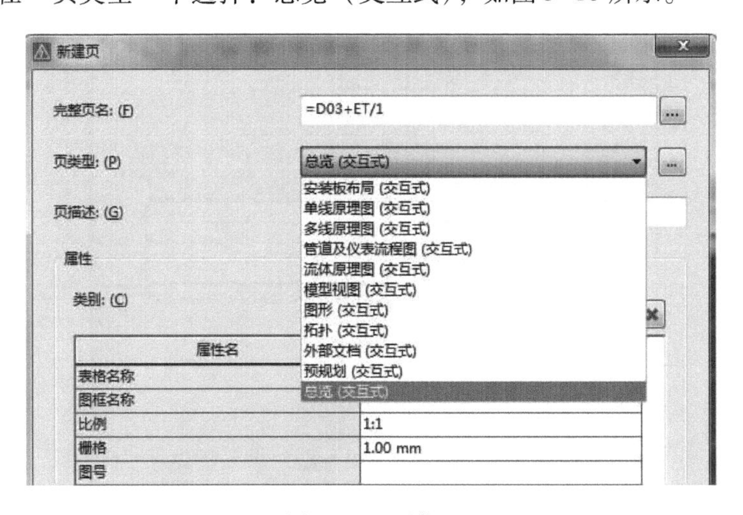

图 5-10 页类型

在 EPLAN 软件中，按照页的生成方式将页分为交互式和自动式两种类型。所谓交互式，即为手动选择图纸类型；自动式主要是指自动生成的报表类型页，例如，部件汇总表、端子图表、电缆图表及目录等，如图 5-11 所示。

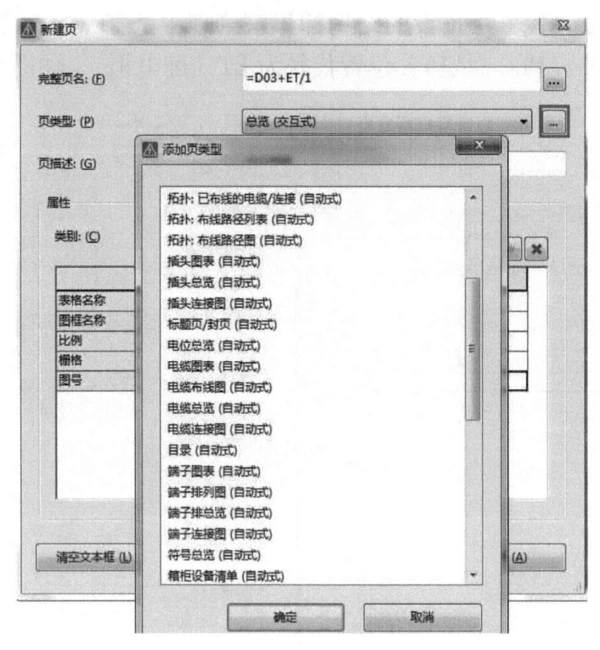

图 5-11　自动式页类型

“页类型”选择完成后，在“页描述”栏中填写新建页的具体功能，在“页描述”栏填写：PLC 总览。“页描述”栏中的信息，可通过【清空文本框】按钮进行一键清除。在“属性”栏中可以设置该页图纸的图框、比例、栅格和图号，另外也可以通过按钮，增加新的属性名，如图 5-12 所示。

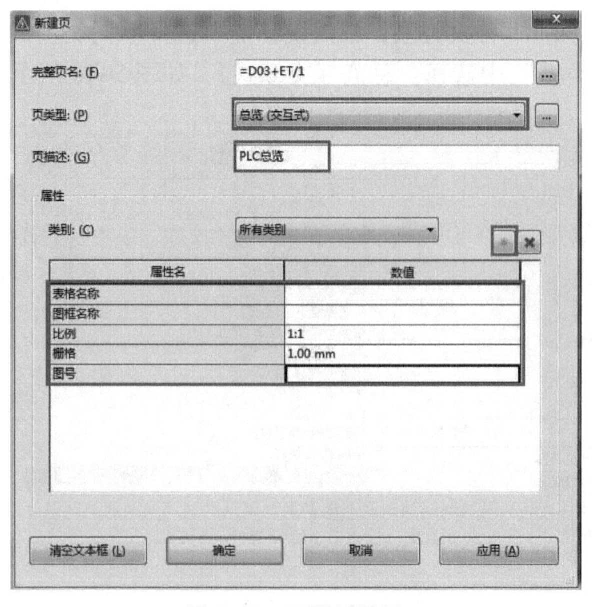

图 5-12　页属性设置

另外，新建“总电源供给”图纸时，设置高层代号为 POW（电源供给），位置代号为 ET（配电柜），“页类型”选择多线原理图（交互式），“页描述”为总电源供给，如图 5-13 所示。

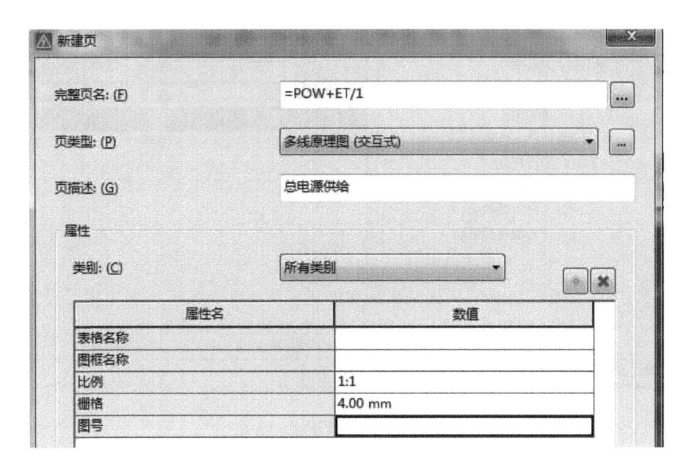

图 5-13　新建电源供给页

在相同层级结构中新建页时，可选中最后一层结构新建页，新建的页将自动显示在该层级结构下。在新建“直流电源供给”页时，可直接单击“电源供给”高层代号下的“ET（配电柜）”位置代号后鼠标右键选择“新建”命令，新建的“页”结构自动显示该层级代号，页名自动增加，如图 5-14 所示。

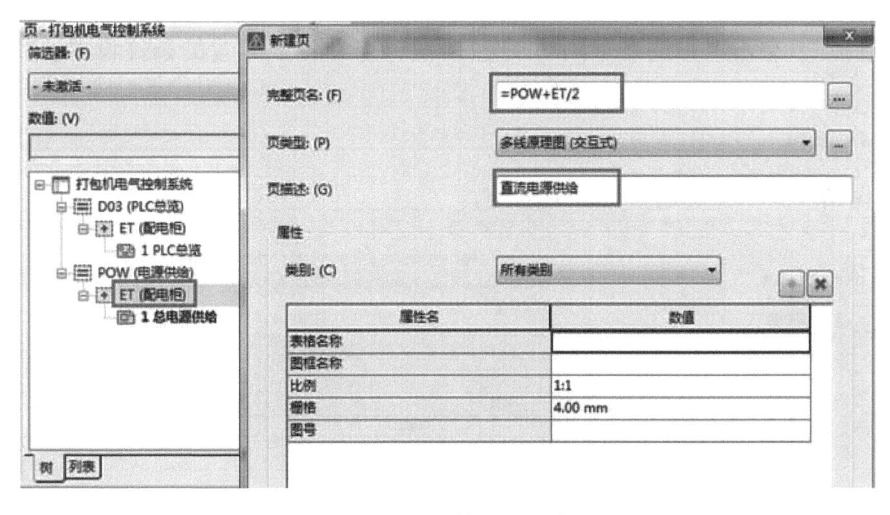

图 5-14　层级结构下新建页

5.3.3　页导航器

项目中的其他原理图页都可通过上述方法进行新建。新建完成后，在左侧页导航器中可集中查看和编辑页及其属性。页导航器栏在新建项目之后自动显示在左侧，如果隐藏或关闭了页导航器，在菜单栏中选择【页】 >【导航器】命令，即可显示页导航器。页导航器中通过“树”结构和“列表”形式显示项目中的所有图纸，如图 5-15 所示。

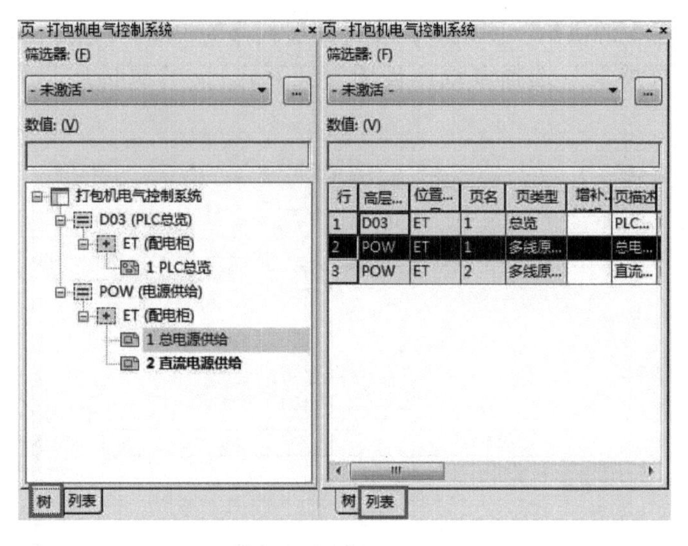

图 5-15　页导航器显示

5.3.4　页的操作

“页导航器”中的“筛选器”下拉选项需要注意，有时会发现导航器中的图纸不见了或者只剩下几张图纸，在重新新建这些丢失的图纸时，软件会提示“页已存在”。这时就要检查是否选择了“筛选器”的下拉选项。

“筛选器”下拉选项中的配置各有不同，软件默认情况下，有三个选项“未激活”“默认”和“选择”。单击“筛选器”后方的[...]按钮，查看各个配置的条件设置，如图 5-16 所示。

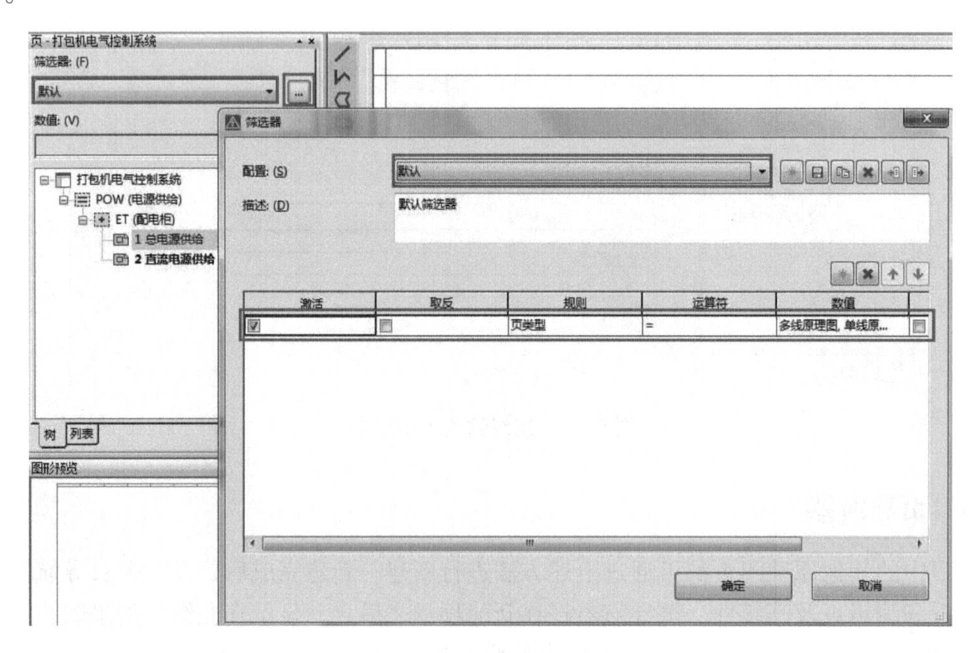

图 5-16　页筛选器配置

通常选择筛选器中的“未激活”选项，可显示项目中所有图纸，如图5-17所示。

在“页导航器”中对“页”可以进行复制/粘贴、删除、重命名、编号及排序等操作。

“页”的“复制/粘贴”：选中要复制的页，单击鼠标右键选择“复制”，然后再选择“粘贴”命令。由于EPLAN软件是在Windows系统上开发的，所以支持快捷键“Ctrl + C”/“Ctrl + V”的复制/粘贴，如图5-18所示。

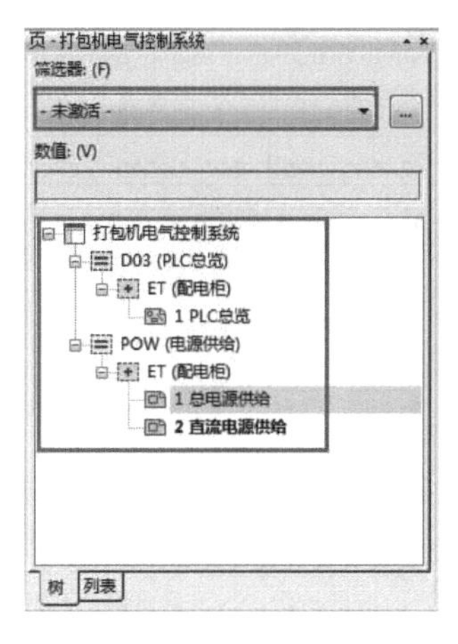

图5-17　显示所有页

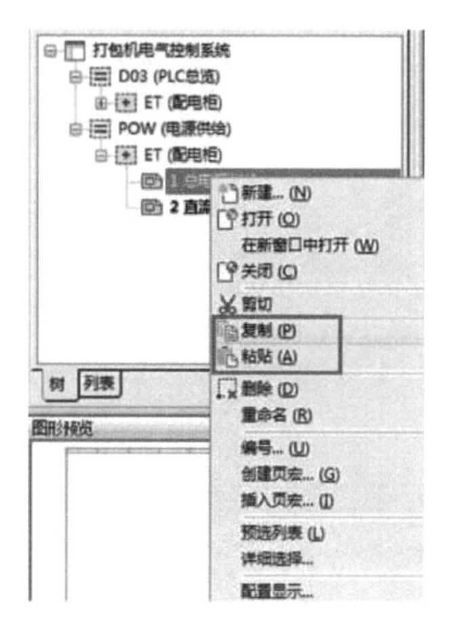

图5-18　页复制

页“复制”之后再“粘贴”到相应位置结构下时，软件会弹出“调整结构”对话框，在该界面中可重新设置“页”的高层代号、位置代号和页名。“页名”可勾选“页名自动”选项，软件自动完成编号，如图5-19所示。

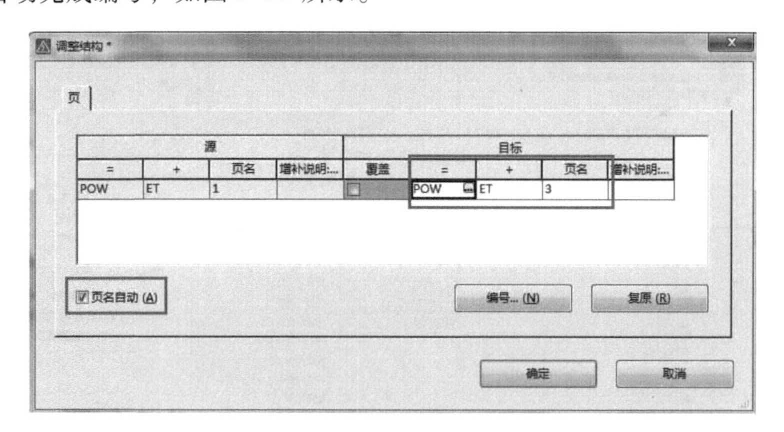

图5-19　页复制中的结构调整

以上这种复制属于项目内部页的复制，如果从不同项目中进行页复制时，选择【页】>【复制从/到】命令，在左侧“选定的项目”栏中选择要复制页的项目，如图5-20所示。

打开源项目的树结构，选择要复制的多“页”，单击“向右移动”箭头，在弹出的“结构调整”界面中修改在目标项目中的页结构。单击【编号】按钮设置页名编号的“起始号”和“增量”，如图5-21所示。

“页”的“删除”操作在项目中也是经常用到，同样也是选中要删除的页，鼠标右键选择“删除”命令或者按【Delete】键删除选中的页，如图5-22所示。

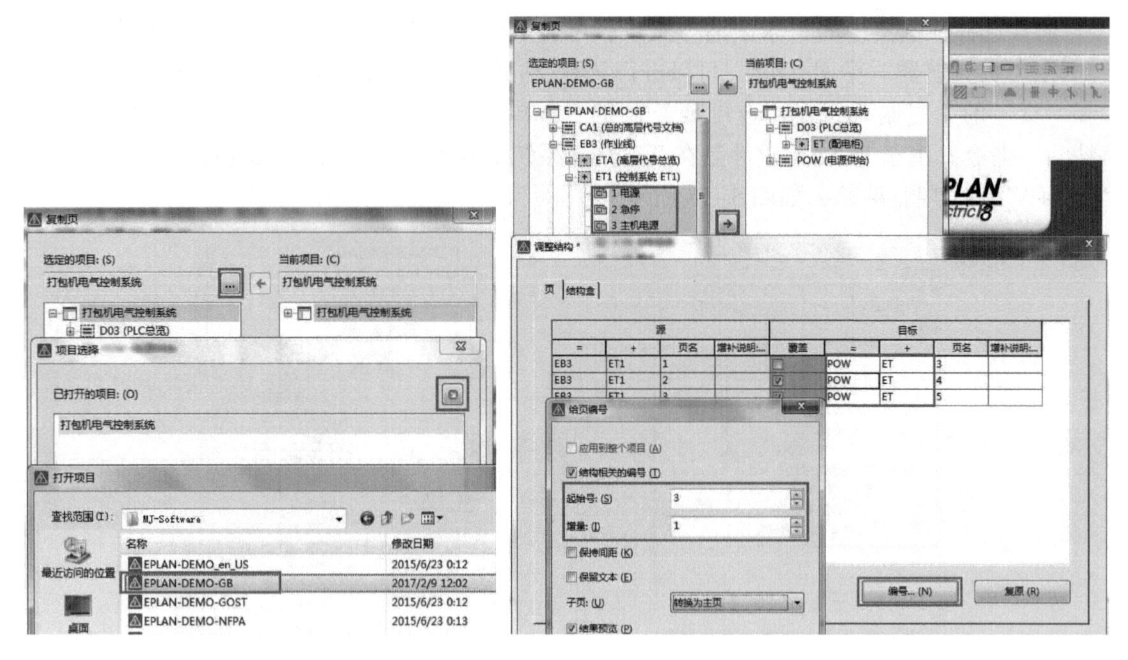

图 5-20　选定项目　　　　图 5-21　多页复制中的结构调整

页的“重命名”只是修改页名，而不是修改页描述。选中“页”后单击鼠标右键选择“重命名”对现有的页编号进行修改，如图 5-23 所示。

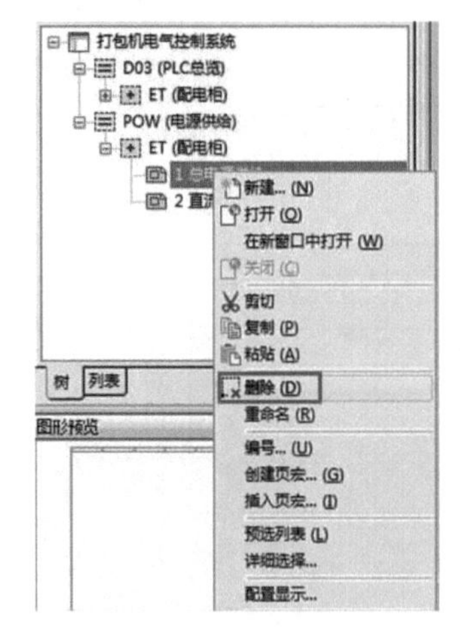

图 5-22　页的删除

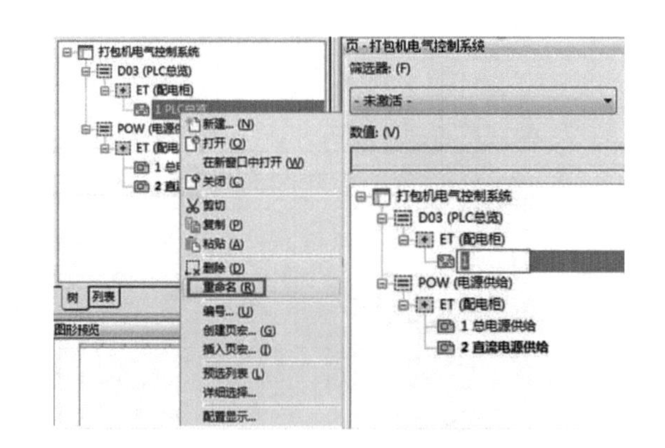

图 5-23　页重命名

在实际项目设计中，“页名”的修改是通过“编号”完成的，“重命名”功能只针对个别图纸进行手动调整。在页导航器中鼠标右键选择“编号”，在弹出的“给页编号”对话框中根据项目需要设置相关参数，如图 5-24 所示。

如果勾选“应用到整个项目”，整个项目的页名都将重新编号；如果不勾选，则只对选中的页进行编号。

如果勾选“结构相关的编号”，页名的编号以结构为主，每个结构中都会出现重复的页名；如果不勾选，页名编号以项目为主，所有结构中不会有重复的页名，如图 5-25 所示。

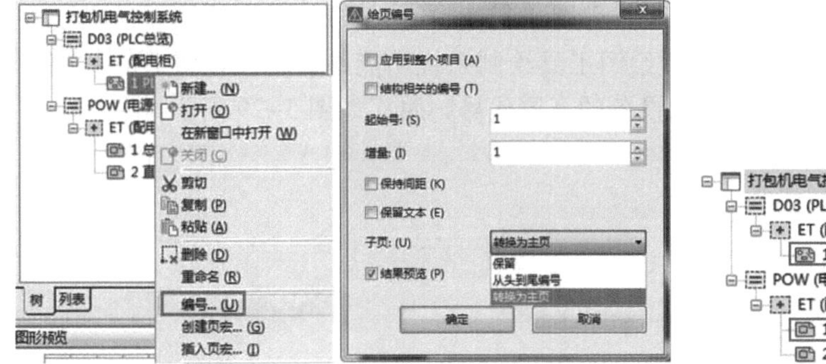

图 5-24　页编号

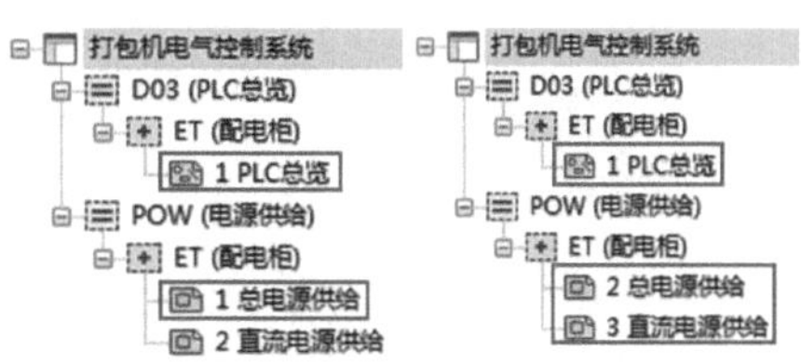

图 5-25　结构和项目页编号

设置编号的“起始号”和“增量”，在“子页”栏的下拉菜单中有三个选项：“保留”是指保留当前子页形式不变；“从头到尾编号”是指子页以起始值为 1，增量为 1 进行重新编号；“转换为主页”是指将子页转换为主页与其他主页一起进行重新编号。

单击页导航器的“列表”选项卡，单击鼠标右键选择“手动页排序”命令，如图 5-26 所示。

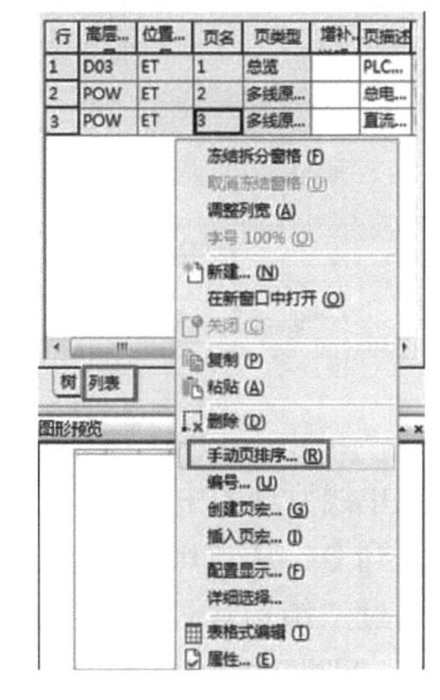

图 5-26　手动页排序命令

在弹出的“手动页排序”界面中，通过按钮对页进行上、下移动排序。例如，将第 3 页“直流电源供给”页移动到第一行，如图 5-27 所示。

页导航器“列表”栏中的手动排序不会影响到“树”结构中页的位置编号。通过“编号”功能对“列表”页进行重新编号，编号完成之后，“树”结构中的“直流电源供给”页会移动到“总电源供给”页的上方，但是层级结构未变，如图 5-28 所示。

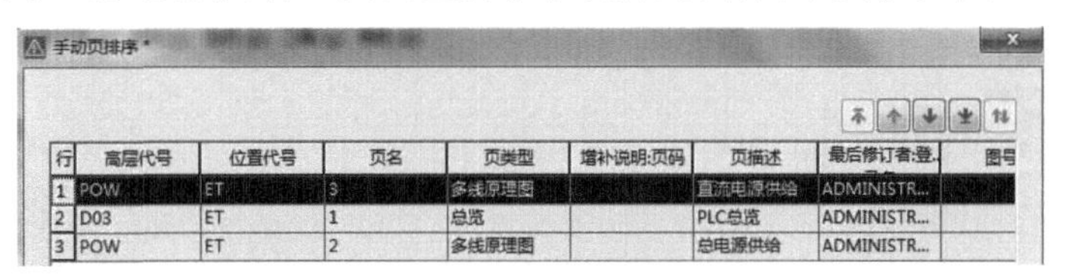

行	高层代号	位置代号	页名	页类型	增补说明:页码	页描述	最后修订者:登...	图号
1	POW	ET	3	多线原理图		直流电源供给	ADMINISTR...	
2	D03	ET	1	总览		PLC总览	ADMINISTR...	
3	POW	ET	2	多线原理图		总电源供给	ADMINISTR...	

图 5-27　手动页排序

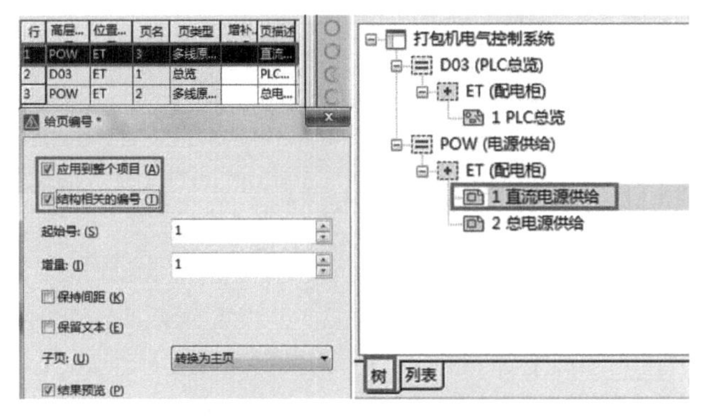

图 5-28　手动排序后页编号

在项目设计之初首先要设计系统功能流程图，新建“单线原理图”绘制系统功能块，从宏观上规划项目。在单线图中可以通过绘图工具绘制系统功能图，也可以将 DWG 文件导入 EPLAN 软件中。通过“结构盒”框选设备的高层代号归属，如图 5-29 所示。

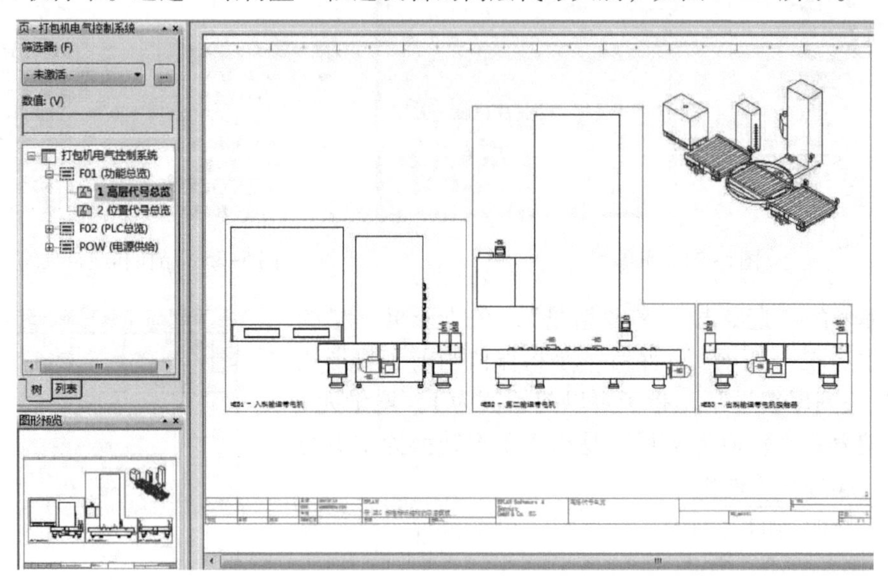

图 5-29　功能总览

在单线原理图中设计项目中主要设备的连接关系及主要设备的位置归属。选择【插入符号】命令，从“IEC_single_symbol”符号库中插入单线图符号，在端子与电机之间插入电缆。通过“结构盒”框选设备的位置归属，如图 5-30 所示。

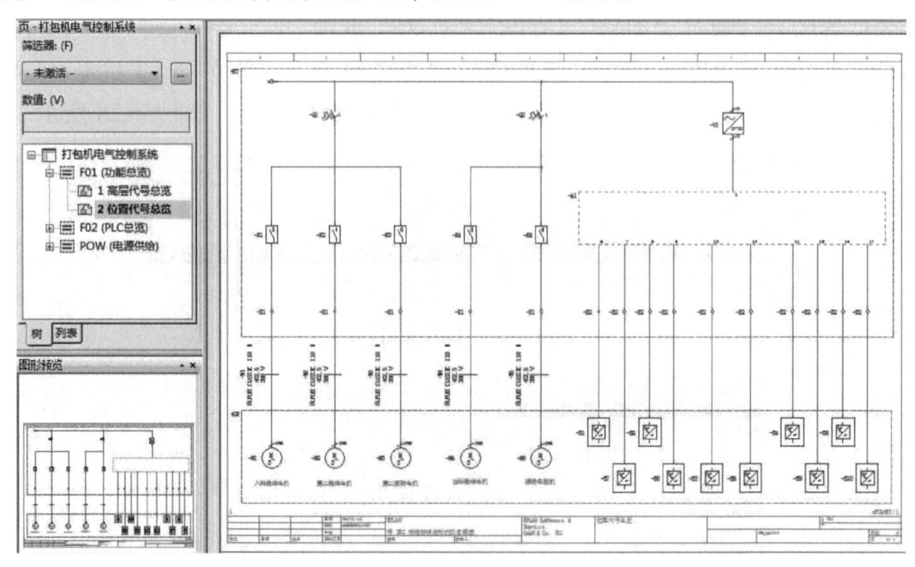

图 5-30　位置总览

5.4　PLC 设计

在设计 PLC 电路时，采用面向对象设计方式。PLC 的设计方法有三种：基于地址点、基于通道和基于板卡的设计，本项目中将逐一进行讲解。

5.4.1 PLC 的创建和放置

在打包机项目中需要一个 16 通道的数字量输入模块和 16 通道的数字量输出模块。在 PLC 导航器中新建设备并选择部件型号，如图 5-31 所示。

图 5-31 添加 PLC 设备

预设 PLC 设备时，采用“手动选型”方式，因为图纸中还没有 PLC 符号，所以不能进行智能选型。在手动选型时，PLC 部件库信息一定要完整。

在“F01 功能总览”高层代号下，打开“位置代号总览”单线原理图纸，单击工具栏中的按钮，绘制 PLC 盒子，勾选“主功能”选项，如图 5-32 所示。

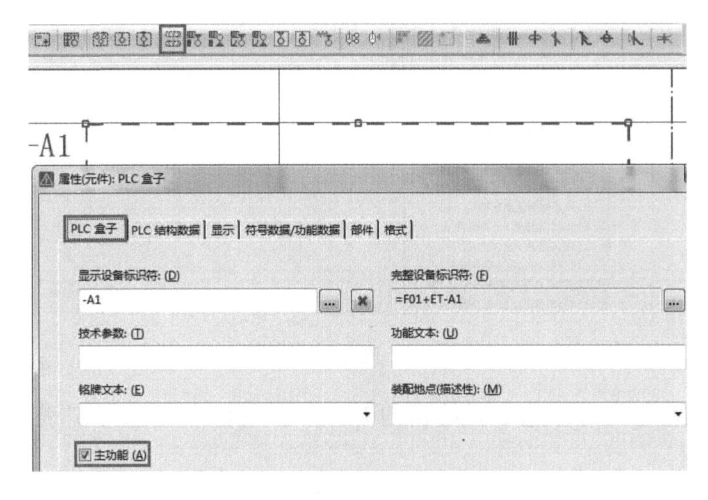

图 5-32 绘制 PLC 盒子

将 PLC 导航器中的数字量输入点，通过“拖放”的方式放置到单线原理图中，如图 5-33 所示。

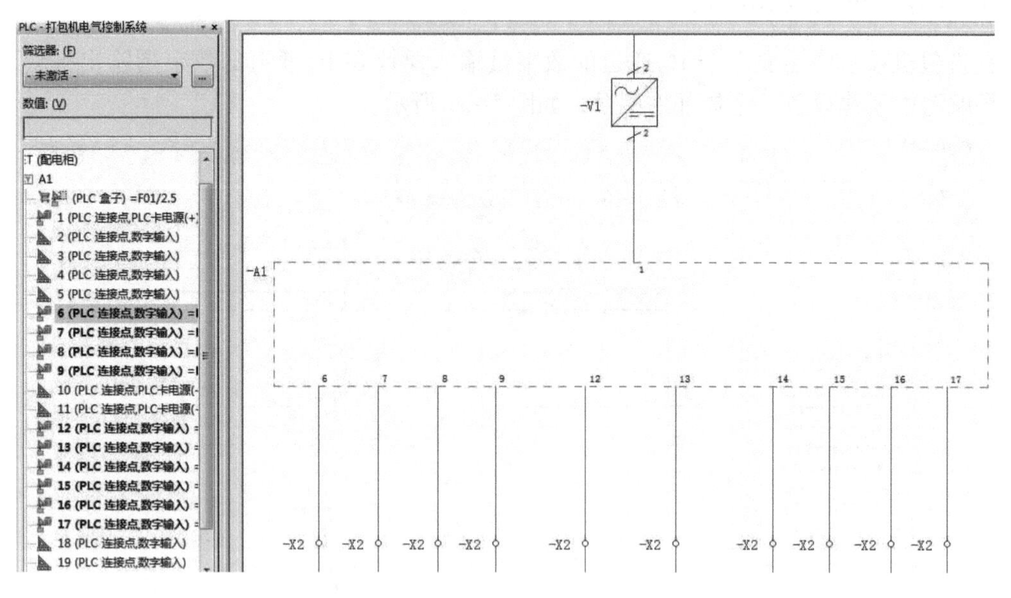

图 5-33　PLC 单线图设计

打开新建的“PLC 总览”图，选择 PLC 导航器中的 PLC 盒子，将其“拖放”到总览图中，软件自动将 PLC 的所有 I/O 信息显示到总览图中，如图 5-34 所示。

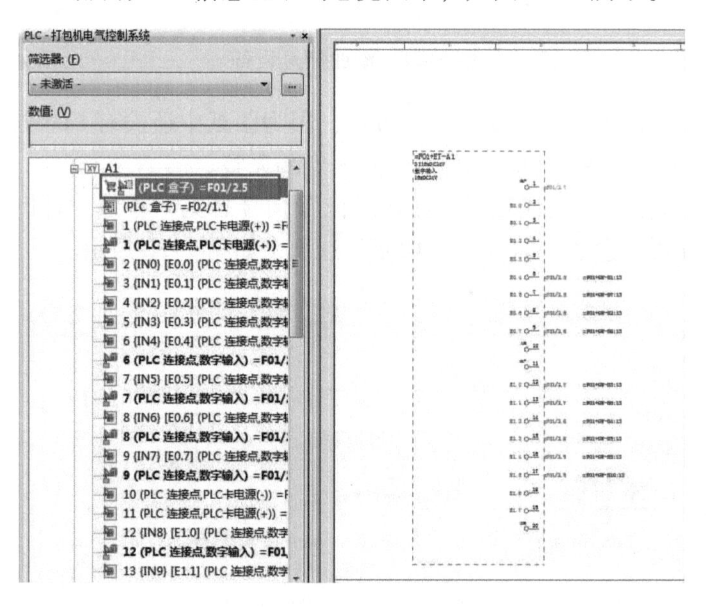

图 5-34　PLC 总览放置

添加 I/O 的功能定义时，选中要编辑的 I/O 点，鼠标右键选择“表格式编辑”命令，如图 5-35 所示。

在弹出的“配置”表格界面的“功能文本”列中填写各个 I/O 的功能信息，在表格中填写的 I/O 功能文本，会自动显示在 PLC 总览图中，如图 5-36 所示。

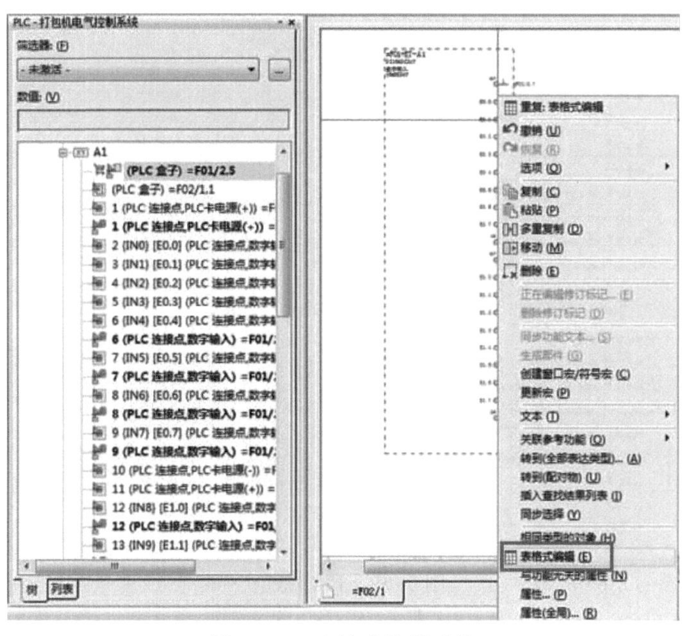

图 5-35　表格式编辑功能

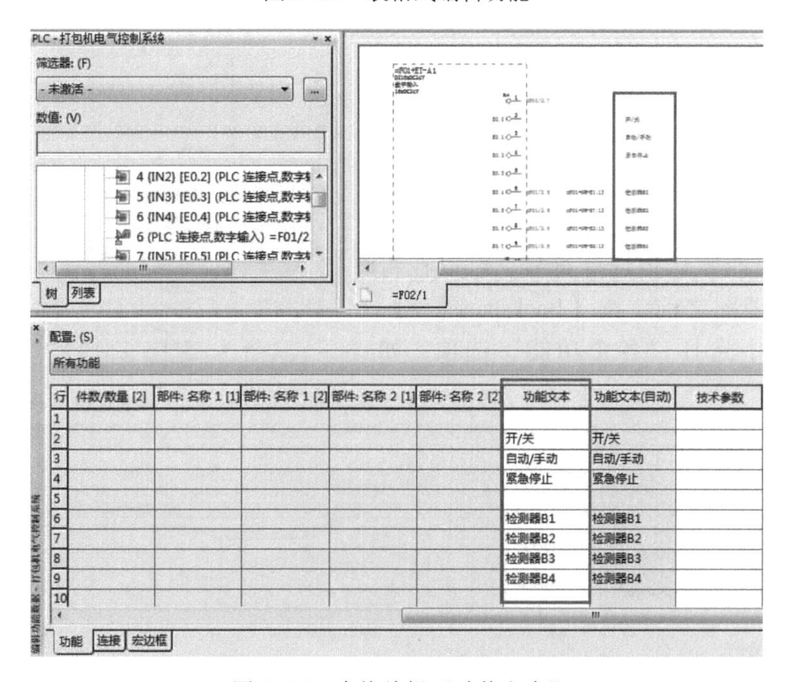

行	件数/数量 [2]	部件: 名称 1 [1]	部件: 名称 1 [2]	部件: 名称 2 [1]	部件: 名称 2 [2]	功能文本	功能文本(自动)	技术参数
1								
2						开/关	开/关	
3						自动/手动	自动/手动	
4						紧急停止	紧急停止	
5								
6						检测器B1	检测器B1	
7						检测器B2	检测器B2	
8						检测器B3	检测器B3	
9						检测器B4	检测器B4	
10								

图 5-36　表格编辑“功能文本”

采用同样的方式，添加 PLC 数字量输出模块的 I/O 功能文本。添加完成之后，PLC 总览如图 5-37 所示。

前面介绍过 PLC 有三种设计方式，下面首先介绍基于地址点的设计。基于地址点设计就是将 PLC 各个地址拆分开设计，将每个地址点逐一放置在图纸的各个位置中。这种设计方式适合比较大的项目，PLC 输入/输出点直接放置在相应功能的图纸中，不采用中断点进行跳转，方便 I/O 的查看。

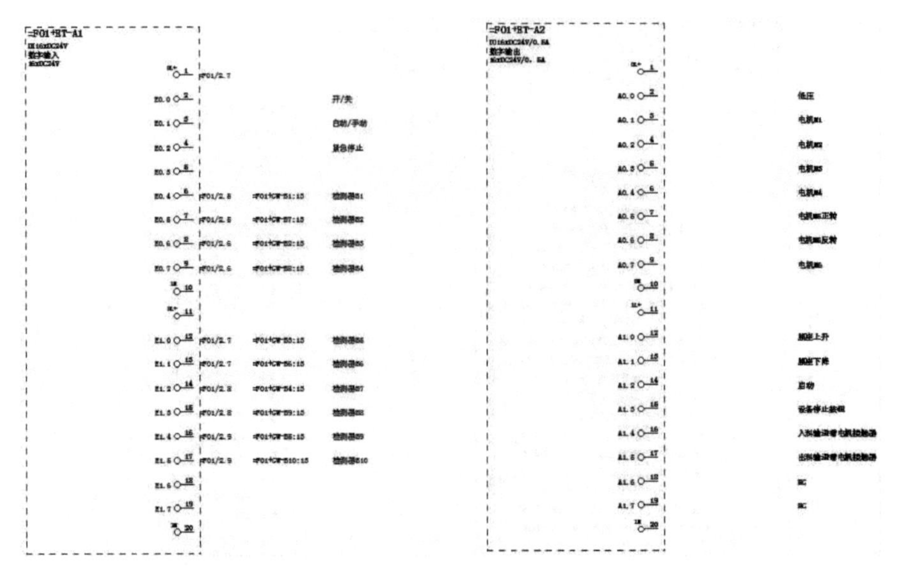

图 5-37　PLC 总览

在采用地址点设计方式之前，首先在 PLC 导航中设置“视图”显示为“基于地址”，如图 5-38 所示。

设置完成之后，PLC 导航器中显示基于地址点的各个 I/O 信息，将左侧地址点“拖放”至原理图中，此时的符号是软件默认的地址点符号，如图 5-39 所示。

如果想要修改默认地址点符号，可以在将符号放置在原理图之前，按【Backspace】键，在弹出的界面中选择“各个功能”选项，如图 5-40 所示。

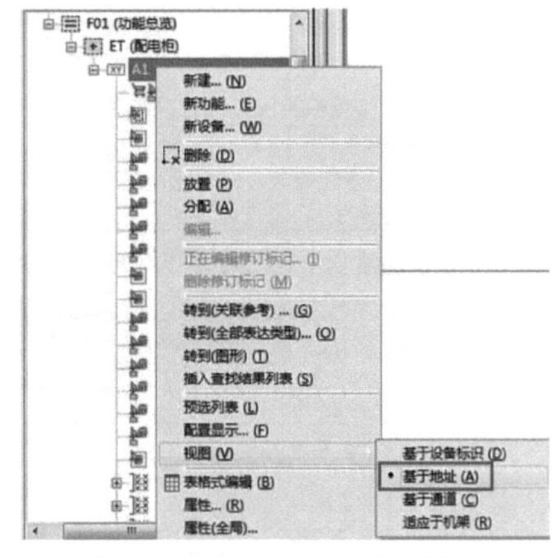

图 5-38　“基于地址”视图设置

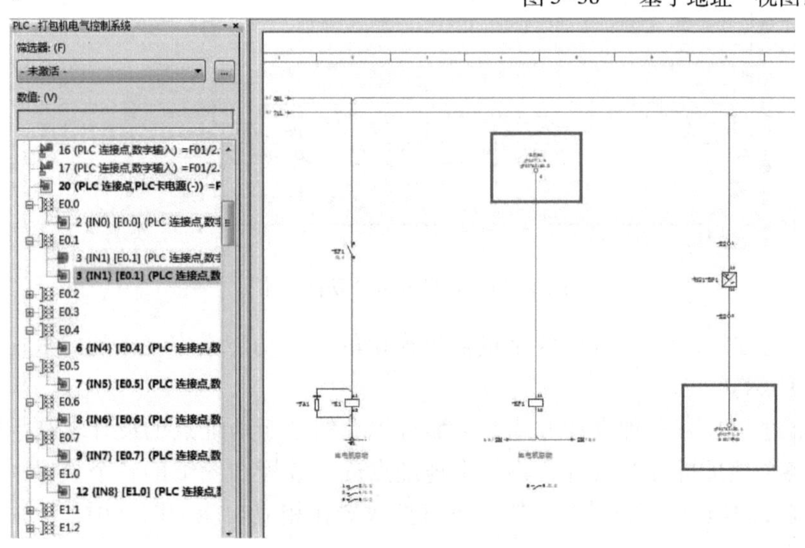

图 5-39　默认地址点符号

单击【确定】按钮，然后再按【Backspace】键，弹出“符号选择”界面，选择“PLC连接点，分散表示”符号，如图5-41所示。

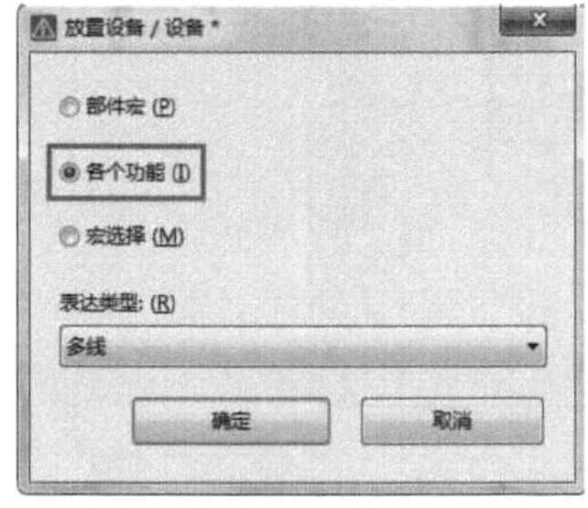

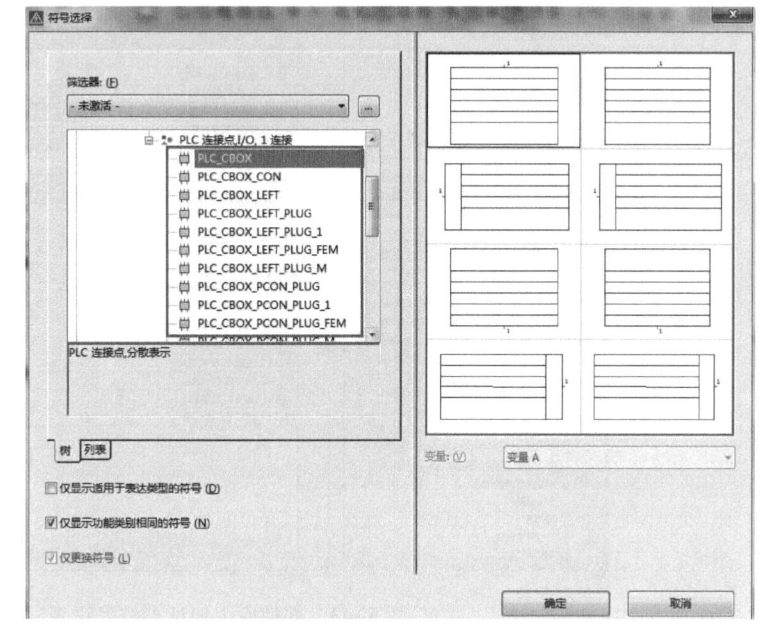

图5-40　修改默认地址点符号　　　　图5-41　地址点符号选择

选择合适的PLC连接点符号，将其放置在原理图中，如图5-42所示。

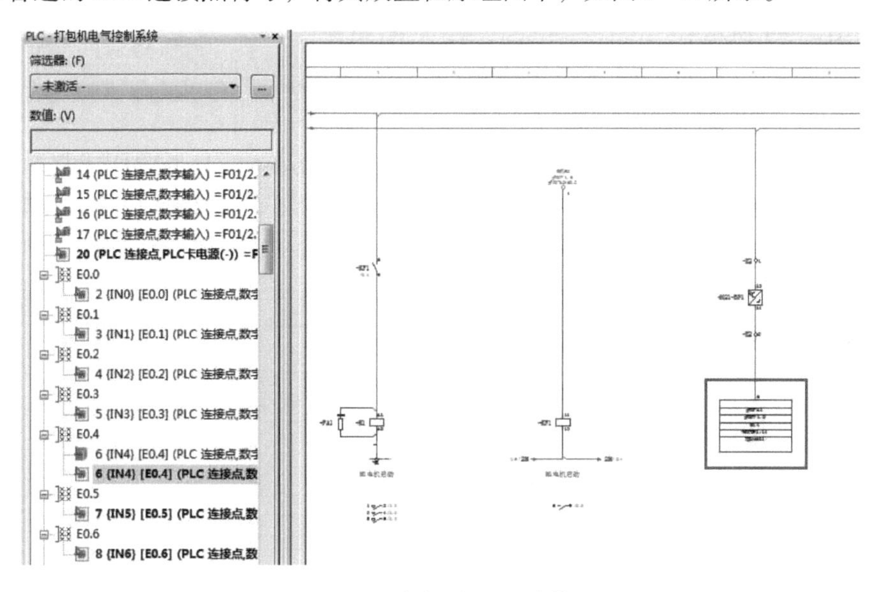

图5-42　手动选择地址点符号

以上设计方式，需要每次按【Backspace】键进行符号的选择，在“部件库管理”中，设置各个I/O点对应的原理图“符号”。在部件库“功能模板”选项卡的“符号”列中，选择I/O点对应的符号，如图5-43所示。

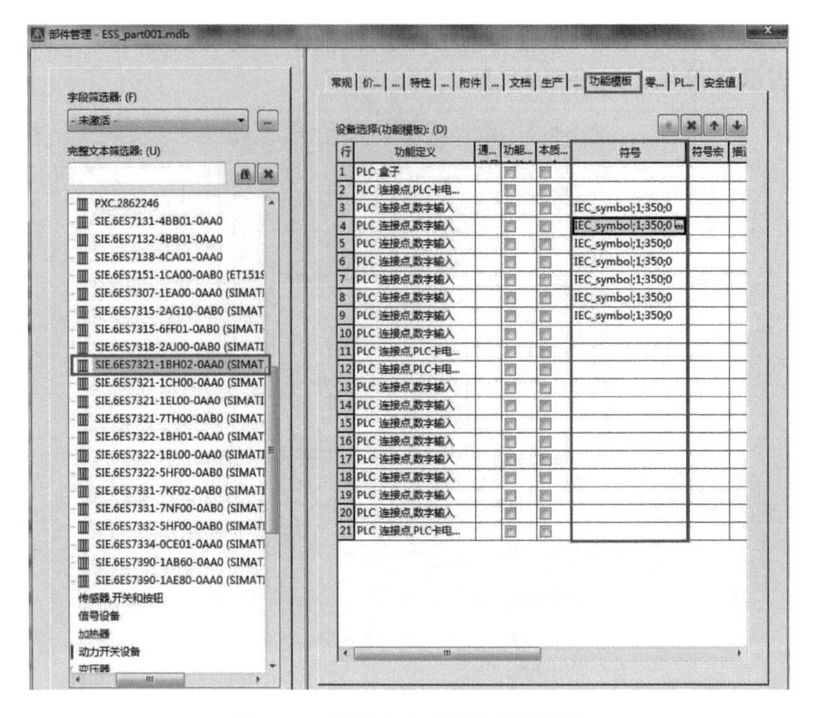

图 5-43　部件库中地址点符号设置

设置完成后，单击【应用】按钮，关闭部件库管理界面。在弹出的界面中同步部件库数据，如图 5-44 所示。

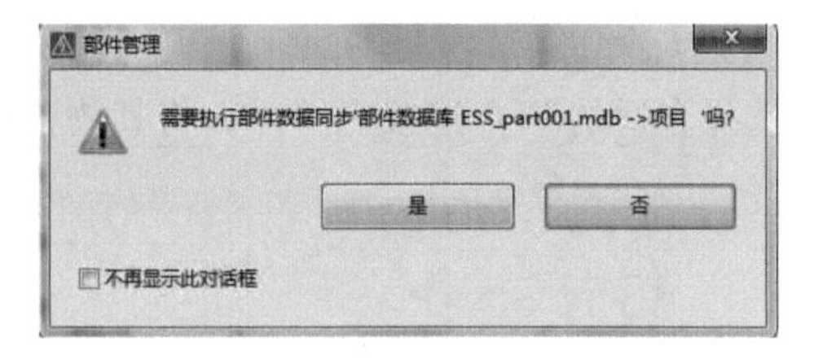

图 5-44　同步部件库数据

数据同步之后，从 PLC 导航器中重新“拖放”地址点，这时软件默认的符号就是部件库中设置的符号，如图 5-45 所示。

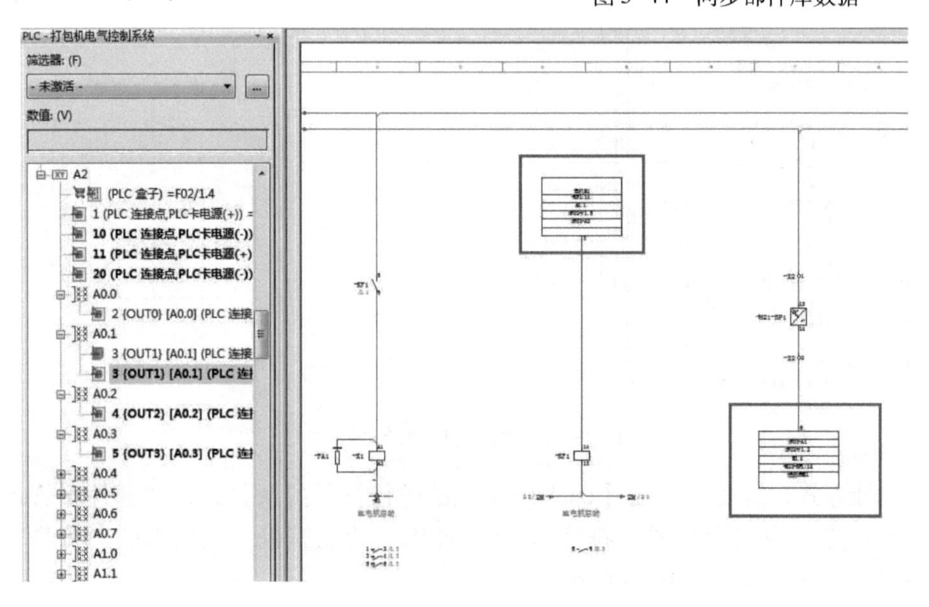

图 5-45　基于地址点的 PLC 设计

基于通道的设计方式：在 PLC 选型过程中，有些 PLC 是由一个 DI 或 DO 组成一个通道，有些 PLC 是由一个 DI 和一个 PLC 卡电源组成一个通道，而模拟量信号通常都是 AI 和 AO 两个地址点组成一个通道。通过在部件库中设置通道“宏”符号，在 PLC 导航器中添加该部件型号，选中相应的通道“拖放”到原理图中。

在采用通道设计方式之前，首先在 PLC 导航器中添加部件型号，如图 5-46 所示。

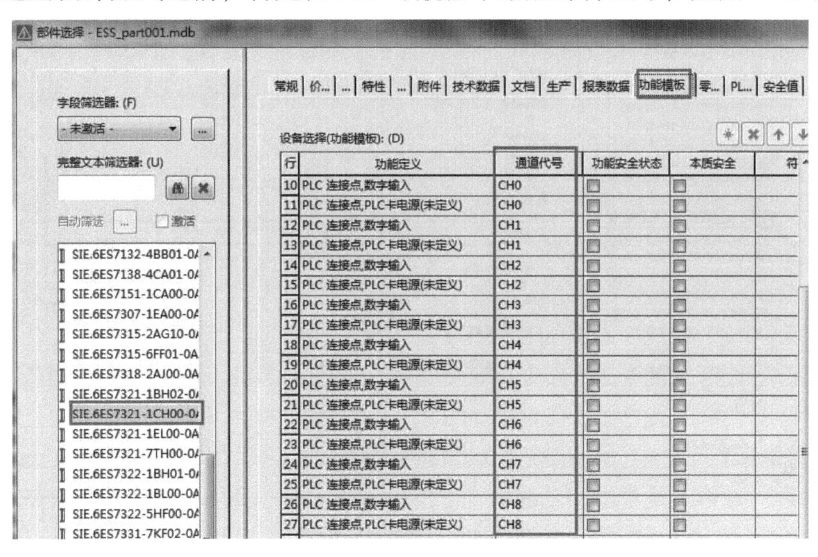

图 5-46　添加 PLC 部件型号

设置 PLC 导航器中 I/O 点的“视图”显示为“基于通道”。绘制 PLC 盒子，添加 PLC 数字量输入连接点和卡电源连接点，创建通道设计的“窗口宏/符号宏”（创建宏的具体步骤将在第 7 章详细介绍），如图 5-47 所示。

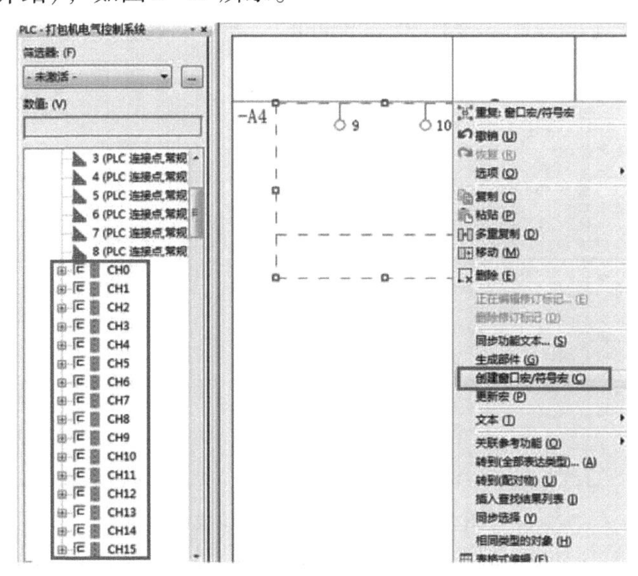

图 5-47　创建窗口宏/符号宏

在部件库管理中，将创建的通道宏添加到“技术数据”选项卡下的“宏”选项中，如图 5-48 所示。

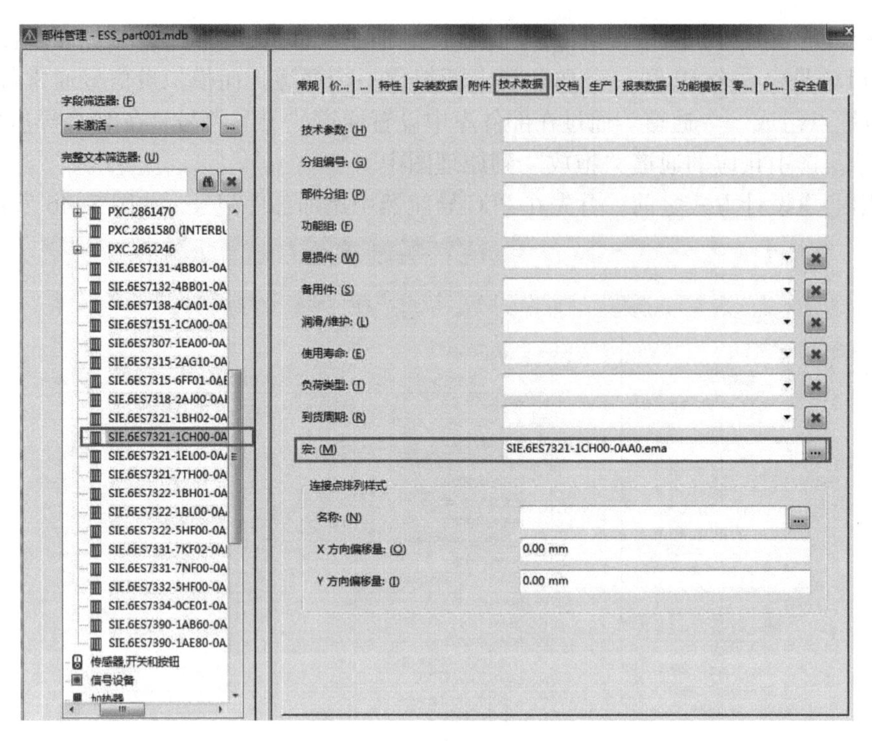

图 5-48　部件库宏设置

同步部件库数据，从 PLC 导航器中选中通道地址将其“拖放”至原理图中，如图 5-49 所示。

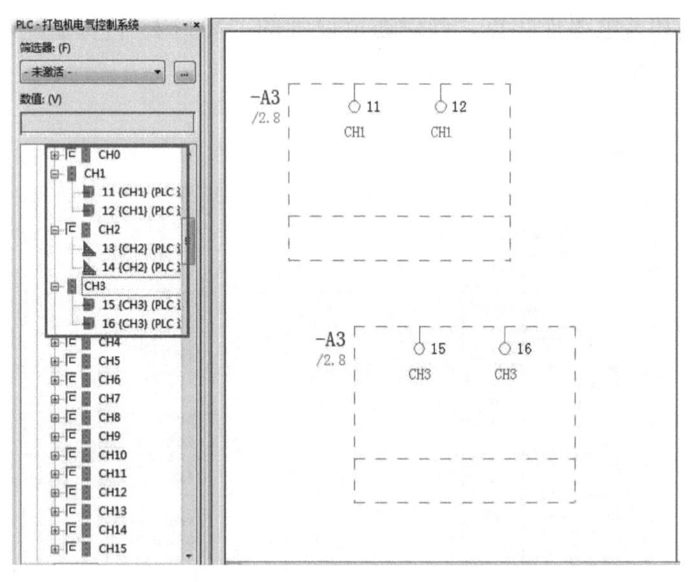

图 5-49　基于通道的 PLC 设计

基于板卡的设计方式：在 PLC 设计过程中基于板卡的设计是最常用的一种方式，它是将 PLC 输入/输出点以 8 个或 16 个通道点的形式批量放置到原理图中。这种设计方式比起“基于地址点”设计方式要快，便于 PLC 板卡 I/O 的查看，但是需要不停地翻阅图纸查看 I/O 所控制的原理图。

在打包机项目中PLC的设计采用“基于板卡”的设计方式，此项目中用到的数字量输入模块为西门子的SIE. 6ES7321 - 1BH02 - 0AA0，数字量输出模块为西门子的SIE. 6ES7322 - 1BH01 - 0AA0，两个数字量模块都为16通道模块。首先创建一个8通道数字量输入的“窗口宏/符号宏”，如图5-50所示。

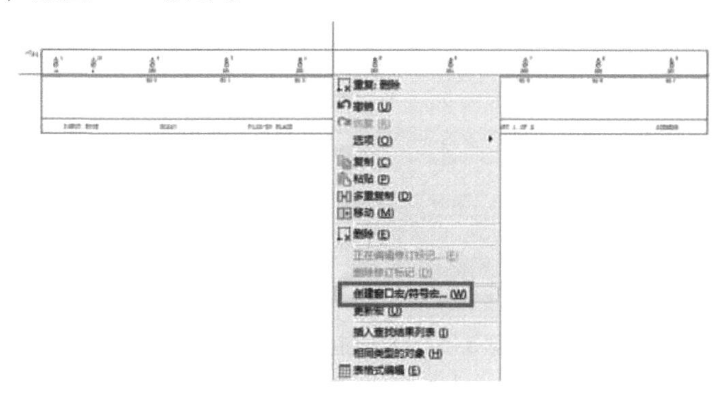

图5-50　DI宏创建

将创建的8通道数字量输入模块的“宏”电路添加到“部件库管理器”的“技术数据”选项卡下的“宏”选项中，如图5-51所示。

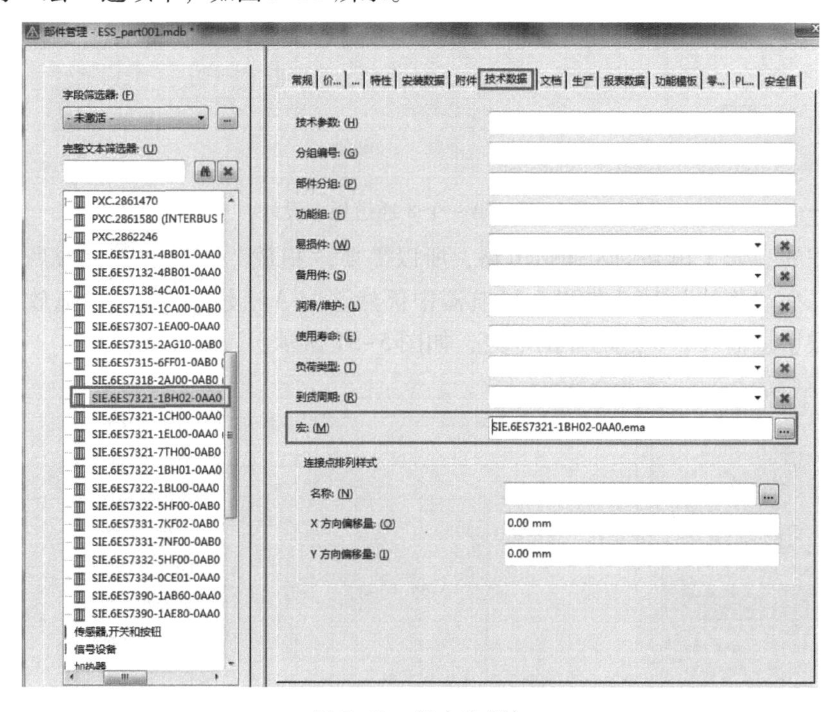

图5-51　板卡宏添加

在PLC导航器中设置“视图”显示为“基于设备标识”，在PLC导航器中选中A1设备将其“拖放”至原理图中，软件将自动添加宏电路及PLC的I/O点信息到现有的电路中，如图5-52所示。

绘制第一个8通道数字量输入电路的外围电路，单击“插入符号”命令，添加各种输入信号符号，如图5-53所示。

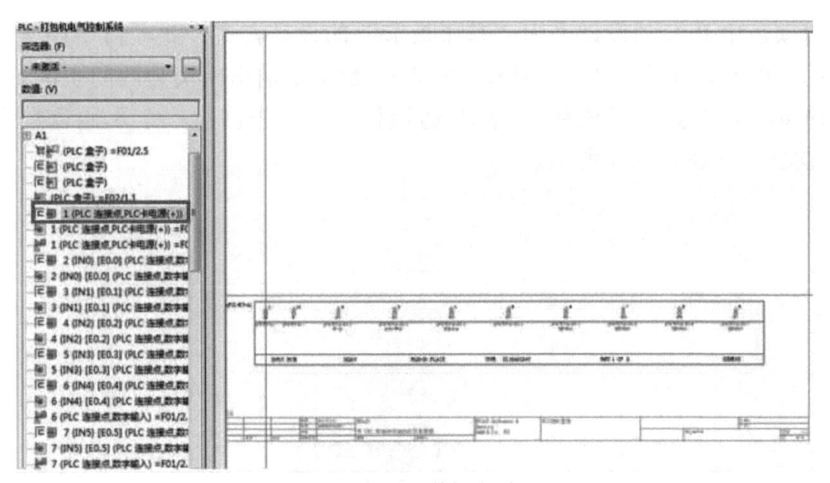

图 5-52　8 通道板卡放置

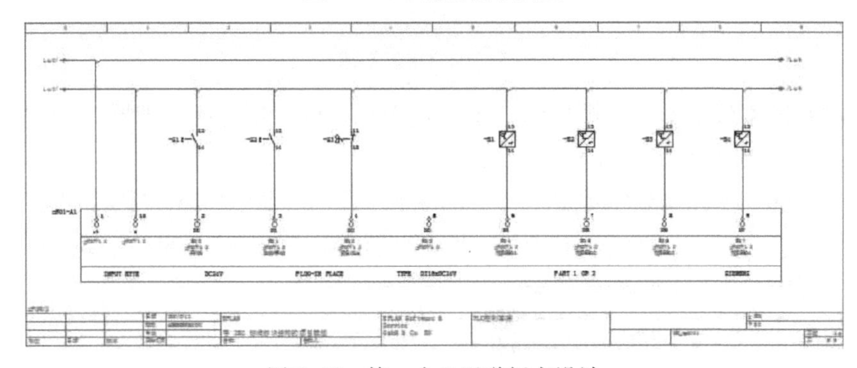

图 5-53　第一个 8 通道板卡设计

由于制作的“宏”电路为 8 通道电路，所以需要“拖放”两次才能完成所有地址点的添加，在第二次“拖放”时，在 PLC 导航器中仍然选中 A1 设备，将其“拖放”至原理图中，并绘制数字量输入 I/O 点的外围电路，如图 5-54 所示。

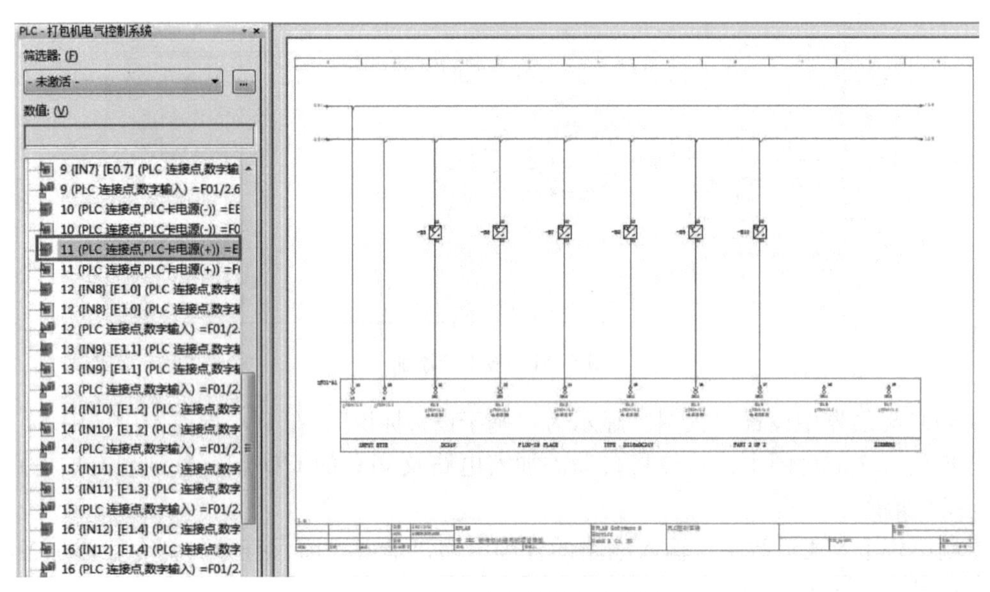

图 5-54　第二个 8 通道板卡设计

数字量输出模块 SIE. 6ES7322 - 1BH01 - 0AA0 的设计与数字量输入模块设计方法一致，从 PLC 导航器选中 A2 设备将其“拖放”至原理图中，并绘制外围电路原理，如图 5-55 所示。

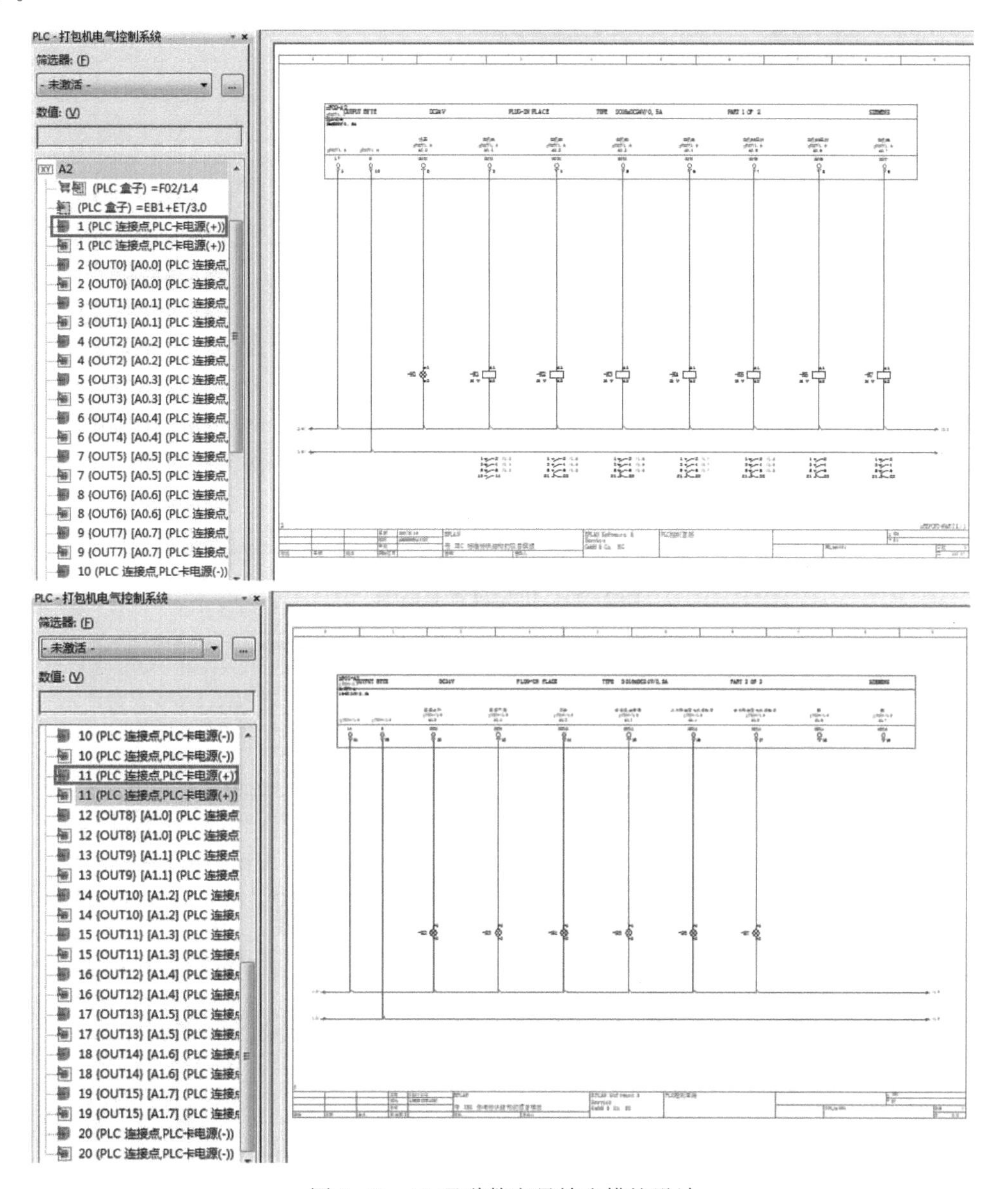

图 5-55　16 通道数字量输出模块设计

5.4.2　PLC 编址

PLC 原理设计完成后，需要对 PLC 输入/输出地址点进行编址。在 EPLAN 中软件可自动完成编址操作。在编址之前，首先设置 PLC 的编址格式，选择菜单命令【选项】 >【设置】 >【项目（项目名称）】 >【设备】 >【PLC】，如图 5-56 所示。

在弹出的“PLC 设置”界面中，单击“PLC 相关设置”下拉菜单选择相应的 PLC 配置，如图 5-57 所示。

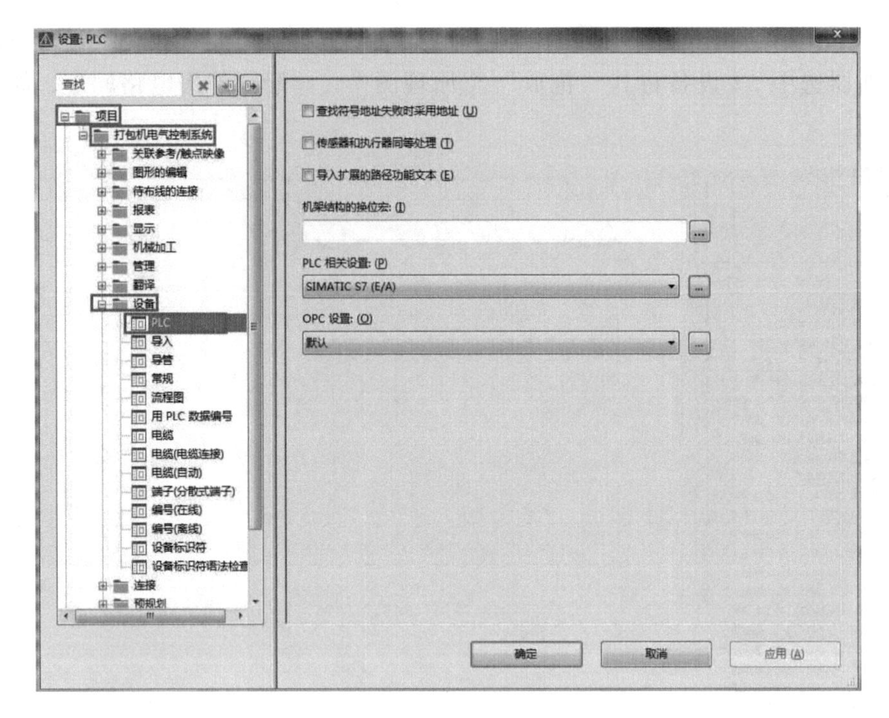

图 5-56　PLC 设置对话框

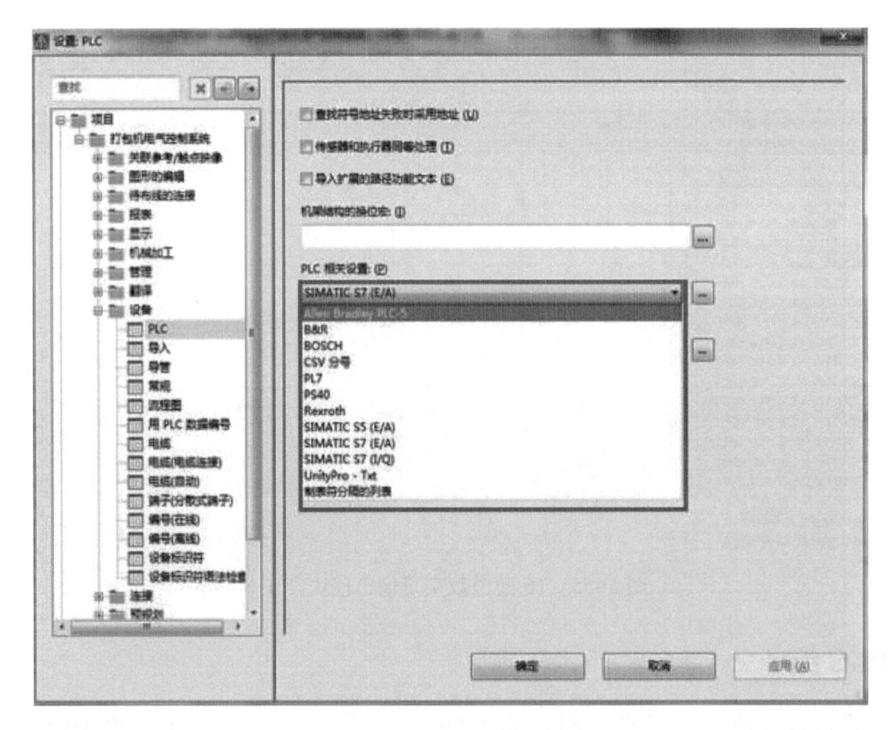

图 5-57　PLC 设置选择

也可以设置新的 PLC 配置，单击“PLC 相关设置”后面的▭按钮，在弹出的“设置：PLC 相关”界面中单击“配置”栏后面的▭按钮，可创建新的配置名称，在“地址”选项卡中设置“输入端”和“输出端”的数据类型，如图 5-58 所示。

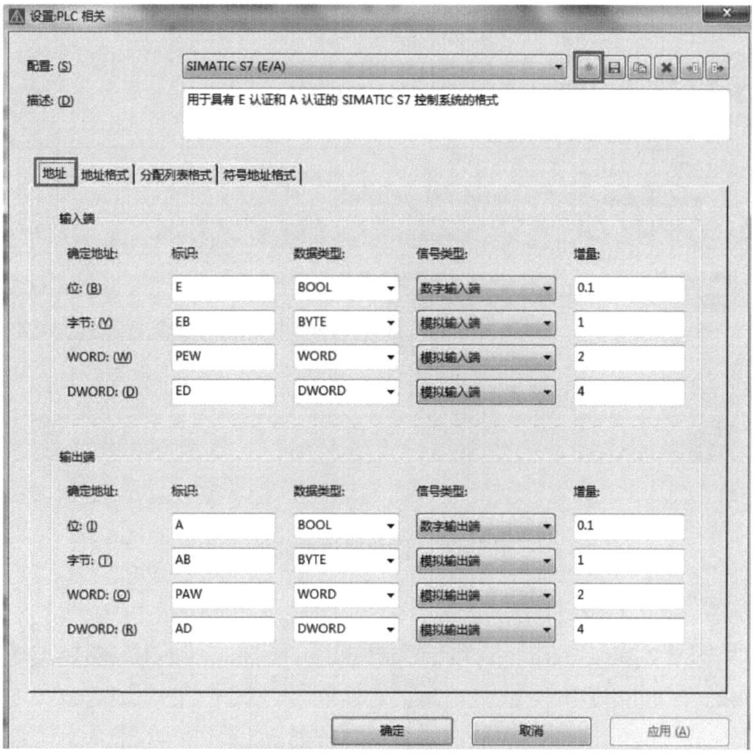

图 5-58　PLC 地址设置

在“地址格式”选项卡中可设置 PLC 地址的显示格式，例如，需要显示十六进制大写的地址格式，单击“地址格式”栏后面的[...]按钮，如图 5-59 所示。

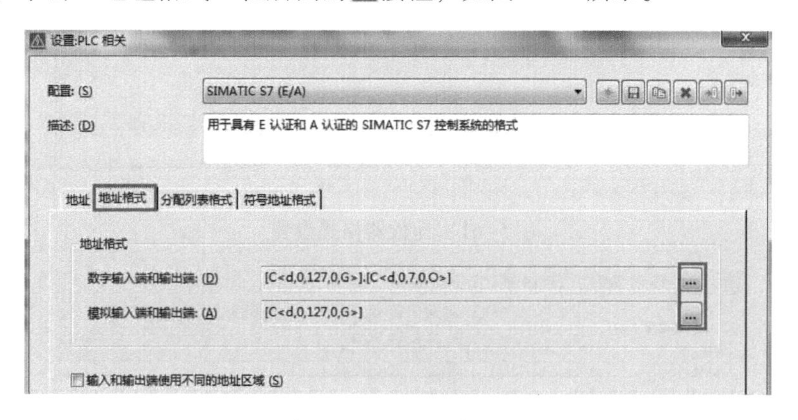

图 5-59　地址格式设置

在弹出的“PLC 地址格式”界面中单击“计数器”元素进行编辑，如图 5-60 所示。

在弹出的“格式计数器”界面中，在“数字系统”下拉菜单中选择：十六进制（大），即十六进制大写，设置起始值及最终值，如图 5-61 所示。

将两个“计数器”格式设置完成后，在 PLC 导航器中，选中 PLC 设备 A1，然后选择【项目数据】>【PLC】>【编址】命令，如图 5-62 所示。

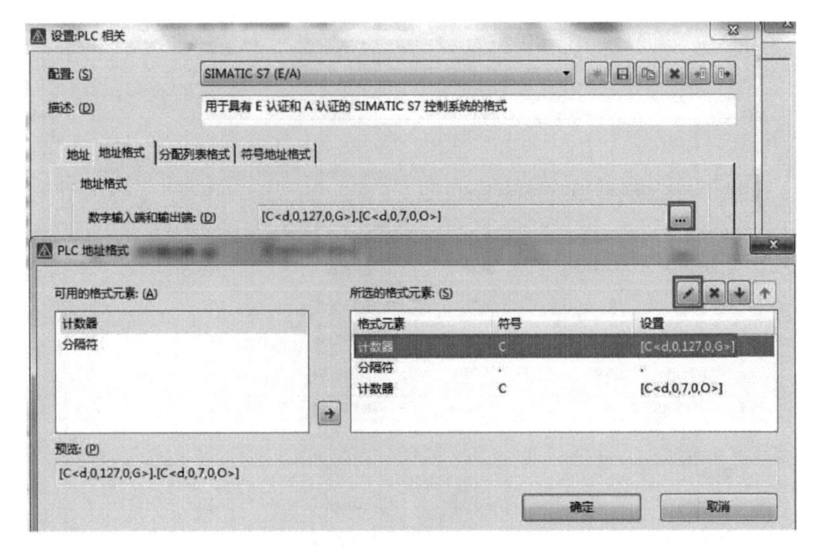

图 5-60　计数器格式修改

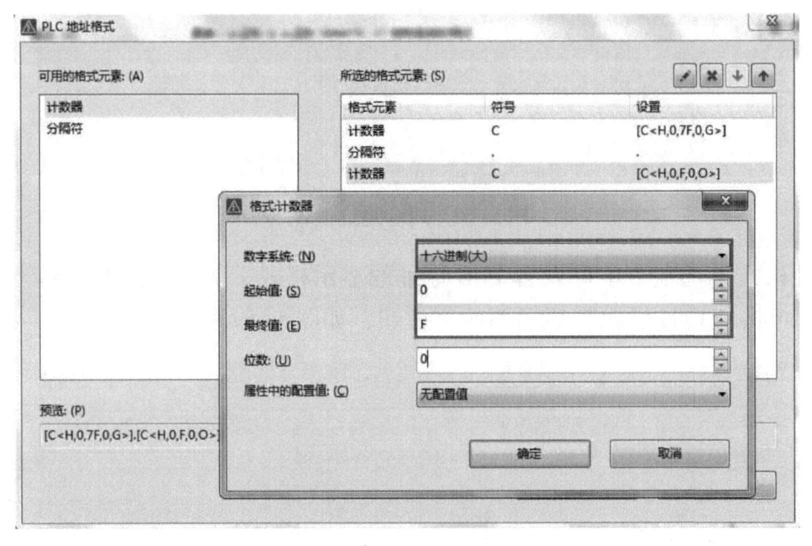

图 5-61　计数器格式设置

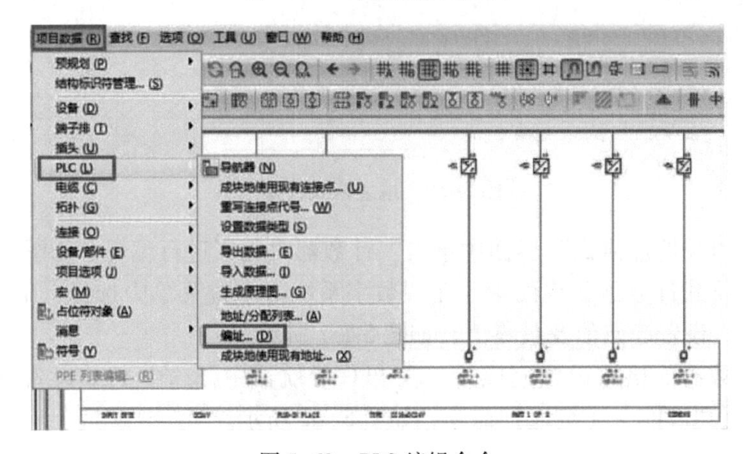

图 5-62　PLC 编辑命令

在弹出的“重新确定 PLC 连接点地址”对话框中，勾选“数字连接点”和“模拟连接点”选项，软件会自动显示已设置的数据格式，勾选“结果预览”选项，如图 5-63 所示。

图 5-63　确定 PLC 连接点地址

单击【确定】按钮，在弹出的预览界面中查看重新编址的格式显示，如图 5-64 所示。

确定 PLC-连接点地址-结果预览

行	设备标识符(标识性)	连接点代号(带插头...	符号地址(自动)	功能文本(自动)	PLC 地址	新地址
1	=EB1+ET-A4	2			I2.0	E5.0
2	=EB1+ET-A4	3			I2.1	E5.1
3	=EB1+ET-A4	4			I2.2	E5.2
4	=EB1+ET-A4	5			I2.3	E5.3
5	=EB1+ET-A4	6			I2.4	E5.4
6	=EB1+ET-A4	7			I2.5	E5.5
7	=EB1+ET-A4	8			I2.6	E5.6
8	=EB1+ET-A4	9			I2.7	E5.7
9	=EB1+ET-A4	10			I3.0	E5.8
10	=EB1+ET-A4	11			I3.1	E5.9
11	=EB1+ET-A4	12			I3.2	E5.A
12	=EB1+ET-A4	13			I3.3	E5.B
13	=EB1+ET-A4	14			I3.4	E5.C
14	=EB1+ET-A4	15			I3.5	E5.D
15	=EB1+ET-A4	16			I3.6	E5.E
16	=EB1+ET-A4	17			I3.7	E5.F

确定　取消

图 5-64　PLC 编址

5.4.3　数据导入/导出

在项目设计过程中，如果是先设计 PLC 电气原理图，设计完成之后可以将项目中的 PLC 数据导出，在 SIMATIC STEP 7 软件中将导出的数据直接导入组态软件中，避免了软件人员的重复设计。

在导出 PLC 数据之前，在主功能 PLC 盒子属性选项卡的“PLC 结构数据”中定义项目配置名称为 SIEMENS SIMATIC S7，如图 5-65 所示。

“配置项目”信息填写完成后，选择【项目数据】>【PLC】>【导出数据】命令，如图 5-66 所示。

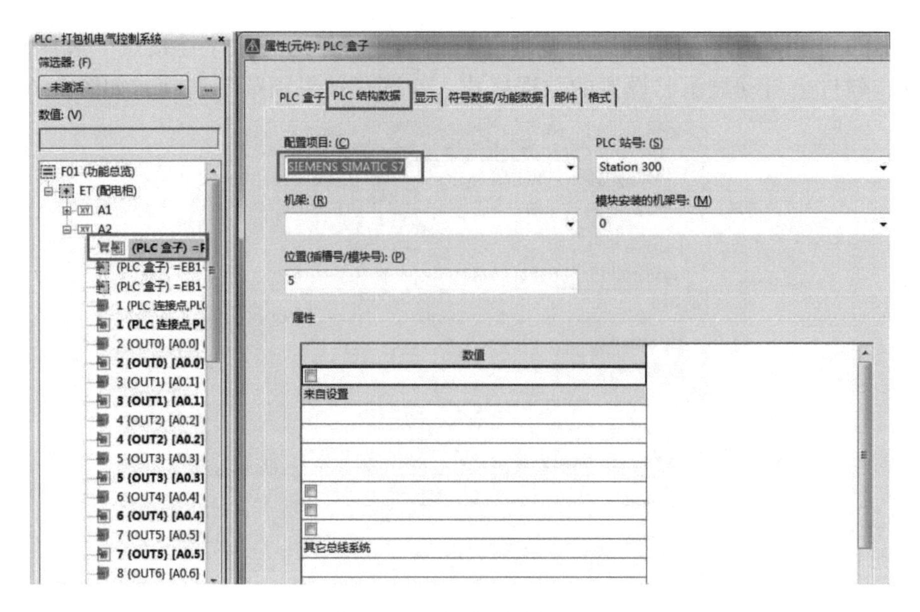

图 5-65　PLC 配置项目

在弹出的“导出 PLC 数据”对话框中，选择“配置项目”名称，一个项目可能包含多个配置项目名称，通过下拉菜单选择所需的项目。其他选项设置如图 5-67 所示。

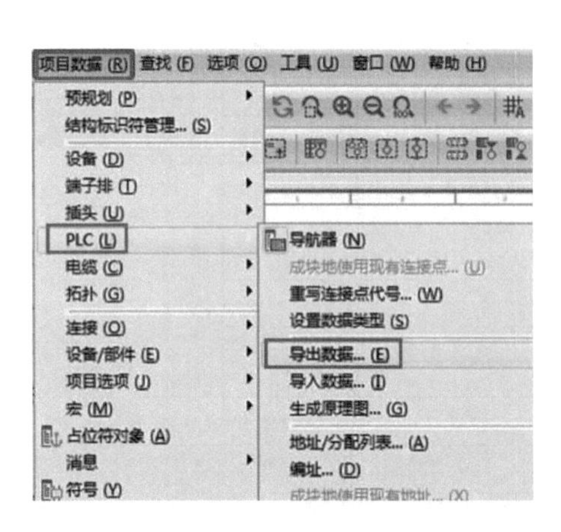

图 5-66　PLC 导出数据命令

图 5-67　导出 PLC 数据界面

单击【确定】按钮，软件自动将 PLC 数据以 *. XML 扩展名保存在设置路径下。

如果在设计 PLC 原理图之前，已经在 SIMATIC STEP 7 软件中定义好了 PLC 的硬件结构和拓扑关系，可以将 STEP 7 软件中的梯形图和赋值表导出到桌面，然后将其导入 EPLAN 项目中，在 PLC 导航器中生成未放置功能。

在导入 STEP 7 中预定义的 PLC 数据之前，首先打开一个项目，选择【项目数据】 >【PLC】 >【导入数据】命令，如图 5-68 所示。

在弹出的“导入 PLC 数据”对话框中，选择导入文件的格式，加载 STEP 7 数据文件，设置语言为中文，选择“重新生成所有功能”选项，勾选“生成 PLC 原理图启动”选项，如图 5-69 所示。

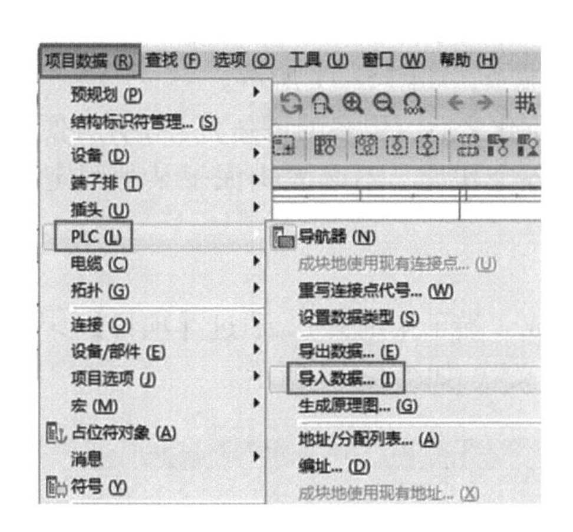

图 5-68　PLC 导入数据命令

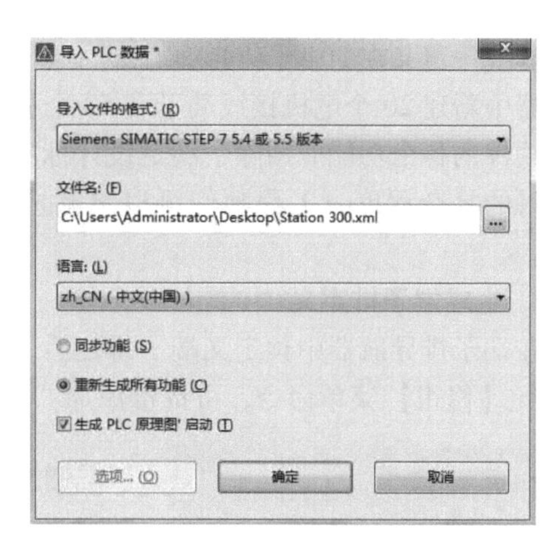

图 5-69　导入 PLC 数据界面

5.5　端子

在打包机项目中一共包含三组端子排，第一组为电源端子排，第二组为主回路电机接线端子排，最后一组为控制回路 PLC 信号端子排，这三组端子排都属于配电柜设备。

5.5.1　端子排导航器定义

首先新建电源端子排，打开端子排导航器，选择菜单命令【项目数据】 >【端子排】 >【导航器】，在导航器空白处单击鼠标右键选择“新建端子（设备）”，在弹出的界面中定义端子的完整标识符、数量及部件型号，如图 5-70 所示。

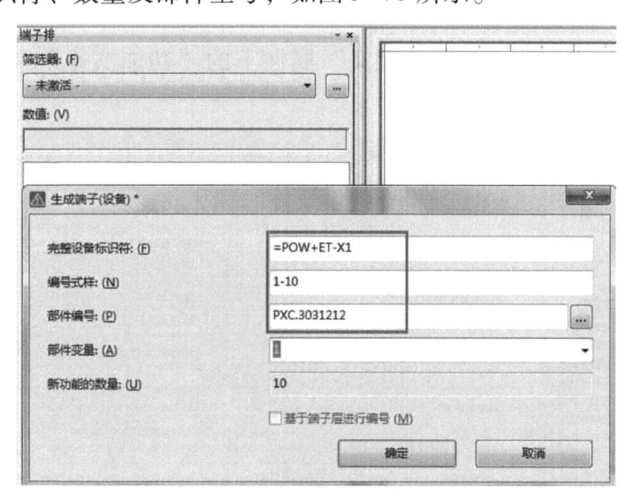

图 5-70　电源端子排新建

电机接线端子和 PLC 信号端子，分别位于入料输送带、第二输送带和出料输送带三个高层代号中，为了方便端子排的新建，可以将这两组端子排定义在总览功能高层代号下或者将其按高层代号进行拆分，分别拆分成六组端子排，不同高层代号下对应不同的电机接线端子排和 PLC 信号端子排。这种设计虽然让各个端子排的功能很明确，但是从定义上来说比较麻烦，因为该项目中包含的端子排数量不是特别多，所以除电源端子外，可以将另外两组端子排统一定义在F01（功能总览）高层代号下，位置代号仍然为ET（配电柜）。在端子排导航器中新建20个电机接线端子和50个PLC信号端子，如图5-71所示。

软件的各个功能应用除了满足设计标准化、规范化之后，更多的还是为了设计方便。根据项目的复杂程度，工程师们可以灵活应用软件各个功能，不必太拘泥于某种固定设计模式。

1. 生成端子排定义

在端子排导航器中预定义端子排之后，需要生成“端子排定义”。通过【项目】>【组织】>【修正】菜单命令，可批量添加“端子排定义”，如图5-72所示。

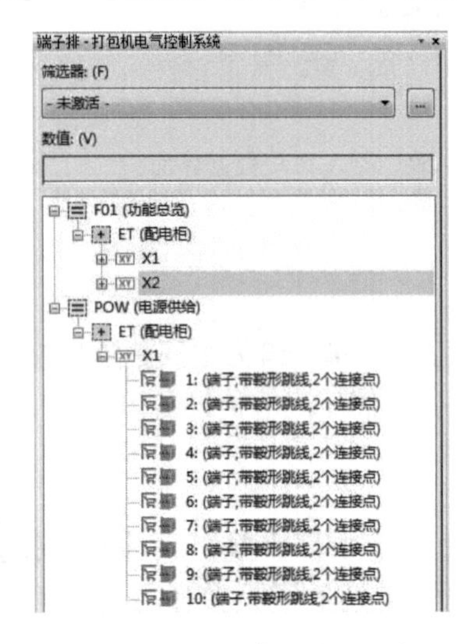

图5-71　电源和信号端子排定义

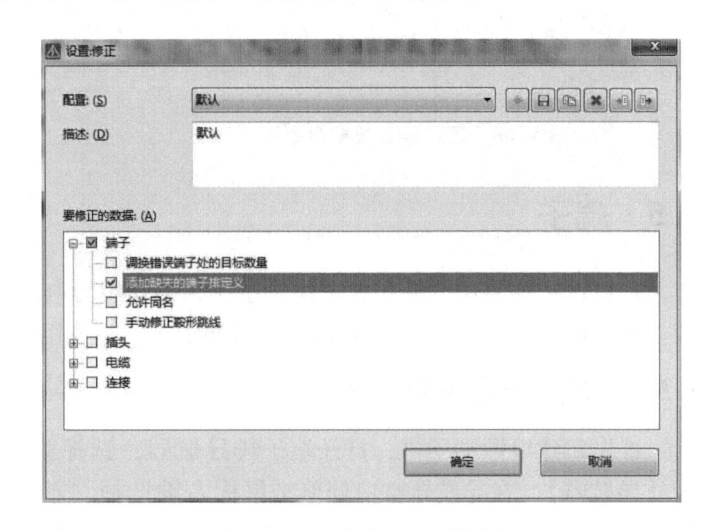

图5-72　批量添加端子排定义

添加端子排定义之后，在“端子排定义”属性下的“功能文本”中填写各个端子排的功能名称，如图5-73所示。

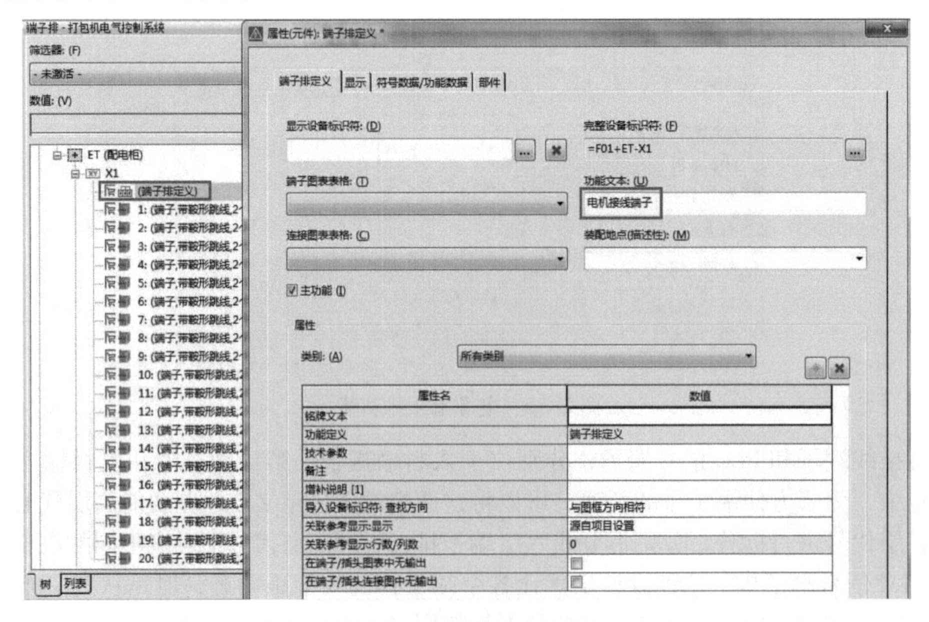

图5-73　端子排功能定义

2. 图形编辑器定义

完成端子导航器中端子排预定义之后，在图形编辑器中插入已预设的端子。首先在“总电源供给”图纸中，插入电源端子排。选中端子排导航器中的“电源端子”，将其“拖放”至原理图中，如图 5-74 所示。

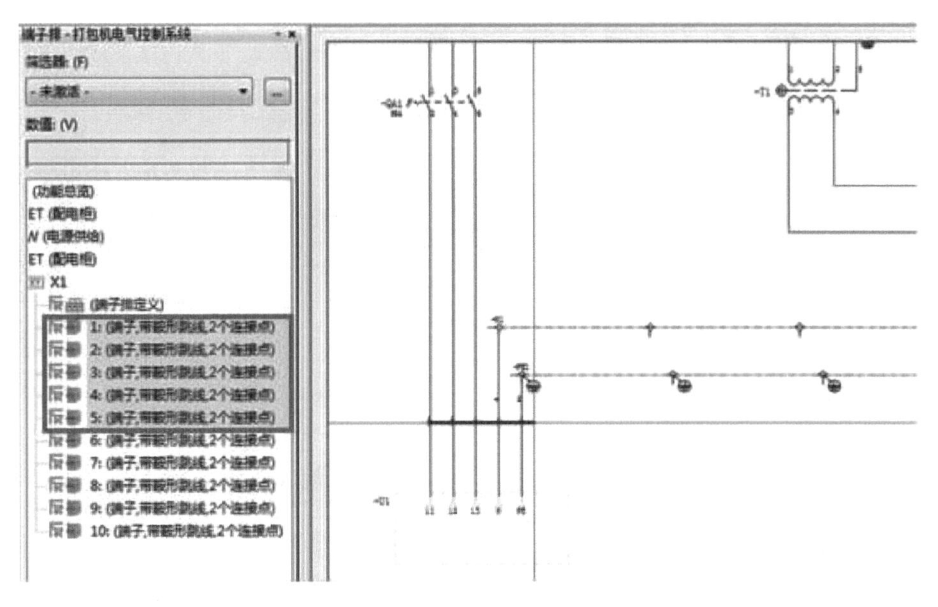

图 5-74　插入电源端子排

由于 5 号端子连接的是 PE 信号，所以需要修改 5 号端子的功能定义。在端子属性中修改端子功能定义为“PE 端子，带鞍形跳线 2 个连接点”，如图 5-75 所示。

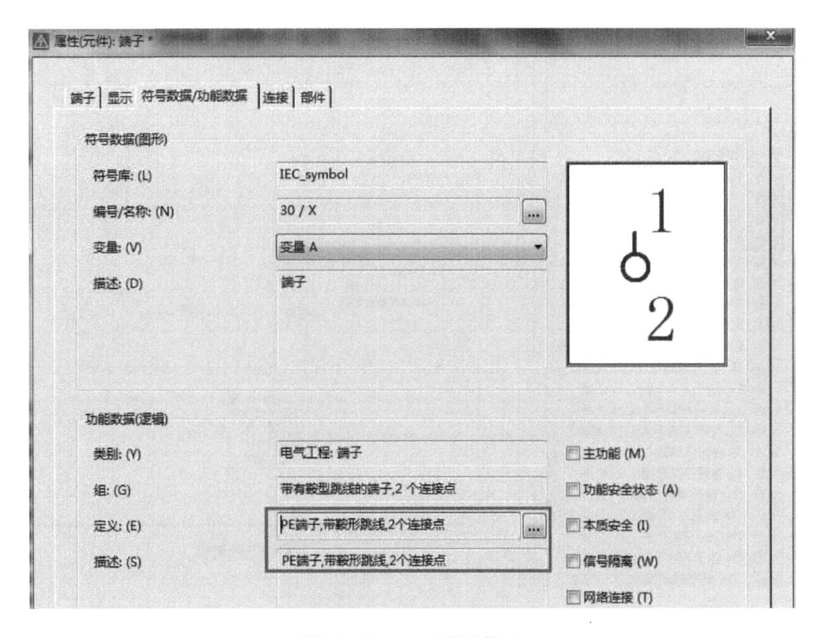

图 5-75　PE 端子修改

修改完功能定义后，需要修改 PE 端子的部件型号。由于之前预设的 5 号端子的部件功能模板不能与 PE 符号中的功能定义相匹配，所以在端子排导航器中就会多出一个未放置的部件型号，如图 5-76 所示。

在端子属性中，重新选择 5 号端子的部件型号。单击【确定】按钮后，PE 端子的部件功能模板与符号功能定义完成了匹配，如图 5-77 所示。

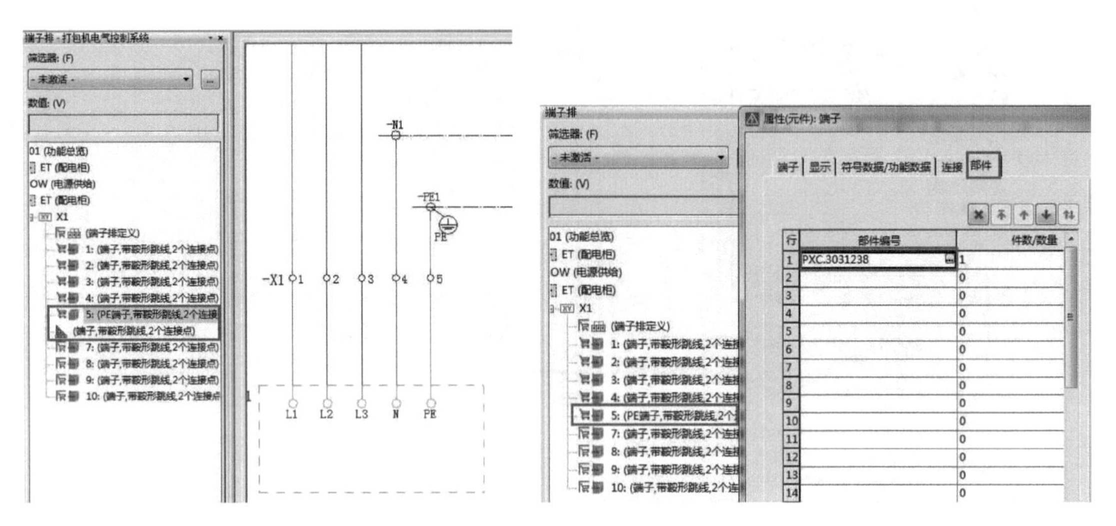

图 5-76　部件模板与符号功能定义不匹配

图 5-77　部件功能模板与符号功能定义相匹配

将电机接线端子和 PLC 信号端子按照此方法依次插入原理图中，如图 5-78 所示。

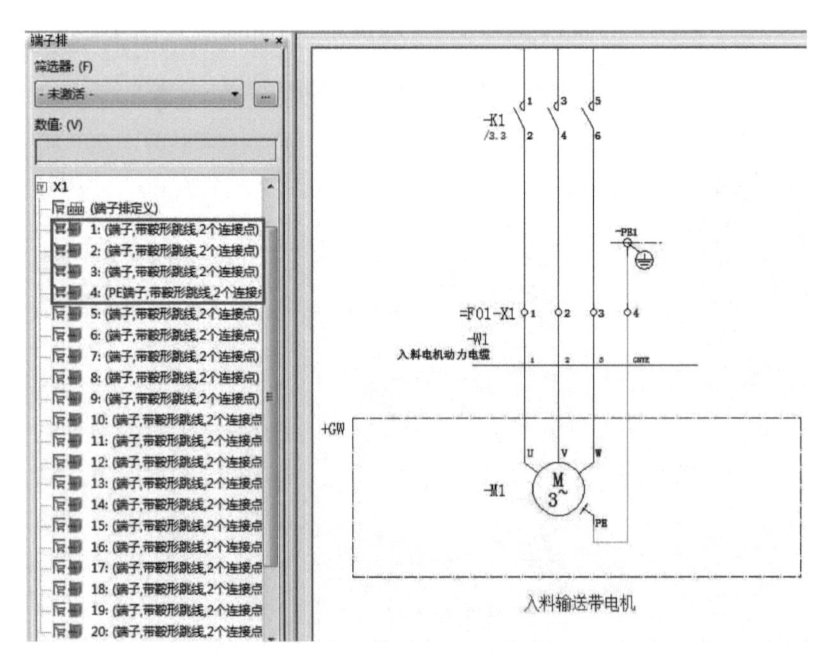

图 5-78　电机和 PLC 端子插入

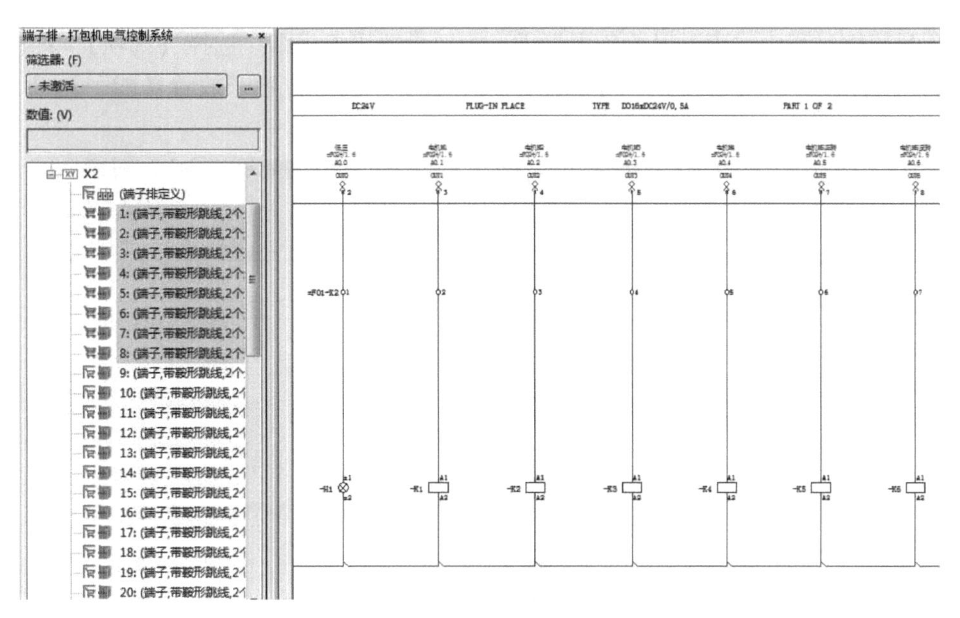

图 5-78　电机和 PLC 端子插入（续）

5.5.2　备用端子应用

在项目设计过程中，通常要预留备用端子，以备后期在工艺施工过程的跳线使用或维护使用，而备用端子是不需要全部放置在原理图上，但是要求在部件统计表和端子图表中有所显示。在端子排导航器中，可以预设备用端子，在端子排编辑器中手动编辑备用端子的跳线，在生成的端子图表和部件报表中会自动显示备用端子信息，如图 5-79 所示。

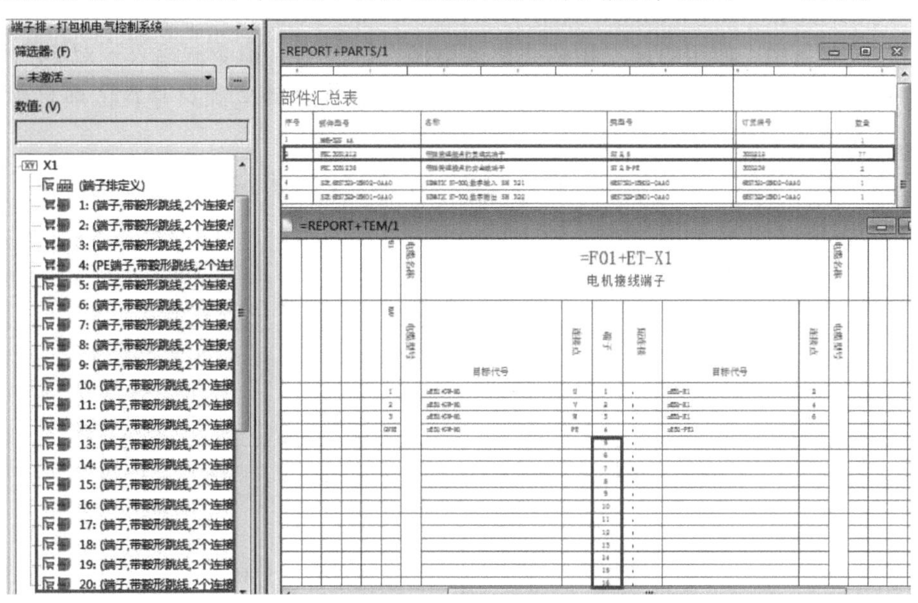

图 5-79　备用端子

在项目完成之后，为了减少项目体积，需要将项目进行压缩。在压缩过程中 EPLAN 软件自动会删除掉图纸中未使用的主数据、已放置的宏边框和占位符对象等不必要的数据。

在项目压缩过程中，为了保留备用端子，需要设置压缩规则。选择【选项】>【设置】>【项目（名称）】>【管理】>【压缩】菜单命令，在“移除未放置功能”选项下取消“端子”前面的勾选，如图 5-80 所示。

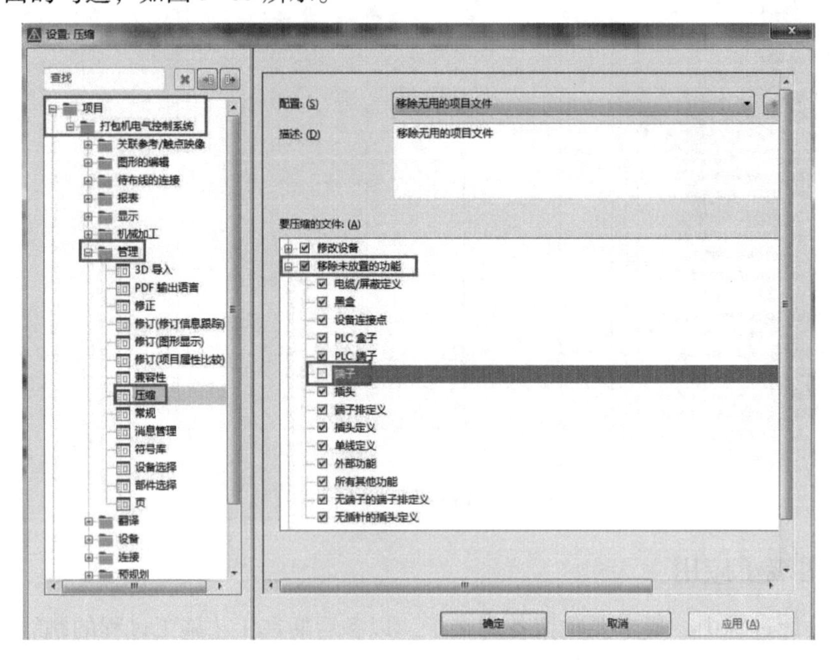

图 5-80　备用端子压缩规则设置

5.6　黑盒

在打包机项目中，使用的是三相桥式整流电源，电源为三相交流输入、双 24 V 直流电源输出。在软件自带的符号库中，没有该电源的符号，而这种电源只是在该项目中临时用到，所以在这里使用黑盒来设计。

在“直流电源供给”原理图中，首先绘制一个黑盒，在黑盒内部通过绘图工具绘制三相交流图形和直流图形，如图 5-81 所示。

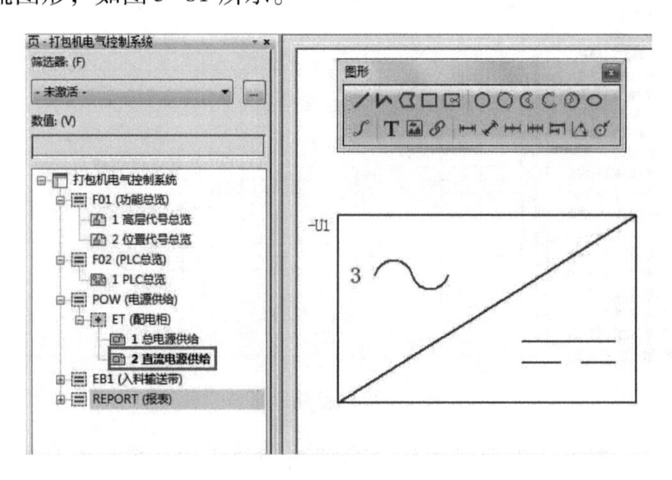

图 5-81　整流电源绘制

绘制完成后，单击工具栏中的【设备连接点】按钮，将其放置在黑盒内部，根据开关电源的实际端子号，在“设备连接点”选项卡的“连接点代号”栏中填写电源的输入端子号 L1。在黑盒设计过程中，只有黑盒为主功能，内部设备连接点为辅助功能，设备标识符中的“主功能”不能勾选，显示设备标识符默认为空，如图 5-82 所示。

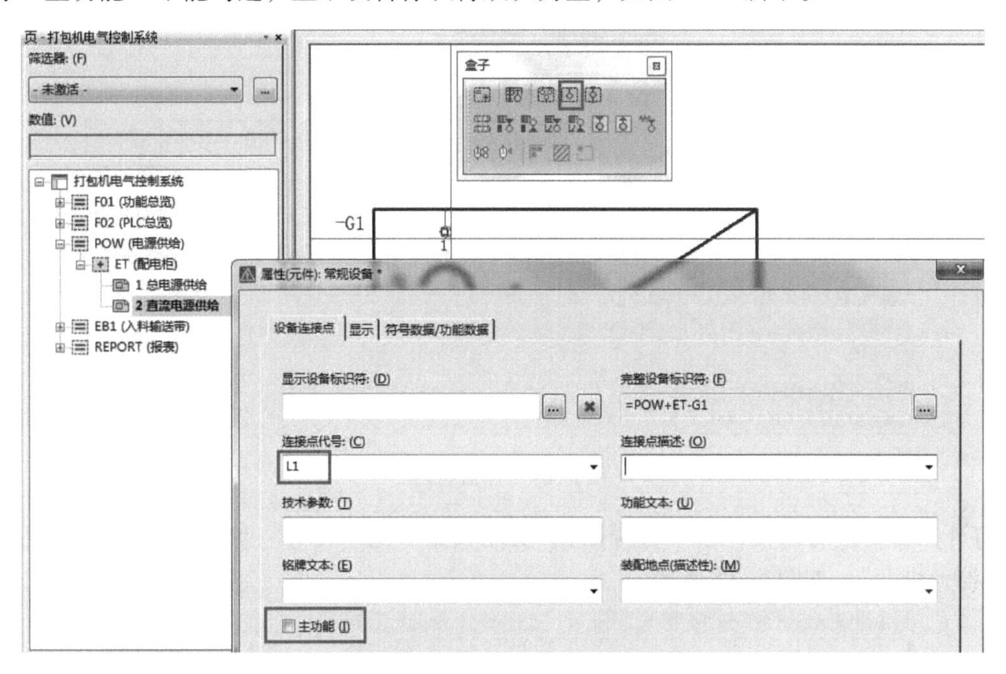

图 5-82　黑盒设备连接点添加

将开关电源的其他端子逐一添加到黑盒内部，如图 5-83 所示。

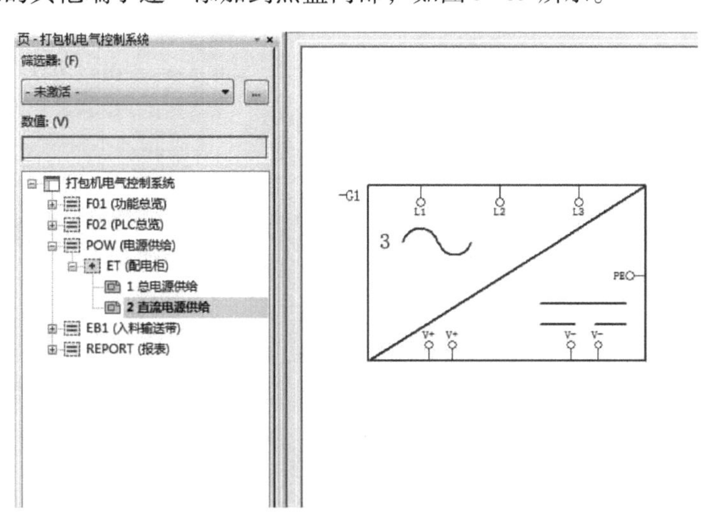

图 5-83　开关电源绘制

完成符号绘制之后，需要将黑盒、设备连接点及内部图形进行“组合”。框选整流电源的所有图形，选择【编辑】＞【其他】＞【组合】命令，将黑盒组合成一个整体符号，如图 5-84 所示。

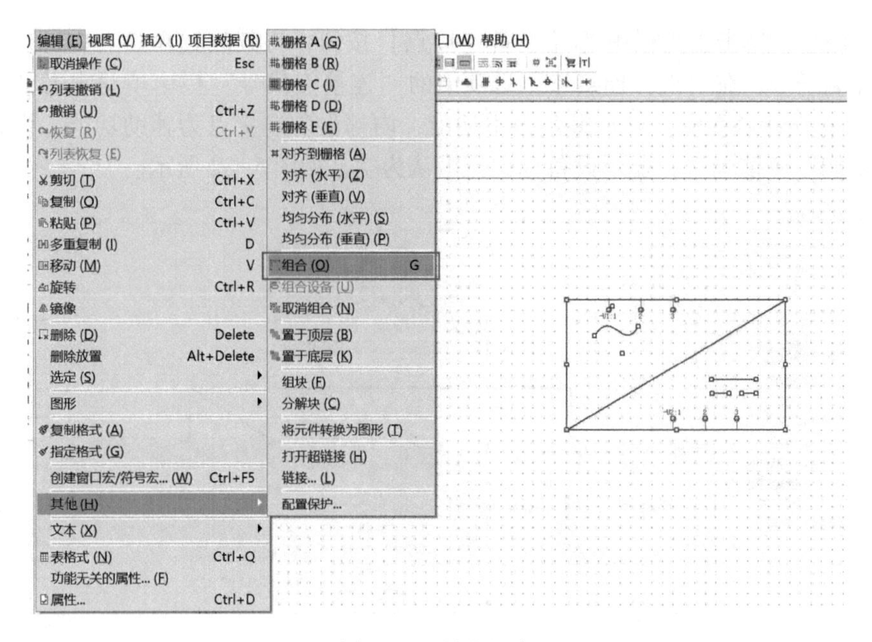

图 5-84　黑盒组合

打开黑盒属性对话框，在“符号数据/功能数据”选项卡中，修改黑盒的功能定义为“整流器，可变”，如图 5-85 所示。

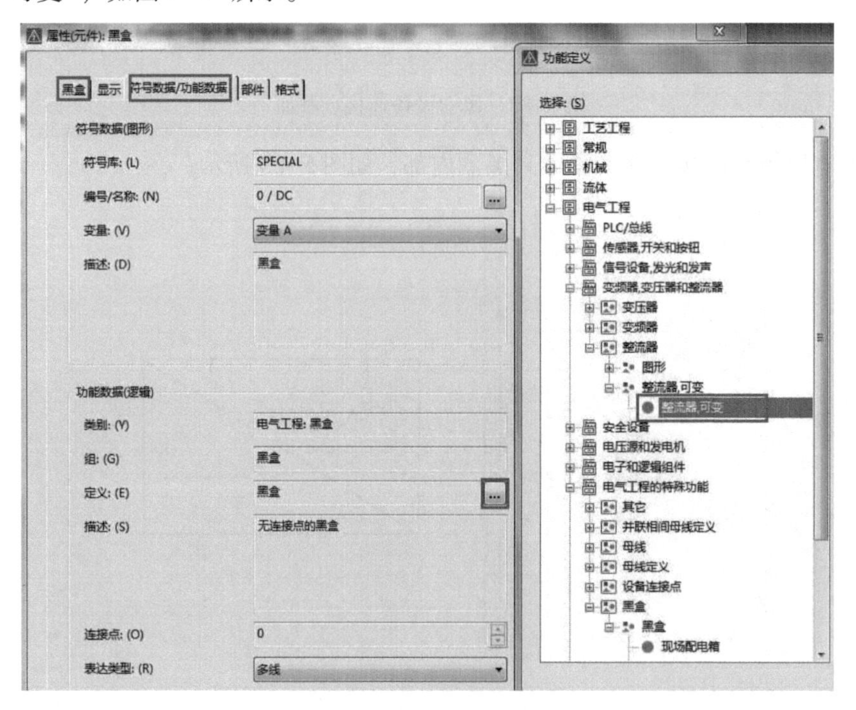

图 5-85　修改黑盒功能定义

完成功能定义修改后，在设备属性栏处显示“整流器”，需要给整流开关电源进行选型。通常能使用黑盒绘制的设备都属于临时设备，所以在部件库中不一定有此部件型号，在“部件”选项卡的“部件编号”栏输入开关电源的型号，如图 5-86 所示。

输入部件编号后，单击【确定】按钮，在原理图中选中整流开关电源，单击鼠标右键选择“生成部件”选项，如图 5-87 所示。

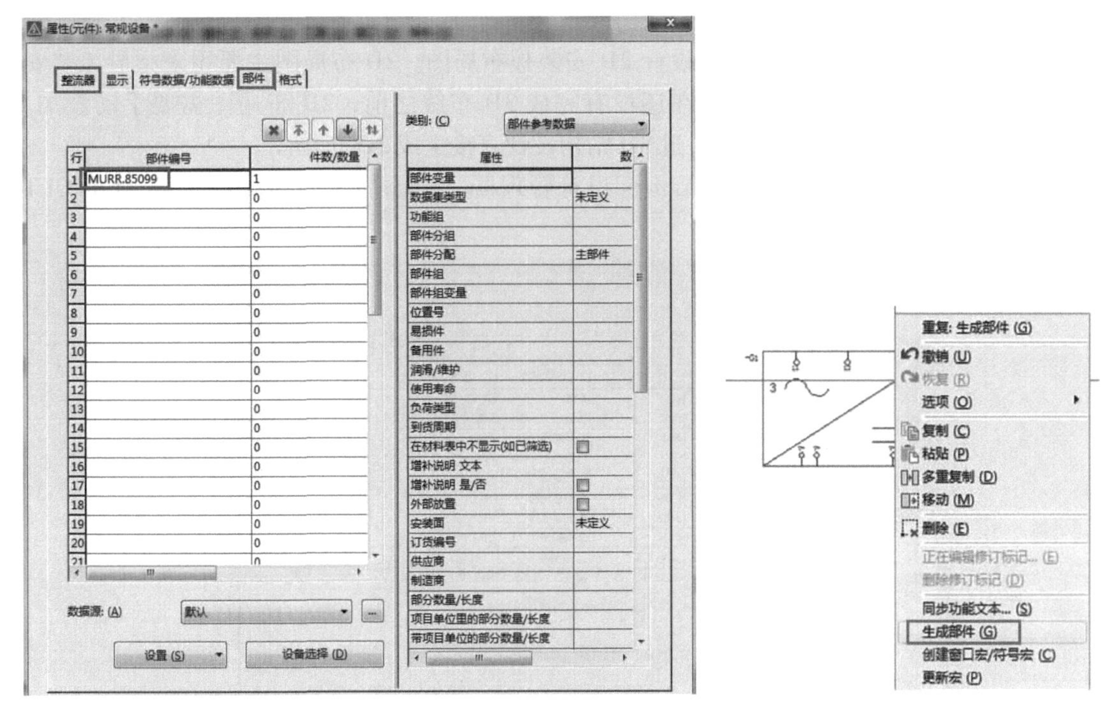

图 5-86　整流开关电源部件编号　　　　图 5-87　生成部件

选择完成后，软件自动将符号中的功能定义，添加到部件库的功能模板中，这种逆选型的方式比较适合于黑盒和 PLC 设备，如图 5-88 所示。

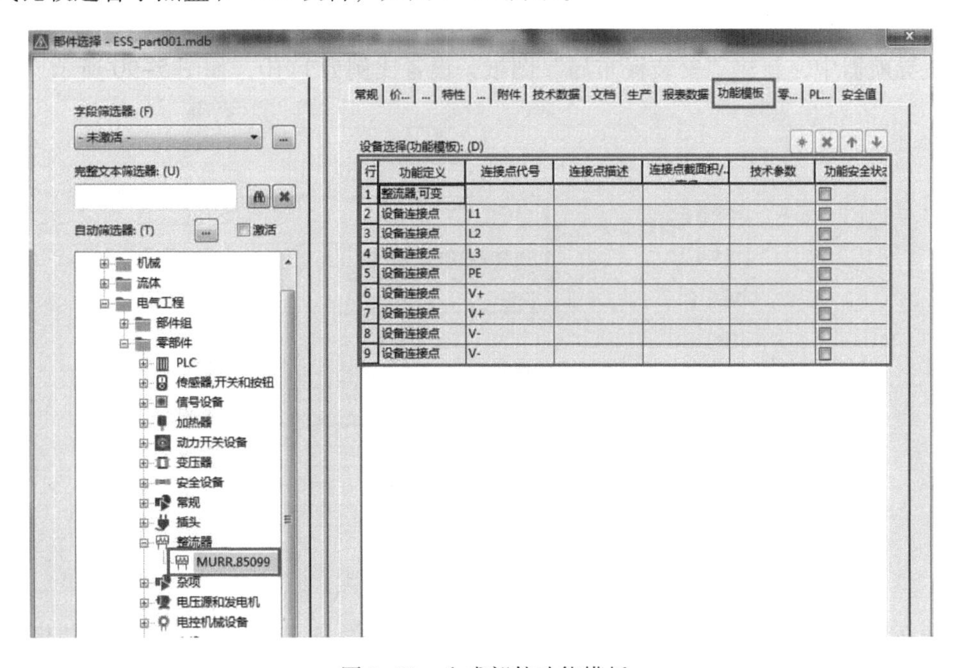

图 5-88　生成部件功能模板

5.7 安装板设计

完成原理图设计之后，还需要设计 2D 安装板布局图。2D 布局图主要用来指导工艺安装，查看设备的安装位置及尺寸。在还没有完成 3D 布线之前，2D 布局图需要手动添加。如果完成了 3D 布线设计，则可以通过 3D 结构设计直接生成 2D 布局图。

在设计 2D 安装板之前，在“结构标识符管理器”中添加布局图高层代号：LAYOUT（2D 安装板），如图 5-89 所示。

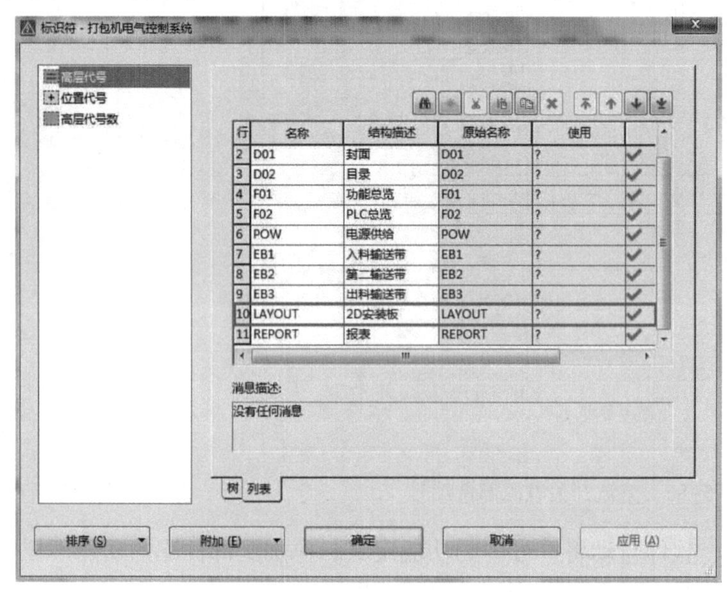

图 5-89　新建安装板高层代号

在页导航器中，新建“安装板布局”图纸，设置比例为 1∶10，如图 5-90 所示。

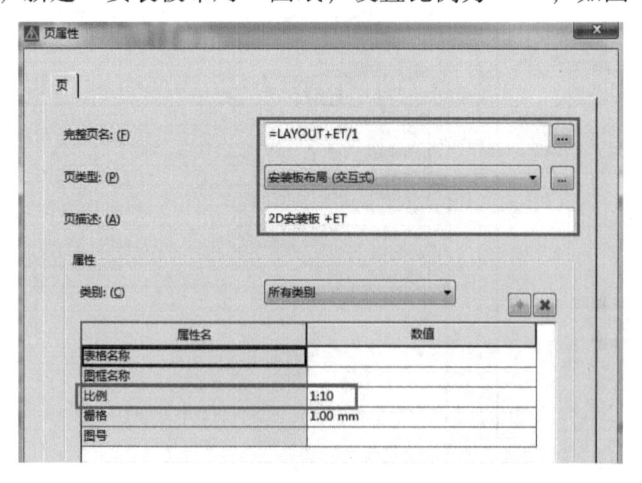

图 5-90　新建安装板布局图

打开新建的安装板布局图，选择【项目数据】>【设备/部件】>【2D 安装板布局导航器】命令，打开 2D 安装板布局导航器，如图 5-91 所示。

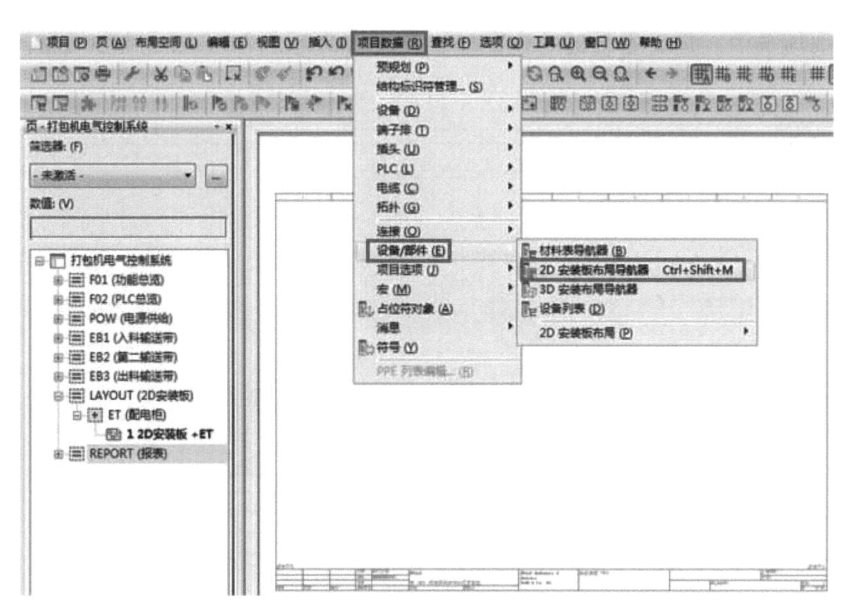

图 5-91　2D 安装板布局导航器

5.7.1　安装板放置

打开 2D 安装板图纸，通过【插入】 >【盒子/连接点/安装板】 >【安装板】命令放置安装板，如图 5-92 所示。

图 5-92　插入安装板命令

5.7.2　安装板定位及标注

将鼠标移动到安装板图纸中绘制一个矩形，在弹出的“属性（元件）：安装板”对话框的“格式”选项卡中，定义安装板的放置坐标及尺寸大小为 700 mm * 1500 mm，如图 5-93 所示。

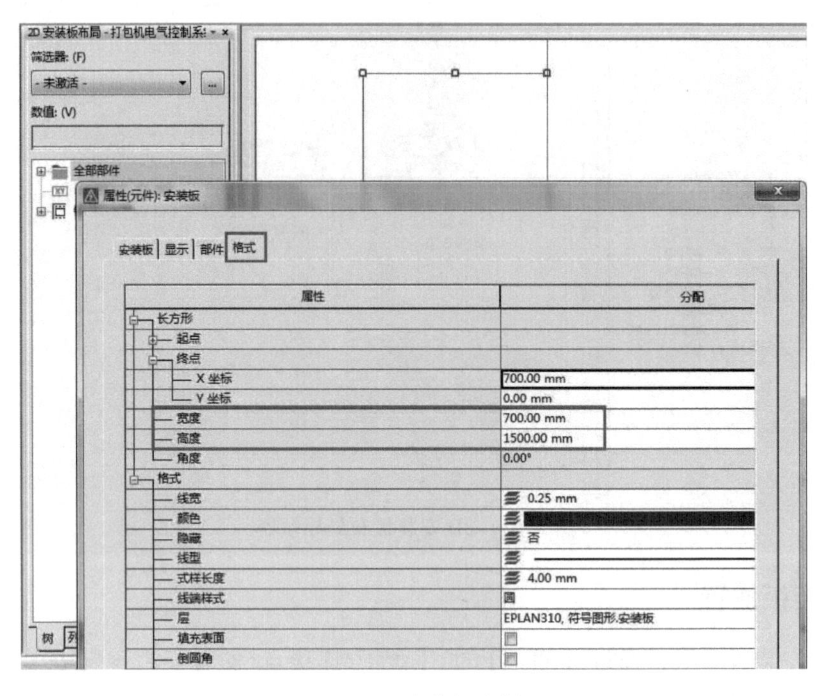

图 5-93 安装板绘制

在“安装板”选项卡中，填写安装板标注：-M1，如图 5-94 所示。

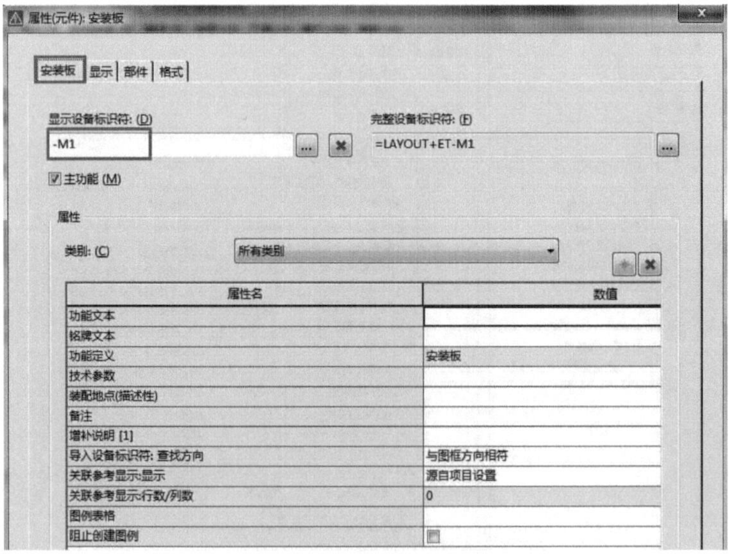

图 5-94 安装板标注

在“部件”选项卡中，选择安装板的型号。导轨、线槽作为安装板的附件，在安装板“部件”中一起选择型号和设置数量，如图 5-95 所示。

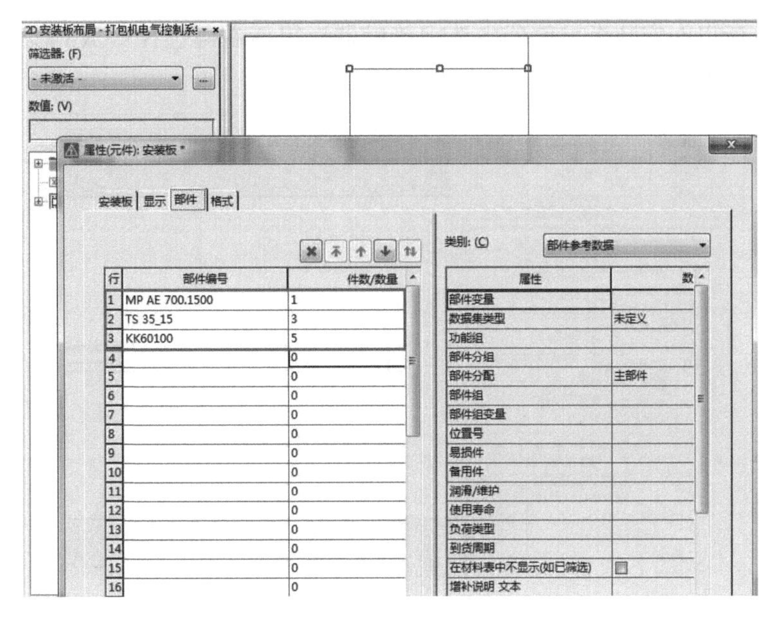

图 5-95　安装板选型

单击【确定】按钮，将安装板放置在图纸中，在安装板上绘制矩形图形作为导轨和线槽放置在图纸中。另外，为了使线槽和导轨看上去更直观，可以在线槽内部填充颜色，如图 5-96 所示。

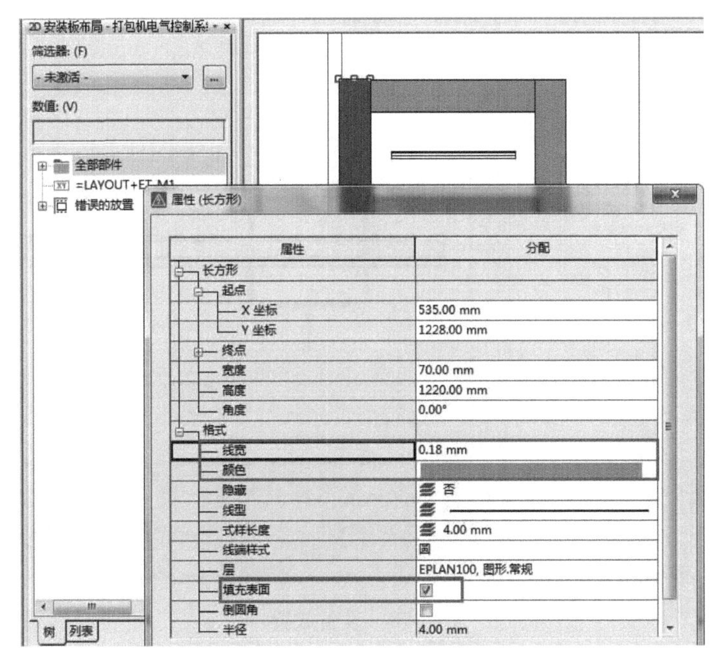

图 5-96　导轨、线槽放置

5.7.3　部件的放置

安装板及附件放置完成后，在 2D 安装板导航器中选择接触器设备。由于接触器设备是安装在导轨上，所以在安装板导航器中选中接触器后鼠标右键选择“放到安装导轨上”命令，如图 5-97 所示。

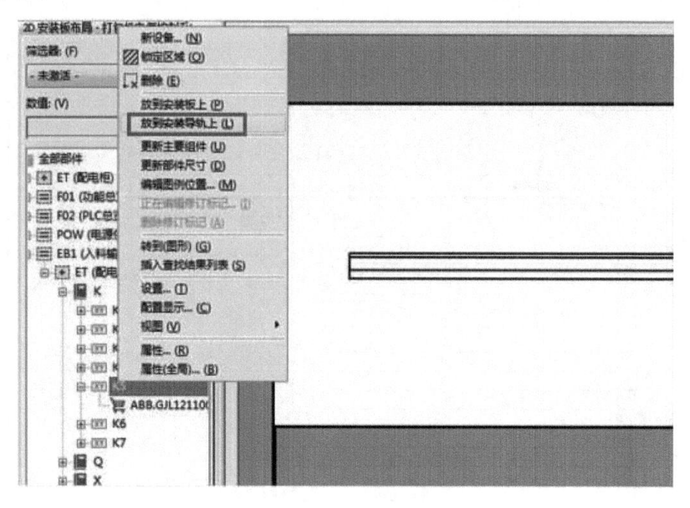

图 5-97　安装导轨放置命令

将设备放置在导轨之前，单击“封闭导轨”的上边缘，移动鼠标，再单击“封闭导轨”的下边缘，部件就会被居中放置在导轨上。设备放置完成后，设备导航器中的设备前方会有绿色对勾，在安装板高层代号下会显示已放置的设备，如图 5-98 所示。

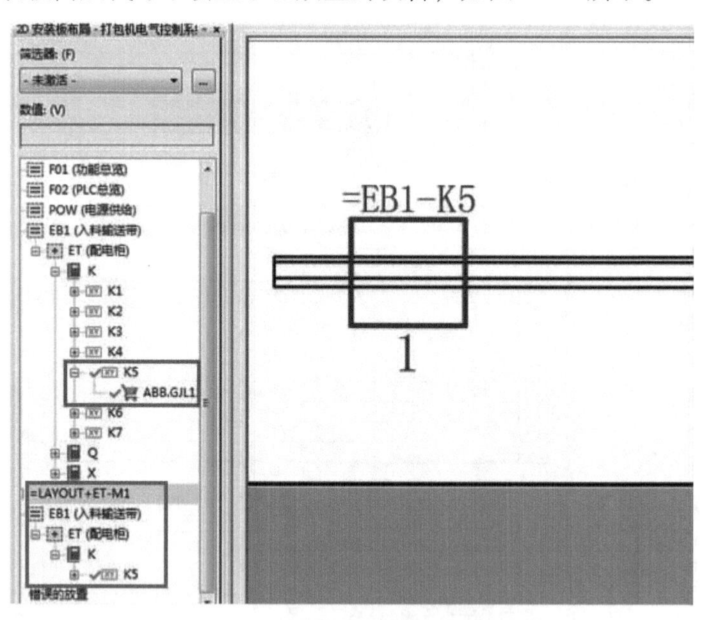

图 5-98　设备放置

如果设备不是导轨安装，可以将安装板导航器中的设备直接“拖放”到安装板上。设备被放置在安装板上，由于没有关联 2D 布局图“符号宏”，所以在图纸中显示为矩形框，矩形框的大小与部件库中定义的尺寸大小一致。可以将 CAD 的图形符号导入 EPLAN 中，将 CAD 图形符号保存为 2D 布局图“符号宏”。选中布局图符号，鼠标右键选择“创建窗口宏/符号宏”选项，如图 5-99 所示。

在弹出的界面中，设置宏的保存目录，定义“文件名”为 MG. 33441_2D. ema，“表达类型”选择安装板布局，在“附加”下拉菜单中选择“定义基准点”，如图 5-100 所示。

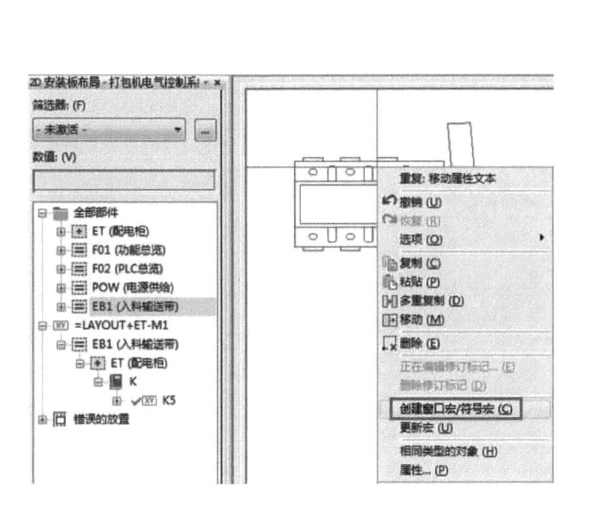

图 5-99　布局图符号宏创建

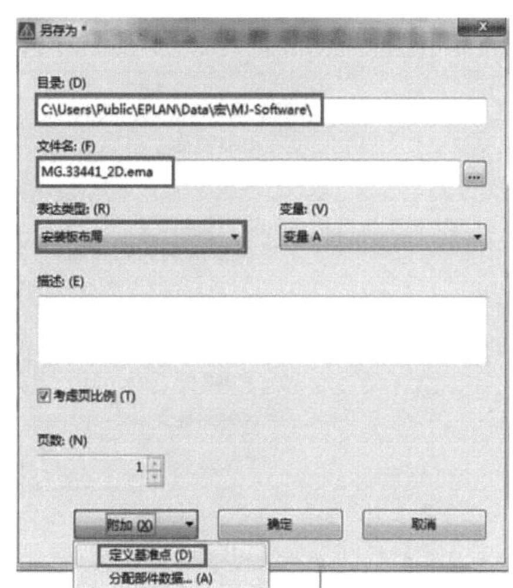

图 5-100　布局图符号宏设置

在图纸中选择 CAD 图形的基准点，单击【确定】按钮，完成 2D 布局图符号宏的创建，如图 5-101 所示。

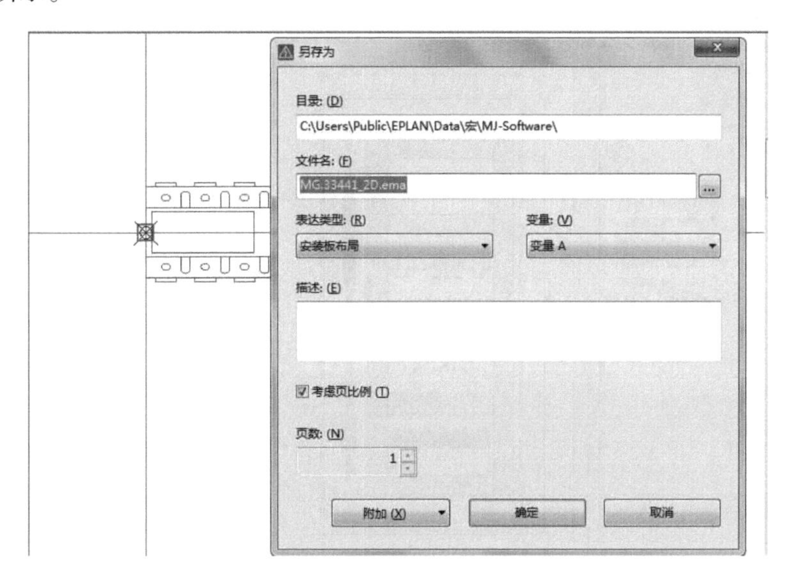

图 5-101　基准点定义

打开“部件库管理器”，在“安装数据”选项卡设置设备的宽高深数据，在“图形宏”栏选择创建的 2D 布局图符号宏，设置安装间隙尺寸，如图 5-102 所示。

部件库数据完善之后，同步部件库数据，将设备从 2D 安装板导航器中放置在安装板上。图纸中的 2D 布局图符号自动显示已关联的图形宏符号。将其他设备也按照此方法逐一放置到安装板上，如图 5-103 所示。

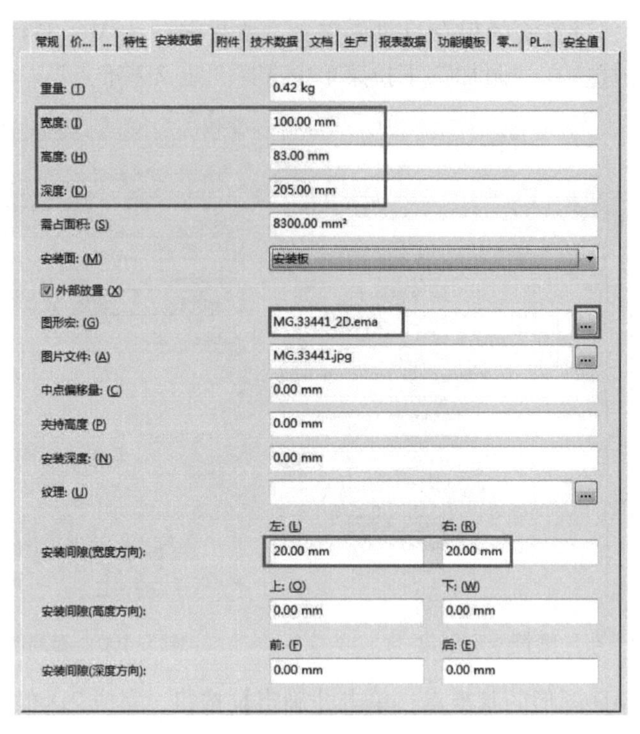

图 5-102　部件数据设置

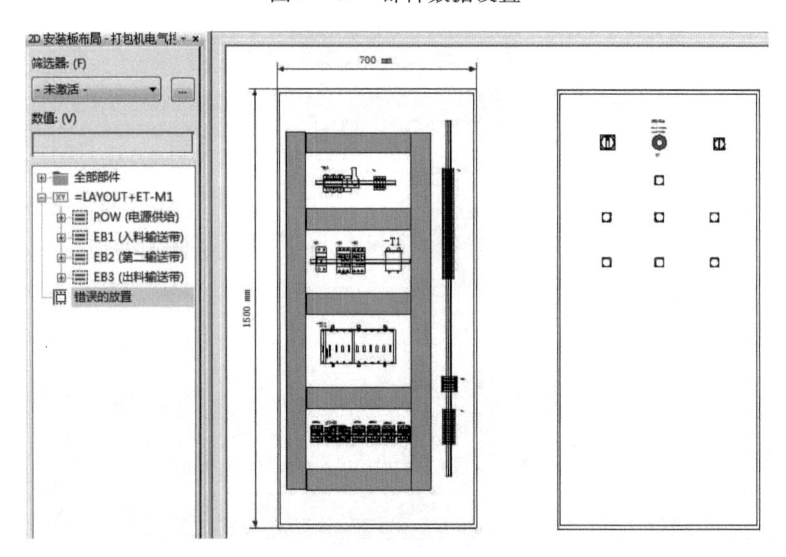

图 5-103　安装板设备放置

5.7.4　更新部件和组件

在设计过程中，如果修改了部件库中的数据，例如，设备的宽、高、深等数据，则需要更新部件或组件数据。在 2D 安装板布局图中，选中已修改的设备，鼠标右键选择“更新主要组件”或“更新部件尺寸”选项，如图 5-104 所示。

更新部件尺寸或组件数据后，需要重新放置 2D 布局图符号，放置后软件自动显示更新后的图形数据。

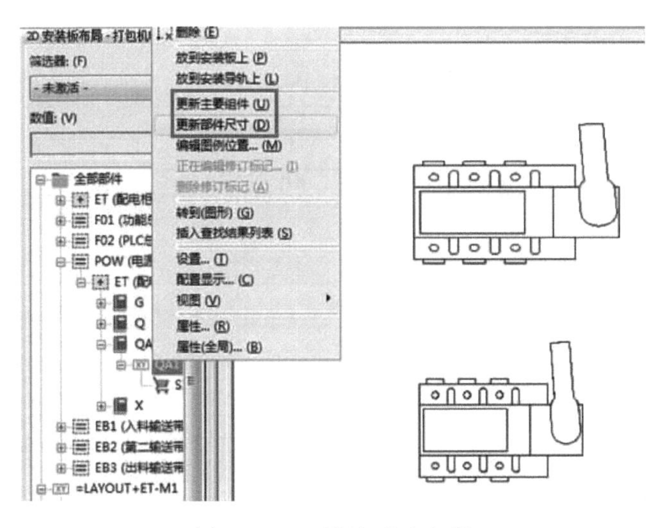

图 5-104　更新部件和组件

5.8　生成报表

通过【工具】>【报表】>【生成】命令，在弹出的界面中添加手动报表和模板报表，如图 5-105 所示。

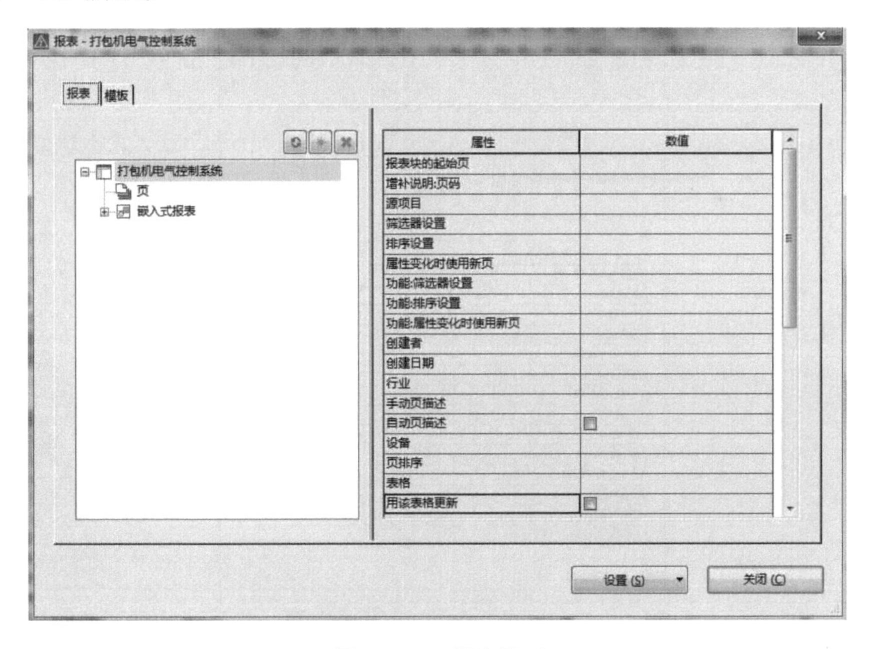

图 5-105　报表界面

5.8.1　设置

在生成报表之前，首先对报表进行设置，单击“报表界面”右下角的【设置】按钮，在下拉菜单中设置“输出页”选项，在弹出的界面中选择各种报表类型的模板及设置报表相关的内容，如图 5-106 所示。

设置:输出为页

行	报表类型	表格	页排序	部分输出	合并	报表行的最小...	子页面	字符	
1	部件列表	F01_001	总计				☑	按字母顺序降...	0
2	部件汇总表	部件汇总表	总计				☑	按字母顺序降...	0
3	设备列表	F03_001	总计				☑	按字母顺序降...	0
4	表格文档	F04_001	总计				☑	按字母顺序降...	0
5	设备连接图	F05_001	总计		☐	1	☑	按字母顺序降...	0
6	目录	F06_001	总计				☑	按字母顺序降...	0
7	电缆连接图	F07_001	总计		☐	1	☑	按字母顺序降...	0
8	电缆布线图		总计				☑	按字母顺序降...	0
9	电缆图表	F09_001	总计		☐	1	☑	按字母顺序降...	0
10	电缆总览	F10_001	总计				☑	按字母顺序降...	0
11	端子连接图	F11_001	总计		☐	1	☐	按字母顺序降...	0
12	端子排列图	F12_001	总计		☐	1	☑	按字母顺序降...	0
13	端子排总览	F14_001	总计				☑	按字母顺序降...	0
14	端子图表	F13_001	总计		☐	1	☑	按字母顺序降...	0
15	图框文档	F15_001	总计				☑	按字母顺序降...	0
16	电位总览	F16_001	总计				☑	按字母顺序降...	0
17	修订总览	F17_001	总计				☑	按字母顺序降...	0

图 5-106　输出页设置

设置“部件”选项，勾选“端子排部件”“端子部件”“插头部件”“插针部件”和“母线部件”，取消勾选“无部件编号的设备”选项，如图 5-107 所示。

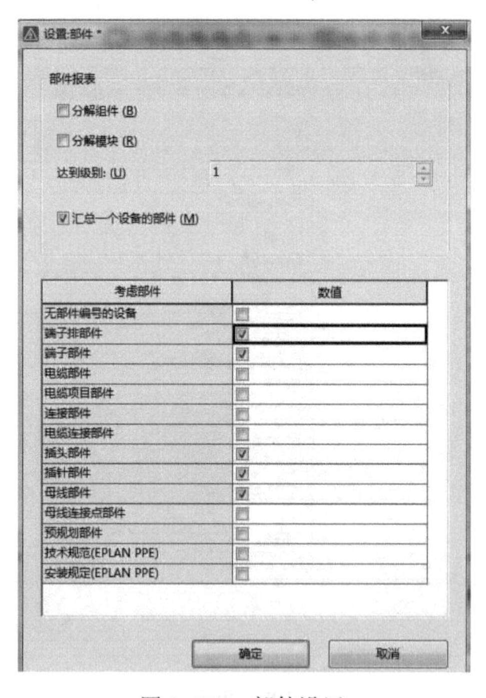

图 5-107　部件设置

5.8.2　模板报表生成

在“报表”界面中，单击“模板”选项卡，在“模板”选项卡下新建报表类型，如图 5-108 所示。

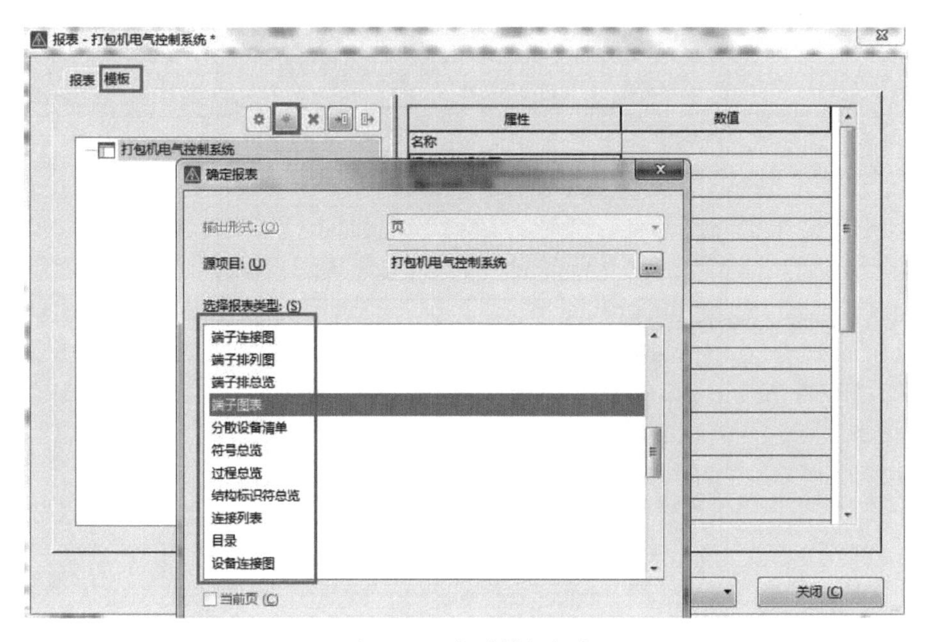

图 5-108　新建模板报表

首先选择“标题页/封页”报表类型，生成项目的封面内容，如图 5-109 所示。

在弹出的界面中选择“标题页/封页”生成的高层代号，勾选“自动页描述”选项，如图 5-110 所示。

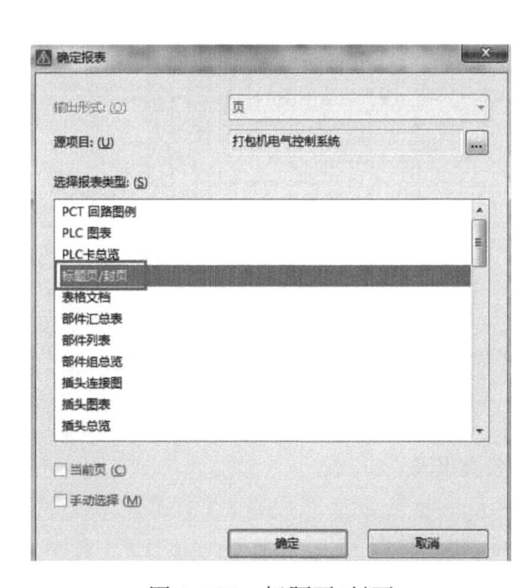

图 5-109　标题页/封页

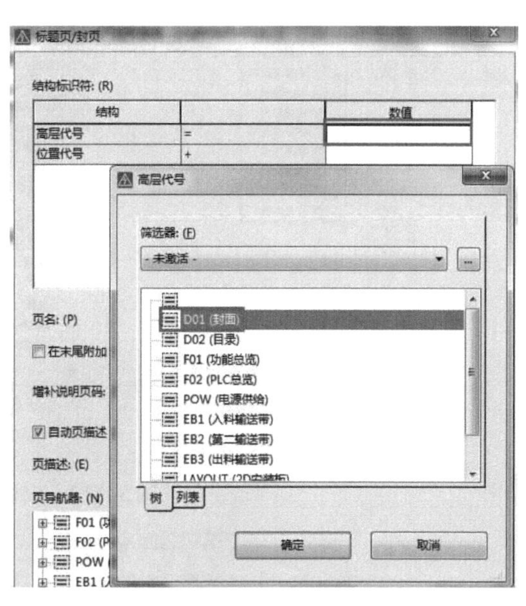

图 5-110　设置“标题页/封页”结构

采用同样的方式在“模板”中添加“目录”报表。生成项目清单报表时，在高层代号“REPORT（报表）”的“PARTS（部件表）”位置代号下生成部件汇总表和设备列表，如图 5-111 所示。

在“模板”中添加其他几种报表，添加完成后如图 5-112 所示。

选择【工具】>【报表】>【生成项目报表】命令，如图 5-113 所示。

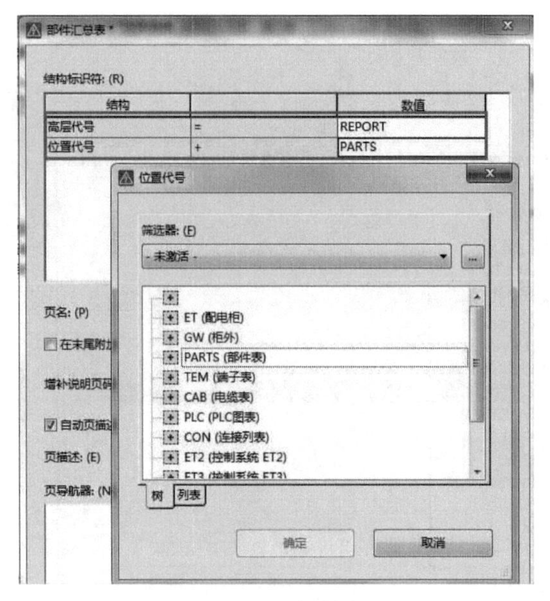

图 5-111　部件表

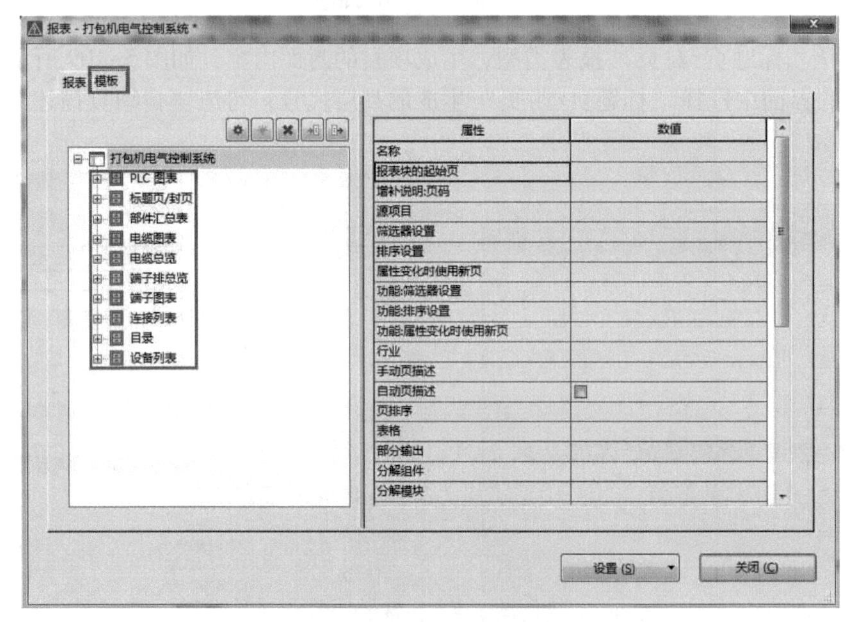

图 5-112　模板中的各类报表

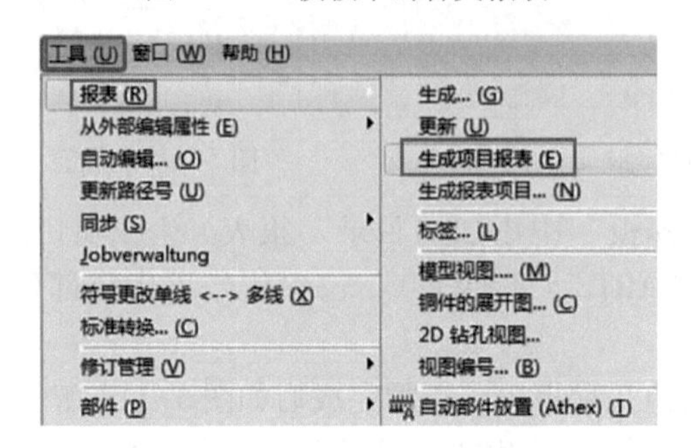

图 5-113　生成项目报表命令

单击“生成项目报表”命令后，“一键式”在页导航器中生成报表“模板”中加载的所有报表类型，如图 5-114 所示。

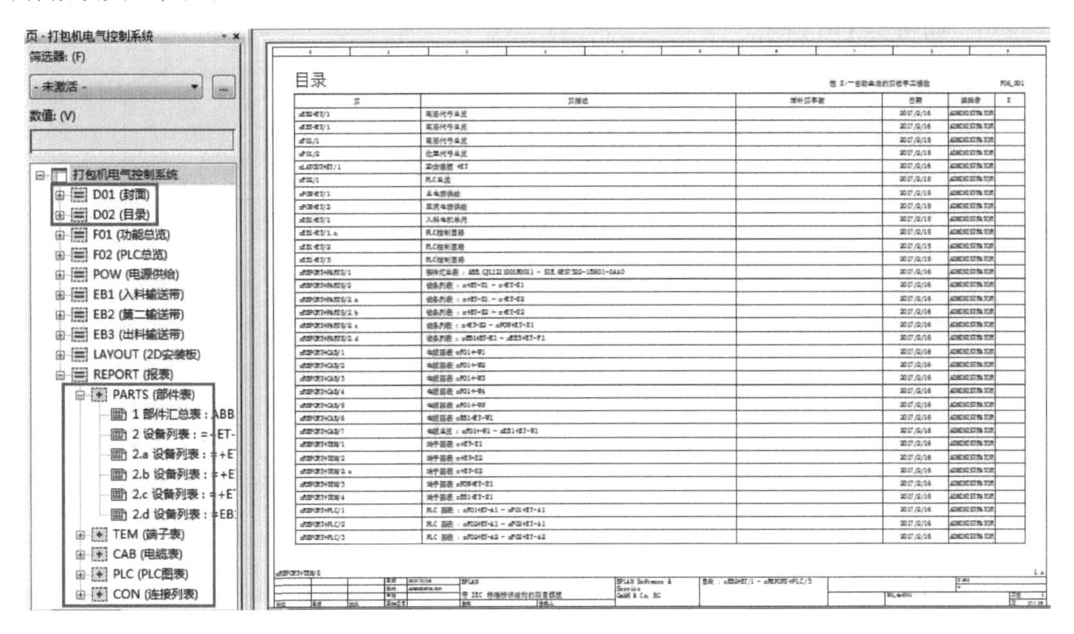

图 5-114 “一键式”报表生成

5.8.3 生成箱柜设备清单

箱柜设备清单属于嵌入式报表，在生成箱柜设备清单之前首先打开要放置的 2D 安装板布局图纸，然后设置“输出页”中的箱柜设备清单报表模板，如图 5-115 所示。

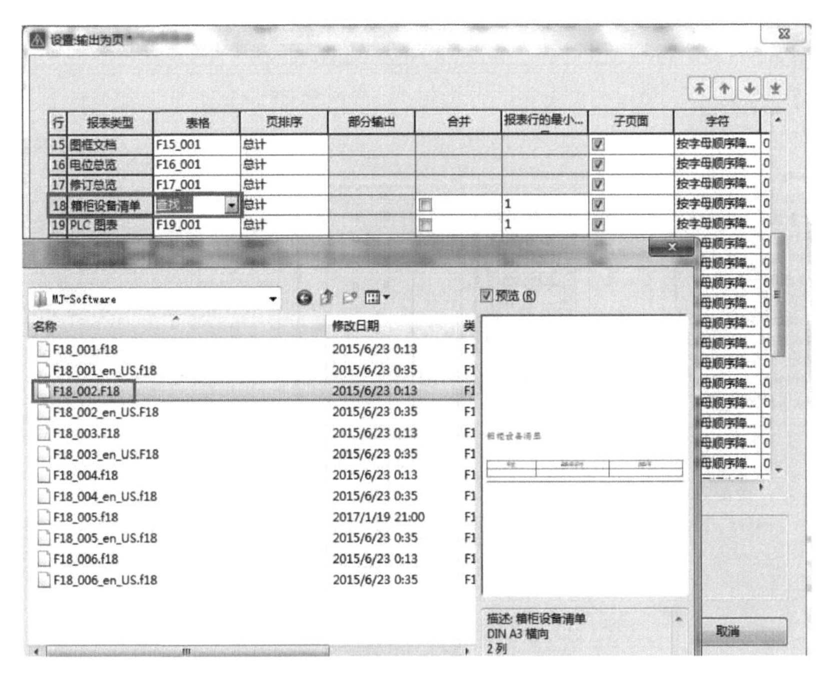

图 5-115 箱柜设备清单模板选择

“输出页”设置完成，在“报表”界面的“报表”选项卡中，单击【新建】按钮。在弹出的界面中选择“输出形式”为手动放置，选择报表类型为箱柜设备清单，勾选“当前页”选项，如图 5-116 所示。

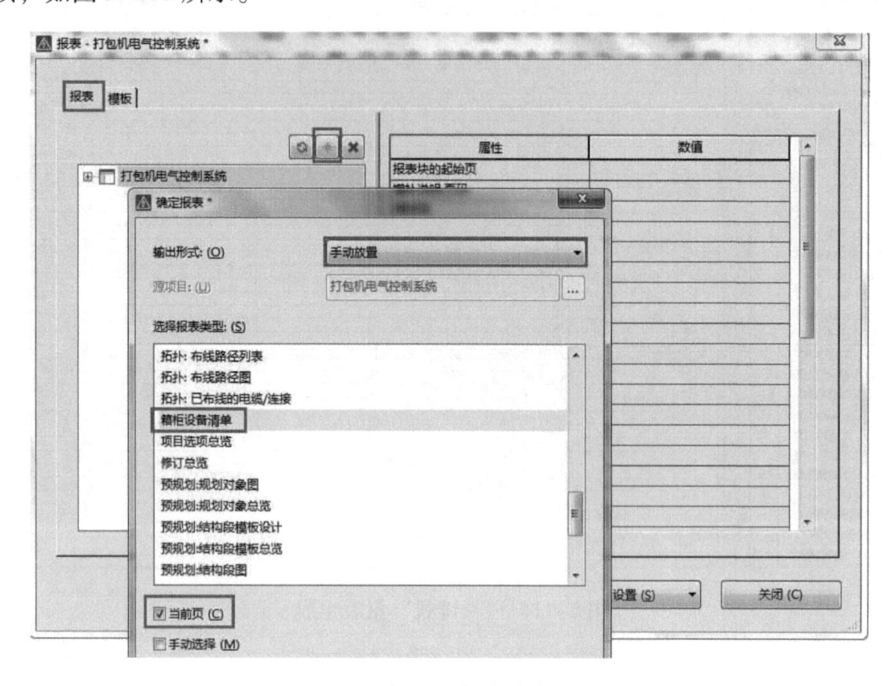

图 5-116　箱柜设备清单输出设置

设置完成后，单击【确定】按钮，将箱柜设备清单报表放置在 2D 安装板图纸中，如图 5-117 所示。

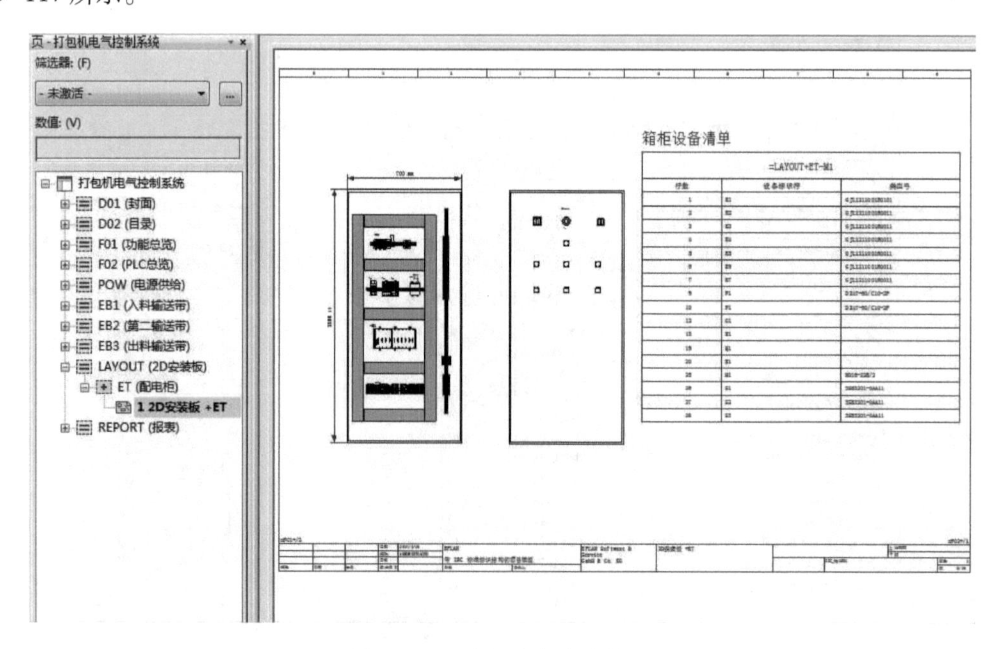

图 5-117　箱柜设备清单放置

5.8.4 报表更新

报表生成之后，可以通过报表来评估原理图的设计，对原理图中未选型的设备进行选型，对原理图接线顺序有误的地方，需要调整接线方向。将原理图修改完成之后，需要再次更新报表内容。如果要更新整个项目报表，则需要选中项目名称；如果只是更新某一类报表，则可以选中该报表的位置代号，选择【工具】>【报表】>【更新】命令，即可实现报表内容的更新，如图 5-118 所示。

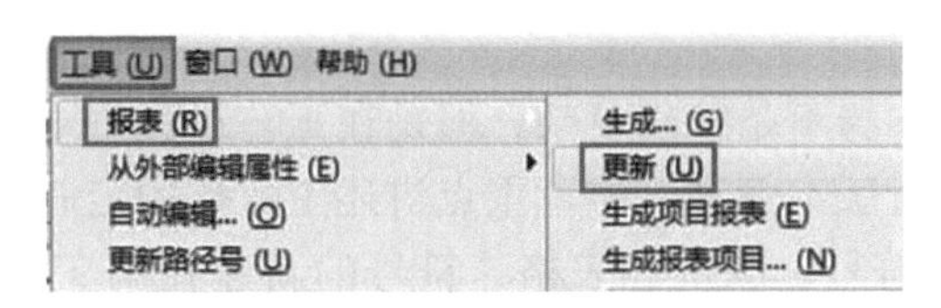

图 5-118　报表更新

5.9 项目总结

本章重点介绍了面向对象设计中的 PLC 三种设计方法以及 2D 安装板布局图的设计。根据项目的实际需要以及 PLC 的类型，可以选择三种设计方法进行灵活设计。在 2D 机柜布局图设计中，可以在部件库中关联安装板图形宏，软件会根据安装数据信息自动驱动符号宏的大小。

第6章　某消防风机设计系统

6.1　项目概述

消防风机项目的原理本身不是特别复杂，但是在工艺过程中对报表有一定的要求，项目多次被修改，所以需要进行版本管理。本章重点讲述主数据的定制、项目管理和模板保存等内容。EPLAN 主数据包括符号、图框和表格，符号的新建在第 3 章中已有介绍。在本章中主要介绍企业图框和工艺报表的定制，这也是企业个性化定制的一个内容。翻译功能主要针对国外项目的设计，通过翻译功能可以快速完成各种项目语言之间的切换。在项目设计过程中图样的修改是经常发生的事，如何对项目版本及修改内容进行管理，这就需要使用软件的修订功能。

6.2　项目新建

首先创建消防风机项目，选择【项目】 > 【新建】命令，在弹出的界面中定义项目名称，选择项目保存路径和模板，填写创建日期和创建者，如图 6-1 所示。

单击【确定】按钮，软件自动导入模板及主数据信息，弹出项目属性对话框，定义项目“属性”和“结构”内容，如图 6-2 所示。

图 6-1　项目新建

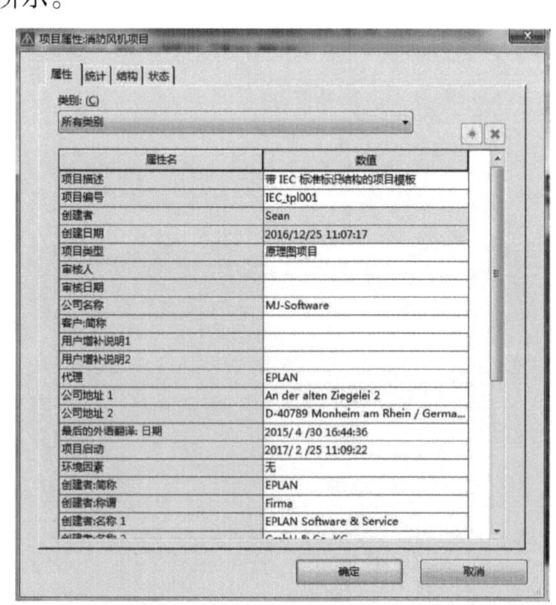

图 6-2　项目属性

完成项目属性配置后，单击【确定】按钮，项目名称自动显示在页导航器中，完成项目新建，如图 6-3 所示。

图 6-3　项目新建完成

6.3　主数据定制

6.3.1　图框定制

项目新建完成后，选择菜单命令【工具】>【主数据】>【图框】新建图框。新建图框有三种方式：

- 复制软件自带图框模板，修改模板图框外形。
- 新建一个全新的图框，添加图框属性及绘制图框外形。
- 复制软件自带图框模板，删掉模板图框外形，导入 CAD 图框外形。

在这里采用第三种新建图框方式，这种方式既可以减少添加图框属性的工作量，又能省去绘制图框外形的工作。

首先复制一个软件自带的 A3 图框模板，选择【工具】>【主数据】>【图框】>【复制】命令，如图 6-4 所示。

在弹出的“复制图框”界面中，选中“FN1_001”图框，勾选右侧“预览”选项，单击【打开】按钮，如图 6-5 所示。

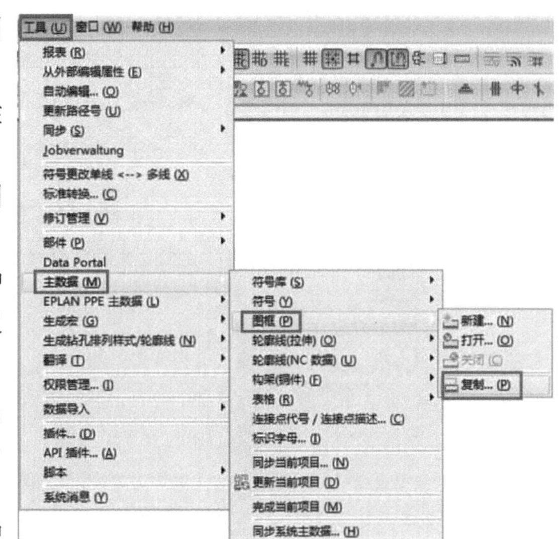

图 6-4　图框复制命令

弹出“创建图框”界面，在“文件名”栏填写新建图框的名称，如图 6-6 所示。

单击【保存】按钮，在页导航器中显示新建的图框名称，在图形编辑器中显示图框外形及相关属性，如图 6-7 所示。

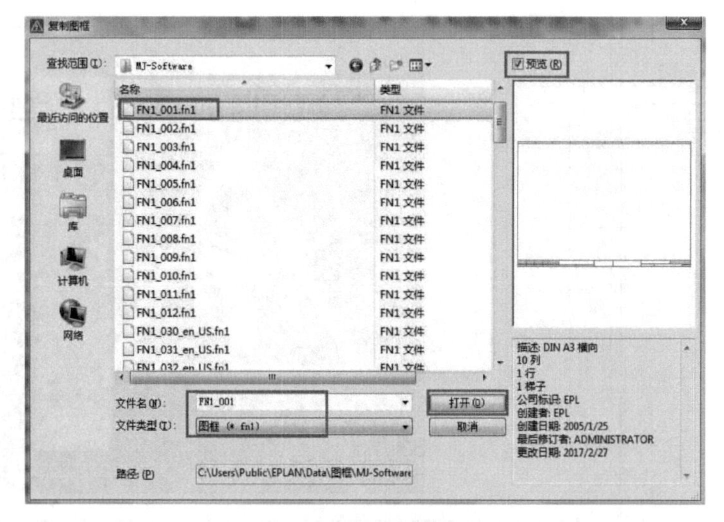

图 6-5　复制图框

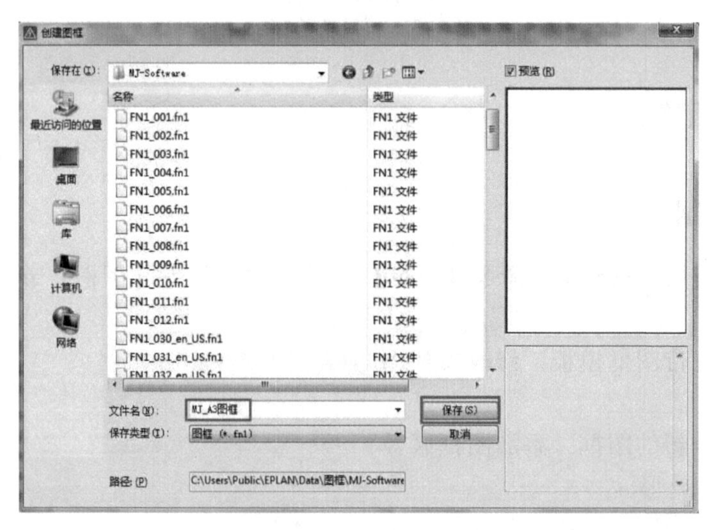

图 6-6　创建图框

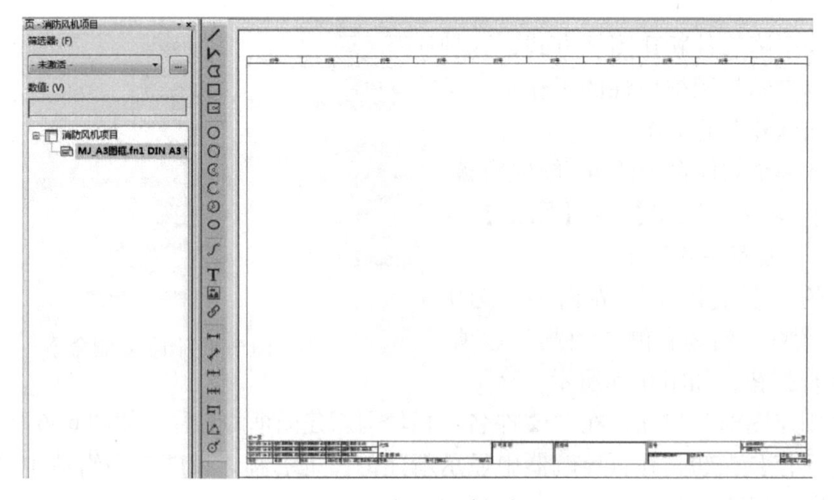

图 6-7　打开新建图框

在图框编辑器中，首先将默认图框移至图形区右侧，为了确定图框的坐标原点，可以绘制一个“矩形”，在矩形属性中输入“起点”和“终点”坐标，如图6-8所示。

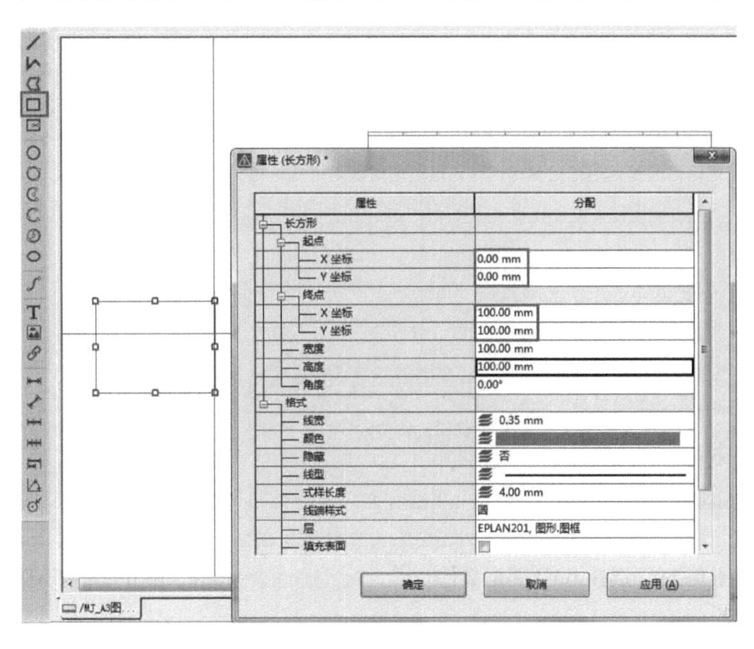

图6-8　输入起点、终点坐标

单击【确定】按钮，矩形框的左下角即为坐标原点，如图6-9所示。

图框原点确定后，将CAD图框导入图框编辑界面中，选择【插入】>【图形】>【DXF/DWG】命令，如图6-10所示。

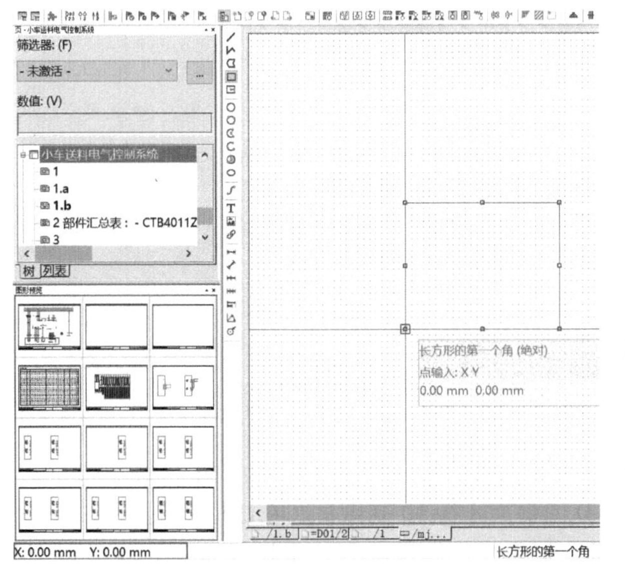

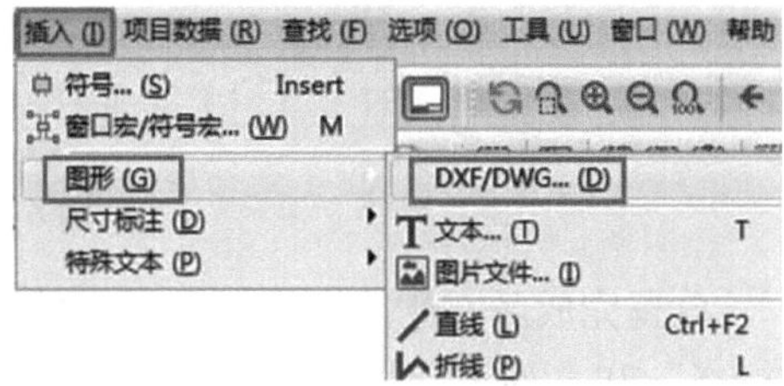

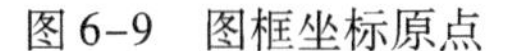

图6-9　图框坐标原点　　　　图6-10　导入CAD图框命令

在弹出的界面中，选择CAD图框路径及文件，单击【打开】按钮，如图6-11所示。

在弹出的“DXF/DWG导入”界面中，选择“默认”配置，单击【确定】按钮。在弹出的“导入格式化”界面中，输入图框“宽度”数值为420 mm，“高度”数值为297 mm，即A3图框的标准尺寸，如图6-12所示。

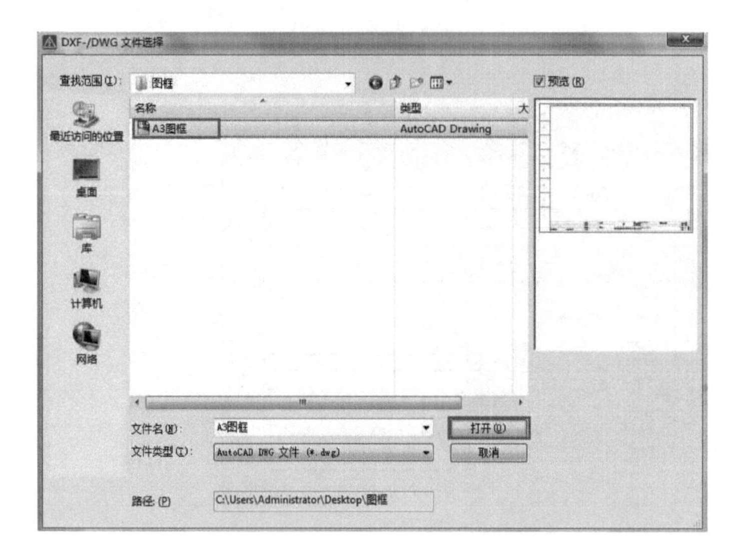

图6-11　选择CAD图框文件

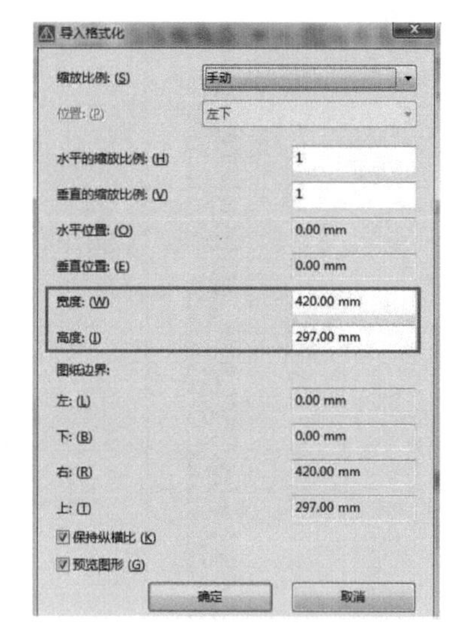

图6-12　CAD图框格式定义

单击【确定】按钮，将导入的CAD图框的左下角与“矩形”框的左下角重合，在放置CAD图框时一定要将“捕捉”打开，设置栅格为“A”，如图6-13所示。

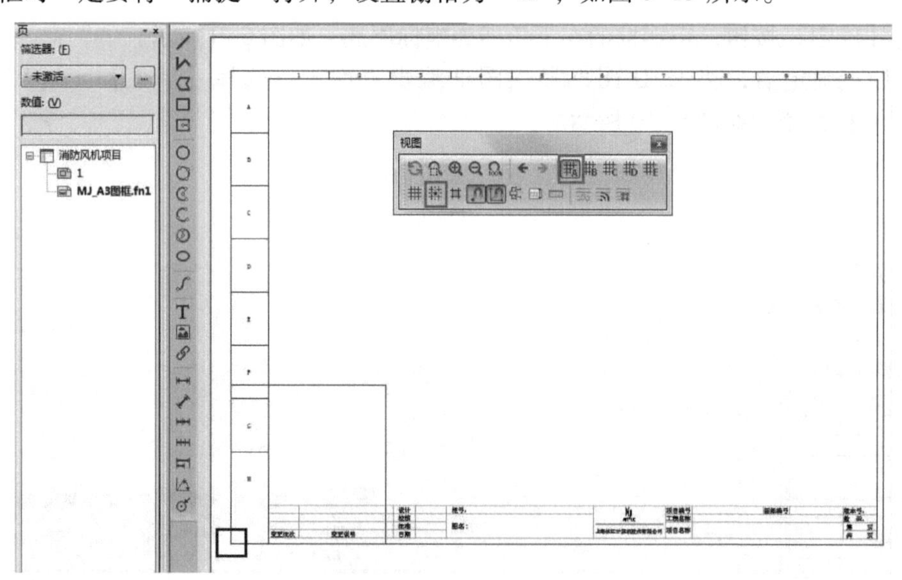

图6-13　CAD图框导入

放置完成后，删除矩形框。导入的CAD图框为8行10列图框，在图框“属性”中添加“行高”和“列宽”属性。在添加属性之前，设置显示属性编号，选择【选项】>【设置】>【用户】>【显示】>【用户界面】命令，在右侧的窗口中勾选“显示标识性的编号”和“在名称后”两个选项，如图6-14所示。

单击【确定】按钮，设置完后，在页导航器中选中图框文件，鼠标右键选择“属性”

命令，如图 6-15 所示。

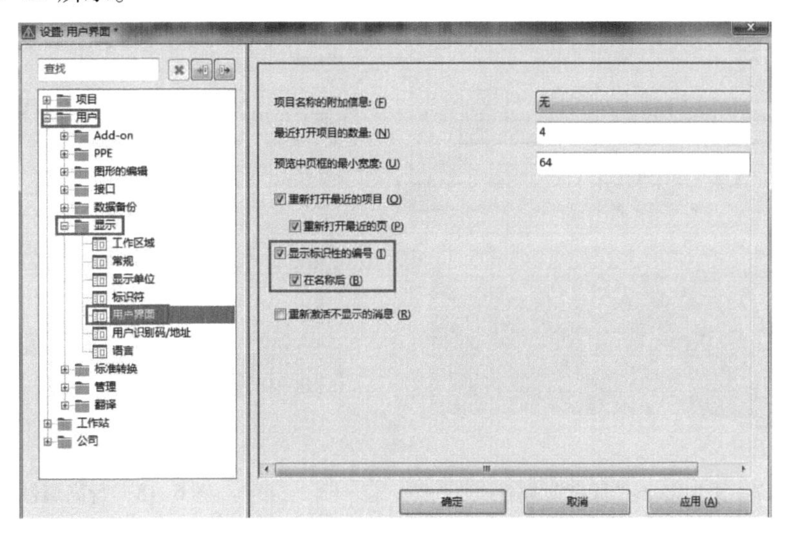

图 6-14　设置属性编号显示

在弹出的“图框属性”界面，可以看到属性名称后面有编号显示，例如，梯数 <12007 >后面的数字编号。由于该新建图框属于复制的模板图框，所以在图框属性中已自带部分属性，这个也防止了在新建图框时遗漏部分属性，导致图框出现问题。在图框属性中，设置图框“列数”为 10，“行数”为 8，“图框尺寸 X 轴”为 420.00 mm，“图框尺寸 Y 轴”为 297.00 mm，如图 6-16 所示。

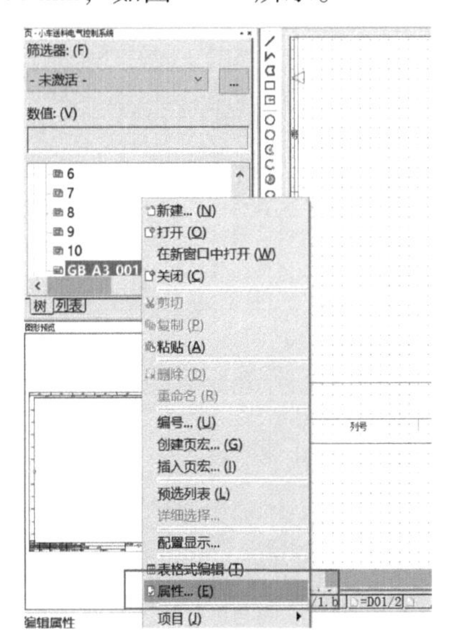

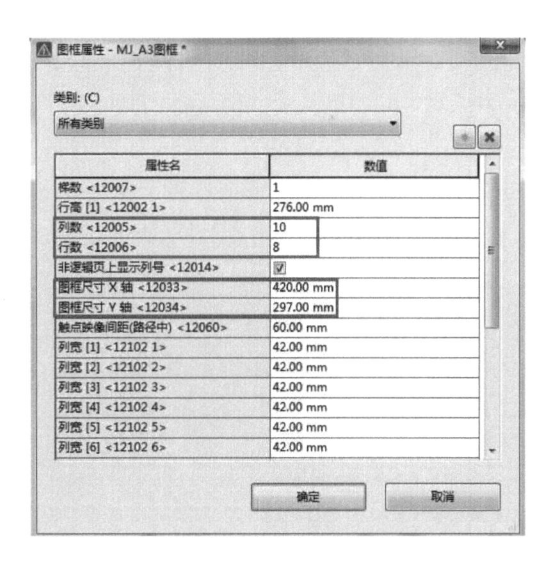

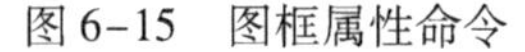

图 6-15　图框属性命令　　　　图 6-16　图框行列数及尺寸配置

单击图框属性栏中的 按钮，添加“行高”属性。在默认图框属性中已有 10 个“列宽”属性，1 个“行高”属性，所以不用再添加“列宽”属性，需再添加 7 个“行高”属性，在属性列表中可一次选中多个“行高”属性进行添加，如图 6-17 所示。

单击【确定】按钮，完成“行高”属性名的添加，如图 6-18 所示。

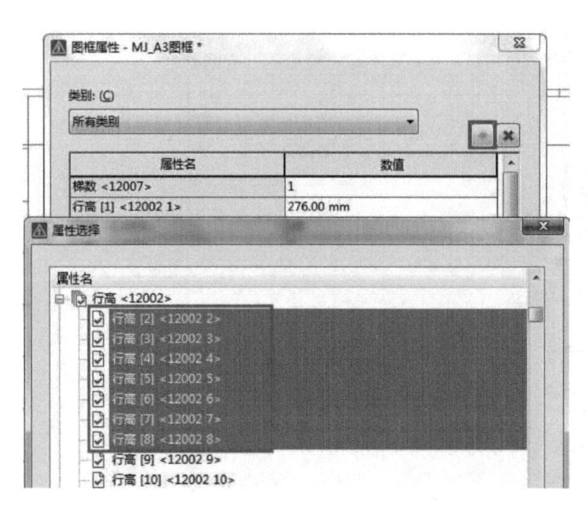

图 6-17　添加多个“行高”属性

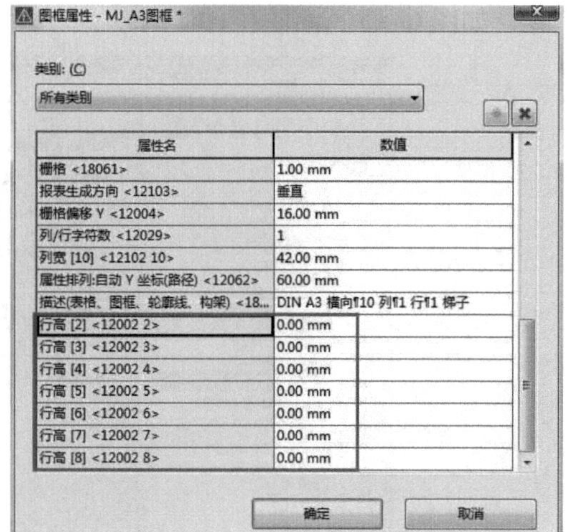

图 6-18　行高属性

完成“列宽”和“行高”属性添加后，单击【确定】按钮，在图框编辑界面中，计算图形上的“列宽”和“行高”数值。CAD 图框中的行、列都是等间距分配，列的起点向 X 轴偏移了 24 mm，在列的终点处有 4 mm 边框；行的终点向 Y 轴偏移了 24 mm，在行的起点处有 5 mm 的列高，如图 6-19 所示。

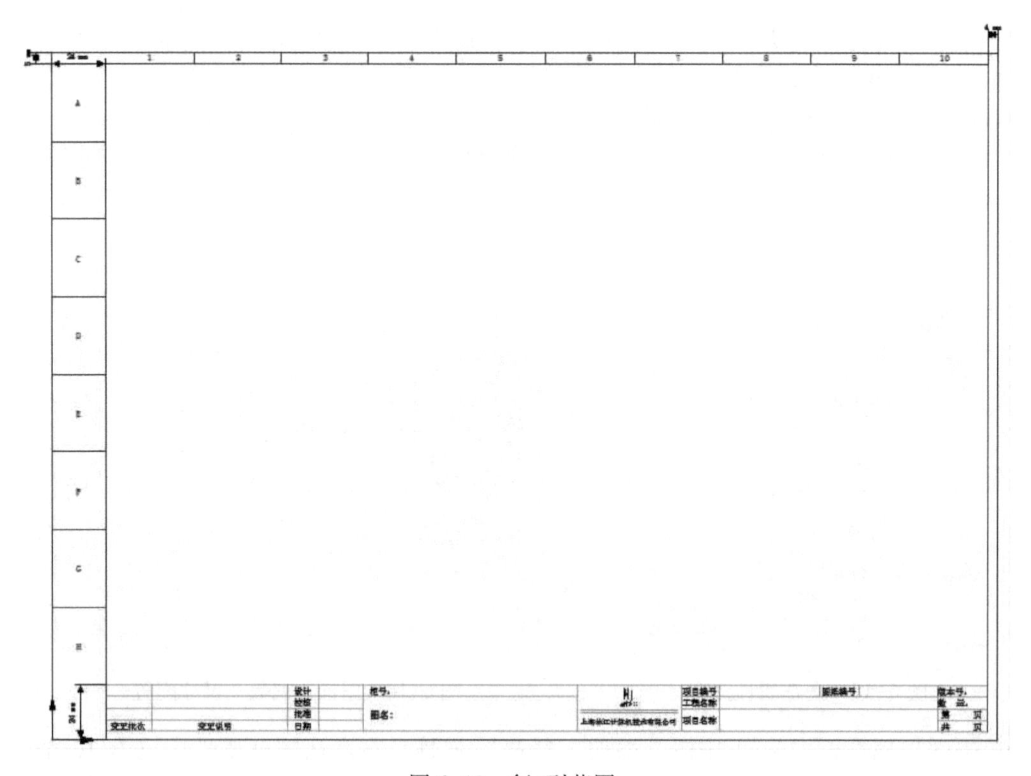

图 6-19　行/列范围

根据 A3 图框的标准尺寸 420 mm * 297 mm，计算每列的“列宽”为(420 - 24 - 4)/10 mm = 39.2 mm，每行的“行高”为(297 - 24 - 5)/8 mm = 33.5 mm。在图框属性中的每个

“列宽”数值中填入 39. 20 mm，每个“行高”数值中填入 33. 50 mm。由于图框的绘图区未在坐标原点处，所以需要在图框属性中添加“栅格偏移 X”和“栅格偏移 Y”属性名，根据 CAD 图框的偏移量设置数值为 24 mm，如图 6-20 所示。

属性名	数(
梯数 <12007>	1
行高 [1] <12002 1>	33.50 mm
行高 [2] <12002 2>	33.50 mm
行高 [3] <12002 3>	33.50 mm
行高 [4] <12002 4>	33.50 mm
行高 [5] <12002 5>	33.50 mm
行高 [6] <12002 6>	33.50 mm
列数 <12005>	10
行数 <12006>	8
非逻辑页上显示列号 <12...	☑
图框尺寸 X 轴 <12033>	420.00 mm
图框尺寸 Y 轴 <12034>	297.00 mm
触点映像间距(路径中) <1...	60.00 mm
列宽 [1] <12102 1>	39.20 mm
列宽 [2] <12102 2>	39.20 mm
列宽 [3] <12102 3>	39.20 mm
列宽 [4] <12102 4>	39.20 mm
列宽 [5] <12102 5>	39.20 mm
列宽 [6] <12102 6>	39.20 mm
列宽 [7] <12102 7>	39.20 mm
列宽 [8] <12102 8>	39.20 mm
列宽 [9] <12102 9>	39.20 mm

属性名	数(
图框尺寸 Y 轴 <12034>	297.00 mm
触点映像间距(路径中) <1...	60.00 mm
列宽 [1] <12102 1>	39.20 mm
列宽 [2] <12102 2>	39.20 mm
列宽 [3] <12102 3>	39.20 mm
列宽 [4] <12102 4>	39.20 mm
列宽 [5] <12102 5>	39.20 mm
列宽 [6] <12102 6>	39.20 mm
列宽 [7] <12102 7>	39.20 mm
列宽 [8] <12102 8>	39.20 mm
列宽 [9] <12102 9>	39.20 mm
栅格 <18061>	1.00 mm
报表生成方向 <12103>	垂直
行高 [7] <12002 7>	33.50 mm
行高 [8] <12002 8>	33.50 mm
栅格偏移 Y <12004>	24.00 mm
列/行字符数 <12029>	1
列宽 [10] <12102 10>	39.20 mm
属性排列:自动 Y 坐标(路...	60.00 mm
描述(表格、图框、轮廓线...	DIN A3 横向¶10 列¶
栅格偏移 X <12003>	24.00 mm

图 6-20　行高、列宽数值

设置完图框属性中的“行高”“列宽”数值之后，在图框编辑器界面中添加“特殊文本”。在 CAD 图框的列数字和行字母处添加“列文本”和“行文本”，选择【插入】>【特殊文本】>【列文本/行文本】命令，如图 6-21 所示。

将“列文本”和“行文本”一一放置在图框列行中，另外，选择【工具】>【重新放置列文本和行文本】命令，可快速将所有的列、行文本一次自动放置在图框列行中，如图 6-22 所示。

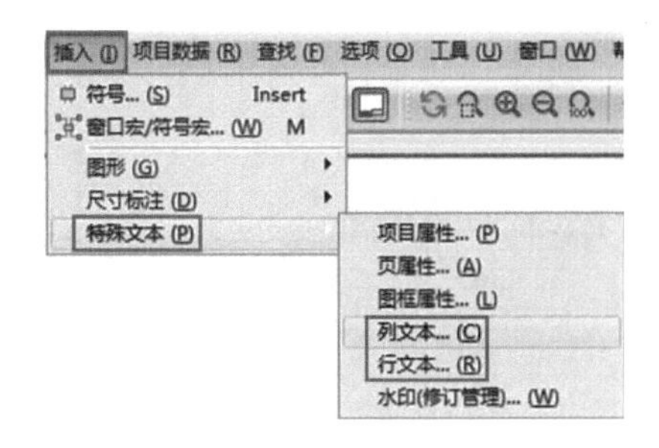

图 6-21　图框行列文本

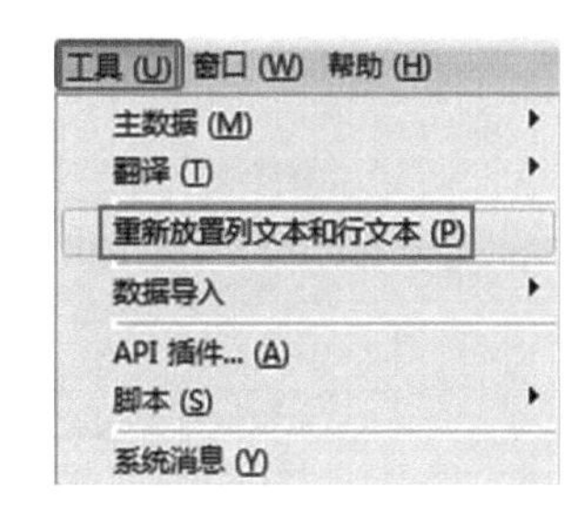

图 6-22　重新放置列文本和行文本命令

选择“重新放置列文本和行文本”命令后，列、行文本根据图框属性中设定的数据，自动显示在图框列行中，如图 6-23 所示。

修改图框中的“列号”“行号”格式方向为正中，选中一个“行号”后单击鼠标右键选择“相同类型的对象”，如图 6-24 所示。

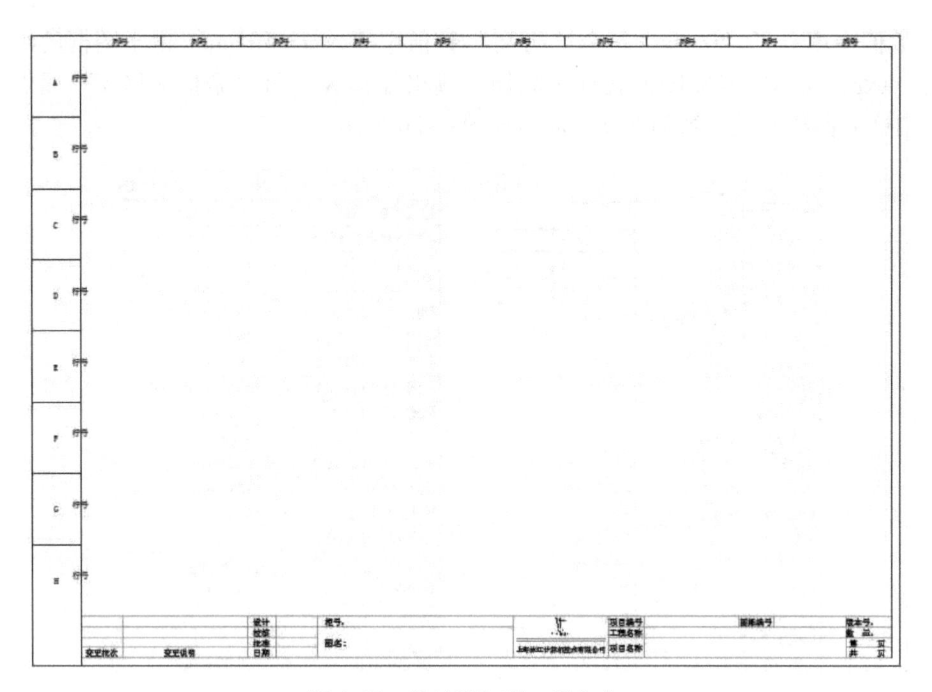

图 6-23　快速添加列、行文本

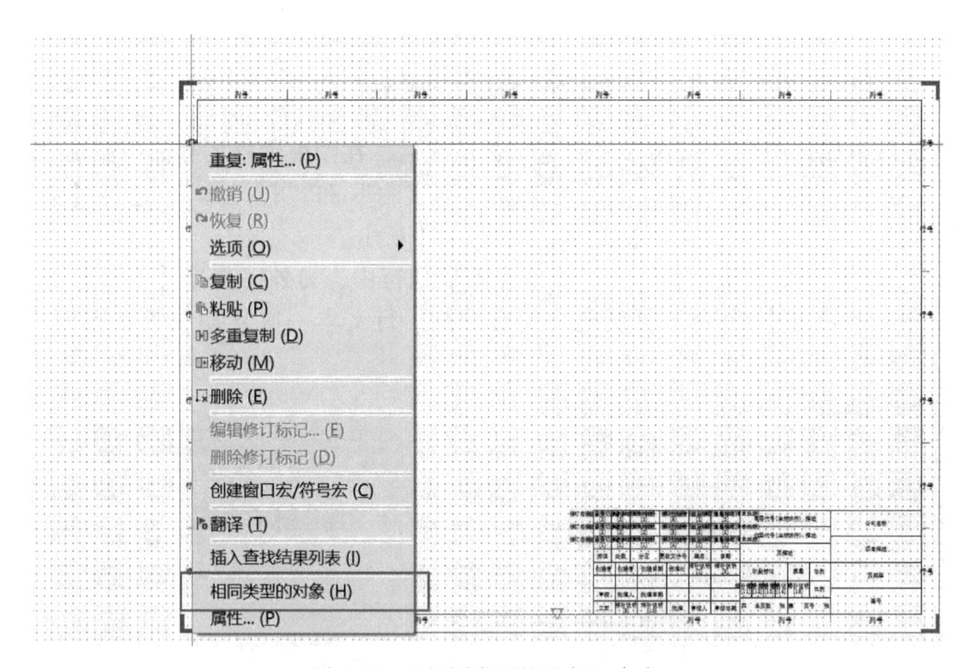

图 6-24　“相同类型的对象”命令

这样图框中的“列号”和“行号”全部被选中，然后选中一个“行号”单击鼠标右键选择“属性”，在属性“格式”栏中设置“方向”为正中，如图 6-25 所示。

单击【确定】按钮，分别框选“列号”和“行号”，将其移至图框的列数字和行字母处，“列号”和“行号”的字体和颜色可以根据之前 CAD 的数字和字母格式进行设置，设置完成后删除原有的数字和字母，如图 6-26 所示。

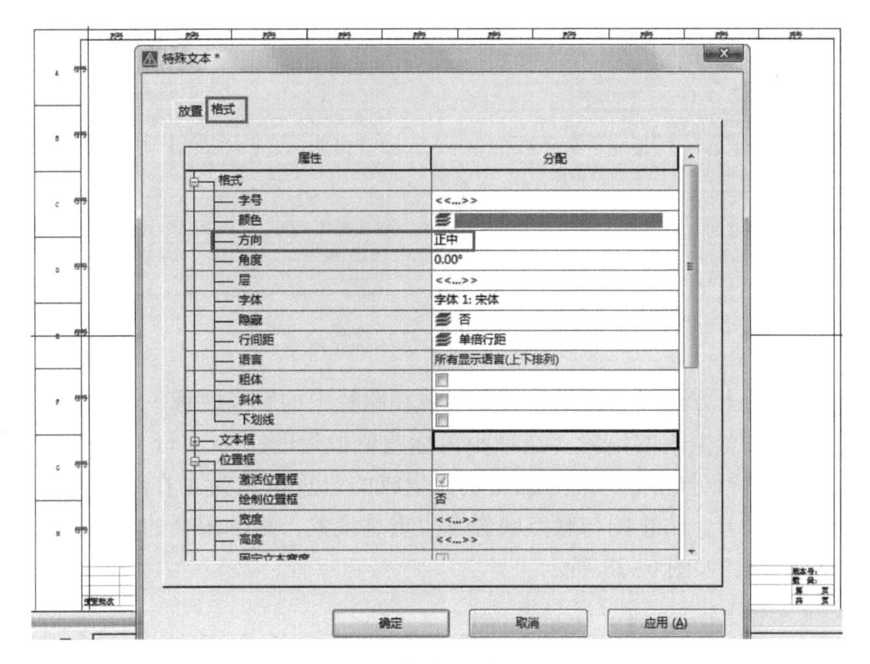

图 6-25　修改列/行号方向

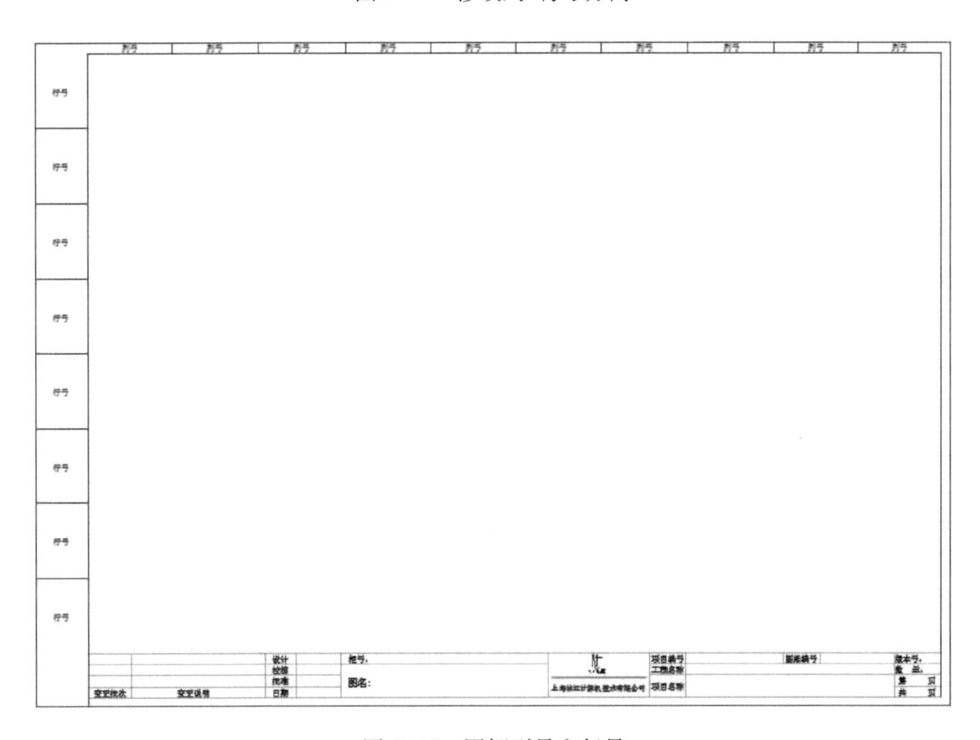

图 6-26　图框列号和行号

设置完成后，打开“图框属性”界面。添加“设置列编号格式”“设置行编号格式”和“起始值（列)”“起始值（行)”属性名，设置“列/行字符数”为 1，“设置列编号格式”为数字，“起始值（列)”为 1；“设置行编号格式”显示为字母数字，“起始值（行)”为 0，如图 6-27 所示。

列数 <12005>	10
行数 <12006>	8
设置行编号格式 <12009>	字母数字
非逻辑页上显示列号 <12...	☑
起始值(列) <12025>	1
图框尺寸 X 轴 <12033>	420.00 mm
图框尺寸 Y 轴 <12034>	297.00 mm
触点映像间距(路径中) <1...	60.00 mm
列宽 [1] <12102 1>	39.20 mm
列宽 [2] <12102 2>	39.20 mm

行高 [7] <12002 7>	33.50 mm
行高 [8] <12002 8>	33.50 mm
栅格偏移 X <12003>	24.00 mm
栅格偏移 Y <12004>	24.00 mm
列/行字符数 <12029>	1
列宽 [10] <12102 10>	39.20 mm
属性排列:自动 Y 坐标(路...	60.00 mm
描述(表格、图框、轮廓线...	DIN A3 横向¶10 列¶
设置列编号格式 <12011>	数字
起始值(行) <12026>	0

图 6-27　列/行号格式属性设置

在图框标题栏的上方选择合适的位置，生成在路径中的触点映像，也就是继电器或接触器线圈下方的映像触点生成的位置。选择距离标题栏最近的一个“行分隔线”为触点映像生成的位置。选择“行分隔线”作为触点映像生成的位置也是为了在绘制原理图时，将图纸绘制在触点映像以上，防止图与触点映像发生重叠现象，影响图纸的美观。测量其距离底部的高度为 57. 5 mm，如图 6-28 所示。

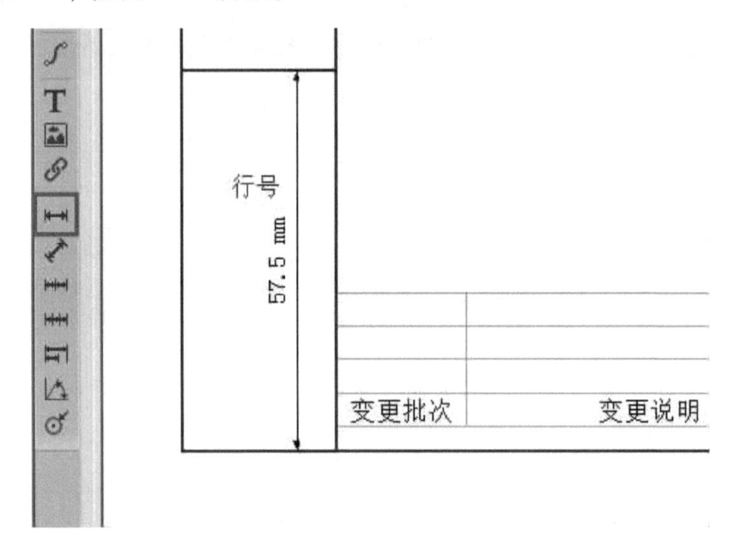

图 6-28　触点映像距离

在图框属性中，设置“触点映像间距（路径中）”为 57. 5 mm，如图 6-29 所示。

设置完成后，关闭图框文件，在弹出的“主数据同步”对话框中，单击【是】按钮。通过新建多线原理图来测试新建图框的列/行号、交互参考及映像触点距离是否显示正确。新建多线原理图时，在“页属性”界面中选择“图框名称”为 MJ_A3 图框，如图 6-30 所示。

图框尺寸 X 轴 <12033>	420.00 mm
图框尺寸 Y 轴 <12034>	297.00 mm
触点映像间距(路径中) <1...	57.50 mm
列宽 [1] <12102 1>	39.20 mm
列宽 [2] <12102 2>	39.20 mm
列宽 [3] <12102 3>	39.20 mm
列宽 [4] <12102 4>	39.20 mm
列宽 [5] <12102 5>	39.20 mm
列宽 [6] <12102 6>	39.20 mm

图 6-29　触点映像间距属性值设置

属性名	数值
表格名称 <11015>	
图框名称 <11016>	MJ_A3图框
比例 <11048>	1:1
栅格 <11051>	4.00 mm
图号 <11030>	

图 6-30　图框选择

选择完成后，单击【确定】按钮，打开多线原理图，查看“列号”和“行号”是否为数字和字母，包括起始值的显示。在图框中插入线圈和触点符号，查看交互参考是否显示行、列坐标及线圈下方的触点映像生成位置是否在设定的“行分隔线”处。经过测试，新建图框的列/行号、交互参考及触点映像显示正确，如图 6-31 所示。

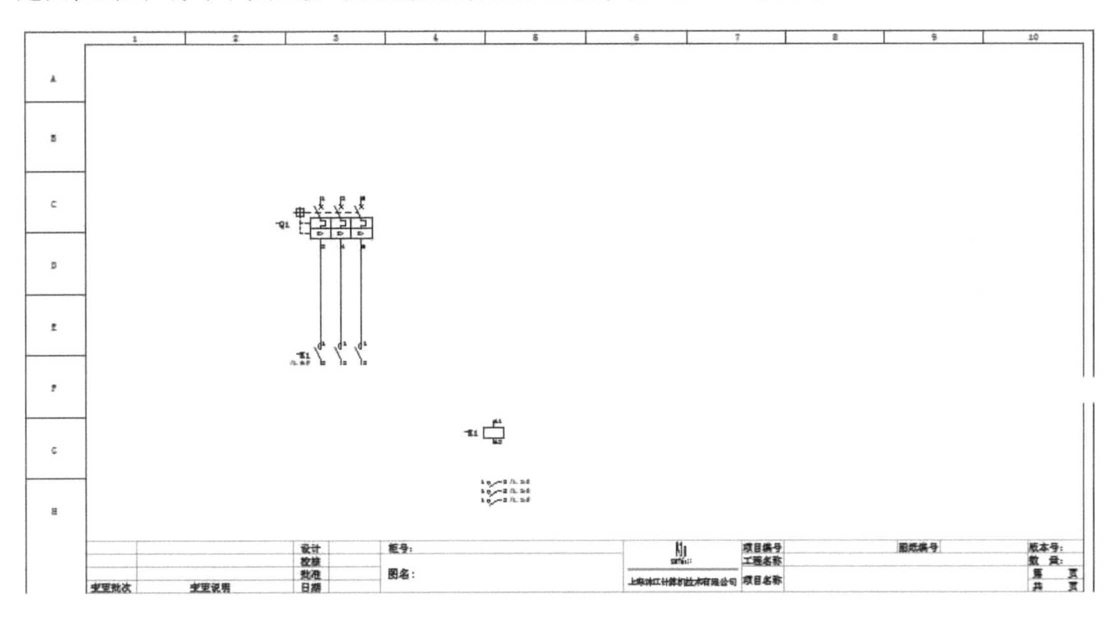

图 6-31　图框列/行测试

图框列/行测试完成后，打开图框编辑器，添加标题栏中显示的“项目属性”和“页属性”。将软件自带的图框模板中的属性名添加到新建的图框中，通过查看图框模板标题栏中的名称与属性名的对应关系，可以帮助我们了解所要添加属性的含义及完成属性快速添加。将图框模板中的“位置代号”放置在新建图框的“柜号”处，将“页描述”放置在“图名”处，将“图号”放置在“图纸编号”处，将“页名”放置在“第 页”处，等等，如图 6-32 所示。

柜号： +位置代号	MJ SOFTWARE	项目编号 项目编号	图纸编号 图号	版本号：
		工程名称		数 量：
图名： 页描述	上海沐江计算机技术有限公司	项目名称		第 页名 页 共 总页数 页

图 6-32　属性添加

软件自带图框中没有的属性可以通过【插入】>【特殊文本】>【项目属性/页属性】命令添加，至于这个属性是在项目属性还是页属性中，这就需要好好查看一下各个属性名称后面的数值后进行添加。例如，新建图框标题栏中的“设计”属性，这个在软件自带属性中是没有的，所以需要用“用户增补说明”进行代替。如果这个项目是一个人设计的，希望每页图纸中的设计人员都是同一个人，那么就可以用“项目属性”中的“用户增补说明”进行替代；如果在项目协同设计时需要知道哪些图纸是谁设计的，则可以用“页属性”中的“用户增补说明”进行替代。总而言之，“项目属性”中的属性名类似“全局变量”，“页属性”中的属性名类似“局部变量”。新建图框中的“项目名称”属于项目属性，单击

【确定】按钮进行添加，如图 6-33 所示。

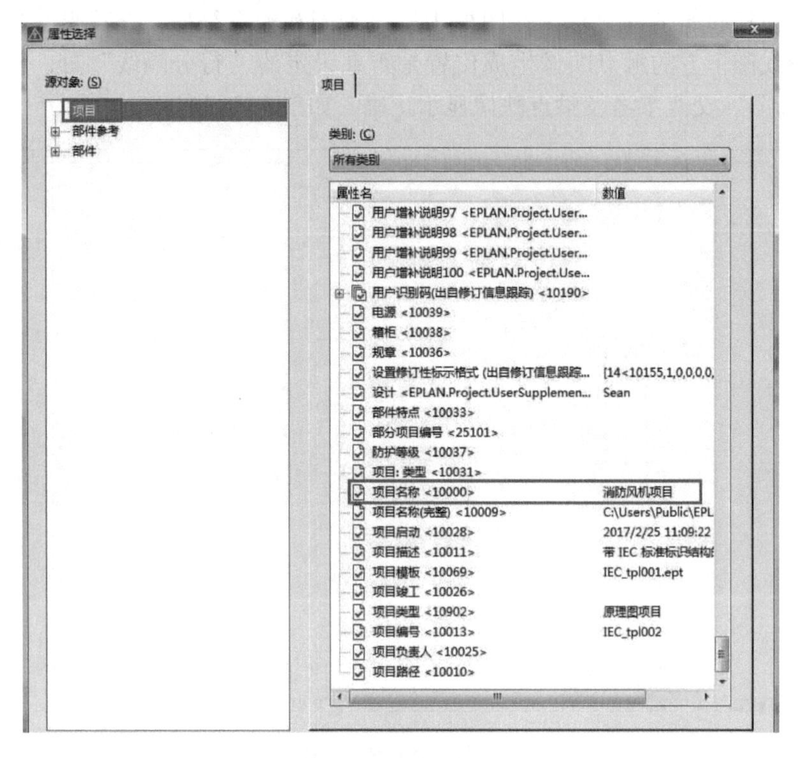

图 6-33 项目属性

将“页属性”中的“修订索引”和“修订描述”属性名添加到新建图框的“变更批次”和“变更说明”栏中，如图 6-34 所示。

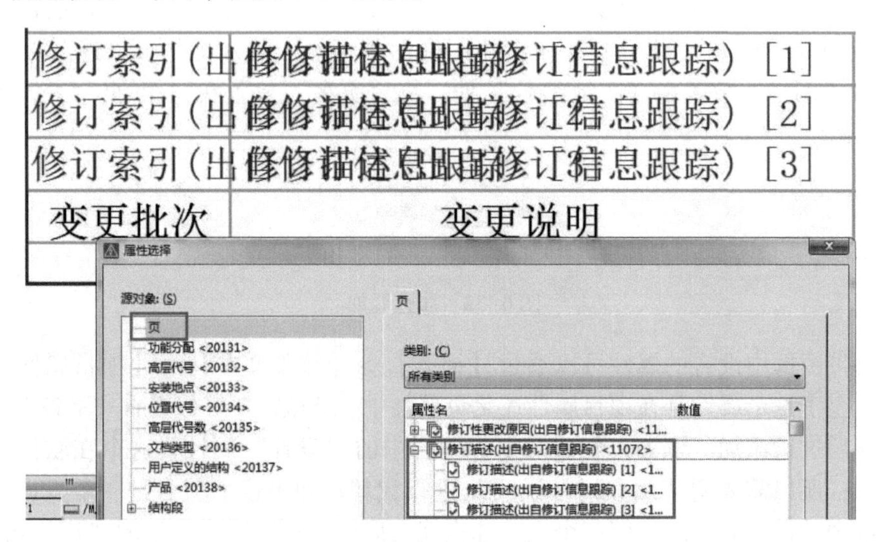

图 6-34 页属性

在新建图框标题栏中依次添加其他与之对应的属性名，添加完成后删掉默认图框模板，如图 6-35 所示。

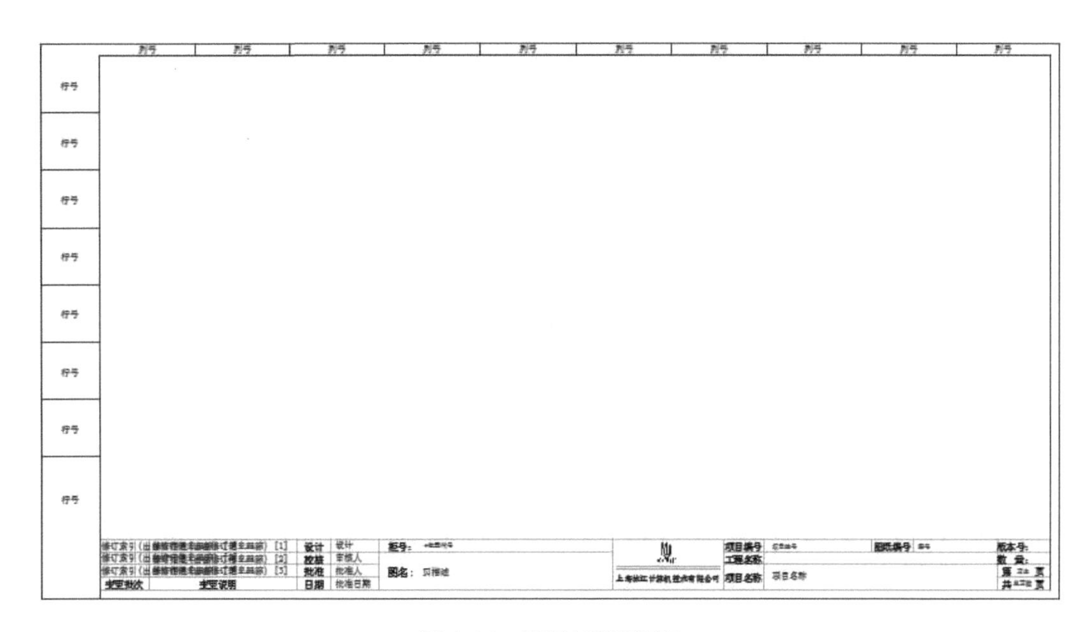

图 6-35　图框标题栏属性

关闭图框文件，在弹出的“主数据同步”对话框中单击【是】按钮。选择【选项】>【设置】>【项目（项目名称）】>【管理】>【页】命令，设置“默认图框”为 MJ_A3 图框，如图 6-36 所示。这样项目中新建的页都会选择默认图框。

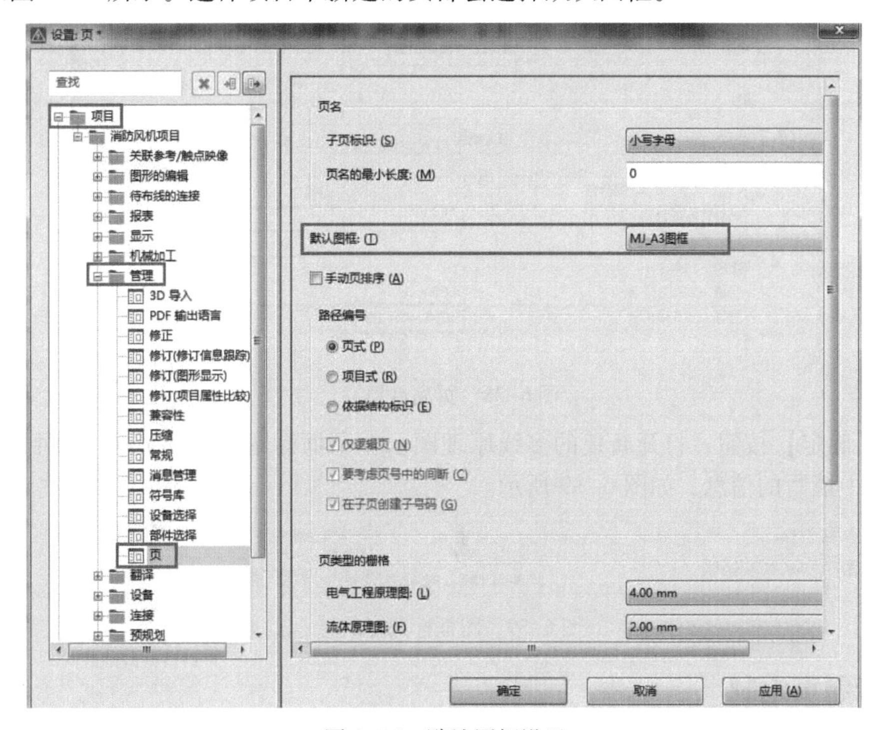

图 6-36　默认图框设置

设置完成后，打开“项目属性”对话框，填写“设计”“审核人”“批准人”及“项目编号”等项目属性内容，如图 6-37 所示。

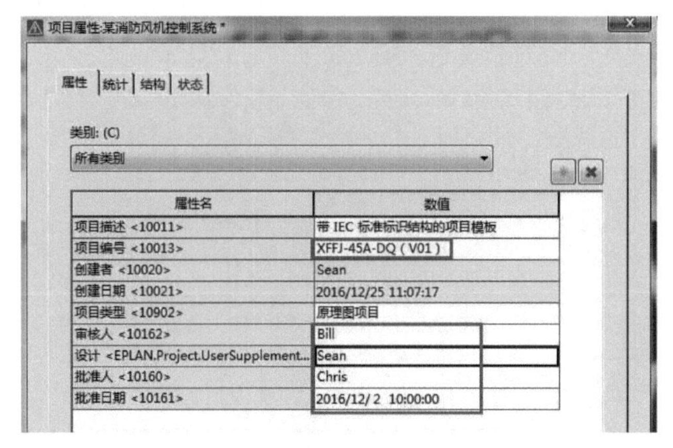

图 6-37　项目属性填写

在页导航器中，新建一张多线原理图，在“页属性”中定义完整页名，填写页描述和图号信息，如图 6-38 所示。

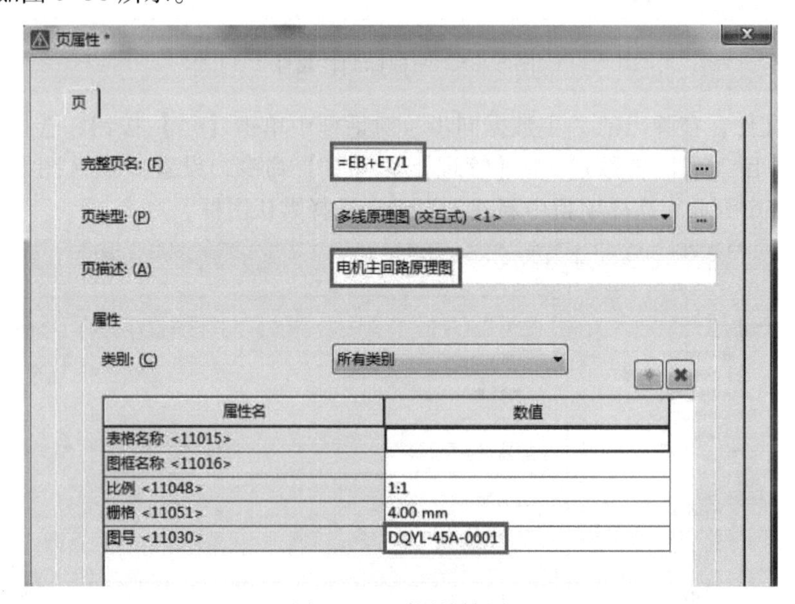

图 6-38　页属性填写

单击【确定】按钮，打开新建的多线原理图，在图框标题栏自动显示“项目属性”和“页属性”中填写的信息，如图 6-39 所示。

设计	Sean	柜号：+ET	上海沐江计算机技术有限公司	项目编号	XFFJ-45A-DQ (V01)	图纸编号	DQYL-45A-0001	版本号：
校核	Bill			工程名称				数 量：
批准	Chris	图名：电机主回路原理图		项目名称	某消防风机控制系统			第 1 页
日期	2016/12/2							共 1 页

图 6-39　图框标题栏信息

6.3.2　标题页定制

标题页主要用于项目封面，有时也被用作技术规范图纸，例如，项目中的导线定义、线号命名规则说明等标准化文档。新建一个如图 6-40 样式的封面，第一行为项目名称，第二行为图纸类型，第三行为项目编号，第四行为公司名称，第五行为项目创建日期。

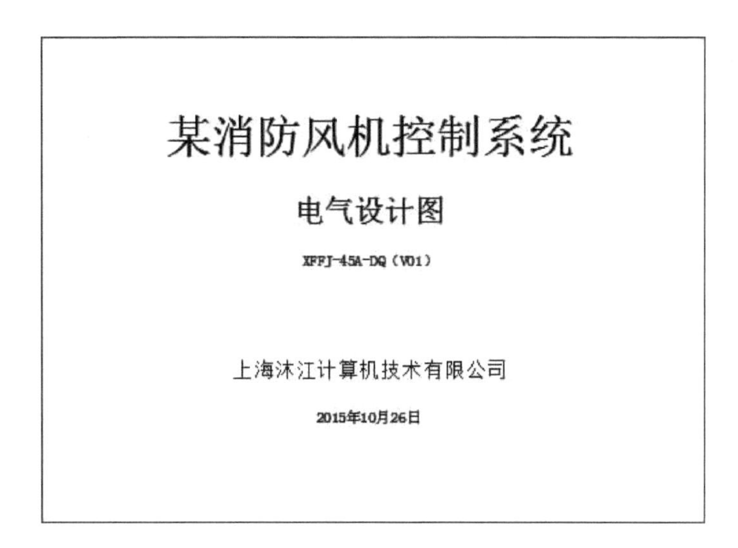

图 6-40　CAD 封页

新建标题页的方法与新建图框方法类似，首先复制一个软件自带的标题页模板。选择【工具】>【主数据】>【表格】>【复制】命令，如图 6-41 所示。

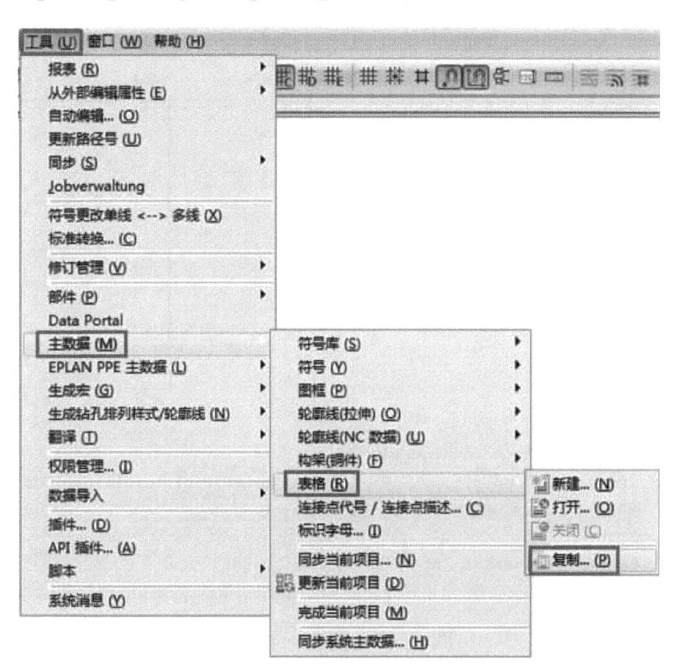

图 6-41　标题页复制命令

在弹出的“复制表格”对话框中，在下方“文件类型”栏中选择“标题页/封页（*.f26）”类型，在软件自带的标题页模板中选择“F26_003. f26”文件，勾选“预览”选项，在右侧的预览区可查看到选中标题页的格式，单击【打开】按钮，如图 6-42 所示。

在“创建表格”对话框中的“文件名”处填写新建标题页的名称为 MJ_A3 封页，如图 6-43 所示。

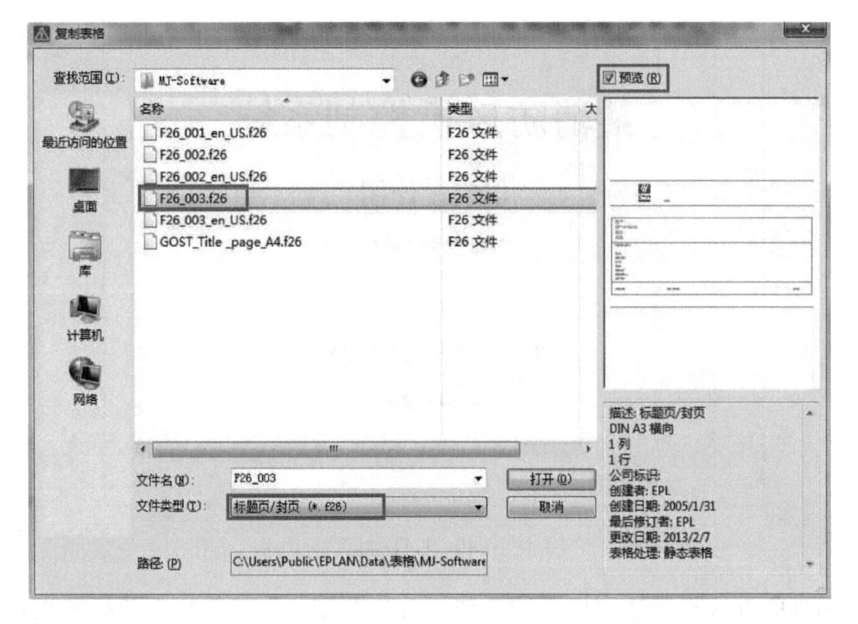

图 6-42　复制标题页

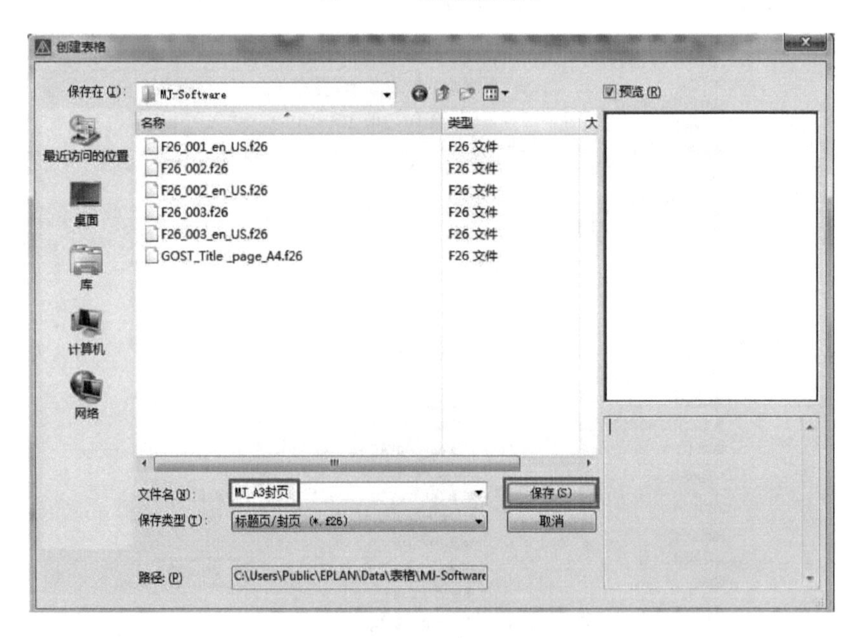

图 6-43　创建标题页

单击【保存】按钮，软件在页导航器中自动打开已复制的标题页，如图 6-44 所示。

由于软件自带标题页的图框和新建的图框不一致，所以有部分图形超出了图框绘图区。这就要求在新建标题页或报表模板时，一定要选择新建的图框进行标题页或报表的新建，否则制作的表格将不在图框绘图区内。如果已复制的标题页不是新建的图框，通过单击页导航器中标题页名称“MJ_A3 封页”后鼠标右键选择“属性”，在弹出的“表格属性”界面中，单击按钮，添加“用于表格编辑的图框”属性，选择自己新建的图框，如图 6-45 所示。

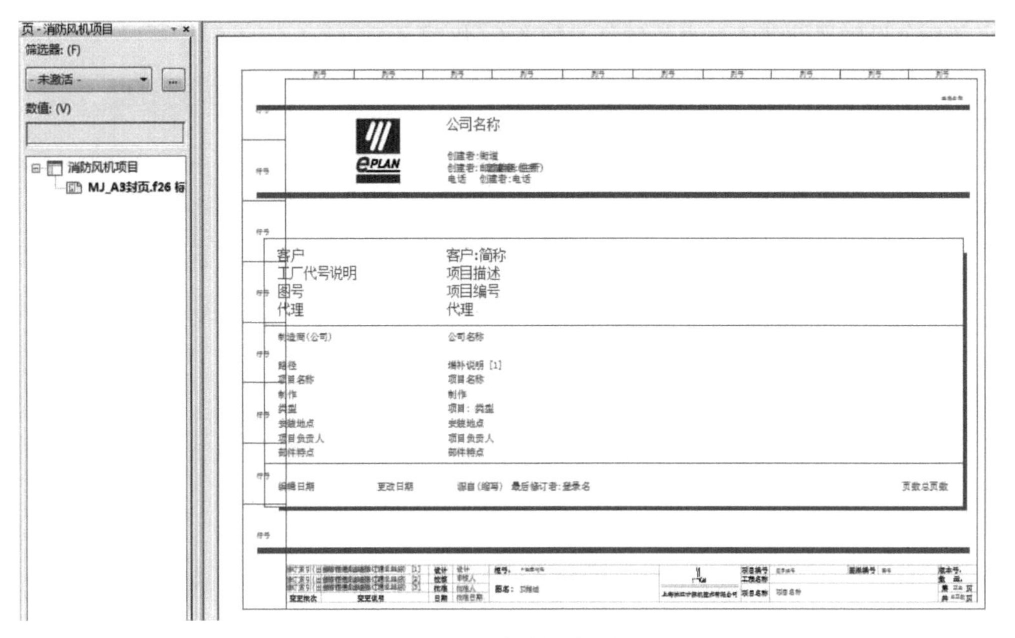

图 6-44　已复制的标题页

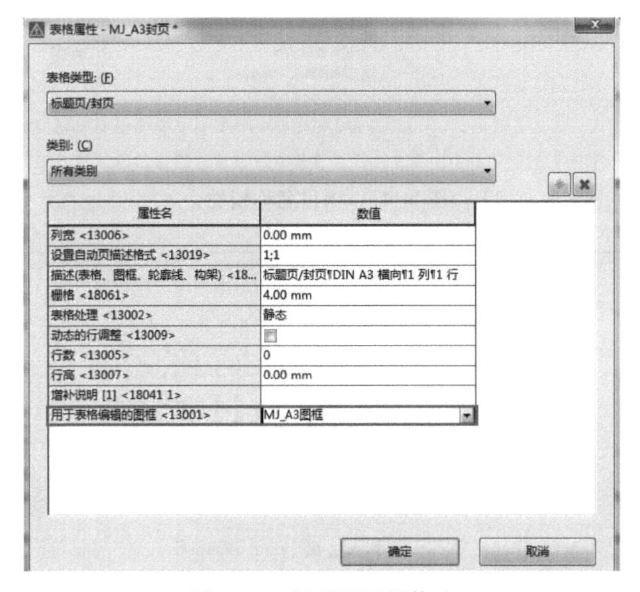

图 6-45　标题页图框修改

图框选择完成后，单击【确定】按钮。在表格编辑器中，删除模板自带的图形和部分属性名，选择【插入】>【特殊文本】>【项目属性】命令，如图 6-46 所示。

图 6-46　项目属性命令

在弹出的“属性选择”对话框中，添加“项目名称”属性，如图 6-47 所示。

其他属性名如“项目编号”“公司名称”和“创建日期”等属性名按照此方法依次添加到标题页中。为了保证新建标题页中的属性名与之前 CAD 封页的格式及位置一致，可以将 CAD 图形导入标题页中，根据 CAD 封页中各名称的字体大小及颜色设置属性名的大小及颜色，如图 6-48 所示。

图 6-47　项目名称属性

图 6-48　设置属性名格式

将各个属性名与对应文字重合，修改属性名颜色，“电气设计图”可以采用之前 CAD 图形。修改完成后，删除之前 CAD 封页内容，如图 6-49 所示。

图 6-49　新建标题页

在页导航器中单击鼠标右键“关闭”标题页文件，并且新建一张多线原理图页，否则标题页无法生成。选择【工具】>【报表】>【生成】命令，在弹出的界面中选择【设置】>【输出页】选项，设置“标题页/封页”表格模板，如图 6-50 所示。

设置:输出为页 *

行	报表类型	表格	页排序	部分输出	合并	报表行的最小...	子页面	字符	
23	插头总览	F23_001	总计				☑	按字母顺序降...	0
24	结构标识符总览	F24_001	总计				☑	按字母顺序降...	0
25	符号总览	F25_001	总计		☐	1	☑	按字母顺序降...	0
26	标题页/封页	MJ_A3封页	总计				☑	按字母顺序降...	0
27	连接列表	F27_001	总计				☑	按字母顺序降...	0
28	占位符对象总览	F30_001	总计				☐	按字母顺序降...	0
29	项目选项总览	F29_001	总计				☐	按字母顺序降...	0
30	制造商/供应...	F31_001	总计				☐	按字母顺序降...	0
31	装箱清单		总计		☐	1	☐	按字母顺序降...	0
32	PCT 回路图例	F33_001	总计				☐	按字母顺序降...	0
33	拓扑: 布线路...	F34_001	总计				☐	按字母顺序降...	0
34	拓扑: 布线路...	F35_001	总计		☐	1	☐	按字母顺序降...	0
35	拓扑: 已布线...	F36_001	总计				☐	按字母顺序降...	0
36	过程总览		总计				☐	按字母顺序降...	0
37	预规划:规划对...		总计				☐	按字母顺序降...	0
38	预规划:规划对...		总计		☐	1	☐	按字母顺序降...	0
39	预规划:结构段...		总计				☐	按字母顺序降...	0

图 6-50　设置标题页/封页模板

单击【确定】后，在“报表 - 项目名称”界面下的“报表”选项卡中单击按钮，选择“标题页/封页”报表类型，如图 6-51 所示。

单击【确定】按钮，在页导航器中自动生成项目封页图纸，如图 6-52 所示。

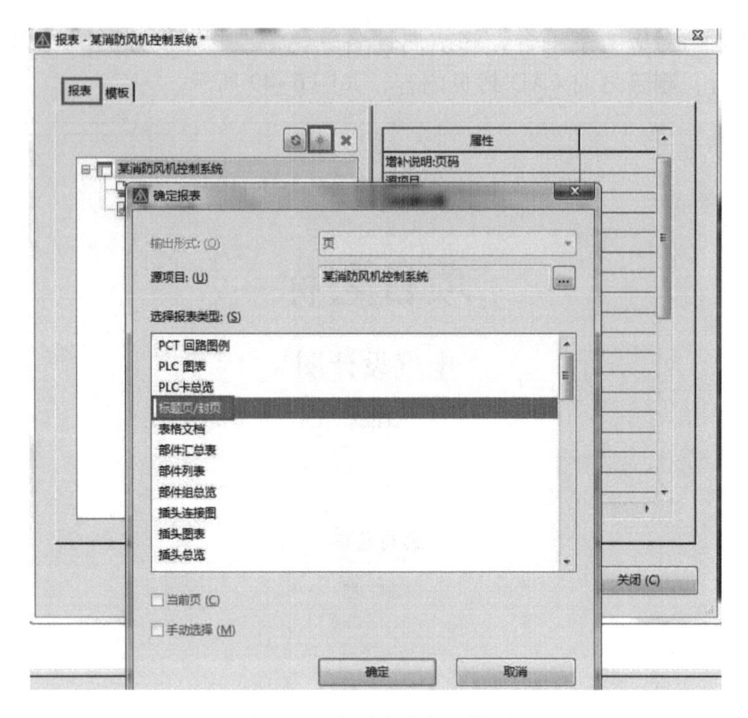

图 6-51　新建标题页/封页

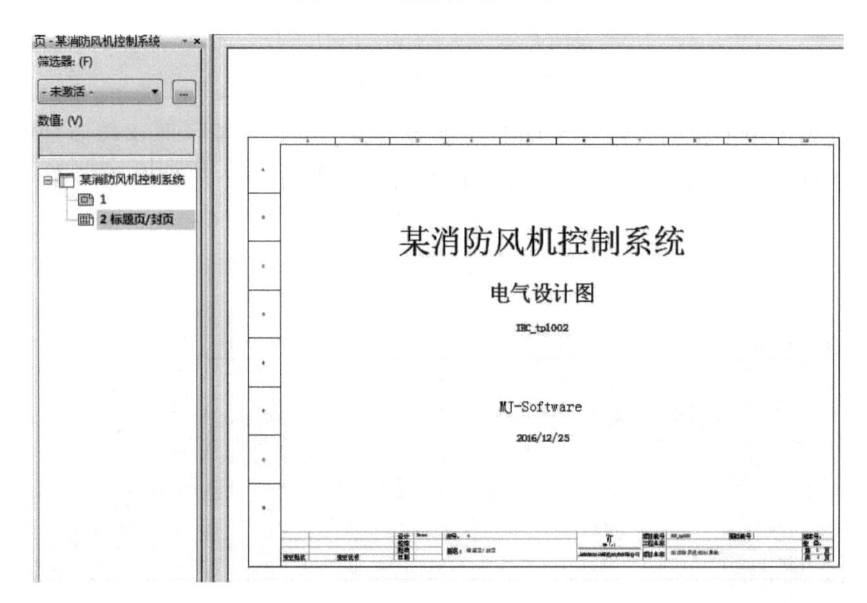

图 6-52　自动生成的标题页/封页

在项目属性中修改“项目编号”和“公司名称”等数值，如图 6-53 所示。

修改完成后，单击【确定】按钮，软件会实时更新“标题页/封页”中的内容，如图 6-54 所示。

如果测试过程中有问题，选择【工具】>【主数据】>【表格】>【打开】命令打开“MJ_A3 封页”文件，按照前面所讲内容进行修改。例如标题页中的时间显示格式，如果不符合要求，可以将其替换为“用户增补说明”属性名，然后在项目属性中填写数值。

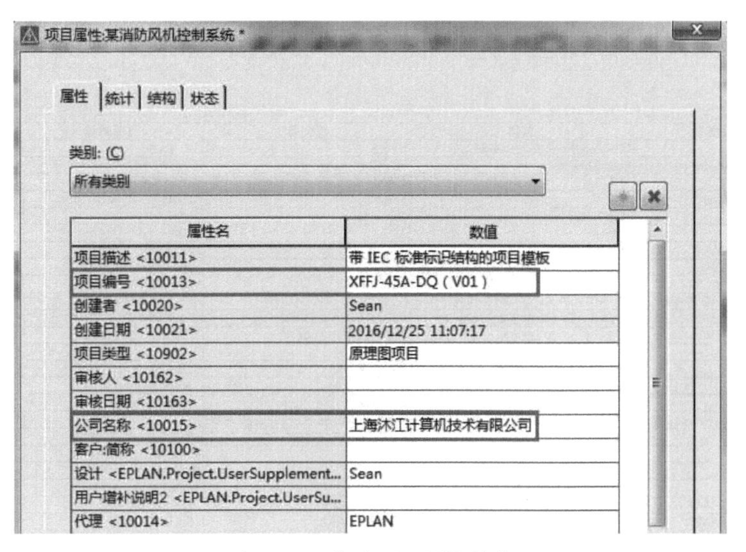

图 6-53　修改项目属性数值

图 6-54　项目封页

6.3.3　部件汇总表定制

部件汇总表作为项目元件采购的物料清单，将项目中相同部件编号设备进行汇总统计。部件汇总表的格式每个公司都不一样，但是部件汇总表中的主要列项是一致的，如部件编号、部件名称、数量和供应商等信息。举例说明，按照图 6-55 所示的采购物料表样式如何定制部件汇总表格式。

选择【工具】 >【主数据】 >【表格】 >【新建】命令，在弹出的“创建表格”界面中选择“保存类型”为部件汇总表（ *. f02），定义“文件名”为 MJ_部件汇总表，如图 6-56 所示。

序号	部件型号	名称	类型号	订货编号	数量	供应商
1	PXC.3031212	带弹簧连接点的贯通式端子	ST 2,5	3031212	107	PXC
2	SIE.3RV10 21-1JA15	电机保护开关	3RV10 21-1JA15	3RV10 21-1JA15	48	SIEMEN
3	ADVU-100-50-P-A	紧凑气缸	156583	ADVU-100-50-P-A	6	FESTO
4	MEBH-5/3G-1/8-B-110AC	电磁阀	173051	MEBH-5/3G-1/8-B-110AC	3	FESTO
5	GRLA-1/4-B	止回节流阀	GRLA-1/4-B	151172	12	FESTO
6	U-1/4	消音器	2316	U-1/4	6	FESTO
7	NEV-02-01-VDMA	端面板安装组件	191405	NEV-02-01-VDMA	6	FESTO
8	NAW-1/8-02-VDMA	联结板	161110	NAW-1/8-02-VDMA	3	FESTO
9	SIE.6ES7390-1AE80-0AA0	SIMATIC S7-300,异型导轨	6ES7390-1AE80-0AA0	6ES7390-1AE80-0AA0	1	SIEMEN
10	SIE.6ES7315-2AG10-0AB0	SIMATIC S7-300,带 MPI 的中央部件组	6ES7315-2AG10-0AB0	6ES7315-2AG10-0AB0	1	SIEMEN
11	SIE.6ES7321-1BH02-0AA0	SIMATIC S7-300,数字输入 SM 321	6ES7321-1BH02-0AA0	6ES7321-1BH02-0AA0	1	SIEMEN
12	SIE.6ES7322-1BH01-0AA0	SIMATIC S7-300,数字输出 SM 322	6ES7322-1BH01-0AA0	6ES7322-1BH01-0AA0	1	SIEMEN
13	PILZ.777310	急停保险开关设备	PNOZ X3P	777310	1	PILZ
14	SIE.5SG1300	NEOZED-嵌入式熔丝座	5SG1300	5SG1300	1	SIEMEN
15	SIE.5SE2306	NEOZED 熔丝	5SE2306	5SE2306	1	SIEMEN
16	SIE.5SX2102-8	微型(小型)断路器	5SX2102-8	5SX2102-8	2	SIEMEN
17	SIE.3-pole Neozed fuse 25A	3-相 Neozed 熔断器 25A kpl.	3-polige Neozed-Sicherung 25 A kpl		1	SIEMEN
18	SIE.5SG5700	NEOZED-嵌入式熔丝座	5SG5700	5SG5700	2	SIEMEN
19	SIE.5SE2325	NEOZED 熔丝	5SE2325	5SE2325	6	SIEMEN
20	SIE.5SH5025	NEOZED (螺旋式)适配插座	5SH5025	5SH5025	6	SIEMEN
21	SIE.5SH4362	NEOZED 瓷质螺旋盖	5SH4362	5SH4362	6	SIEMEN
22	SIE.3SB3217-6AA40	全套设备,圆形指示灯	3SB3217-6AA40	3SB3217-6AA40	5	SIEMEN
23	SIE.3SB3217-6AA20	全套设备,圆形指示灯	3SB3217-6AA20	3SB3217-6AA20	3	SIEMEN
24	SIE.3LD9 284-3B	开关 3LD2 的旋转传动装置	3LD9 284-3B	3LD9 284-3B	1	SIEMEN
25	SIE.3LD2 514-0TK53	主开关/急停开关	3LD2 514-0TK53	3LD2 514-0TK53	1	SIEMEN

图 6-55　采购物料表

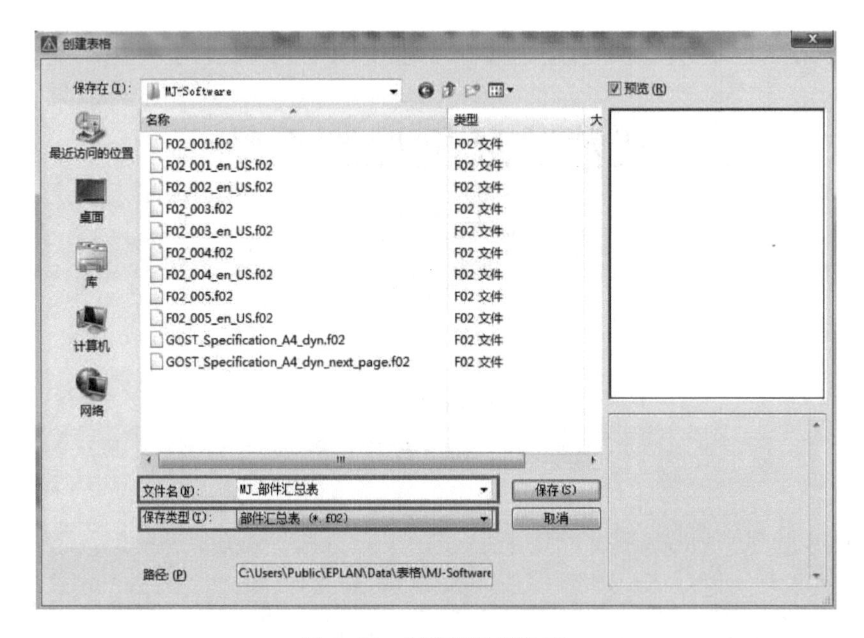

图 6-56　创建部件汇总表

单击【保存】按钮，在弹出的“表格属性”对话框中设置“表格处理”为动态。如图 6-57 所示。在 EPLAN 软件中“表格处理”包括静态和动态两种。静态表格中的行数及图形都是固定绘制好的，而动态表格可以根据项目数据自动调整报表行数显示。在部件汇总表中该项目采用动态表格形式显示。

单击【确定】按钮，新建部件汇总表在页导航器中打开，这里需要确保表格图框为自己新建图框，如图 6-58 所示。

在图框绘图区添加“动态区域”图形，首先添加部件汇总表的“标题”区域，选择【插入】 > 【动态区域】 > 【标题】命令，如图 6-59 所示。

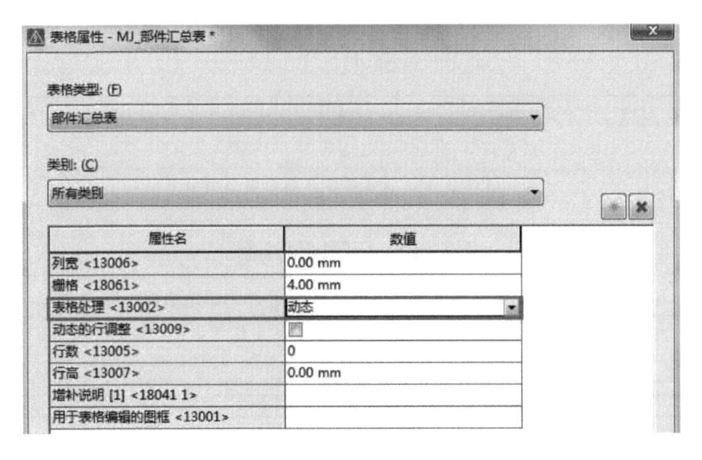

图 6-57　表格属性

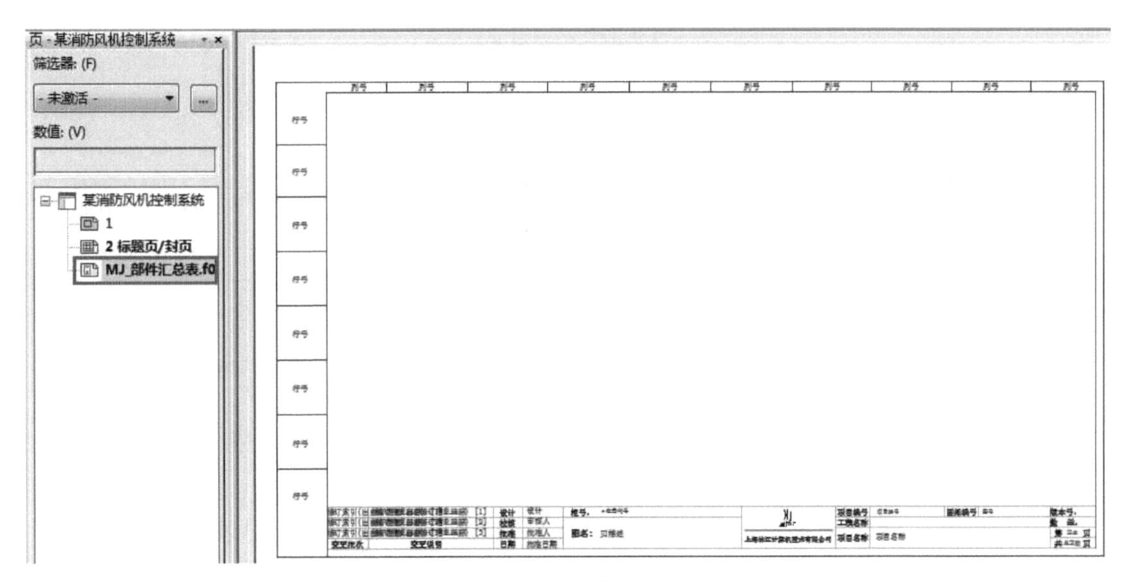

图 6-58　打开部件汇总表

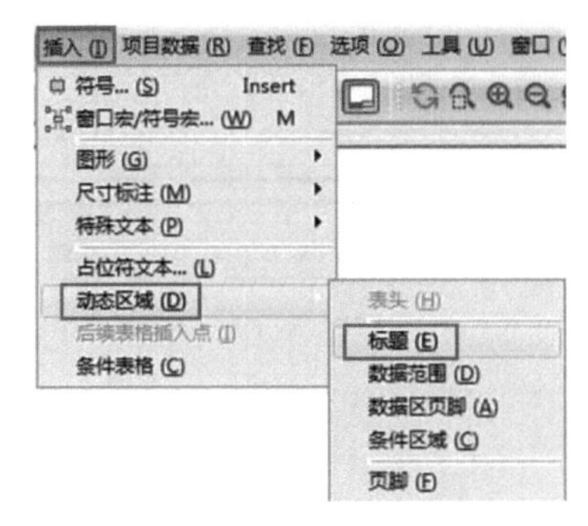

图 6-59　标题区域

将“标题”命令附系于鼠标上，在绘图区绘制一个矩形，如图 6-60 所示。

将“数据范围”和“数据区页脚”区域按照“标题”的插入方式，绘制在图纸上，如图 6-61 所示。

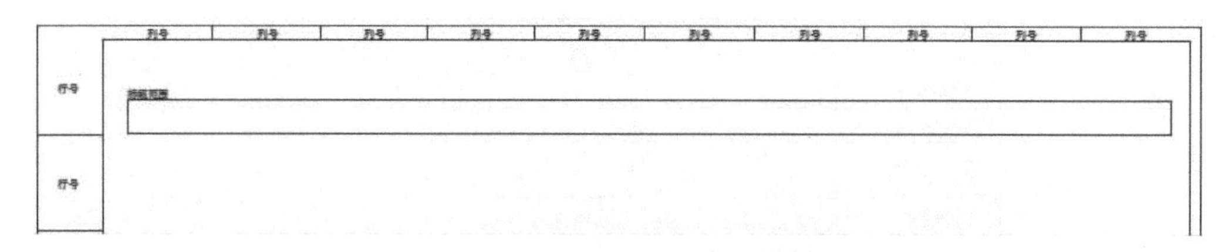

图 6-60　标题区域绘制

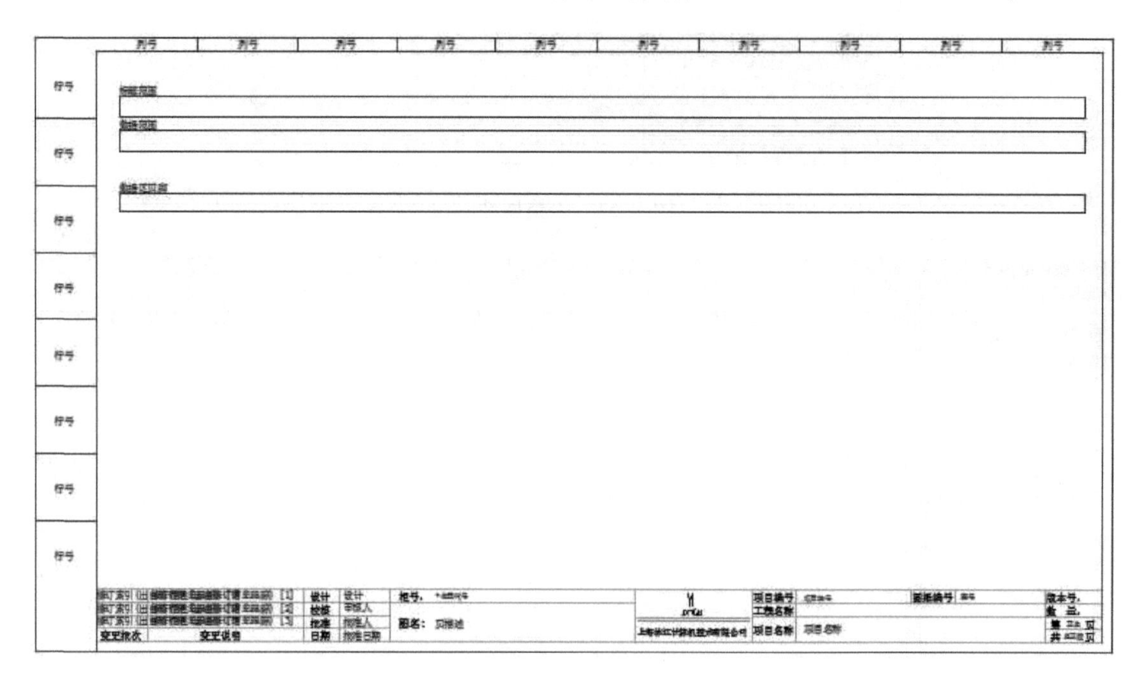

图 6-61　添加动态区域

“标题范围”“数据范围”及“数据区页脚”的边框在生成部件汇总表时是不显示的，所以为了使部件汇总表有图形边框，通过绘图工具中的“长方形”框选“标题范围”和“数据范围”外边框，如图 6-62 所示。

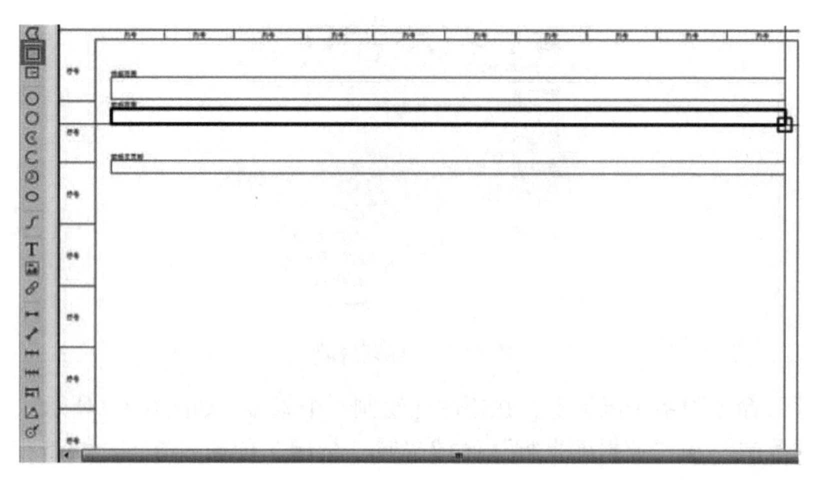

图 6-62　绘制动态区域外边框

单击绘图工具中“直线”将“标题范围”和“数据范围”的矩形框分成7段，然后单击绘图工具中的【文本】按钮，在7段标题栏中填写部件汇总表的列名称，如图6-63所示。

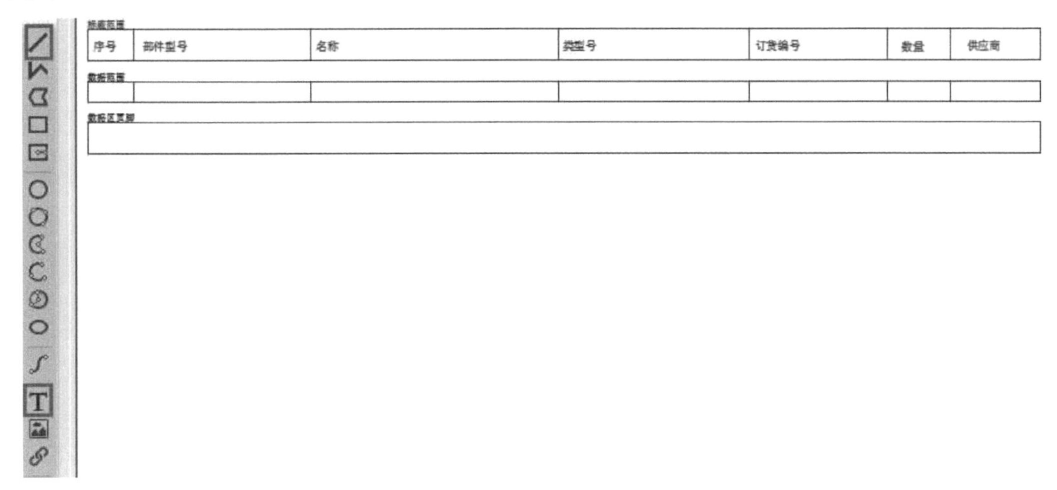

图6-63　添加标题栏名称

“标题范围”中添加的都是文本信息，在生成部件汇总表时作为表头显示。在“数据范围”区域中添加“占位符文本”，选择【插入】 > 【占位符文本】命令，如图6-64所示。

在弹出的“属性（占位符文本）”界面中，选中“属性”选项，单击属性名称后面的 按钮，在弹出的“占位符文本”对话框中，单击左侧“元素”中的“数据集”，在右侧“类型”中选择“连续数字（13063）”作为部件汇总表的序号属性，如图6-65所示。

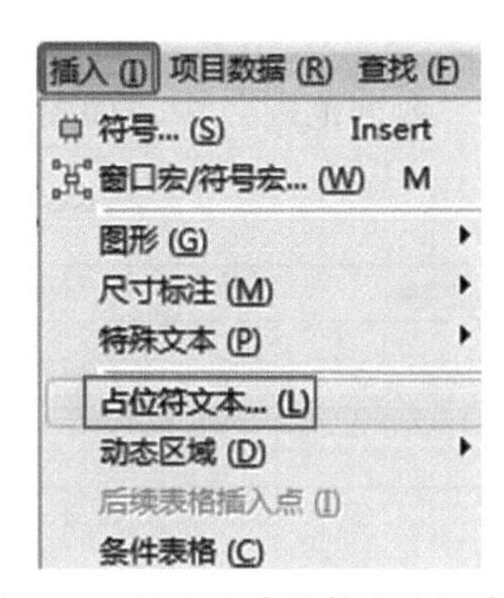

图6-64　插入“占位符文本”命令

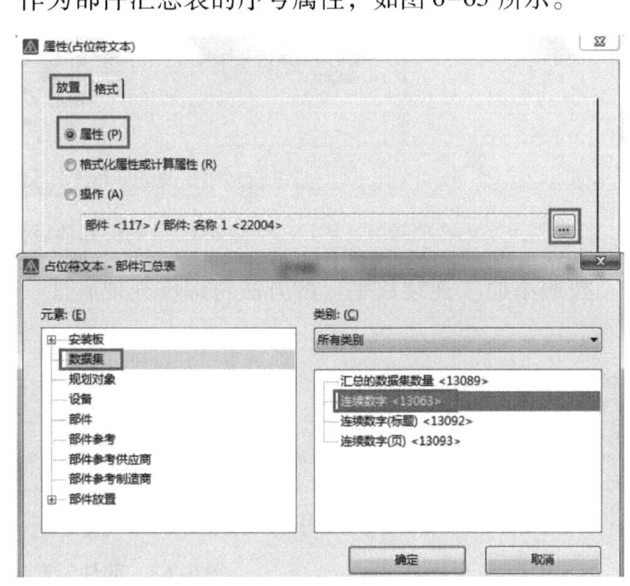

图6-65　部件汇总表序号属性

将“连续数字”属性放置到“数据范围”的第一列中，如图6-66所示。

“连续数字”属性放置完成后，后面列中的“部件型号”“名称”“类型号”“订货编号”和“供应商”都属于“占位符文本”属性下的“部件”元素中的类型属性，如图6-67所示。

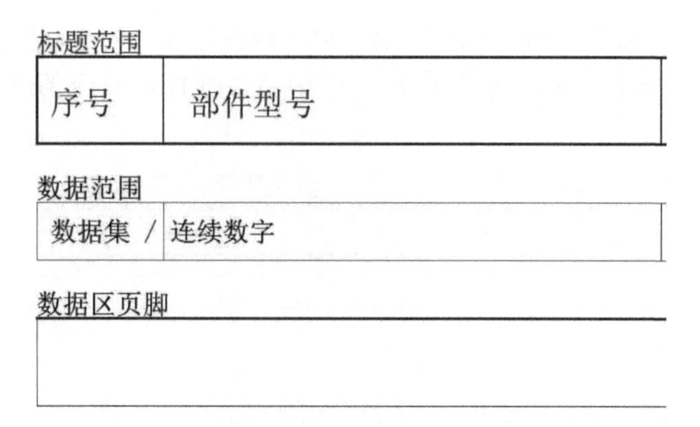

图 6-66　放置“连续数字”属性

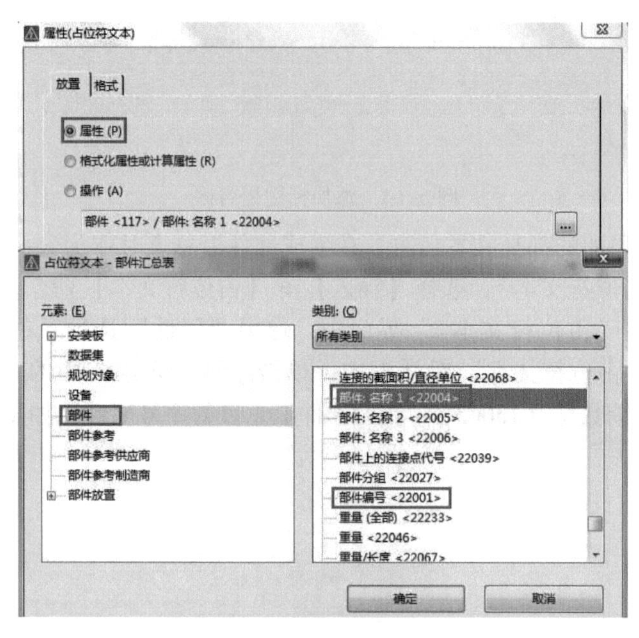

图 6-67　部件其他属性添加

按照添加“连续数字”的方法将部件其他属性一一添加到“数据范围”中，如图 6-68 所示。

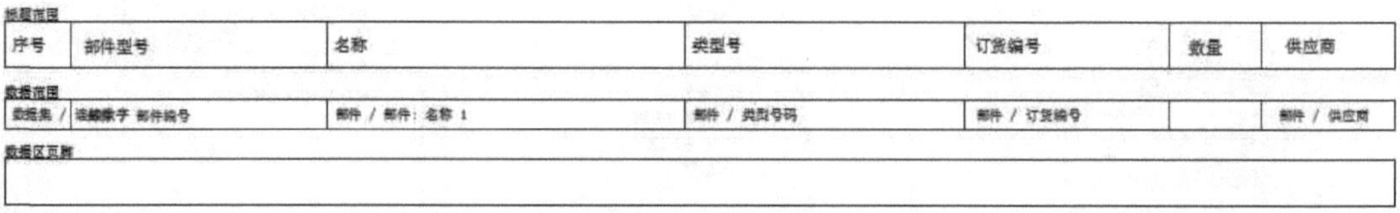

标题范围

序号	部件型号	名称	类型号	订货编号	数量	供应商

数据范围

数据集 / 连续数字	部件编号	部件 / 部件: 名称 1	部件 / 类型号码	部件 / 订货编号		部件 / 供应商

数据区页脚

图 6-68　部件元素属性

在添加“数量”属性时，在“属性（占位符文本）”界面中需要选择“格式化属性或计算属性”选项，单击属性名称后面的 按钮，在弹出的“占位符文本”对话框中，选中左侧“可用的格式元素”中的“部件参考”，单击 按钮，在弹出的“格式：块属性”界面中选择“件数/数量 < 20482 >”，如图 6-69 所示。

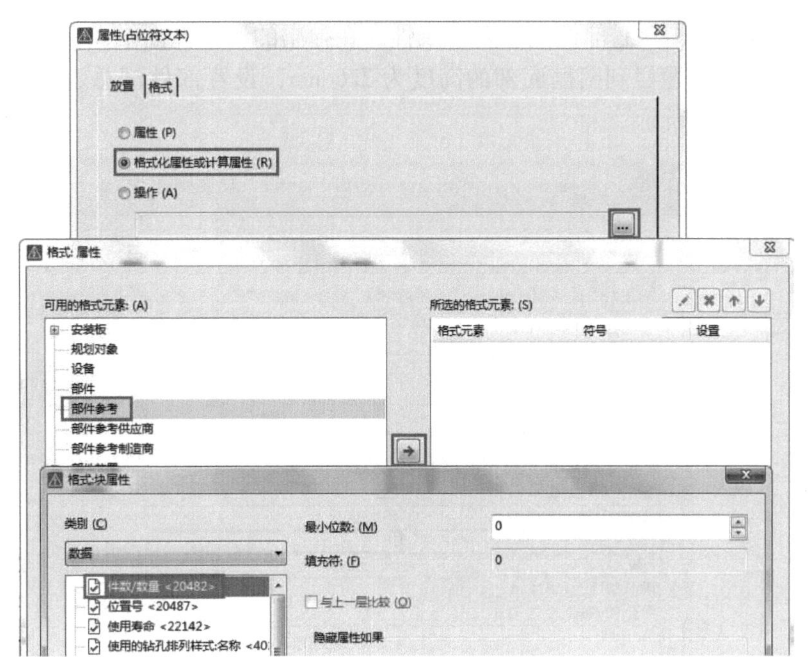

图 6-69　数量属性添加

单击【确定】按钮，将“格式”属性放置在“数据范围”的“数量列”中。在“标题范围”的上方添加“部件汇总表”文本，部件汇总表中的所有属性添加完成，如图 6-70 所示。

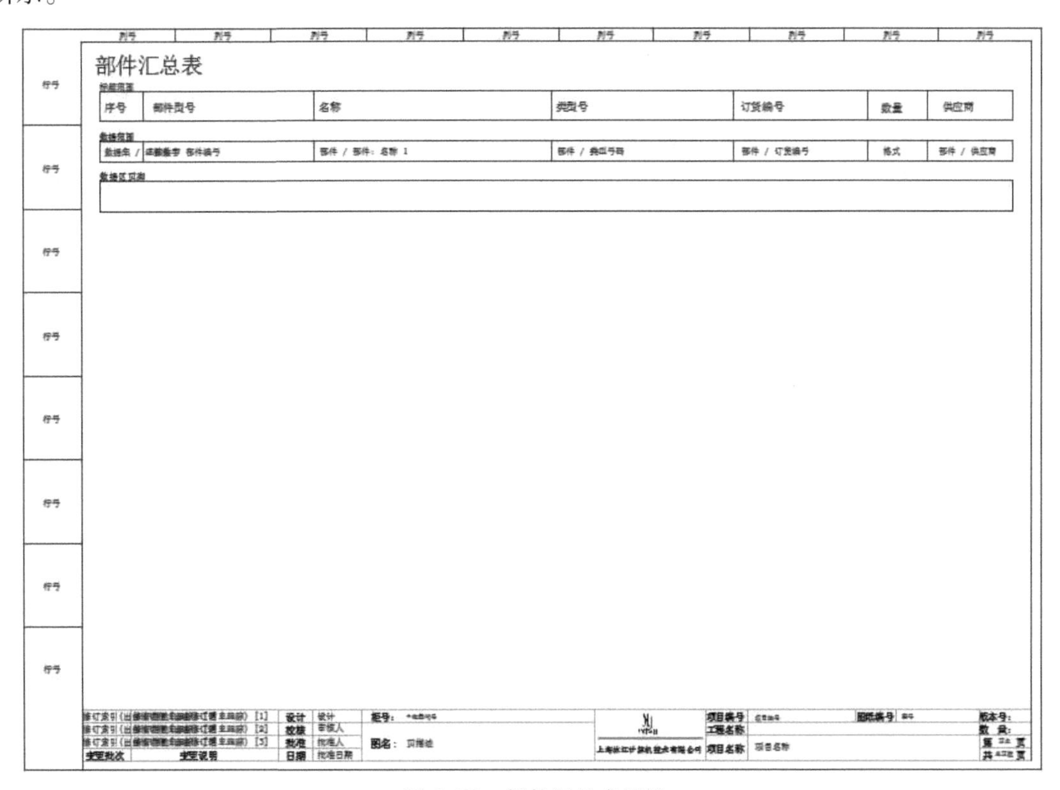

图 6-70　部件汇总表属性

在页导航器中打开“MJ_部件汇总表”属性，在弹出的属性界面中，根据测量“数据范围”，行高为8 mm，标题栏到图框底部的高度为226 mm，设置部件汇总表在一页中显示的行数为28，如图6-71所示。

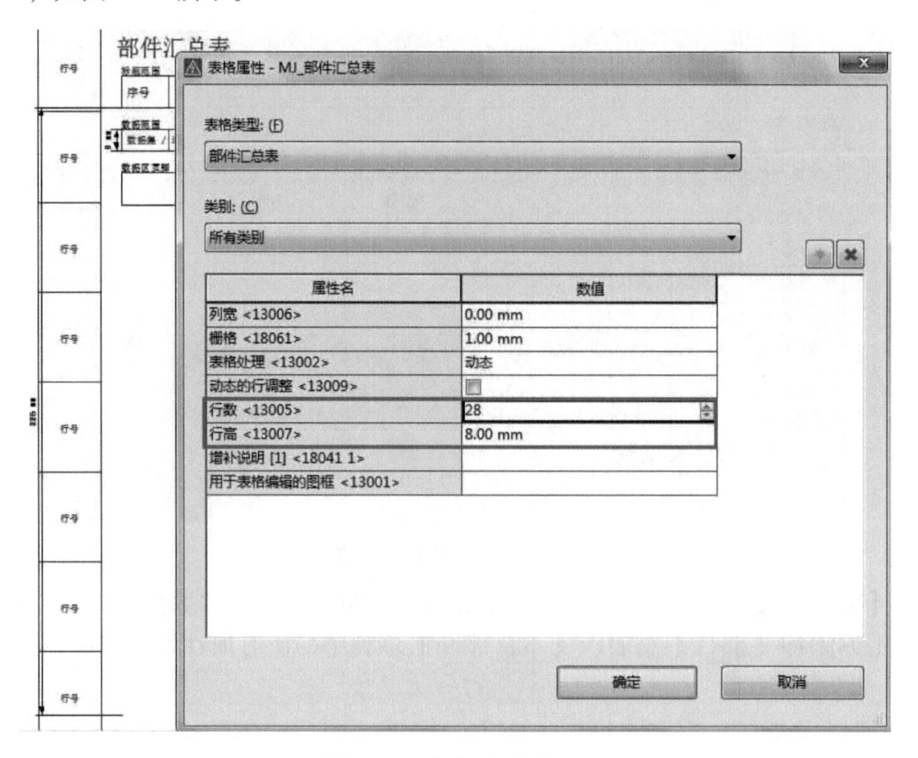

图6-71　行数/行高设置

由于项目中生成的部件汇总表数量比较多，如果一个个修改报表页描述比较麻烦，可以单击“表格属性”界面中的按钮，添加“设置自动页描述格式”属性，如图6-72所示。

表格属性 - MJ_部件汇总表

表格类型: (F)

部件汇总表

类别: (C)

所有类别

属性名	数值
列宽 <13006>	0.00 mm
栅格 <18061>	1.00 mm
表格处理 <13002>	动态
动态的行调整 <13009>	
行数 <13005>	28
行高 <13007>	8.00 mm
增补说明 [1] <18041 1>	
用于表格编辑的图框 <13001>	
设置自动页描述格式 <13019>	

图6-72　添加“设置自动页描述格式”属性

单击“设置自动页描述格式”属性后面的设置按钮，在弹出的界面中选择“页类型/格式类型”，单击按钮，将其添加到右侧的“所选的格式元素”中，如图 6-73 所示。在生成部件汇总表时自动显示“部件汇总表”页描述。

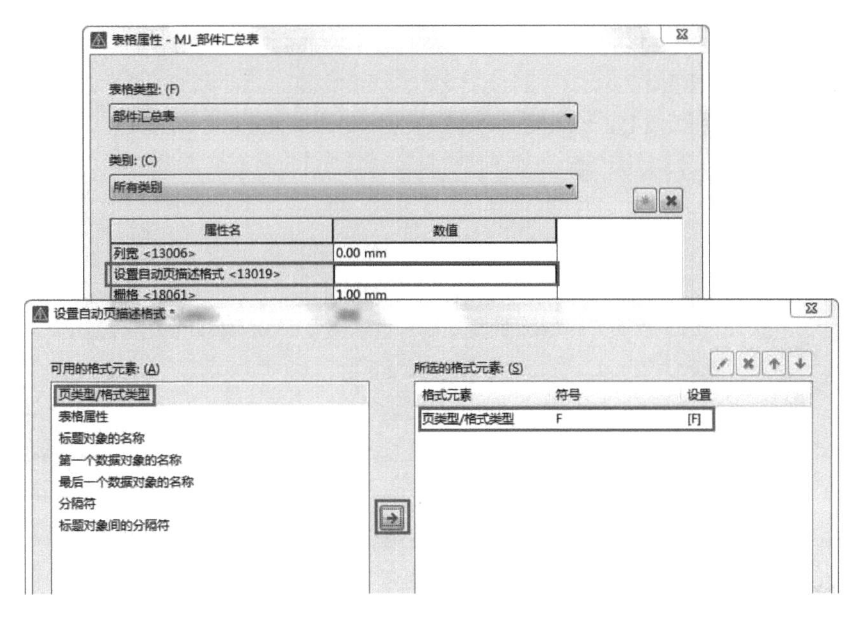

图 6-73　设置自动页描述格式

设置完成之后，在页导航器关闭“部件汇总表”文件。在报表“输出为页”中设置“部件汇总表”模板为 MJ_部件汇总表，如图 6-74 所示。

设置:输出为页 *

行	报表类型	表格	页排序	部分输出	合并	报表行的最小...	子页面	字符
1	部件列表	F01_001	总计				☑	按字母顺序降
2	部件汇总表	MJ_部件汇总表	总计				☑	按字母顺序降
3	设备列表	F03_001	总计				☑	按字母顺序降
4	表格文档	F04_001	总计				☑	按字母顺序降
5	设备连接图	F05_001	总计		☐	1	☑	按字母顺序降
6	目录	F06_001	总计				☑	按字母顺序降
7	电缆连接图	F07_001	总计		☐	1	☑	按字母顺序降
8	电缆布线图		总计				☑	按字母顺序降
9	电缆图表	F09_001	总计		☐	1	☑	按字母顺序降
10	电缆总览	F10_001	总计				☑	按字母顺序降
11	端子连接图	F11_001	总计		☐	1	☐	按字母顺序降
12	端子排列图	F12_001	总计		☐	1	☑	按字母顺序降
13	端子排总览	F14_001	总计				☑	按字母顺序降
14	端子图表	F13_001	总计		☐	1	☑	按字母顺序降
15	图框文档	F15_001	总计				☑	按字母顺序降
16	电位总览	F16_001	总计				☑	按字母顺序降
17	修订总览	F17_001	总计				☑	按字母顺序降

图 6-74　设置部件汇总表模板

在页导航器中生成部件汇总表，查看部件汇总表页描述及显示数据格式是否正确，如图 6-75 所示。

部件汇总表要根据项目数据进行不断测试和修改，直至测试没有任何问题，则部件汇总表定制完成。如果有问题，需返回到“部件汇总表”编辑器中继续进行修改和调整。

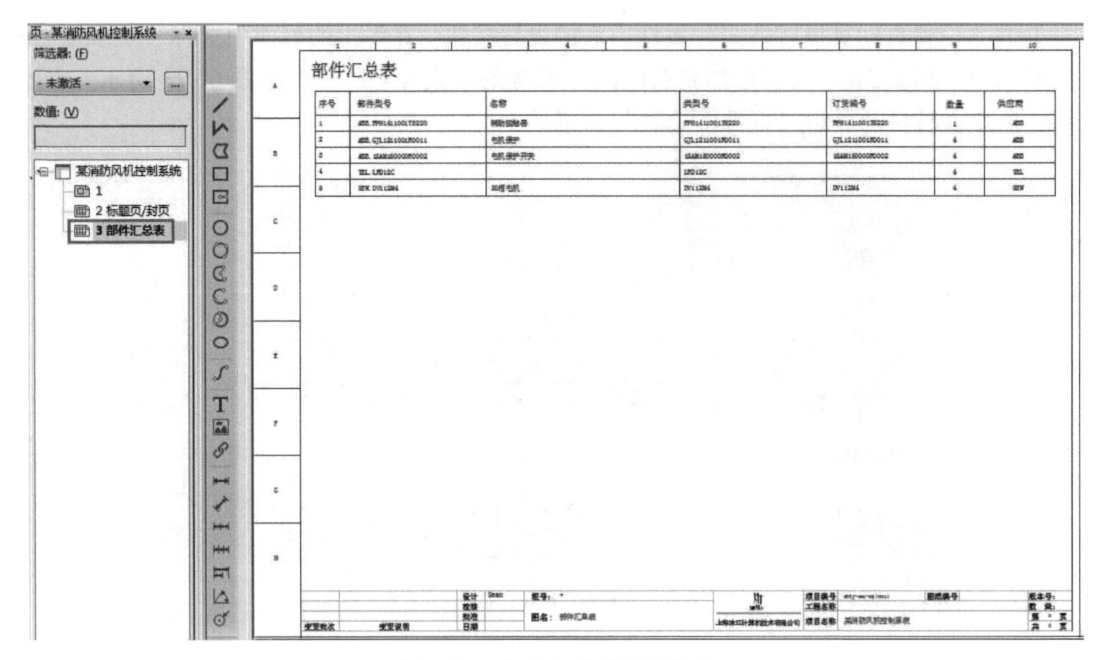

图 6-75　自动生成部件汇总表

6.3.4　连接列表定制

连接列表也就是设备与设备之间的各个连接点的“从到”关系，其中包括电线的“连接编号”“截面积”“颜色”和“长度”等信息，如图 6-76 所示。

连接	源	目标	截面积	颜色	长度
001	=EB3+ET1-F1:1	=EB3+ET1-Q1:1	2.5	BK	1.50
013	=EB3+ET1-F3:2	=EB3+ET1-X2:1	1	WH	0.50
009	=EB3+ET1-F2:1	=EB3+ET1-F3:1	1	WH	0.55
012	=EB3+ET1-F1:2	=EB3+ET1-T1:L1	2.5	BK	2.50
008	=EB3+ET1-F2:1	=EB3+ET1-T1:+	1	WH	1.10
015	=EB3+ET1-N:2	=EB3+ET1-T1:N	2.5	BK	1.50
020	=EB3+ET1-PE:3	=EB3+ET1-X2:PE	4	WH	0.50
020	=EB3+ET1-X2:PE	=EB3+ET1-X2:PE	4	WH	0.55
020	=EB3+ET1-X2:PE	=EB3+ET1-X2:PE	4	WH	2.50
002	=EB3+ET1-Q1:2	=EB3+ET1-X0:L1	2.5	BK	1.10
004	=EB3+ET1-Q1:4	=EB3+ET1-X0:L2	2.5	BK	1.50
006	=EB3+ET1-Q1:6	=EB3+ET1-X0:L3	2.5	BK	0.50
020	=EB3+ET1-N:1	=EB3+ET1-X0:N	4	WH	0.55
007	=EB3+ET1-PE:1	=EB3+ET1-X0:PE	4	WH	2.50
020	=EB3+ET1-X0:N	=EB3+ET1-X0:PE	2.5	BK	1.10
016	=EB3+ET1-T1:-	=EB3+ET1-XTR:1	1	WH	1.50
017	=EB3+ET1-X2:4	=EB3+ET1-XTR:1	1	WH	0.50
019	=EB3+ET1-PE:2	=EB3+ET1-XTR:1	4	WH	0.55
020	=EB3+ET1-X2:17	=EB3+ET1-X2:20	0,75	BU	2.50
036	=EB3+ET4-S1:21	=EB3+ET4-X2:6	0,75	WH	1.10
037	=EB3+ET4-S1:22	=EB3+ET4-X2:7	0,75	BU	1.50
020	=EB3+ET1-X2:13	=EB3+ET1-X2:16	0,75	WH	0.50
043	=EB3+ET1-A6:S33	=EB3+ET1-S2:14	0,75	BU	0.55
044	=EB3+ET1-A6:S34	=EB3+ET1-S2:13	0,75	WH	2.50
046	=EB3+ET1-A6:14	=EB3+ET1-H1:X1	1	BU	1.10
038	=EB3+ET1-A6:S32	=EB3+ET1-X2:21	0,75	WH	0.75
050	=EB3+ET1-A6:S31	=EB3+ET1-S1:21	0.75	BUWH	0.75
048	=EB3+ET1-A6:13	=EB3+ET1-A6:23	1	BU	0.75
060	=EB3+ET1-A6:23	=EB3+ET1-A6:33	1	BU	0.75
021	=EB3+ET1-A6:S21	=EB3+ET1-S1:11	0.75	BU	0.50
061	=EB3+ET1-A6:24	=EB3+ET1-X2:7	1	BU	0.50
062	=EB3+ET1-A6:34	=EB3+ET1-X2:9	0.75	BUWH	0.50

图 6-76　连接列表

在国内大部分企业都是依照原理图进行设备接线，这个无疑对接线工人的电气水平有一定的要求，而且这中间还存在接错线或漏线等错误。

采用“连接列表”的接线方式是依照DIN标准（德国工业标准）将原理图中的所有连接关系以表格的形式体现出来。接线工人通过表格中的线型及“从到”关系完成所有设备的接线。如果原理图做了修改，只需将连接列表一键更新，所有的连接关系将自动更新。只要原理图设计没有问题，连接列表中的信息就不会出现漏线等问题，保证了工艺接线的准确性。

由于软件中自带的连接列表模板包含了一些不太常用的信息，而且每个公司的连接列表格式都不一样，所以可以新建自己风格的连接列表形式。首先复制一个软件自带的“连接列表”类型的表格文件，选择【工具】 >【主数据】 >【表格】 >【复制】命令，如图6-77所示。

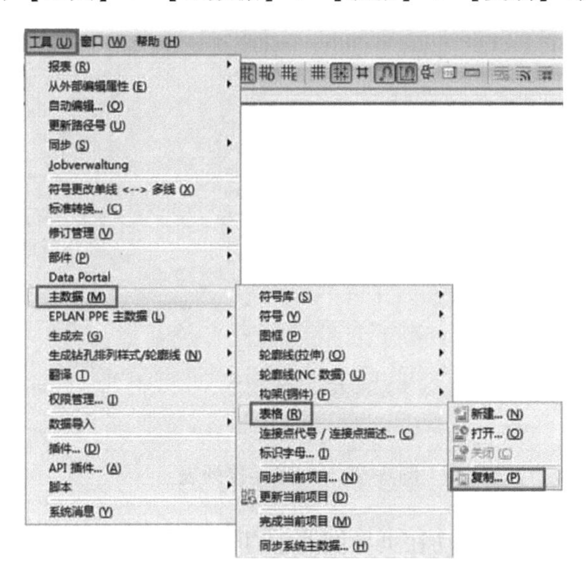

图6-77　表格“复制”命令

在弹出的“复制表格”窗口中，在“文件类型”选项中选择“连接列表（*.f27)”类型，在软件自带的连接列表模板中选择“F27_002”表格，勾选“预览”选项，如图6-78所示。

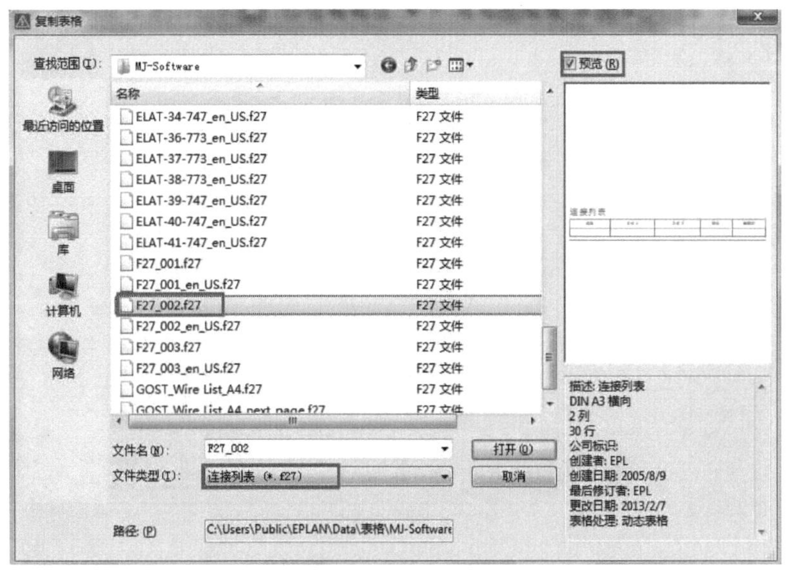

图6-78　复制连接列表

单击【打开】按钮，在弹出的“创建表格”对话框中，定义新建的表格名称为 MJ_连接列表，如图 6-79 所示。

图 6-79　创建连接列表

单击【保存】按钮，软件自动在页导航器中打开新建的连接列表，如图 6-80 所示。

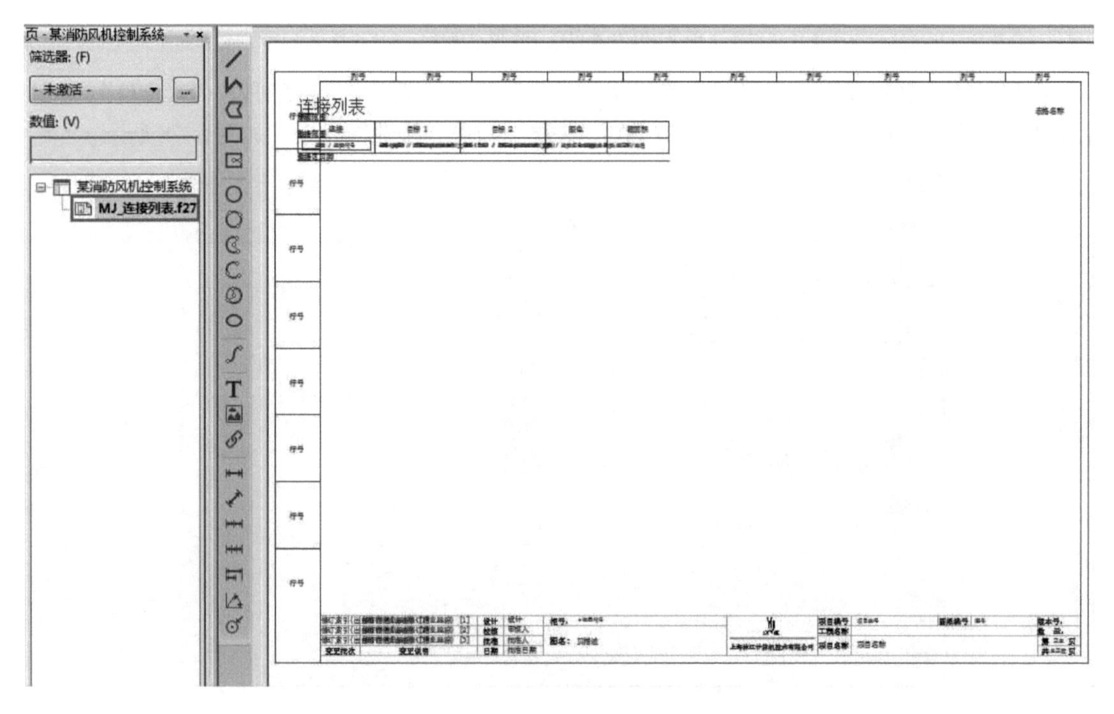

图 6-80　打开新建连接列表

复制的连接列表为“动态”表格，所以已经添加了“动态区域”和“占位符文本”，只需做一些修改即可。在EPLAN软件中表格属性比较多，所以建议最好是在软件默认模板基础上进行修改，以防止产生一些不必要的错误。将“连接列表”表格中的属性和图形移至绘图区，修改“标题栏”中的列名称，如图6-81所示。

连接列表

标题范围

连接编号	源	目标	截面积	颜色	长度
连接 / 连接代号	设备(来源) / [illegible]	设备(目标) / [illegible]	连接: 截面积[illegible]	连接颜色或连接编号	

数据范围

数据区页脚

图6-81　自定义表格列

选择【插入】>【占位符文本】命令，添加“长度”属性。在弹出的“属性（占位符文本)”对话框中单击▣按钮，在弹出的“占位符文本”界面中单击左侧的“连接”，选择右侧显示的“带单位的长度 <31003>”属性，如图6-82所示。

图6-82　长度属性

单击【确定】按钮，将“带单位的长度 <31003>”属性添加到“长度”列表中。添加完成后，测量连接列表每行数据的高度为8 mm，数据显示高度为229 mm，行数为28。在项目设计过程中连接列表的行数一般比较多，为了节省图纸，可以将连接列表信息在一页图纸中显示两列，测量列宽为195 mm，其中包括两列之间的间隙，如图6-83所示。

在页导航器中，打开“连接列表”属性对话框，填写“列数”“列宽”“行数”和“行高”等数值，如图6-84所示。如果“连接列表”为新建列表，表格属性中没有“列数”和“列宽”属性，可单击▣按钮进行添加。

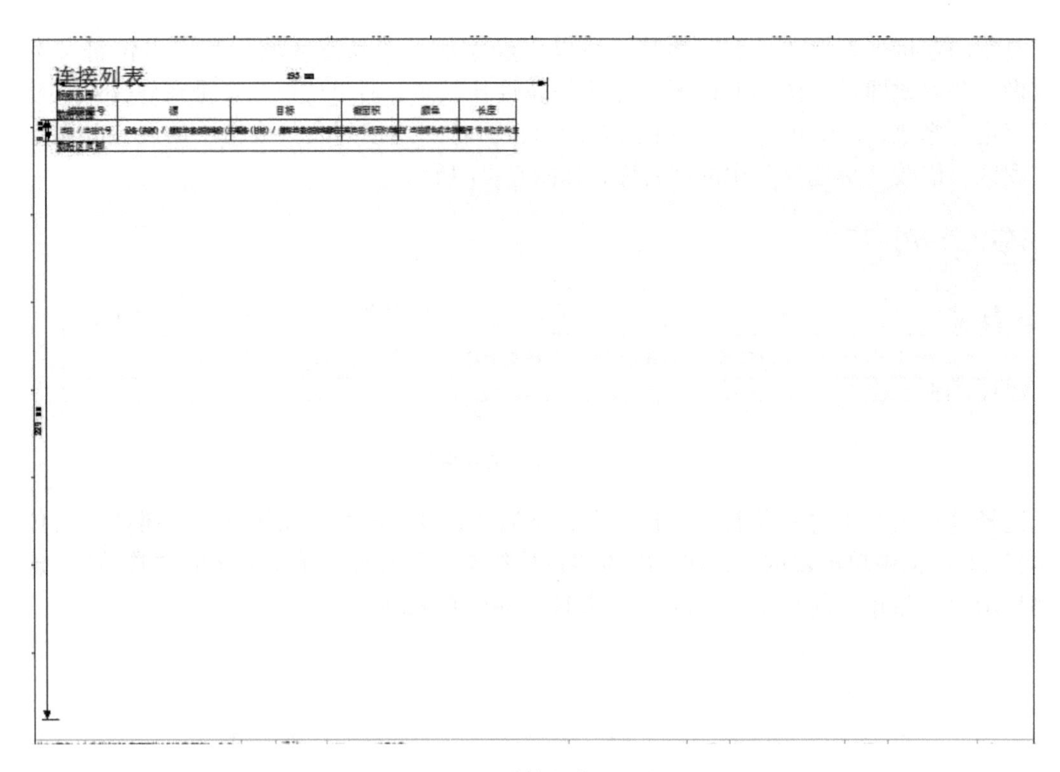

图 6-83　计算行数和列宽

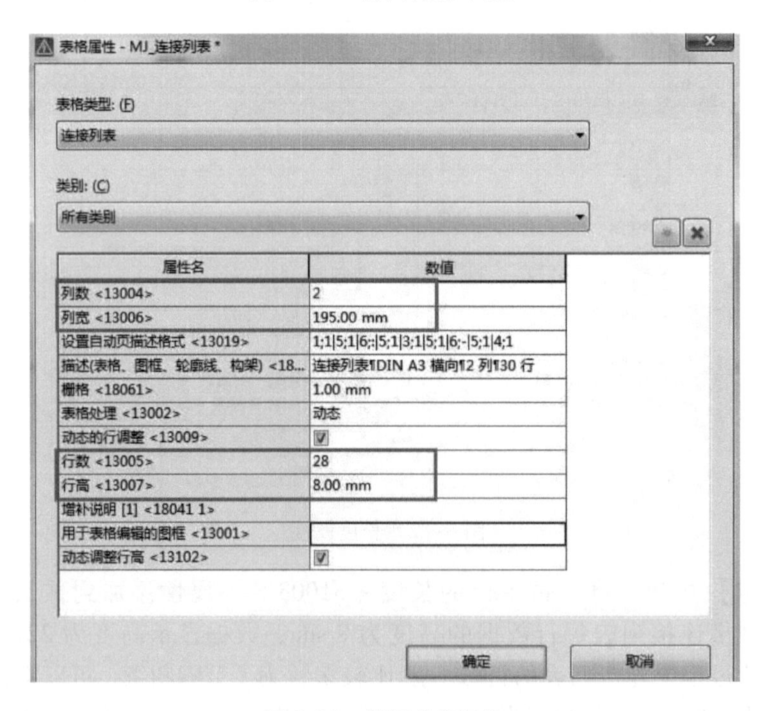

图 6-84　设置表格属性

设置完成后，单击【确定】按钮，关闭页导航器中连接列表文件。在报表“设置：输出为页”中选择“连接列表”模板为 MJ_连接列表，如图 6-85 所示。

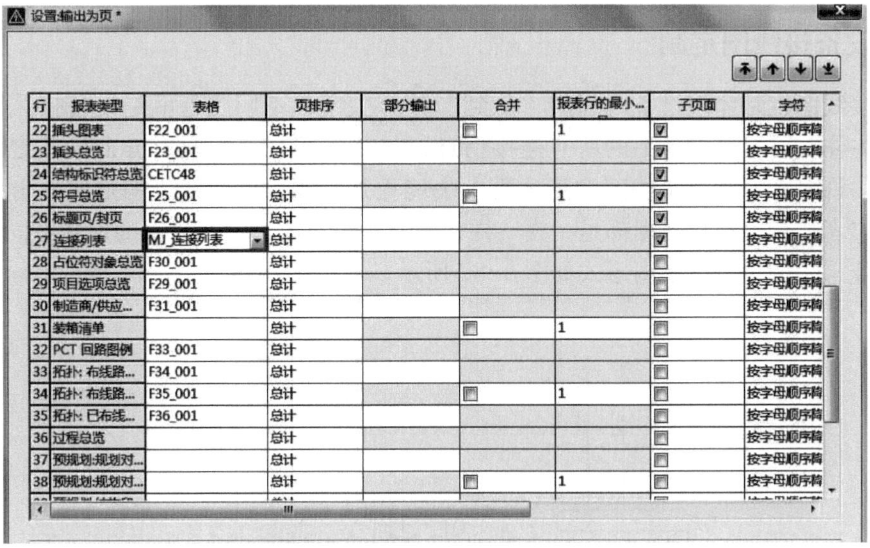

设置:输出为页 *

行	报表类型	表格	页排序	部分输出	合并	报表行的最小...	子页面	字符
22	插头图表	F22_001	总计		☐	1	☑	按字母顺序排
23	插头总览	F23_001	总计				☑	按字母顺序排
24	结构标识符总览	CETC48	总计				☑	按字母顺序排
25	符号总览	F25_001	总计		☐	1	☑	按字母顺序排
26	标题页/封页	F26_001	总计				☑	按字母顺序排
27	连接列表	MJ_连接列表	总计				☑	按字母顺序排
28	占位符对象总览	F30_001	总计				☐	按字母顺序排
29	项目选项总览	F29_001	总计				☐	按字母顺序排
30	制造商/供应...	F31_001	总计				☐	按字母顺序排
31	装箱清单		总计		☐	1	☐	按字母顺序排
32	PCT 回路图例	F33_001	总计				☐	按字母顺序排
33	拓扑: 布线路...	F34_001	总计				☐	按字母顺序排
34	拓扑: 布线路...	F35_001	总计		☐	1	☐	按字母顺序排
35	拓扑: 已布线...	F36_001	总计				☐	按字母顺序排
36	过程总览		总计				☐	按字母顺序排
37	预规划:规划对...		总计				☐	按字母顺序排
38	预规划:规划对...		总计		☐	1	☐	按字母顺序排

图 6-85　设置“连接列表”模板

在页导航器中，生成项目连接列表，测试新建的连接列表显示内容是否正确。经测试，新建连接列表内容显示正确，连接长度在没有完成 3D 布线之前，需要手动添加测试，如图 6-86 所示。

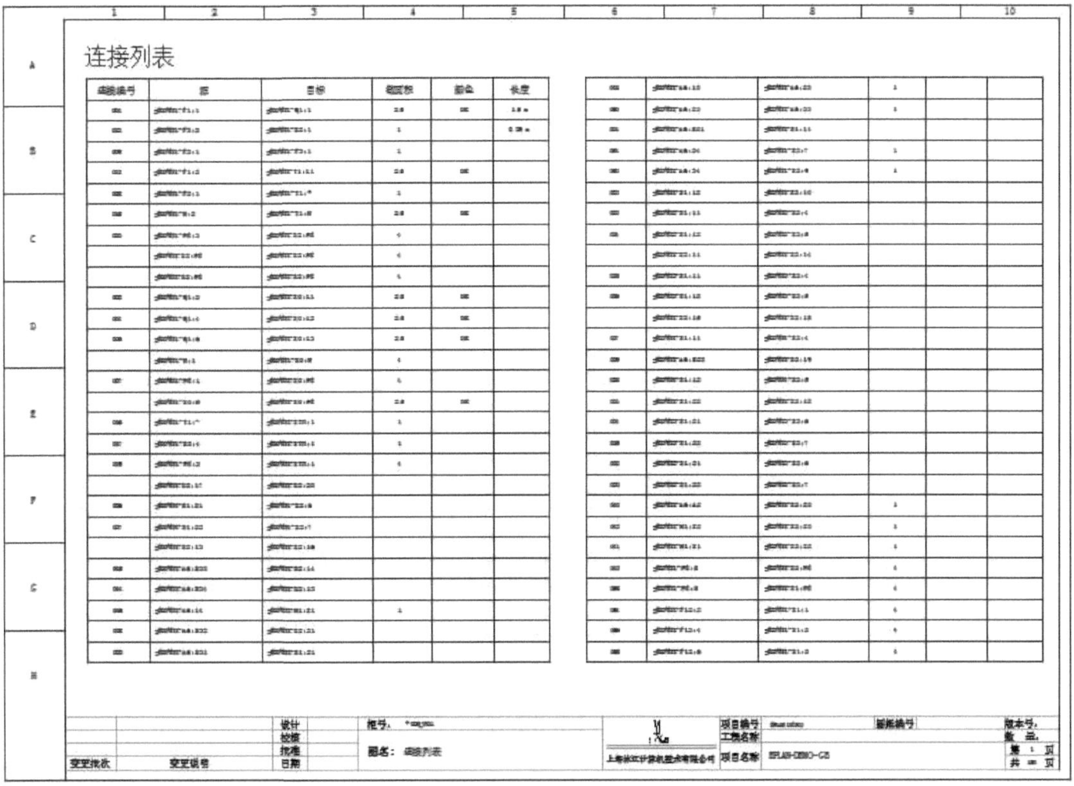

连接列表

连接编号	源	目标	截面积	颜色	长度
[illegible]	[illegible]	[illegible]	[illegible]	[illegible]	[illegible]

设计 校核 批准 日期 变更标识 变更说明

图号: [illegible]　图名: 连接列表

项目编号 [illegible]　图纸编号　工程名称　项目名称 EPLAN-DEMO-GB

版本号:　数量:　第 1 页　共 [illegible] 页

图 6-86　连接列表信息

6.3.5 设备接线图定制

设备接线图也是体现设备之间的“从到”连接关系，不同之处就是设备接线图是以某个设备为主体，显示该设备上的所有连接信息，与“连接列表”具有异曲同工之效。只不过目前国内许多企业觉得接线图的形式看上去能更加直观，而接线表的形式看上去比较烦琐，其实二者显示的连接数据都是一模一样，没有任何更改，只是显示的形式不同而已。目前大多企业采用的设备接线图形式如图 6-87 所示。

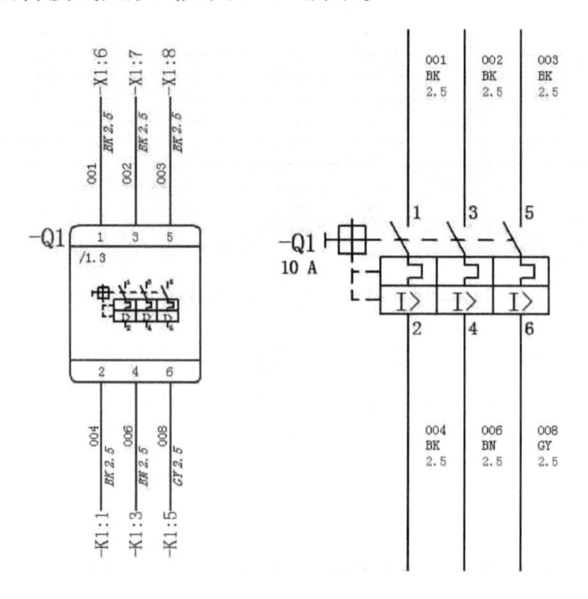

图 6-87　设备接线图

设备接线图的连接信息主要分为内部和外部。内部和外部的属性含义都一样，只不过是以不同的属性名显示。设备接线图上的各属性名称如图 6-88 所示。

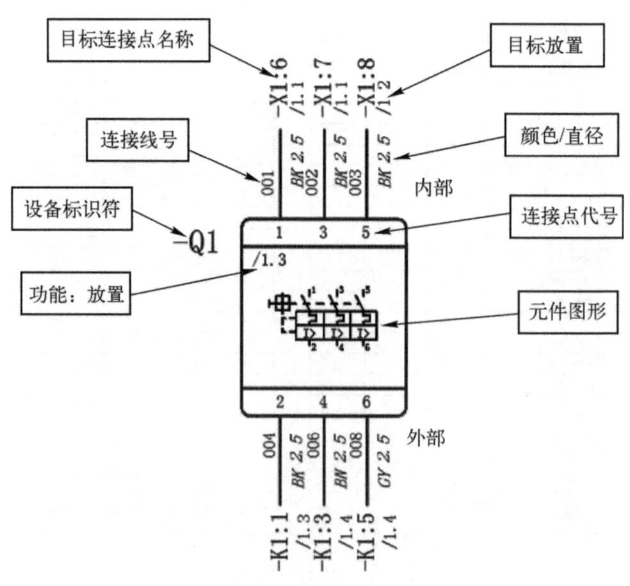

图 6-88　设备接线图各属性名称

选择【工具】>【主数据】>【表格】>【新建】命令，在弹出的“创建表格”界面中，选择“保存类型”为设备接线图，定义“文件名”为 MJ_设备接线表，如图 6-89 所示。

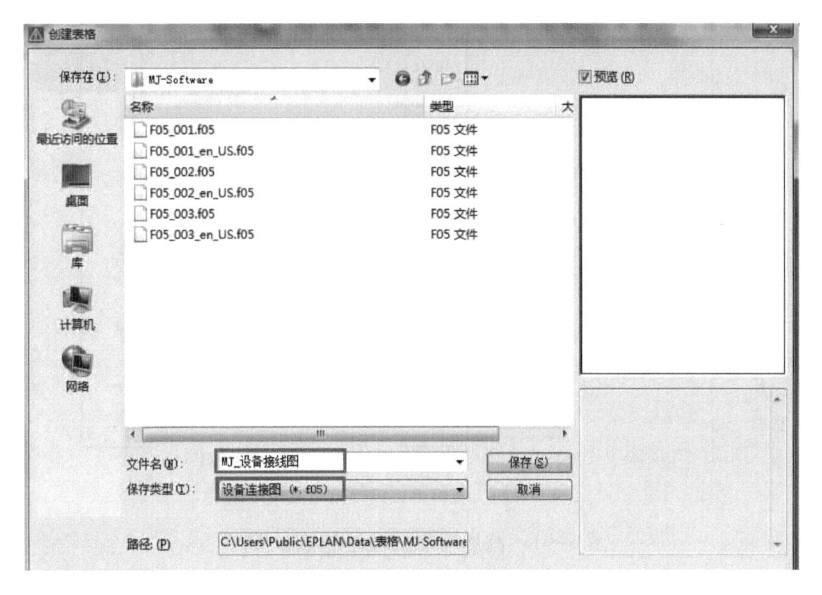

图 6-89　创建设备接线图

单击【保存】按钮，在弹出的“表格属性”界面中，设置“表格处理”为动态，如图 6-90 所示。

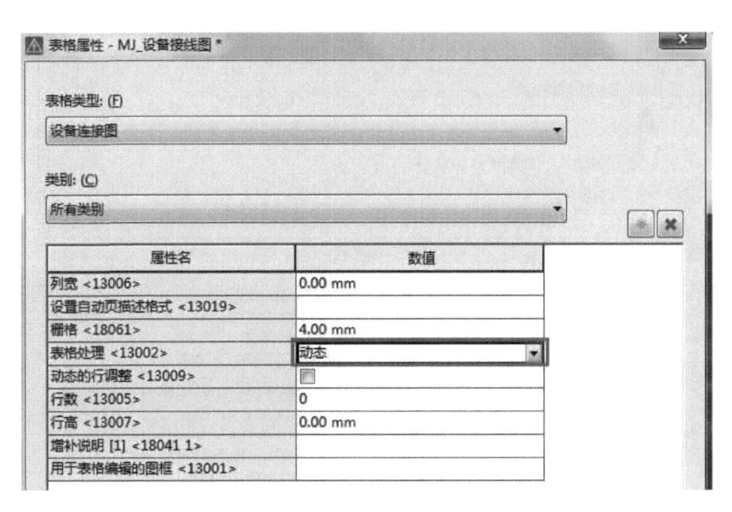

图 6-90　设置表格属性

单击【确定】按钮，设备接线图文件自动在页导航器中打开。在绘图区中选择【插入】>【动态区域】命令，添加“表头”“数据范围”及“数据区页脚”属性图形，通过“绘图工具”绘制设备接线图的外部图形。在“数据范围”中只需要绘制上、下各一个连接点宽度的图形即可，因为设置的接线图表格为“动态”表格，所以只需要绘制左右两侧的边框和中间一个回路的连接点的间距宽度即可，如图 6-91 所示。

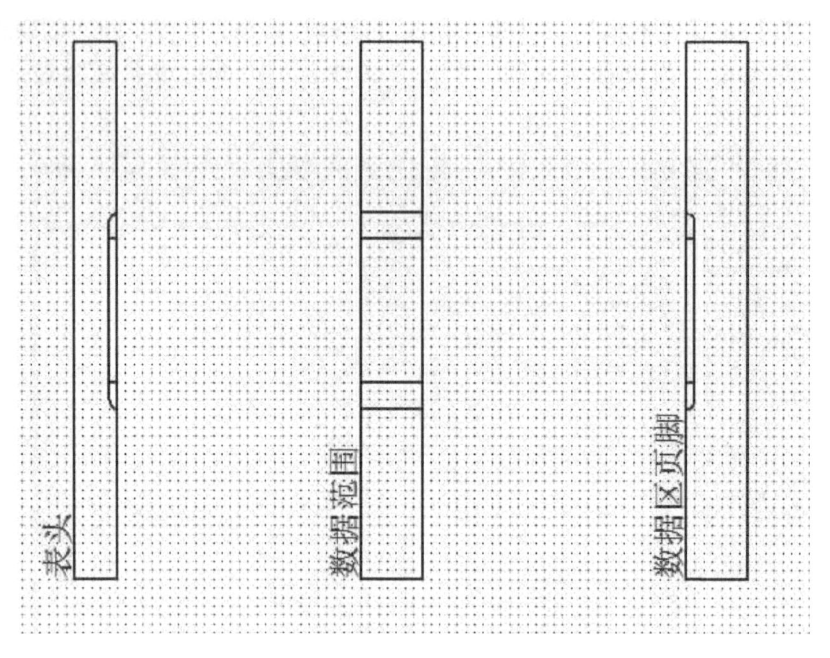

图 6-91　添加动态区域绘制接线图形

选择【插入】 >【占位符文本】命令，添加“设备标识符”属性，如图 6-92 所示。

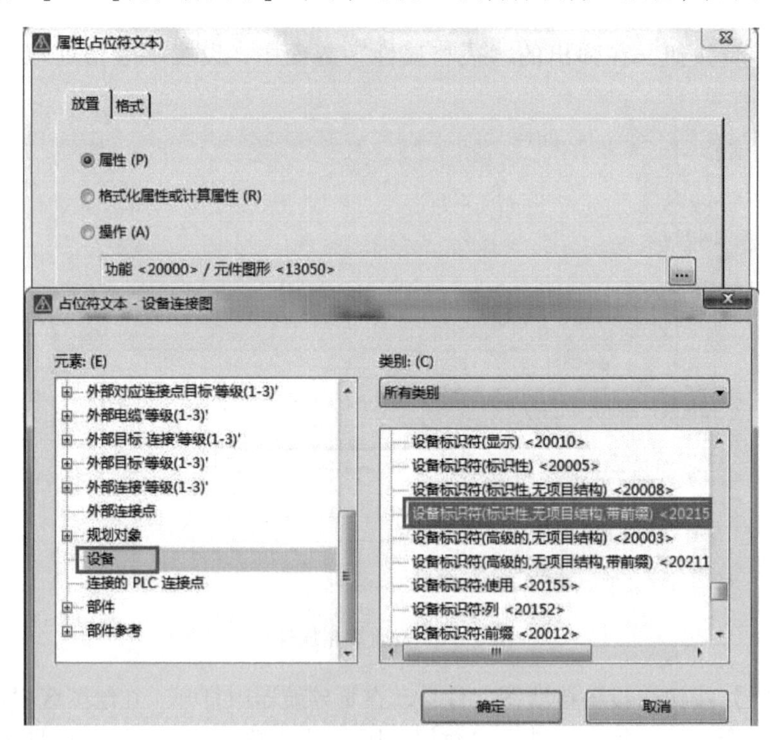

图 6-92　设备标识符属性添加

单击【确定】按钮，将“设备标识符”属性放置在表头左上侧。按照此方法将“功能/放置”及“元件图形”等属性名放置在图纸上，并设置属性名的“格式”，如图 6-93 所示。

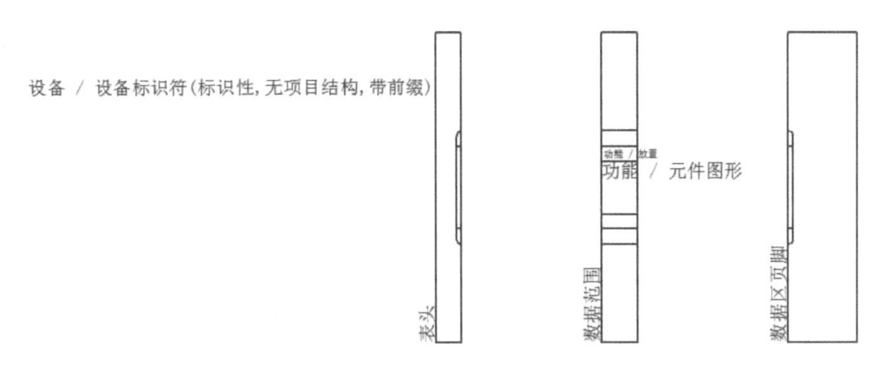

图 6-93　添加“功能/放置”和“元件图形”属性

在设置“元件图形”属性格式时，需激活“位置框”功能，设置“位置框”的宽度和高度信息，防止元件图形太大超出接线图符号的边框范围，如图 6-94 所示。

属性(占位符文本) *

放置　格式

属性	分配
行间距	单倍行距
语言	所有显示语言(上下排列)
粗体	☐
斜体	☐
下划线	☐
文本框	
位置框	
激活位置框	☑
绘制位置框	否
宽度	7.00 mm
高度	10.31 mm
固定文本宽度	☐
固定文本高度	☐
移除换位	☐
从不分开文字	☑
适应图形	仅过大时
允许调整文本	☐
数值/单位	
显示单位	未修改
显示	全部

图 6-94　设置“元件图形”的位置框

在“属性（占位符文本）”对话框中，添加“内部”连接属性。如图 6-95 所示。

“内部连接点 <20078 >/功能的连接点代号 <20022 >”——（连接点代号）；

“内部连接 '等级(1 -3)'[1] <20017 1 >/连接代号 <31011 >”——（连接线号）；

“内部目标 连接 '等级(1 -3)'[1] <20047 1 >/目标连接点的名称(完整) <20048 >”——（目标连接点名称）；

“内部目标 '等级(1 -3)'[1] <20003 1 >/放置 <19007 >”——（目标放置）；

“内部连接 '等级(1 - 3)'[1] <20017 1 >/连接颜色或连接编号 <31004 >”——（颜色）；

“内部连接 '等级(1 -3)'[1] <20017 1 >/连接:截面积/直径 <31002 >”——（直径）；

“内部电缆 '等级(1 -3)'[1] <20040 1 >/连接图形 <13048 >”——（延长线）。

图 6–95　内部连接属性添加

将以上“内部”连接点属性设置显示“格式”后，依次添加到“数据范围”的上方图形中，如图 6–96 所示。

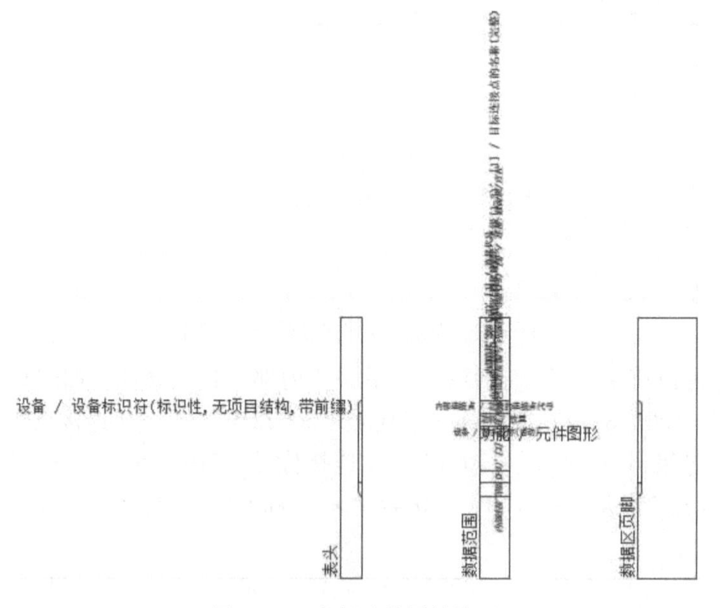

图 6–96　内部连接属性放置

“外部”连接属性的添加方式与“内部”添加方式一致，不同之处在于所对应的属性名全部变为“外部”。设置“外部”连接属性的“格式”，将其放置在“数据范围”的下方图形中，如图 6–97 所示。

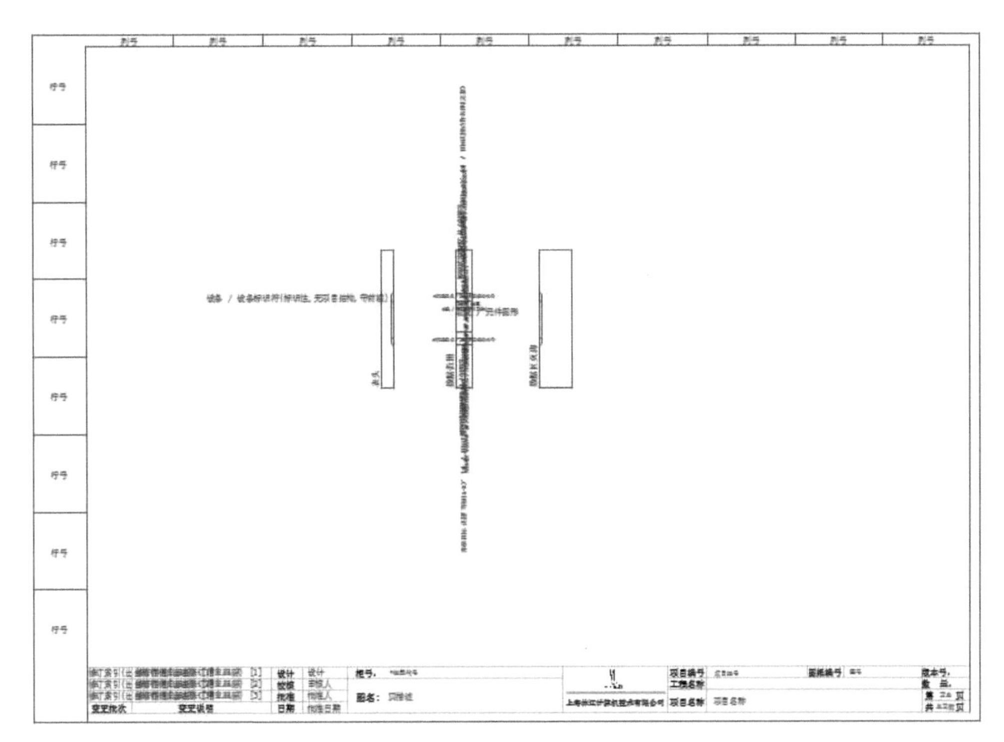

图 6-97　设备接线图属性

添加完成设备接线图的所有属性后，在页导航器中关闭设备接线图文件。在“报表”中设置“设备连接图”表格为 MJ_设备接线图，如图 6-98 所示。

设置:输出为页 *

行	报表类型	表格	页排序	部分输出	合并	报表行的最小...	子页面	字符
1	部件列表	F01_001	总计				☐	按字母顺序降
2	部件汇总表	F02_001	总计				☐	按字母顺序降
3	设备列表	F03_001	总计				☐	按字母顺序降
4	表格文档	F04_001	总计				☐	按字母顺序降
5	设备连接图	MJ_设备接线图	总计		☐	1	☐	按字母顺序降
6	目录	F06_004	总计				☑	数字
7	电缆总览	F10_001	总计				☐	按字母顺序降
8	电缆图表	F09_002	总计		☑	1	☐	按字母顺序降
9	电缆连接图	F07_001	总计		☐	1	☐	按字母顺序降
10	电缆布线图		总计				☐	按字母顺序降
11	端子排总览	F14_001	总计				☐	按字母顺序降
12	端子图表	F13_001	总计		☐	1	☐	按字母顺序降
13	端子连接图	F11_001	总计		☐	1	☐	按字母顺序降
14	端子排列图	F12_001	总计		☐	1	☐	按字母顺序降
15	图框文档	F15_001	总计				☐	按字母顺序降
16	电位总览	F16_001	总计				☐	按字母顺序降
17	修订总览	F17_001	总计				☐	按字母顺序降

图 6-98　设置“设备连接图”表格

在原理图中放置“设备接线图”时，可采用“手动放置”的输出形式，“手动选择”要显示接线图的设备，将其放置在相应图纸上，如图 6-99 所示。

单击【确定】按钮，在弹出的界面中将左侧设备列表中要显示的接线图设备选中，单击按钮，一次可添加多个设备到右侧栏中，如图 6-100 所示。

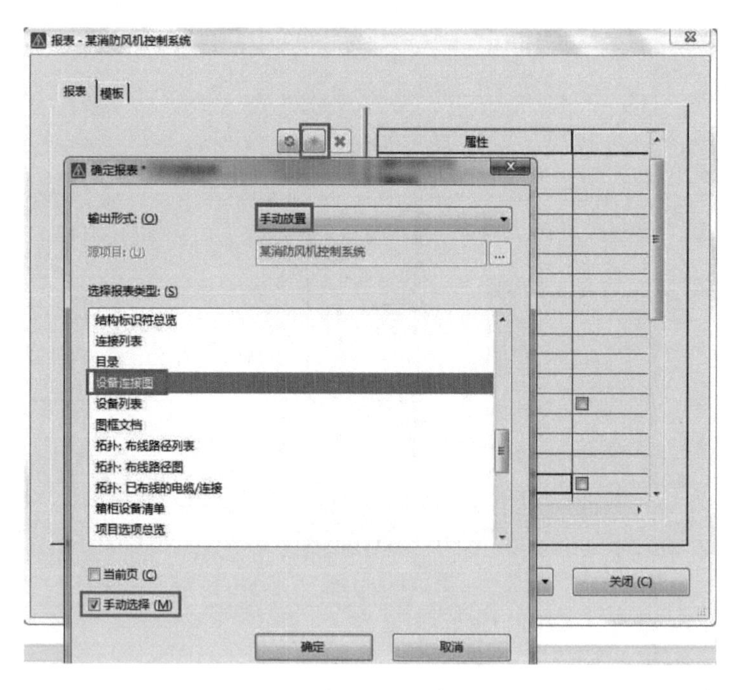

图 6-99　手动放置设备接线图

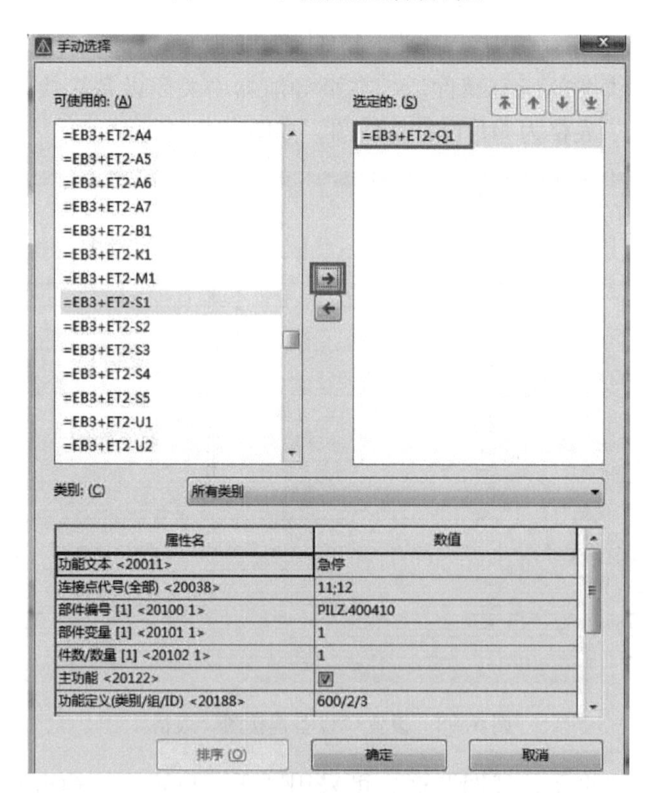

图 6-100　手动选择设备

单击【确定】按钮，将其放置到原理图中，如图 6-101 所示。

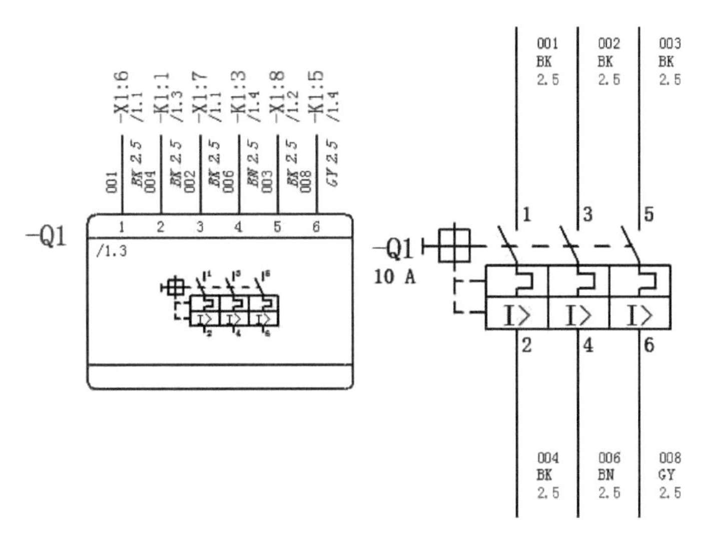

图 6-101　设备接线图放置

放置完成后，我们发现接线图的引脚都是朝向一个方向。打开符号属性，在“符号数据/功能数据”选项卡下单击【逻辑】按钮，在弹出的“连接点逻辑”界面中修改连接点的“内部/外部”选项，将 1、3、5 连接点修改为“内部”，将 2、4、6 连接点修改为“外部”，如图 6-102 所示。

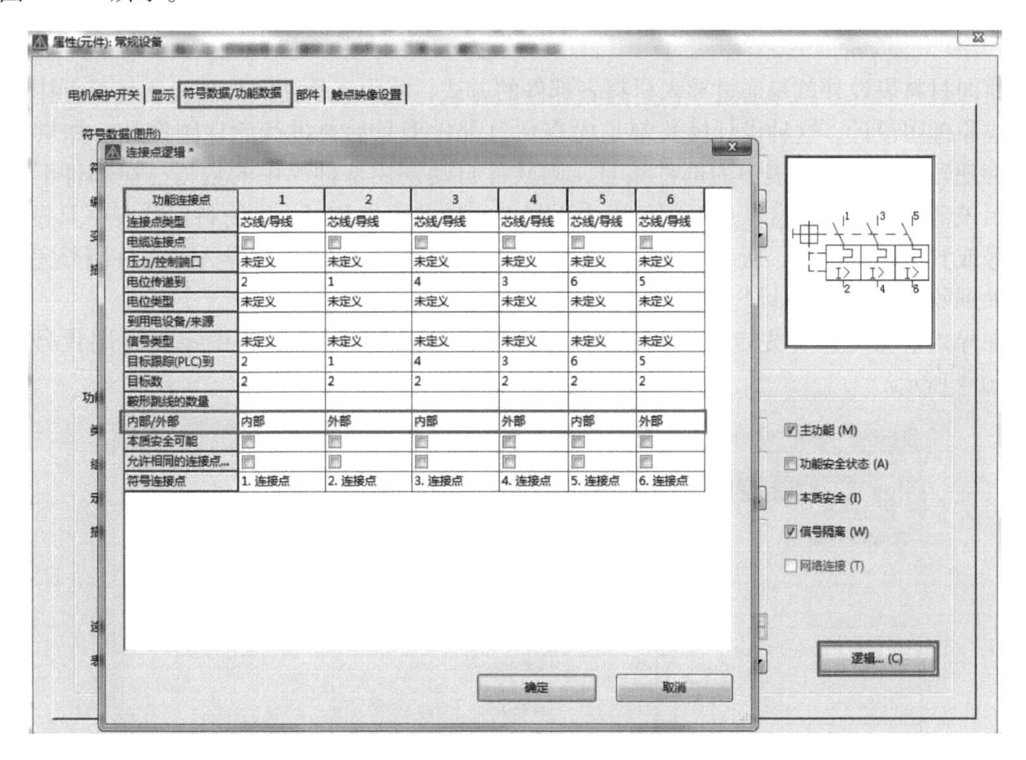

功能连接点	1	2	3	4	5	6
连接点类型	芯线/导线	芯线/导线	芯线/导线	芯线/导线	芯线/导线	芯线/导线
电缆连接点						
压力/控制端口	未定义	未定义	未定义	未定义	未定义	未定义
电位传递到	2	1	4	3	6	5
电位类型	未定义	未定义	未定义	未定义	未定义	未定义
到用电设备/来源						
信号类型	未定义	未定义	未定义	未定义	未定义	未定义
目标跟踪(PLC)到	2	1	4	3	6	5
目标数	2	2	2	2	2	2
鞍形跳线的数量						
内部/外部	内部	外部	内部	外部	内部	外部
本质安全可能						
允许相同的连接点...						
符号连接点	1. 连接点	2. 连接点	3. 连接点	4. 连接点	5. 连接点	6. 连接点

图 6-102　修改连接点内部/外部

修改完成后，单击【确定】按钮，通过【工具】>【报表】>【更新】命令，更新设备接线图显示，如图 6-103 所示。

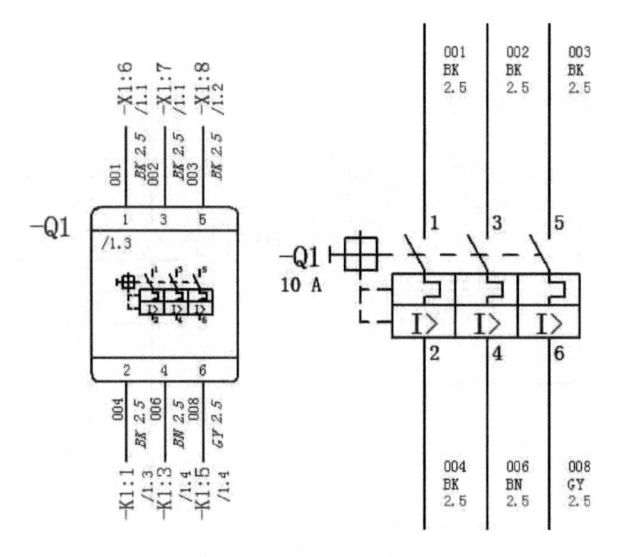

图 6-103　更新后的设备接线图

除了“手动放置”设备接线图外，也可以选择输出形式为“页”，勾选“手动选择”选项，批量生成设备接线图。

6.4　面向材料表设计

面向材料表设计就是通过导入材料表部件的方式，将设备快速添加到设备导航器中，从而完成原理图设计。这种设计模式都是先有项目部件型号后再进行原理图设计。如果“部件库管理器”中有材料表中的部件编号，则软件自动调用部件库中的数据，在部件汇总表中显示该部件的详细信息；如果部件库中无材料表中的部件编号，则物料汇总表中只显示部件编号或其他导入信息，所以在进行面向材料表设计之前，首先要将导入的部件编号完整数据添加到软件部件库中。

在导入设备之前，先定义项目结构，在“结构标识符管理器”中定义高层代号，如图 6-104 所示。

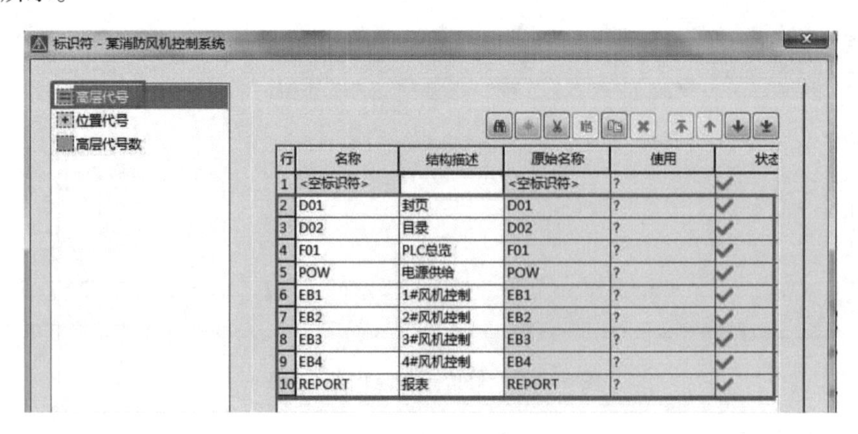

行	名称	结构描述	原始名称	使用	状态
1	<空标识符>		<空标识符>	?	✔
2	D01	封页	D01	?	✔
3	D02	目录	D02	?	✔
4	F01	PLC总览	F01	?	✔
5	POW	电源供给	POW	?	✔
6	EB1	1#风机控制	EB1	?	✔
7	EB2	2#风机控制	EB2	?	✔
8	EB3	3#风机控制	EB3	?	✔
9	EB4	4#风机控制	EB4	?	✔
10	REPORT	报表	REPORT	?	✔

图 6-104　项目高层代号

定义项目位置代号，如图 6-105 所示。

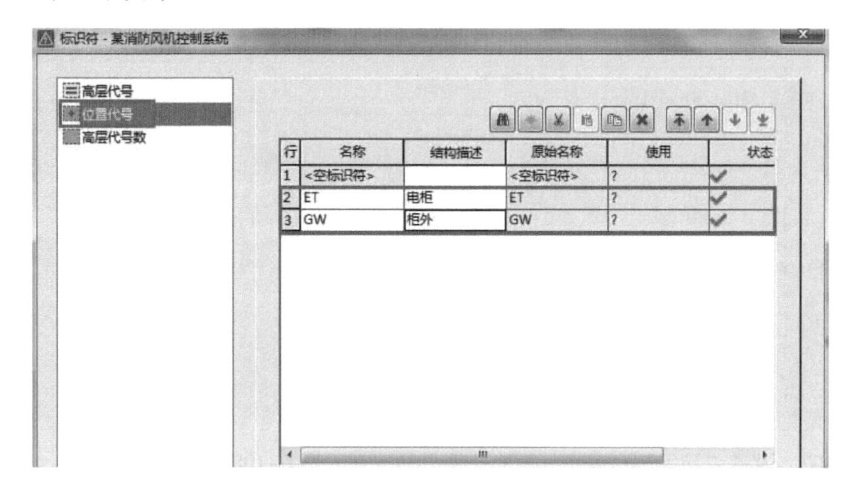

图 6-105　项目位置代号

结构标识符定义完成后，将材料表中的设备进行功能和位置规划，定义设备完整标识符，填写设备的“功能文本”信息，选择设备的“功能定义”。材料表中的设备必须都为“主功能”设备，因为只有“主功能”设备才能选型，尤其是继电器和接触器等设备，在“功能定义”中要定义“线圈，主回路分断”类型，不能定义“触点”类型，如图 6-106 所示。

设备标识符	部件编号	功能文本	功能定义
=EB1+ET-QF1	ABB.1SAM150000R0002	1#风机断路器	电机保护开关，三极
=EB2+ET-QF2	ABB.1SAM150000R0002	2#风机断路器	电机保护开关，三极
=EB3+ET-QF3	ABB.1SAM150000R0002	3#风机断路器	电机保护开关，三极
=EB4+ET-QF4	ABB.1SAM150000R0002	4#风机断路器	电机保护开关，三极
=EB1+ET-KM1	ABB.GJL1211001R0011	1#风机接触器	线圈，主回路分断
=EB2+ET-KM2	ABB.GJL1211001R0011	2#风机接触器	线圈，主回路分断
=EB3+ET-KM3	ABB.GJL1211001R0011	3#风机接触器	线圈，主回路分断
=EB4+ET-KM4	ABB.GJL1211001R0011	4#风机接触器	线圈，主回路分断
=EB1+ET-RT1	TEL.LRD12C	1#风机热继	三极过热释放(双金属片式继电器)
=EB2+ET-RT2	TEL.LRD12C	2#风机热继	三极过热释放(双金属片式继电器)
=EB3+ET-RT3	TEL.LRD12C	3#风机热继	三极过热释放(双金属片式继电器)
=EB4+ET-RT4	TEL.LRD12C	4#风机热继	三极过热释放(双金属片式继电器)
=EB1+GW-M1	SEW.DV112M4	1#风机	电机，带PE，常规，4个连接点
=EB2+GW-M2	SEW.DV112M4	2#风机	电机，带PE，常规，4个连接点
=EB3+GW-M3	SEW.DV112M4	3#风机	电机，带PE，常规，4个连接点
=EB4+GW-M4	SEW.DV112M4	4#风机	电机，带PE，常规，4个连接点
=EB1+ET-A1	SIE.6ES7131-4BF00-0AA0	1#风机信号输入	PLC盒子
=EB2+ET-A2	SIE.6ES7131-4BF00-0AA0	2#风机信号输入	PLC盒子
=EB3+ET-A3	SIE.6ES7131-4BF00-0AA0	3#风机信号输入	PLC盒子
=EB4+ET-A4	SIE.6ES7131-4BF00-0AA0	4#风机信号输入	PLC盒子
=EB1+ET-A5	SIE.6ES7132-4BF00-0AA0	1#风机信号输出	PLC盒子
=EB2+ET-A6	SIE.6ES7132-4BF00-0AA0	2#风机信号输出	PLC盒子
=EB3+ET-A7	SIE.6ES7132-4BF00-0AA0	3#风机信号输出	PLC盒子
=EB4+ET-A8	SIE.6ES7132-4BF00-0AA0	4#风机信号输出	PLC盒子

图 6-106　设备材料表

将材料表中的设备定义完成后，选择【项目数据】>【设备】>【导入】命令，如图 6-107 所示。

在弹出的“导入设备数据”界面中，设置“数据源类型”为 Excel，单击“数据源”栏后面的▭按钮，在弹出的“选择数据源”界面中选择已定义的材料表文件，在“表格”栏选择 Excel 中的数据页，如图 6-108 所示。

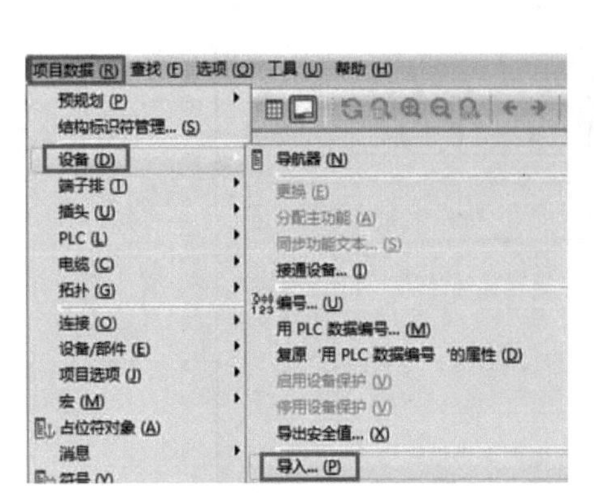

图 6-107　设备“导入”命令

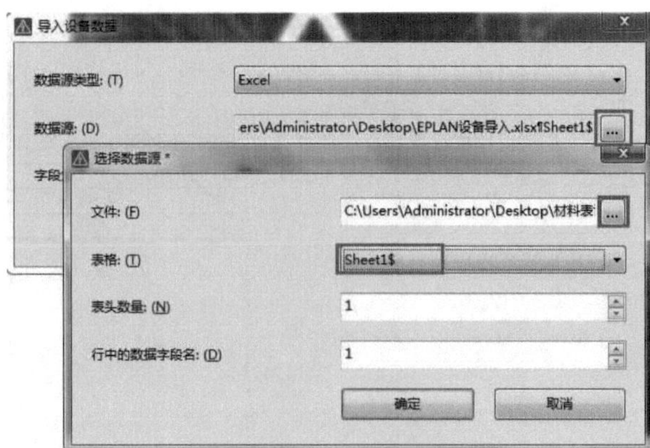

图 6-108　数据源设置

Excel 文件选择完成后，单击【确定】按钮。在“导入设备数据”对话框中单击“字段分配”栏后面的按钮。在弹出的“字段分配”界面中，单击按钮，新建配置名称为 MJ_Standard，如图 6-109 所示。

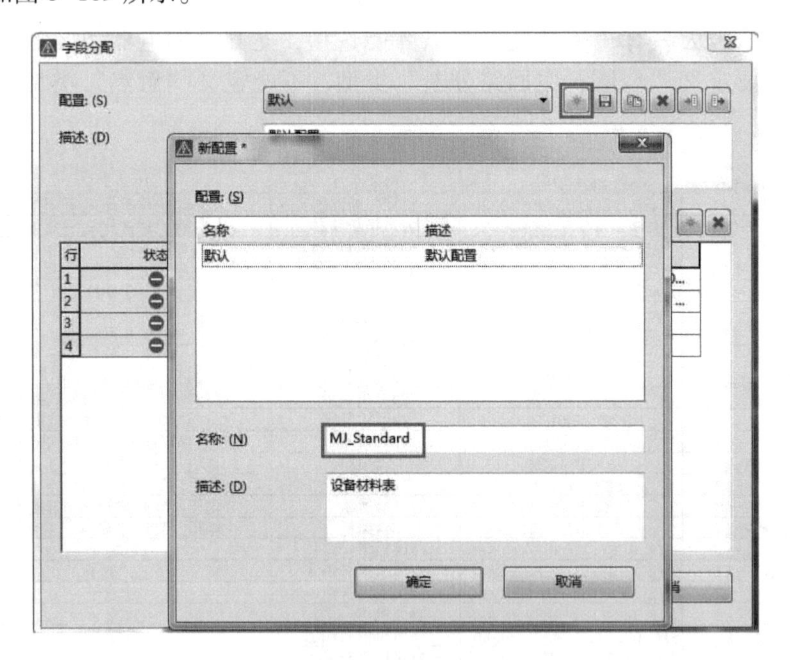

图 6-109　新建配置

单击【确定】按钮，在新配置下软件自动提取 Excel 中的列号和列名称，如图 6-110 所示。

框选软件提取的列属性，单击按钮，列状态自动更改为可用状态，如图 6-111 所示。

在“属性”列中选择“外部数据字段名”所对应的属性名，如图 6-112 所示。

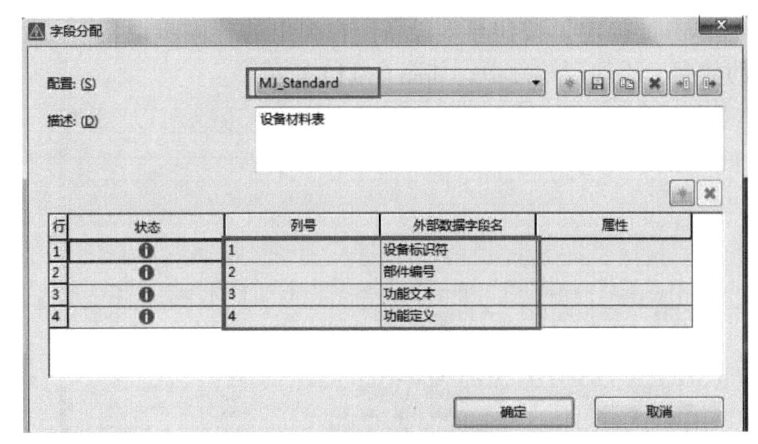

图 6-110　自动提取列号和列名称

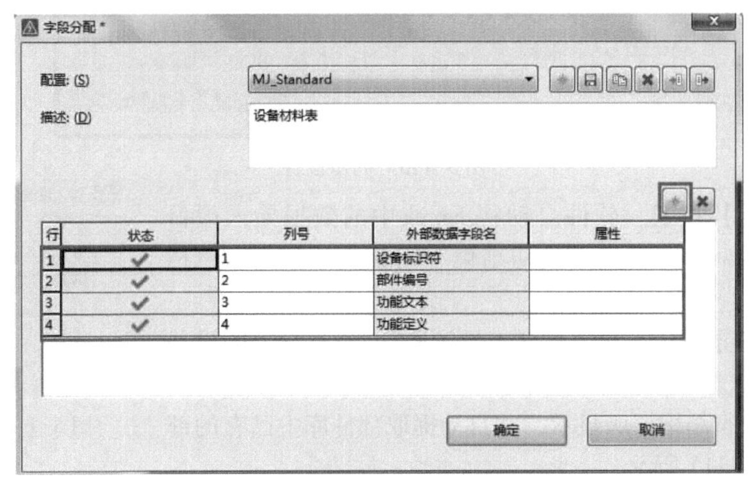

图 6-111　修改列属性状态

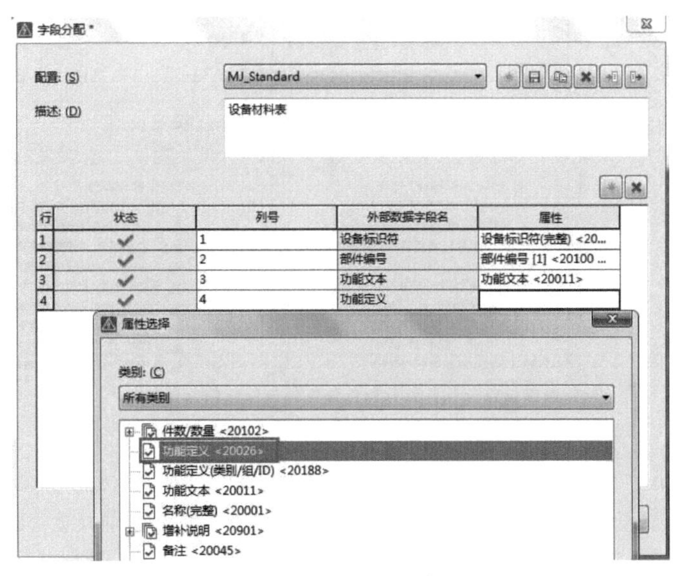

图 6-112　属性选择

添加完成后，单击【确定】按钮导入设备。在弹出的“同步设备”对话框中，可以看到 Excel 列表中的数据已添加到软件中，如图 6-113 所示。

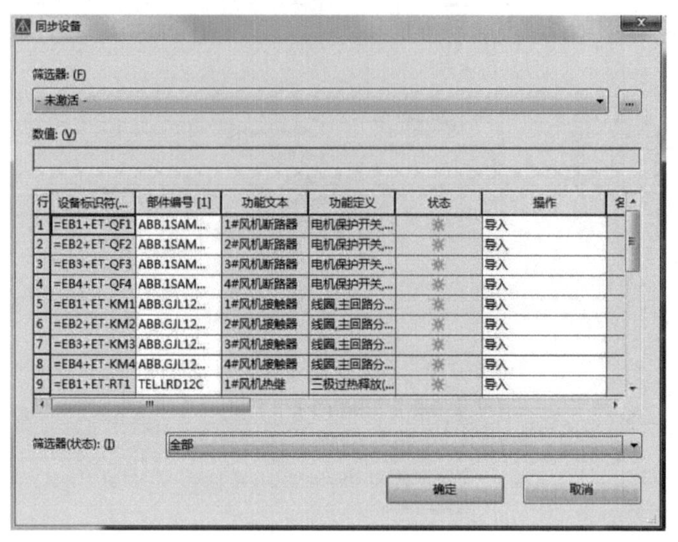

图 6-113　同步设备

单击【确定】按钮，软件自动将 Excel 中的数据导入项目中。导入完成后，弹出“导入成功结束”对话框，如图 6-114 所示。

图 6-114　数据导入成功

打开“设备导航器”和“材料表导航器”，查看导入的设备及部件编号。在“设备导航器”中，软件根据 Excel 中设备的完整标识符自动进行结构层级显示，并自动提取部件库中已有的部件数据，如图 6-115 所示。

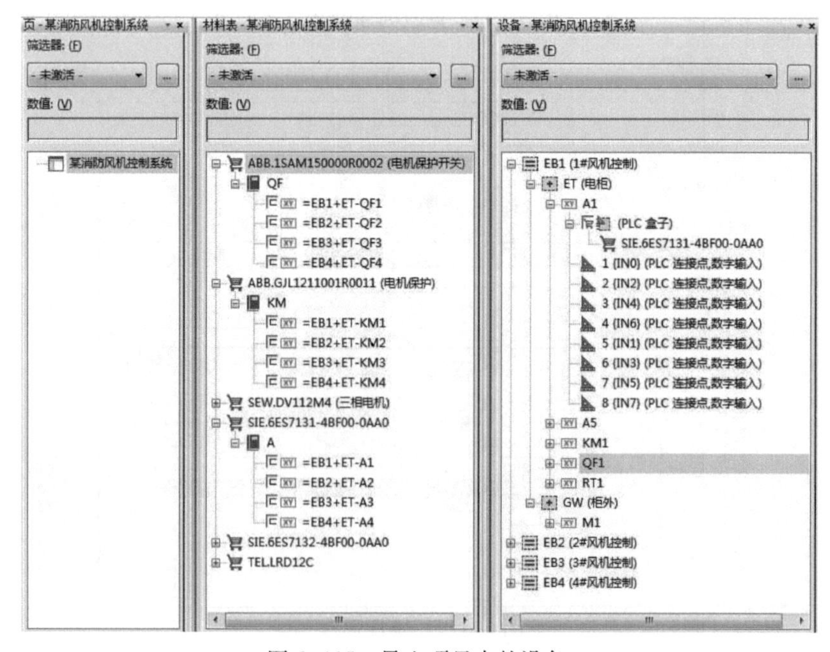

图 6-115　导入项目中的设备

在页导航器中新建页，将设备导航器中的设备“拖放”至原理图中，软件自动显示 Excel 表格中定义的“功能文本”名称及“功能定义”的原理图符号，如图 6-116 所示。

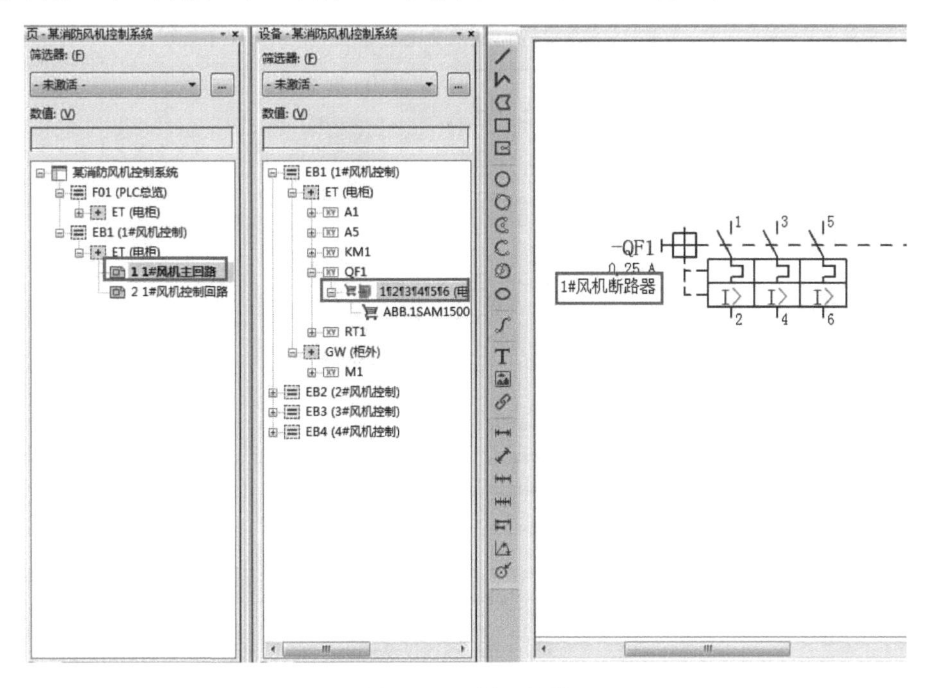

图 6-116　插入符号

将“设备导航器”中的其他设备依次“拖放”至原理图中，完成项目原理设计。采用面向材料表设计时，一般都是将项目中的主要设备通过 Excel 表格的方式批量导入项目中，以帮助节约新建设备和选型的时间，其他辅助设备仍然可以采用面向图形等设计方式完成。

6.5　翻译模块

EPLAN 软件翻译功能可以帮助工程师快速完成项目语言的显示和切换。当针对不同语言客户时，在项目设计阶段可以采用母语进行设计，在交付项目之前采用翻译功能将项目中的文字信息自动翻译成要显示的语言。

6.5.1　翻译设定

在项目翻译之前，首先对翻译模块进行设置。软件中有两个地方可以进行翻译设置，分别是“项目”翻译和“用户”翻译。首先选择【选项】>【设置】>【项目（项目）】>【翻译】>【可译页】选项，在该界面中勾选需要翻译的“页类型”，如图 6-117 所示。

选择【项目（项目）】>【翻译】>【常规】选项，在“翻译”栏中单击按钮，添加需要翻译的语言；在“单位”下拉菜单中选择是按“词”“句子”还是“整个词条”翻译；在“显示”栏中添加一个或多个图纸中要显示的翻译语言，通过按钮调整语言的显示次序，如图 6-118 所示。

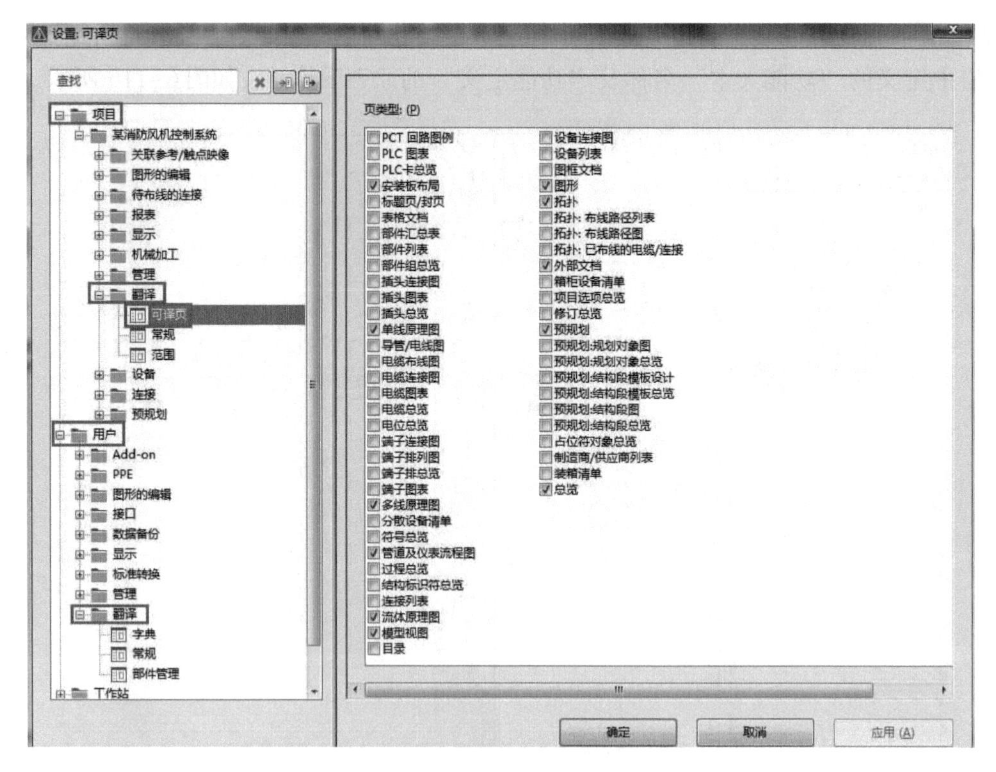

图 6-117　翻译页类型选择

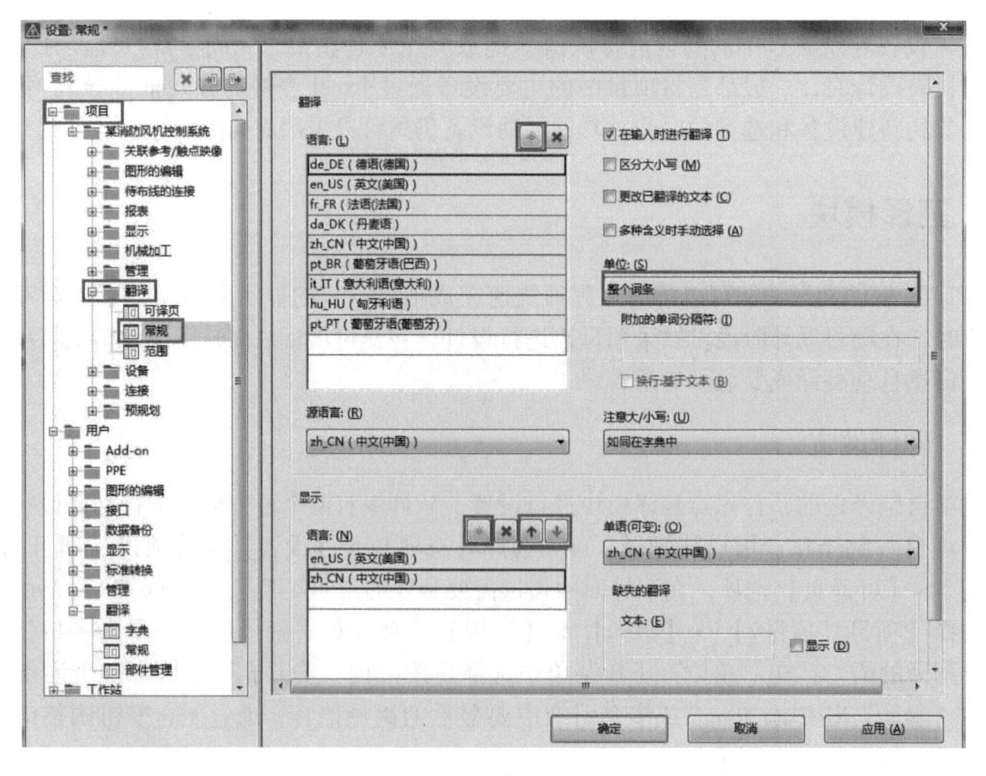

图 6-118　项目翻译常规设置

选择【项目（项目）】>【翻译】>【范围】选项，在“范围”的下拉菜单中选择不同的对象，勾选翻译的属性，如图 6-119 所示。

图 6-119　设置翻译范围

“项目”翻译设置完成后，选择【用户】>【翻译】>【字典】选项，在右侧对话框中选择数据库类型，单击按钮新建翻译数据库，如图 6-120 所示。

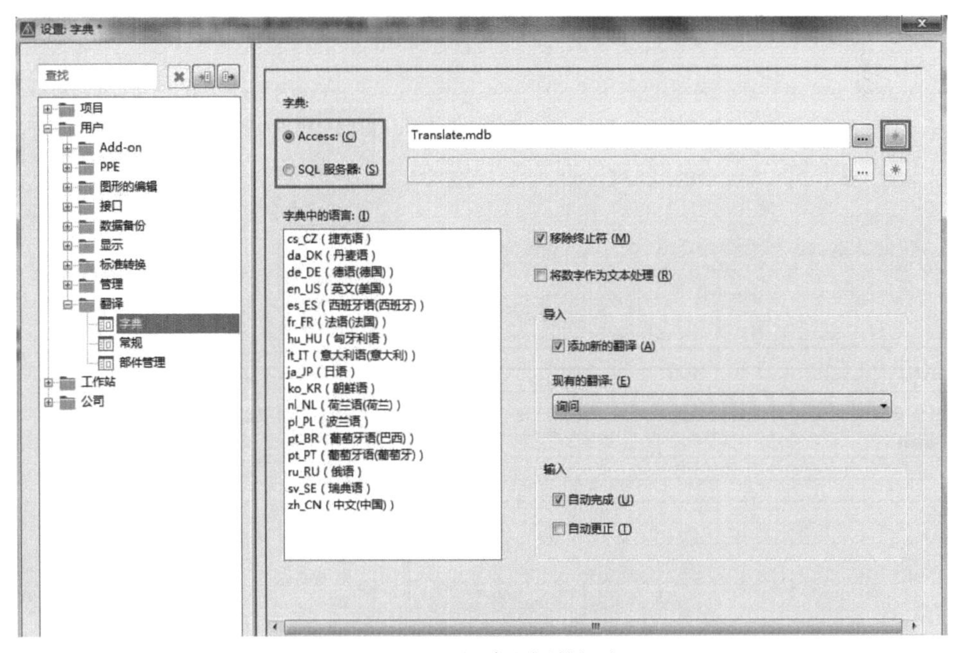

图 6-120　新建翻译数据库

6.5.2 语言字典

设置完成后，单击【确定】按钮。通过【工具】>【翻译】>【测试输入】命令，测试翻译库中是否有翻译语言词条，如图 6-121 所示。

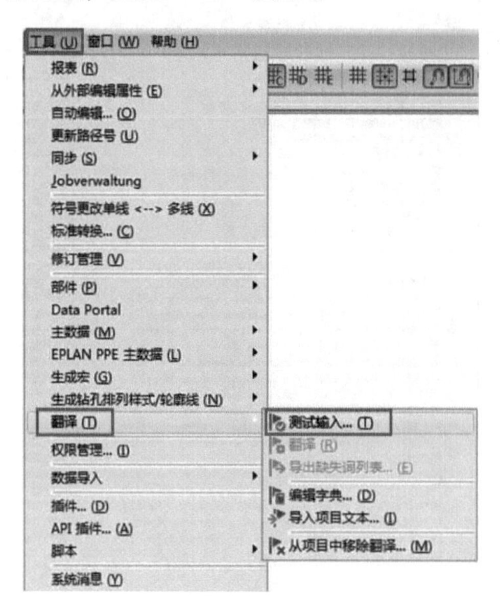

图 6-121 “测试输入”命令

在弹出的“测试输入”界面中，输入要翻译的文本，如断路器，软件自动显示数据库中已有翻译文字，如图 6-122 所示。

如果输入的文字在“测试输入”界面中没有显示，则标识翻译库中没有该词条对应的语言文字。选择【工具】>【翻译】>【编辑字典】命令，添加翻译词库，如图 6-123 所示。

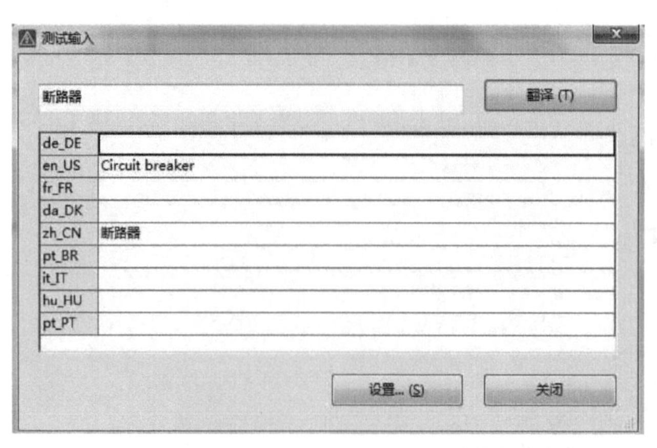

图 6-122 测试输入

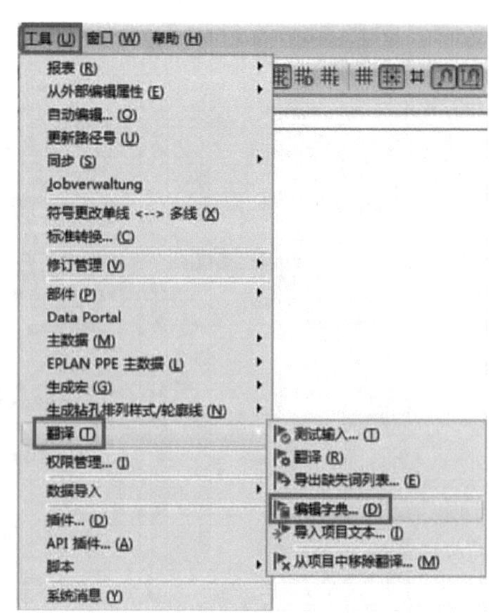

图 6-123 “编辑字典”命令

在弹出的“字典”对话框的“编辑字词”选项卡中，单击按钮，在右侧“关键字”列中输入项目文字对应的各种语言词条，例如，简体中文：热继电器，对应的美国英文为 Thermal Relay，填写完成后，单击【保存】按钮，如图 6-124 所示。

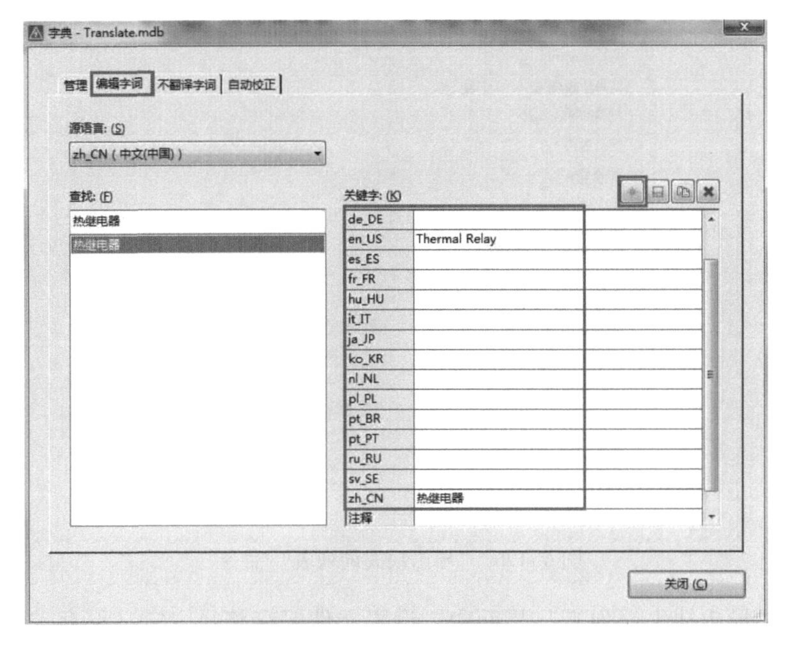

图 6-124　编辑字典

6.5.3 项目翻译

字典编辑后，选中项目中要翻译的对象，可以是单个设备、图纸页或整个项目，选择【工具】>【翻译】>【翻译】命令，软件自动将项目中的文字翻译成设置语言形式，如图 6-125 所示。

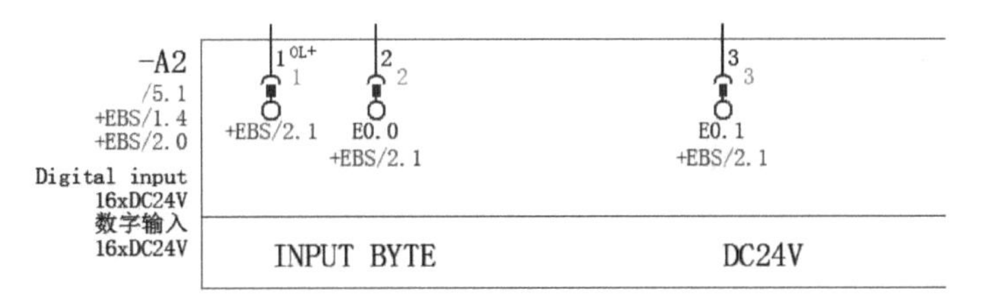

Control voltage
on
控制电压接通

Conveyor belt
1 on
输送带 1
接通

图 6-125　项目翻译

项目翻译完成后，选中项目名称，然后选择【工具】>【翻译】>【导出缺失词列表】命令，查看项目中未翻译的词条，如图 6-126 所示。

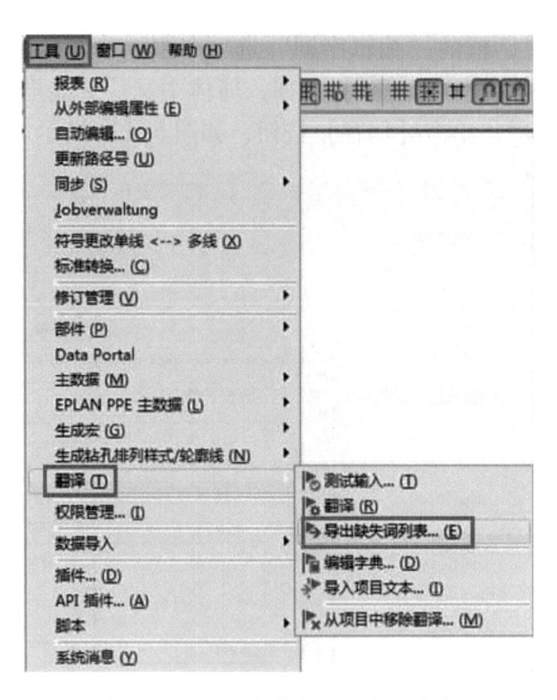

图 6-126 “导出缺失词列表”命令

在弹出的“导出缺失词列表”界面中，设置文件保存路径，定义保存“文件名”为未翻译词条，选择“保存类型”为制表符分隔的万能码文件（ *. txt），如图 6-127 所示。

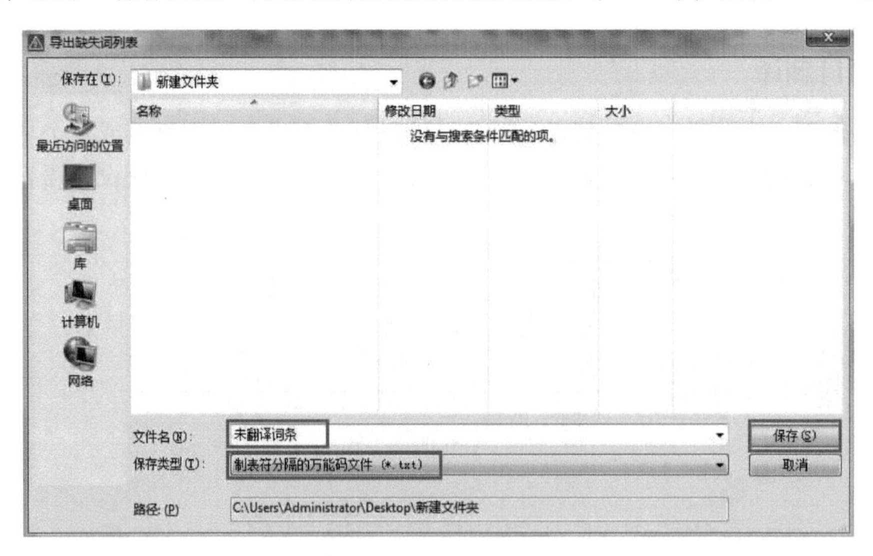

图 6-127 设置导出文件

单击【保存】按钮，在弹出的“选择语言”界面中选择“en_US（英文（美国））”语言，如图 6-128 所示。

单击【确定】按钮，在导出文件路径中打开“未翻译词条”文件。在 TXT 文档中显示项目中没有翻译的词条，如图 6-129 所示。将项目中未翻译的词条，在翻译字典中进行翻译添加，然后对项目再次进行翻译。

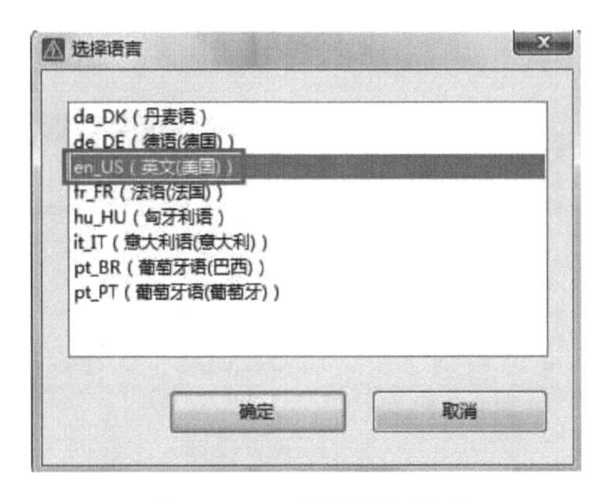

图 6-128　选择语言界面

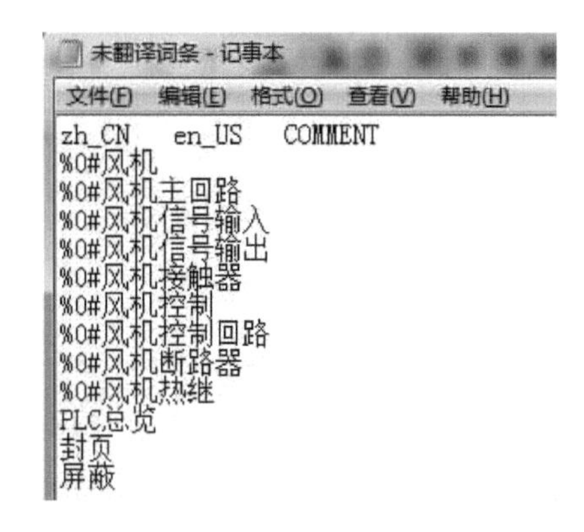

图 6-129　未翻译词条

如果要移除项目翻译，选择【工具】>【翻译】>【从项目中移除翻译】命令，软件自动将翻译词条从项目中删掉，如图 6-130 所示。

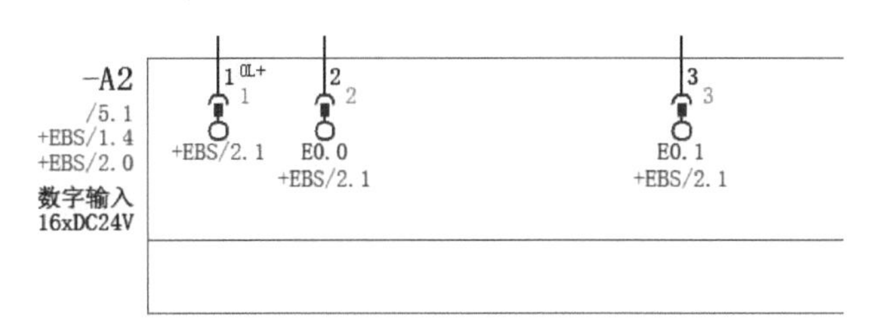

图 6-130　移除项目翻译

6.6　项目变更

在项目设计过程中，由于各种原因需要对项目图纸进行变更和修改，而每次的变更信息需要显示在图框标题栏中，示意该张图纸的更改内容。在 EPLAN 软件中，可以通过“修订”功能完成项目的变更处理。

6.6.1　修订控制管理

项目原理图设计完成后进行修订管理时，选择【工具】>【修订管理】>【修订信息跟踪】>【生成修订】命令，如图 6-131 所示。

在弹出的“生成修订”界面中，填写“修订名”为修订 1，填写“注释”为第一次原理图修订，“用户”和“日期”都为软件默认设置，不能修改，如图 6-132 所示。

单击【确定】按钮后，软件自动在项目名称前生成类似“图章”标记。打开 1#风机主回路图纸，将技术参数为 4 kW 的风机修改为 5.5 kW，如图 6-133 所示。

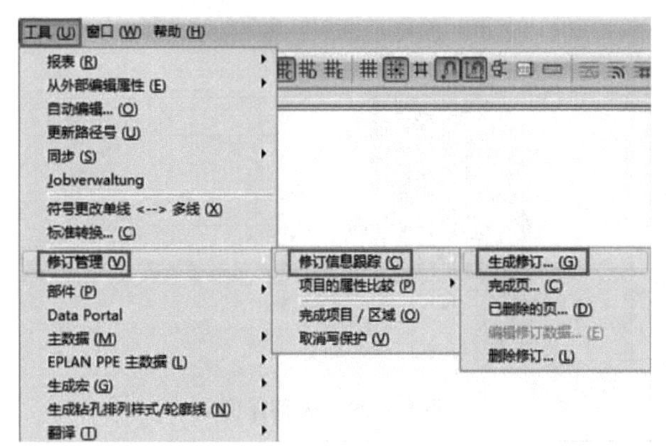

图 6-131 “生成修订”命令

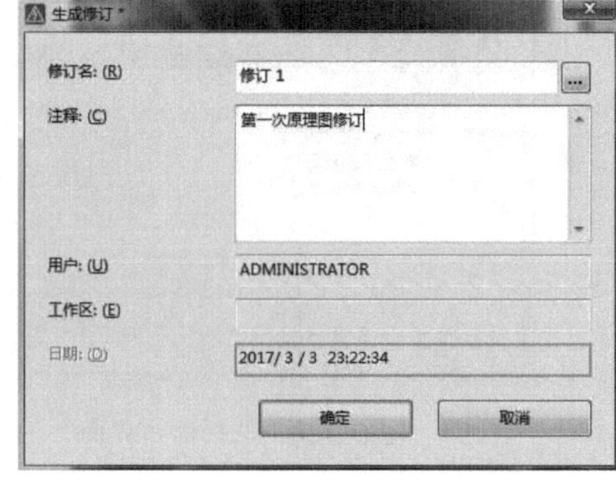

图 6-132 “生成修订”对话框

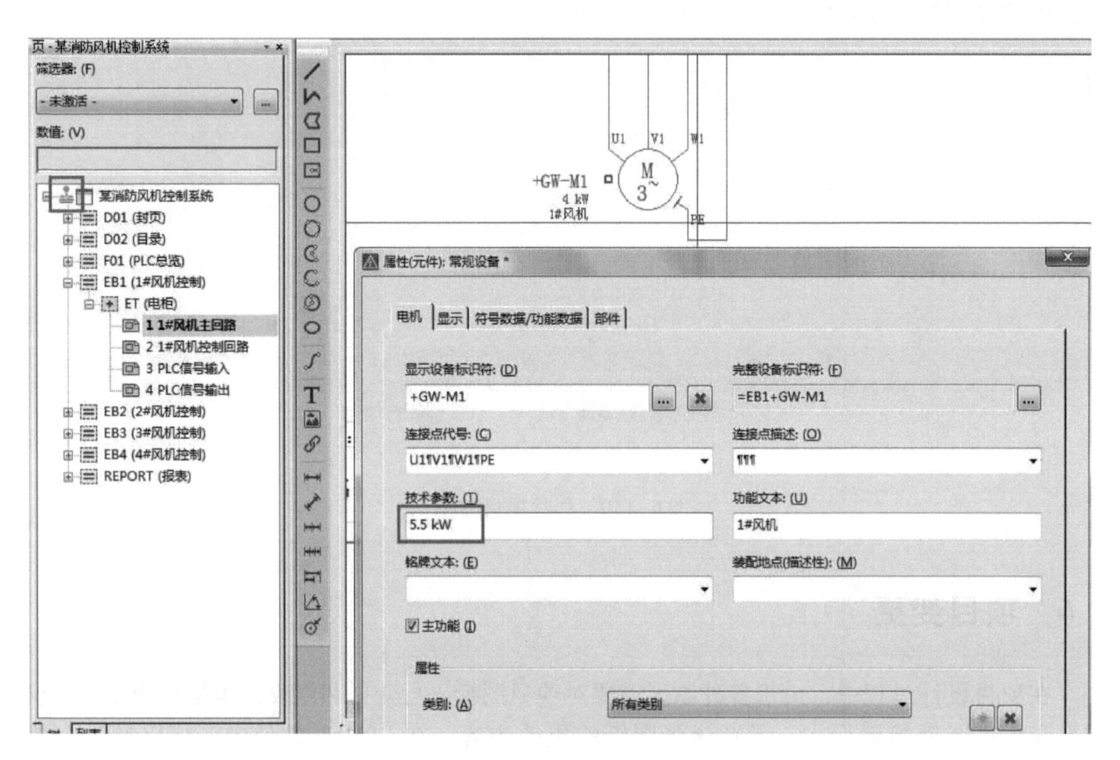

图 6-133 变更原理图设计

单击【确定】按钮修改完成后，软件自动用虚线圈框选修改的设备，并在图纸中显示“DRAFT”字样，如图 6-134 所示。

修改完 1#风机主回路之后，打开 1#风机的控制回路，在控制回路中添加一个指示灯回路。修改完成之后，图纸中同样也出现“DRAFT”字样，添加的符号和连接点软件自动进行标记，如图 6-135 所示。

原理图修改完成后，选中“1#风机主回路”，然后选择【工具】>【修订管理】>【修订信息跟踪】>【完成页】命令，完成对该页的变更处理，如图 6-136 所示。

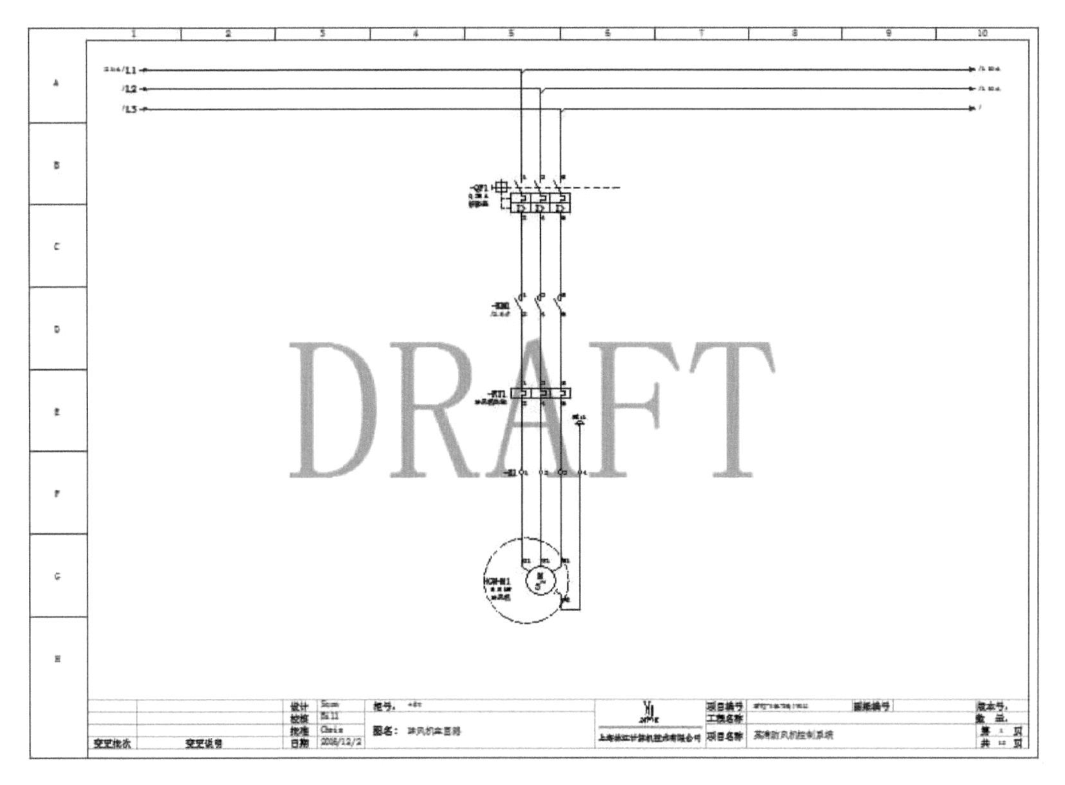

图 6-134　主回路变更

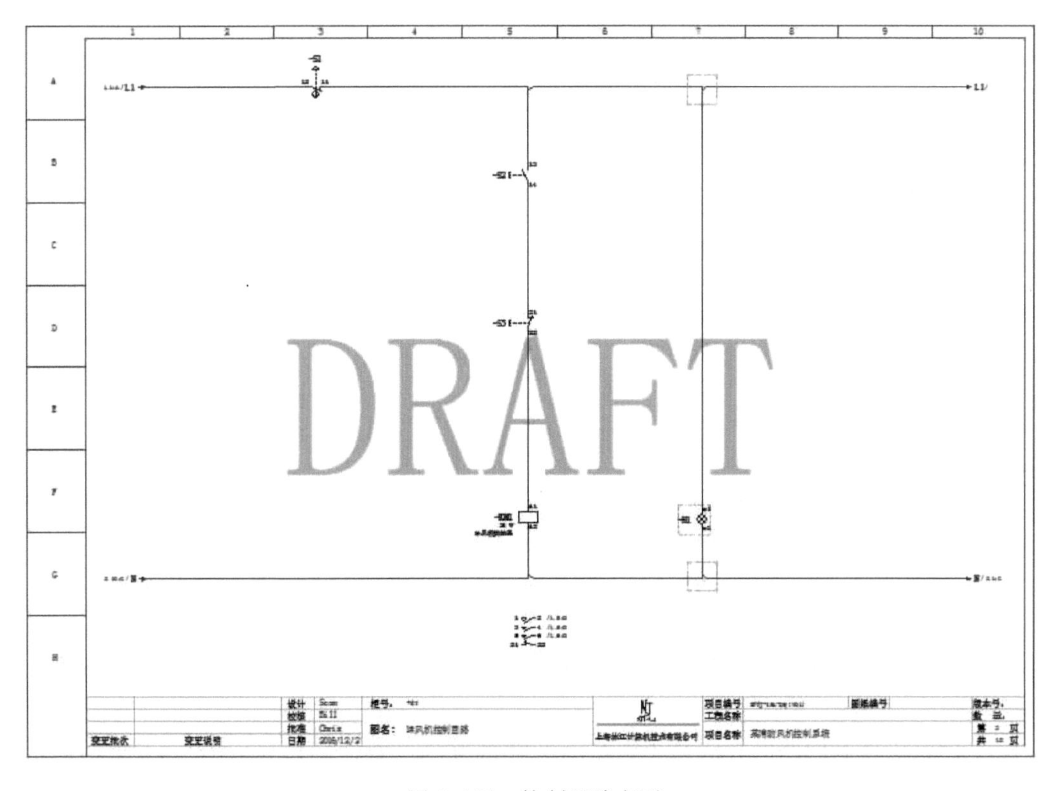

图 6-135　控制回路变更

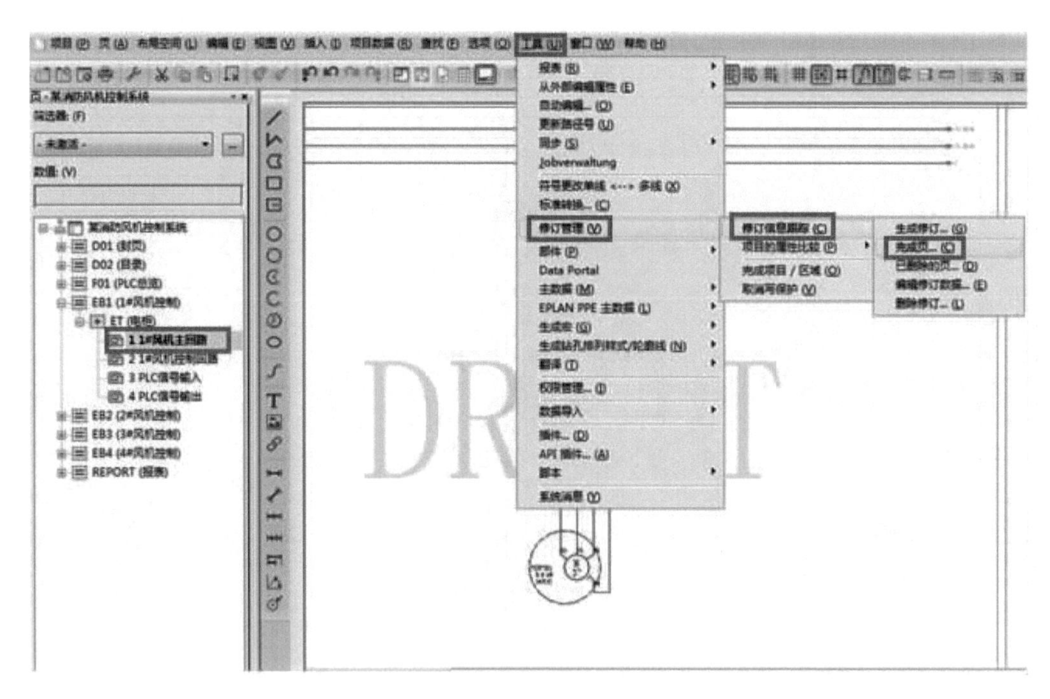

图 6-136　完成页修订命令

在弹出的“页的修改说明”对话框中，填写“修订索引”为 01，在“描述”栏中填写：修改 1#风机参数为 5.5 kW，勾选“关闭时生成页报表”选项，如图 6-137 所示。

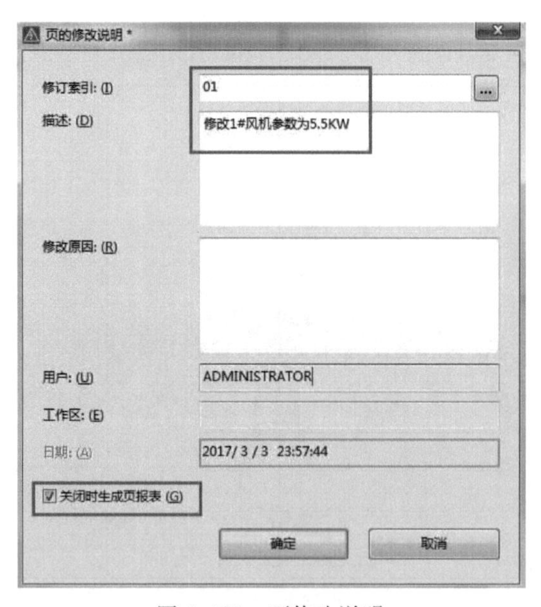

图 6-137　页修改说明

单击【确定】按钮，在修改页的图框标题栏中显示“修订索引”和“描述”内容，如图 6-138 所示。

修订 1#风机控制回路的方法与主回路图纸修订方法一致，修订完成后可以对 1#风机控制回路进行再次变更，对 S3 按钮进行选型，如图 6-139 所示。

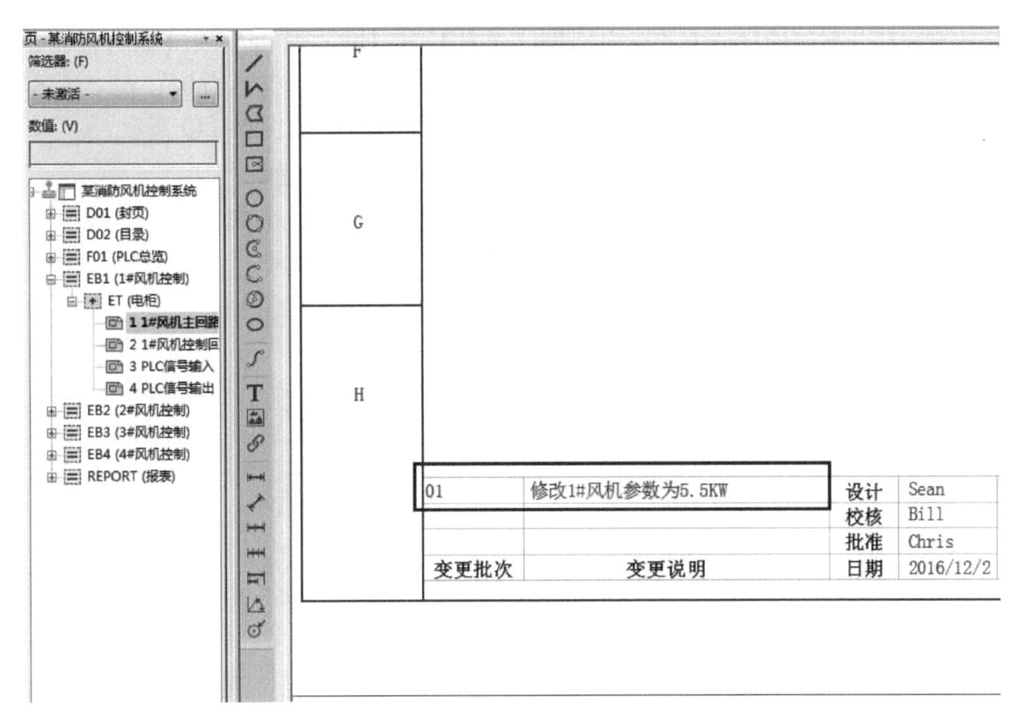

图 6-138　图框标题栏显示变更信息

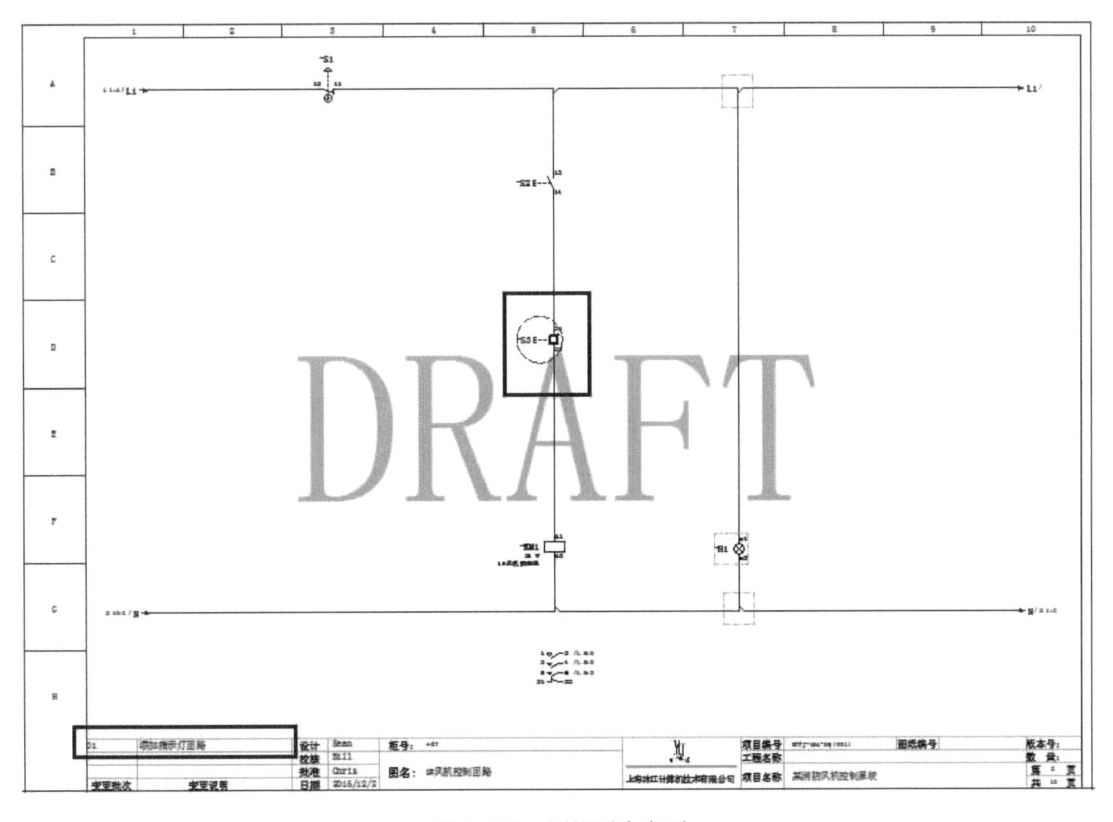

图 6-139　图纸再次变更

修改完成后，按照同样的方式再次选择【工具】>【修订管理】>【修订信息跟踪】>【完成页】命令，在“页修改说明”对话框中，填写“修订索引”为02，在“描述”栏中填写：S3按钮设备选型，勾选“关闭时生成页报表”选项，如图6-140所示。

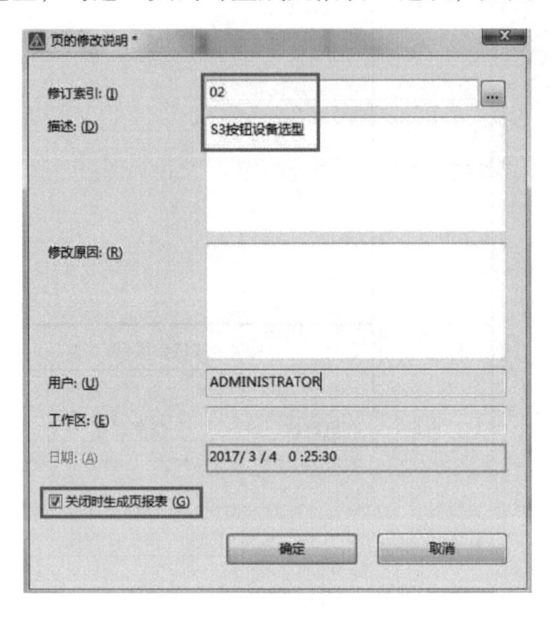

图6-140　二次修订说明

单击【确定】按钮，在该页的图框标题栏中，显示图纸两次修改索引和描述信息，如图6-141所示。

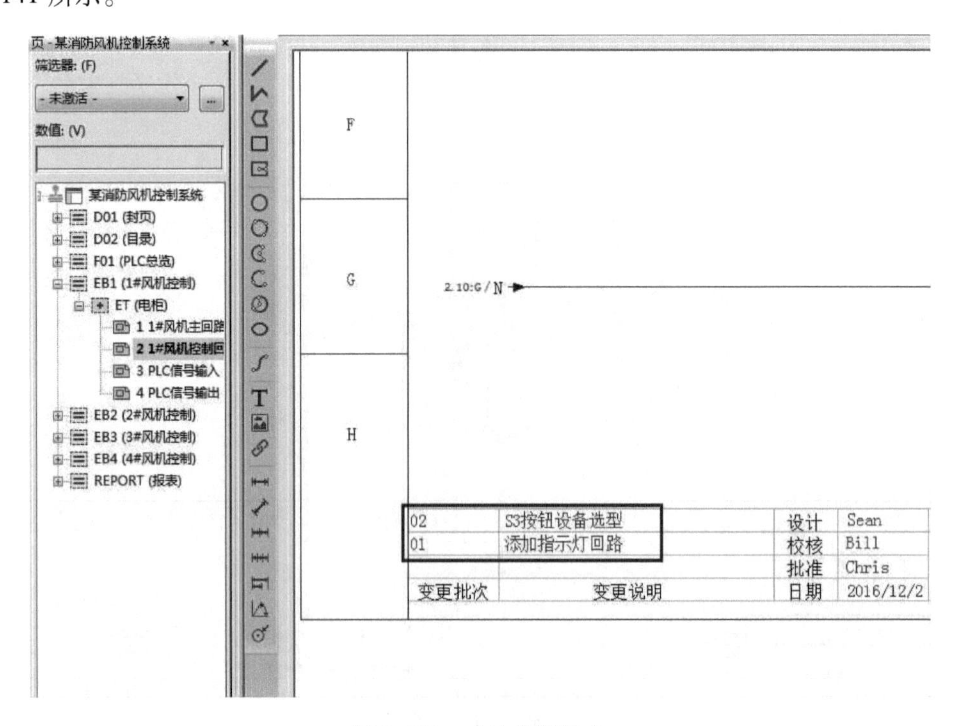

图6-141　二次修订完成

6.6.2 修订创建和比较

在项目修订过程中，对项目前后修订信息进行比较时，需要生成参考项目。选择【工具】>【修订管理】>【项目的属性比较】>【生成参考项目】命令，如图 6-142 所示。

在弹出的"生成参考项目"对话框中，填写参考项目名称和描述，如图 6-143 所示。

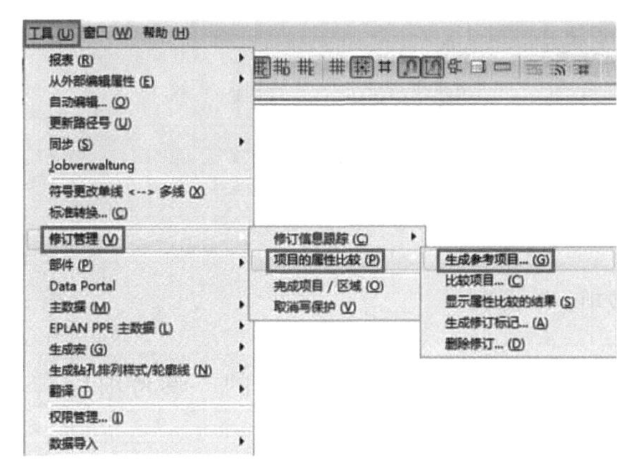

图 6-142 "生成参考项目"命令

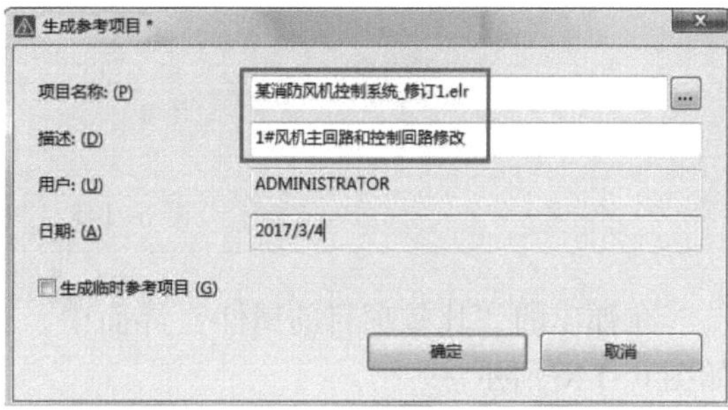

图 6-143 "生成参考项目"对话框

单击【确定】按钮，完成参考项目的生成。对 1#风机控制回路进行再次修改，对 S2 按钮进行选型，完成页的修订，如图 6-144 所示。

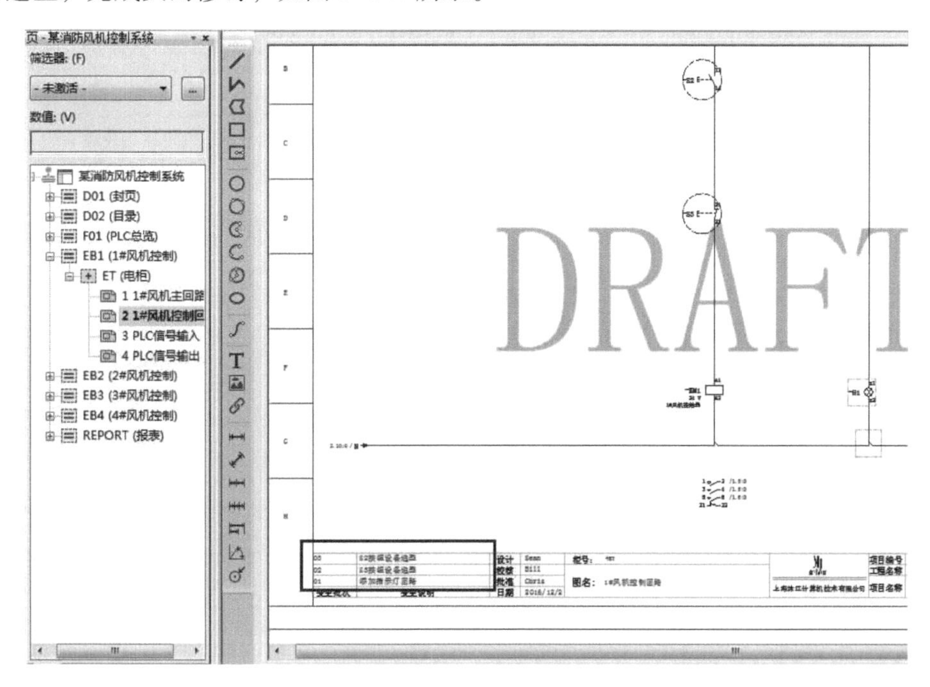

图 6-144 变更原理图

选择【工具】>【修订管理】>【项目的属性比较】>【比较项目】命令，如图 6-145 所示。

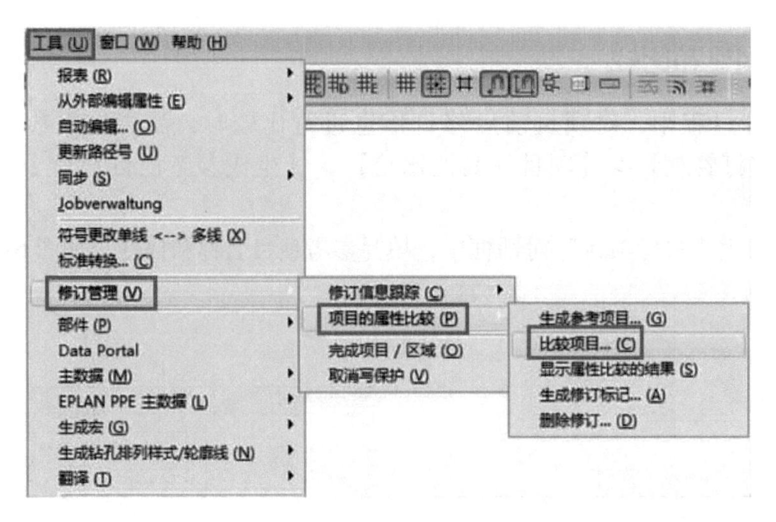

图 6-145 “比较项目”命令

在弹出的“比较项目的属性”界面中，在“比较对象”栏中选择生成的“参考项目”，如图 6-146 所示。

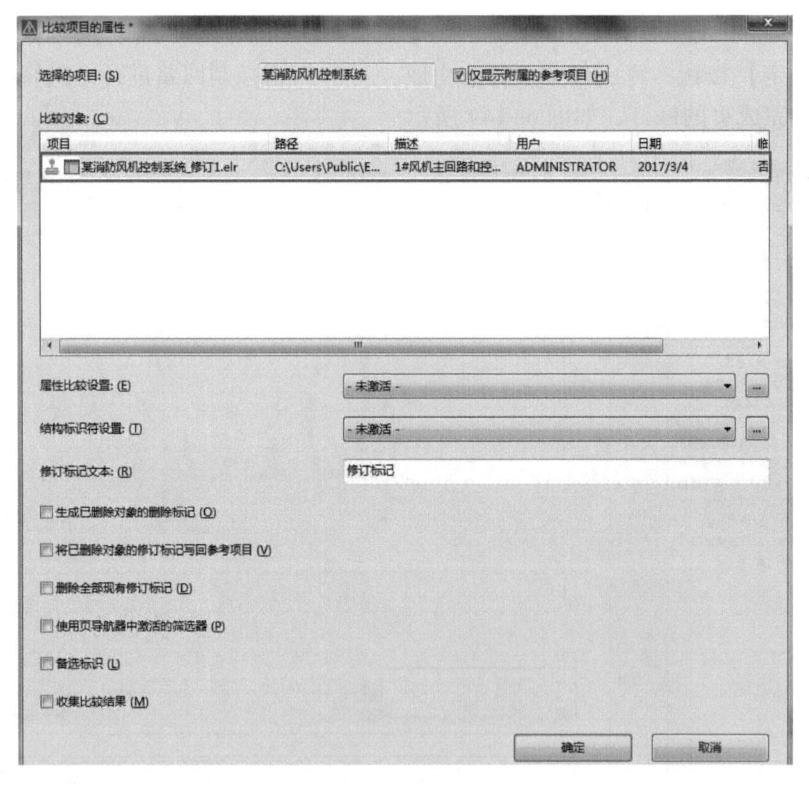

图 6-146 选择比较项目

单击【确定】按钮，在弹出的界面中显示目前项目与参考项目的修订比较，如图 6-147 所示。

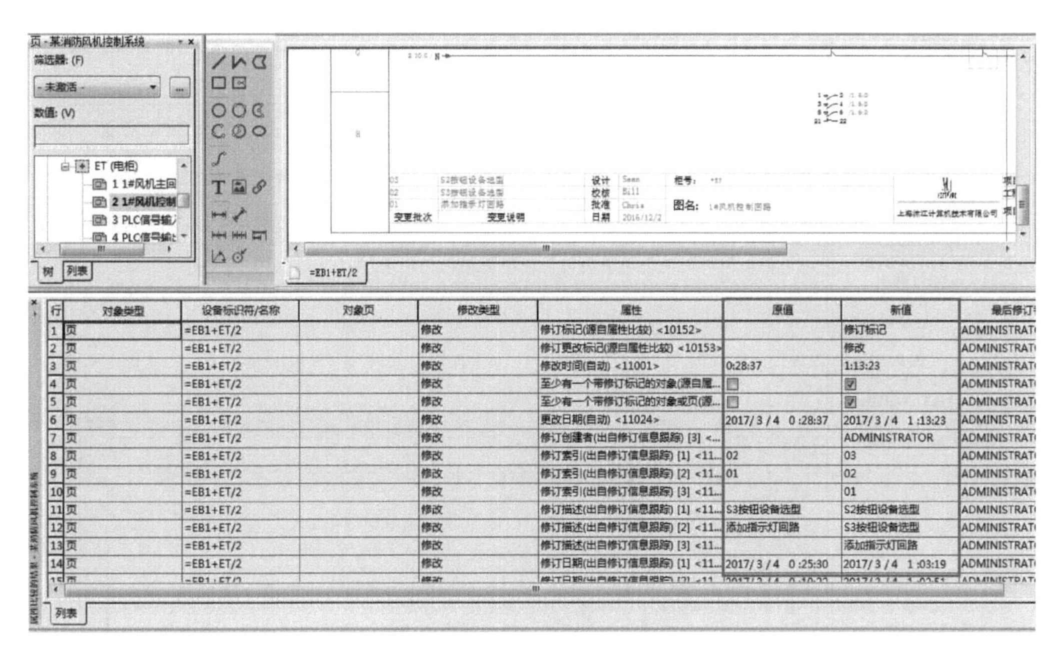

图 6-147　属性比较

项目所有图纸变更之后，单击【工具】>【修订管理】>【完成项目/区域】命令，完成项目修订，如图 6-148 所示。

在弹出的“完成项目”界面中，软件自动显示“修订索引”和“描述”内容，如图 6-149 所示。

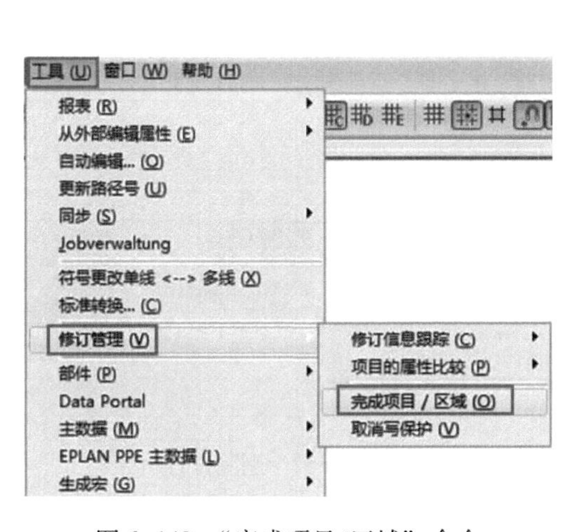

图 6-148　“完成项目/区域”命令

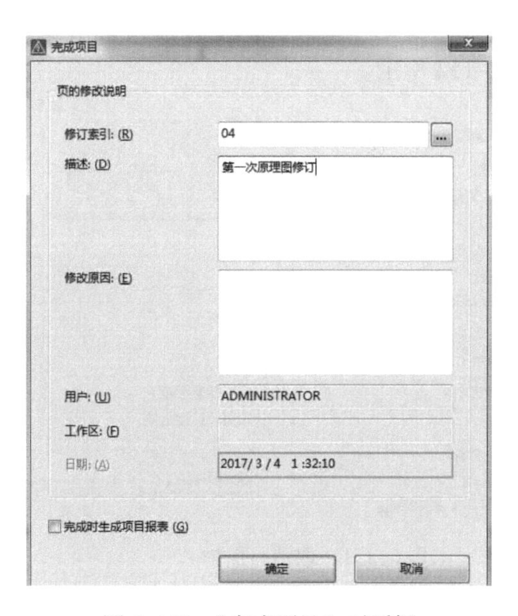

图 6-149　“完成项目”对话框

单击【确定】按钮后，项目中变更图纸的框选标记及“DRAFT”字样自动消失，所有的设备进行“写保护”，不能进行编辑，如图 6-150 所示。

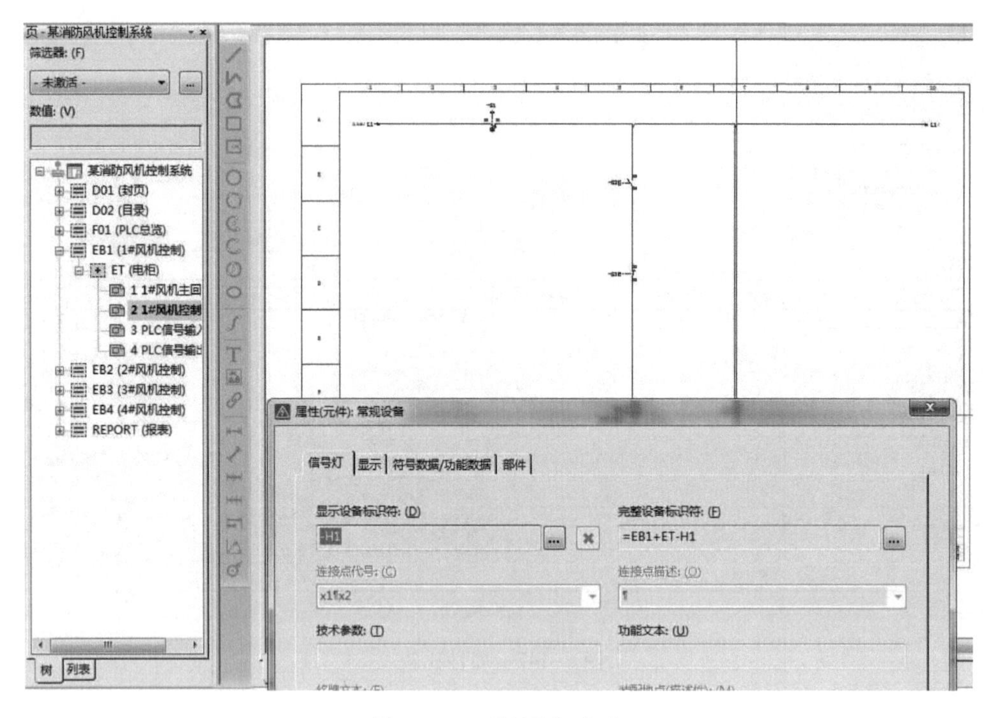

图 6-150　项目修订完成

如果想继续对项目中的设备进行编辑，可进行“取消写保护”操作。选择【工具】>【修订管理】>【取消写保护】命令，可取消项目的“写保护”，如图 6-151 所示。

项目修订完成后，如果想删除修订必须先完成“取消写保护”操作，然后选择【工具】>【修订管理】>【修订信息跟踪】>【删除修订】命令，即可删除项目修订，如图 6-152 所示。

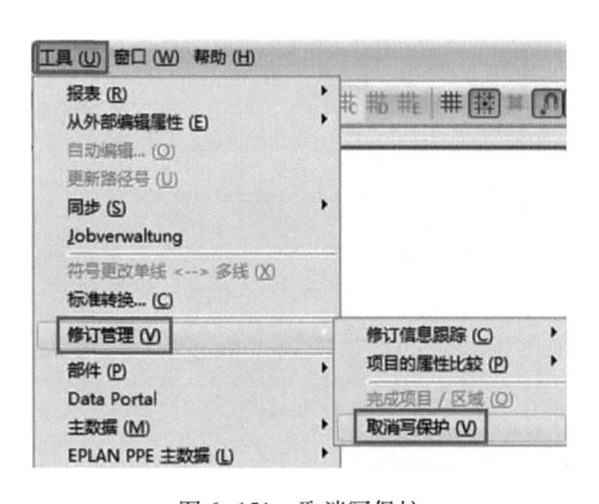

图 6-151　取消写保护

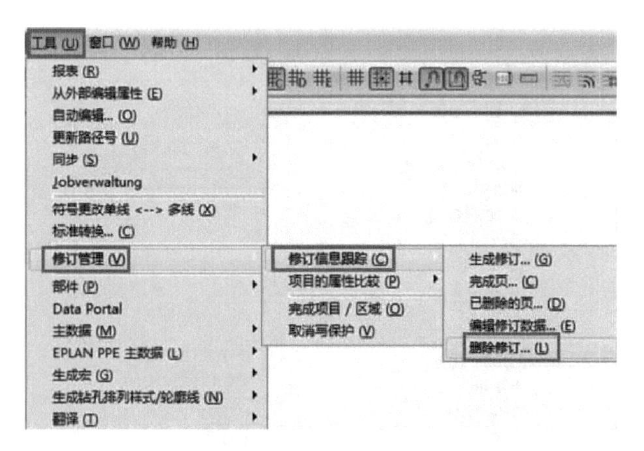

图 6-152　删除修订

6.7　项目模板保存

在 EPLAN 软件中包括两种项目模板，分别是项目模板和基本项目模板。项目模板只是一个初始模板，在新建第一个项目时可采用项目模板新建，对“页”结构可进行调整。基本项目模板中包含了项目的层级结构、典型电路、图形模板、各种主数据和用户自定义属性等，所以基本项目模板的“页”结构是不能调整的。不管是哪一种模板都可以帮助工程师快速、规范地完成一个新项目设计，工程师在新项目设计时不用再对项目字体、报表及主数据内容进行重新设置，每个设计人员采用统一的项目模板设计，从而保证了图纸设计的一致性及标准化。

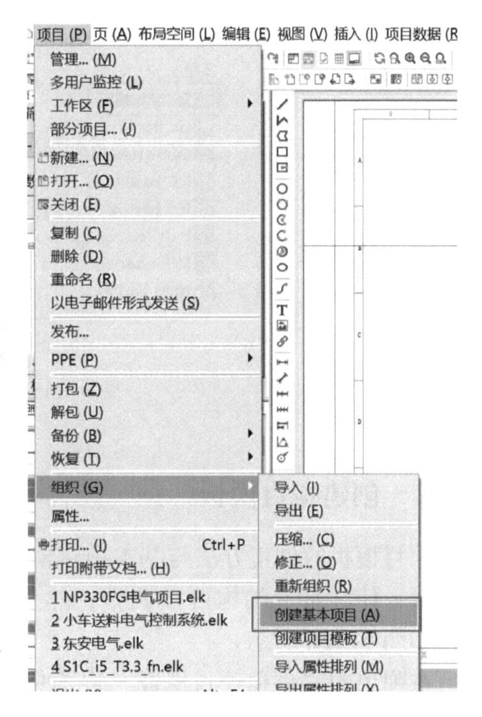

图 6-153　创建基本项目命令

6.7.1　创建基本项目

在创建基本项目模板时，通常将某个典型项目保存为基本项目模板，一个企业可以针对不同行业和产品保存多个基本项目模板。在创建新项目时，直接选择该项目的基本项目模板，对项目中的部分电路进行修改，便可完成项目设计。

通过【项目】>【组织】>【创建基本项目】命令，创建基本项目模板，如图 6-153 所示。

在弹出的“创建基本项目”对话框中，定义“文件名”为消防系统模板，设置保存类型为 EPALN 基本项目（＊.zw9），如图 6-154 所示。

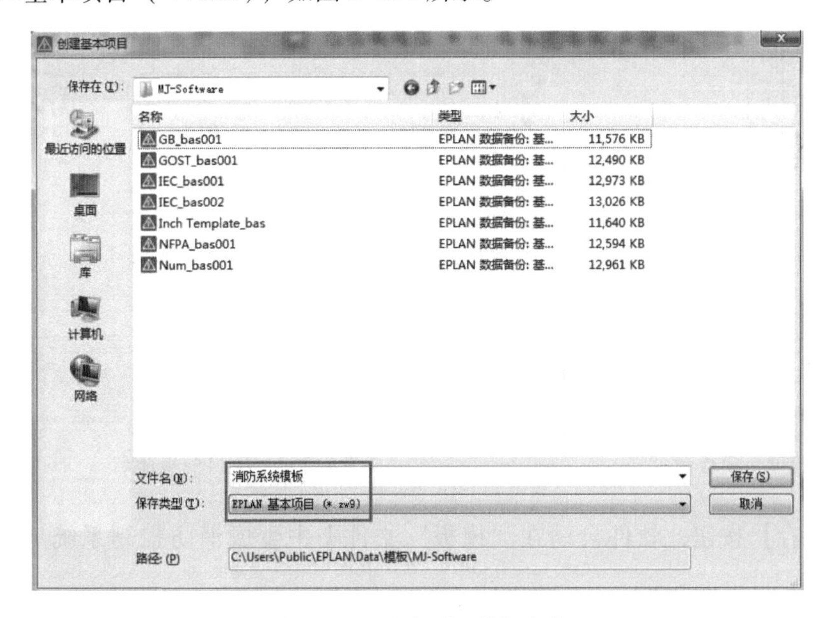

图 6-154　基本项目模板命名

单击【保存】按钮，软件自动在“模板”文件夹中生成消防系统基本项目模板，如图 6-155 所示。

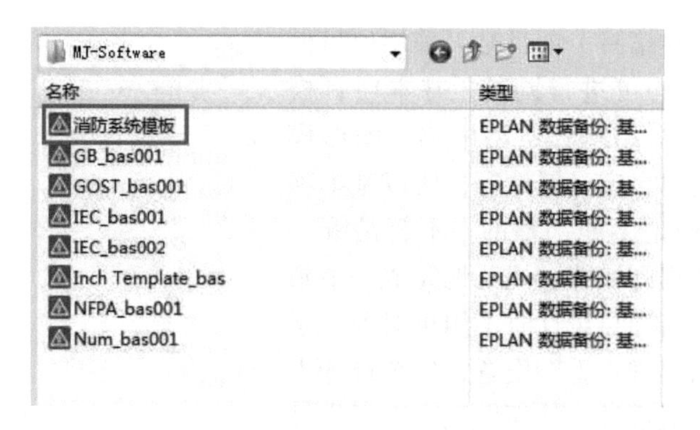

图 6-155　基本项目模板创建完成

6.7.2　创建项目模板

项目模板的创建方法与基本项目模板创建方法一样，在创建项目模板之前，首先删除项目图纸，使“页”结构可以调整，然后选择【项目】>【组织】>【创建项目模板】命令，如图 6-156 所示。

在弹出的“创建项目模板”界面中，定义项目模板文件名为消防控制系统模板，保存类型为 EPALN 项目模板（ *. ept)，如图 6-157 所示。

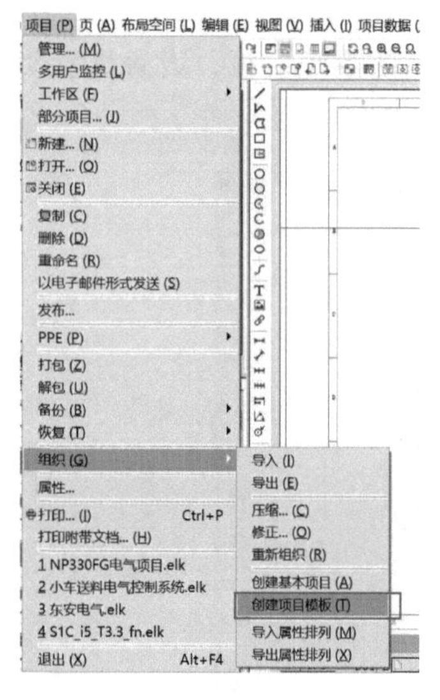

图 6-156　创建项目模板命令

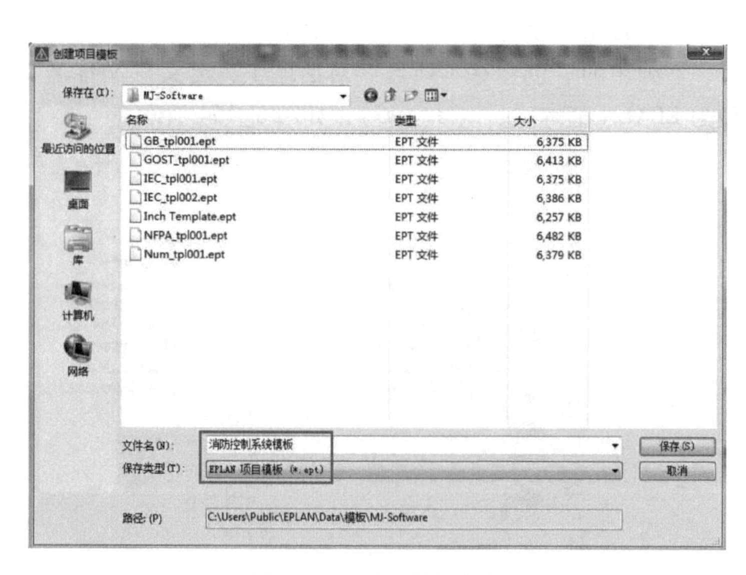

图 6-157　项目模板命名

单击【保存】按钮，软件自动在“模板”文件夹中生成消防控制系统项目模板，如图 6-158 所示。

无论是基本项目模板还是项目模板，一旦创建完成后就不能编辑修改，只能通过修改后的数据覆盖原来的数据，从而实现模板数据的更新。

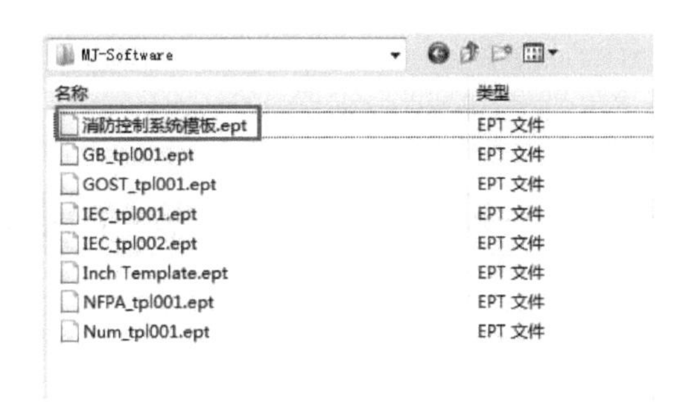

图 6-158　项目模板创建完成

6.8　项目总结

本章主要讲述了面向材料表的设计方法及项目的翻译和修订功能，重点讲述了主数据中的图框和表格的新建方法。

在新建图框时，有三种设计方法绘制图框，这里讲解了最为快速和方便的创建方法。图框坐标原点的选定很关键，坐标原点将会影响设备交互参考的显示。图框标题栏中的信息根据需要显示的内容添加“项目属性”和“页属性”。

新建表格时，由于表格属性太多，建议先复制软件自带的表格模板，在其基础上进行个性化修改。修改完成后的表格要进行不断地测试，最终才能在项目中应用。

项目翻译功能主要针对不同项目语言之间的文字翻译，在进行项目翻译之前首先要设置翻译数据库及翻译语言等信息，完善翻译字典中词条，才能保证项目中的所有文字被正确翻译。

修订管理主要针对项目设计完成后修改内容及记录信息，对项目图纸完成页修订后，在图框标题栏中自动显示修订索引和描述内容。图框标题栏的显示内容主要根据新建图框时添加的页属性决定。

项目模板为企业的标准化设计提供了条件，使工程师们的设计更快捷、准确。在 EPLAN 软件中包含两种项目模板，两种模板的创建方式和用法都相同，只是两种模板的后缀名不同而已。

第 7 章　某大型锻压系统设计

7.1　项目概述

某大型锻压系统项目主要由进料装置、左控制器、锻压系统、出料装置及右控制器五大功能组成，其中送、出料装置属于锻压系统的接线盒设备。该项目中包括的功能和位置比较复杂，所以前期规划很重要。系统功能流程图如图 7-1 所示。

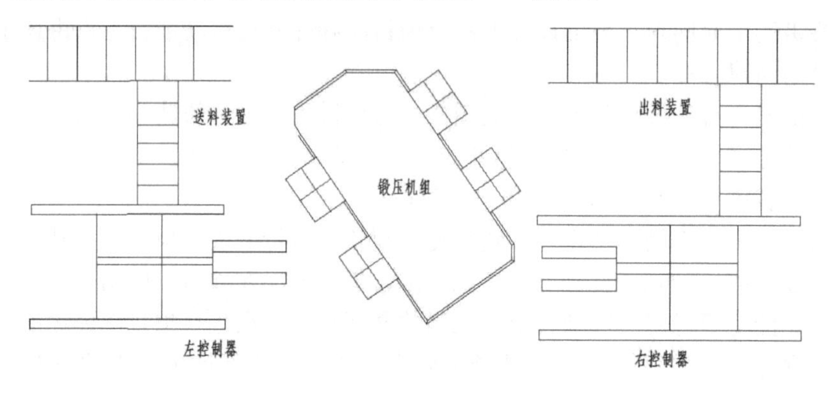

图 7-1　系统功能图

本章重点讲述项目的前期规划，在开始项目之前如何规划项目和建立项目的设计标准；在部件库管理中，如何自定义数据库名称以及导入、导出部件库数据。通过锻压机项目案例介绍在面向图形设计过程中，如何快速插入符号；宏的标准化管理及应用将大幅提高设计效率；项目设计完成后如何将项目导出及导入，最终对项目进行归档处理。

7.2　项目规划

项目从功能上主要分为电源单元、压机单元和控制器单元；从位置上主要分为 CN1 - CN6 接线盒和 A1 - A4 电控柜，另外就是按钮接线盒及 CL 控制台。该项目中每个功能下都有相应的接线盒和电控柜与之对应，通过流水线方式完成整个系统运行，所以采用“ = 功能 + 位置 - 页名”的项目结构进行规划。如果项目中只有一个电控柜，而接线盒位置比较多时，采用“ + 位置 - 页名”的结构进行规划，从项目结构上可以很快定位各个位置的图纸；如果项目中有多个功能时，一般采用“ = 功能 - 页名”的结构进行设计，将项目按功能模块进行划分设计。在锻压系统项目中，每个柜子有独立的功能，而这些接线盒及电控柜共同组成新的功能模块，所以采用 IEC 标准结构中“ = 功能 + 位置 - 页名”的结构进行项目设计，可满足几百上千页图纸的项目需求。

7.2.1 项目组成与分割

锻压系统项目中电源单元高层代号下包含 G0 进线柜和 G1 电源柜 2 个位置代号。

压机单元高层代号下包括 A1 辅助系统起动柜、A2 主泵起动柜、A3 软起动柜、A4 控制器起动柜、PLC400 接线柜、CN1 ~ CN6 接线盒、CT400 控制台及柜外电动机共 13 个位置代号。

控制器单元高层代号下包括 PLC300 电柜、CT300 控制台、CL 左接线盒和 CR 右接线盒共 4 个位置代号。

选择【项目】>【新建】命令，填写项目名称，选择项目模板，勾选设置创建日期和设置创建者选项，设置项目创建日期和创建者，如图 7-2 所示。

图 7-2　创建项目

单击【确定】按钮，在项目属性的“结构”选项卡中设置“页”结构为“高层代号和位置代号”，在“高层代号和位置代号”页结构配置名称中选择“高层代号”数值为标识性，“位置代号”数值为标识性，其他代号数值为不可用，如图 7-3 所示。

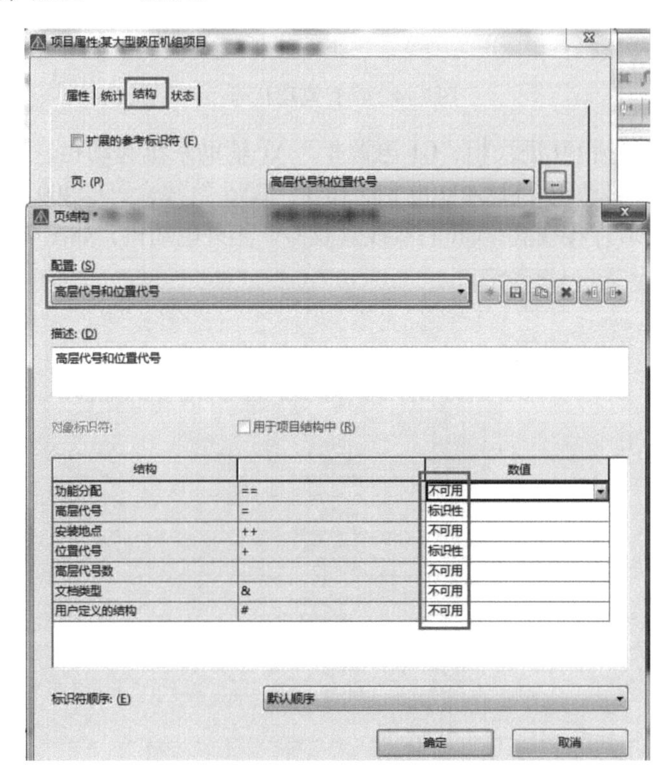

图 7-3　页结构配置

在数值栏的下拉选项中，每个代号都包含标识性、描述性和不可用三种选项。“标识性”代表该代号会在页结构中显示；“描述性”代表该代号不会在页结构中显示，但是在完整页名中会有该代号显示，而且该代号会显示在页的标题栏中；“不可用”代表该代号既不会在项目结构层级中显示，也不会在完整页名和标题栏中显示。

项目创建完成后，在“结构标识符管理器”中定义高层代号和位置代号。高层代号包括封面、目录、标准规范、功能总览、电源单元、压机单元、控制器单元及报表，如图 7-4 所示。

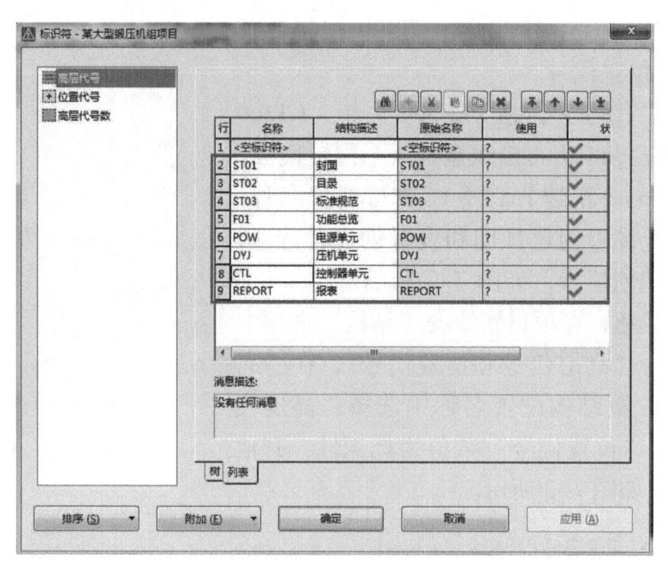

图 7-4　项目高层代号

项目的位置代号包括 G0 进线柜、G1 电源柜、A1 辅助系统起动柜、A2 主泵起动柜、A3 软起动柜、A4 控制器起动柜、PLC400 电柜、CN1 ~ CN6 接线盒、CT400 控制台、PLC300 电柜、CT300 控制台、CL 左接线盒、CR 右接线盒及 GW 柜外电动机，如图 7-5 所示。

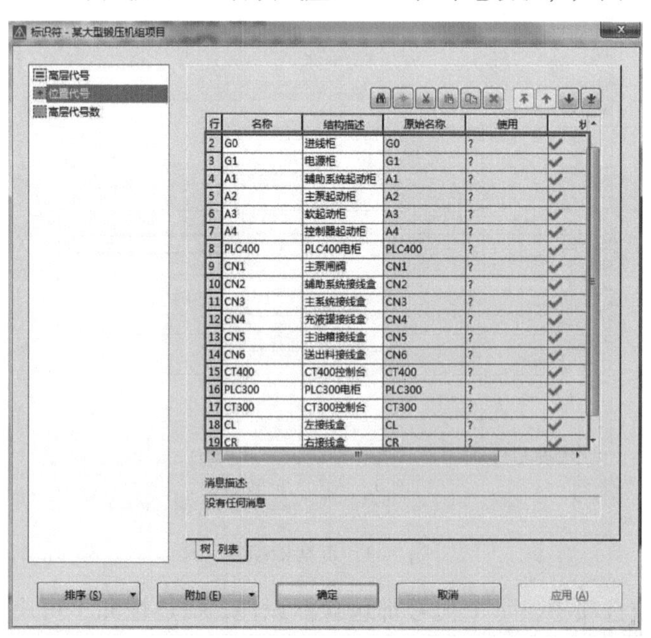

图 7-5　项目位置代号

7.2.2 项目标准定义

在项目开始设计之前需要定义项目设计规范。首先定义不同电路中的导线颜色和截面积大小，如图 7-6 所示。

主断路器前导线颜色

黑色(覆橙色管)	交流和直流动力电路
浅蓝色(覆橙色管)	中线导线(N)
红色(覆橙色管)	交流控制电路

主断路器后导线颜色

黑色	交流和直流动力电路
黄绿色	保护导线(PE)
浅蓝色	中线导线(N)
红色	交流控制电路
蓝色	直流控制电路
橙色	由外部电源供电的连锁控制电路

导线横截面积、颜色

所有没标记的线：	蓝色AVR 0.5mm² 导线

图 7-6　导线规范

根据不同的执行标准，需要重新定义设备标识符字母，如图 7-7 所示。

种类代号　执行标准 Q/JH 14012—2013

设备标识		含义	设备标识		含义	设备标识		含义
A	AA	电源模块	K	KC	接触器线圈	S	SF	按钮
	AB	功率模块			主回路触点		SH	手轮
	AF	CNC		KF	常规继电器线圈		SG	限标
	AG	PCU/OP			时间继电器线圈			
	AH	MCP			常规触点			
	AJ	PLC			延时动作触点	T	TA	变压器
	AK	手持操作单元		KH	电磁阀			变频器
							TB	整流器
								逆变器
			M		电机		TZ	稳压电源
B	BF	流量传感器						
	BG	接近开关	P	PF	信号灯			
		位置开关		PG	电流表	W		电缆
		对刀仪/测头			电压表		WC	母线
		位置编码器/光栅尺			计数器			
	BL	液位传感器			温度计	X	XB	接线盒
	BP	压力传感器		PH	打印机			插座（服务用）
	BT	温度传感器		PJ	扬声器		XD	端子
	BS	速度编码器			蜂鸣器		XF	分线器
				PK	振动器		XG	插头连接器
E	EA	灯（照明）					XL	端子（选项）
	EB	加热设备	Q	QA	塑壳断路器		XS	插头连接器（选项）
	EC	制冷设备（空调、冷却装置）			电机保护器			
				QB	隔离开关			
F	FA	浪涌抑制器				Y		电磁阀（选项）
	FB	剩余电流保护器（电流型漏电断路器）	R	RA	电弧抑制器			
	FC	熔断器			二极管			
		微型断路器			电阻			
		热过载继电器			电抗器			
				RB	不间断电源（UPS）		PE	接地汇流排
				RF	滤波器		N	中线汇流排

图 7-7　设备标识符字母规范

规范项目字体、默认页图框和栅格大小等设置，在主数据中定义符号的显示属性及大小，定义图框标题栏信息，定义各类报表数据。

7.2.3 项目标准建立

将导线规范以“标题页/封页（自动式）”图纸形式生成在高层代号 ST03（标准规范）下，如图 7-8 所示。

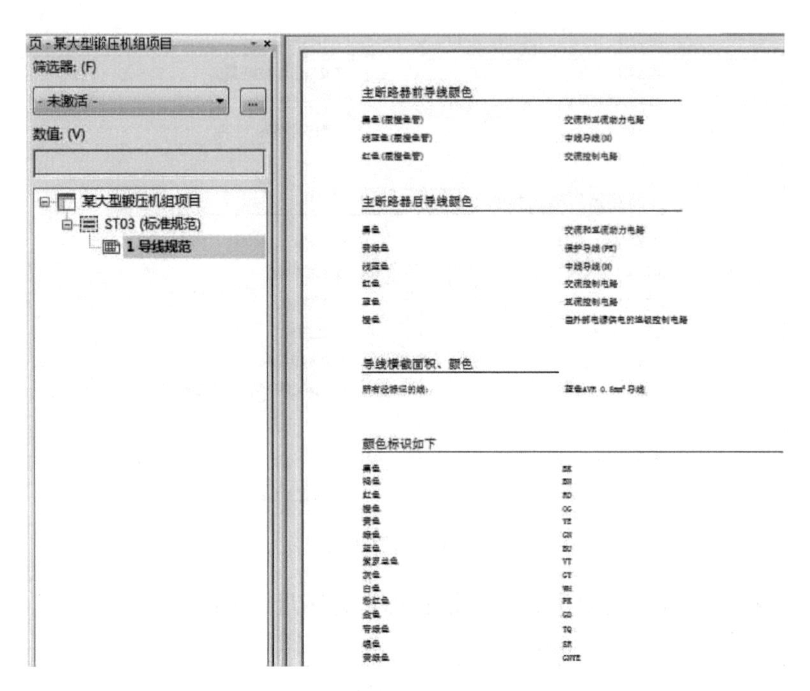

图 7-8 导线标准建立

设置项目设备标识符字母，选择【工具】>【主数据】>【标识字母】命令，如图 7-9 所示。

在弹出的对话框中，鼠标右键选择“新建”选项，新建标识符字母执行标准，如图 7-10 所示。

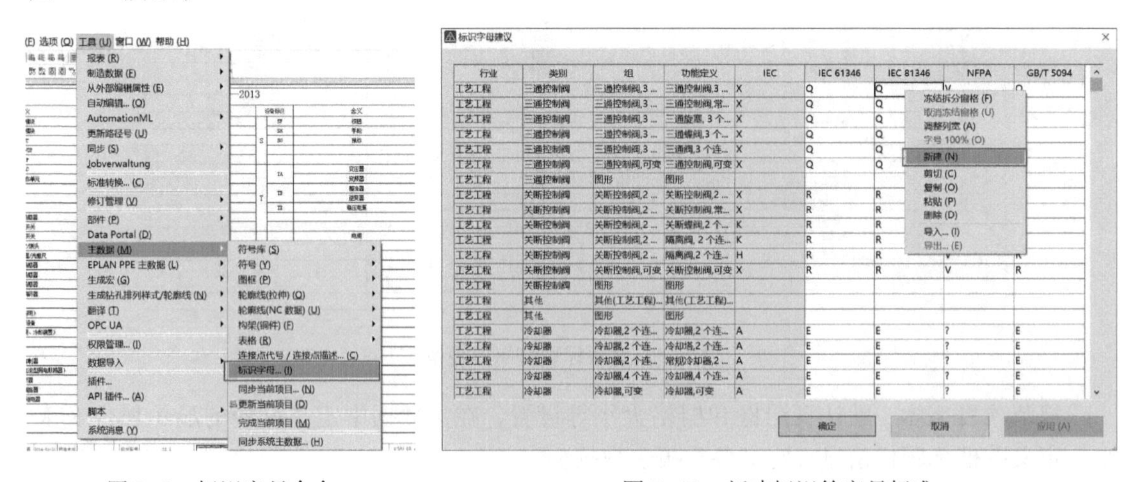

图 7-9 标识字母命令

图 7-10 新建标识符字母标准

在弹出的“新的标识字母集”界面中定义标识符字母标准名称，如图 7-11 所示。

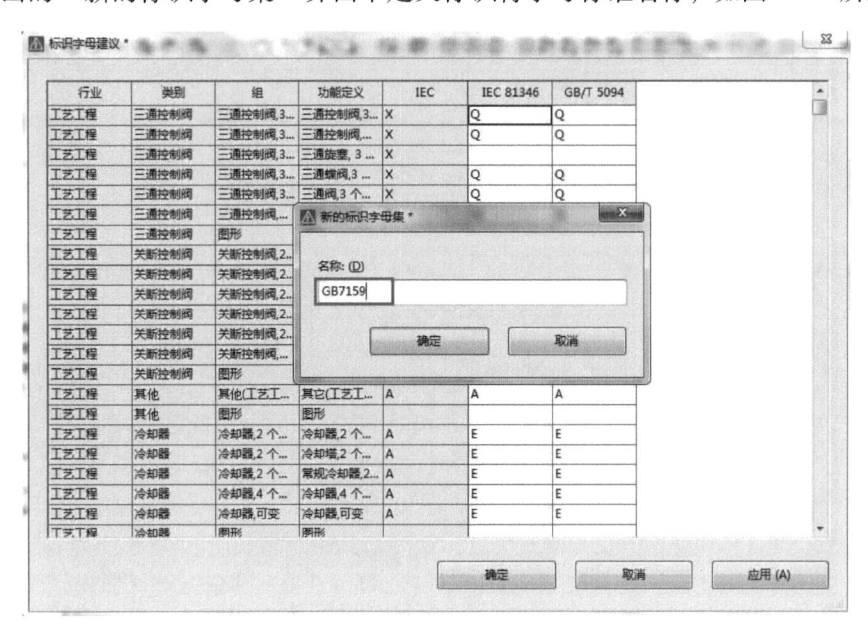

图 7-11 标识字母集名称

单击【确定】按钮，在 GB7159 标准列中填入“电气工程”行业各类型的标识字母，如图 7-12 所示。

标识字母建议 *

行业	类别	组	功能定义	IEC	IEC 81346	GB/T 5094	GB7159
电气工程	二极管	图形	图形				
电气工程	保护电路	保护电路,2 ...	保护电路	K	K	K	K
电气工程	保护电路	保护电路,2 ...	保护电路,RC...	K	K	K	K
电气工程	保护电路	保护电路,2 ...	保护电路,二...	K	K	K	K
电气工程	保护电路	保护电路,2 ...	保护电路,压...	K	K	K	K
电气工程	保护电路	保护电路,2 ...	保护电路,常规	K	K	K	K
电气工程	保护电路	保护电路,2 ...	保护电路,稳...	K	K	K	K
电气工程	保护电路	保护电路,可变	保护电路,可变	K	K	K	K
电气工程	保护电路	图形	图形				
电气工程	信号灯	图形	图形				
电气工程	信号灯	灯,3 个连接点	LED,2 颜色	H	P;E	P	HL
电气工程	信号灯	灯,3 个连接点	灯,3 个连接点	H	P;E	P	HL
电气工程	信号灯	灯,3 个连接点	灯,常规,3个连...	H	P;E	P	HL
电气工程	信号灯	灯,单个	灯,单个	H	P;E	P	HL
电气工程	信号灯	灯,可变	灯,可变	H	P;E	P	HL
电气工程	信号设备,发声	信号设备,发...	信号设备,发...	H	P	P	HA
电气工程	信号设备,发声	信号设备,发...	信号设备,发...	H	P	P	HA
电气工程	信号设备,发声	信号设备,发...	信号设备,发...	H	P	P	HA
电气工程	信号设备,发声	信号设备,发...	信号设备,发...	H	P	P	HA
电气工程	信号设备,发声	信号设备,发...	信号设备,发...	H	P	P	HA
电气工程	信号设备,发声	图形	图形				
电气工程	光栅	光栅,3 个连...	光栅,常开触...	B	B	B	SO

确定 取消 应用 (A)

图 7-12 标识符字母集定义

定义完成之后，在“设备编号（在线）”栏加载新的设备标识符字母集。通过【选项】>【设置】>【项目（名称）】>【设备】>【编号（在线）】命令，设置“当前标识字母集”为 GB7159，如图 7-13 所示。

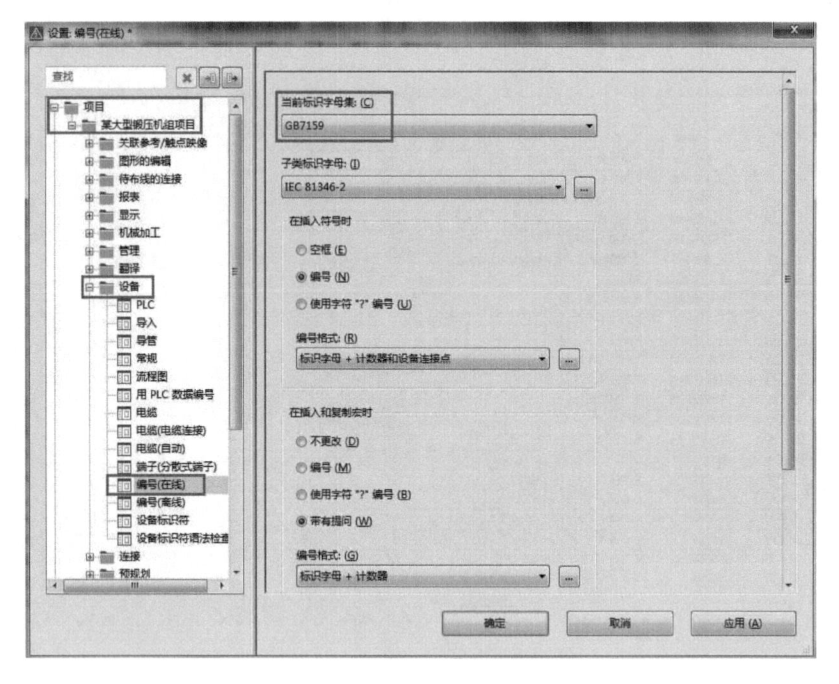

图 7-13　设备编号字母集设置

设置完成后，在原理图设计过程中，当插入各种类型符号时，设备标识符会按新的标识符字母集显示。

通过【选项】>【设置】>【项目（名称）】>【图形编辑】>【字体】命令，定义项目字体。软件默认的项目字体为“源自公司设置”，字体既可以在“项目”字体中修改，也可以在“公司”字体中修改，如图 7-14 所示。

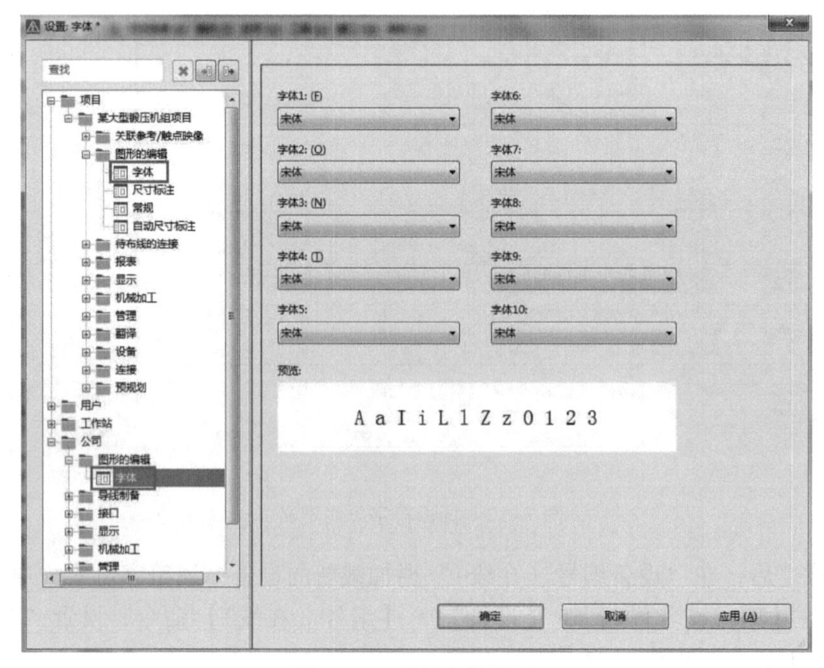

图 7-14　项目字体设置

通过【选项】>【设置】>【项目（名称）】>【管理】>【页】命令，定义项目页的默认图框及各类图纸的栅格大小，如图 7-15 所示。

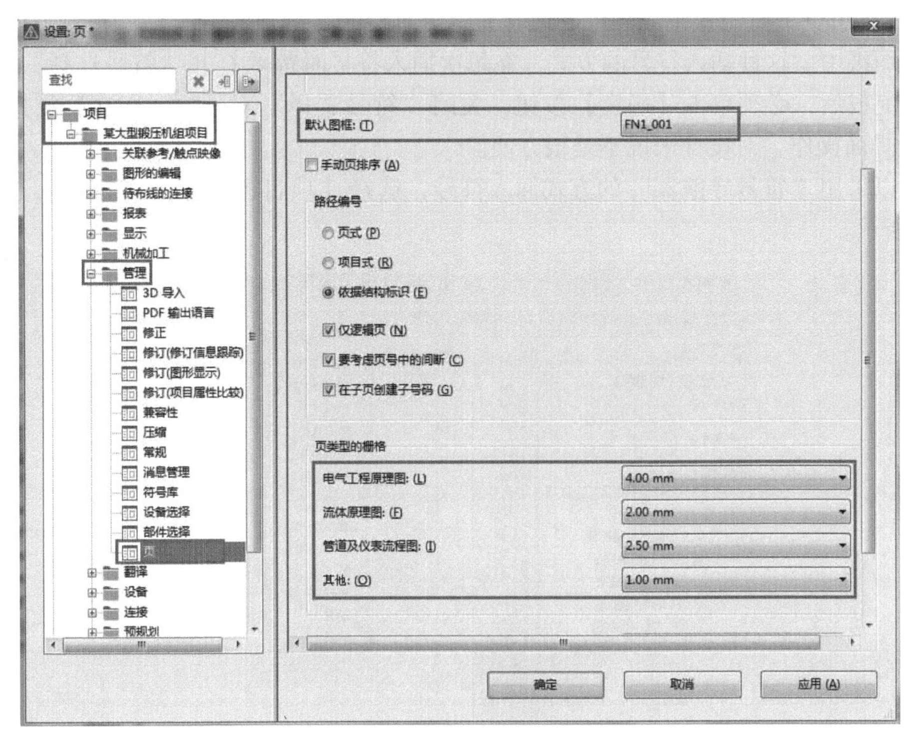

图 7-15　页设置

项目中的主数据内容根据每个公司的规范进行自定义。除了以上几种标准外，在项目属性和页属性中包含了许多用户自定义数据，当项目设计完成后，可以将该项目保存为模板，在下次新建项目时直接应用已设置的标准。

7.3　面向图形设计

完成项目相应设置后，在项目名称页导航器中新建图纸。在项目开始之前，首先绘制项目单线原理图，在页导航器中鼠标右键选择“新建”，在弹出的页属性界面中定义完整页名，高层代号选择“F01（功能总览）”，位置代号选择“G1（电源柜）”，选择页类型为“单线原理图（交互式）”，填写页描述信息，如图 7-16 所示。

图 7-16　单线图新建

7.3.1 符号导航器

打开新建的 G1 电源柜单线图纸，通常通过工具栏的“插入符号”命令将符号库中的符号放置到图纸中。这种插入符号的方式，在每次插入符号时都要打开“符号选择”对话框，符号放置完成后，必须单击【确定】按钮，关闭“符号选择”对话框，存在反复打开“符号选择”界面操作，对设计来说不是很方便。

还可以采用“符号导航器”的方式插入符号，选择【项目数据】 > 【符号】选项，如图 7-17 所示。

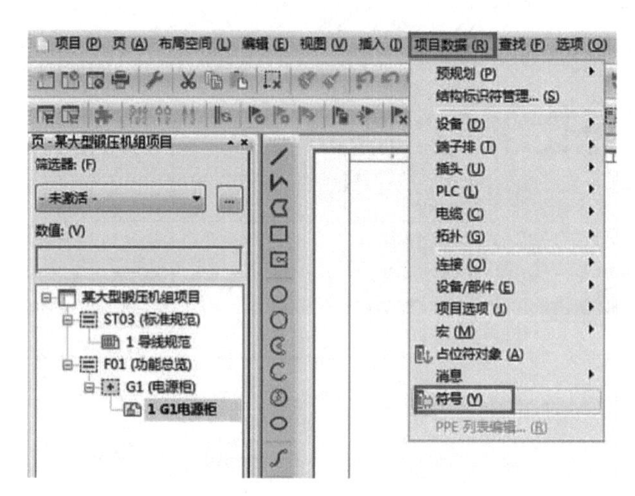

图 7-17　符号导航器命令

选择“符号”命令后，弹出符号选择导航器界面，如图 7-18 所示。

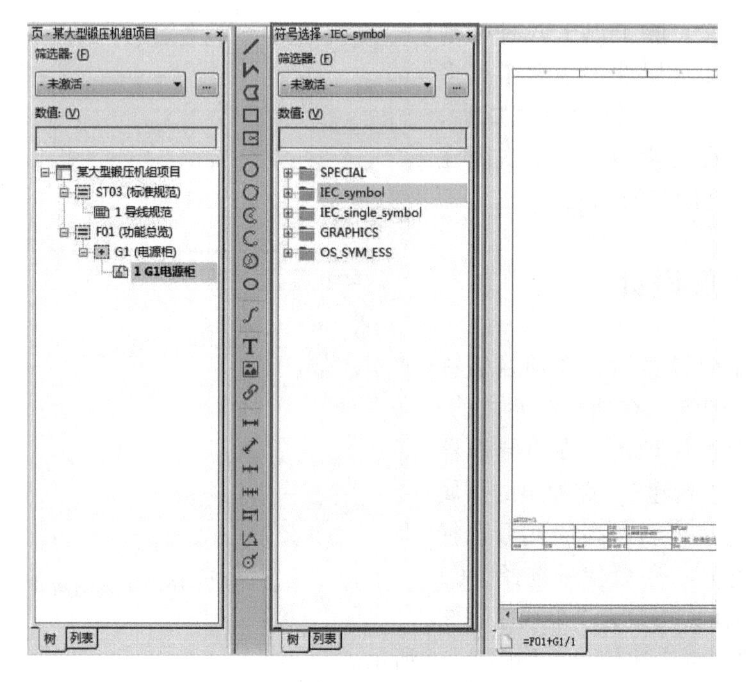

图 7-18　符号选择导航器界面

在符号导航器中，如果没有想要的符号库，在符号选择导航器中鼠标右键选择“设置”命令，如图 7-19 所示。

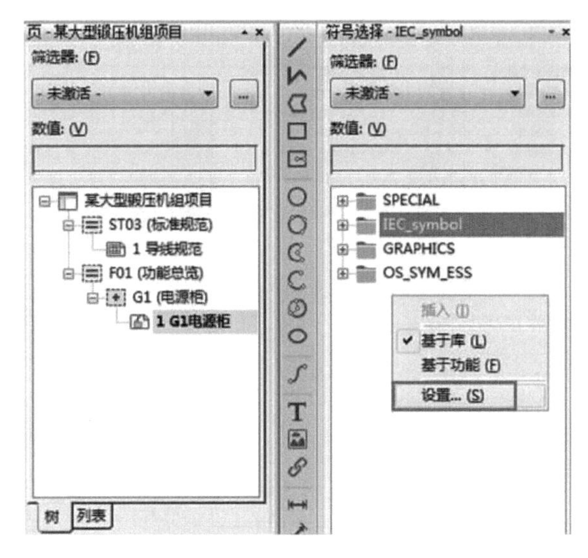

图 7-19　符号库设置

在弹出的界面中加载想要的符号库名称，如图 7-20 所示。

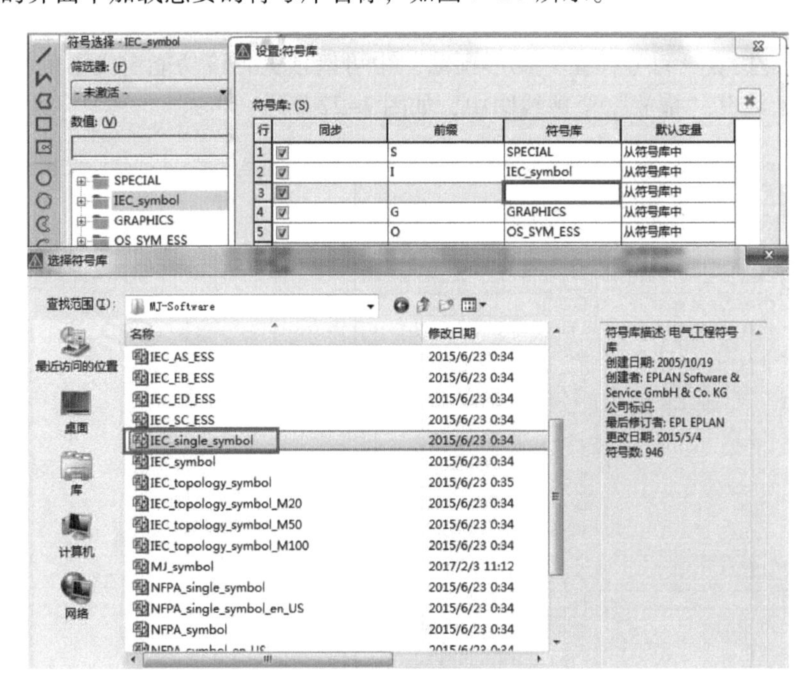

图 7-20　加载符号库

单击【确定】按钮，符号库就会加载到符号选择导航器中，通过符号导航器将符号插入到图纸之前，首先应该打开“图形预览”功能。勾选【视图】 >【图形预览】选项，在页导航器的下方显示图形预览界面，如图 7-21 所示。

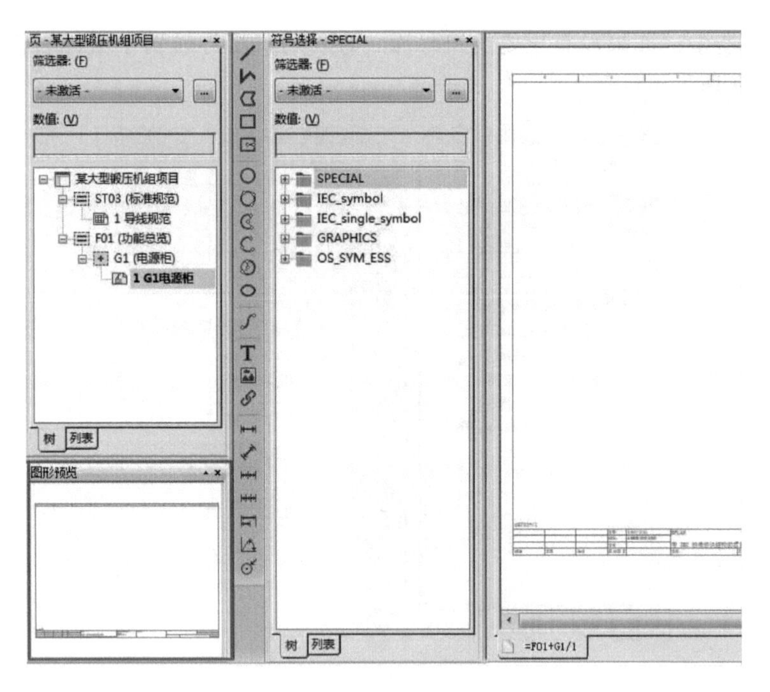

图 7-21　图形预览界面

在符号选择导航器中单击“IEC_single_symbol”符号库，选择“安全设备”分类，选择“安全开关，8 连接点”符号，在“图形预览”中可以预览到该功能定义下的符号图形，选择相应的符号，将其“拖放”至单线图中，如图 7-22 所示。

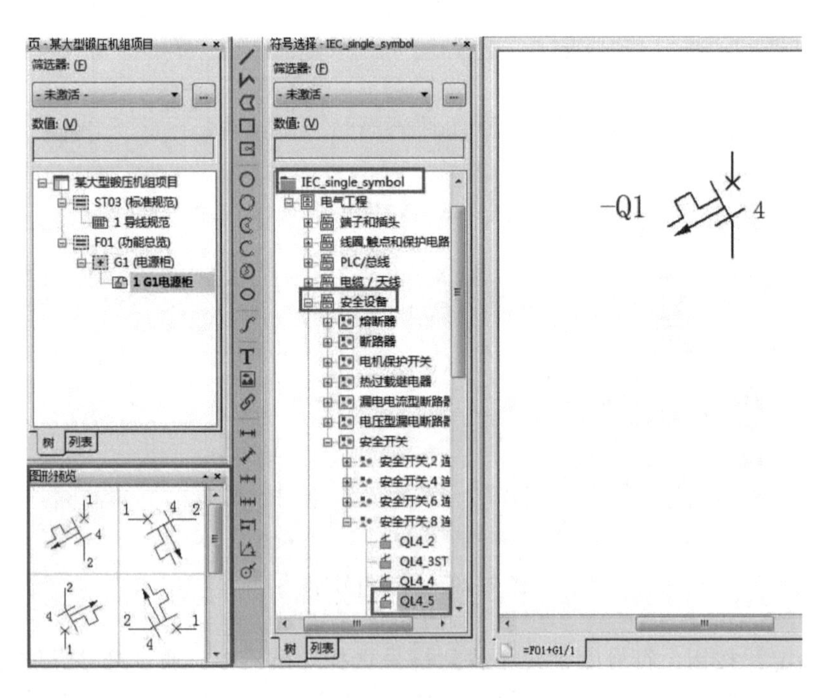

图 7-22　插入符号

将原理图中其他单线图符号依次拖放至图纸中，在放置的过程中不需要关闭“符号导航器”，从而可以提高原理图设计效率，如图 7-23 所示。

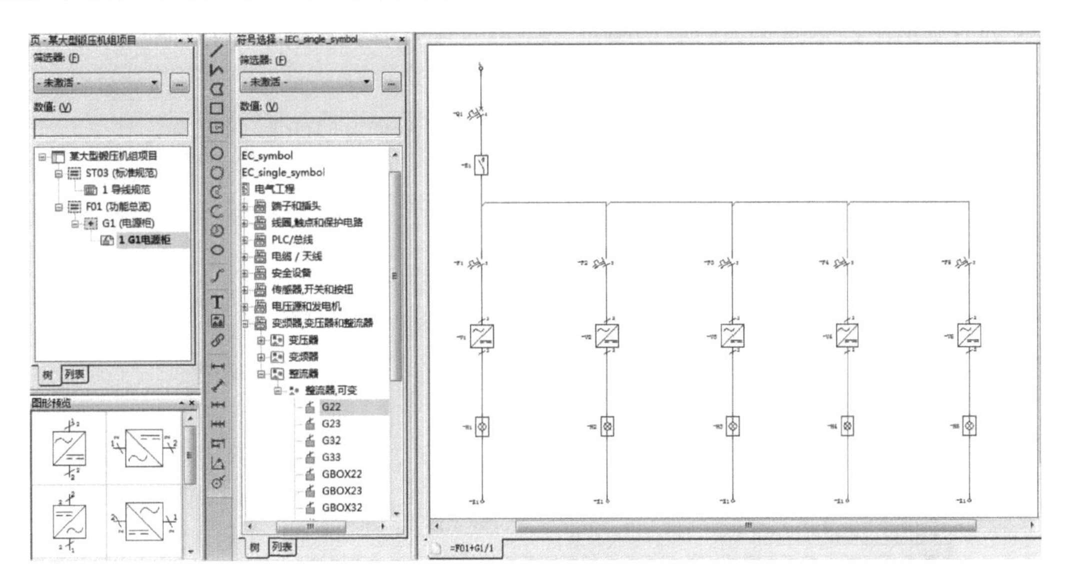

图 7-23　单线图绘制

7.3.2　黑盒

在单线图中绘制完主要功能原理后，新建多线原理图。首先绘制电源单元图纸，新建电源柜图纸，通过符号导航器将符号“拖放”到图纸中。选择如图 7-24 所示。

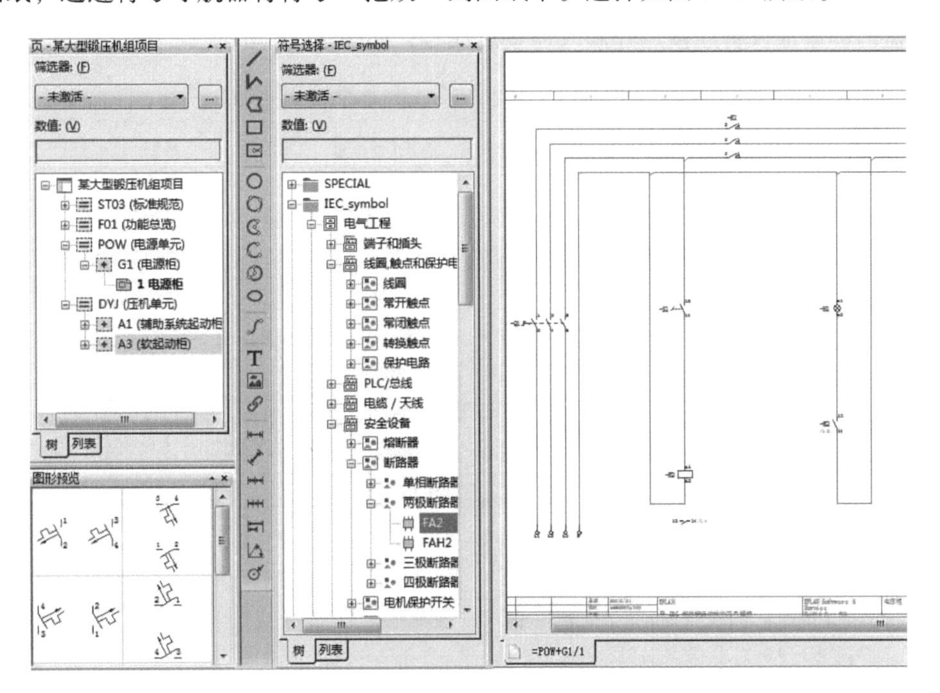

图 7-24　多线原理图设计

在多线原理图设计过程中，大功率电机往往需要软起动器起动，而软起动器符号在符号库中不存在，所以需要用黑盒进行代替。在压机单元的辅助系统起动柜中新建软起动主回路图纸，打开辅助系统软起动主回路图纸，单击工具栏中的【黑盒】按钮，绘制黑盒，如图 7-25 所示。

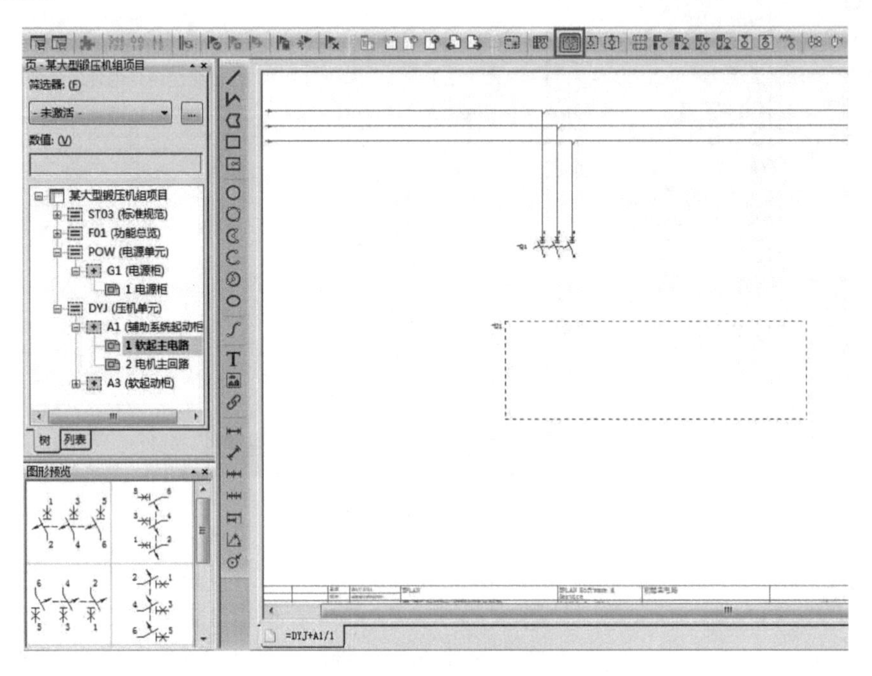

图 7-25　黑盒绘制

在黑盒内部添加设备连接点并修改连接点代号，如图 7-26 所示。

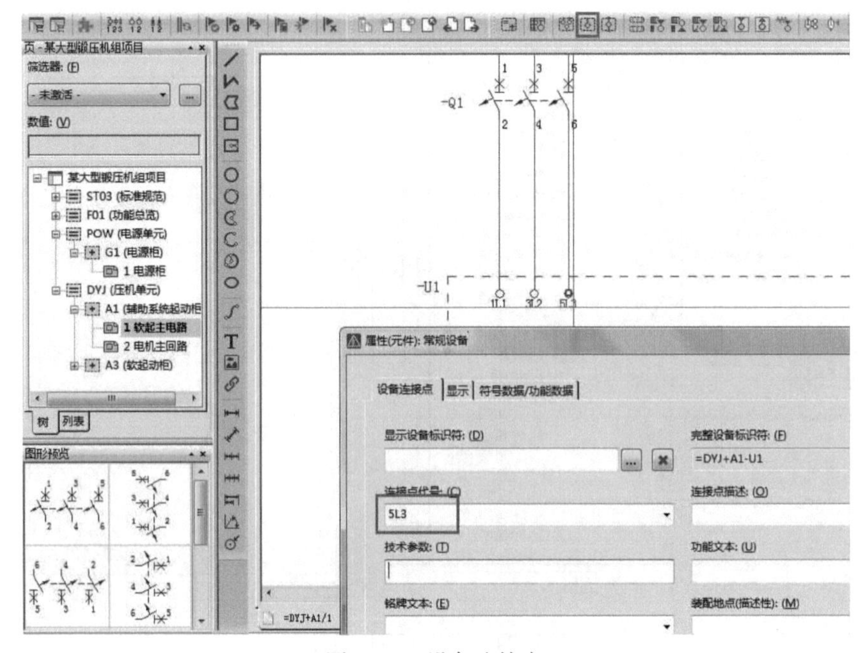

图 7-26　设备连接点

在黑盒内部依次添加其他连接点，黑盒内部插入触点符号时，黑盒连接点必须选择“设备连接点（两侧)”，触点符号表达类型必须修改为“图形”，触点的设备标识符与黑盒设备标识符保持一致，取消勾选“主功能”勾选，如图 7-27 所示。

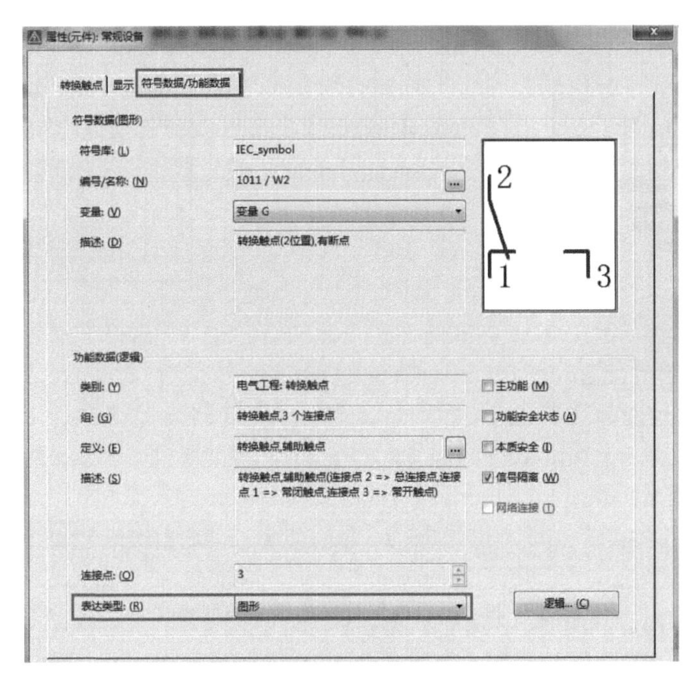

图 7-27　黑盒内部符号

在触点属性中“符号数据/功能数据”选项卡下的“逻辑”选项中，修改触点连接类型为“内部”，否则设备连接点（两侧）与触点的连接颜色为红色，如图 7-28 所示。

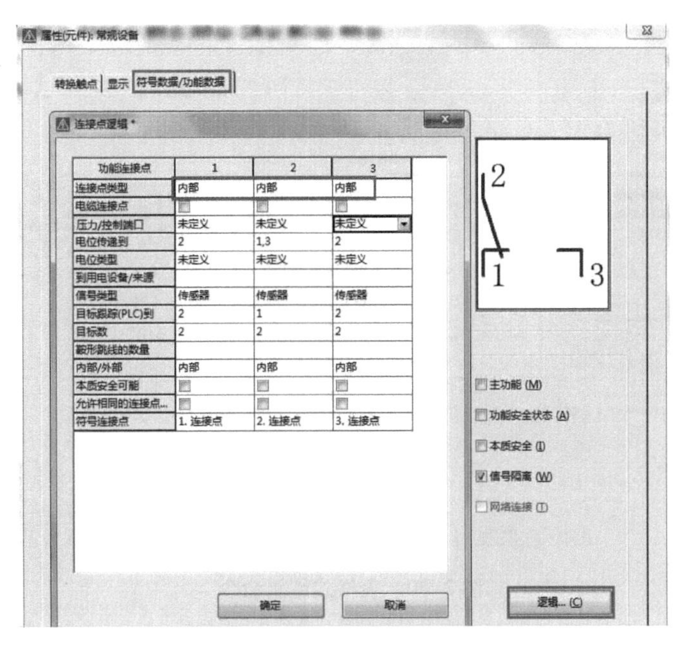

图 7-28　触点连接点类型修改

将触点连接点类型修改为“内部”后，连接自动变为蓝色，如图 7-29 所示。

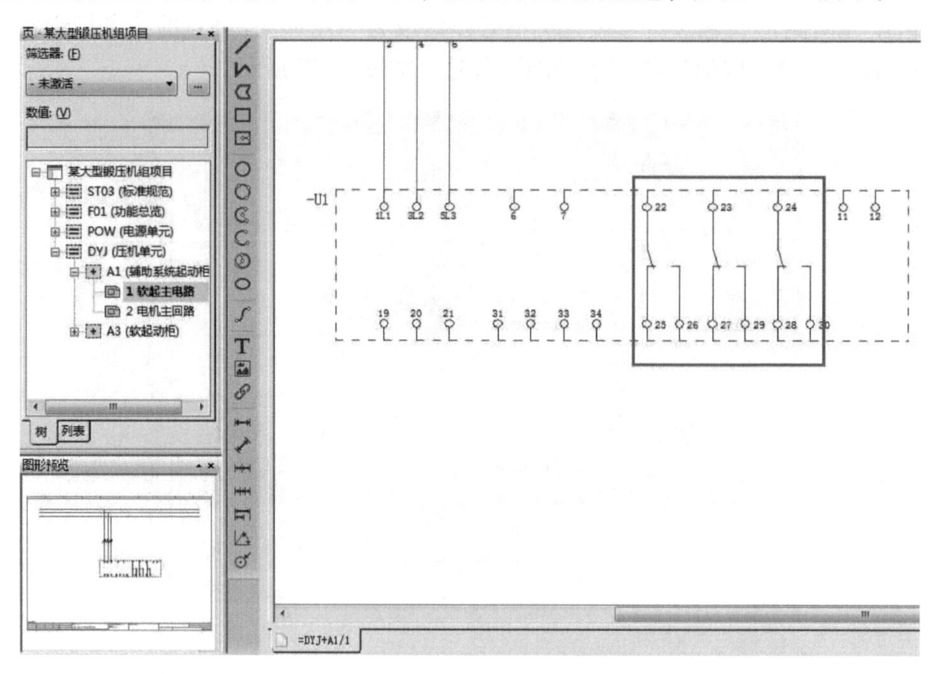

图 7-29　黑盒内部符号连接点类型修改

黑盒设备连接点添加完成后，通过“表格”方式编辑黑盒，统一修改设备连接点代号名称。框选中黑盒所有元素，鼠标右键选择“表格式编辑”，如图 7-30 所示。

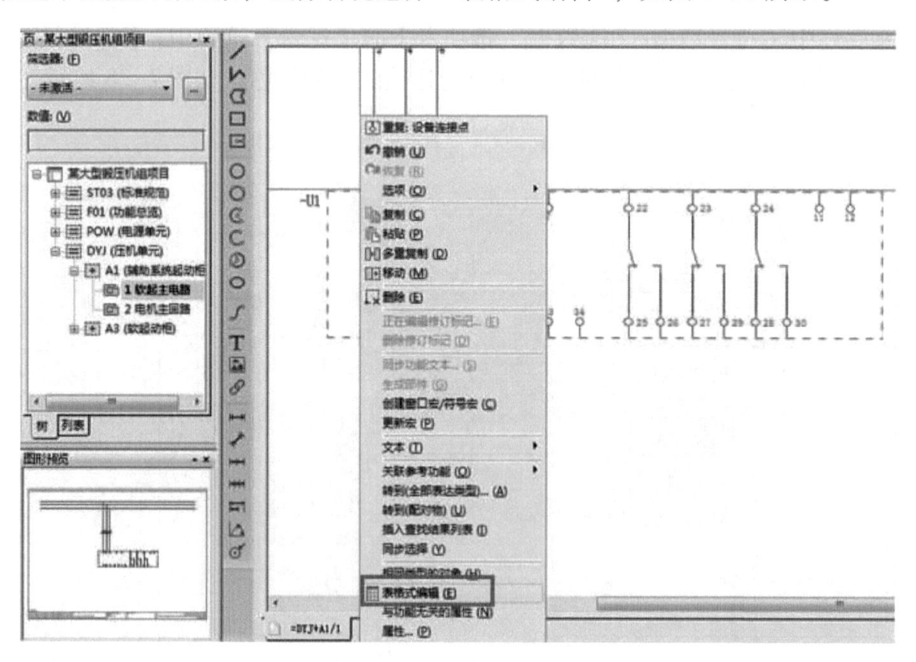

图 7-30　表格式编辑命令

在弹出的“配置”界面中修改“连接点代号（全部）”列内容，如图 7-31 所示。

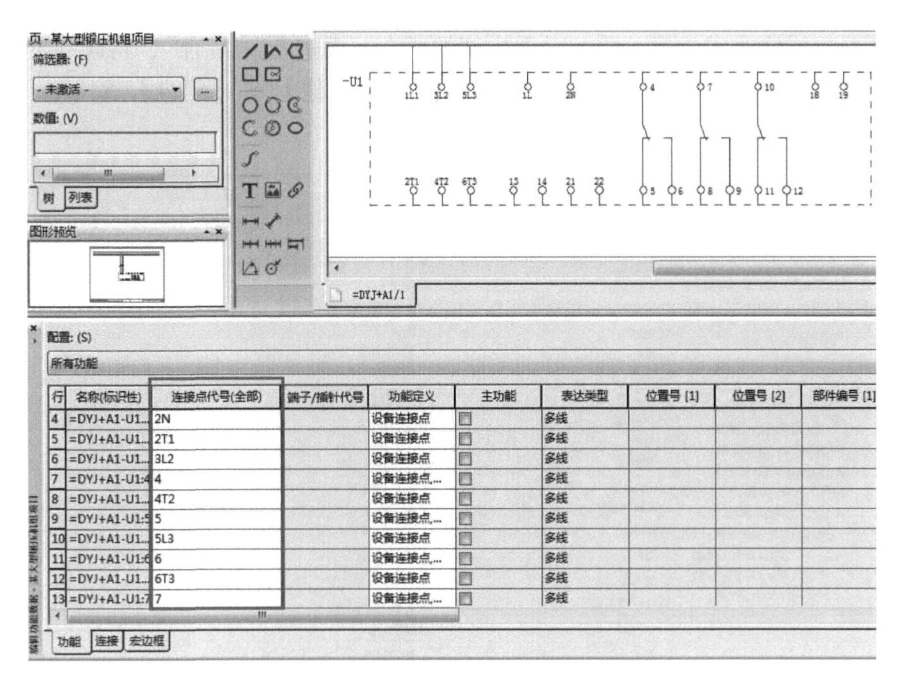

图 7-31　表格式编辑连接点代号

连接点代号修改完成后，在黑盒属性中的“符号数据/功能数据”选项卡下修改黑盒的功能定义，由于软件中没有“软起动器”这种功能定义，所以选择“电气工程的特殊功能”下的“其他设备，带 PE，可变”功能定义，如图 7-32 所示。

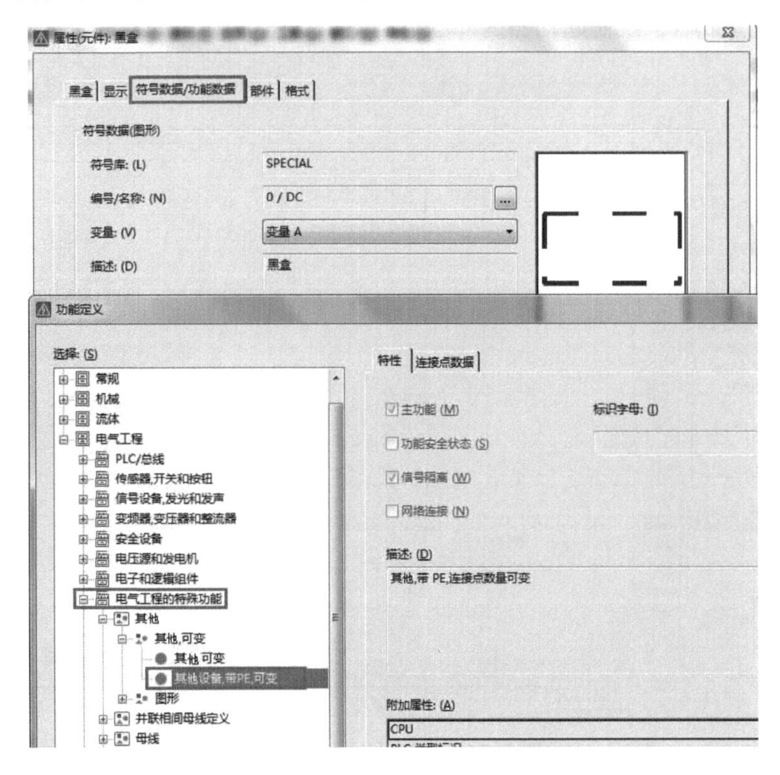

图 7-32　黑盒功能定义

软起动器功能修改完成后，将起动器内部的所有元素进行“组合”，将起动器变成一个整体设备。框选起动器所有元素，选择【编辑】>【其他】>【组合】命令，如图 7-33 所示。

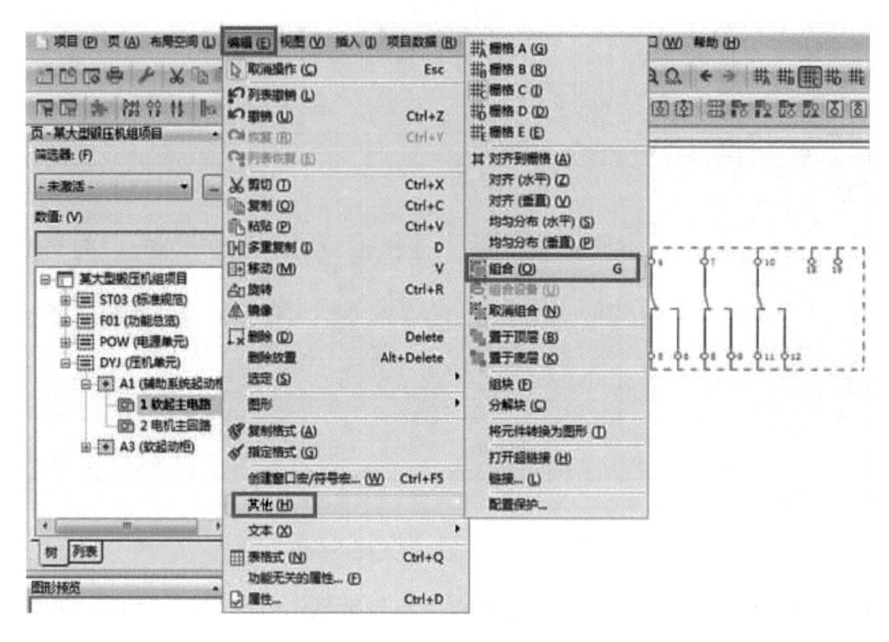

图 7-33　起动器组合命令

起动器组合完成后，绘制起动器的外围电路图，如图 7-34 所示。

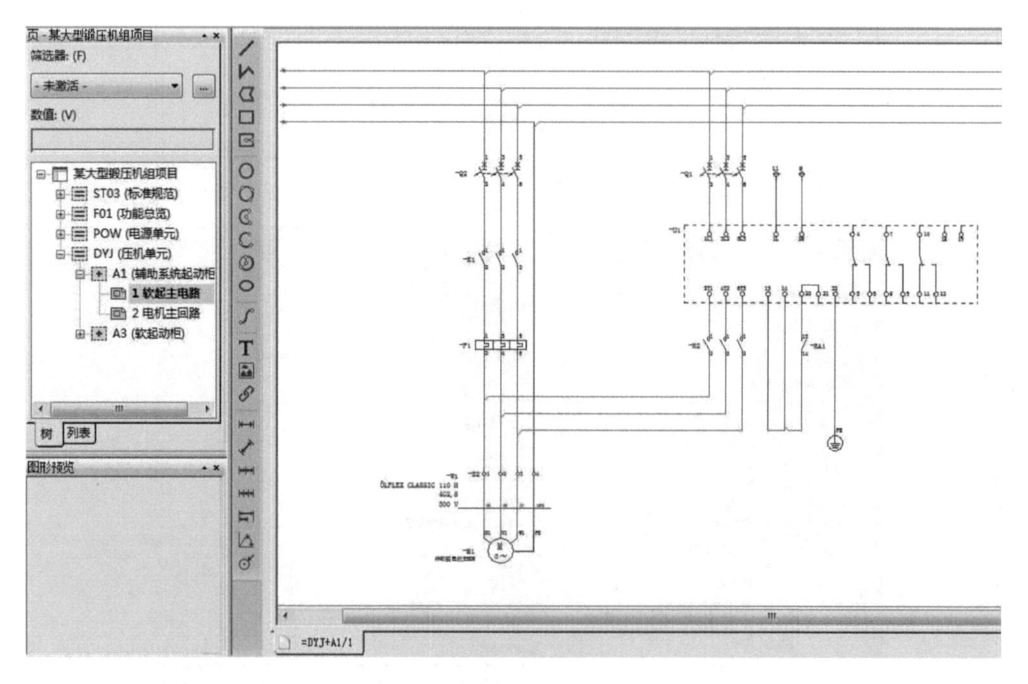

图 7-34　软起动器外围电路

7.3.3 结构盒

软起动电路绘制完成后，在电机主回路图纸中绘制小功率电机主回路，如图 7-35 所示。

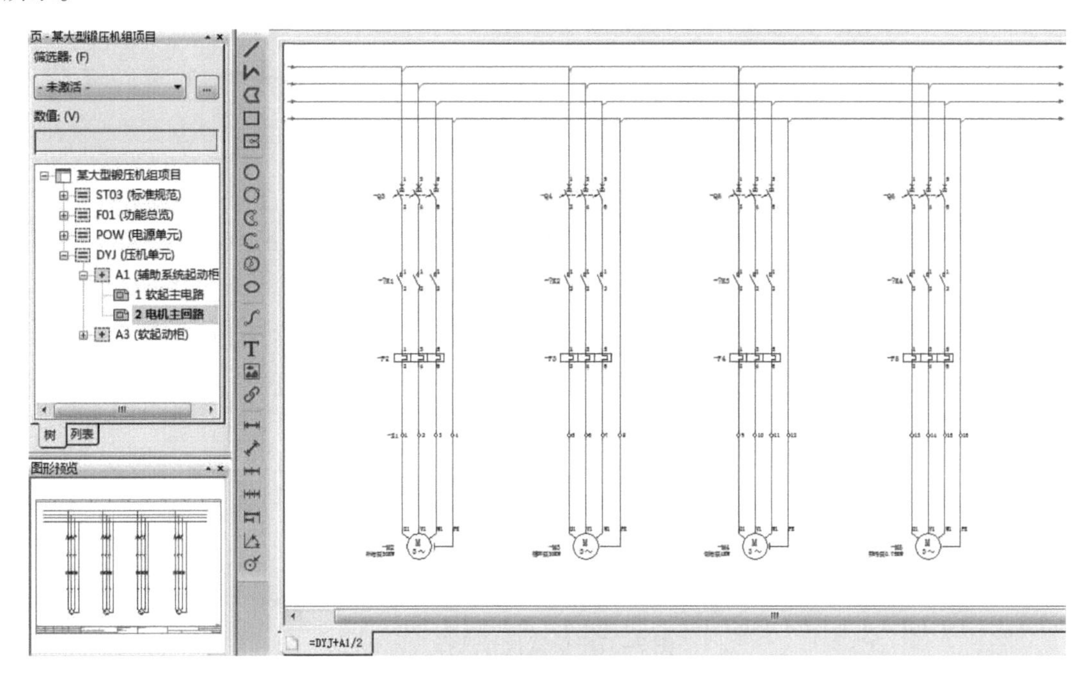

图 7-35 小功率电机主回路

在小功率电机主回路中，电机都属于柜外设备，通过工具栏中的“结构盒”框选图纸中的电机符号，如图 7-36 所示。

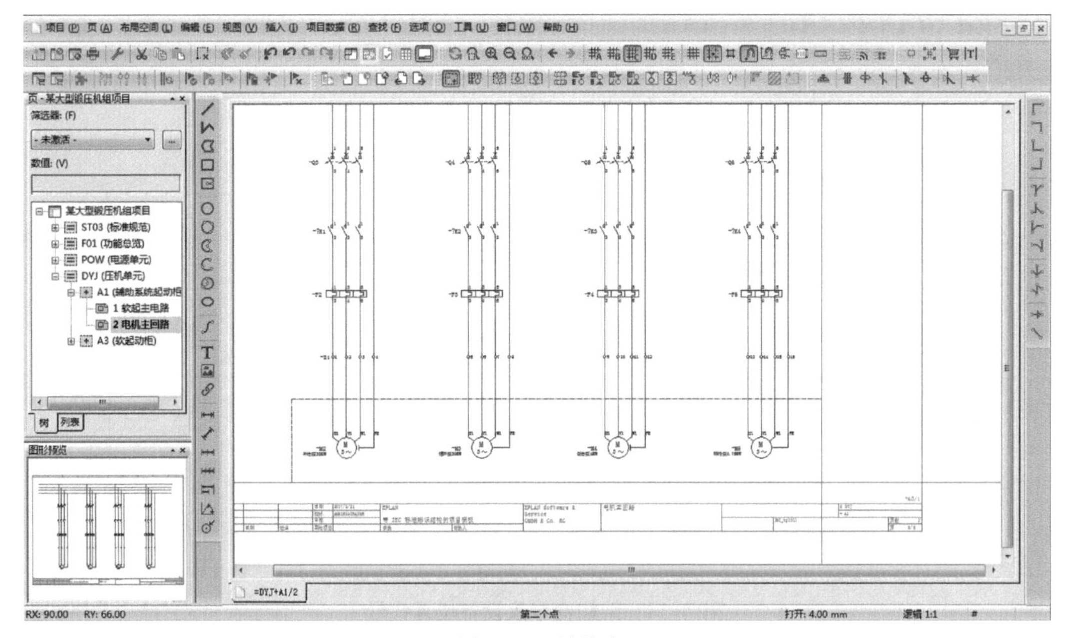

图 7-36 结构盒

在弹出的“属性（元件）：结构盒”界面中，在“结构标识符”栏下设置高层代号为“=DYJ”，位置代号为“+GW”，如图7-37所示。

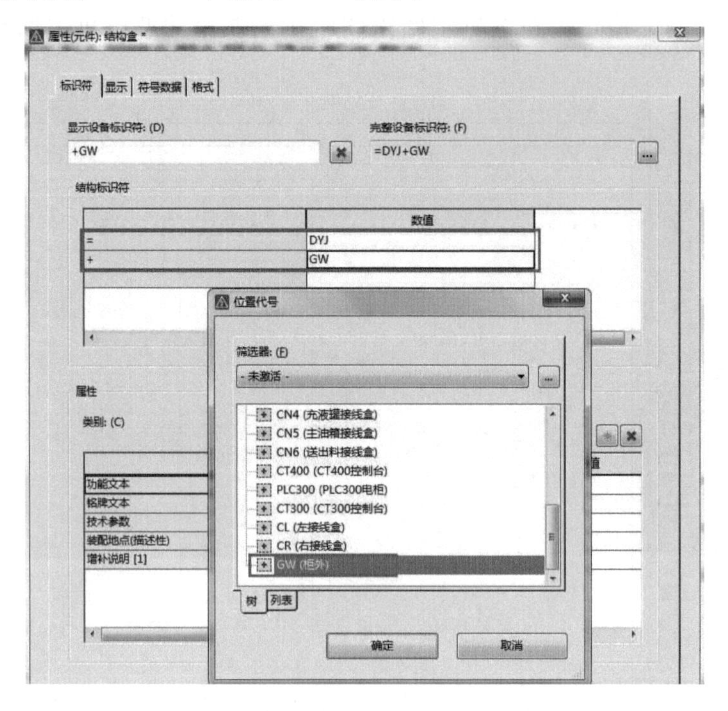

图7-37　位置代号选择

采用结构盒框选完成之后，电机的位置代号由之前的“+A1”变为“+GW”，当删除结构盒之后，电机的位置代号又会重新恢复“+A1”位置下，如图7-38所示。

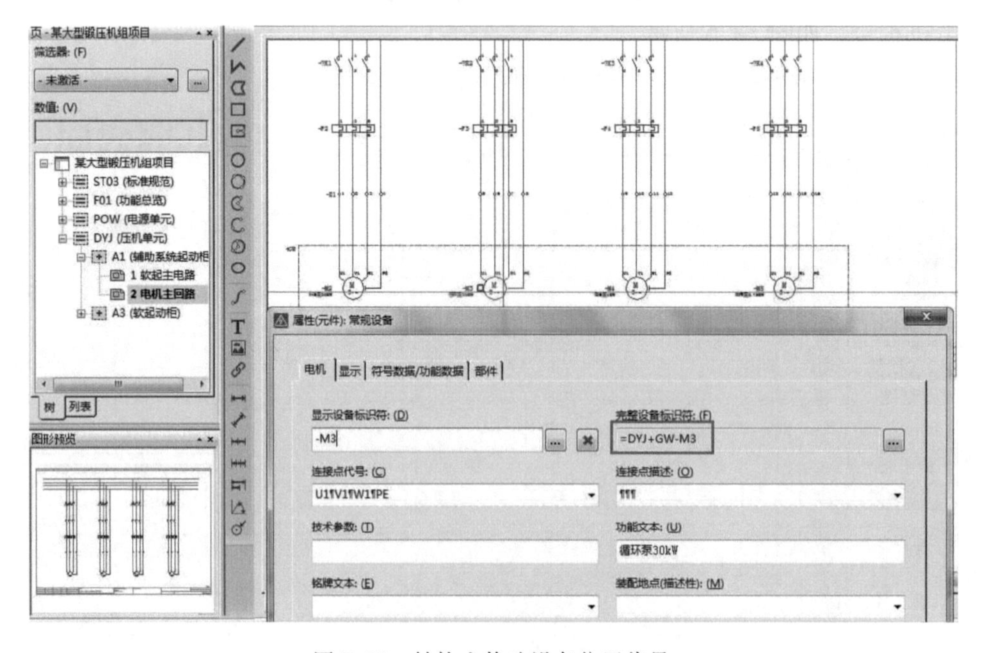

图7-38　结构盒修改设备位置代号

7.3.4 连接颜色修改

原理图绘制完成后，需要对连接颜色进行修改。按照标准规范中的要求，对不同回路中的导线进行颜色修改。规范中规定，交流或直流动力电路电线为黑色；保护导线（PE）为黄绿色；中性线导线（N）为浅蓝色；交流控制电路为红色；直流控制电路为蓝色等。在电源进线柜中修改“电位连接点”的“连接图形”颜色，将 L1、L2、L3 电位连接点的连接图形颜色修改为黑色；将 N 电位连接点的颜色修改为浅蓝色；将 PE 电位连接点的颜色修改为黄绿色，如图 7-39 所示。

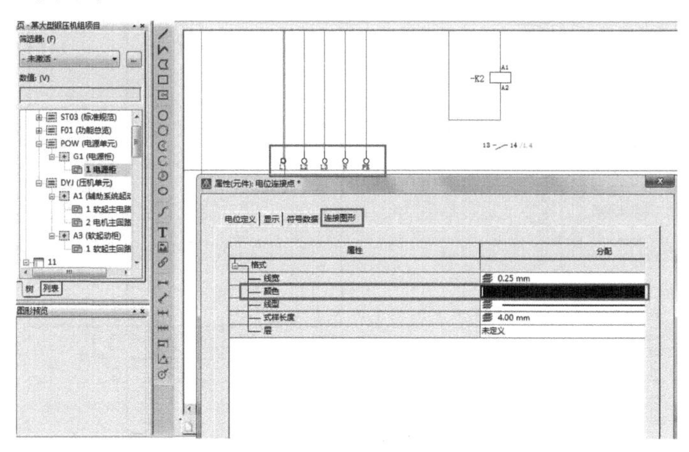

图 7-39　电位连接点颜色修改

修改完成后，单击工具栏中的“更新连接”按钮，图纸中的导线将自动显示修改后的颜色，如图 7-40 所示。

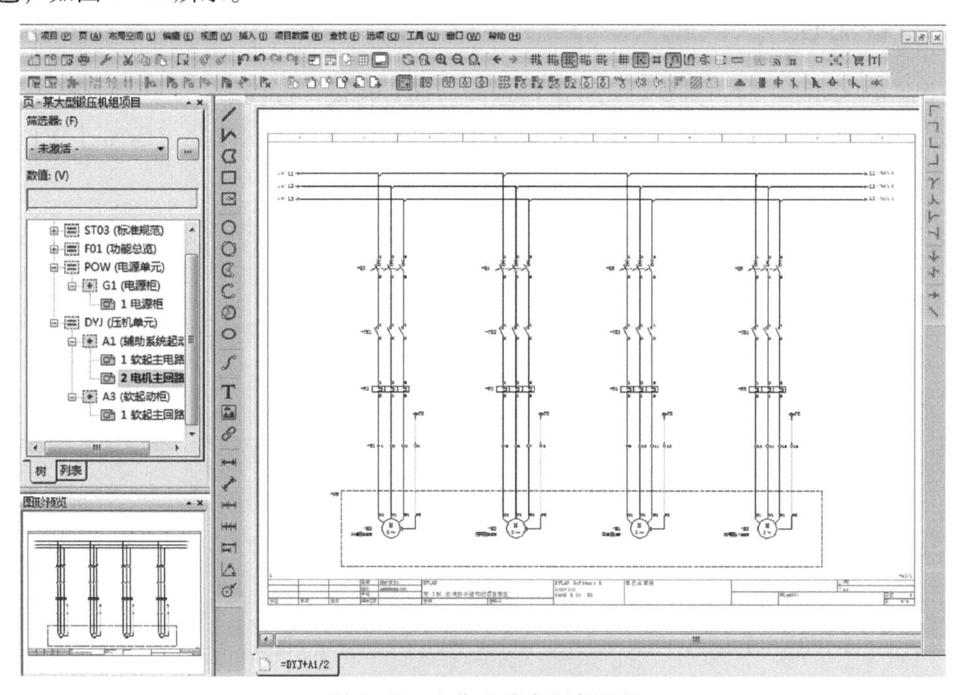

图 7-40　电位连接点颜色更新

在 EPLAN 软件中电位连接点和电位定义点都可以定义电位传递的导线颜色，电位传递的范围比信号和连接传递的范围要广，电位终止于耗电设备（变压器、逆变器），所以采用电位定义点定义的导线颜色一般应用于电源端，在电位定义点修改颜色后的导线仍然可以添加连接定义点进行某段连接的电线颜色修改，如图 7-41 所示。

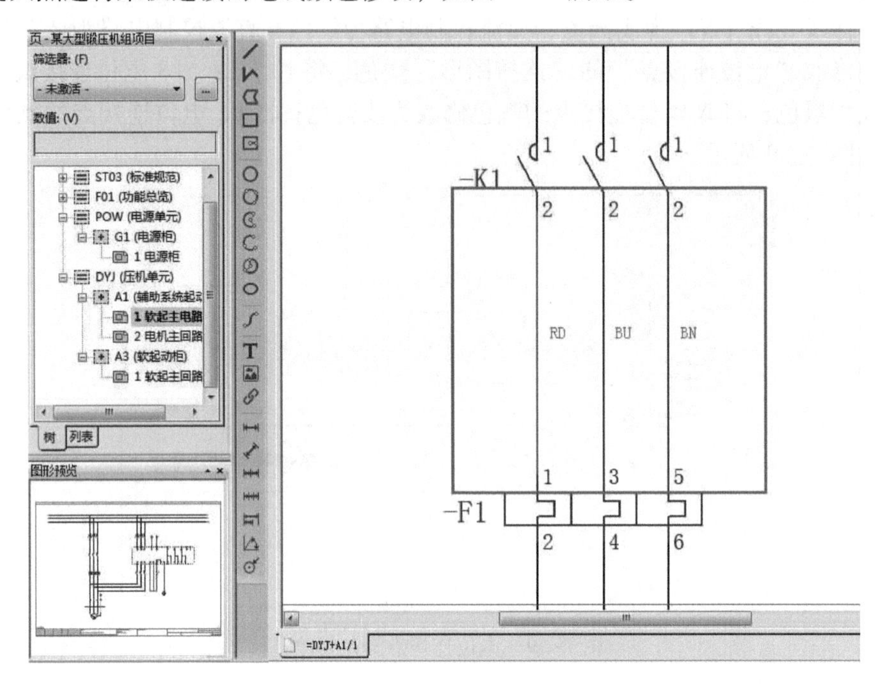

图 7-41　连接定义点修改导线颜色

7.3.5　批量选型

设计完成原理图之后，需要对元件进行选型。通常在设计过程中，工程师都是先设计完原理后统一选型，在设备导航器中对部件型号相同的部件进行批量选型。选择【项目数据】>【设备】>【导航器】命令，如图 7-42 所示。

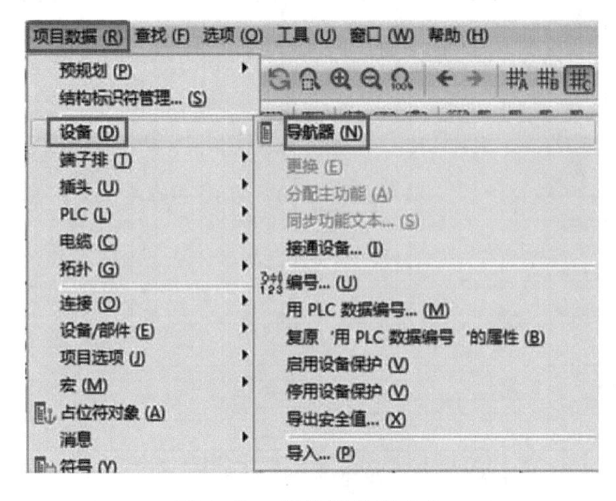

图 7-42　设备导航器命令

在设备导航器中进行设备批量选型之前，可以利用设备导航器下的“筛选器”功能对项目中的设备进行筛选。在EPLAN软件中只有对“主功能”设备才可以选型，而一个设备只能有一个主功能。单击“筛选器”后面的按钮，在弹出的“筛选器”界面中添加按“主功能”和“部件编号”筛选的配置名称，如图7-43所示。

图7-43　筛选器配置名称

单击【确定】按钮后，在下方规则栏中删除配置自带的规则条件。单击规则栏右上方的按钮，在“属性”分类中选择“主功能”和“部件编号［1］”，如图7-44所示。

图7-44　规则属性选择

设置“主功能”运算符为“=”，在“数值”栏打勾；设置“部件编号［1］”运算符为“=”，数值设置为空；勾选两条规则的“激活”选项，如图7-45所示。

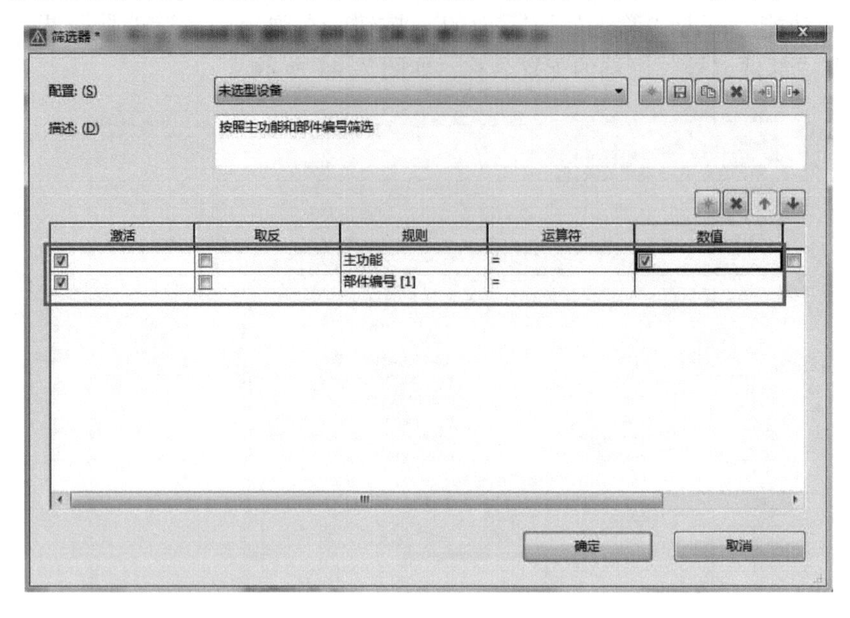

图7-45　未选型设备筛选条件

单击【确定】按钮，在设备导航器中软件自动显示主功能及未选型的设备，如图7-46所示。

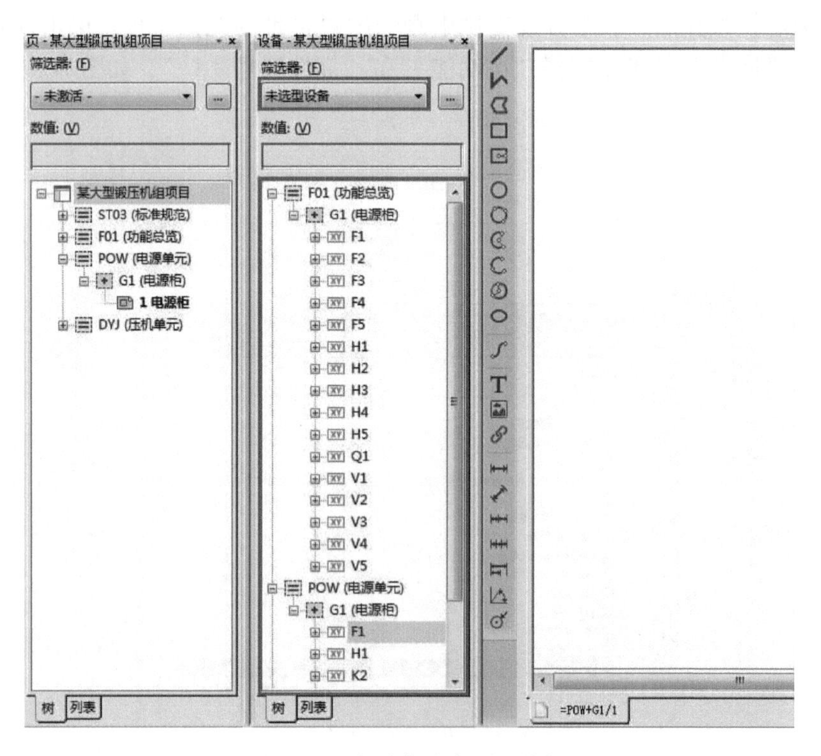

图7-46　主功能及未选型设备

在筛选出来的设备导航器中，将相同部件编号的设备同时选中，鼠标右键选择“属性”，在弹出的设备属性界面中单击“部件”选项卡，如图 7-47 所示。

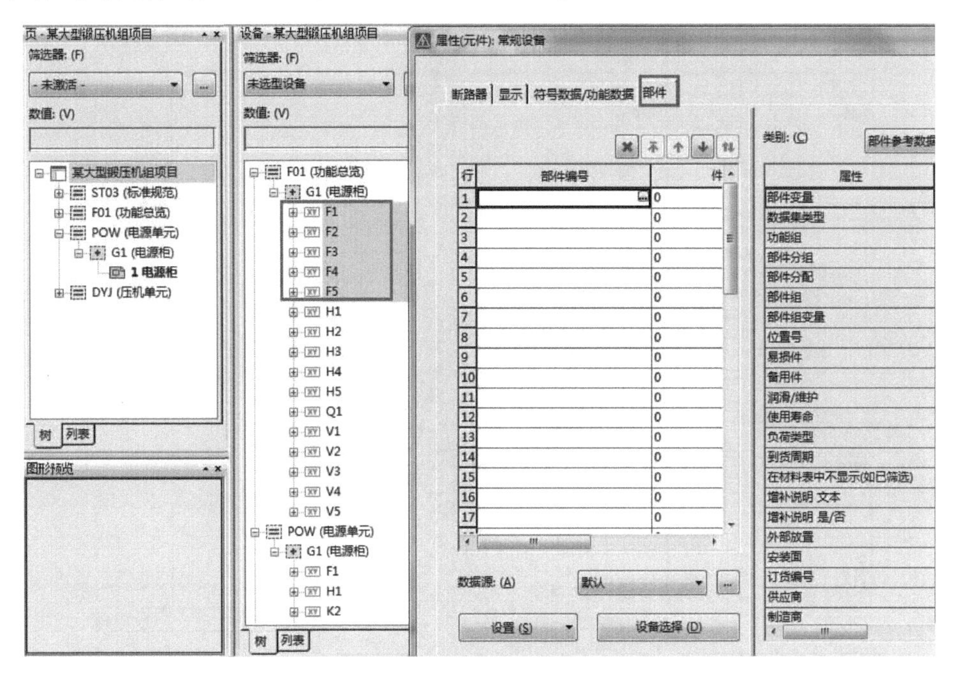

图 7-47　设备批量选型

在“部件”选项卡中，既可以手动选型也可以智能选型，单击【设备选择】按钮进入智能选型界面，软件自动匹配部件库功能模板与符号的功能定义，如图 7-48 所示。

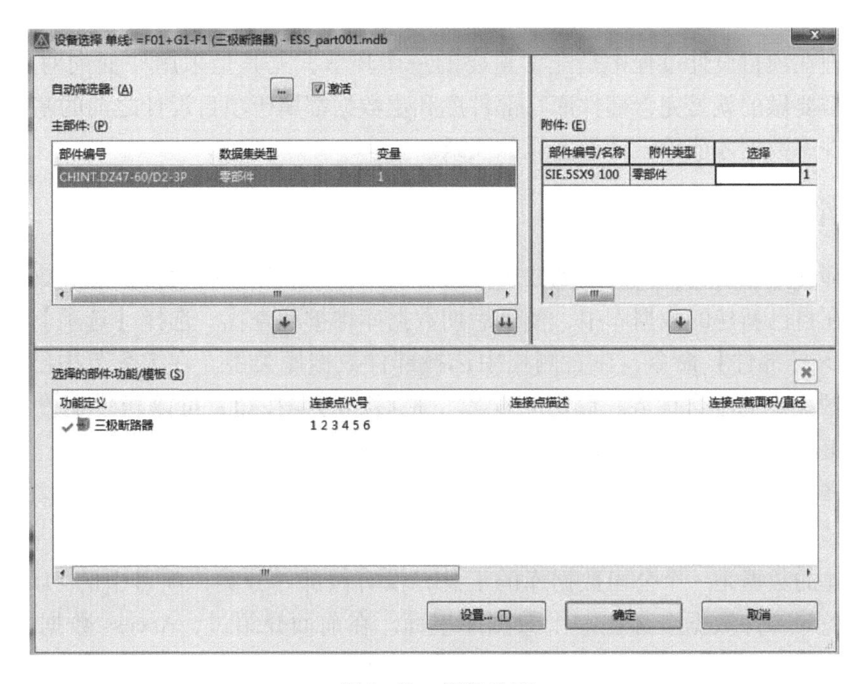

图 7-48　智能选型

部件编号选择完成后，单击【应用】按钮，软件自动将已选型设备进行过滤隐藏，如图 7-49 所示。按照此操作步骤将设备导航器中需要选型的设备进行一一选型。

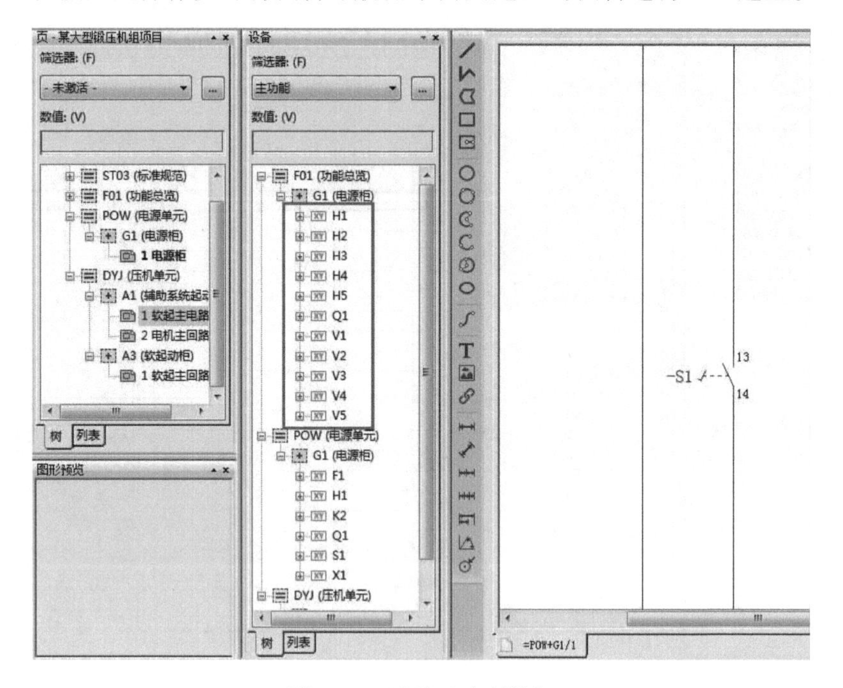

图 7-49　过滤已选型设备

7.4　部件管理

部件管理在项目设计过程中是非常重要的一个环节，尤其是采用“面向对象设计”方式时，首先需要做的就是完善部件库。部件库和主数据都属于项目设计之前的基础数据，只有完善的部件库数据才能给设计带来质的飞跃。

7.4.1　部件管理及设置

在创建部件库之前，首先需要创建用户自己的数据库名称，以后将新建的数据或导入的数据都放置在自己新建的数据库中，便于后期数据库维护和查找。选择【选项】 >【设置】 >【用户】 >【部件】命令，在右侧栏中选择部件数据库类型。在 1.5 节中已介绍过 Access 和 SQL 数据库的各自优势。单击“配置”栏后面的按钮，可以新建配置名称或者通过配置下拉菜单直接选择已设置好的配置，如图 7-50 所示。

这里选择“默认”配置，单击 Access(A) 后面的按钮，在弹出的“生成新建数据库”界面中填写数据库名称：MJ_Parts001，如图 7-51 所示。

刚才新建的数据是一个公司数据库的汇总，没有做部件分类，项目中的 PLC、断路器、熔断器和电缆等部件数据全部在一个数据库里面。在前面介绍过，Access 数据库一旦超过 100 MB 时就会影响选型速度。如果一个公司的数据量不是很大，可以采取刚才介绍的新建一个汇总数据库；如果部件库数量比较大，设备分类也比较多时，可以在“配置”中按不

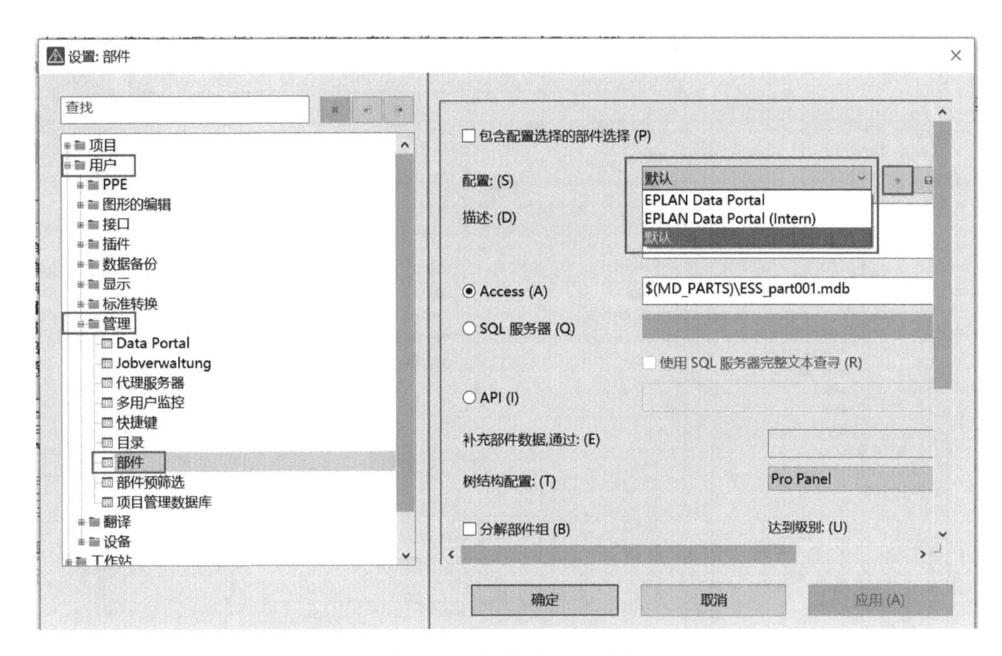

图 7-50　部件库配置选择

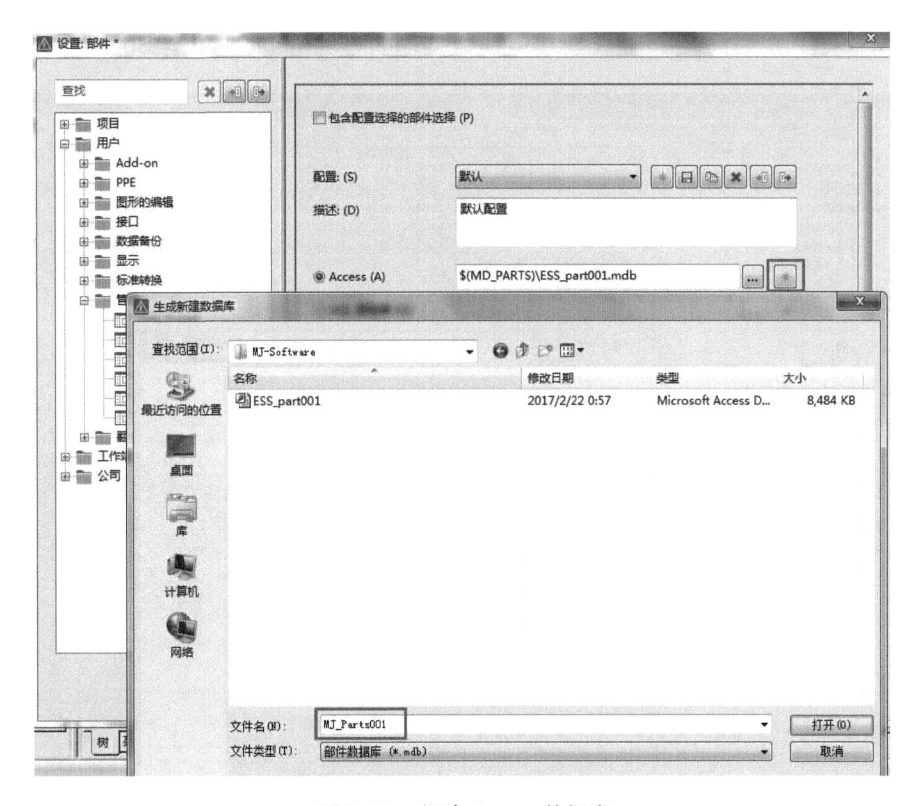

图 7-51　新建 Access 数据库

同厂家或设备分类进行新建数据库。

单击“配置”后面的，新建配置名称为电缆库，如图 7-52 所示。

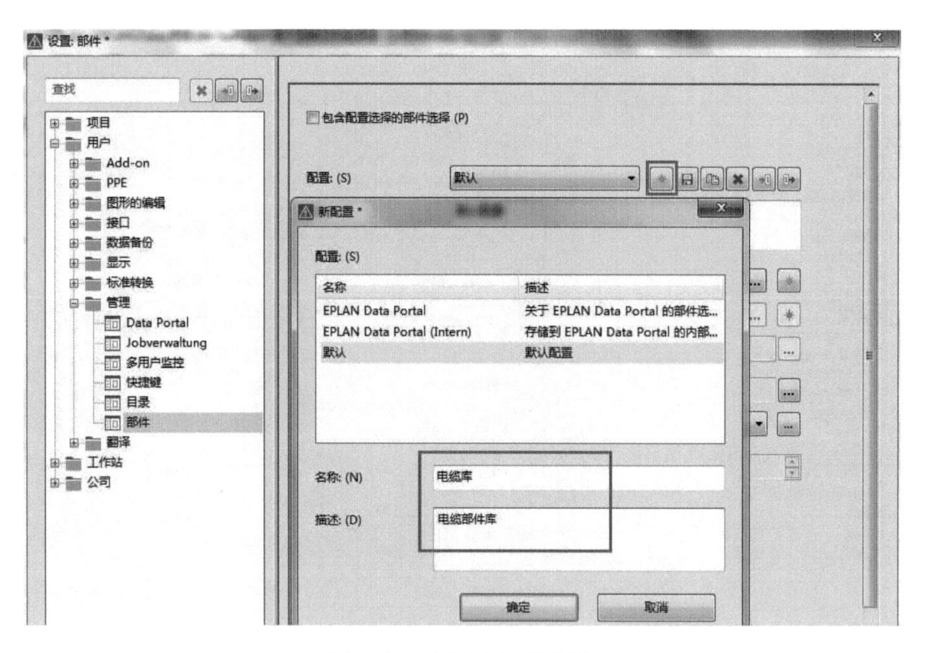

图 7-52　新建电缆库配置

单击 Access(A) 后面按钮，新建电缆数据库名称为 Cable. mdb，如图 7-53 所示。

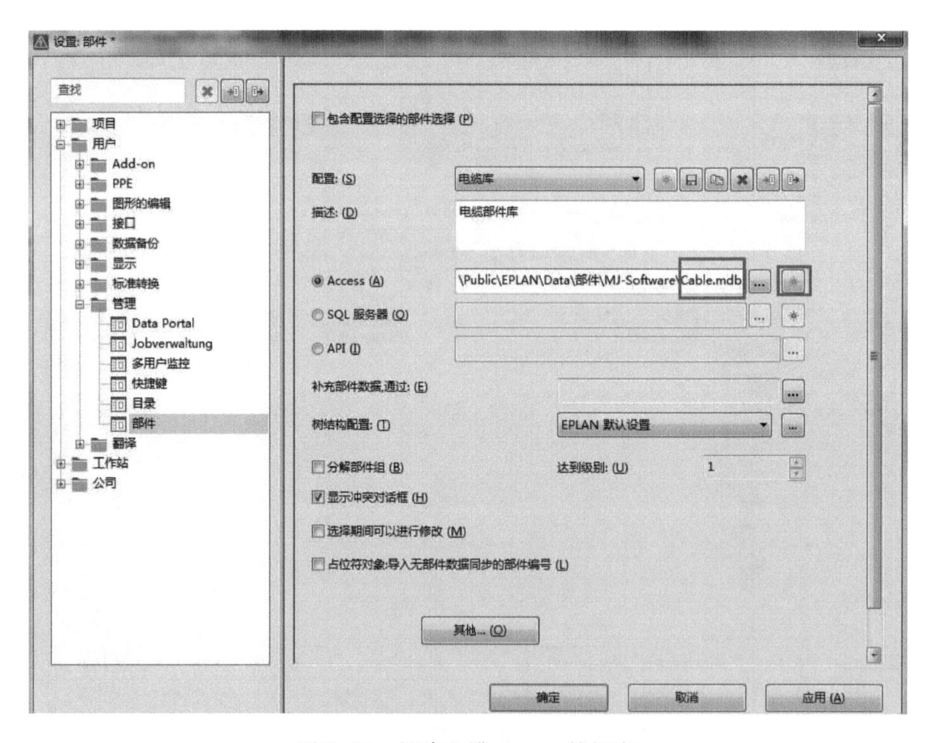

图 7-53　新建电缆 Access 数据库

另外，也可以以厂商名称定义部件库配置，例如，可以定义 ABB 库，在 Access 中新建一个 ABB. mdb 数据库，如图 7-54 所示。

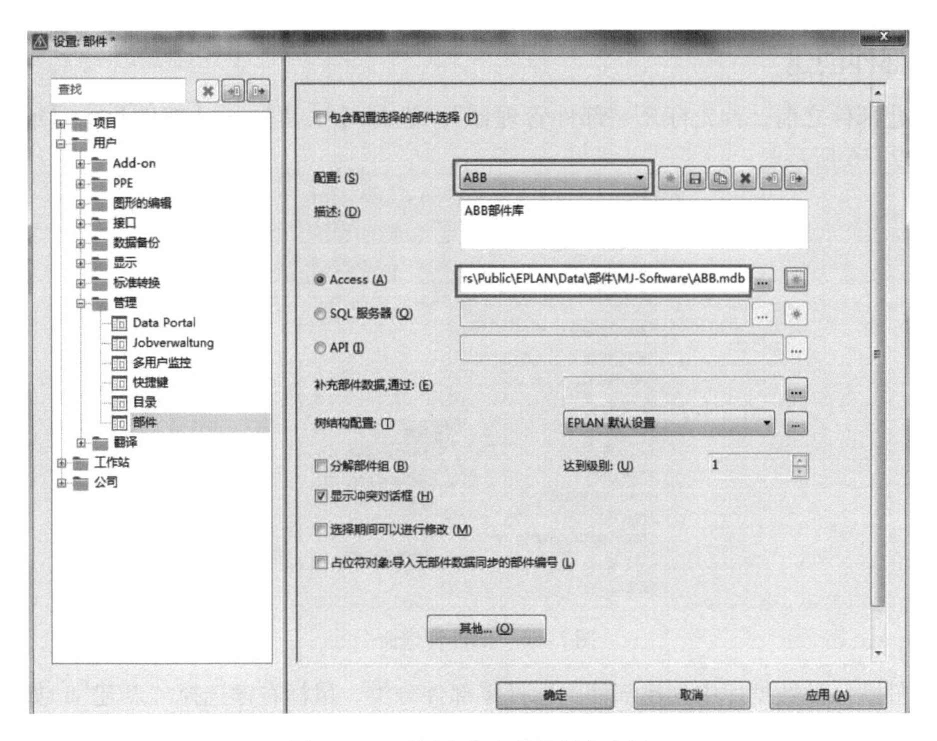

图 7-54　以厂商命名的部件库配置

配置完成后，在创建部件或导入数据时，选择相应的数据库名称。在设备选型时就可以灵活选择“数据源”中的数据库配置，提高设备选型效率，如图 7-55 所示。

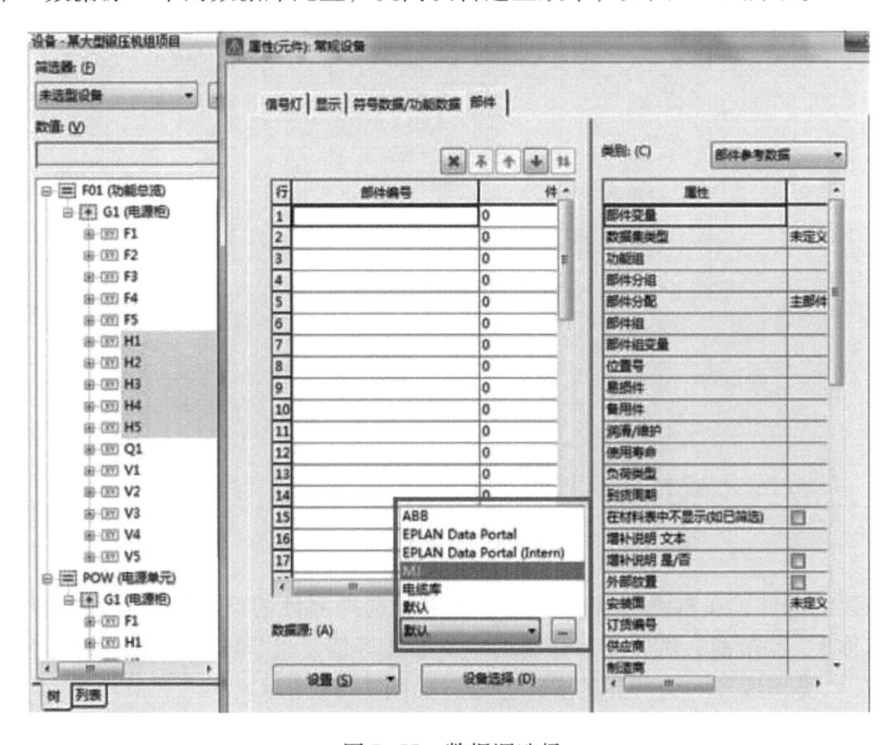

图 7-55　数据源选择

7.4.2 部件创建

在创建部件之前，首先打开“部件管理器”。选择【工具】>【部件】>【管理】命令，如图 7-56 所示。

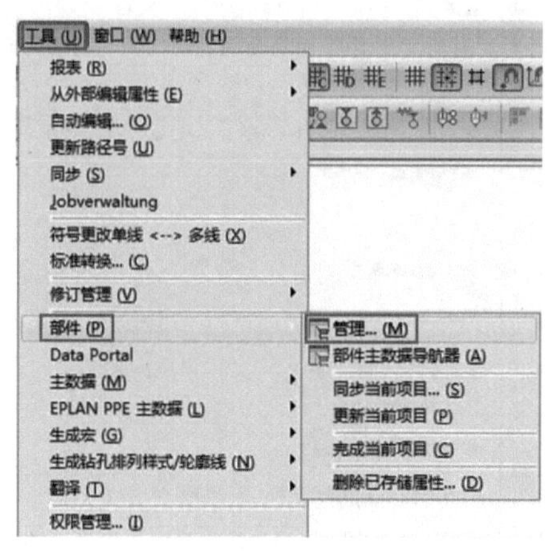

图 7-56 部件管理命令

在软件默认的数据库中创建部件，选择零部件分类，鼠标右键选择“新建”，如图 7-57 所示。例如，创建一个 SIEMENS 的电机保护开关 3RV1021 - 1JA15。

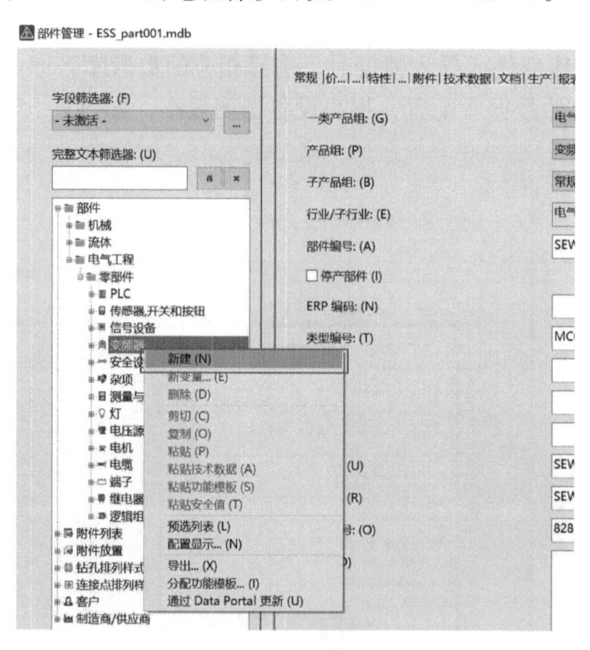

图 7-57 新建部件

选择新建的部件，在右侧“常规”选项卡中，选择部件的产品组，填写部件编号、类型编号、名称 1、制造商、供应商、订货编号及描述等信息。“部件编号”由厂商缩写和类型编号组成，“类型编号”为产品的实际型号，如图 7-58 所示。

“常规”选项卡中的信息属于部件的基础信息，在“安装数据”选项卡中填写设备的宽、高、深数据及安装面。其中宽、高、深数据是当设备正视于我们时，根据技术手册上的数据进行填写；“安装面”根据设备的实际安装情况选择安装板、门、侧板等位置。

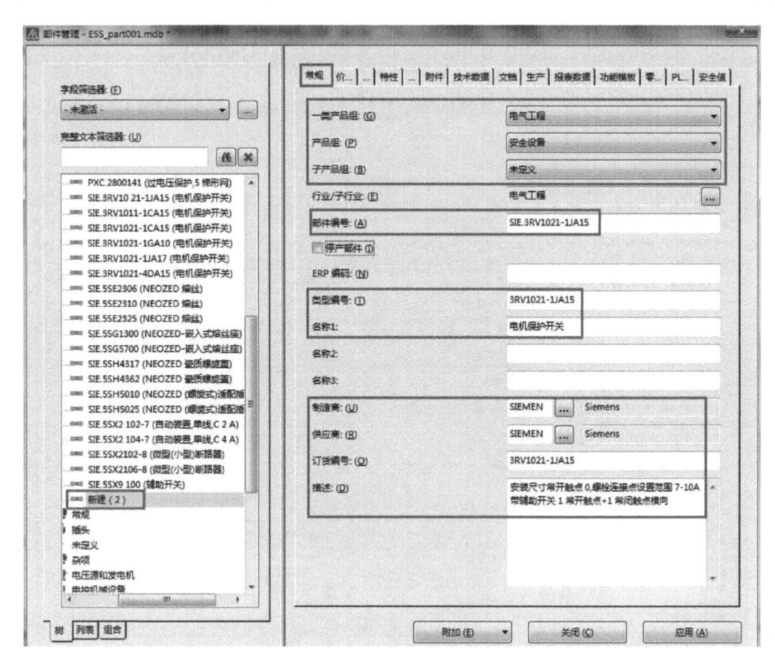

图 7-58　部件常规数据

在“图形宏”栏中可选择3D 模型宏或2D 布局图符号宏。在项目设计时，如果有 Propanel 模块，在“图形宏”处只需要关联 3D 模型宏，因为通过3D 可直接生成2D 安装布局图；如果项目设计只有2D 原理图，那么“图形宏”处需要关联该设备的2D 安装板布局图符号宏。关联完成后，在项目设计时，在相应图纸类型中可快速插入已关联的宏，如图 7-59 所示。

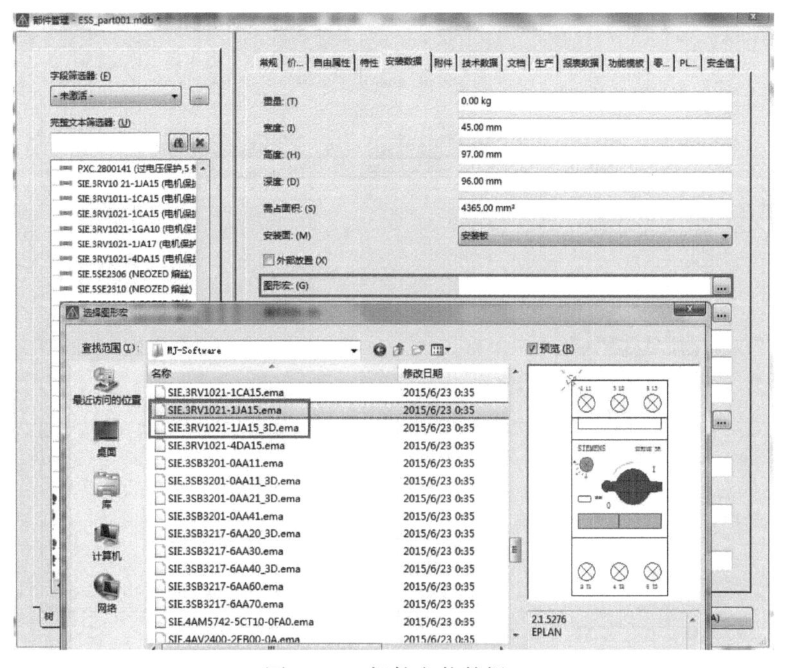

图 7-59　部件安装数据 1

另外，在“图片文件”选项中关联该设备的图片文件，设置部件的左、右安装间隙，如图 7-60 所示。

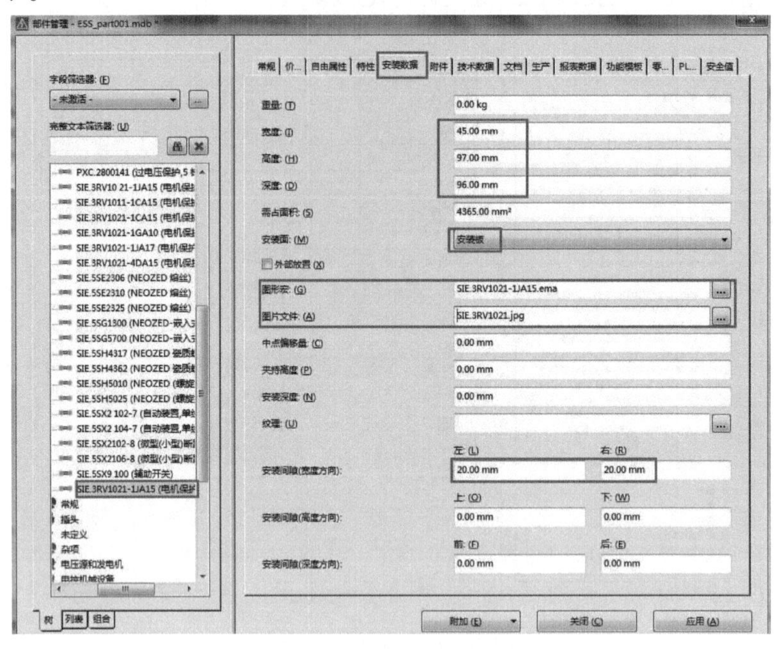

图 7-60　部件安装数据 2

设置完部件“安装数据”后，单击“附件”选项卡，如果新建的部件为其他设备的附件，可勾选左上方的“附件”选项；如果该设备有相应的附件，如安装底座、螺钉等部件，则可以单击右上方的按钮，添加相应的附件编号；如果该设备必须携带附件，则在“需要”选项中打勾，如图 7-61 所示。这样设备在智能选型时，会自动显示该设备携带的附件编号。

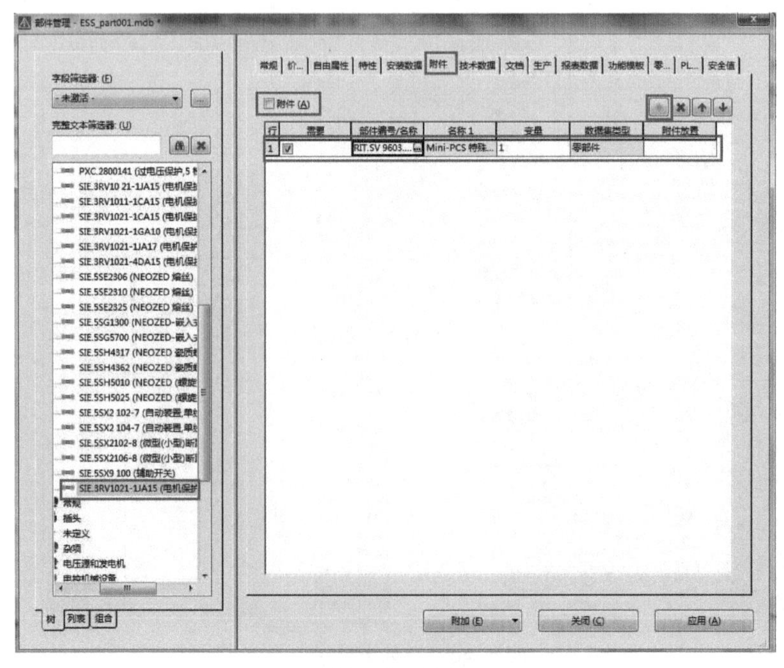

图 7-61　附件

单击“技术数据”选项卡，在技术参数栏中填写设备的电流或电压参数，在“宏”选项中选择该设备的原理图符号宏或2D布局图符号宏，如图7-62所示。“技术数据”中的“宏”与“安装数据”中的“图形宏”都可关联2D或3D宏，两者只是优先级次序不同。一般在“图形宏”中关联3D或2D安装板符号宏，在“宏”中关联原理图符号宏。例如，在PLC基于板卡或通道设计时，通常会在“宏”中关联PLC的板卡符号宏，这样在PLC设备导航器中“拖放”I/O点时，软件会自动选择“宏”中已关联的板卡符号，使PLC设计非常方便。

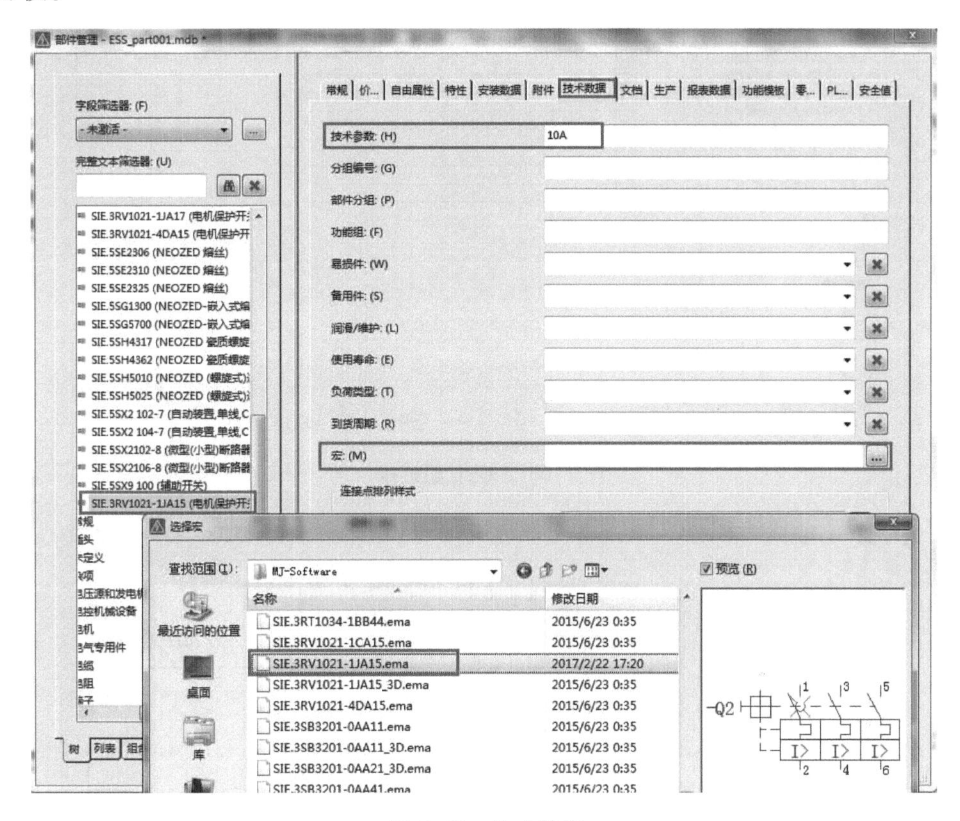

图7-62　技术数据

在“文档”选项卡中主要关联的是设备的技术手册或其他文档信息，如图7-63所示。

在“功能模板”选项卡中，单击右上侧的按钮，在弹出的界面中选择部件的功能定义，该项目中创建的西门子电机保护开关为6个连接点的设备，选择“电机保护开关，三极”，如图7-64所示。

在新建的功能定义中填写设备的连接点代号信息，连接点代号间的分隔符按“Ctrl + Enter”键；在“技术参数”列中填入与“技术数据”选项卡中相同的数据；“符号”或“符号宏”列中关联每个回路的原理图符号，在介绍PLC基于地址点设计时，曾经在“符号”列中关联了每个I/O点的分散连接点符号，如图7-65所示。

在原理图中进行设备选型时，要求符号的功能定义与部件的功能模板相匹配。尤其在智能选型时，软件会自动选择与符号功能定义相匹配的部件编号，而且一旦功能定义相匹配，软件自动将部件库中连接点代号写入符号属性的连接点代号中，减少了手动修改连接点代号的工作量。

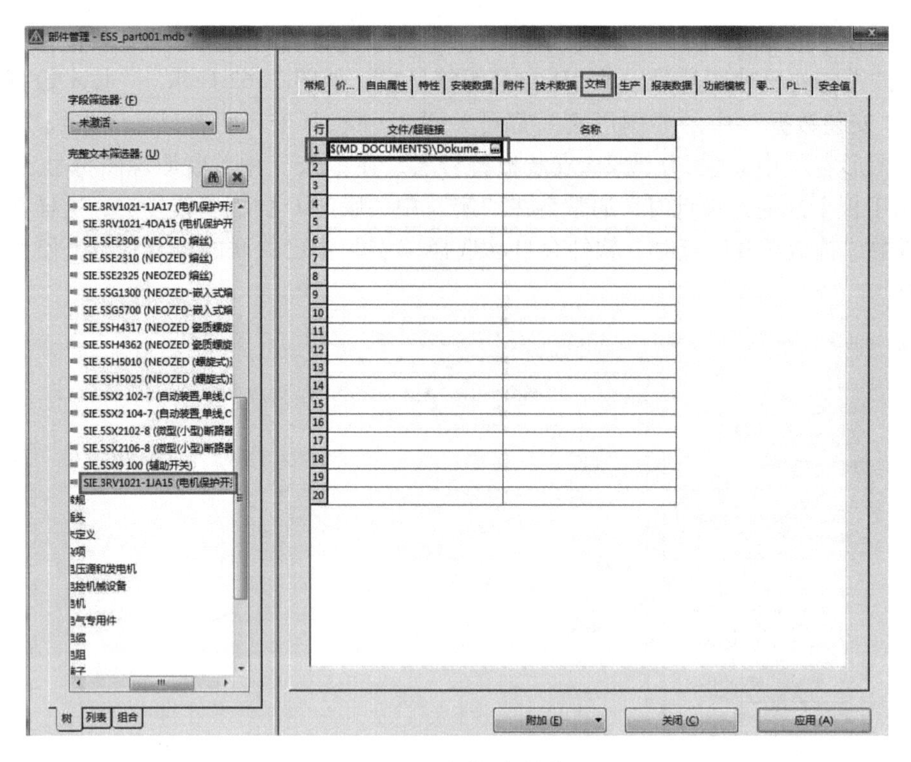

图 7-63　文档/超链接

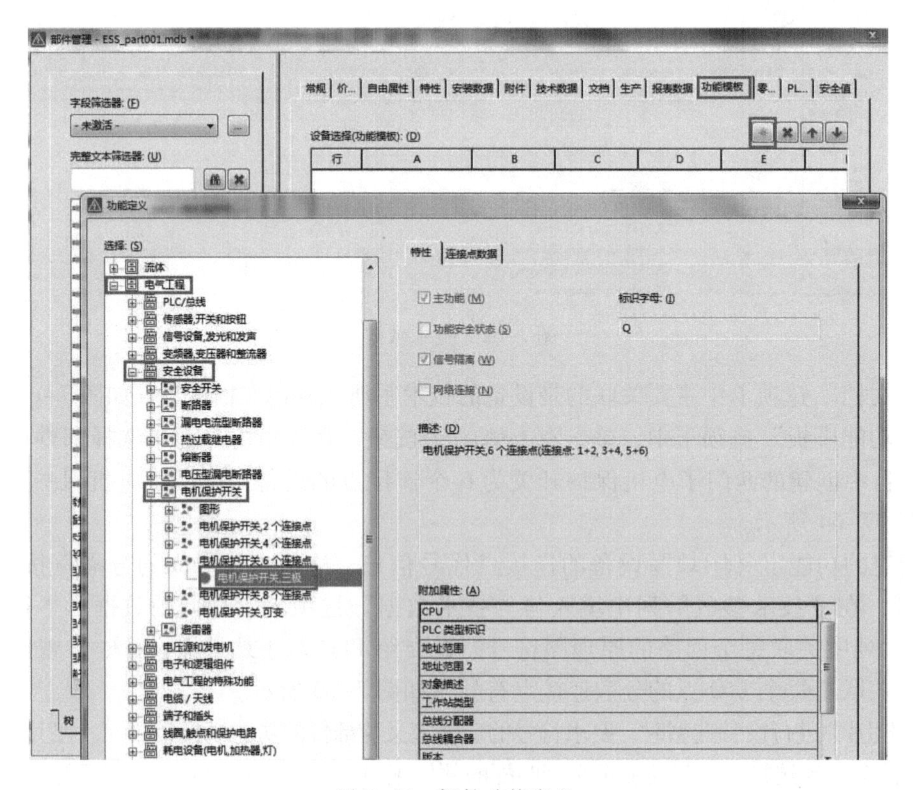

图 7-64　部件功能定义

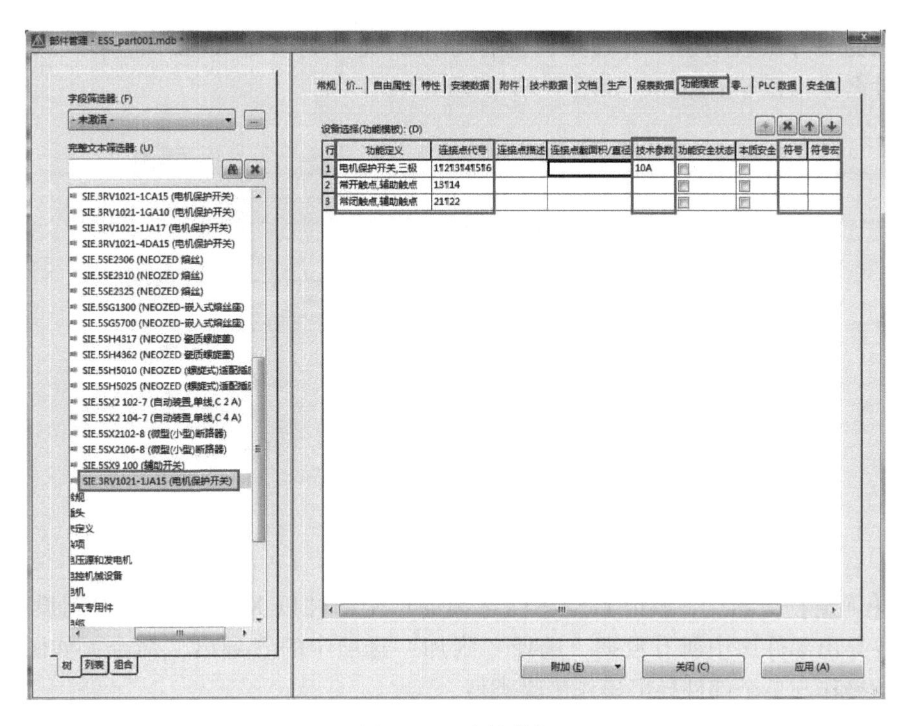

图 7-65　功能模板

部件库中常用的主要数据就是以上介绍的几点，其他信息也可以进一步完善。填写完成后，单击【应用】按钮，完成部件的创建。

另外，可以将已有部件库数据以单个或多个文件的形式导出，在新建的数据库中进行导入。在部件库中导出单个数据时，鼠标右键选择“导出”命令，如图 7-66 所示。

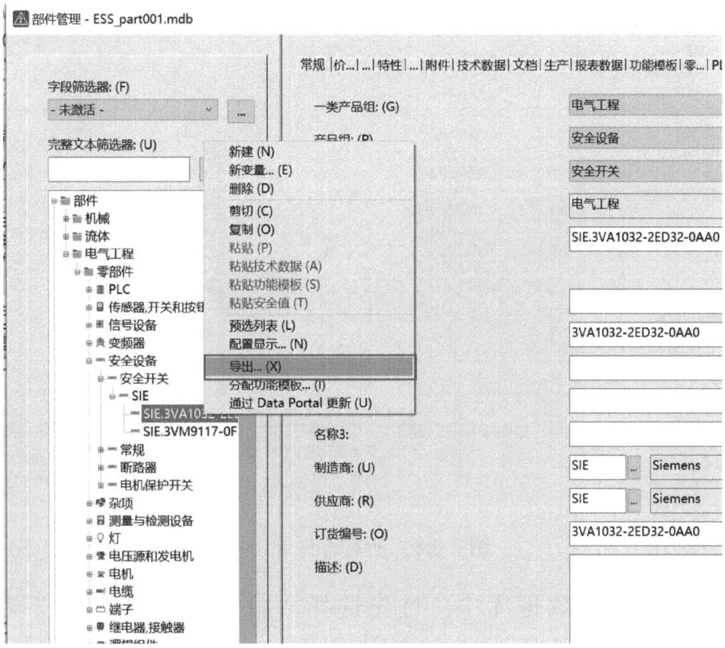

图 7-66　单个部件导出

在弹出的“导出数据集”界面中，选择导出的文件类型为XML，选择“总文件”选项，在文件名中设置导出路径，如图7-67所示。

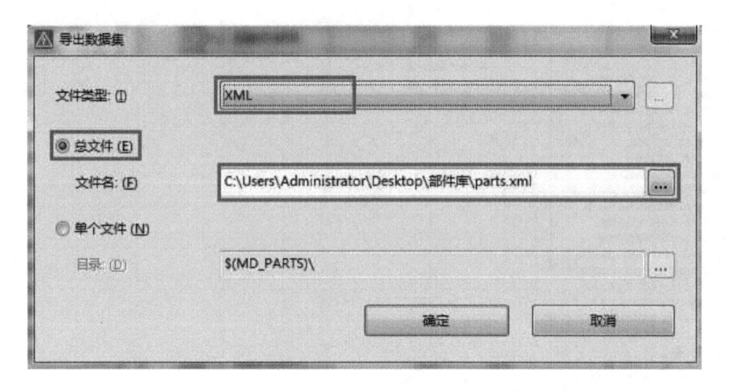

图7-67　导出数据设置

单击【确定】按钮后，软件自动将已选择的单个部件以XML格式导出到设置的路径下。如果要导出部件库中所有数据，选择“附加”选项中的“导出”命令，如图7-68所示。后面的操作与单个部件导出操作步骤类似。

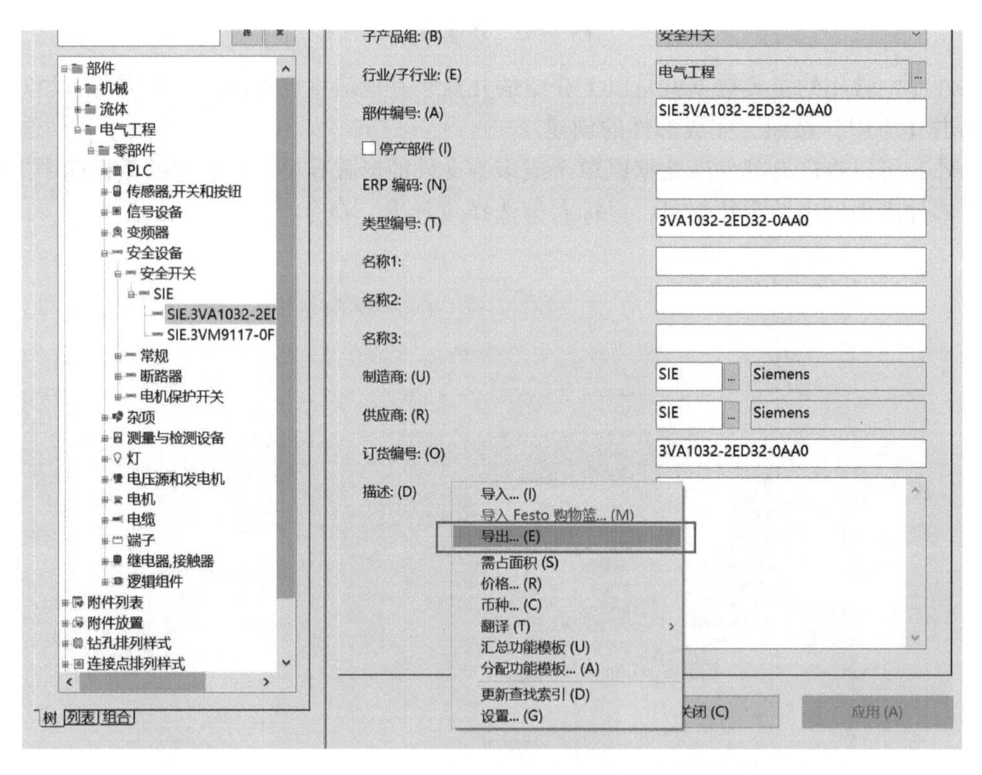

图7-68　所有部件导出

将导出的数据导入新的数据库中，首先选择“附加”选项中的“设置”命令，如图7-69所示。

在弹出的“设置：部件（用户）”界面中，选择或创建配置名称，如图7-70所示。

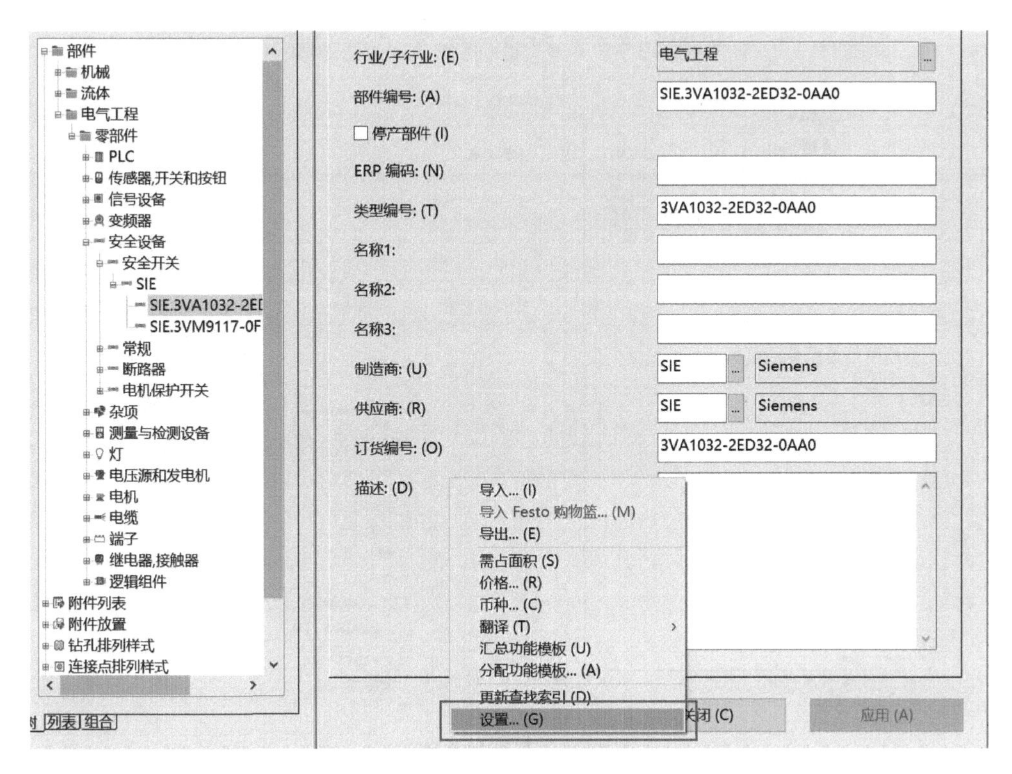

图 7-69　部件库设置

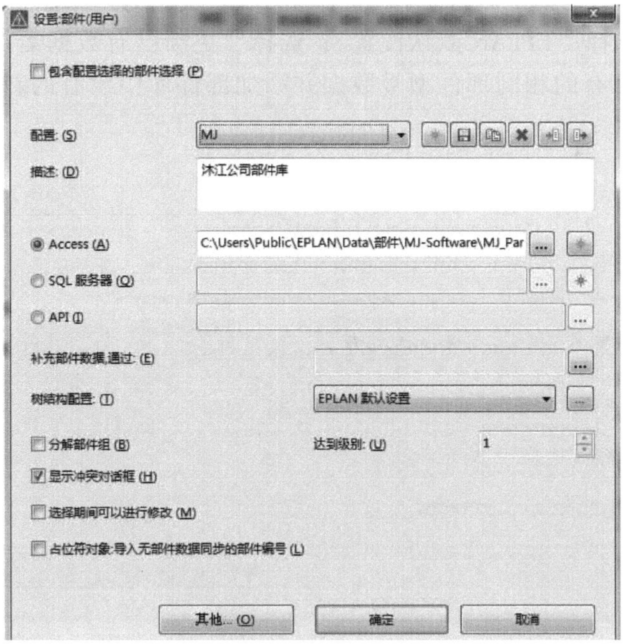

图 7-70　配置选择

选择数据库配置后，单击【确定】按钮，软件自动加载新的数据库，如果数据库中没有数据，选择“附加”选项中的“导入”命令，进行数据导入，如图 7-71 所示。

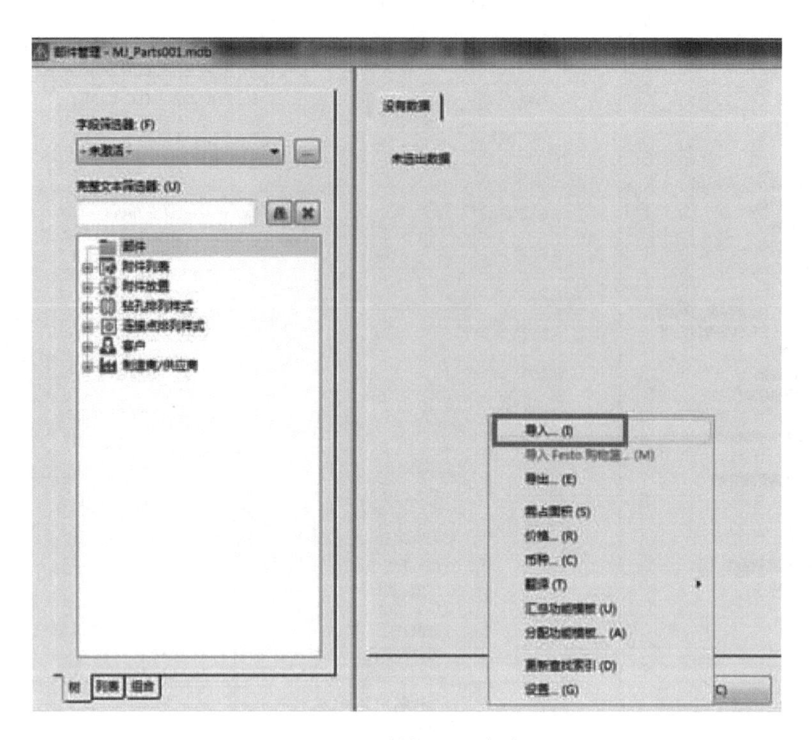

图 7-71　数据导入命令

在弹出的“导入数据集”对话框中，选择导入文件类型为“XML”；选择要导入的文件名路径；字段分配选择“EPLAN 默认设置”；选择“更新已有数据集并添加新建数据集”代表更新数据库中已有的相同部件型号数据并添加部件库中没有的新部件型号数据，如图 7-72 所示。

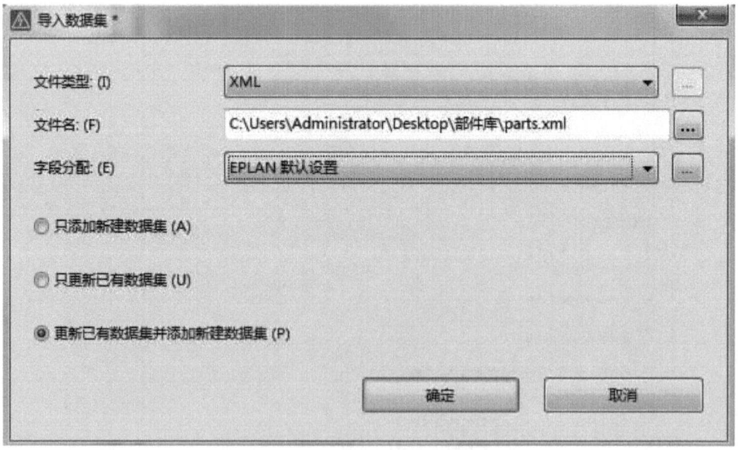

导入数据集 *
文件类型: (I) XML
文件名: (F) C:\Users\Administrator\Desktop\部件库\parts.xml
字段分配: (E) EPLAN 默认设置
只添加新建数据集 (A)
只更新已有数据集 (U)
更新已有数据集并添加新建数据集 (P)
确定　取消

图 7-72　部件库导入设置

设置完成之后，单击【确定】按钮，软件自动将部件库数据导入新的数据库中，如图 7-73 所示。

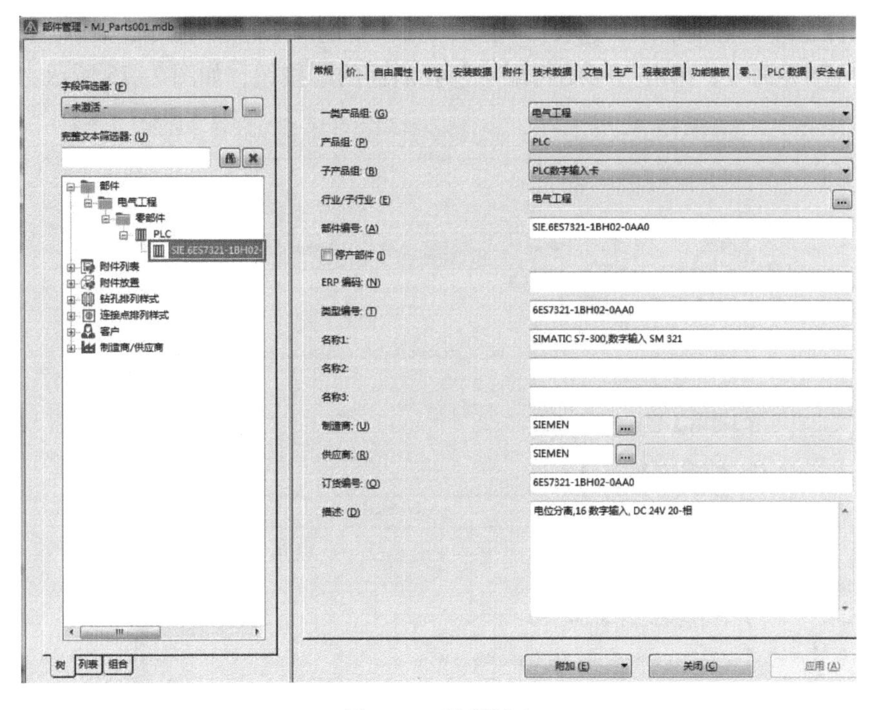

图 7-73　数据导入

7.4.3　部件结构配置

在“部件管理”界面中，左侧的部件结构可以按照客户需求进行调整。有些客户希望按“制造商”分类查看各个产品组的部件或者在部件结构中加入自己的分类，如图 7-74 所示。

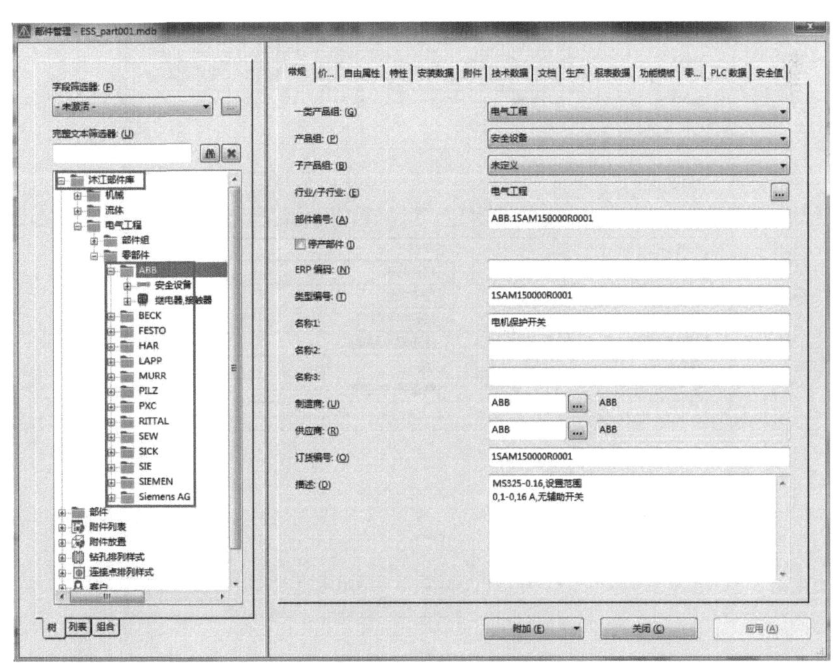

图 7-74　部件结构调整

在“部件管理”对话框中，选择“附加”选项中的“设置”命令，在弹出的“设置：部件（用户）”界面中，单击“树结构配置”栏后面的按钮，如图 7-75 所示。

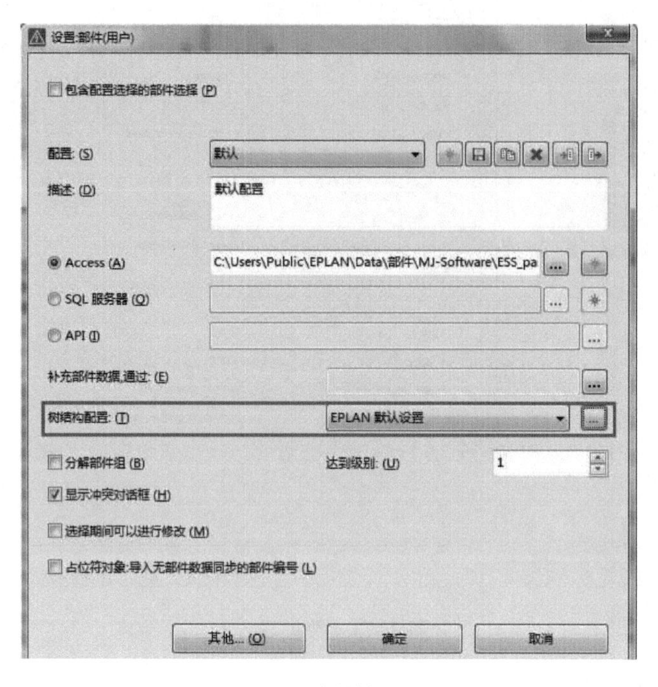

图 7-75　树结构配置

在弹出的“树结构配置”界面中，单击“主节点:(M)”后面的按钮，增加部件主结构，如图 7-76 所示。

图 7-76　增加部件主结构

在弹出的“树结构配置 - 主节点”界面中，选择数据集类型为“部件”，定义新的部件库名称为“沐江部件库”，在下方“属性”栏中单击右侧的，增加部件的属性分类，如图 7-77 所示。

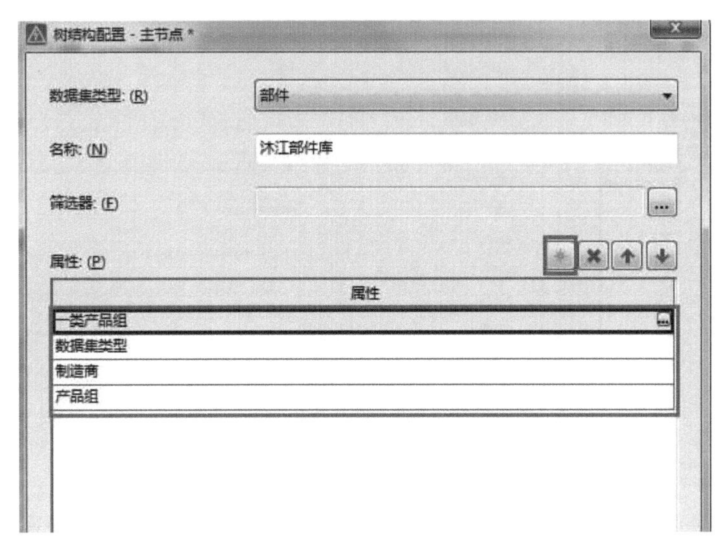

图 7-77　部件属性分类

单击【确定】按钮，在“树结构配置”界面中，通过将“沐江部件库”结构移动到顶端，如图 7-78 所示。

图 7-78　部件结构顺序调整

单击【确定】按钮，完成部件树结构配置。属性分类也就是部件显示的层级关系，通过增加或调整属性位置，在部件中显示不同的层级关系，按照不同的层级关系进行部件分类，便于部件查找。在新建的“沐江部件库”中增加了“制造商”分类，在“制造商”下一级中显示产品组分类，与之前“部件”树结构不同的是增加了“制造商”分类，如图 7-79 所示。

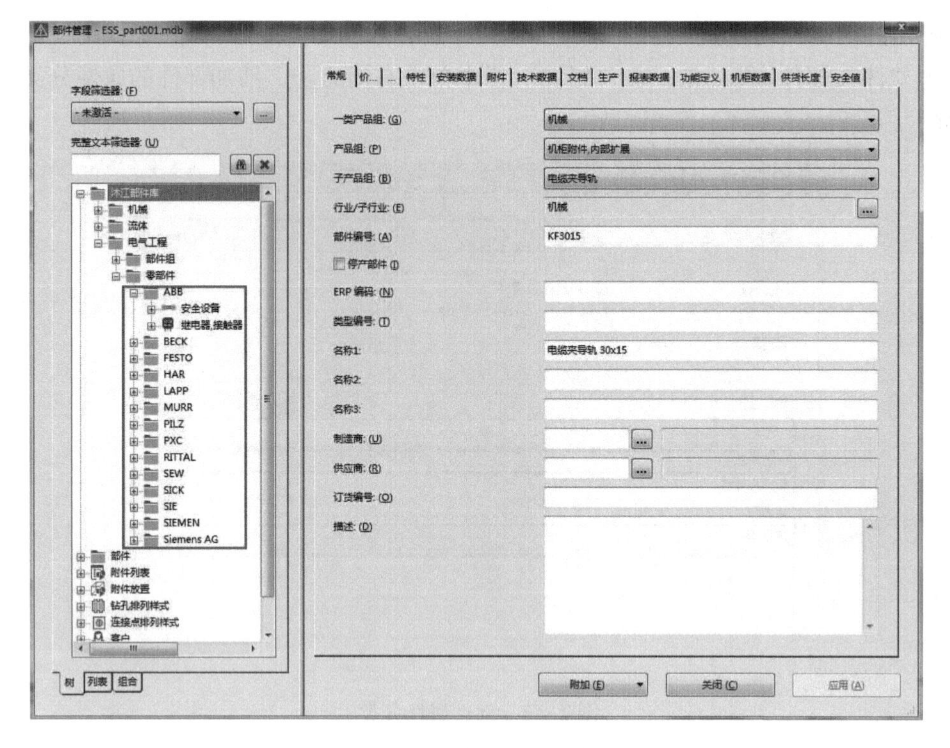

图 7-79　新建部件层级关系

7.4.4　Data Portal

在 EPLAN 部件库中，除了自己手动录入数据之外，还可以通过 EPLAN Data Portal 进行在线数据更新。在第一次使用 Data Portal 时需要创建账号，选择【选项】>【设置】>【用户】>【Data Portal】命令，在弹出的对话框的“Portal”选项卡下，输入用户名和密码，然后单击【创建账户】按钮，如图 7-80 所示。

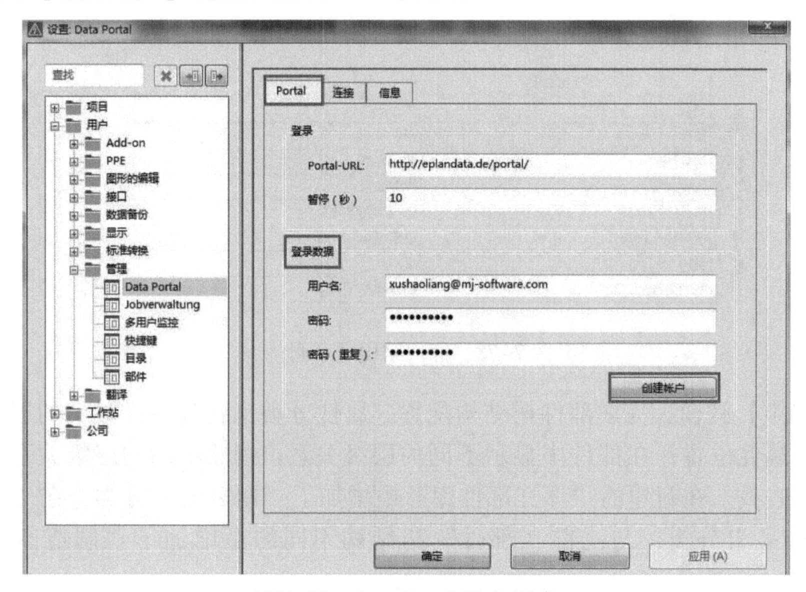

图 7-80　Data Portal 账户创建

账户创建完成之后，选择【工具】>【Data Portal】命令，如图 7-81 所示。

打开 Data Portal 导航器，在上方的选项中从左往右依次为制造商显示、目录显示、列表显示、查找显示、用户数据显示和购物车显示，如图 7-82 所示。

图 7-81　Data Portal 命令

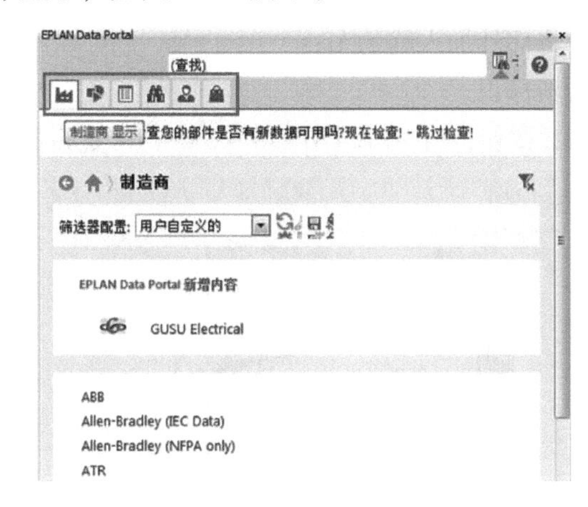

图 7-82　Data Portal 菜单栏

首先在“制造商显示”界面中选择要添加的部件库厂商名称，例如选择 ABB，鼠标单击下方的“ABB”选项，软件自动跳转到“目录显示”界面中显示 ABB 部件的产品目录，如图 7-83 所示。

在产品目录中，单击“变频器”分类中的“常规”选项，软件自动跳转到“变频器”的列表显示中，如图 7-84 所示。

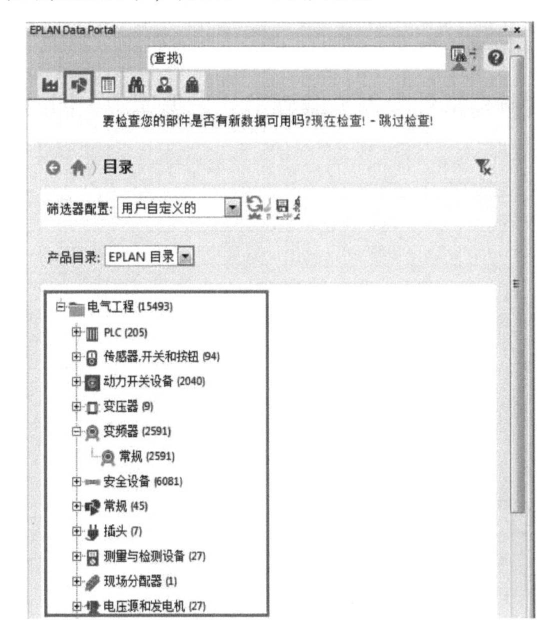

图 7-83　ABB 部件目录

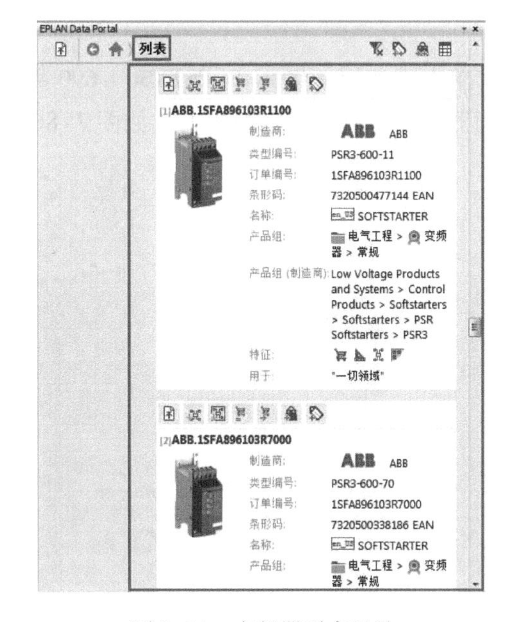

图 7-84　变频器列表显示

在部件的上方显示一行图标，其含义如下：

：回到首页；

：在图形编辑器中插入宏；

：在图形编辑器中插入设备；

：分配部件给元件；

：导入部件；

：将部件加入购物车；

：新标识。

单击按钮，将 ABB. PSTX30－690－70 变频器窗口宏直接插入到原理图上，如图 7-85 所示。

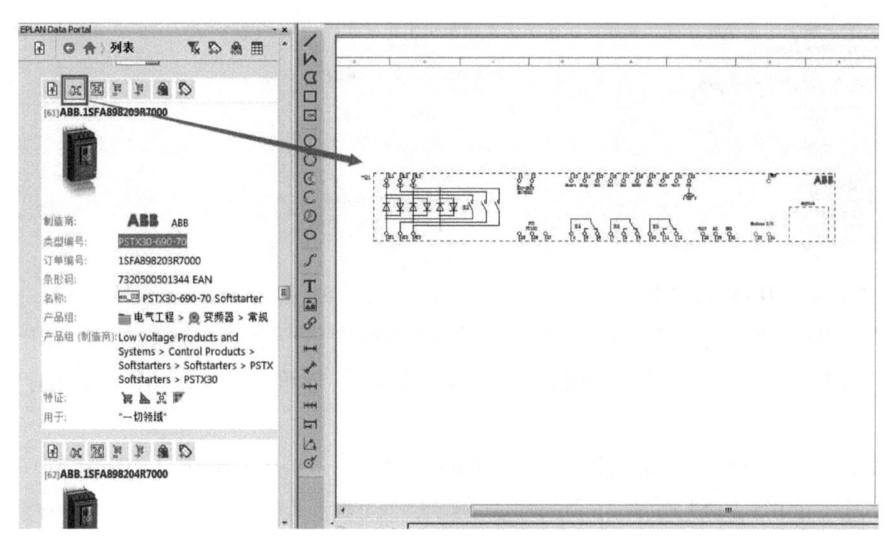

图 7-85　变频器窗口宏

单击按钮，将 ABB. PSTX30－690－70 变频器部件数据下载到默认数据库中，同时将变频器设备宏放置到原理图上，如图 7-86 所示。

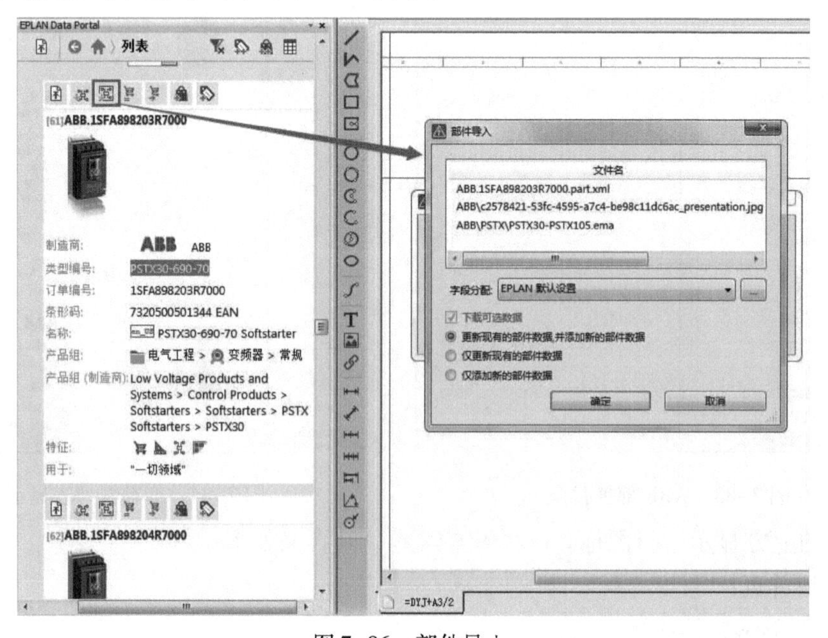

图 7-86　部件导入

单击【确定】按钮，将变频器的部件库数据、图片数据及宏数据下载到数据库中，并把变频器的窗口宏放置到原理图中，如图 7-87 所示。

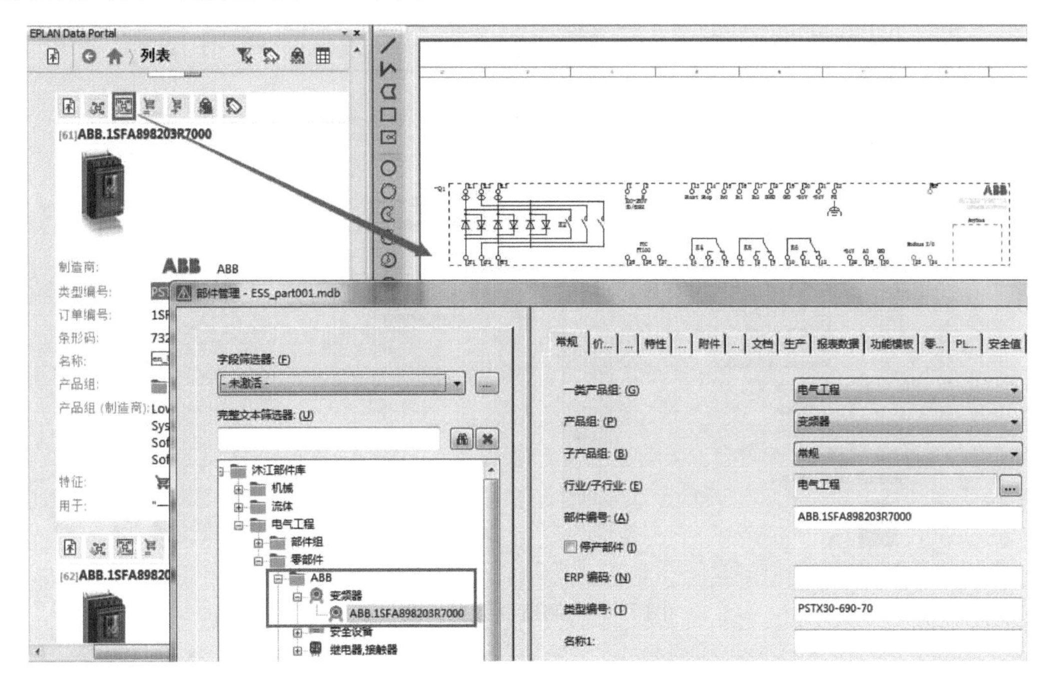

图 7-87　部件下载/插入设备

单击 按钮，将 ABB. PSTX30 - 690 - 70 变频器部件数据下载到默认数据库中，同时将该变频器部件数据分配给原理图中的元件，如图 7-88 所示。

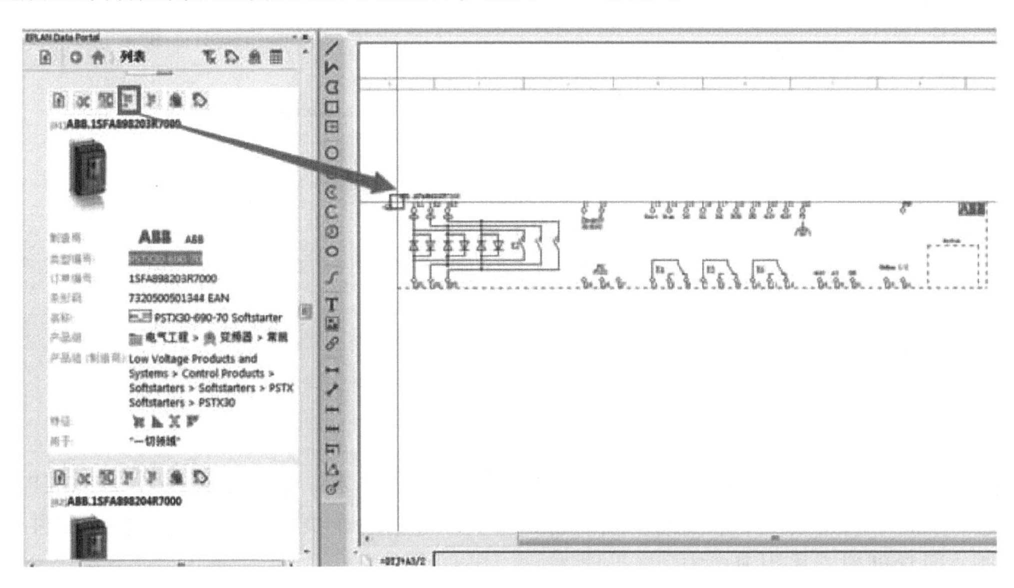

图 7-88　分配部件

单击 按钮，只是将 ABB. PSTX30 - 690 - 70 变频器制造商数据下载到默认数据库中，不插入任何设备宏，如图 7-89 所示。

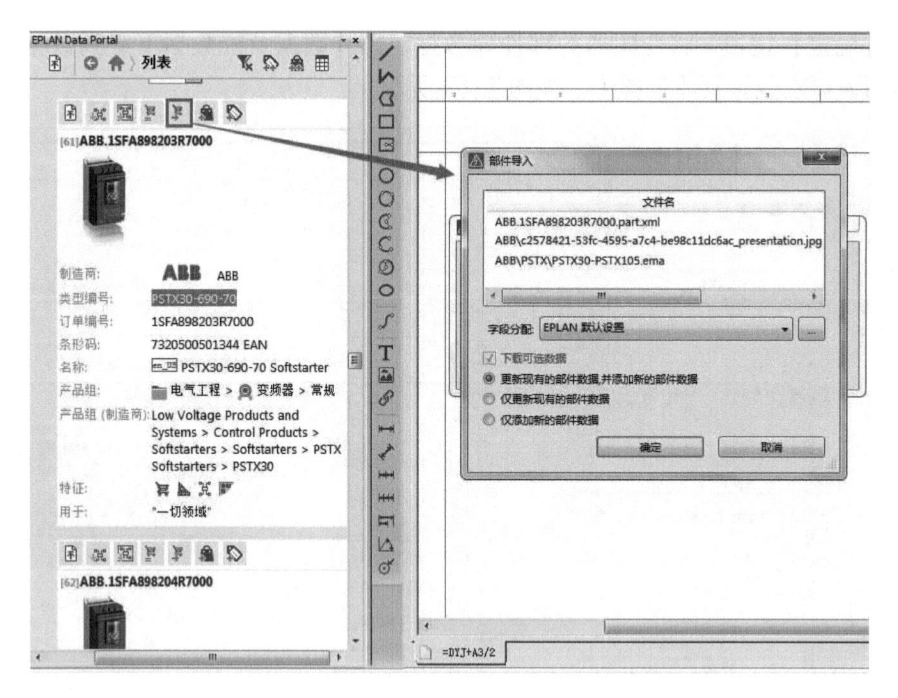

图 7-89 制造商数据下载

单击按钮，将 ABB. PSTX30 - 690 - 70 变频器产品数据加入到购物车中。单击“购物车显示”按钮，显示购物车中添加的部件，如图 7-90 所示。在购物车中，可批量导入或删除部件。

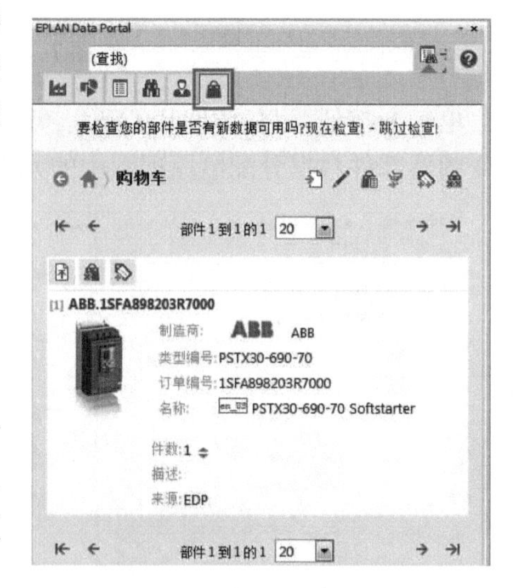

图 7-90 购物车中的部件

7.5 宏和宏的应用

7.5.1 宏的概念

宏就是经常反复使用的部分电路或典型电路方案，是模块化设计的基础数据。在项目设计过程中，可以将经常使用的电路保存为宏，在下次使用时直接插入宏文件，以提高设计效率。

7.5.2 宏的创建

在 EPLAN 软件中有三种宏类型：窗口宏、符号宏和页宏。窗口宏是最小的标准电路，可以是一个简单电路或一个单线或多线设备，最大不超过一个页面。窗口宏的扩展文件名为 *. ema。通常创建宏采用窗口宏。

符号宏与窗口宏类似，只是扩展文件名不同，符号宏扩展文件名为 *. ems。符号宏和窗口宏在 EPLAN 软件中为同一个命令，二者被一起使用，符号宏只是为了满足老客户的使用习惯。

页宏包括一页或多页的项目图纸，其扩展文件名为 *.emp，通常要将某页或多页图纸导出时可以使用页宏。

在锻压系统项目中，经常会使用到电机主回路电路，所以可以将电机主回路电路创建为“窗口宏/符号宏”。首先选中要创建的宏电路，鼠标右键选择“创建窗口宏/符号宏”命令，如图 7-91 所示。

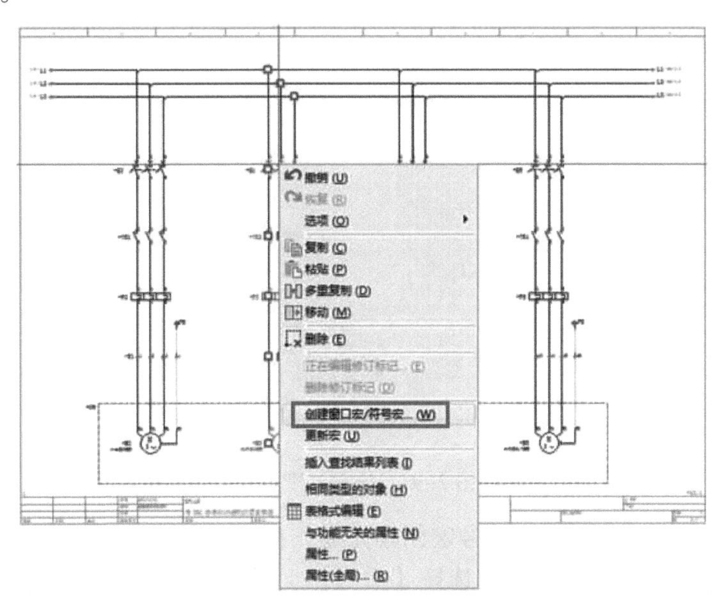

图 7-91　创建窗口宏/符号宏

在弹出的“另存为”界面中，选择宏的保存目录；设置宏名称为“电机主回路”；选择表达类型为“多线”；选择变量为“变量 A”；在“附加”选项中选择“定义基准点”，如图 7-92 所示。

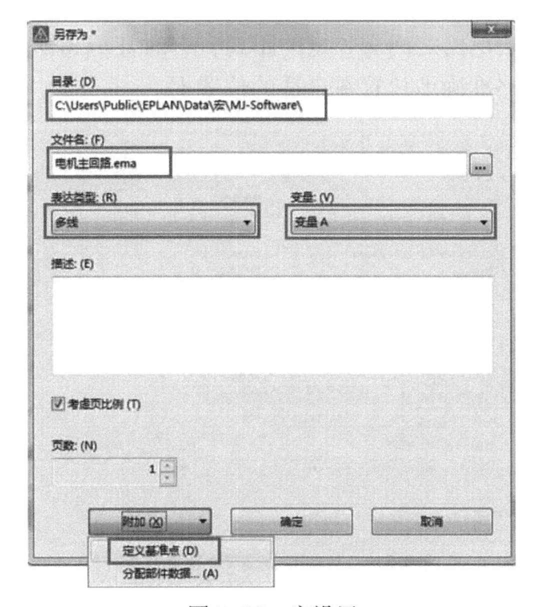

图 7-92　宏设置

选择“定义基准点”命令后，在鼠标处出现一个红色方框，将其放置到宏的插入点上，如图 7-93 所示。

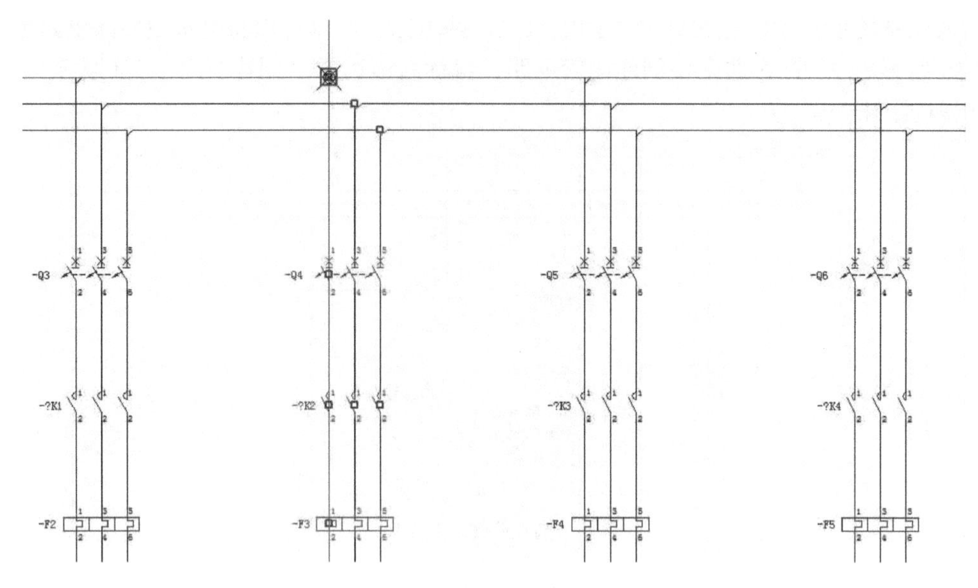

图 7-93　定义基准点

单击【确定】按钮，窗口宏/符号宏创建完成。在原理图设计过程中，当用到电机主回路电路时，选择【插入】 >【窗口宏/符号宏】命令，如图 7-94 所示。

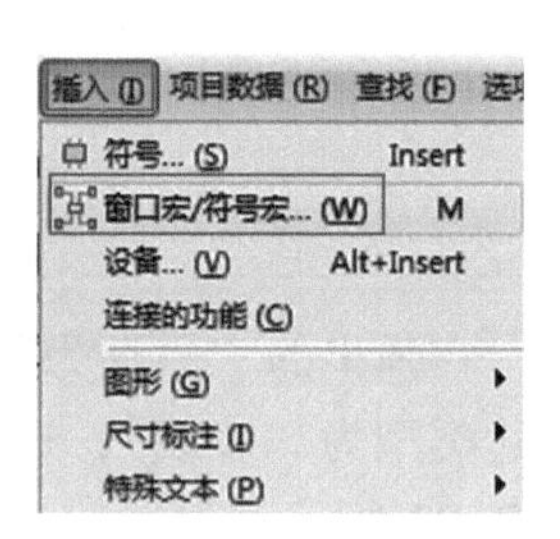

图 7-94　插入宏命令

在弹出的“选择宏”窗口中，选择需要插入的宏，勾选“预览”选项，单击【打开】按钮，如图 7-95 所示。

选择“打开”命令后，在原理图中插入宏，鼠标附系于宏的基准点处，可连续插入多个宏，如图 7-96 所示。如果不定义基准点，当插入宏时，鼠标与宏电路之间有一定的距离，有时甚至超出图纸区，这样不利于宏电路准确地放置在合适的位置上。

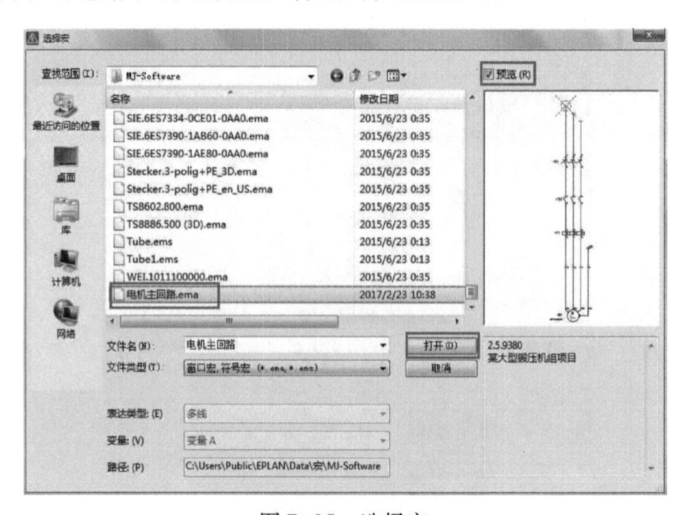

图 7-95　选择宏

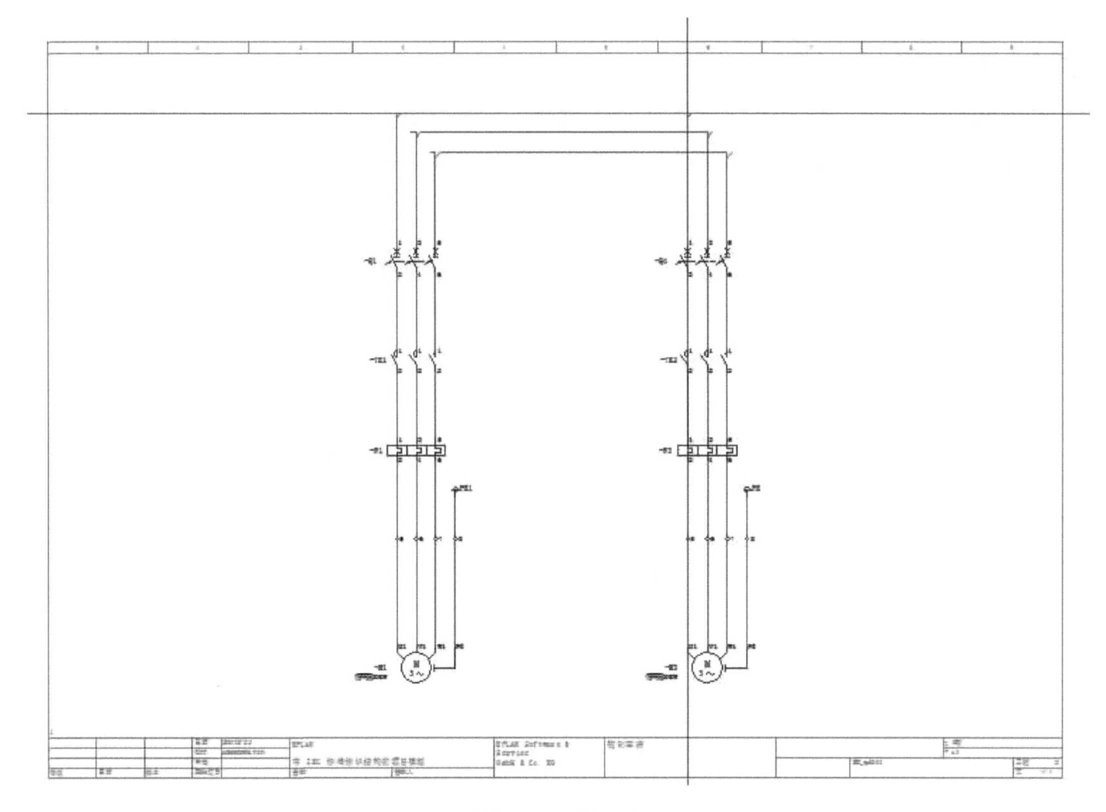

图 7-96　插入宏

宏的创建不止于多线或单线原理图电路，可以将 CAD 图形块保存为 2D 布局图符号宏。在创建 2D 布局图符号宏时，在“表达类型”处选择“安装板布局”，同样也要定义基准点，如图 7-97 所示。

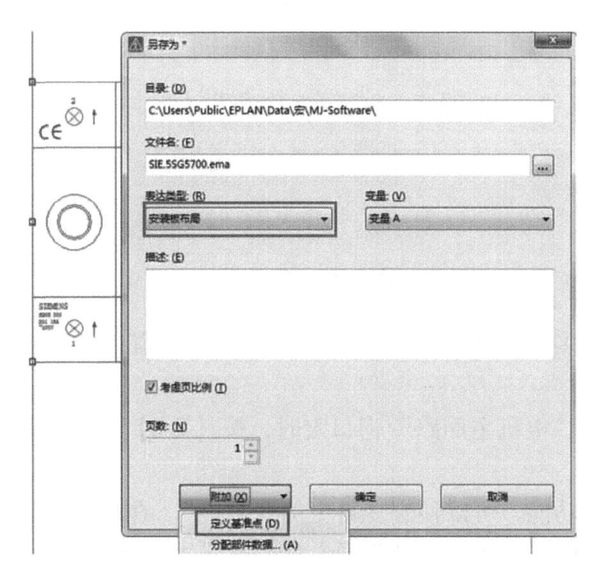

图 7-97　2D 安装板布局图符号宏

7.5.3 宏变量和宏值集

在宏的“另存为”界面中，有“变量”选项，一个宏名称下可以保存 16 个宏变量。可以将正反转电机主回路或者电机控制回路都保存为宏的其他变量，如图 7–98 所示。

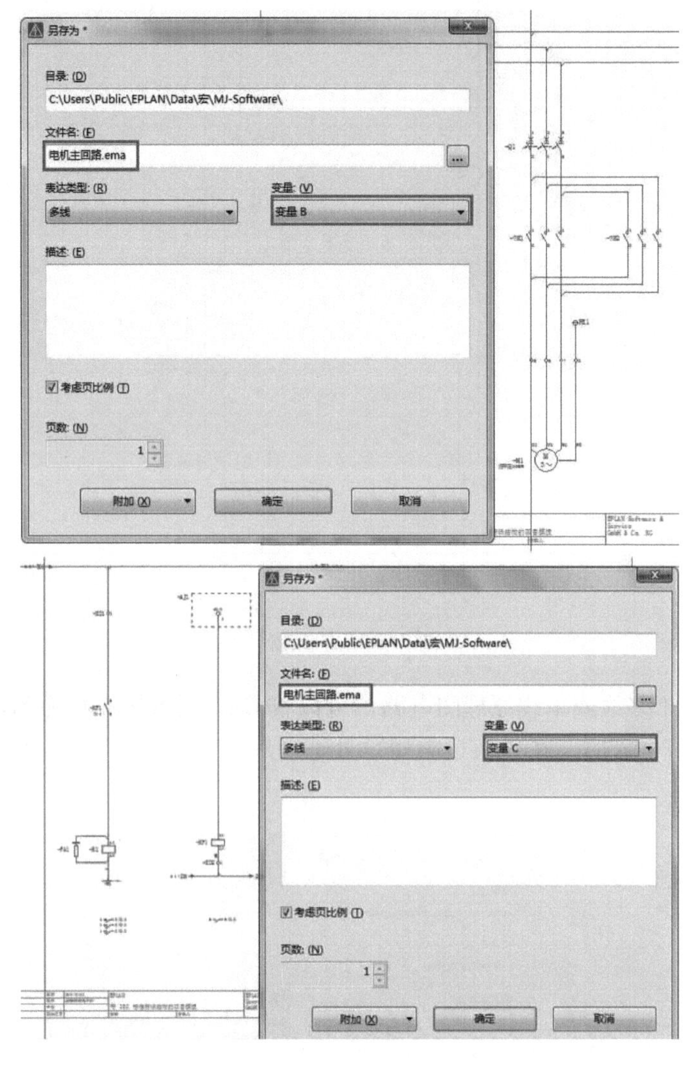

图 7–98　宏变量

当一个宏名称下有多个变量时，在“选择宏”的预览窗口中可以看到该宏名称下的宏变量，如图 7–99 所示。

当在原理图中插入“电机主回路”窗口宏时，按【Tab】键，可切换放置不同变量的宏电路，如图 7–100 所示。

宏值集是宏的特殊功能，可以使宏变得更加“智能”。在项目设计过程中经常遇到一个电机主回路中，不同的电机功率要配备不同参数的断路器、接触器和热继电器等设备，所以通过选择不同的“值集”，在同一个宏电路中可以赋予设备不同的电气参数，使设计变得更简单。

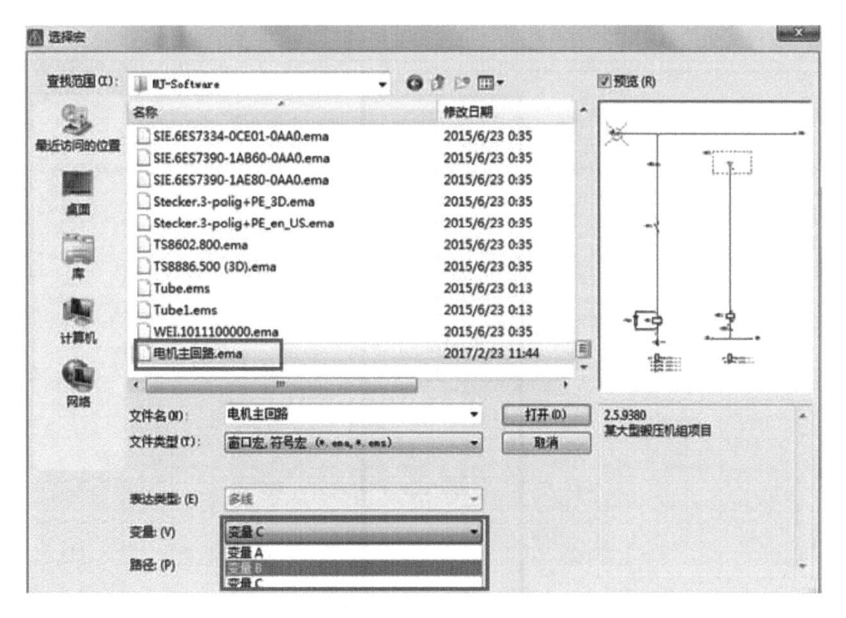

图 7-99　宏变量预览

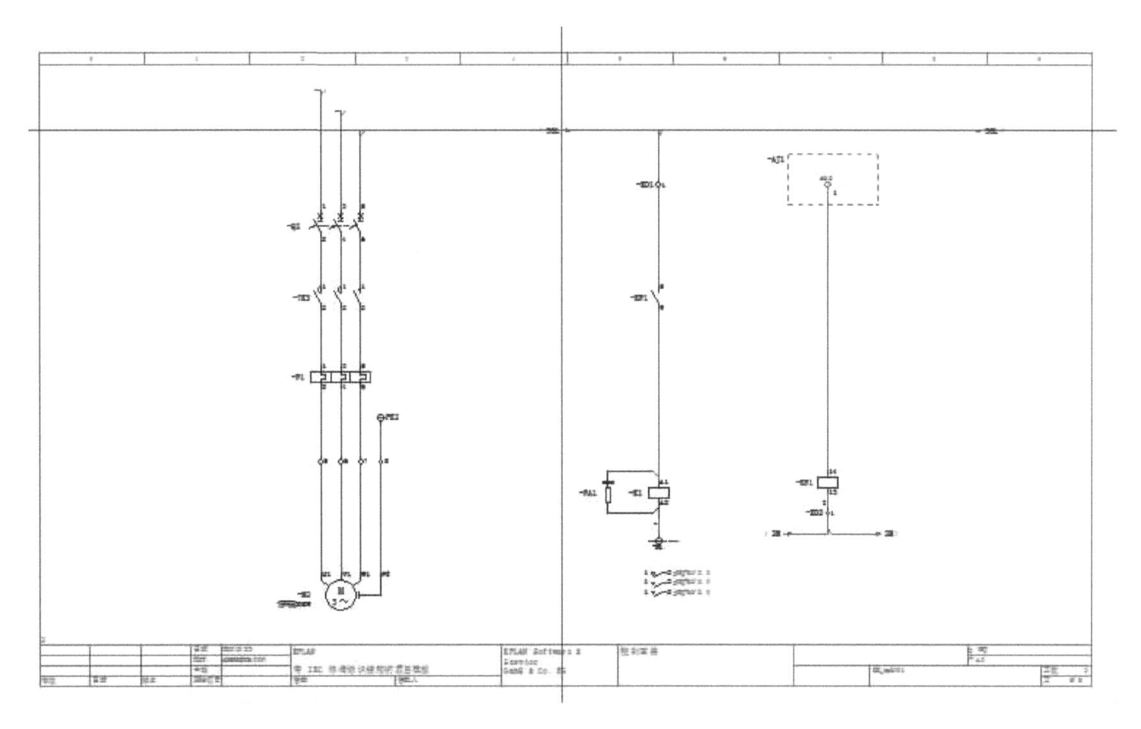

图 7-100　插入不同宏变量

宏值集需要使用特殊符号来标识，即占位符对象。在 2.8 节中讲述“占位符”内容时已有介绍“占位符对象”的使用。

首先在工具栏中单击 按钮，关闭“设计模式”。选择【插入】>【占位符对象】命令，鼠标上附系着类似于“锚”的占位符对象符号，然后框选宏电路，如图 7-101 所示。

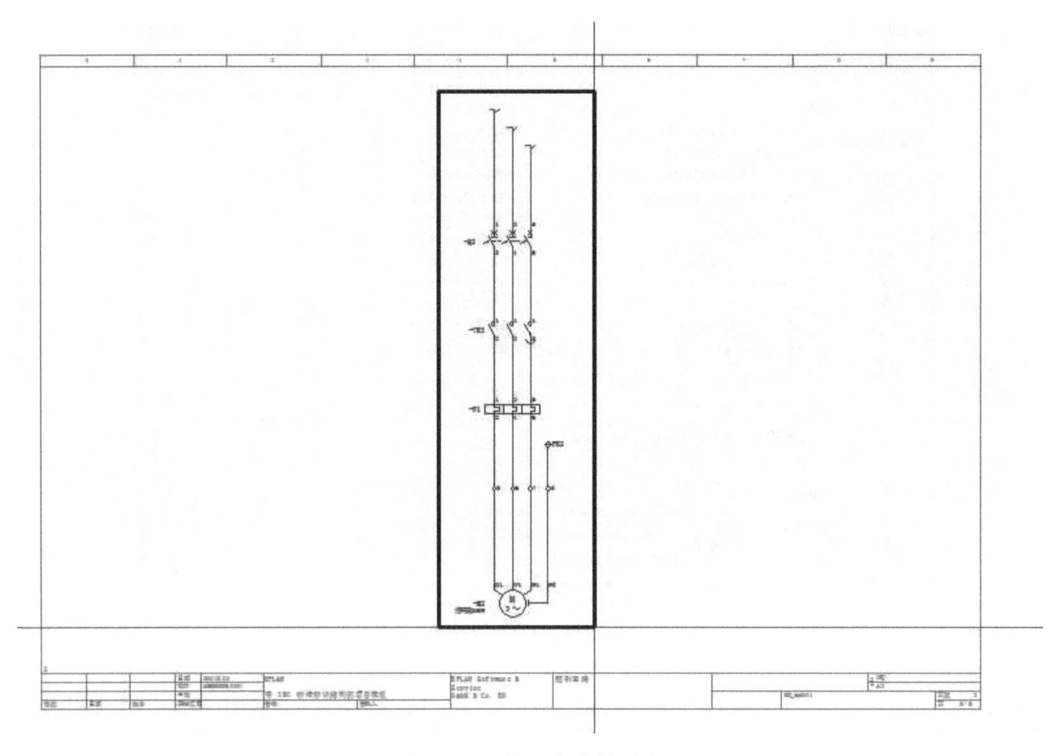

图 7-101　插入占位符对象

在弹出的“占位符对象”界面中，定义占位符对象名称为“电机主回路”，如图 7-102 所示。

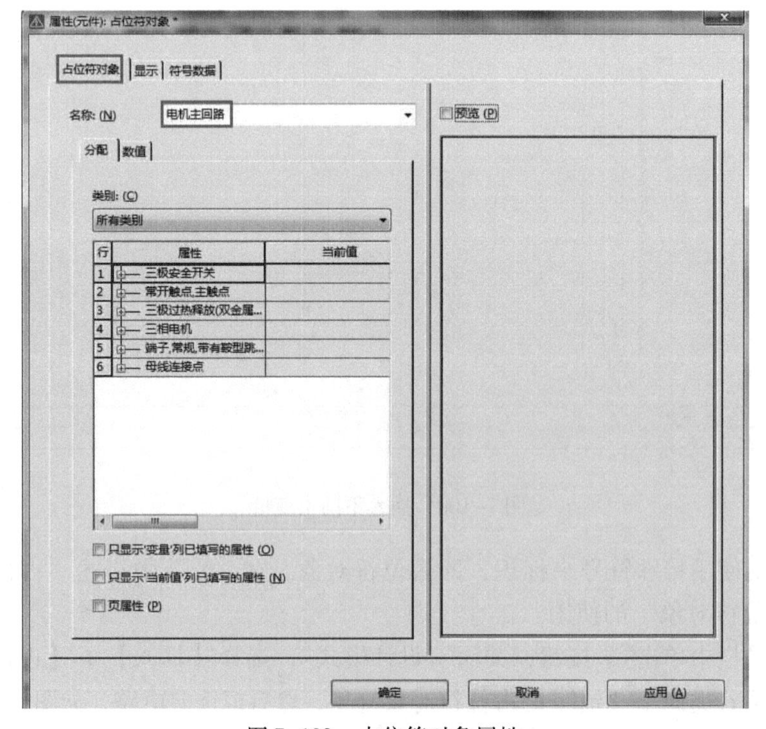

图 7-102　占位符对象属性

在“属性（元件）：占位符对象”界面的“数值”栏中，鼠标右键选择“新值集”选项，创建三个“新值集”分别为 2.2 kW、7.5 kW 和 11 kW，如图 7-103 所示。

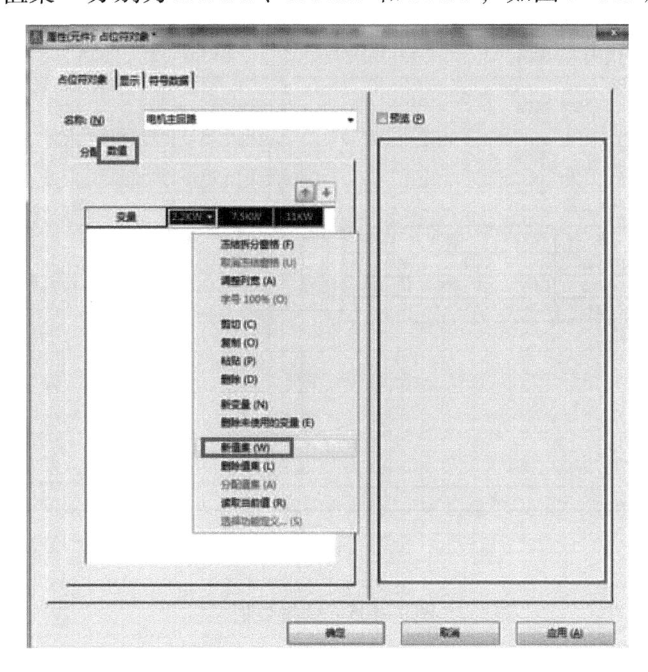

图 7-103　添加“新值集”

在“新值集”上方，选择“新变量”选项，增加 3 个变量，分别为空开、热继及电机的技术参数，如图 7-104 所示。

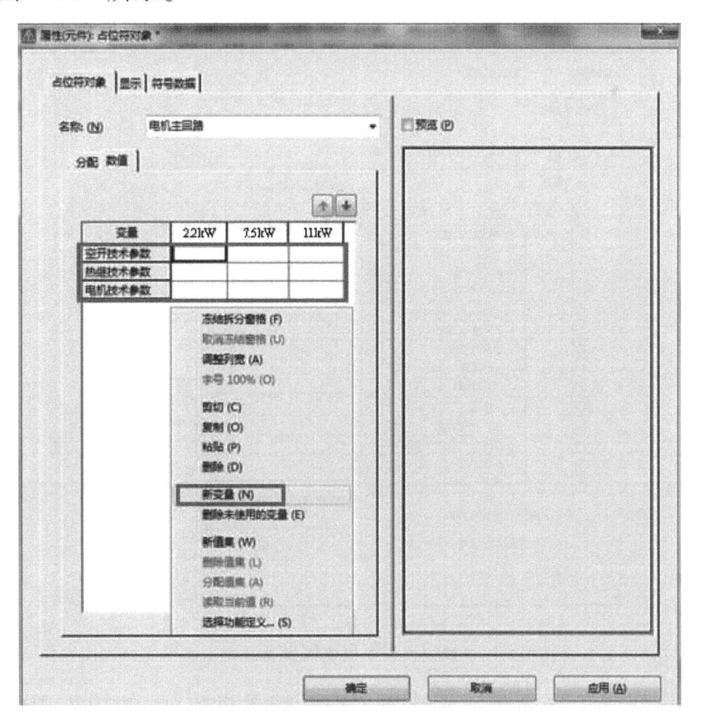

图 7-104　添加“新变量”

在不同的值集名称下，填写电机主回路各个设备的技术参数数据，如图 7-105 所示。

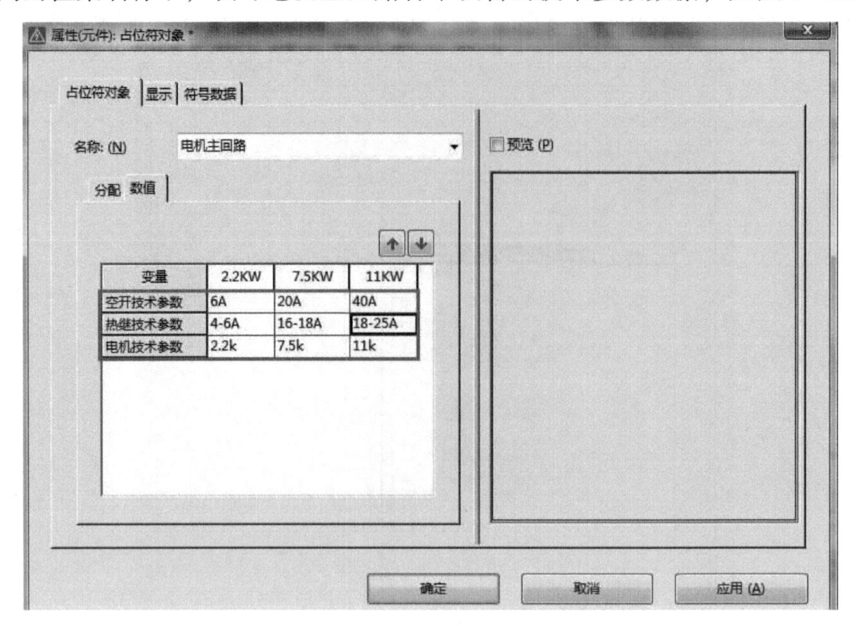

图 7-105　变量数值

在“分配”栏中找到空开、热继及电机的“技术参数”栏，在“变量”列中鼠标右键选择“选择变量”命令，如图 7-106 所示。

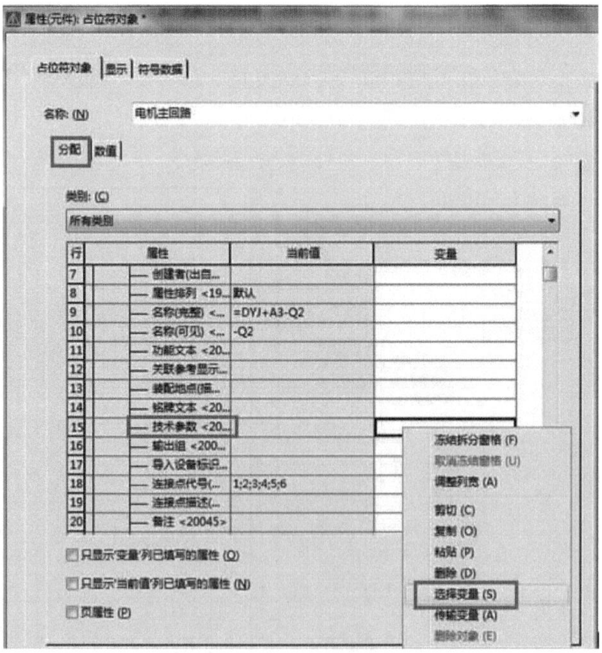

图 7-106　分配变量

在弹出的“选择变量”界面中，先选择“空开技术参数”，如图 7-107 所示。最后将热继和电机的技术参数一一进行分配。

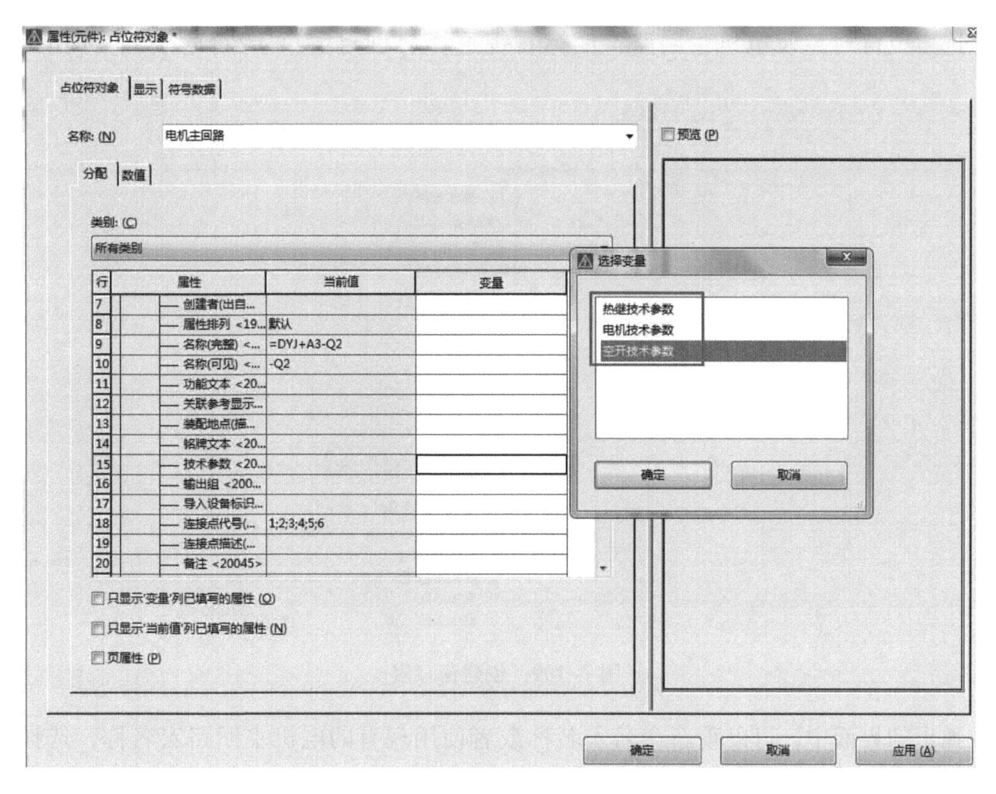

图 7-107　选择变量

分配完成之后，单击【确定】按钮，在原理图上显示占位符对象名称，如图 7-108 所示。

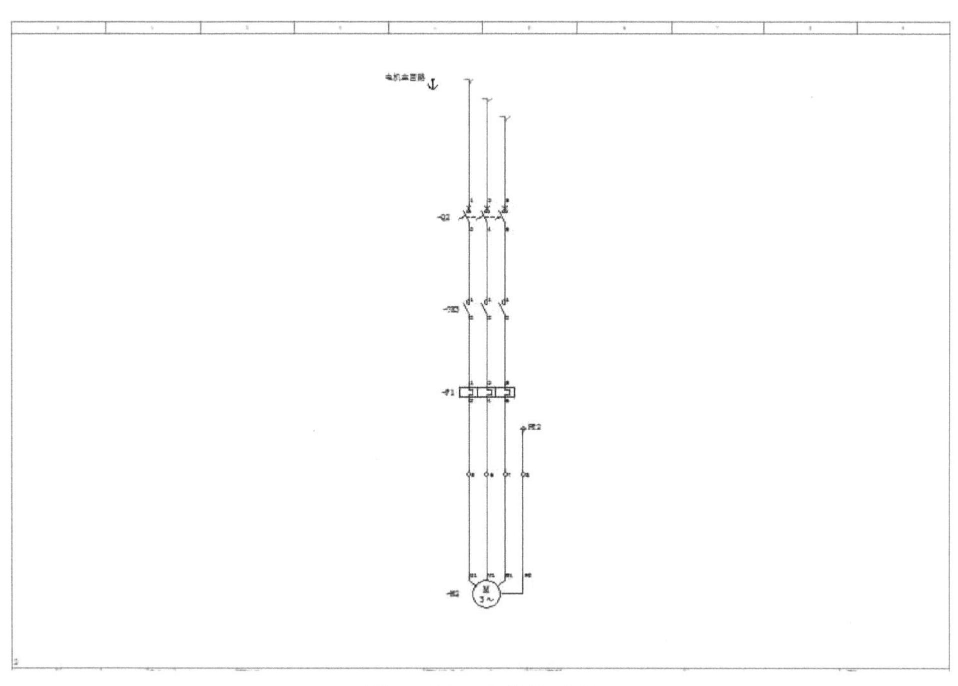

图 7-108　占位符对象

框选占位符对象及电机主回路，鼠标右键选择“创建窗口宏/符号宏”，如图 7-109 所示。

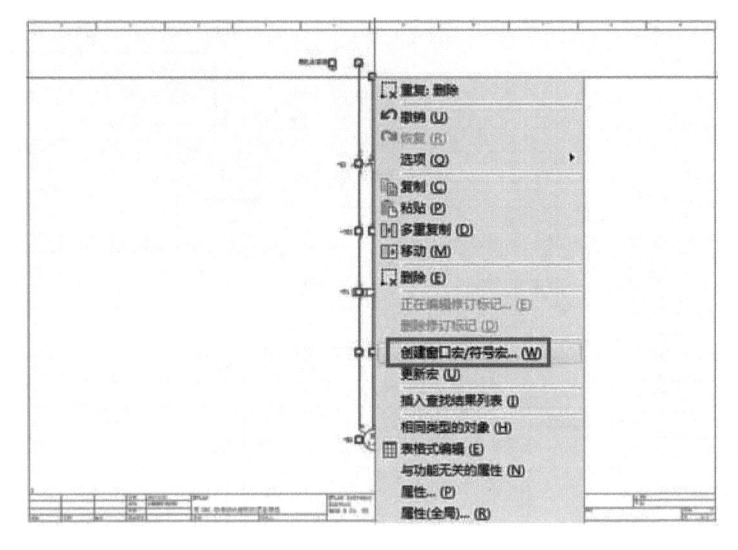

图 7-109　创建窗口宏

在弹出的界面中，可以重新命名宏名称或者使用现有的电机主回路宏名称，选择变量 D，定义基准点，如图 7-110 所示。

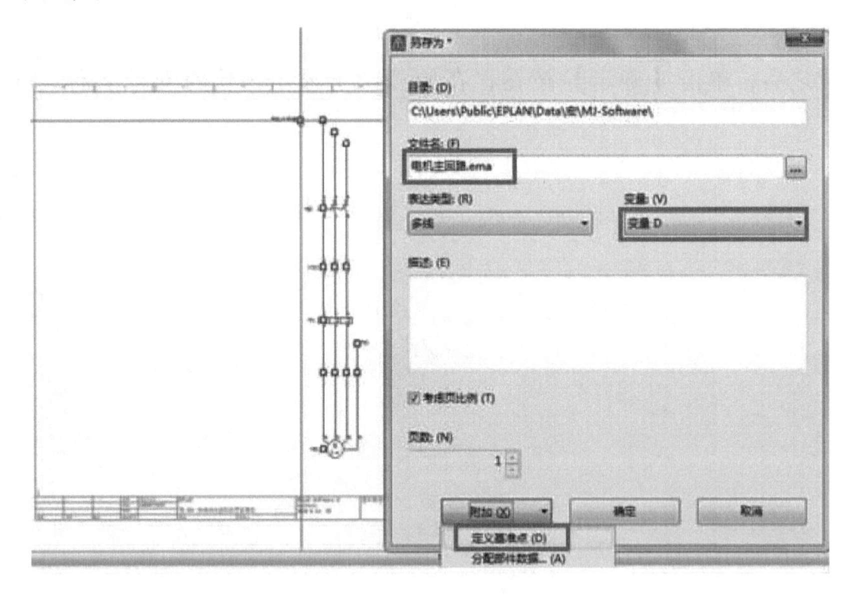

图 7-110　保存宏

定义基准点后，单击【确定】按钮。选择【插入】 > 【窗口宏/符号宏】命令，插入“电机主回路”窗口宏，按【Tab】键，切换至变量 D，放置在原理图上，在弹出的界面中选择相应的值集，如图 7-111 所示。

不同的值集下电机主回路中空开、热继所对应的技术参数也不同，如图 7-112 所示。

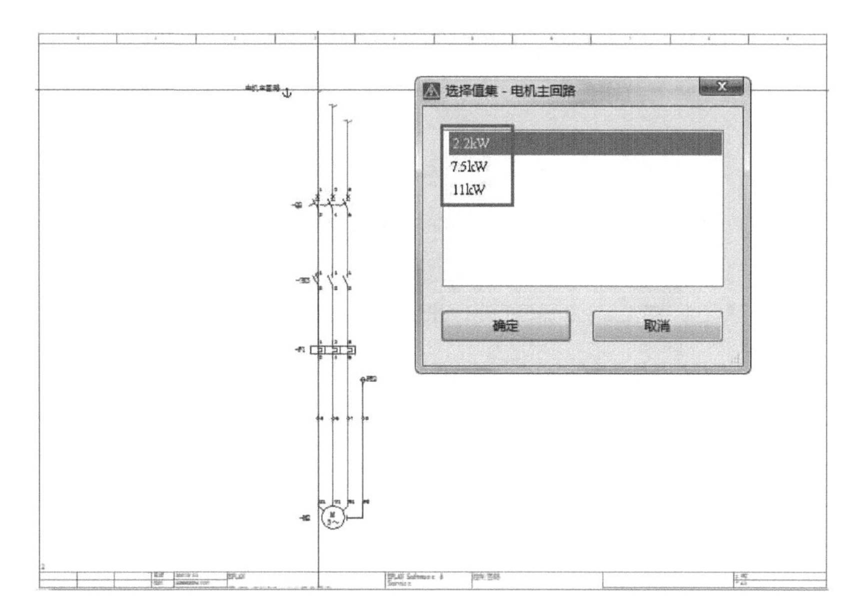

图 7-111　宏值集选择

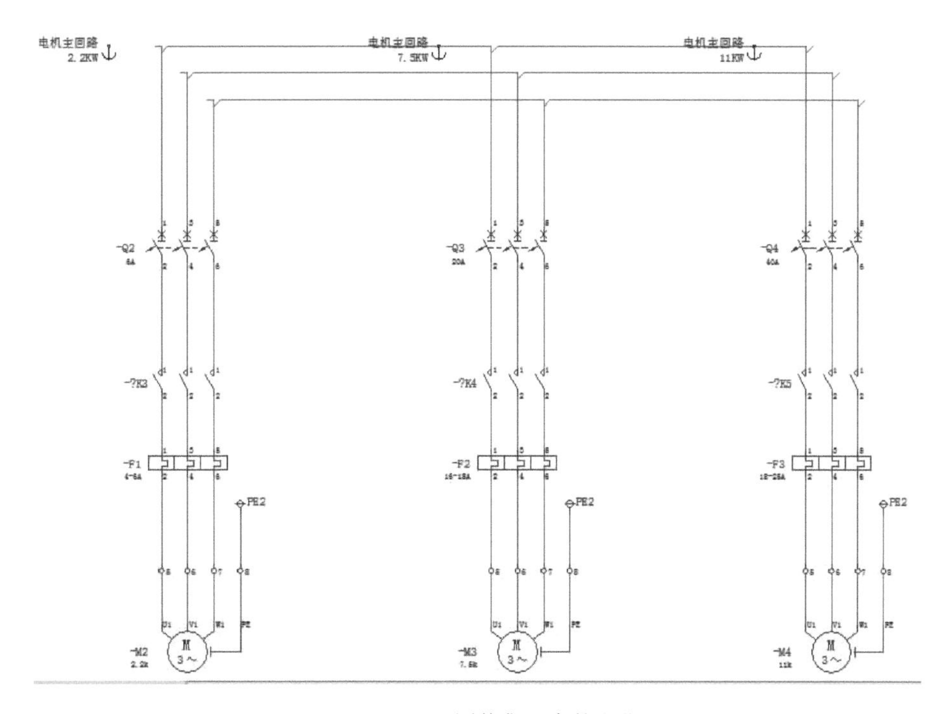

图 7-112　不同值集的参数变化

7.5.4　宏的管理及标准化

在 EPLAN 软件中通过“宏项目”来管理宏，通过宏项目可批量、快速生成宏。首先在项目属性对话框中修改“项目类型”为“宏项目”，如图 7-113 所示。

将项目类型修改为“宏项目”后，设备的“块属性”以绿色汉字形式显示出来，如图 7-114 所示。

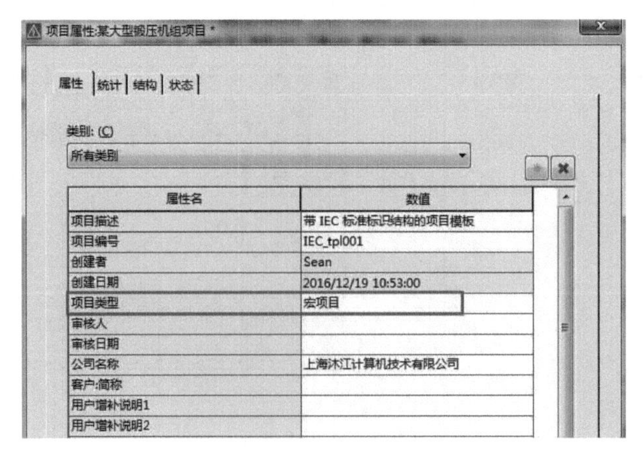

图 7-113　修改项目类型

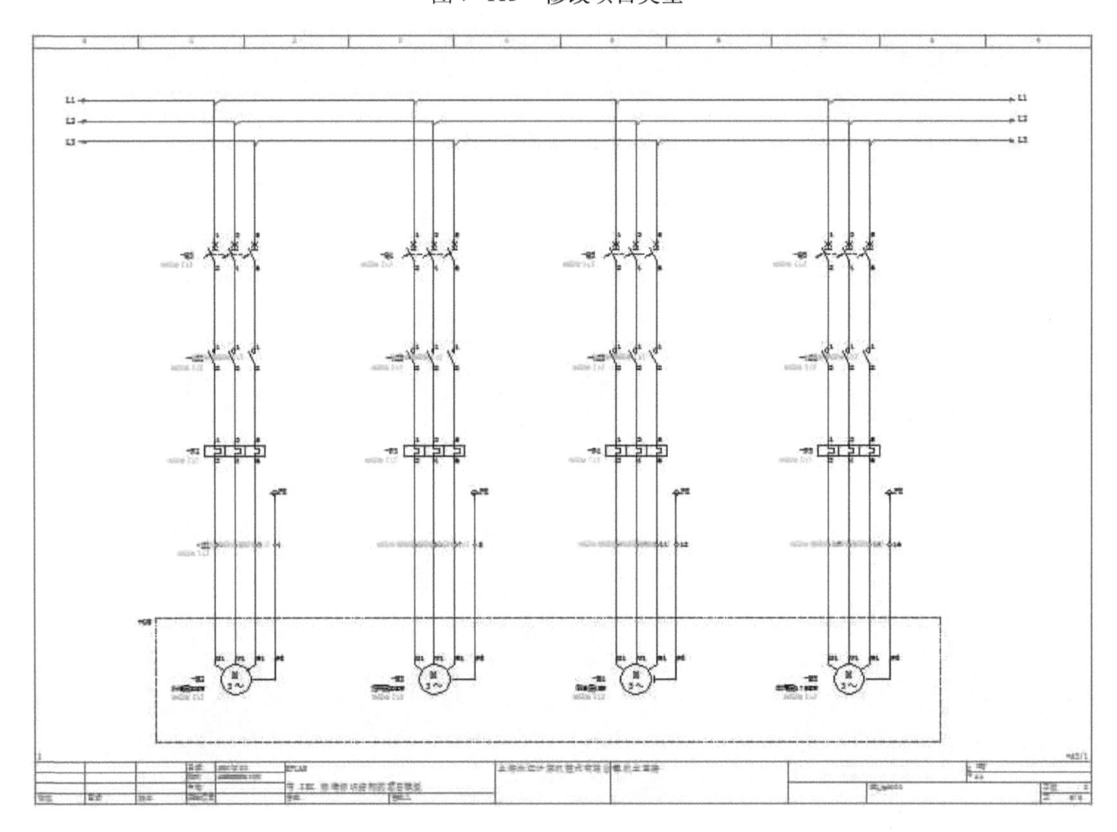

图 7-114　设备块属性

在宏项目中，通过“宏边框”给宏命名。默认情况下宏边框是隐藏的，首先需要显示宏边框，选择【选项】 >【层管理】命令，在弹出的界面中选择【符号图形】 >【宏】 >【宏边框】 >【EPLAN308】层，勾选“可见”选项，如图 7-115 所示。

在原理图中，单击工具栏中按钮，框选项目中的宏电路，在框选宏电路时要注意宏边框不能嵌套，如图 7-116 所示。

双击“宏边框”，在弹出的界面定义宏名称、表达类型、变量、版本及描述等相关信息，如图 7-117 所示。

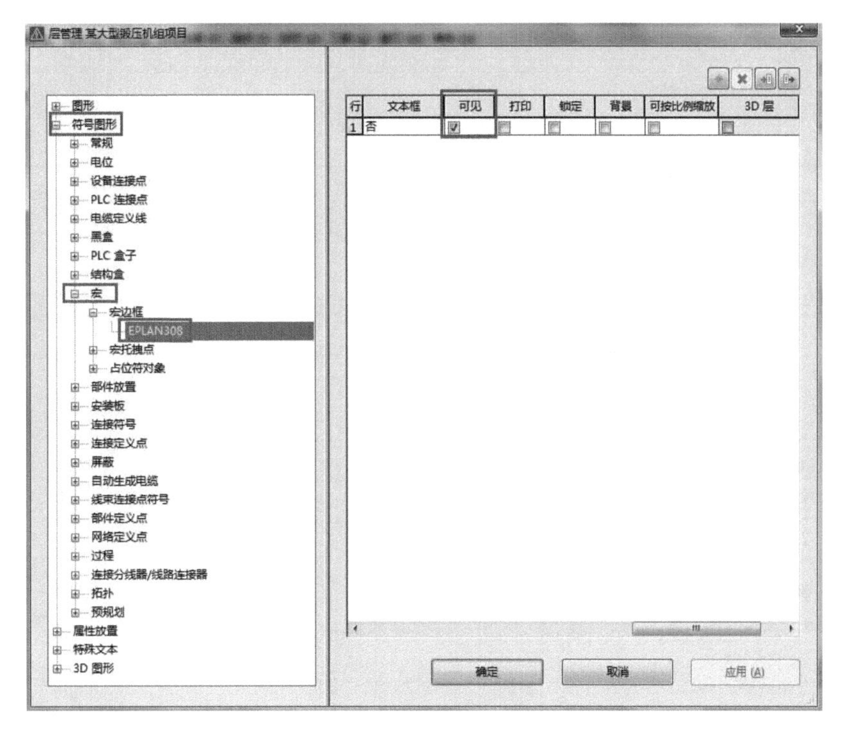

图 7-115　宏边框显示

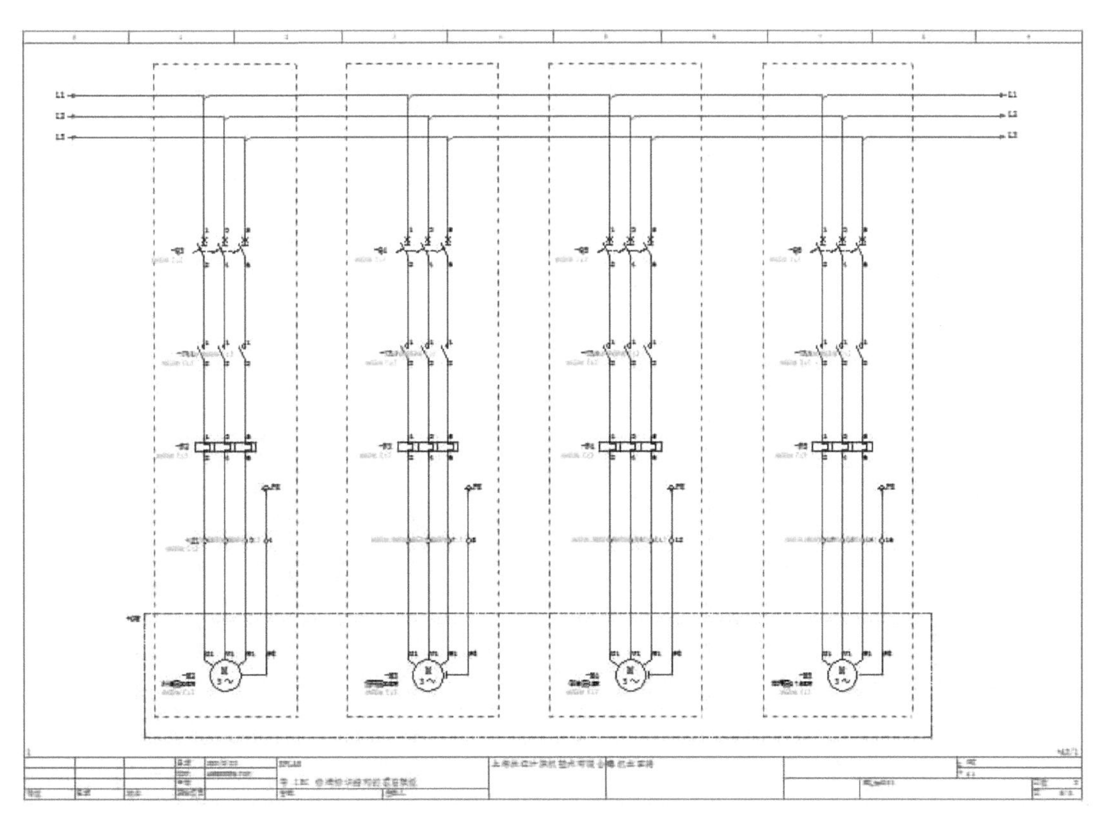

图 7-116　宏边框

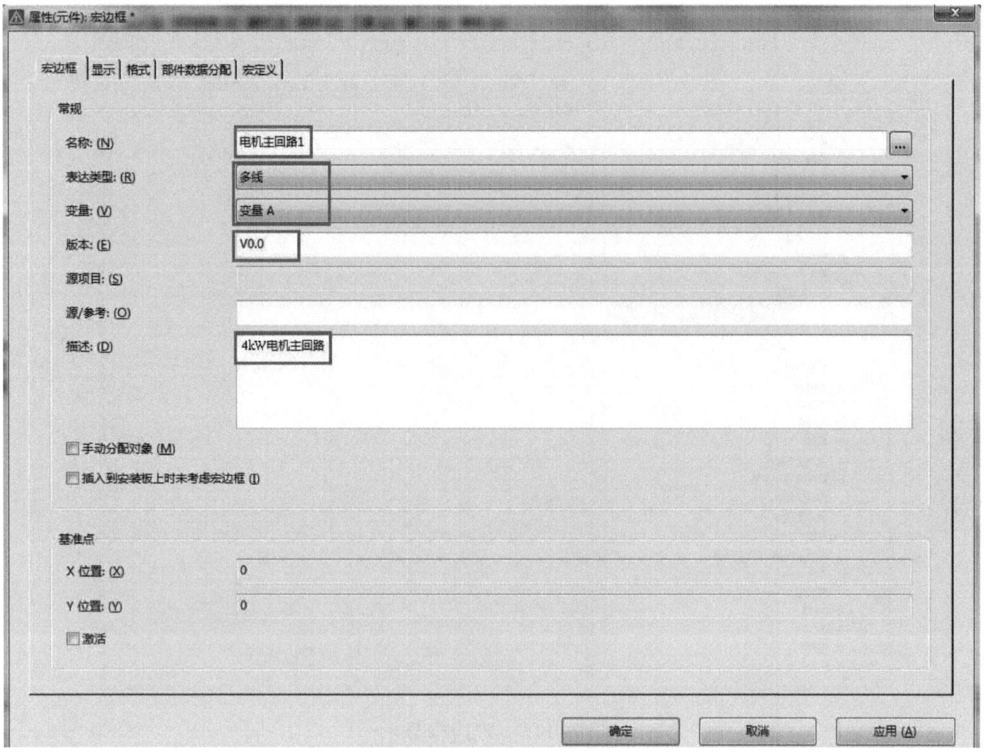

图 7-117　宏边框属性

将其余的“宏边框”按照此方法进行设置，设置完成后，选择【项目数据】>【宏】>【自动生成】命令，如图 7-118 所示。

在弹出的“自动生成宏”界面中，单击【是】按钮，一键生成宏项目中“宏边框”框选的宏电路，如图 7-119 所示。

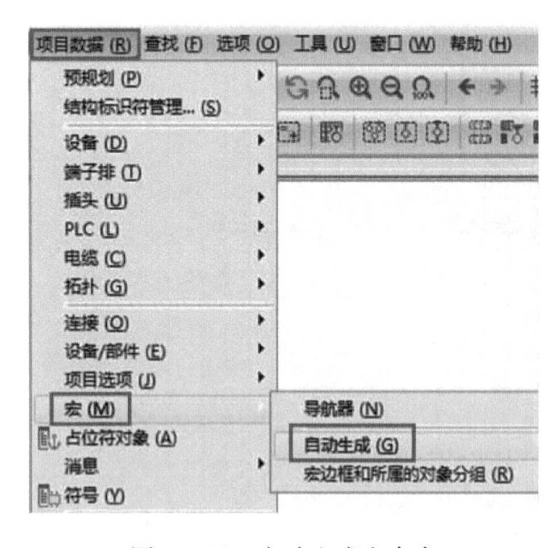

图 7-118　自动生成宏命令

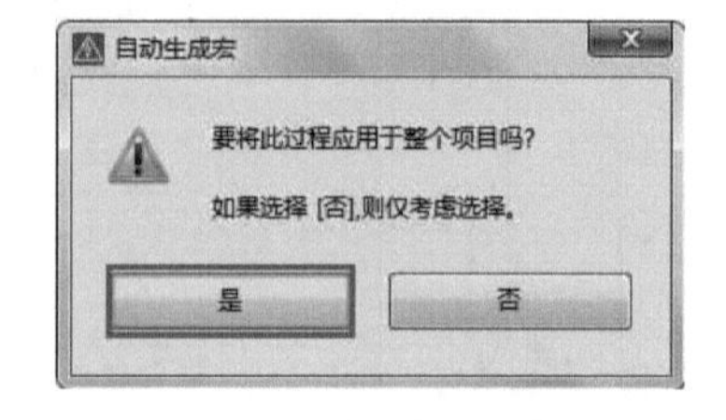

图 7-119　自动生成宏界面

在插入窗口宏时，在宏文件夹下可以看到批量生成的窗口宏，如图 7-120 所示。

在宏项目中通过“宏边框”对项目中的标准电路进行宏的批量创建，在后期管理中通

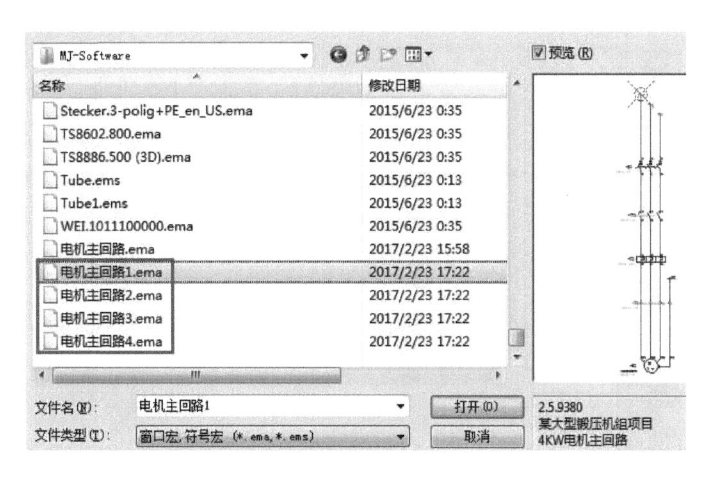

图 7-120　批量生成宏

过查看宏的版本及描述信息，对宏进行标准化管理。另外，在宏边框属性中可以通过其他选项卡数据对宏进行更细致的定义和管理。

7.6　生成报表

完成项目原理图设计之后，选择【工具】>【报表】>【生成】命令，在“报表”界面中单击“模板”选项卡，新建各类报表，如图 7-121 所示。

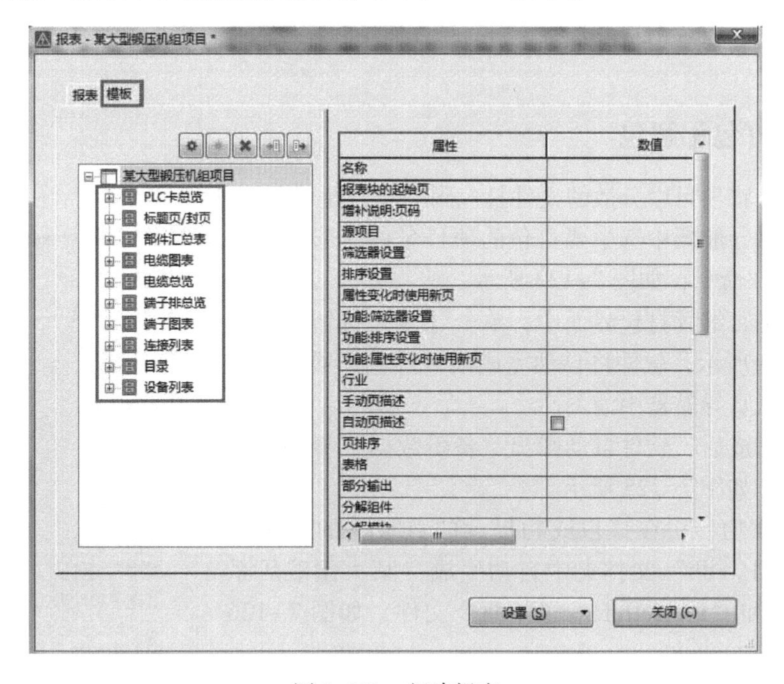

图 7-121　新建报表

新建完成后，选择【工具】>【报表】>【生成项目报表】命令，一键生成“模板”中加载的所有报表，如图 7-122 所示。

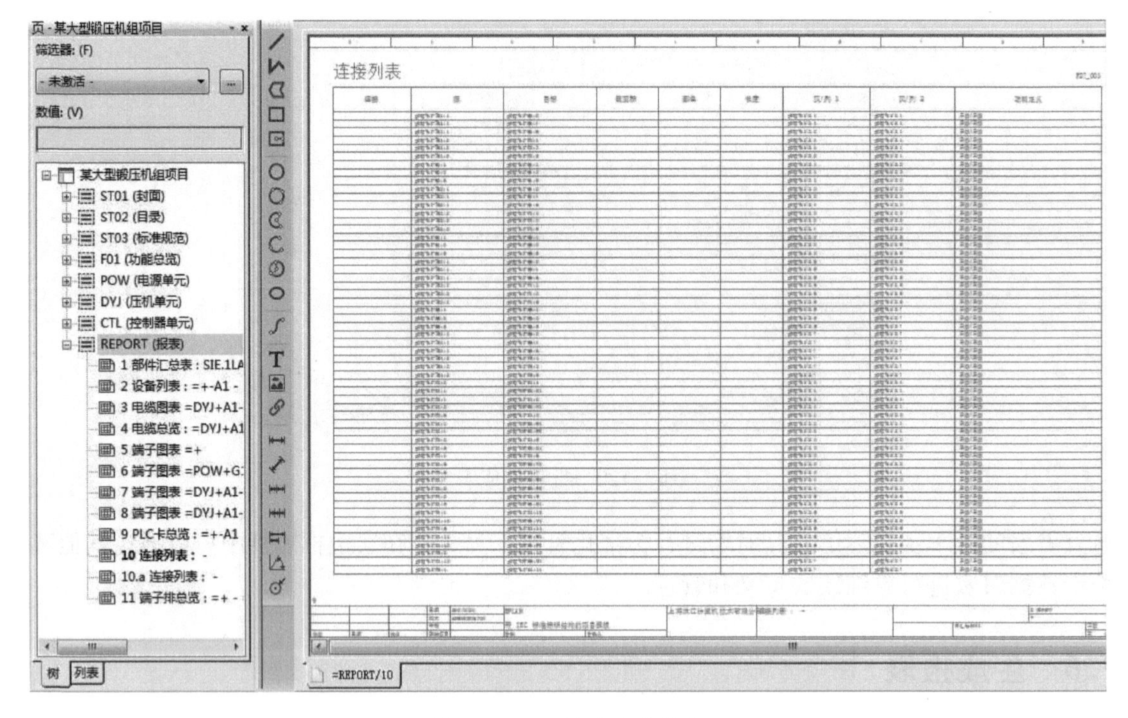

图 7-122　一键式生成报表

7.7　项目导入/导出

7.7.1　项目打包和解包

项目打包是将项目中分散的文件打包到一起，便于压缩项目存储空间，一般应用于项目归档处理。在页导航器中选中要打包的项目名称，选择【项目】>【打包】命令，如图 7-123 所示。

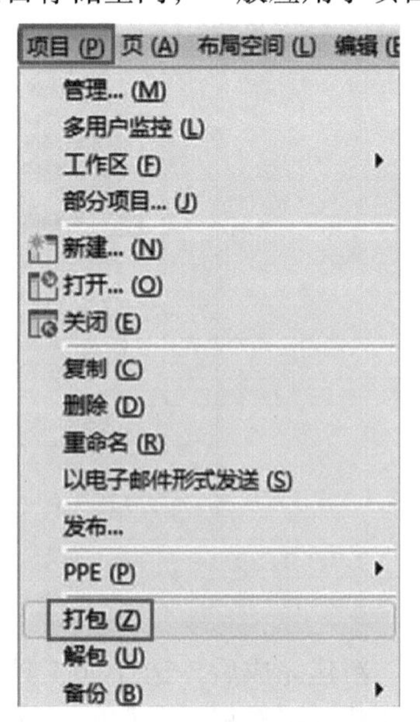

图 7-123　打包命令

在弹出的是否继续打包界面中，单击【是】按钮确定打包，如图 7-124 所示，软件将自动完成项目打包。项目打包完成后，项目从页导航器中消失。

项目打包完成后，软件自动弹出“备份数据”界面显示项目打包成功，如图 7-125 所示。

项目打包成功后，在打包成功提示的目录下的“某大型锻压系统项目 . edb”文件夹中自动生成“某大型锻压系统项目 . zw0”和“ProjectInfo. xml”两个文件，如图 7-126 所示。

项目解包与打包是一对可逆功能，通过“解包”功能将项目解压缩到软件中。选择【项目】>【解包】命令，如图 7-127 所示。在弹出的界面中，选择一个打包后的项目 (∗. elp)，单击【打开】按钮，如图 7-128 所示。

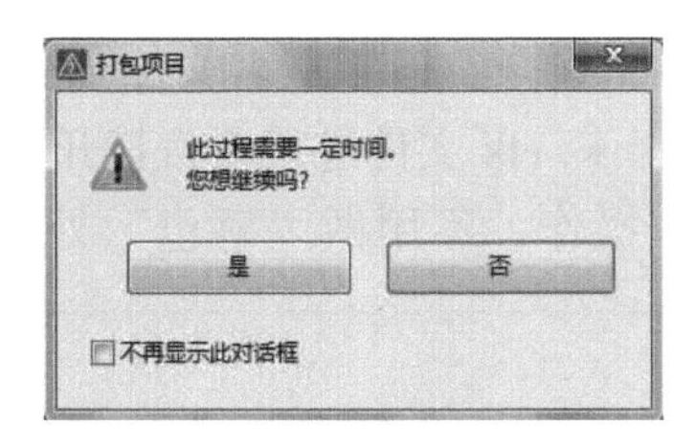

图 7-124　打包确认窗口

图 7-125　项目打包成功

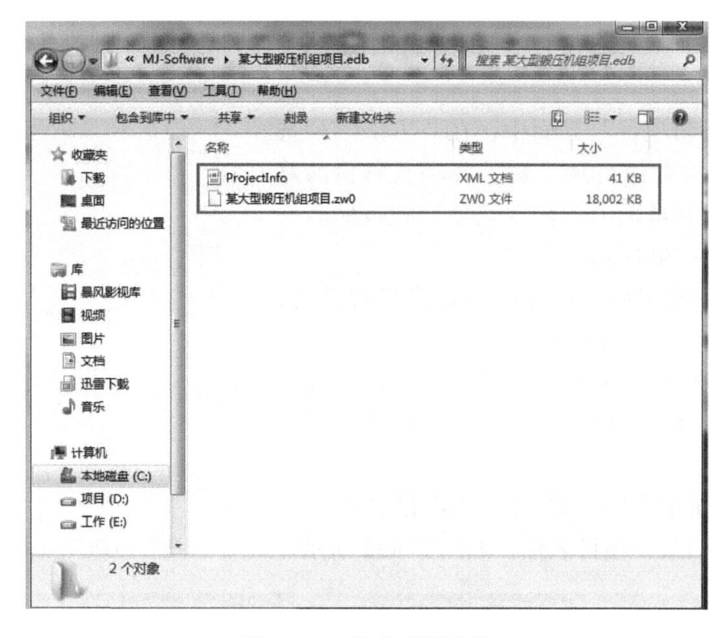

图 7-126　打包项目文件

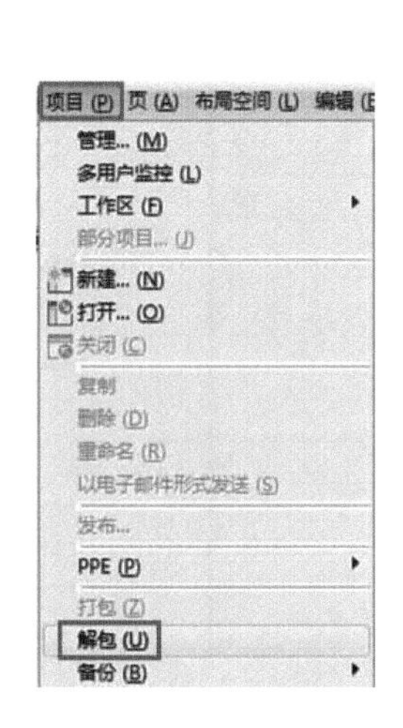

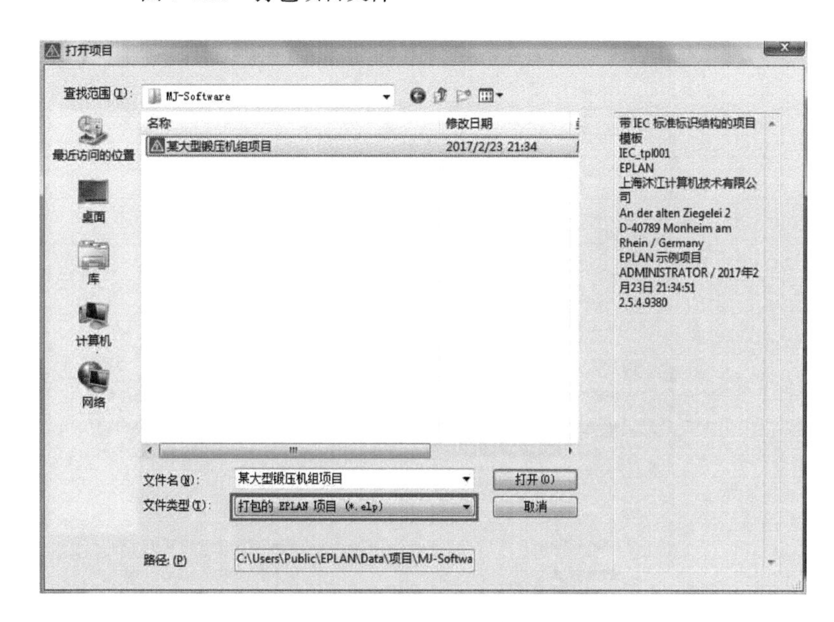

图 7-127　解包命令　　　　　　　　图 7-128　解包项目选择

项目解包之后，在页导航器中没有立刻显示项目，只是将之前 *. elp 扩展名文件转换生成一个 *. elk 文件，选择【项目】 >【打开】命令，然后选择 *. elk 文件进行项目打开。

另外，也可以直接将打包项目进行【项目】 >【打开】操作，不用做“解包”处理，项目“打开”后，直接显示在页导航器中。

7.7.2 项目备份和恢复

项目备份是为了工程师在设计阶段相互间沟通方便，将项目以 *. zw1 后缀名文件进行另存。选择【项目】 >【备份】 >【项目】命令，如图 7-129 所示。

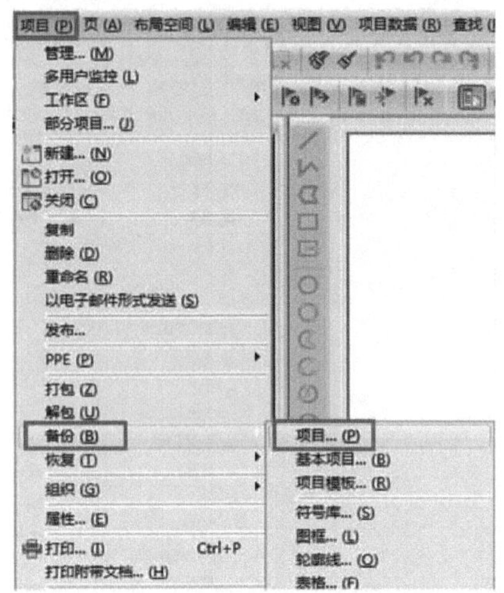

图 7-129 项目备份命令

在弹出的“备份项目”界面中，在“方法”栏选择“另存为”；在“备份目录”栏选择项目备份的路径，一般可以放置在桌面上；在“选项”栏按照软件默认勾选，如图 7-130 所示。

单击【确定】按钮后，软件按照备份设置信息，自动将备份项目存放在指定路径下。

项目恢复与项目备份属于一对相对功能，选择【项目】 >【恢复】 >【项目】命令，如图 7-131 所示。

在弹出的界面中，选择要恢复的项目名称（*. zw1），设置目标目录及项目名称，如图 7-132 所示。

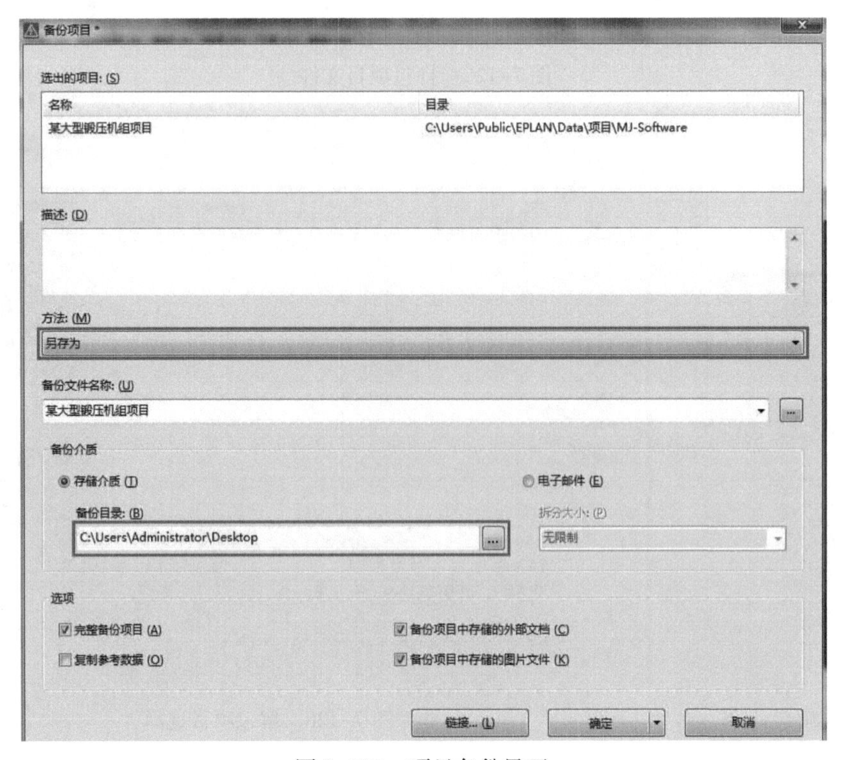

图 7-130 项目备份界面

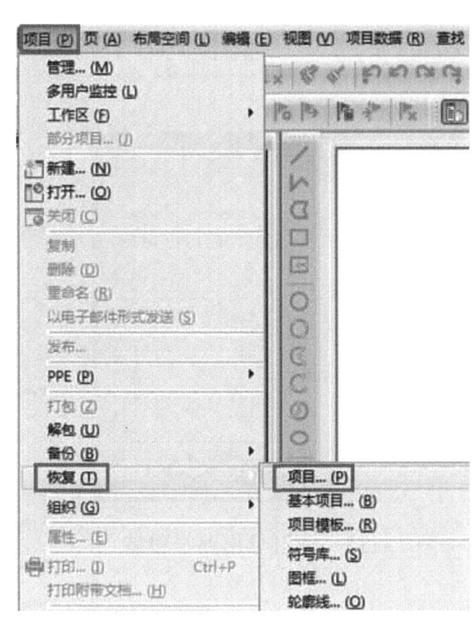

图 7-131　项目恢复命令

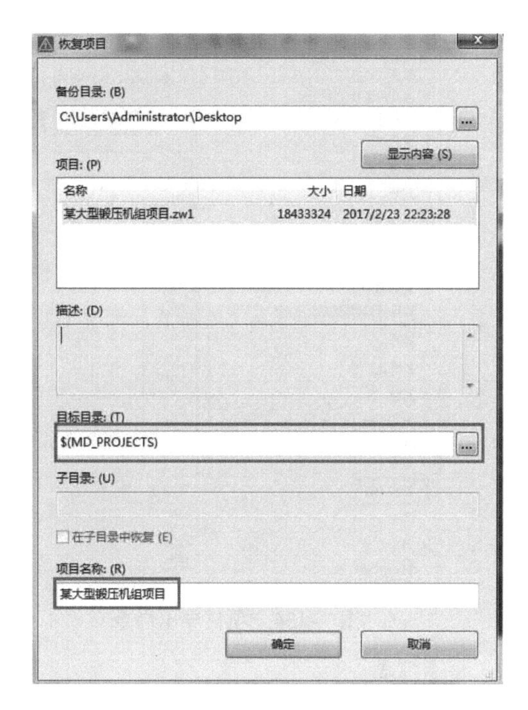

图 7-132　项目恢复设置

单击【确定】按钮后，软件自动将项目恢复到设置目录下，弹出恢复成功界面，并在页导航器中打开恢复的项目，如图 7-133 所示。

图 7-133　项目成功恢复

7.7.3　项目导入和导出

软件将整个项目导入/导出为 XML 格式文件。选择【项目】>【组织】>【导出】命令，如图 7-134 所示。

在弹出的“项目导出至”界面中，选择项目导出的路径，可以选择导出至桌面，如图 7-135 所示。

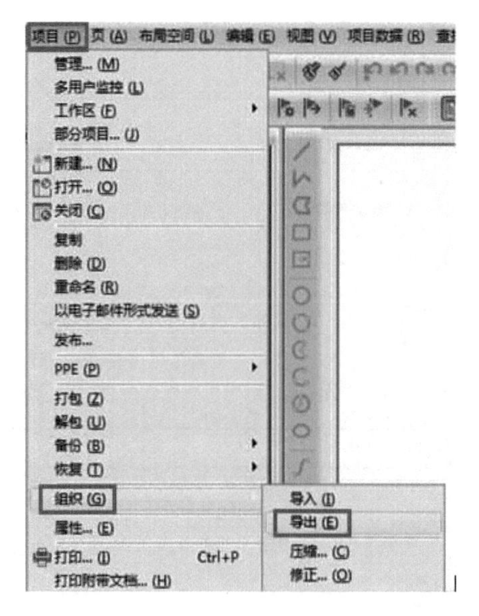

图 7-134　项目导出命令

图 7-135　项目导出路径设置

导出路径设置完成后，单击【确定】按钮，在桌面生成一个“某大型锻压系统项目 . epj”文件，如图 7-136 所示。

图 7-136　项目导出文件

项目导入与项目导出也属于一对可逆功能，选择【项目】>【组织】>【导入】命令，如图 7-137 所示。

在弹出的界面中选择并打开要导入的 *. epj 文件，在弹出的“XML 项目”对话框中勾选“同步部件”项目，定义“目标项目”名称，如图 7-138 所示。

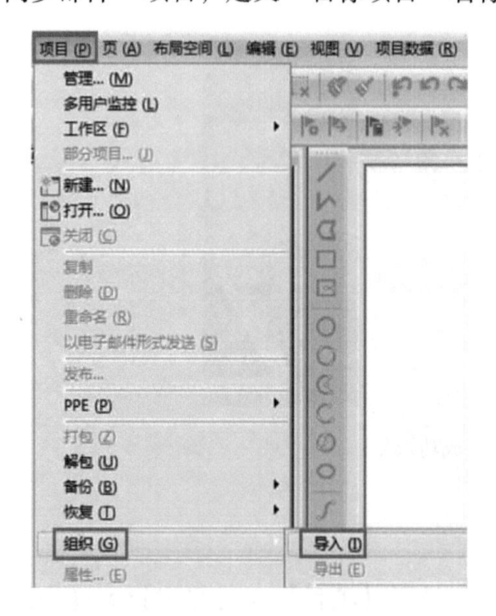

图 7-137　项目导入命令

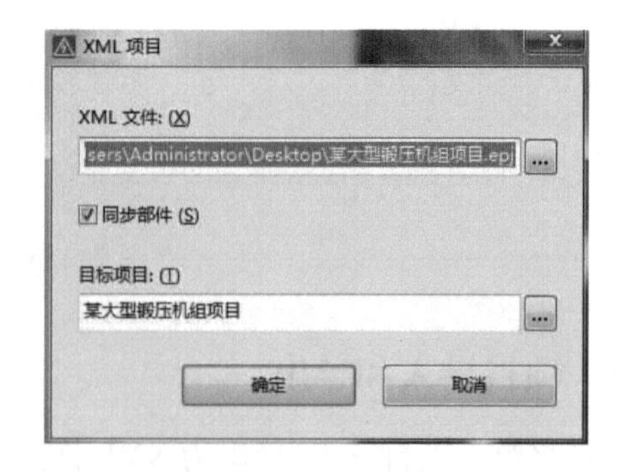

图 7-138　项目导入

单击【确定】按钮，项目被导入软件中。与项目解包类似，导入后的项目并没有在页导航器中显示，需要进行打开操作。

7.7.4 DXF/DWG 文件导入和导出

在项目设计过程中，为了便于项目设计和与 CAD 用户沟通，可以将 CAD 格式的文件导入软件中，例如，系统功能总览图或 2D 安装板布局图符号等其他图形元素。

选择【页】>【导入】>【DXF/DWG】命令，如图 7-139 所示。

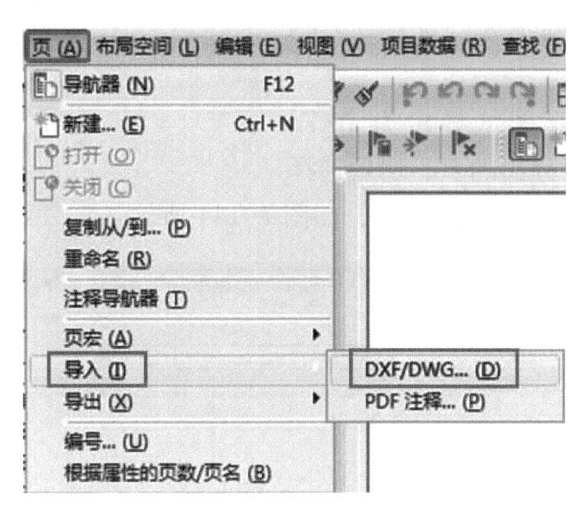

图 7-139 DXF/DWG 导入命令

在弹出的“DXF/DWG 文件选择”窗口中，选择要导入的 CAD 文件，勾选“预览”选项，如图 7-140 所示。

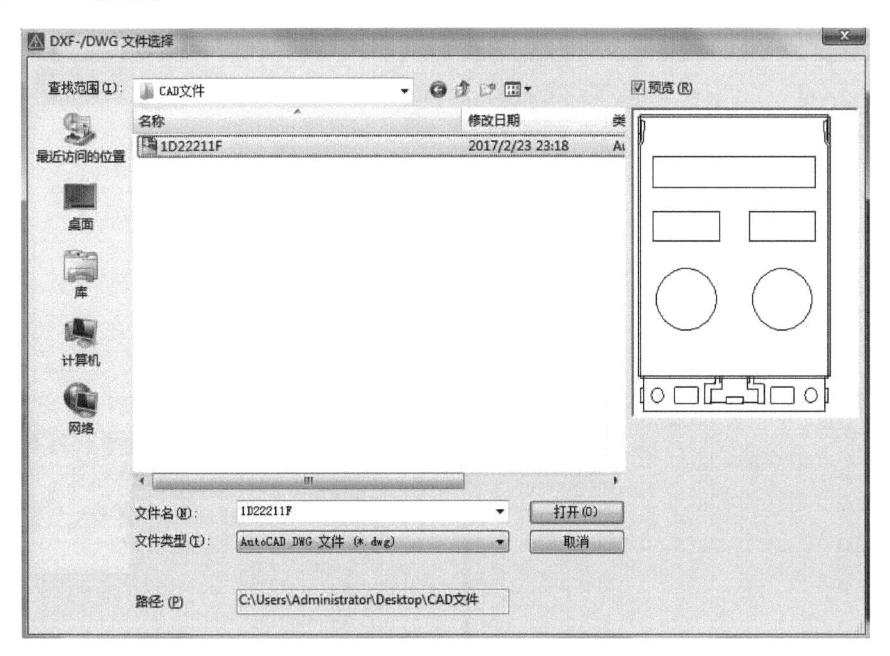

图 7-140 DXF/DWG 文件选择

单击【打开】按钮，弹出“DXF/DWG 导入”界面，在配置栏选择“默认”，如图 7-141 所示。

单击【确定】按钮，弹出“指定页面”对话框，配置导入文件的页结构及页名，如图 7-142 所示。

配置完成后，单击【确定】按钮，弹出“导入格式化”界面，设置水平和垂直缩放比例及导入文件的宽度和高度数据，如图 7-143 所示。

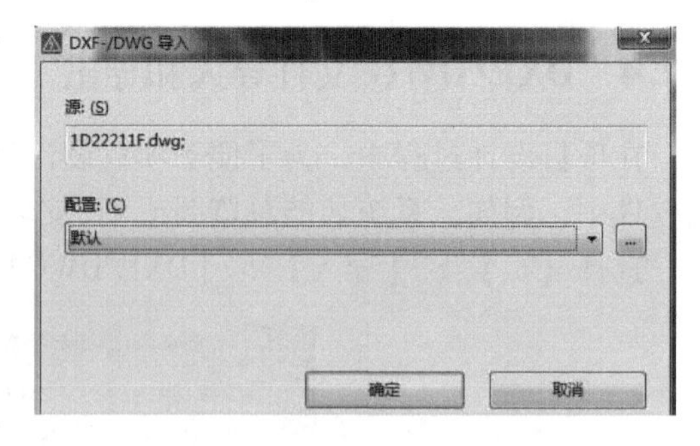

图 7-141　DXF/DWG 导入配置

将项目中单页或多页图纸导出为 DXF/DWG 文件时，首先选中要导出的页，然后选择【页】>【导出】>【DXF/DWG】命令，如图 7-144 所示。

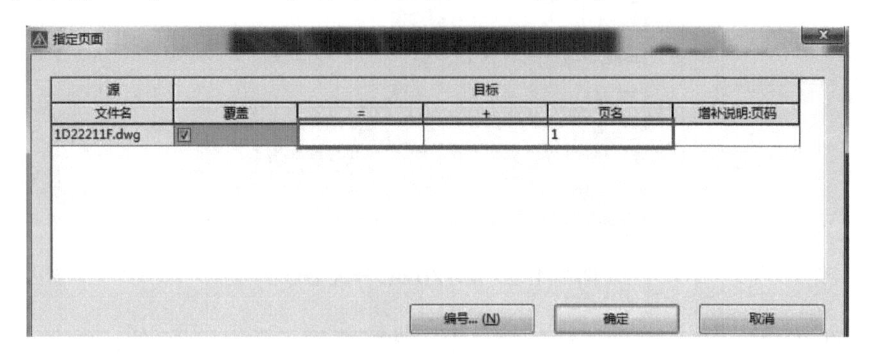

图 7-142　配置导入文件页结构

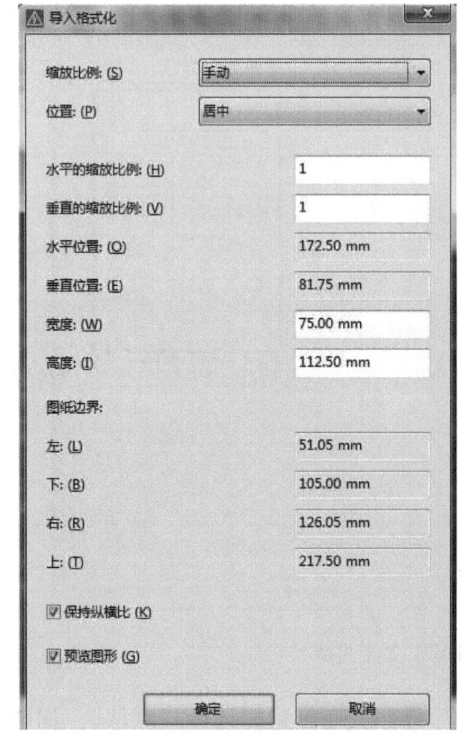

图 7-143　导入格式设置

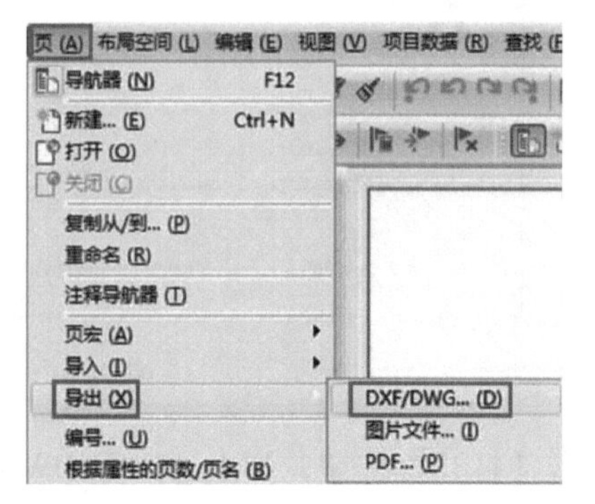

图 7-144　DXF/DWG 导出命令

在弹出的“DXF/DWG 导出”界面中，设置导出路径和文件名。如果勾选“应用到整个项目”则导出整个项目图纸；如果未勾选，则只导出选中的图纸，如图 7-145 所示。

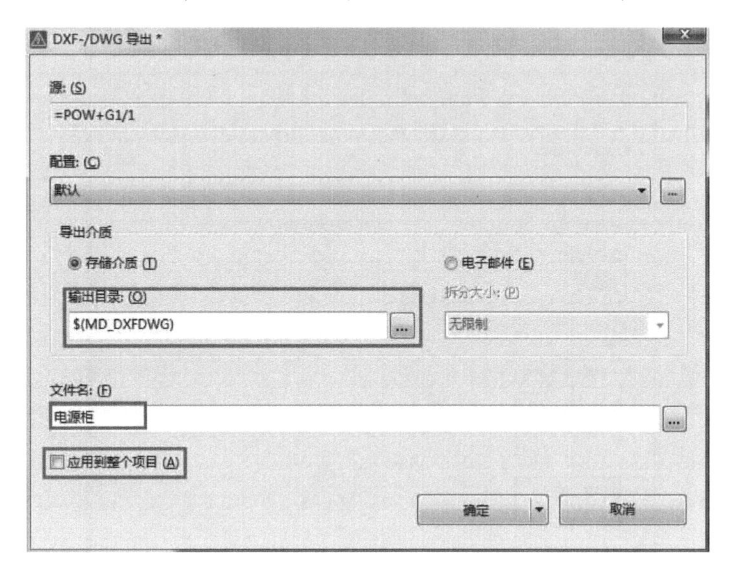

图 7-145　DXF/DWG 导出配置

单击【确定】按钮，软件自动将图纸导出到设置的路径中。

7.7.5　PDF 文件导入和导出

用 EPLAN 软件设计完成项目后，将图纸传给没有安装 EPLAN 软件的人员时，可以将项目图纸导出为 PDF 格式，其他人员在 PDF 文件中可以添加修改注释信息，然后将修改后的 PDF 回传给设计人员。设计人员将添加注释的 PDF 文件导入项目图纸中，可以非常方便地查看到需要修改的内容。

选择【页】>【导出】>【PDF】命令，如图 7-146 所示。

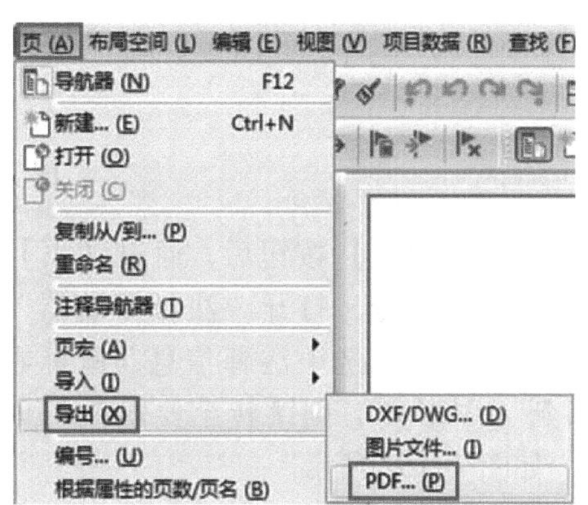

图 7-146　PDF 导出命令

在弹出的“PDF 导出”对话框中，设置 PDF 导出路径、输出文件颜色、打印边距设置及“应用到整个项目”选项，如图 7-147 所示。

为了在导出的 PDF 图纸中添加注释，需要安装 Adobe Acrobat Professional 7.0 以上版本，Adobe Acrobat Reader 带有注释功能。在导出的 PDF 图纸中添加注释，如图 7-148 所示。添加注释后，保存 PDF 文件。

保存添加注释的 PDF 文件之后，选择【页】>【导入】>【PDF 注释】命令，如图 7-149 所示。

在弹出的界面中选择添加注释的 PDF 文件，如图 7-150 所示。

选择 PDF 文件后，单击【打开】按钮，软件自动将 PDF 中的注释内容导入 EPLAN 中，并弹出“导入 PDF 注释”对话框，显示导入的注释信息，如图 7-151 所示。

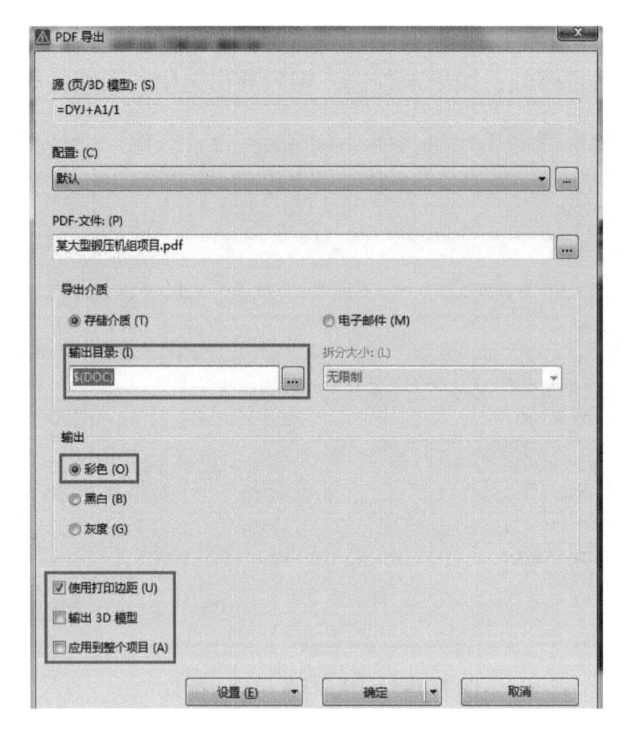

图 7-147　PDF 导出配置

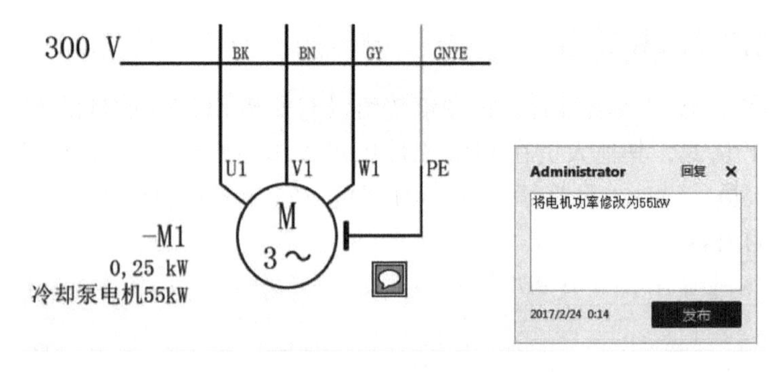

图 7-148　PDF 注释

单击【确定】按钮后，通过【页】>【注释导航器】命令，打开“注释导航器”查看导入的注释内容。选中注释信息，鼠标右键选择“转到（图形）”，则跳转至要修改的原理图纸中，如图 7-152 所示。

双击原理图中的黄色方框，弹出“注释属性”对话框，在“状态”栏中选择对注释内容的处理，如图 7-153 所示。

选择相应的处理“状态”后，单击【确定】按钮，完成 PDF 注释的导入。

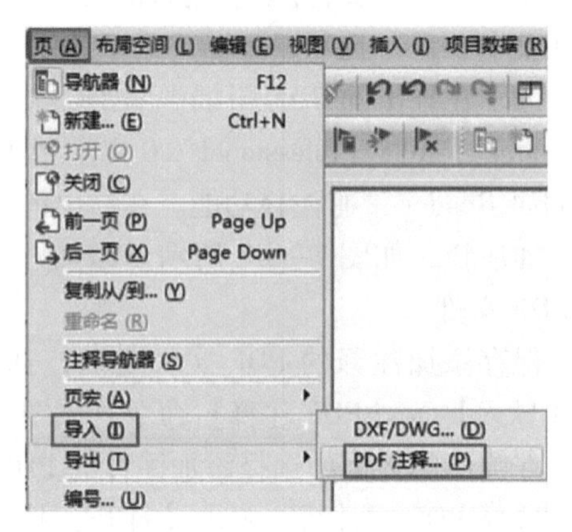

图 7-149　导入 PDF 命令

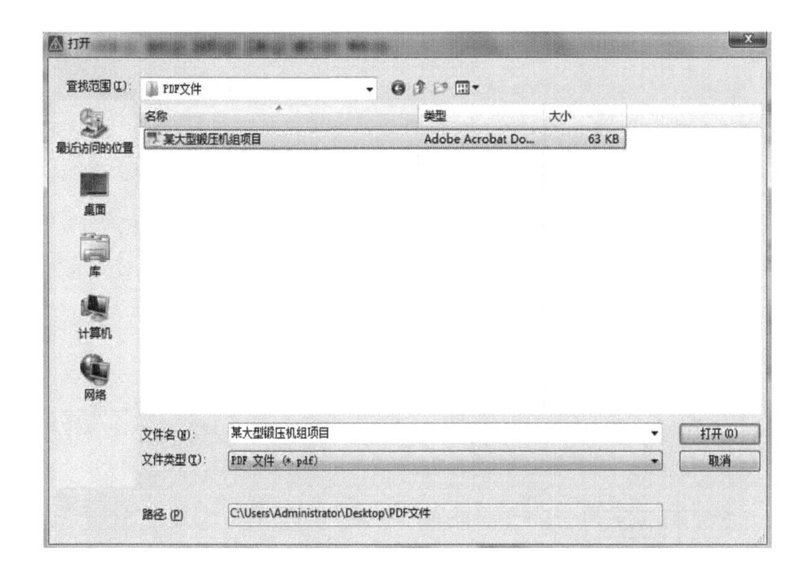

图 7-150　选择添加注释的 PDF 文件

图 7-151　导入 PDF 注释信息

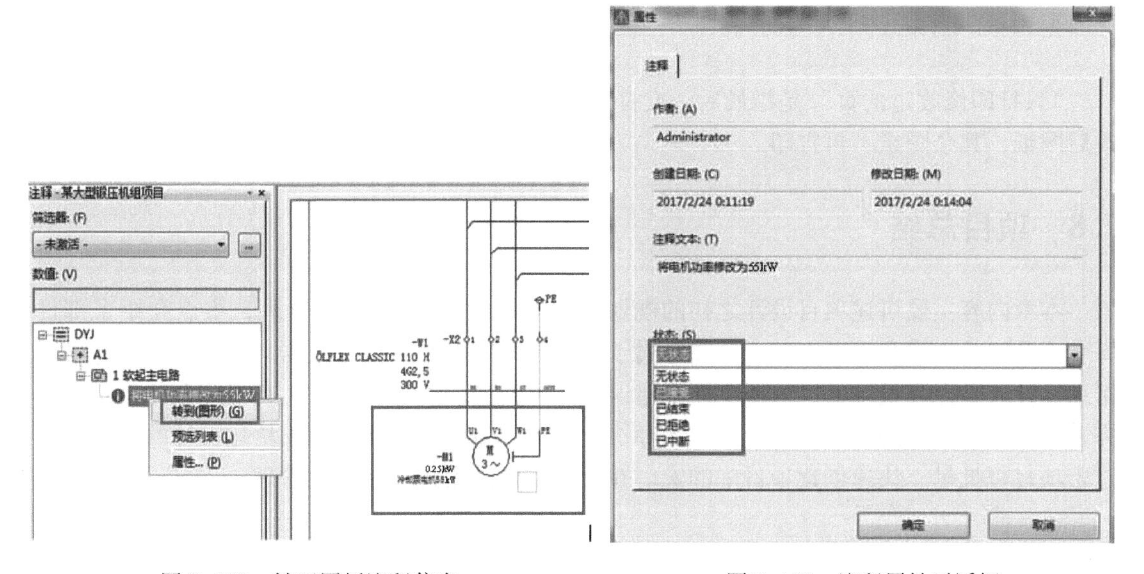

图 7-152　转至图纸注释信息

图 7-153　注释属性对话框

7.7.6　项目打印

项目图纸打印可以通过导出 PDF 方式打印，也可以通过 EPLAN 自身的打印功能进行打印。在页导航器中选择要打印的图纸，选择【项目】 > 【打印】命令，如图 7-154 所示。

在弹出的“打印”对话框中，选择打印机名称，设置“页范围”及打印数量，如图 7-155 所示。

在“页范围”栏下，有三个选项分别是当前页、标记和整个项目。

面向对象设计时，在页导航器中打开某页图纸，默认打印的是“当前页”；在页导航器中选择要打印的图纸后，在打印属性中显示“标记”，单击【确定】按钮，在页导航器中再次单击要打印的图纸，即可完成打印；选择“整个项目”选项，将打印整个项目图纸。

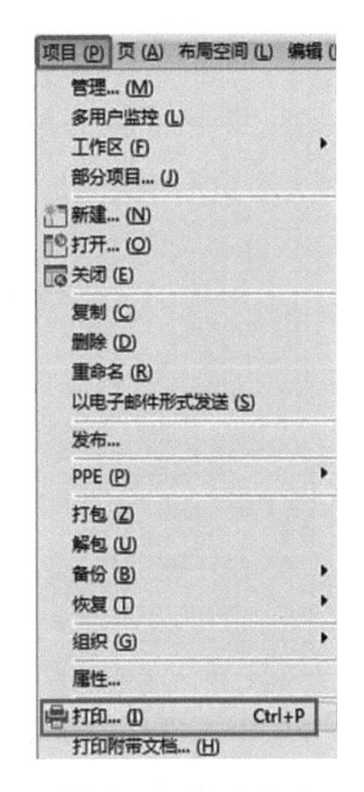

图 7-154　打印命令

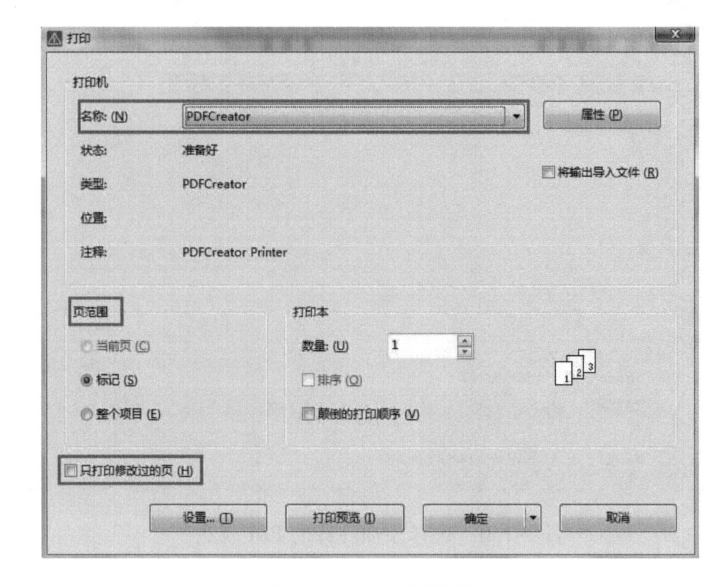

图 7-155　打印设置

“只打印修改过的页”是指最后一次打印操作后修改的图纸，如果“勾选”则只打印修改后图纸，其余图纸不再打印。

7.8　项目总结

本章内容主要讲述项目设计之初的规划及后期项目的导入/导出处理，重点介绍了部件库管理及宏的创建和管理内容。部件库属于项目设计中非常重要的数据，完善的数据库可以帮助设计人员提高设计效率，减少图纸错误，尤其是面向对象设计时，首先要做的就是建立完善的部件库。宏的应用可以帮助工程师快速完成项目图纸设计，是模块化设计的基础。通过宏项目可批量、快速创建项目中的宏，并对项目中的宏进行标准化管理。

第8章　电气项目设计方法论

很多电气工程师对于使用EPLAN总是觉得很困惑，其实掌握一个软件，如果学习方法得当，应该说不是很难的事。但是很多电气工程师实际使用它进行项目设计的时候，却是错误百出，而且即使是经过专业培训的工程师，想很高效地全方面地掌握EPLAN，似乎并不容易。那么，问题在哪里呢？

先来看看大多数的电气工程师在使用EPLAN的时候容易犯哪些错误：

第一，原有的CAD绘图习惯延续，这类使用方式就好比“马拉汽车”，比如符号的滥用，对于找不到的符号大量使用黑盒进行代替。

第二，对于项目结构没有规划。电气工程师们在设计过程中，基本上仅仅是对位置进行一定的规划，而对高层代号不做规划，这对于在EPLAN环境下进行设计是一个很大的问题，高层代号的使用是对项目进行合理规划的一个必备手段。

第三，对各种连接点的定义一知半解，这样就会让很多人在使用过程中不能正确使用电位定义点、连接定义点等。

第四，元器件的符号以及和符号相关联的设备也是一个比较大的问题，比如符号的新建。

当然，这里面的问题还有很多，所以本章主要是帮助工程师学会如何能够更好地设计项目和规划项目，掌握基于EPLAN的设计思路和方法。

8.1　基础数据构建

基础数据主要是指在专业电气设计软件中需要使用的符号库、部件库、图框、线型以及各种报表表格模板和宏。在这些基础数据中，最为重要的是符号库和部件库，下面主要针对这两种基础数据进行一些讲解。

8.1.1　符号库

符号库是专业电气设计软件的核心内容之一，也是标准化的主要内容之一，因此自定义企业自己的符号库的重要性是不言而喻的。由于EPLAN已经在软件中自带了大量的基于不同标准的符号库，企业只需要定制部分符合自身要求的符号库即可。

在新建符号之前，需要先打开新建符号所在的符号库，选择【工具】>【主数据】>【符号库】>【打开】命令，如图8-1所示。

选择相应的符号库后，单击【打开】按钮，如图8-2所示。在弹出的图8-3所示的界面中单击【取消】按钮，这样就在后台打开了这个符号库。

新建符号命令如图8-4所示。

自定义符号是一个非常重要的概念，也是标准化实施的重要内容，在8.3节中再进行详细地说明和讲解。

图 8-1　打开符号库命令

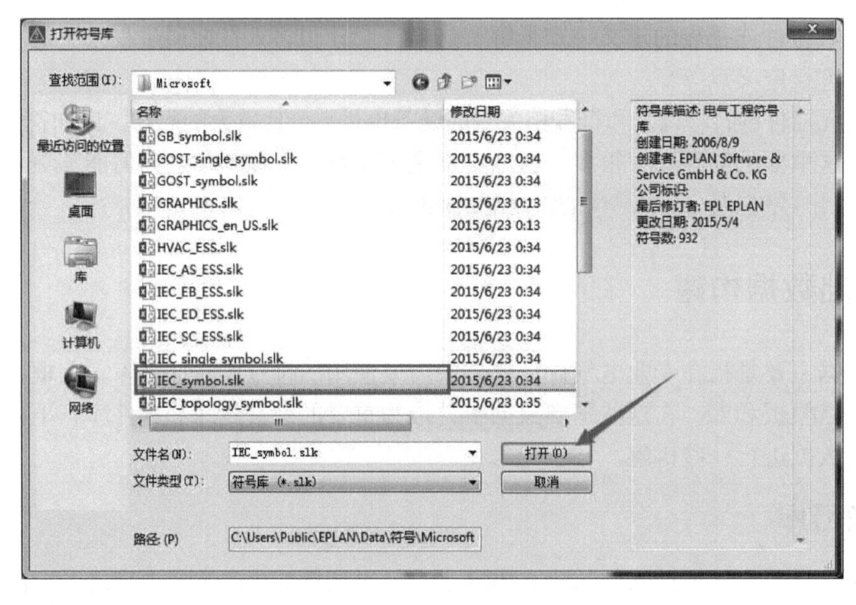

图 8-2　打开符号库

8.1.2　部件库

定制部件库有非常重要的意义，很多工程师在设计过程中，不去定制部件库信息，而是插入符号的时候在符号的一些属性里将部件的相关信息填进去，这样做仅仅能够应急一时，只能在图纸上有所体现，但是部件 BOM（物料清单）中是没有相关信息的，而且对于电气设计的整体平台来说是非常不利的。毕竟每一次都要去填写相关的部件信息，对于工程师来说工作量是比较大的，尤其是多人同时使用同一个数据库时这一弊端就体现得非常明显，并且无法生成 BOM，所以在设计一个电气项目之前，最好是将整个项目中所有的部件在部件

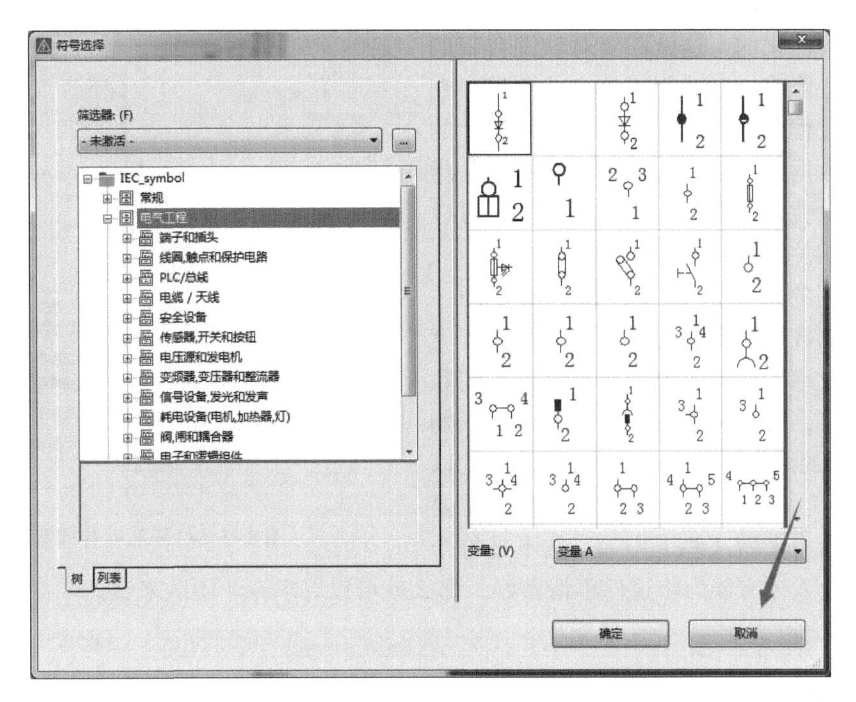

图 8-3　新建符号

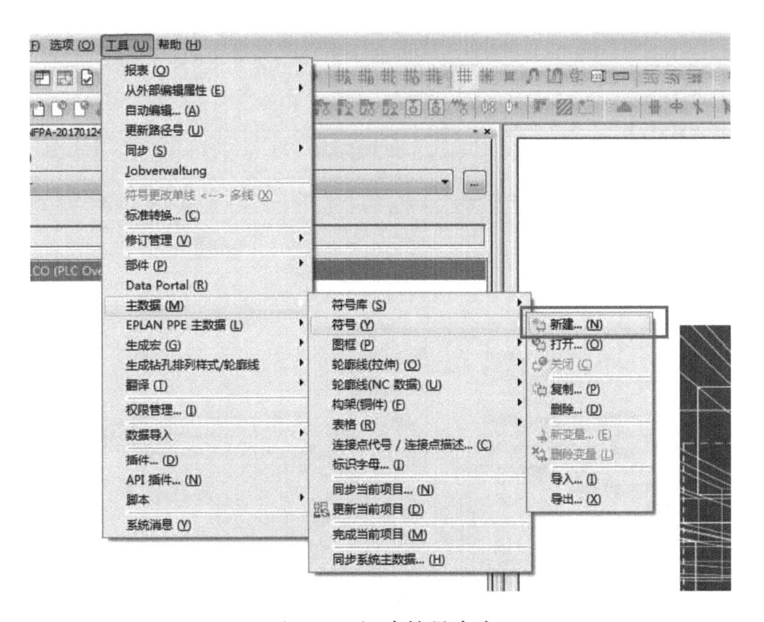

图 8-4　新建符号命令

库中构建起来。这样在设计过程中，可以通过对符号进行部件选型或者直接插入设备的设计方式来进行。

打开部件管理器，如图 8-5 所示。选择需要构建的器件类型，然后新建一个部件，在右边的相关信息栏中填写部件信息，并且进行相关分类和管理，如图 8-6 所示。对于这些内容的详细信息，在 8.3 节的标准化构建中再进行详细讲解。

在基础数据中，有很多数据是需要提前定制下来的，比如图框。一个企业对于图框的要求基本上是个性化的，这就需要对软件自带的图框进行一些修改，以适用于该企业项目。在构建图框的过程中，比较重要的内容是尺寸的确定和变量数据的调用，这里所说的变量是指特殊文本，也就是包含属性信息的文本，可以调取与文本相关的参数和数据。

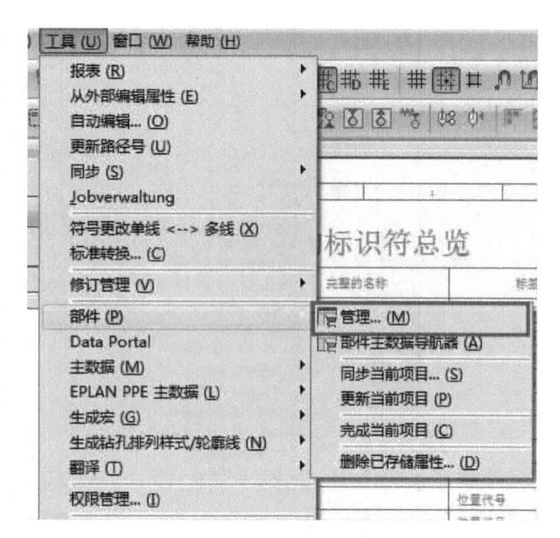

图 8-5　打开部件管理器

基础数据的构建是 EPLAN 最为重要的一个环节，基础数据做得好与不好，将很大程度上影响设计效率，设计效率的差异可以达到数倍甚至数十倍，而且对于整体设计平台的影响也是非常大的。因此，一个企业在实现以 EPLAN 为电气设计工具的设计平台时，需要花些时间和精力来做这些工作。当然不是每个企业都有专业人才有能力将这件事情做好，那么就可以寻求专业团队来做。

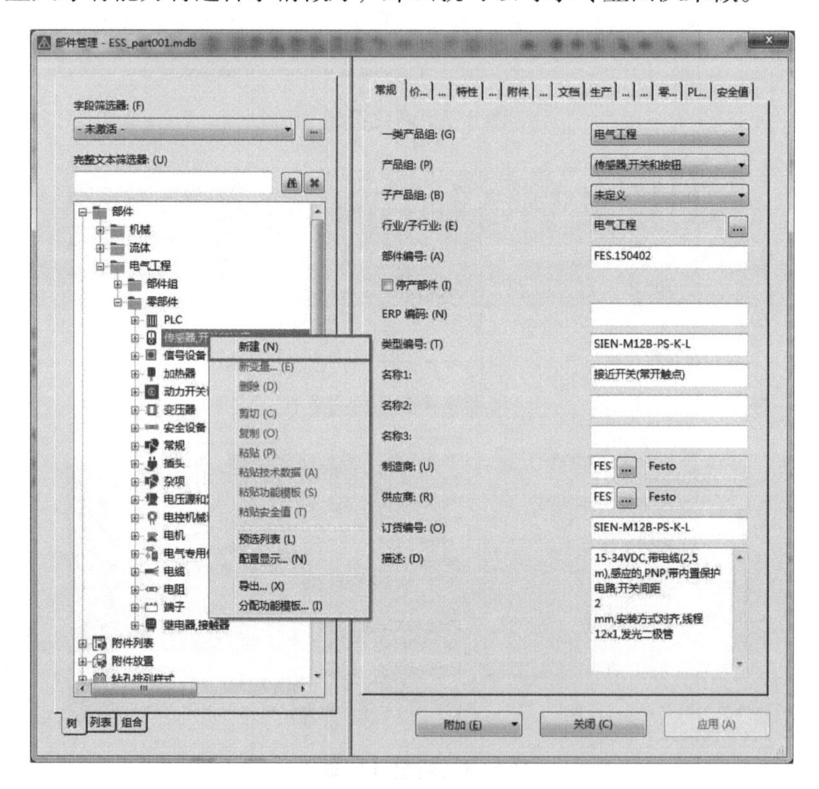

图 8-6　新建部件

企业自身做标准化实施是否可行？答案是肯定的，只是需要一些前提：①需要对设计平台关于设置、开发和定制化的内容足够熟悉；②需要对国际、国内以及本行业的标准化要求足够熟悉；③需要时间，一般来说，专业化实施团队在企业中进行标准化实施周期为 3～6 个月，需要参与人员 3 人左右，而非标准化实施团队实施周期短则半年，长则 2～3 年不等，实际上投入的时间及人力成本都不低。

专业化实施团队的优势：①有大量的用户企业实施经验，以保障实施的成功率；②对于国际、国内和部分行业的标准化要求比较了解，便于实施；③对于各种专业设计软件比较熟悉，尤其是在各种软件基础上进行设置、开发和定制等；④在实施周期上也有所保障。

专业化实施团队的劣势：①对于用户企业本身了解比较少；②对于企业所在行业的特殊要求需要了解；③在企业中没有话语权。

因此，如果需要专业团队来实施，则需要企业领导层给予一定的支持，一方面需要安排一个对于企业各种业务流程和企业设计流程熟悉的人员向专业团队提出个性化要求，另一方面还需要企业领导给予足够的重视，在实施过程中出现的各种人为障碍需要进行沟通和支持。

8.2 项目的规划

对于任何一个项目，不论是电气的还是机械的，都需要非常细致科学的规划，哪怕是再小的项目，规划可以带来的效益也是显而易见的。那么如何进行相关的规划呢？或者说如何开始做一个项目呢？本节就如何进行一个项目的规划进行讲解。

8.2.1 项目规划原则

项目的规划主要包含高层代号的规划以及位置的规划。高层代号管理界面如图 8-7 所示。

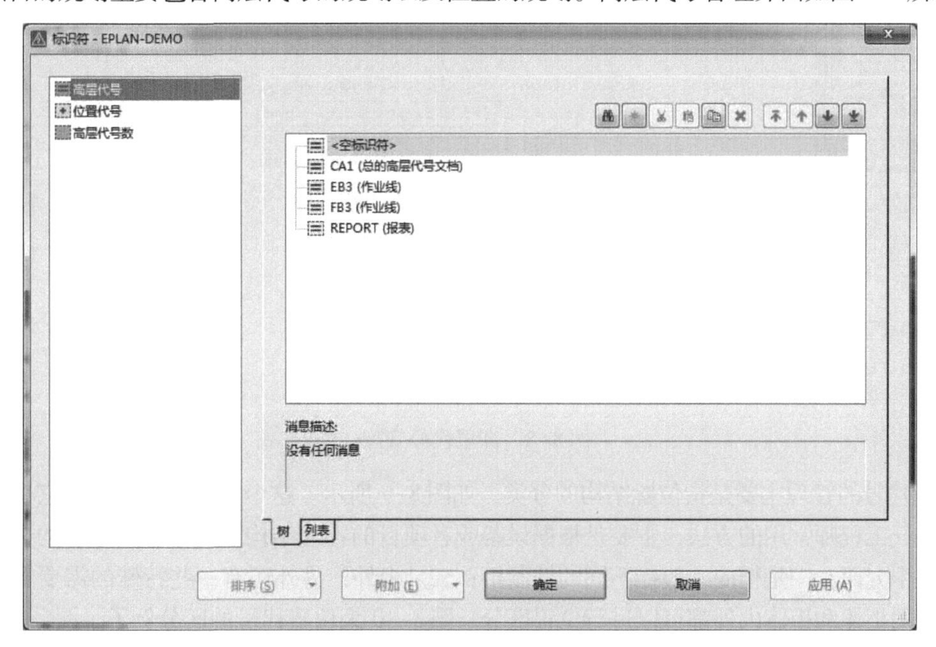

图 8-7 高层代号管理界面

高层代号的管理主要用于从功能角度来进行整体项目的分割，对于这一点大多数电气工程师是不太容易理解的，其实可以用一个比较简单的方式来进行理解。可以把高层代号理解成为这个项目在进行调试或者整修维护阶段，工程师需要知道某一个设备所关联的所有的相关器件，那么可以用一个高层代号来管理这些相关器件所组成的图纸集。通常在规划中把一些图纸的分类作为一个功能规划起来，比如目录、图纸规范、不同类型的图纸和相关的报表等，都可以作为高层代号的一个内容。下面通过一个例子来了解一下不同项目下高层代号的规划方式。

在图 8-8 中，首先可以看到项目设计人员将项目分成了文档类、图纸类和报表类三个主要的高层代号。在文档类里主要放置的是目录，它是按照高层代号以及位置代号的结构进行分类的，这样的好处是在读取图纸的时候，可以清晰地明确整个项目的结构。在文档类中还可以放置项目的设计规范及标准，包括图例、公司内部对项目的具体要求，以及图纸内部对器件的编号规则、电线的编号规则等，甚至还可以包括客户对该项目的一些特殊的技术文档或者要求。在第二类图纸类中可以将项目中的所有功能进行区分，这样可以形成更加完善的图纸结构。第二类图纸类的具体分类是根据项目的具体要求来设计的，原则是根据功能的分类进行。第三类报表类主要是项目中所需要的各种报表，比如 BOM 表、部件列表、设备列表、端子连接表和电线电缆连接表，具体的报表类型是根据企业的具体要求来进行设置的。EPLAN 提供了几十种报表的模板供用户使用，当然也可以根据自己的具体要求进行定制。

图 8-8　高层代号管理

位置代号的管理主要是指位置结构的分类，如图 8-9 所示。这个比较容易理解，它也是国内大多数电气工程师常用的方法，主要是根据设备或者项目的物理结构进行区分。常用的分类原则主要有几个方面：一是柜内，包括不同的控制柜；二是柜外；另外还有一些特殊的需要安装的位置。不同的柜体和柜体内外都可以进行位置区分。图 8-10 为位置代号的区分例子。

位置代号比较容易理解，也是很常用的一种方法，因此这里不多介绍。通过高层代号和位置代号将一个项目搭建成一个树形结构，如图 8-11 所示。

在这个树形结构下，将图纸按照相关的分类进行管理。在绘制图纸过程中也可以根据高层代号的区分，将项目分配给不同的工程师来进行协同设计，这样更有利于大型项目的设计。当然，如果采用 EPLAN 协同设计，则需要协同设计模块。

这些内容是因人而异、因项目而异的，因此需要电气工程师理解这个结构的具体意义，才能够根据具体的项目要求设计出合理的项目结构。

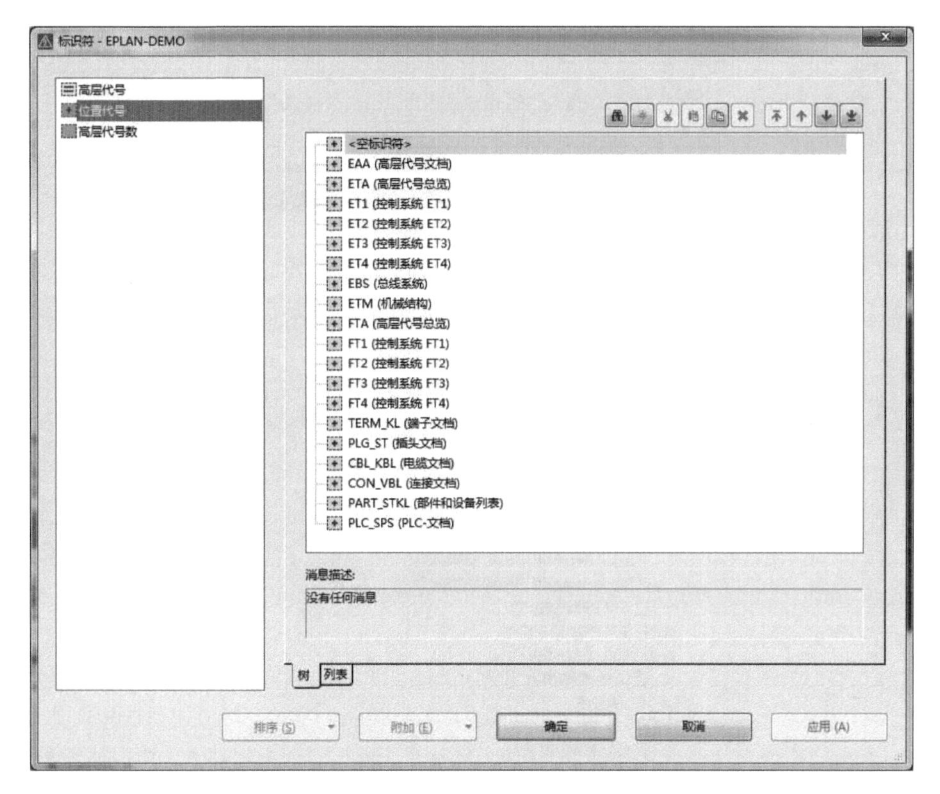

图 8-9　位置代号管理

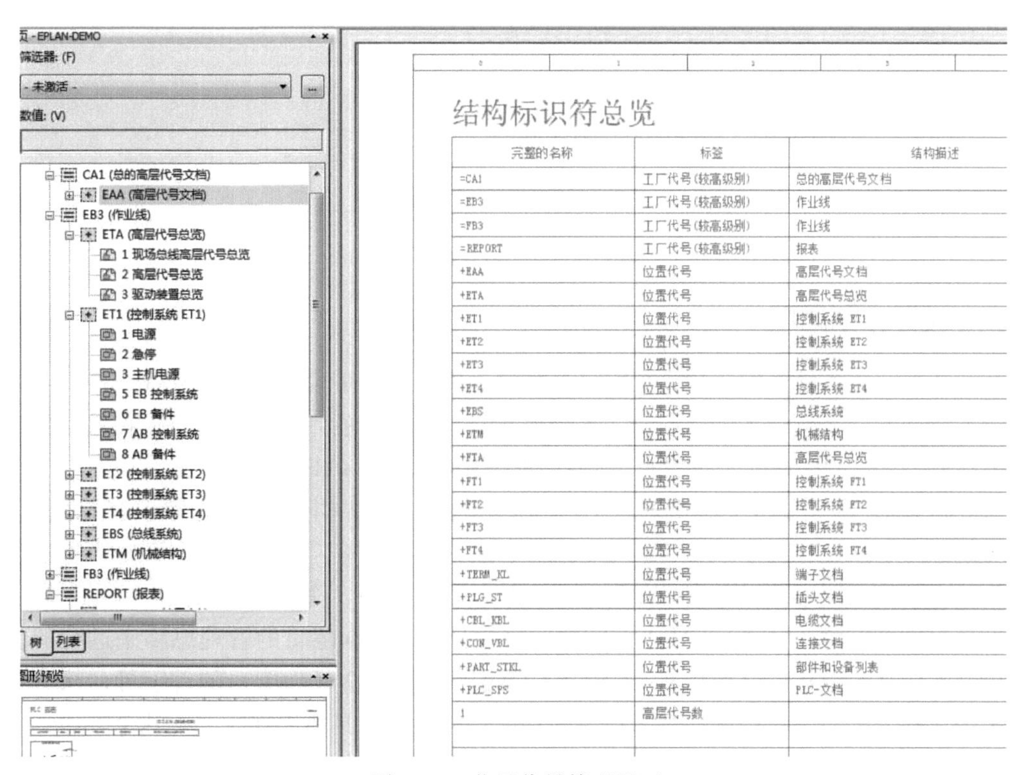

结构标识符总览

完整的名称	标签	结构描述
=CA1	工厂代号(较高级别)	总的高层代号文档
=EB3	工厂代号(较高级别)	作业线
=FB3	工厂代号(较高级别)	作业线
=REPORT	工厂代号(较高级别)	报表
+EAA	位置代号	高层代号文档
+ETA	位置代号	高层代号总览
+ET1	位置代号	控制系统 ET1
+ET2	位置代号	控制系统 ET2
+ET3	位置代号	控制系统 ET3
+ET4	位置代号	控制系统 ET4
+EBS	位置代号	总线系统
+ETM	位置代号	机械结构
+FTA	位置代号	高层代号总览
+FT1	位置代号	控制系统 FT1
+FT2	位置代号	控制系统 FT2
+FT3	位置代号	控制系统 FT3
+FT4	位置代号	控制系统 FT4
+TERM_KL	位置代号	端子文档
+PLG_ST	位置代号	插头文档
+CBL_KBL	位置代号	电缆文档
+CON_VBL	位置代号	连接文档
+PART_STKL	位置代号	部件和设备列表
+PLC_SPS	位置代号	PLC-文档
1	高层代号数	

图 8-10　位置代号管理界面

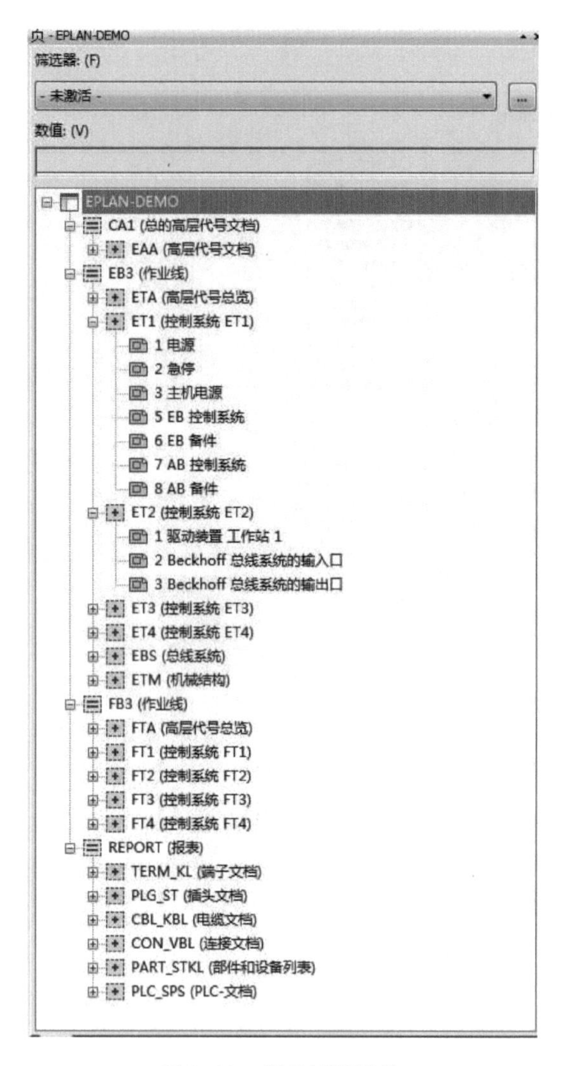

图 8-11　项目树形结构

8.2.2　项目分割原理

在 8.2.1 节中，已经提到过关于项目分割的一些方法和手段，本节则进行一些相对详细的介绍。下面举一个例子来进行说明，这个例子是软件自带的一个示范项目。在默认的项目目录下打开“EPLAN_DEMO”项目，项目树形结构参见图 8-11。

首先可以看到，在 CA1 这个高层代号下的最后一个文档是“结构标识符总览”，如图 8-12 所示。

从项目的高层代号可以看出，项目分为文档、作业线一、作业线二和报表这 4 个高层代号，在项目中把它称为“工厂代号”；高层代号的分割是根据逻辑的管理思路来进行的，进一步讲，高层代号默认的前缀是 F，实际上是英文 FUNCTION（功能）的首字母，从这里能够看出高层代号的主要作用还是对于项目的功能进行区分，具体表现在以下几个方面：

1）设计人员进行调试设备的时候，可以根据逻辑上的功能来分析设备在调试过程中出现的一些问题，并且可以根据在同一功能下的所有设备的检索来找到问题器件。

结构标识符总览

F24_001

完整的名称	标签	结构描述	完整的名称	标签	结构描述
=CA1	工厂代号(较高级别)	总的高层代号文档			
=EB3	工厂代号(较高级别)	作业线			
=FB3	工厂代号(较高级别)	作业线			
=REPORT	工厂代号(较高级别)	报表			
+EAA	位置代号	高层代号文档			
+ETA	位置代号	高层代号总览			
+ET1	位置代号	控制系统 ET1			
+ET2	位置代号	控制系统 ET2			
+ET3	位置代号	控制系统 ET3			
+ET4	位置代号	控制系统 ET4			
+EBS	位置代号	总线系统			
+ETM	位置代号	机械结构			
+FTA	位置代号	高层代号总览			
+FT1	位置代号	控制系统 FT1			
+FT2	位置代号	控制系统 FT2			
+FT3	位置代号	控制系统 FT3			
+FT4	位置代号	控制系统 FT4			
+TERM_KL	位置代号	端子文档			
+PLG_ST	位置代号	插头文档			
+CBL_KBL	位置代号	电缆文档			
+CON_VBL	位置代号	连接文档			
+PART_STKL	位置代号	部件和设备列表			
+PLC_SPS	位置代号	PLC-文档			
1	高层代号数				

图 8-12　结构标识符总览

2）功能的区分还有一个非常重要的作用，主要是针对维护人员的，它的作用和方法与设备调试时是一样的，也是方便维护人员对于设备问题的检索。

3）功能有一个最大的作用，就是对电气设计的模块化，在图纸设计阶段需要对于同等功能下的电气原理，进行模块化管理。这样的管理，更大的作用实际上是为了项目的重复利用。也就是说，可以将不同项目下的各种功能进行分门别类的管理。

4）在 EPLAN 中，可以将同种功能下的不同图纸组合成页宏来进行管理，这样在今后的设计过程中可以通过调用宏的方式高效地快速设计。一个宏能够实现一个功能，那么一个宏就相当于一个小的模块，用这样的方式来进行模块化设计是一个不错的方法。

当然，如果想使用这些方法则首先要进行标准化规范，也就是电气设计标准化，对于电气设计标准化，可以参考其他有关书籍或资料。

而对于位置区分，是根据项目的具体内容来进行的。在位置代号中，还增加了一些文档管理，但是主要还是将项目分为控制系统、总线系统、机械结构、端子文档、插头文档、电缆文档、连接文档、部件和设备列表及 PLC 文档。从这里能够看出，主要的分割方式是根据项目的相关物理位置为基础的，包括图纸文档的物理位置。

位置管理的主要作用是从物理结构去分割设备或项目，在图纸中层面上的位置包含文档、控制文件、原理图、布局图、端子图以及各种各样的报表。同时也可以根据实际的设备物理位置来进行项目的管理，这样可以从另一个层面上来进行模块化的设计，而这个模块主要是指，在物理结构上可以分块处理的设备的电气控制系统，比如某一个电气控制柜，更为明显的应用是一个流水线上的不同的工作空间。大多数机械设备都是在企业里面进行分块制造，然后再运输到现场进行安装，此时，物理结构的位置分割就显得尤为重要，因此大多数企业在电气项目上会要求进行物理的位置分割，这也是电气工程师最常用的一个结构。

从以上内容可以看出，高层代号和位置代号其实是从不同的角度对项目进行模块化整合的最佳手段，如果能够很好地掌握这种方法，将会对总体的项目设计以及电气设计平台的搭建、数据的共享起到非常大的帮助。

8.3 电气项目的标准化建立

电气设计标准化是一个非常复杂且重要的内容，属于设计方法的应用延伸，或者说是电气设计方法的基础，很多电气设计软件里面的高层功能或者高效的功能都是和电气设备标准化密不可分的，比如 EPLAN 里面的宏的应用、图纸的复制、主数据的共享、项目的重复利用等，这些都是建立在标准化的基础之上的。因此本节简单地讲述一下关于电气设计标准化的一些基本知识，这里只是初步地进行一些讲解，针对不同的企业进行标准化的规划与设计可咨询专业的服务机构。

8.3.1 基础数据标准化

基础数据构建主要是针对主数据中的符号库和部件库，这是 EPLAN 最基础的数据信息。在 EPLAN 中，符号库和部件库都自带了一些数据，但是对于大多数企业来说是不够的，需要自定义构建一些数据。下面针对这两类数据库的构建进行一些讲解。

1. 符号库的建立

大多数电气工程师认为使用的符号都已经在 EPLAN 中了，但是在实际设计过程中，还有很多的符号是需要自己定制的。而大多数工程师的习惯是使用黑盒，这个习惯是非常不好的，其实针对专业电气设计软件，黑盒主要是用来替代临时性的、一次性的、不确定的一些器件，而并非是替代所有的各符号库里没有的符号。实际上在电气设计中是需要创建大量的电气符号的，那么创建这些符号的时候有一些原则，首先是最好将需要创建的符号找到它的分类，在分类中，找到一个相对类似的符号，然后将这个符号进行复制、重新命名，再打开这个符号进行相关的改变，如图 8-13 所示。这里需要注意的是，如果连接点的数量发生了变化，那么就需要将符号属性中的“功能定义”设置为“可变”，操作步骤如图 8-14 ~ 图 8-16 所示。

那么到底应该如何确定相关的属性呢？如果所创建的符号很难在符号库中找到对应的类型和属性怎么办呢？这就涉及一个标准化的概念问题，很多人觉得在 EPLAN 中，可以根据自己的需求新建符号。其实不然，在构建符号的时候还有一个比较重要的概念就是符号的变量，在 EPLAN 中，定义有 8 个变量，分别是 0°、90°、180° 和 270° 以及其镜像方向，这些是便于在符号使用过程中在不同的方向和图纸上放置符号。在符号定义过程中，通常的习惯是先定义 A 变量，然后再根据 A 变量进行更改，如图 8-17 所示。

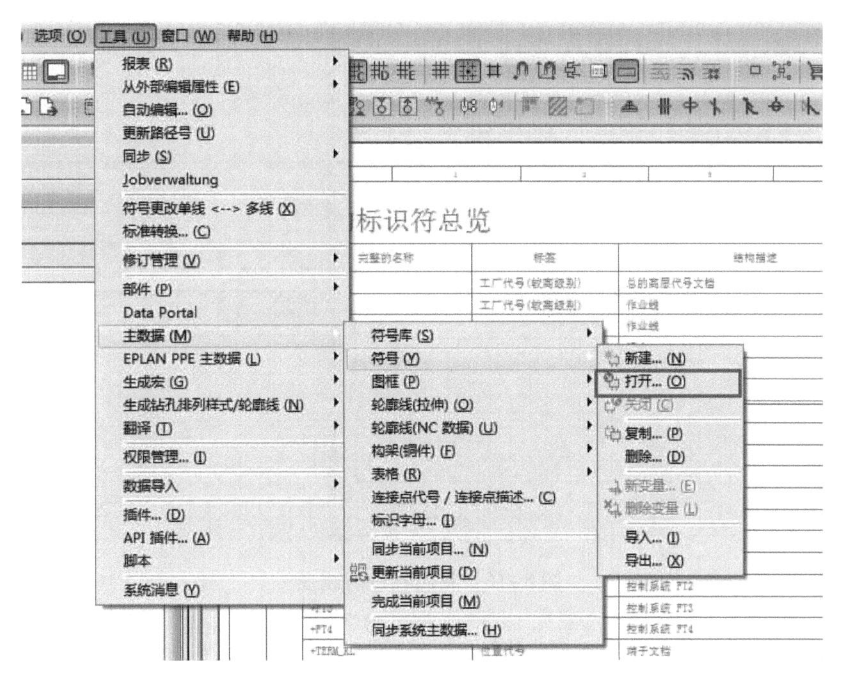

图 8-13　打开符号

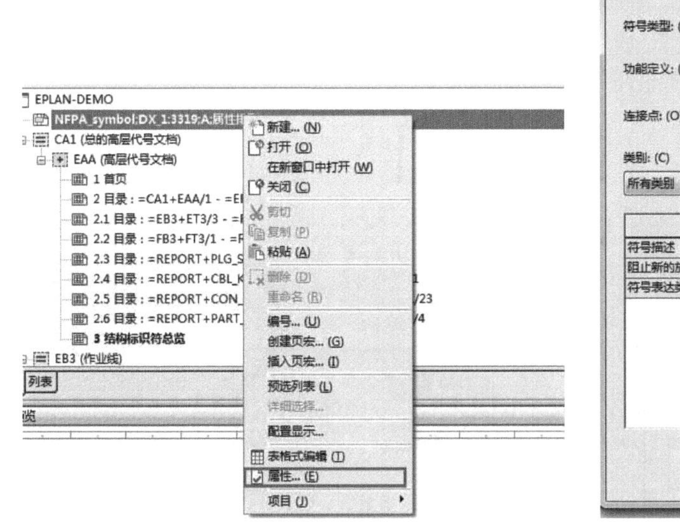

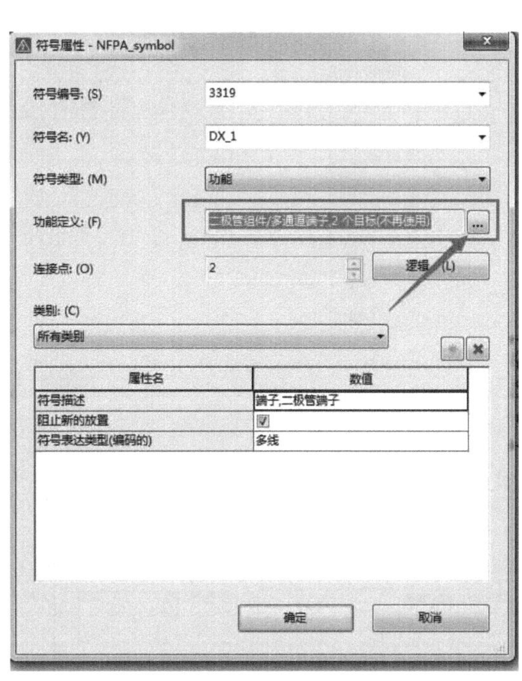

图 8-14　打开符号属性　　　　　　　　图 8-15　设置功能定义

通常的规则是创建 B 变量时，根据 A 变量进行调整，如图 8-18 所示，在 A 变量基础上旋转 90°，也可以根据实际的图纸需求勾选下面的“旋转连接点代号”和“旋转已放置的属性”，只有在创建 E 变量时，才会选择“绕 Y 轴镜像图形”，如图 8-19 所示。

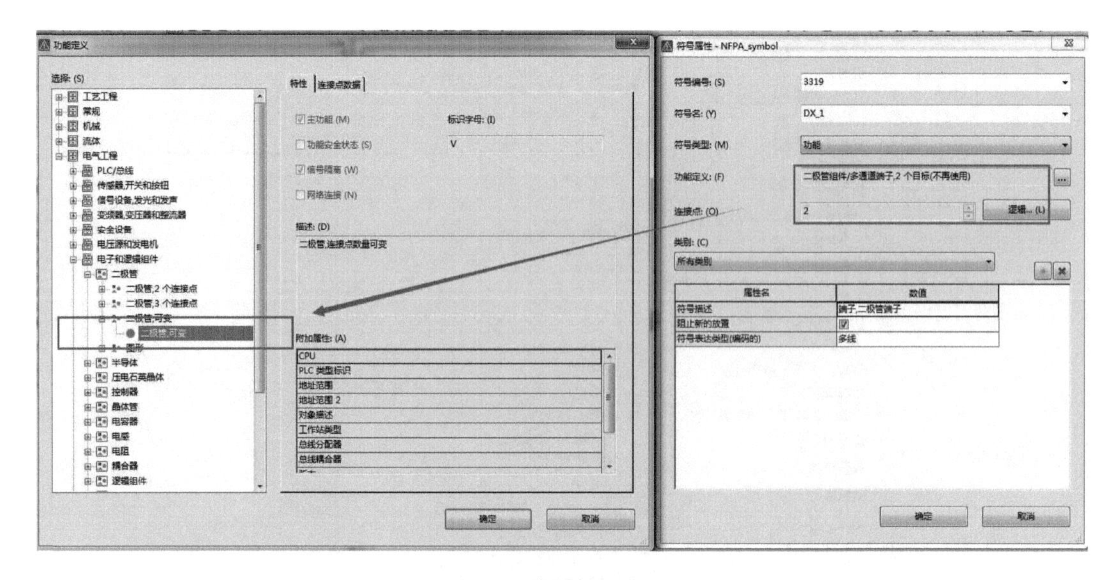

图 8-16　将属性进行改变

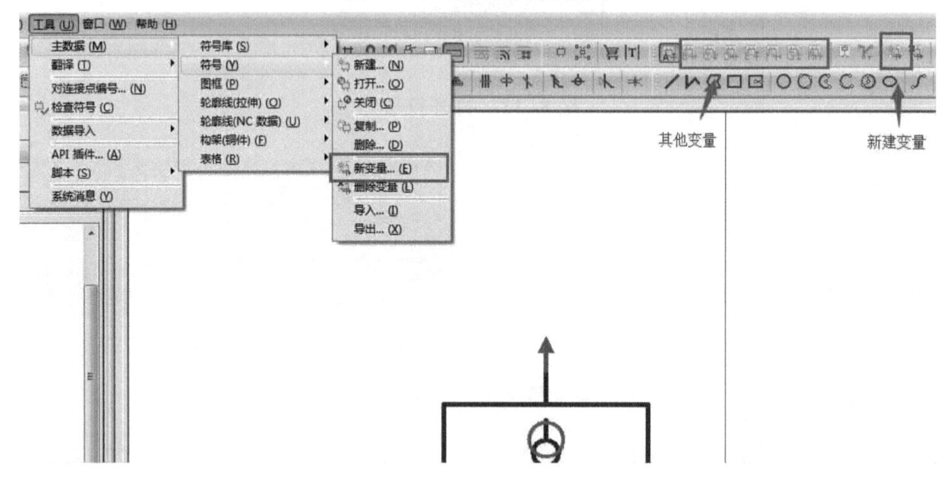

图 8-17　新建变量

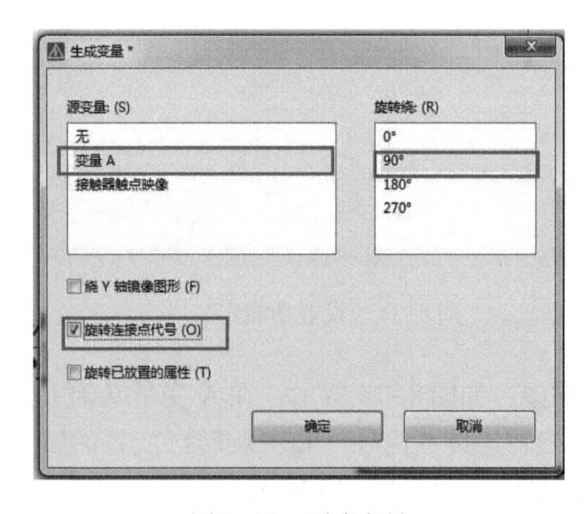

图 8-18　更改变量

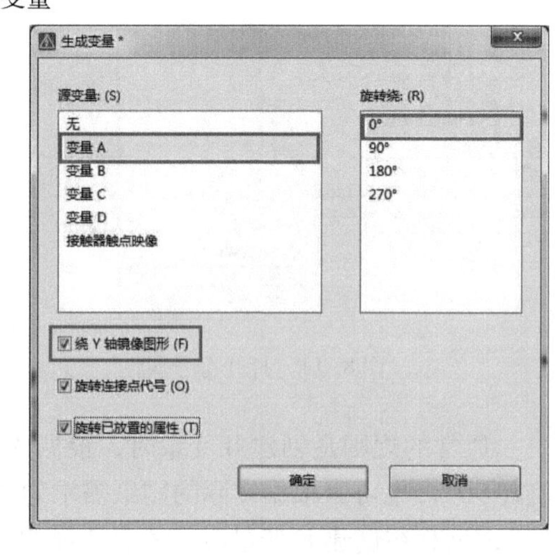

图 8-19　E 变量选项

只有这样，才可以完整地创建一个符号，以便于后期使用，当然创建符号看起来比较烦琐，但是这毕竟是“一劳永逸”的事情，对一个企业来说构建标准化的符号库是非常有必要的，但是很多基层的工程师对于符号的构造以及相关标准的要求还不是很了解，难免会出现制作的符号有这样或者那样的错误，因此通常会安排专人定制符号库，也可以寻求外援的帮助，毕竟专业的团队还是非常有经验的。

2. 部件库的建库规范

（1）EPLAN 部件的分级

EPLAN 采用统一的部件数据分级制度，总计分为 7 个等级，具体信息见表 8-1。

表 8-1　部件分级

分级	图标标记	名　称	主要用途	包含数据信息
1 级		一般商业数据	用于创建采购清单	部件编号、名称、描述、制造商、订货号
2 级		基于设备数据	用于基于对象设计	功能定义、技术参数、电子手册、图片
3 级		复杂原理数据	用于快速原理设计	原理图宏、附件与附件列表
4 级		二维布局数据	用于二维布局设计	长度、宽度、高度、2D 图形宏
5 级		自动布线数据	用于三维自动布线	连接点排列样式
6 级		数控加工数据	用于三维钻孔设计	钻孔排列样式
7 级		三维布局数据	用于三维精美布局	3D 图形宏

（2）EPLAN 部件相关数据

EPLAN 部件存放于部件库中，但相关联的文档需要单独存储，它们是电子手册、图片和宏。

1）数据存放文件夹。

① 在创建部件库之前，先在磁盘如 E 盘中创建存放路径：E:\EPLAN。在 EPLAN 文件夹下创建四个子文件夹，名称分别为部件、宏、图片和文档，如图 8-20 所示。

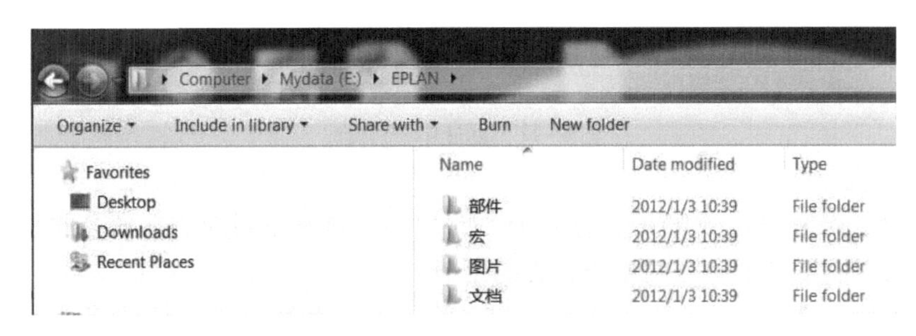

图 8-20　创建数据存放文件夹

② 新建部件库时，应将部件库存放于“E:\EPLAN\部件”文件夹中。部件库文件命名规则为“EPLAN_PARTS_2012XXXX. MDB”，其中 XXXX 代表月份和日期，如 0201 代表 2 月 1 日。

③ 列举要创建部件的制造商名称，根据名称在宏、图片和文档文件夹中分别创建子文件夹，使用制造商名作为子文件夹名称，如图 8-21 所示。

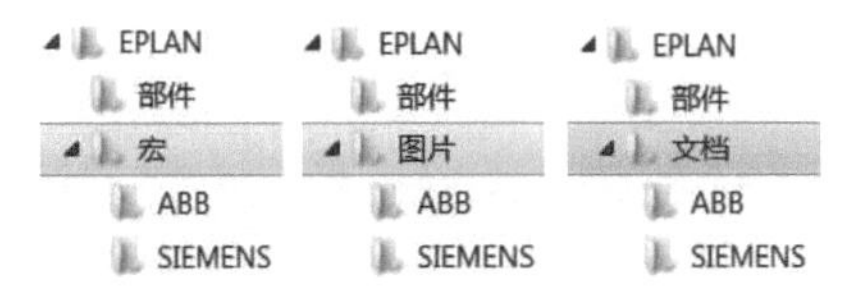

图 8-21　创建子文件夹

④ 如果是国内公司，则使用中文简称作为文件夹名；其他公司使用英文名称作为文件夹名，英文大写。

表 8-2 是一些常见公司的名称示例。

表 8-2　常见公司名称示例

公司名称	文件夹名	公司名称	文件夹名	公司名称	文件夹名
AB	AB	欧姆龙	OMRON	万可	WAGO
ABB	ABB	松下	PANASONIC	魏德米勒	WEIDMULLER
倍福	BECKOFF	菲尼克斯	PHOENIX	维纳尔	WOHNER
博世	BOSCH	皮尔磁	PILZ	常熟开关	常熟开关
伊顿	EATON	威图	RITTAL	德力西	德力西
费斯托	FESTO	罗克韦尔	ROCKWELL	良信电器	良信电器
富士	FUJI	施耐德	SCHNEIDER	人民电器	人民电器
哈丁	HARTING	施克	SICK	天逸电器	天逸电器
赫斯曼	HIRSCHMANN	西门子	SIEMENS	天水 213	天水 213
缆普	LAPP	SMC	SMC	正泰	正泰
梅兰日兰	MERLIN GERIN	图尔克	TURCK		
三菱	MITSUBISHI	维肯	VACON		

2）电子手册的规范。

① 电子手册的格式为 PDF，存放于“文档”文件夹下对应制造商名的子文件夹中。

② 电子手册的文档取自制造商的官方网站，文档的语言应该为简体中文。

③ 电子手册的文件名尽可能与部件编号一致。如果是一个产品系列使用同一个电子手册，则使用产品系列的共同名称作为手册名。例如，施耐德公司的 C65 系列小型断路器具有相同的电子手册，则电子手册的文件名应该设置为“ C65_小型断路器手册 . PDF”。

④ 电子手册的文件体积尽可能小于 2 MB，便于数据的网络传输，如图 8-22 所示。

Name	Date modified	Type	Size
继电器_G2A	2009/11/12 13:34	PDF Document	508 KB
继电器_LYJ	2009/11/12 13:33	PDF Document	662 KB
继电器_MYJ	2009/11/12 13:30	PDF Document	476 KB

图 8-22　创建电子手册

3）图片的规范。

① 图片的格式为 JPG 或 PNG，存放于“图片”文件夹下对应制造商名的子文件夹中。

② 图片取自制造商的官方网站或官方的手册。

③ 部件图片的文件名应与部件编号一致，除了字母和数字外，部件编号中的特殊字符在文件名中以下划线“_”替代。例如，部件编号为 C65N - C20/3P 的小型断路器，其图片的文件名应为 C65N_C20_3P. PNG。

④ 图片的尺寸应不小于 128×128 像素，不大于 768×768 像素，如图 8-23 所示。

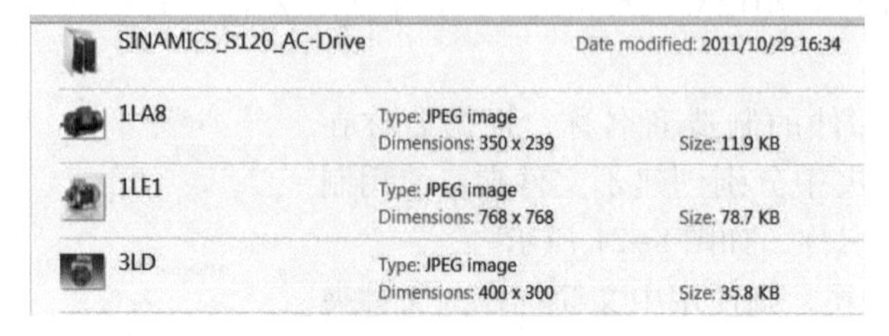

图 8-23　创建图片

4）宏的规范。

① 宏的格式为 EMA（窗口宏）或 EMS（符号宏），存放于“宏”文件夹下对应制造商名的子文件夹中。

② 原理图宏和 2D 图形存储于同一个宏文件中；3D 宏存储为另一个文件名，在原理图宏文件名后加“_3D”。例如，部件编号为 C65N - C20/3P 的小型断路器，其 2D 图形宏的文件名为 C65N_C20_3P. EMA，则 3D 图形宏的文件名为 C65N_C20_3P_3D. EMA。

③ 宏应该用宏项目创建和生成，便于修改和维护，如图 8-24 所示。

Name	Date modified	Type	Size
SIE.3RH2122.ema	2011/11/22 14:46	EMA File	902 KB
SIE.3RH2122_3D.ema	2011/11/22 14:46	EMA File	1,087 KB
SIE.3RH2911.ema	2011/11/22 14:46	EMA File	230 KB
SIE.3RH2911_3D.ema	2011/11/22 14:46	EMA File	289 KB
SIE.3RT1015-1BB42.ema	2011/11/22 14:46	EMA File	37 KB
SIE.3RT1015-1BB42_3D.ema	2011/11/22 14:46	EMA File	954 KB
SIE.3RT1024-1BB44-3MA0.ema	2010/6/9 21:55	EMA File	3,217 KB
SIE.3RT1024-1BB44-3MA0_3D.ema	2011/11/22 14:46	EMA File	2,504 KB

图 8-24　创建宏

（3）1 级数据：一般商业数据

在部件管理器的“常规”选项卡中创建 1 级数据时，需要设置为“部件设置产品组”，并填写如下部件数据：部件编号、名称 1、制造商、订货编号（如果有）和描述，如图 8-25 所示。

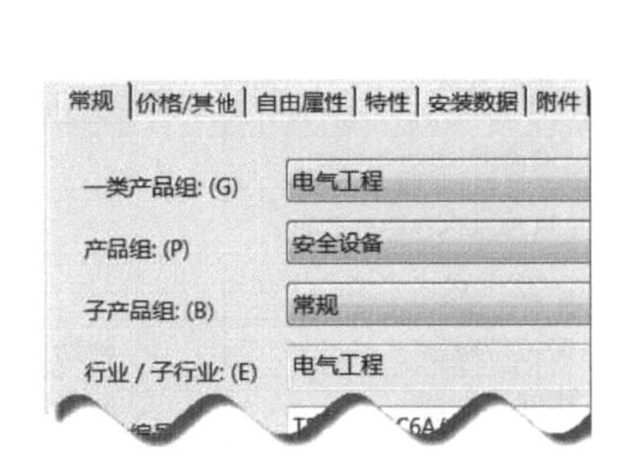

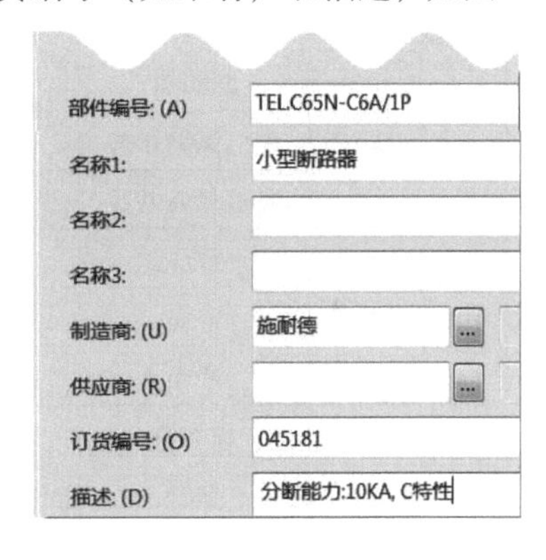

图 8-25　创建 1 级数据

1）部件编号：部件的型号前面加上“部件编号前缀”作为部件编号，参考表 8-3 中“部件编号前缀”列。

2）制造商：制造商的名字参考表 8-3 中的“文件夹名”列。

表 8-3　部件编号和制造商

公司名称	文件夹名	部件编号前缀	公司名称	文件夹名	部件编号前缀
AB	AB	AB.	罗克韦尔	ROCKWELL	ROC.
ABB	ABB	ABB.	施耐德	SCHNEIDER	TEL.
倍福	BECKOFF	BEC.	施克	SICK	SICK
博世	BOSCH	BOS.	西门子	SIEMENS	SIE.
伊顿	EATON	EAT.	SMC	SMC	SMC.
费斯托	FESTO	FST.	图尔克	TURCK	TUR.

（续）

公司名称	文件夹名	部件编号前缀	公司名称	文件夹名	部件编号前缀
富士	FUJI	FUJ.	维肯	VACON	VAC.
哈丁	HARTING	HAR.	万可	WAGO	WAG.
赫斯曼	HIRSCHMANN	HIR.	魏德米勒	WEIDMULLER	WEI.
缆普	LAPP	LAP.	维纳尔	WOHNER	WOH.
梅兰日兰	MERLIN GERIN	MER.	常熟开关	常熟开关	CSH.
三菱	MITSUBISHI	MIT.	德力西	德力西	DLX.
欧姆龙	OMRON	OMR.	良信电器	良信电器	NAD.
松下	PANASONIC	PAN.	人民电器	人民电器	PEO.
菲尼克斯	PHOENIX	PHO.	天逸电器	天逸电器	TYE.
皮尔磁	PILZ	PILZ	天水213	天水213	TSH.
威图	RITTAL	RIT.	正泰	正泰	CHI.

3）常用部件的产品组的定义、名称的定义方法和描述的填写方法，在表8-4中都给出了示例。如果表中已经列举出来，尽量按照表中的内容填写。

表8-4　产品组、名称和描述

常见产品名称	产品组	子产品组	名称	描述
熔断器	安全设备	熔断器	熔断器	分断能力
小型断路器		断路器	单极/两极/三极/四极小型断路器	分断能力；特性曲线
塑壳断路器		断路器	三极/四极塑壳断路器	分断能力；特性曲线
框架式断路器		断路器	框架断路器	分断能力；特性曲线
电机保护开关		电机保护开关	电机保护开关	分断能力；辅助触点数量
热继电器		热过载继电器	热继电器	分断能力；辅助触点数量
隔离开关	动力开关设备	常规	隔离开关	
负荷开关		常规	负荷开关	
刀开关		常规	刀开关	
交流接触器	继电器、接触器	接触器	交流接触器	辅助触点数量
中间继电器		常规	中间继电器	转换触点数量
小型继电器		常规	小型继电器	转换触点数量
固态继电器		常规	固态继电器	输入/输出侧电流、电压
直流线圈接触器		接触器	交流接触器（直流驱动）	辅助触点数量
辅助触点		辅助块	辅助触点/浪涌吸收器	
交流电动机	电机	常规	交流电动机	额定转速
单相电动机		常规	单相电动机	额定转速
散热风机		常规	散热风机	额定转速；排风量
伺服电动机		常规	伺服电动机	额定转速
步进电动机		常规	步进电动机	额定转速
按钮	传感器、开关和按钮	开关/按钮	平头按钮/蘑菇头按钮/旋钮	触点数量
光电开关		光栅	光电开关	检测距离
接近开关		接近开关	接近开关	检测距离
限位开关		限位开关	限位开关	
热电偶		模拟传感器	热电偶	温度范围

（续）

常见产品名称	产　品　组	子 产 品 组	名　　称	描　　述
电缆	电缆	常规	动力电缆/控制电缆	
导线	连接	常规	颜色 – 线径 – 导线（如 BK4 导线）	
变频器	变频器	常规	变频器	输入电源
变压器	变压器	常规	单相/两相/三相变压器；控制变压器	输入电源；电压比
开关电源	电压源和发电机	电压源	单相/三相开关电源	输入电源
指示灯	信号装置	信号灯	指示灯	
信号灯塔	信号装置	信号灯	信号灯塔	
照明灯	灯	常规	照明灯	
蜂鸣器	信号装置	信号装置，发声的	蜂鸣器	

（4）2 级数据：基于设备数据

2 级数据包括图片、电子手册、功能定义和技术参数。

1）在部件管理的“安装数据”选项卡的”图片文件”属性框中，选择部件的图片，如图 8-26 所示。

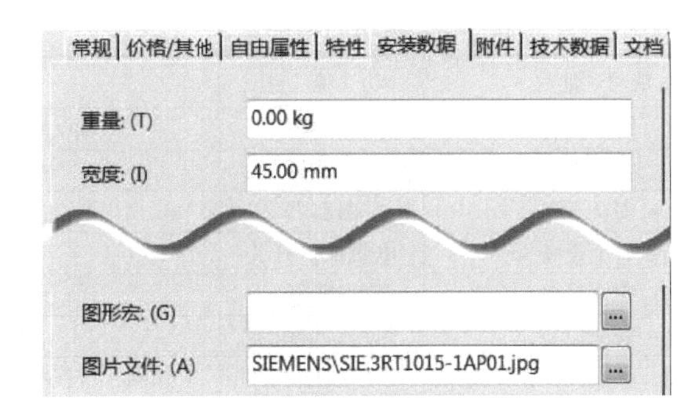

图 8-26　选择部件图片

2）在部件管理的“文档”选项卡下“文件/超链接”列，选择部件的电子手册。在“名称”列为手册指定名称，如“中文手册”，如图 8-27 所示。

常规 | 价格/其他 | 自由属性 | 特性 | 安装数据 | 附件 | 技术数据 | 文档 | 生产 | 报表数据 | 功能模板

行	文件 / 超链接	名称
1	$(MD_DOCUMENTS)\SIEMENS\SIE.3RT1015-1AP01_De.pdf	手册_德语版
2	$(MD_DOCUMENTS)\SIEMENS\SIE.3RT1015-1AP01_En.pdf	手册_英语版
3		

图 8-27　选择电子手册

3）在部件管理的“功能模板”选项卡下，填写“技术参数”属性框，此处填写的值应该与功能定义中第一个功能定义的“标识大小”列的值一致。

如图 8-28 所示，“技术参数”为 24 V，与“主回路接触器的线圈”的“标识大小”24 V 相一致，前者用于智能筛选，后者用于在原理图及报表中显示。

4）在“设备选择（功能模板）”中指定部件的功能定义。连接点代号是必须填写的区域，分隔符用“Ctrl + Enter”键输入。“标识大小”区域，一般只填写第一个功能定义的值。

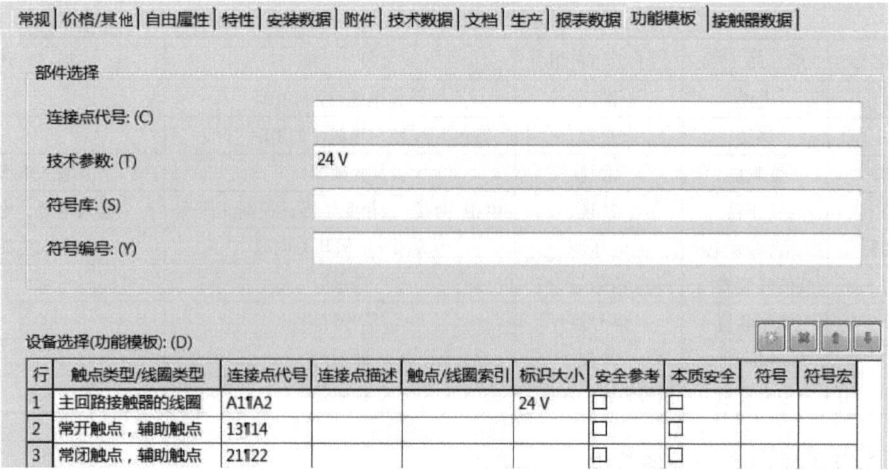

图 8-28　技术参数属性

常用的功能定义见表 8-5。

表 8-5　常用的功能定义

组件名称	功能类别	功能组	功能定义
小型断路器	电气：安全设备	断路器	单/两/三极/四极断路器
塑壳断路器	电气：安全设备	断路器	三极/四极断路器
框架式断路器	电气：安全设备	断路器	三极/四极断路器
电机保护开关	电气：安全设备	电机保护开关	
熔断器	电气：安全设备	熔断器	
热继电器	电气：安全设备	热过载继电器	
接触器线圈	电气：线圈、触点和保护电路	线圈	线圈，2 个连接点/主回路接触器的线圈
继电器线圈	电气：线圈、触点和保护电路	线圈	线圈，3 个连接点/主回路接触器的线圈
接触器主触点	电气：线圈、触点和保护电路	动合触点	动合触点，2 个连接点/主回路动合触点
接触器辅助触点	电气：线圈、触点和保护电路	动合触点	动合触点，2 个连接点/动合触点，辅助触点
继电器转换触点	电气：线圈、触点和保护电路	转换触点	转换触点，3 个连接点/转换触点，辅助触点
动合辅助触点	电气：线圈、触点和保护电路	动合触点	动合触点，2 个连接点/动合触点，辅助触点
动断辅助触点	电气：线圈、触点和保护电路	动断触点	动断触点，2 个连接点/动断触点，辅助触点
按钮主触点	电气：传感器、开关和按钮	开关/按钮	
变频器外壳	电气：电气工程的特殊功能	黑盒	
变频器连接点	电气：电气工程的特殊功能	设备连接点	
PLC 外壳	电气：PLC/总线	PLC 盒子	
PLC 连接点	电气：PLC/总线	PLC 连接点	
指示灯	电气：信号设备，可视的/发声的	信号灯	
电缆定义线	电气：电缆	电缆	
电缆芯线	概述：常规特殊功能	连接	导线/芯线

（5）3 级数据：复杂原理数据

3 级数据包括附件和原理图宏。

1）在部件管理的“附件”选项卡中设置附件。如果部件是附件，激活“附件”复选框，如图 8-29 所示。

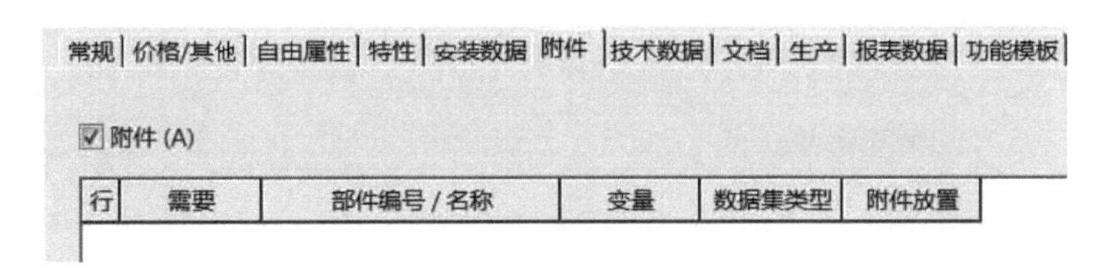

图 8-29　设置附件

如果部件是主部件，不激活”附件”复选框，在下方添加附件的部件编号，如图 8-30 所示。

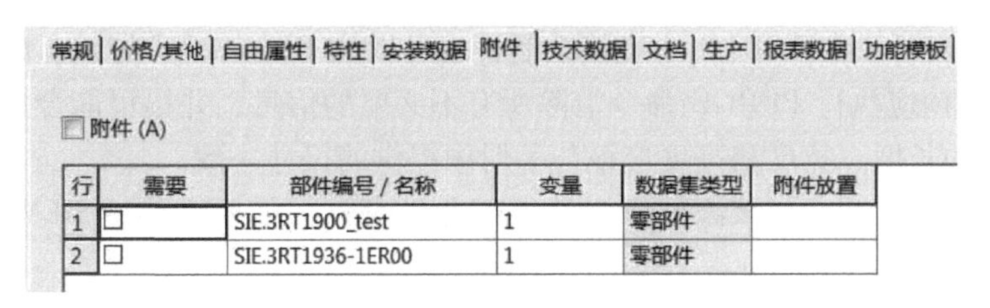

图 8-30　设置主部件

2）在部件管理的“技术数据”选项卡中属性“宏”的数值区域选择关联原理图宏。原理图宏的文件名应该与部件编号一致，除了字母和数字外，其他特殊符号应该用下划线“_”替代，如图 8-31 所示。原理图宏中所包含的黑盒应该是实线边框。

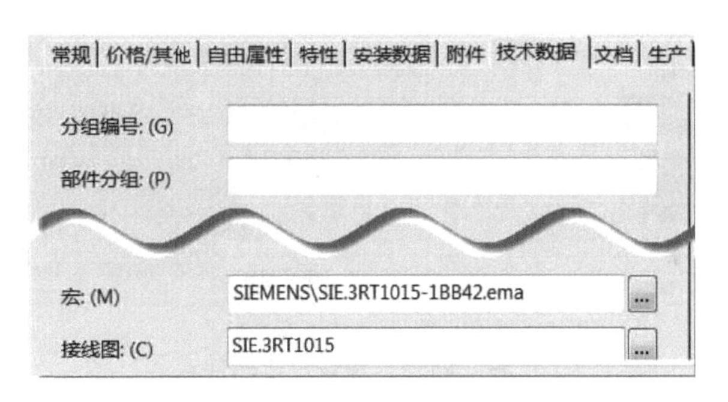

图 8-31　选择关联原理图宏

（6）4 级数据：二维布局数据

4 级数据包括尺寸（长、宽、高）和 2D 图形宏。

1）在部件管理的“安装数据”选项卡中填写宽度、高度和深度，如图 8-32 所示。

2）在部件管理的“技术数据”选项卡中属性“宏”的数值区域选择关联 2D 图形宏，如图 8-33 所示。如果在创建 3 级数据时在此处关联了原理图宏，则不需再次设置。那么在创建宏时，应该将原理图宏和 2D 图形宏创建到同一个文件中。

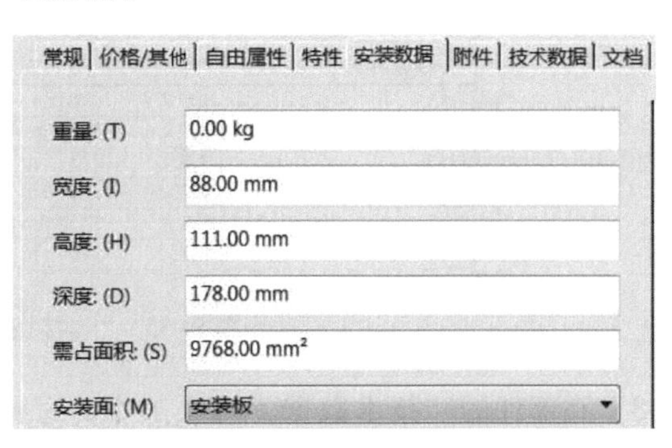

图 8-32　“安装数据”选项卡

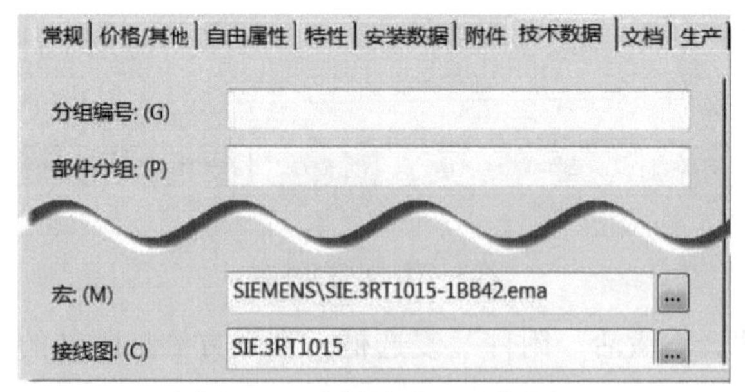

图 8-33　选择关联 2D 图形宏

3）2D 图形宏可以在 EPLAN 中直接绘制，也可以从 DWG/DXF 导入。如果是从 DWG/DXF 导入，导入前应执行 PURGE 命令清除所有不必要的信息，并尽可能合并到同一图层。

4）图形宏的长度、宽度和高度应该与手册中提供的尺寸一致。

5）图形宏中的文本，应该添加标识符以避免被翻译。如原文为“SIEMENS”，可改为“{{SIEMENS}}”。

（7）5 级数据：自动布线数据

5 级数据主要指连接点排列样式。

1）在部件管理器的“接线图”上单击右键，选择“新建”，创建新的“连接点排列样式”，名称应与部件编号一致，如图 8-34 所示。（Connection Point Pattern 在 EPLAN Electrical P8 2.1 版本中翻译为“接线图”，2.2 版本中改为“连接点排列样式”）

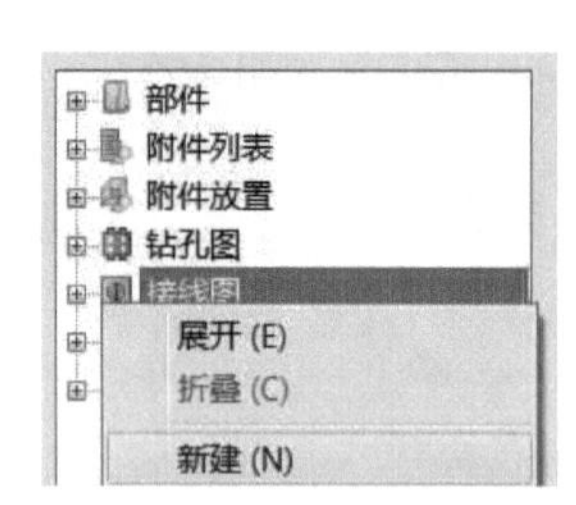

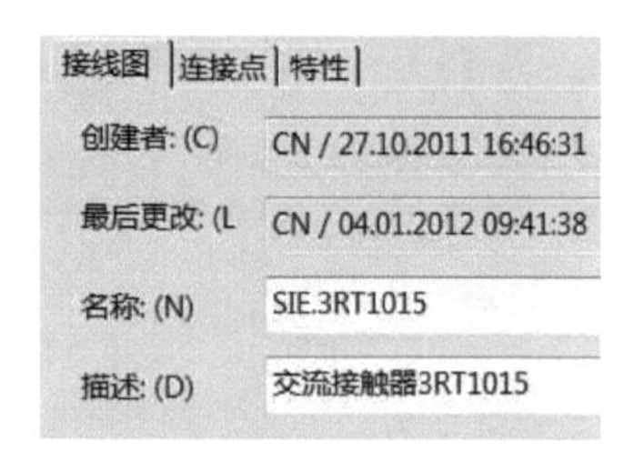

图 8-34　创建“连接点排列样式”

2）在“连接点”选项卡中填写连接点代号、坐标 X/Y/Z 位置，设置连接点方向和连接方式，如图 8-35 所示。

接线图 连接点 特性

行	连接点代号	端子层	内部/外部...	X 位置	Y 位置	Z 位置	连接点方向	连接方式
1	1	0	未定义	8.00 mm	86.25 mm	36.50 mm	向上	单倍螺栓...
2	2	0	未定义	8.00 mm	10.75 mm	36.50 mm	向下	单倍螺栓...
3	3	0	未定义	22.50 mm	86.25 mm	36.50 mm	向上	单倍螺栓...
4	4	0	未定义	22.50 mm	10.75 mm	36.50 mm	向下	单倍螺栓...
5	5	0	未定义	37.00 mm	86.25 mm	36.50 mm	向上	单倍螺栓...
6	6	0	未定义	37.00 mm	10.75 mm	36.50 mm	向下	单倍螺栓...

图 8-35　“连接点”选项卡设置

3）在部件的“技术数据”选项卡中，为属性“接线图”选择匹配的“连接点排列样式”，如图 8-36 所示。

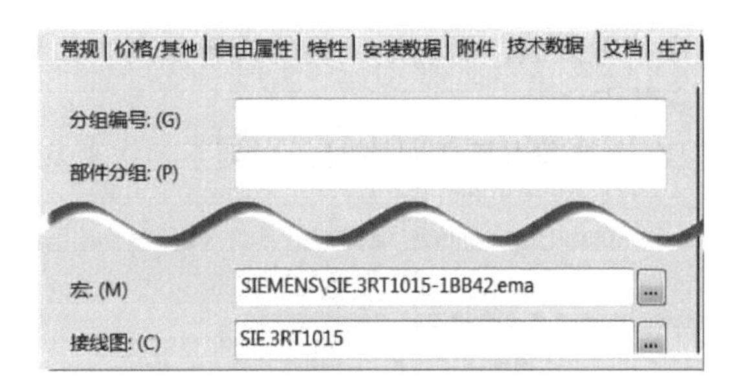

图 8-36　选择匹配的“连接点排列样式”

（8）6 级数据：数控加工数据

6 级数据主要指钻孔排列样式。

1）在部件管理器的“钻孔图”上单击右键，选择“新建”，创建新的“钻孔排列样式”，其名称应与部件编号一致，如图 8-37 所示。（Drilling Pattern 在 EPLAN Electrical P8 2.1 版本中翻译为“钻孔图”，2.2 版本中改为“钻孔排列样式”）

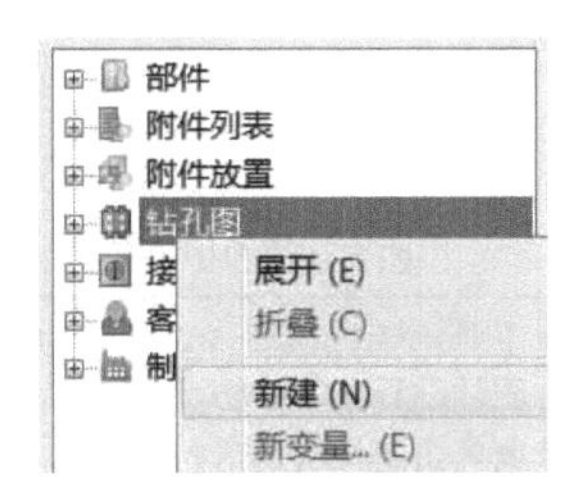

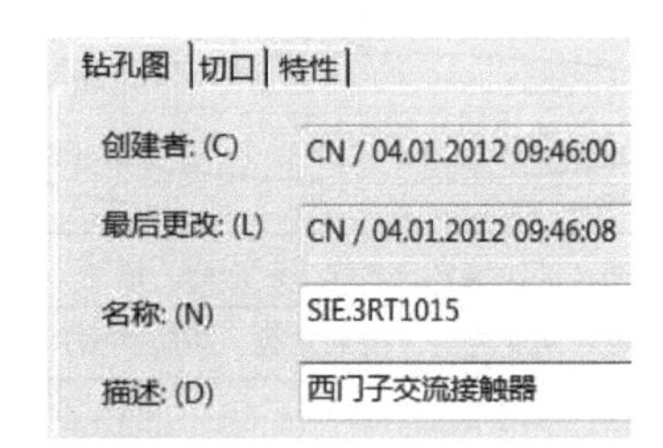

图 8-37　创建“钻孔排列样式”

2）在“切口”选项卡中，设定钻孔类型、X/Y 位置、第一维尺寸、重复间距、终端距离和每 n 个洞钻孔，如图 8-38 所示。

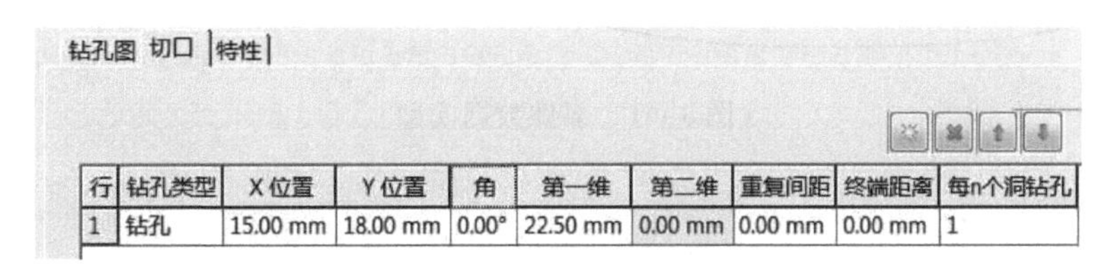

行	钻孔类型	X 位置	Y 位置	角	第一维	第二维	重复间距	终端距离	每n个洞钻孔
1	钻孔	15.00 mm	18.00 mm	0.00°	22.50 mm	0.00 mm	0.00 mm	0.00 mm	1

图 8-38　“切口”选项卡设置

3）在部件管理器的“生产”选项卡中，为部件选定“钻孔图”，并激活“预览”复选框，如图 8-39 所示。

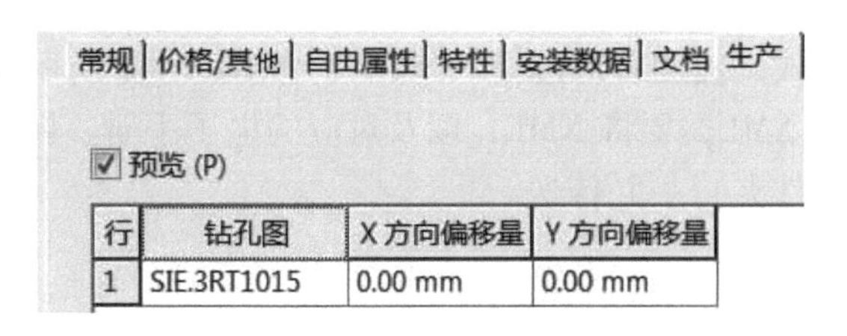

行	钻孔图	X 方向偏移量	Y 方向偏移量
1	SIE.3RT1015	0.00 mm	0.00 mm

图 8-39　“生产”选项卡设置

（9）7 级数据：三维布局数据

7 级数据主要指 3D 图形宏。

1）3D 图形宏应该是从宏项目中创建和生成的。

2）3D 图形宏的尺寸必须与手册相一致，文件名是在原理图宏的文件名后加“_3D”，如图 8-40 所示。

3）3D 图形宏必须定义放置区域，而且是正确的投影角度。如果该部件需要安装附件，必须为其定义安装表面和安装点。

4）设备安装时如果以默认基准点无法对齐时，必须手动定义基准点。

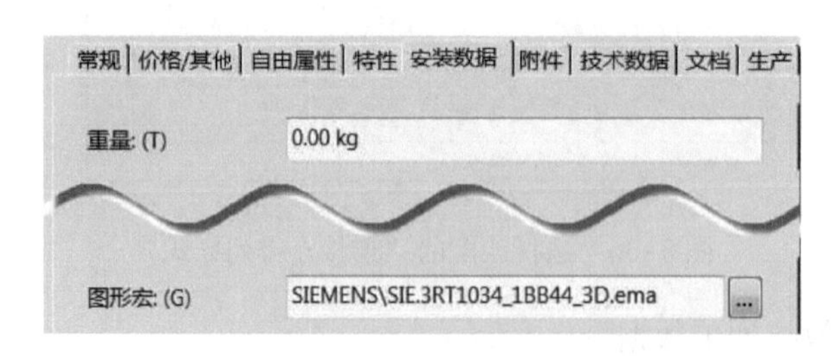

图 8-40　3D 图形宏文件名设置

部件完全创建完毕后，其数据模型如图 8-41 所示。

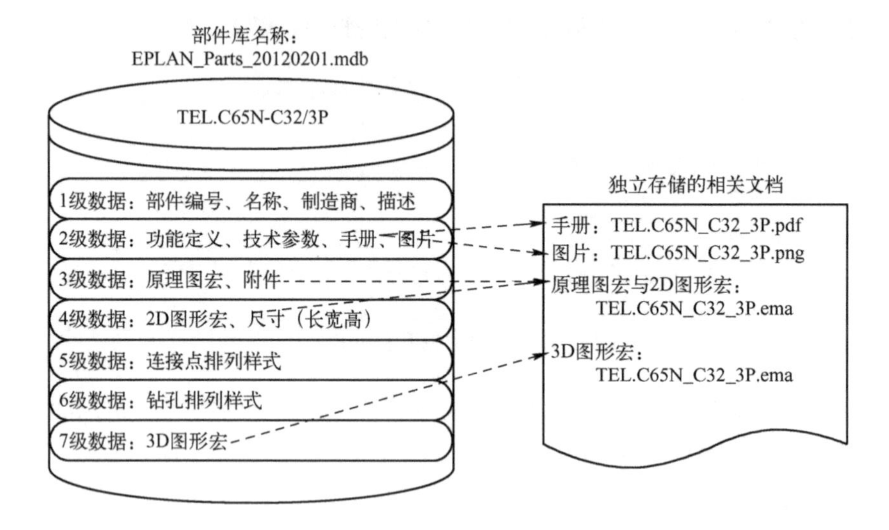

图 8-41　部件数据模型

（10）数据的传送

如果要传输所有的部件，那么使用压缩软件，将整个“E:\EPLAN 文件夹”打包，然后传送；如果要传输部分的部件，那么选中这些部件、相关的连接点排列样式和钻孔排列样式，使用右键选择“导出”，如图 8-42 所示。导出格式选择 XML，要将 XML，以及对应的电子手册、图片和宏（保持文件夹）一并传送。

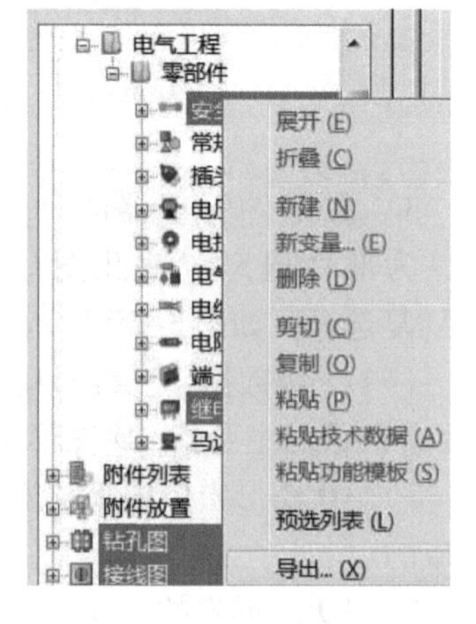

图 8-42　选择“导出”命令

8.3.2　项目标准化

在一个企业中，项目的规划都是有相关的标准要求的，不过有很多设计人员对于这些理解不够，觉得只要将项目做出来就行了，具体的规划不重要，这就体现了工程师和企业整体意识的差异化。对于企业来说，是需要更多的资源共享的。

那么作为电气设计人员，如何才能做好整体项目的规划，并且利于各类数据的共享，这是一件比较难掌握的事情。那么最佳的手段当然是企业利用已有的设计平台构建模板来进行，这样对于工程师来说，只需要在相关产品线的模板下进行新建项目就可以了。EPLAN提供了多种模板的基础，在实际设计中，需要进行一定的规划和处理。

当然这些工作需要针对具体项目具体分析，本书的主要项目中也都体现了标准化的做法和模板的应用，但是就具体项目和产品线而言，就需要找专业团队进行一些指导和服务。

专业的电气设计软件在这些方面都有一些具体的差异化做法，但是主导思想是一样的，那就是在国际和国家的相关标准下，基于行业的一些基本的要求和设计习惯，建立企业内部的标准化体系，这里把这个过程称为企业的电气设计标准化实施。

后　　记

经过了前面几章的讲解，读者对 EPLAN 已有一个比较系统化的学习和了解，但是电气设计软件的探索之路还是比较艰辛的，后面需要掌握的知识还是非常多的，最后来探索一些更有挑战性的话题：

1）企业电气设计标准化实施问题。

2）机电一体化设计的趋势和基本要求。

3）未来的设计模式和设计方法。

1. 企业电气设计标准化的实施问题

现代企业中的产品，电气自动化的权重越来越大，电气设计对于产品的影响也越来越大，那么企业需要用 EPLAN 这类专业的电气设计工具时，标准化设计平台的搭建也就变得十分重要。但是由于很多人对于这些工作的理解和重视的程度不同，导致大多数企业的标准化工作处于一种初级的、具有朦胧概念的阶段，在这方面做得比较好的却是一些国外企业、合资企业以及一些有一定影响力的国有企业，这些企业大多数都有专门的人员从事这些工作。但是，由于企业中的标准化工作涵盖的范围一般都比较广泛，包括机械、仪表、电气、制图、研发和工艺等各个方面，这样也就导致了企业中的电气标准化工作往往和实际设计生产有所出入，以至于很多企业在制定了相关工作的规定之后，也很难严格执行。执行难还体现在，目前的大多数企业还都没有使用专业的电气设计工具，大量的基础工作都是通过比较原始的手段实现的，一旦企业设计工具升级，将带来非常大的工作量，技术人员也比较抵触。

那么专业设计软件平台下的标准化工作就要好很多，首先是将很多的标准化技术要求在软件的模板中就已经设计进去了，而且有大量的数据是已经创建好的，比如标准的符号库、部件库和图框等，还可以在网络环境下进行基础数据的共享，在企业内部形成统一的设计标准和统一的共享数据，这样可以大幅提高设计效率。

在实施过程中，最为重要的是需要确定沿用的标准和设计习惯的冲突，很多企业里电气设计工程师已经习惯于闲散的设计风格，完全是按照自己的习惯来进行设计，从项目的规划到项目的细节设计都没有按照标准来进行，当然其中的原因也有可能是企业的生产进度的要求太高，没有时间来做更为详细的设计，导致很多企业的图纸各具特色，从而将很多的技术细节下放到了生产部门。由于原理图的不细致，导致了生产部门的安装人员有很大的发挥空间，一台设备一个样，每一台设备就像是一个艺术品一样，充满了个性化的东西，这些在企业的产品进程中带来了极大的后期成本、现场调试成本以及后期的维护成本，这也是很多企业希望可以将自己的产品标准化的原因所在。

2. 机电一体化设计的趋势和基本要求

在现在的大多数企业中，机械设计大多数已经进入三维设计时代，甚至到了更高的无纸化、无2D的时代，3D打印技术的大量使用，使得机械设计工具开始了全面的升级，设计思想也发生了翻天覆地的变化。然而电气设计大多数还都停留在2D图纸时代，虽然电气3D早在21世纪初期得到了应用，但是大多数还是在一些高端的设计领域，比如航空、汽车和火车高铁等行业，在传统的装备制造业和自动化行业应用还比较少。

随着企业的意识不断地提高，大家开始意识到机电一体化的设计模式是必由之路，在2D环境下进行电气原理设计，在3D环境下进行装配和布线，已成为很多企业愿意去追求的目标。EPLAN在这个领域也进行了一些尝试，推出了Propanel模块，该模块可以在3D环境下进行装配和布线，让很多有这方面需求的企业看到了希望。

但是实现这个目标是需要做些准备的，主要是基础数据的完整度，以及3D模型库的构建。Propanel可以将各种3D设计软件的模型通过中间格式进行读取，并且添加电气属性也就是电气接线的电气连接点信息，从而实现读取2D原理图的逻辑关系，建立起2D元器件和3D模型的关联，做到在三维环境下进行自动布线，算出电线的长度，从而达到更为精准的生产及工艺需求。

机电一体化设计模式虽然还只是初级阶段，很多功能也许还难以满足企业的要求，不过这个方向是不可逆的，在今后的发展过程中希望可以看到Propanel更为优秀的表现，届时上海沐江公司还会推出针对这些产品模块的教程和书籍，希望可以帮助到读者们。

3. 未来设计模式和设计方法

与其说起来是未来的设计模式，不如说是在部分企业已经实现或者正在向这个方向发展，电气设计的未来是大设计时代，或者说是基于大数据结合人工智能技术的设计时代，这个时代的电气工程师大多是不在企业进行工作，而是独立自由职业者，在网络上提供自己的设计思想和方法，经过一些平台和大数据的收集，将自己的技术和收入进行挂钩。作为企业也无须招聘很多电气工程师，只需要几个甚至于一两个项目经理即可，在得到产品需求的时候，通过大数据平台获取设计方案，项目经理只需要将设计方案实现和进行个性化修改，然后由专业的电气工艺软件快速形成生产可利用的工艺文件，下发生产单位即可，或者直接和专业设备进行关联，实现生产，项目经理的主要工作是确定方案和后期的调试工作。

至于设计平台，可以根据各类产品的属性，尤其是各类大的器件厂商所推出的新的元器件的特性和功能，通过元器件厂商推出一些标准接口和接口电路，自动形成电气软件所需要的宏模块，再通过软件的一些参数化设计的功能将这些模块进行结合形成设计方案，这样一个新的设计方案就这样产生了。那么整个过程的关键就是标准化，这里所说的不仅仅是一个企业的标准化，更是一个国家或者一个行业的标准化体系。

到了那个时代，电气工程师可以在自己喜欢的环境下，或是山野或是海滩，开阔思路想法，将自己的生活和工作充分地结合，也许那就是很多同行们的未来蓝图吧。